自然资源调查与资产清查

Natural Resources Surveys and Asset Inventory

刘卫东 ● 主编

復旦大學出版社

目　录

第一章　绪论

第一节　自然资源的概念

资源,顾名思义,指生产资料和生活资料的来源。也有人将其解释为物质财富和资金的来源。

自然资源,也称天然资源,是指自然界中天然存在、直接可为人类所利用,未经人类加工的资源。联合国环境规划署(United Nations Environment Programme, UNEP)将自然资源定义成:“在一定时间和一定条件下,能产生经济效益,以提高人类当前和未来福利的自然因素和条件。”自然资源是人类生存和发展的物质基础,是人类一切财富的源泉。

自然资源和自然环境、生态环境是三个密切相关而又不同的概念。

自然环境是地球表面由太阳辐射、空气、岩石、土壤、水、生物等自然要素构成的环绕着人类的物质空间,是人类生存和发展所依赖的各种自然条件的总和。自然环境是由自然界的物质和能量组成的,是人类赖以生存的物质基础。

自然资源是自然环境的组成部分。在自然环境中,凡是自然物质经过人类的发现,被输入生产过程,或直接进入生活消费过程,变成有用途的,或能给人以舒适感,从而产生经济价值以提高人类当前和未来福利的物质与能量,就是自然资源。也就是说,自然资源是在一定的技术经济条件下能够为人类所利用的物质和能量。

自然环境只是作为外部因素提供了人类生存和发展的条件,自然资源则作为来源于自然环境的物质和能量参与人类的生活和生产过程。自然环境是以人类为中心客观存在的物质基础,自然资源则是从价值或财富来理解的自然环境因素。

自然环境不等于自然界。人类生活在一个有限的空间中,人类社会赖以存在的自然环境不可能膨胀到整个自然界。自然环境只是自然界的一个特殊部分,是指那些直接和间接地影响人类社会的自然条件的总和。自然资源是以自然环境条件对人类是否具有有用性作为判断标准来界分的,因此,它们并非一成不变的。随着人类经济和技术的发展,自然资源的范围、类型也会发生变化。当下已被利用的自然物质和能量称为资源,未来可能被利用的物质和能量称为潜在资源。自然资源和自然环境的范围可能重合,内涵接近一致。同理,自然环境和自然界的内涵随着人类活动空间的扩大而扩大,自然环境和自然界的重叠度也在增加。

生态环境与自然环境是两个在含义上十分相近的概念,有时人们将其混用,但严格说来,生态环境并不等同于自然环境。自然环境的外延比较广,各种天然因素的总体都可以说是自然环境,但只有具有一定生态关系构成的系统整体才能称为生态环境。仅有非生物因素组成的整体,虽然可以称为自然环境,但并不能叫作生态环境。从这个意义上说,生态环境仅是自然环境的一种,二者存在包含和被包含关系。

自然资源和国土资源不能混为一谈。国土资源是指一个主权国家管辖范围内的所有自然资源、经济资源和社会资源的总称。经济资源是指在一定生产条件下形成的具有经济意义的各种固定资产,如工业资源、农业资源、建筑资源、交通运输资源、商业资源等。社会资源主要指人力资源,包括人口、劳动力、人才(智力)资源以及以人为本的教育、文化、科技和管理资源等。自然资源只是国土资源的一部分。国土是一个政治概念,国土资源比自然资源更加突出国家主权的意义。

第二节 自然资源的分类

分类就是区分事物的类别。“分”即鉴定、描述和命名;“类”即归类,按一定的秩序排列类群,也是系统演化。分类是一种科学的研究方法,它把无规律的事物按照不同的特点分类,实现物以类聚。对于自然资源进行分类,是为了科学地认识不同自然资源的基本特征，深入研究其形成、发展、演化和地域分异的规律，把握它们不同的利用方向和方式。从不同的视角出发，自然资源可以被分成不同类型。

现代地理学立足地球表层各圈层的特征，根据自然资源的形成条件、分布规律与组合状况等，将自然资源划分为气候资源（大气圈）、生物资源（生物圈）、土壤资源（土圈）、水资源（水圈）和矿产资源（岩石圈）等类型。根据自然资源的物质特性和效用，《大英百科全书》（*Encyclopedia Britannica*）将自然资源分为自然生成物和环境功能两类资源。自然生成物包括土地、水、大气、陆地与海洋等；环境功能则包括太阳能、生态系统的环境机能等。同理，自然资源也可以分为生物、非能源矿物、能源和环境资源四种类型：生物资源包括作物，树木、鱼类等；非能源矿物包括大理石、黄金等；能源资源包括煤炭、石油、天然气、风、河流、海流、潮汐、草木燃料及太阳辐射等；环境资源是一种功能性资源，如空气、水、森林、景观等。

按照用途与应用于社会经济部门的不同，自然资源可以划分为农业自然资源、工业自然资源、医药卫生资源、自然风景旅游资源等。农业自然资源指自然界可被利用于农业生产的物质和能量来源。一般指各种气象要素和水、土地、生物等自然物，即农业气候资源、土地资源、生物资源和水资源，不包括用以制造农业生产工具或用作动力能源的煤、铁、石油等矿产资源和风力、水力等资源。工业自然资源是指直接进入工业生产领域，为工业生产提供原料或提供动力的资源，如矿产、化石燃料、水能、生物原料等。医药卫生资源主要是指传统医学上对于自然环境中物质能量的利用，是具有治疗疾病或保健作用的各种植物、动物和矿物的总和。全国中药资源普查的统计结果显示，我国现有中药资源12 772种，其中，植物药11 118种，占87%；药用动物1 574种，占12%；矿物药80种，占1%。自然风景旅游资源是指自然界中能够对旅游者产生吸引力，激发出旅游动机，可以为旅游业开发利用的各种事物现象和因素，包括高山、峡谷、森林、火山、江河、湖泊、海滩、温泉、野生动植物、气候等，可归纳为地貌、水文、气候、生物四大类。

自然资源以其形成的起源和固有特性，可分为耗竭性资源（exhaustible natural resources）和非耗竭性资源（inexhaustible natural resources）两种。耗竭性资源又称不可更新资源，指在一定时期和一定条件下，人们一次或多次利用就会用尽的资源。耗竭性资源是在地球演化的一定阶段形成的，不能运用自然力增加蕴藏量的自然资源，数量有限，在开发利用后，其储量逐渐减少并且不会自我恢复。例如，矿产资源就是一种典型的耗竭性自然资源。它们是经过极其漫长的地质时期形成的，地质年代以百万年计，它的总储量几乎可以看成是固定的，无法得到有效补充。非耗竭性资源泛指多种取之不竭的自然资源，严谨来说，是人类有生之年都不会耗尽的自然资源。在现阶段自然界的特定时空条件下，非耗竭性资源能持续地再生更新、繁衍增长，保持或扩大其资源供给量。非耗竭性自然资源又称可更新资源，基本上是由环境要素构成的，在合理开发利用的限度内，人类可以永续利用。一般说来，非耗竭性自然资源可以细分为恒定资源、易误用和污染资源。恒定的非耗竭性资源不受或基本上不受人为因素的影响，具有恒定特性，如海洋潮汐能、核能和风能是典型的非耗竭性-恒定自然资源。大气、水能、水资源和自然风光则归为非耗竭性-易误用和污染自然资源。

耗竭性与可更新的概念并不完全等同。例如，生物资源通过自然作用或人为活动能自我繁衍，使其再生或更新，进而成为人类可反复利用的自然资源，属于非耗竭性资源；但是，原始森林在人类活动的影响下，面积越来越小，很多生物物种不断灭失，一旦种源消失，该资源就会枯竭。土壤一般被认为是可再生资源，是因为土壤肥力可以通过人工措施和自然过程而不断更新；但土壤又有不可再生的一面，因为水土流失和土壤侵蚀可以比再生的土壤自然更新过程快得多，导致土壤在一定时间和一定条件下也会成为不能再生的资源。土地资源是农业最基本的资源，只要合理利用，就可永续使用；但如果不合理地开发土地，造成土地退化，其就不再能成为农业自然资源。因此，在这个意义上，森林、作物、药材、基因、物种、土壤、土地等，在人类不合理的开发利用下，也可能成为耗竭性的可更新资源。因此，在有的自然资源分类中，也把这类可更新的自然资源列为耗竭性的一个亚类，称为耗竭性的可更新资源。反之，森林、作物、野生动物等具有自然繁殖能力，可再生，属于可更新资源，如果人类合理利用，采育结合，就会取之不尽，用之不竭。在人类科学管理和合理利用的条件下，土壤的肥力可以通过人工措施和自然过程而不断更新，土地的生产力可以得到不断提高，实现永续利用。因此，在有的自然资源分类中，将森林等列为可再生的非耗竭性资源，而将土壤资源、土地资源列为不可再生的非耗竭性资源。如

图1-1所示，非耗竭性资源可分为恒定的非耗竭性资源、可再生的非耗竭性资源、不可再生的非耗竭性资源三种，而耗竭性资源可分为耗竭性的不可更新资源和耗竭性的可更新资源两种。

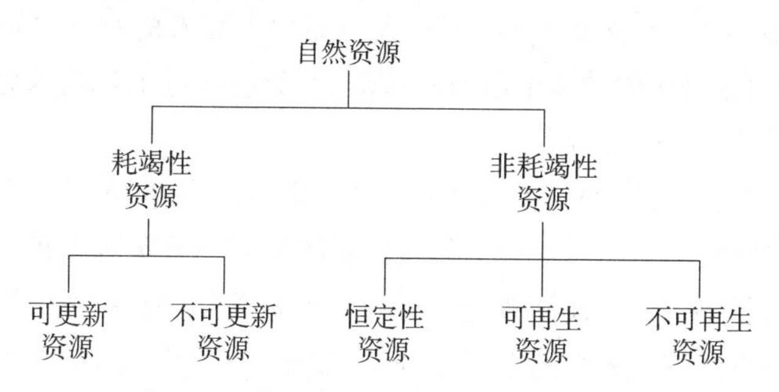

图1-1 自然资源的分类(按照特征划分)

根据参与经济社会发展的物质形态划分，自然资源可以分为能源资源和非能源资源。能源资源是指在目前社会经济技术条件下能够为人类提供大量能量的物质和自然过程，包括煤炭、石油、天然气、风、河流、海流、潮汐、生物燃料及太阳辐射等。大自然赋予了人类多种多样的能源：一是来自太阳的能量，包括太阳辐射能和间接来自太阳能的煤炭、生物能等；二是来自地球的能量，如地热能和核能；三是来自地球和其他天体相互作用而产生的能量，如潮汐能。除能源资源外，其余自然资源统一称为非能源资源。

按照资源储存空间以及数量与质量的固定与否等限制特征，自然资源可以分为存量资源和流量资源。所谓存量资源，是指以一定的储量蕴藏在一些特定地方的资源，如金属矿产资源和石油等能源资源。存量资源的数量固定，在自然状态上，它们的数量是有限的。尽管它们并没有停止运动，可以自然生成、补充储量，但速度以百万年计，相对人类而言，只能说有减无增。换言之，假定在任何对人类有意义的时间范围内，某种资源质量保持不变，数量也不增加，而且减少量正好等于人类的开采量，我们称之为存量资源。需要强调的是，存量资源和流量资源与自然资源核算和自然资源资产负债表中提及的流量核算、存量核算有本质区别，前者是不同资源的类型划分，而后者是同一种资源的过程和结果的核算。另一类自然资源是流量资源，其在可用量上可以源源不断地得以补充，即对它们的现时利用并不妨碍将来利用，理论上是取之不尽、用之不竭的，如旅游资源以及太阳能、风能等气候资源。对流量资源的利用，必须是即时的，当时未加有效地利用、收集或储存，过后就得不到这种资源了。值得注意的是，流量资源一旦储存起来，就变成储存资源。人们可存入或取出该资源，在总量可控的前提下，还可控制存入和取出的速度，但在任何一段时间内，人们取出的自然资源数量（含自然熵衰减）都不大可能大于原有的存入总量。时间和空间属性是利用流量资源的两个限制性条件，人类可通过工程技术分别以储存和传输的方式解决这两个问题。

国际上对自然资源的分类以多级划分为主，并在不同层级的分类中综合考虑自然资源的属性特征等，对中国的自然资源从简单分类到多级分类产生了较大的影响。近年来，我国使用较为广泛的一种分类方法，是《中国资源科学百科全书》中根据自然资源属性的多级划分法（如图 1－2 所示），把自然资源分为陆地资源、海洋资源和太空（宇宙）资源。其中，陆地资源包括土地、水、气候、生物、矿产资源；海洋资源包括海洋生物资源、海洋水资源、海洋气候资源、海洋矿产资源与海底资源。

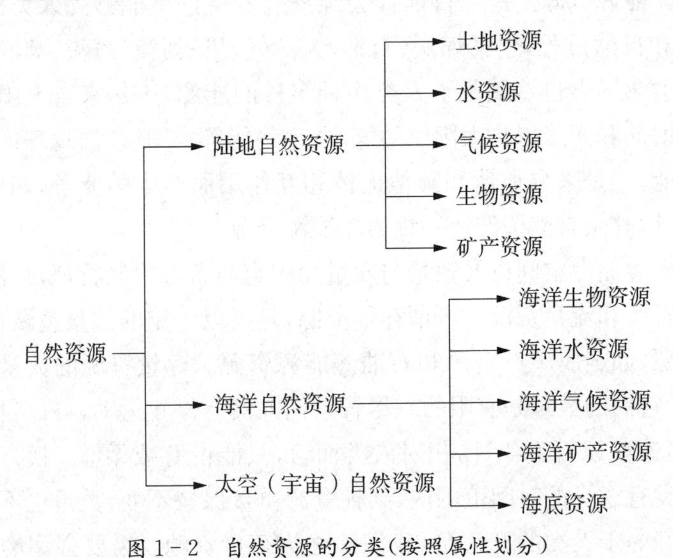

图 1－2　自然资源的分类（按照属性划分）

为了资源管理的需要，以人类社会对于某一资源的利用是否加以控制为依据，自然资源可以分为专有资源和共享资源两大类。专有资源是通过法律或产权登记等方式，对自然资源进行使用和管理。根据法律规定，确认和登记拥有某一自然资源所有权或使用权者，其拥有对于自然资源占有、使用、收益和处置的权利。法律保护自然资源产权拥有者的合法财产权益。例如,土地所有权、海域使用权、农村土地承包权等权益,通过不动产确权登记和颁发证书,得到充分保护,任何第三者不得侵犯。共享资源是任何集团或者个人可以自由享用的,未确定所有权人和使用权人的自然资源,如空气、公海、外太空。也有人把多个主体对于某一自然资源共同享有产权的自然资源(如国际湖泊、国际森林、国际河流的水资源等)称为共享资源。

人类对自然资源利用方式主要可以分为三类:将资源作为物质载体的开发利用,如建设用地资源利用;利用自然资源自身生产能力的开发利用,如农业自然资源利用;直接获取自然资源的开发利用,如矿产开发、渔业捕捞、林木采伐等对于自然资源的利用。其中,将直接获取自然资源的开发利用方式称为"对物的采掘",其主要特征是直接将处于自然赋存状态下的自然资源转化为资源产品,是一种消耗性的开发利用方式。将以资源作为物质载体和利用自然资源自身生产能力的开发利用方式称为"非对物的采掘",其主要特征是以自然资源作为完成一定社会经济活动的媒介,这种利用方式在很大程度上能够保持自然资源的原有赋存状态,是一种非消耗性的开发利用方式。

为了贯彻落实习近平生态文明思想,统一行使全民所有自然资源资产所有者职责和统一行使所有国土空间用途管制和生态保护修复职责,2018 年,国务院组建了自然资源部。自然资源部的职责涉及土地、矿产、森林、草原、水、湿地、海域海岛七类自然资源,涵盖陆地和海洋、地上和地下。

第三节　自然资源的基本特性

一、天然性

自然资源是自然环境的组成部分,是自然过程所产生的天然生成物。人类的历史最多以百万年计,而地球表层演化已达 45 亿年。在地球形成的初期,原始的地球表层只有岩石圈,后来才产生了大气圈、水圈、土壤圈和生物圈。人类出现以前,地表各圈层的运动主要表现为岩石圈的地质大循环、大气圈的大气环流、水圈的水循环和生物圈的生物小循环。太阳辐射是地表物质循环的主要能量和动力来源。在大气圈和水圈出现之前,岩石圈的热容量低,太阳辐射的能量输入和地表热辐射的能量输出几乎相同，地表获得的自由能很少。地表大气圈和水圈形成后，大气环流和水循环调节了地球表面的温度，同时将输入太阳辐射的30%转化为地球自由能，增强了地球表层的活力。绿色植物产生和生物圈出现以后，地球接受的太阳辐射能量有1/1 000转化为生物化学能，再通过食物链，按照1/10定律传递给食草动物和食肉动物，维持着地表生机蓬勃的生物世界。

自然资源是因为人类利用而定义的，人类没有出现以前，地球上无所谓自然资源。作为资源的土地、水、矿产、生物、大气等源自地表各个自然圈层的自然物，是客观存在的，不以人类是否认识、是否利用而改变。自然资源是自然环境中的一个组成部分，它的形成、分布、特性及其演化等必然遵循自然规律。人类自产生以来，就生活在地球的生物圈内，与自然界发生着密切的联系。这种联系表现在两个方面：其一，人类不断地从自然界索取进行物质生产的各种要素；其二，人类又不断地将生产废弃物和生活排泄物排到自然界。人类在进行自然资源的开发和利用时，既要考虑数量的限制，又要考虑对环境的影响。

二、有用性

资源是由人而不是由自然来界定的。自然资源在本质上是自然环境和人类社会相互作用的一种价值判断与评价，是以人类利用为标准的。正是人类的能力和需要创造了资源的价值。自然环境中的物质和能量是否能够成为自然资源，取决于人类是否有能力对其开发利用。也就是说，自然资源的开发利用能够满足人类的需要，能够产生经济效益和生态效益。人类世世代代都在探测自然环境，评价其中特定的有机成分和无机成分的价值。任何成分在被归为资源以前，必须满足两个前提：一是有获得和利用它的知识和技术技能；二是对所产生的物质或服务有某种需求。

在一定时期和一定的经济技术条件下，自然环境条件或者构成因素作为自然资源具有质和量的规定。例如，铁是在地表分布较广的元素，占地壳含量的4.75%，仅次于氧、硅、铝，位居地壳元素含量第四位。地表土壤含有铁，尤其是中亚热带湿润地区分布的地带性土壤——红壤，属中度脱硅富铝化的铁铝土。人体内也含有铁，健康成年男性体内的铁含量是50～55 mg/kg，女性为35～40 mg/kg。但是，这些铁均不构成铁矿资源。铁矿石品位是评价铁矿石质量的主要指标。天然铁矿石有无开采价值，开采后能否直接入炉冶炼及其冶炼价值如何，均取决于矿石的品位。从矿山开采出来的铁矿石，含铁量（TFe）一般在30%～60%，富矿的含铁量在55%以上。当实际含铁量大于理论含铁量的70%～90%时，方可直接入炉。品位较低，不能直接入炉的叫贫矿。贫矿必须经过选矿处理后才能入炉冶炼。需经选矿处理的铁矿石要求：赤铁矿石的TFe≥28%，磁铁矿石和菱铁矿石的TFe≥25%，褐铁矿石的TFe≥30%。铁矿石的含铁量高有利于降低焦比和提高产量。因为随着矿石品位的提高，脉石数量减少，熔剂用量和渣量也相应地减少，既节省热量消耗，又有利于炉况顺行。铁矿开发利用也需要矿区矿产资源储量达到一定的规模。按照原国土资源部制定的《矿产资源储量规模划分标准》（国土资发〔2000〕133号）：铁矿（富矿）矿区的矿产资源储量超过0.5亿吨，铁矿（贫矿）矿区的矿产资源储量超过1亿吨，才可以称为大型铁矿；铁矿（富矿）矿区的矿产资源储量为0.05～0.5亿吨，铁矿（贫矿）矿区的矿产资源储量为0.1～1亿吨，则称为中型铁矿。自然资源开发利用，在目前技术条件下，只有具有项目的经济可行性，能够实现人们期望的投资目标收益时，才能够成为现实。

三、稀缺性

对于人类来说，资源是重要的，也是稀缺的。

首先，人类只有一个地球，地球表面面积是有限的，地球上可供人类利用的物质和能量不是无穷无尽的。耗竭性资源越用越少，据2010年地球主要矿产探明储量估计：石油的储量为10 195亿桶，可供开采43年，高成本油田可供开采240年；天然气的埋藏量为144万亿立方米，可开采63年，高成本气田可供开采452年；煤炭的埋藏量为10 316亿吨，可开采231年；铀的储量为436万吨，可供开采72年。即使是属于可再生资源的生物资源，其数量也是有限的。例如，植被净初级生产力（net primary production, NPP）是指绿色植物在单位面积、单位时间内所积累的有机物数量，是光合作用所产生的有机质总量减去呼吸消耗后的剩余部分的能量值。全球植被净初级生产力分为三个等级：

(a) 生产量极低的区域。生产量1 000千卡/米^2·年或者更少。大部分海洋和荒漠属于这类区域。辽阔的海洋缺少营养物质，荒漠主要是缺水。

(b) 中等生产量的区域。生产量为1 000～10 000千卡/米^2·年。许多草地、沿海区域、深湖和一些农田属于这类区域。这些地区的生产量居于中等水平。

(c) 高生产量的区域。生产量为10 000～20 000千卡/米^2·年，或者更多。

其次，在人类生存发展的过程中，人们的需要具有多样性和无限性。随着生产力的发展和人们生活条件的改善，人口数量增长日益加快。公元前8000年，全世界人口约为500万人；公元1年，全世界大约有2亿人；14世纪50年代，全世界约有3.7亿人；1927年突破20亿人；1960年突破30亿人，1987年达到50亿人。2022年11月15日，联合国宣布全球人口数量达到80亿人。随着人口数量的增长，资源的消费量明显增加。以水资源利用为例，1950—1999年世界人口增加了1.4倍，农业用水增加了5倍，工业用水增加了26倍，家庭及生活用水增加了18倍。人类不断追求更高的生活质量，资源的消费量也不断增长。同时，在不同国家，人均日用水量差别很大，美国是600升，欧洲是200升，以色列是260升，巴勒斯坦是70升，非洲仅30升。发达国家人均水资源消费量是发展中国家的20倍。人的需求是无限的，任何资源相对于人的需求都可能是稀缺的。

由此可见，自然资源的稀缺性是被人类自身“制造”出来的。在一定的时空范围内能够被人们利用的自然物(资源)是有限的，而人们对物质需求的欲望是无限的，两者之间的矛盾构成资源的稀缺性。

四、系统性

自然资源是一个相互联系、相互作用、相互依存的整体。在一定的光、热、水、气的长期作用下，自然就会形成岩石风化壳、土壤，植物也就有了生长的基础，动物才有了食物来源。各种资源在地球表层相互作用和相互制约，就构成了资源生态系统。人类是在生物圈演化过程中产生的，是其重要的组成部分。但是，人类与生物圈不同，人类具有社会性，具有创造功能，能够制造工具，主动地适应自然环境和改造自然环境。在地球表层生态系统内，生产者是植物资源，包括农作物、森林、草原等，消费者是动物和人类，分解者是土壤动物、微生物等。非生物环境主要由基底、媒质、营养因子组成。基底包括岩石、土壤；媒质主要是水和空气；营养因子是构成生物的生活物质，如氧、碳、水和无机盐等。生态系统与自然资源的关系如图1-3所示。

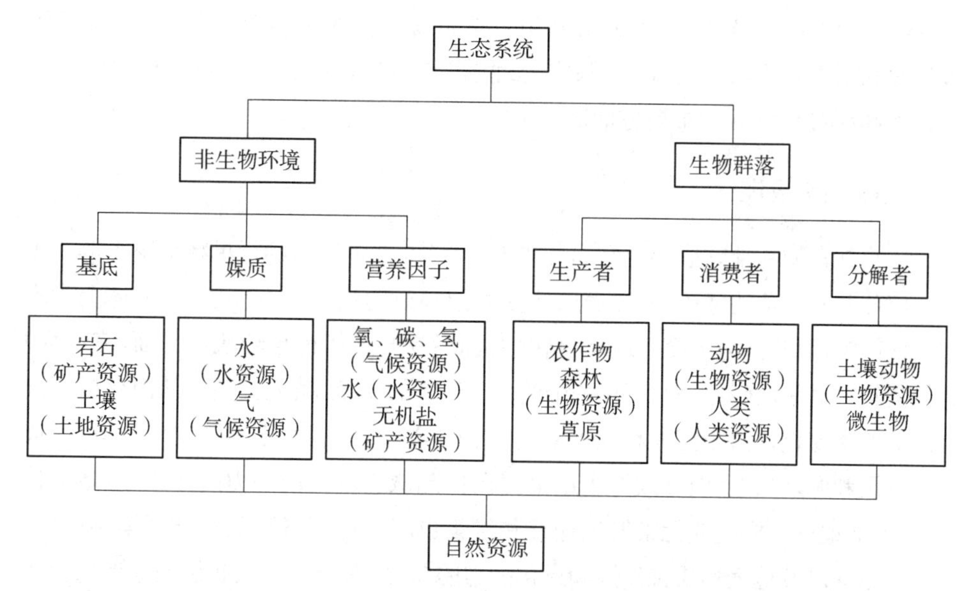

图 1-3 生态系统与自然资源的关系

自然资源的系统性还表现在某一自然资源的开发利用，必须考虑自然资源之间的相互作用和由此引起的环境变化潜在的不可逆性。地表植被破坏，土壤裸露，容易造成水土流失。大面积森林消失，影响当地气候，导致干旱、洪涝灾害频发。一种资源的开发规模也受到其他资源的制约。例如，在干旱地区开发煤炭资源建立火力发电站，水资源成为主要的限制因素。对一些资源型城市而言，如果产业结构调整滞后，一旦资源耗竭，就会出现经济衰退和人口流失，城市也会开始萎缩。人类在开发利用自然资源时，应保证社会和经济的可持续发展。

五、多宜性

一种自然资源通常存在多种适宜用途。例如，土地资源既可用于农业，也可用于工业、交通、旅游等。同一种资源可以作为不同生产过程的投入要素，而不同的行业可能会对同一种资源存在投入需求。自然资源的多宜性为人类利用资源的方式提供了不同面向，具体的利用方式取决于社会、经济、科学技术以及环境保护等因素的共同作用。某一种自然资源用于某一具体的用途，是资源利用需求和自然资源质量相互匹配的结果。同一用途也可能有多种类型的资源可供选择，并且在一定条件下可以互相替代。自然资源的多宜性和不同类型自然资源的相互替代性，决定了利用自然资源需要统筹规划，对自然资源各种开发利用方式进行综合评价，制定合理的开发利用方案，综合开发和优化开发成为利用自然资源的重要方向。

六、区域性

自然资源在地球表层的空间分布很不平衡，这是地球的行星特征决定的。由于地球并非完美的球体，地球表层接受太阳辐射的强度是有差别的，大体上为赤道地区暖，而两极地区冷。地球自转轴是倾斜的，这使得自转轨道平面(赤道面)与公转轨道平面(黄道面)存在一个约为 23°26′的交角(黄赤交角)，从而形成了气候的四季变化。由于海洋和陆地的地表物质差异，地表产生不同的气压场，形成了季风和海陆风，从而导致降水由沿海向内陆减少。在内外力的作用下，地质构造不同，地球物质组成元素发生迁移和富集也就形成了各种类型和规模的矿床。地壳运动以及地表物质抗侵蚀和风化能力的差异，形成了高低起伏的地形以及各种各样的地貌，进而对地表水热条件进行再分配。在不同的水热组合条件下，地表形成了不同的土壤、植被类型、动物群落和生态环境(见表 1-1)。

表 1-1　世界主要陆地自然带

<table>
<tr><th colspan="2">陆地自然带</th><th>气候类型</th><th>典型植被</th><th>典型动物</th><th>典型土壤</th></tr>
<tr><td rowspan="4">热带</td><td>热带雨林带</td><td>热带雨林气候</td><td>热带雨林</td><td>猩猩、河马</td><td>砖红壤</td></tr>
<tr><td>热带季雨林带</td><td>热带季风气候</td><td>热带季雨林</td><td>象、孔雀</td><td>砖红壤性红壤</td></tr>
<tr><td>热带草原带</td><td>热带草原气候</td><td>稀树草原</td><td>长颈鹿、斑马</td><td>燥红土</td></tr>
<tr><td>热带荒漠带</td><td>热带沙漠气候</td><td>热带荒漠</td><td>单峰驼</td><td>荒漠土</td></tr>
<tr><td rowspan="2">亚热带</td><td>亚热带常绿硬叶林带</td><td>地中海气候</td><td>亚热带常绿硬叶林</td><td>阿尔卑斯山羊、黇鹿</td><td>褐土</td></tr>
<tr><td>亚热带常绿阔叶林带</td><td>亚热带季风气候</td><td>亚热带常绿阔叶林</td><td>大熊猫</td><td>红壤、黄壤</td></tr>
<tr><td rowspan="3">温带</td><td rowspan="2">温带落叶阔叶林带</td><td>温带海洋性气候</td><td rowspan="2">温带落叶阔叶林</td><td rowspan="2">梅花鹿</td><td rowspan="2">棕壤、褐土</td></tr>
<tr><td>温带季风气候</td></tr>
<tr><td>温带草原带</td><td>温带大陆性气候</td><td>温带草原</td><td>黄羊</td><td>黑钙土</td></tr>
</table>

续 表

陆地自然带		气候类型	典型植被	典型动物	典型土壤
	温带荒漠带	温带大陆性气候	温带荒漠	双峰驼、野驴	荒漠土
亚寒带	亚寒带针叶林带	亚寒带针叶林气候	亚寒带针叶林	熊、狐、松鼠	灰化土
寒带	寒带苔原带	苔原气候	苔原	驯鹿	冰沼土
	极地冰原带	冰原气候	冰雪裸露	北极熊、企鹅	未发育

自然资源分布的形式各不相同，有的自然资源是广布的，有的自然资源则在空间上高度集聚。广布性自然资源供给充足，不具有稀缺性，资源的经济性不显著。相反，一些自然资源分布的空间集聚明显，只存在于某些地域，大多数地区缺乏，其稀缺性尤为突出，经济价值高。自然资源的富集程度和可接近性，直接影响着资源的有效开发、开发程度和开发时序，影响着自然资源开发利用的效率和效益。自然资源的地区差异明显，各个地区的自然资源优势不一样，扬长避短，发挥区域优势，是生产力布局优化的重要原则。例如，我国是一个幅员辽阔而又多山的国家，自然环境水平差异与垂直差异交织在一起，必然使各地的气候条件千差万别，形成不同的土壤、植被和优势物种，导致农业自然资源的种类、数量和组合方式在地域分布上各具特色。科学地识别本地的资源优势和掌握资源特点，因地制宜地开发利用，是振兴农业的一个关键因素。

此外，不同性质的自然资源在空间流通上的差异使不同的自然资源空间再分配的可能性和形式也不一样。对于可移动的自然资源，如径流，人类可以开掘运河、渠道，把径流引到需要的地方。对于制成品可移动的自然资源，如矿石、木材等，可以加工成不同程度的半成品和成品输向资源短缺的地区。对于不可移动的自然资源，如土地，相互间有固定的空间关系，只能通过产权登记和发证保护其合法财产权益。

自然资源空间分布的不平衡和空间运动上的差异，增添了利用自然资源的复杂性。

七、社会性

自然资源的社会属性是指自然资源作为人类社会生产的劳动手段和劳动对象的性质。自然资源和劳动一起构成国民财富的源泉,自然资源是生产力的组成部分。人类社会的发展对自然资源存在依赖。例如,在农业社会阶段,人类对自然资源的依赖性很强,平坦的地形、温暖的气候、丰沛的水源、肥沃的土壤,是农业社会时期生产力发展的重要条件。到了工业社会阶段,矿产资源对资源性产业和工业布局有决定性的影响。自然资源在社会经济发展中的作用越来越重要,直接影响着国计民生,自然资源的稀缺性使得某些资源具有战略意义。

自然资源具有基本的社会保障功能,如阳光、水、空气、普通生物等,应该向全体社会成员平等开放,允许有需要的社会成员在不影响他人权利和社会公益的前提下自由取用。但是,人类不断地使用自然资源,某些自然资源的数量有限,致使其逐渐减少甚至枯竭,对自然资源产生强烈的破坏作用,导致人类赖以生存与发展的自然环境日益恶化。自然资源具有经济资源与生态系统的双重属性,这要求对自然资源的公平分配和合理利用进行科学管理。

自然资源的开发利用及其管理与人们对它的认识、态度、利益关系和利用控制能力有关。在市场经济中,通过明晰资源产权,发挥市场对于资源配置的决定性作用,运用产权交易提高有限的自然资源利用效率,已经成为国际社会的共识和通用做法。资本主义国家实行土地私有制,土地的产权交易一直是通过市场化途径解决。我国实行土地社会主义公有制,城镇土地实行有偿、有限期、有流动的出让,发挥地价的杠杆作用,不仅使得土地所有者的权益在经济上实现,而且也有效地促进了土地资源的节约集约利用。污染权是一种特殊的资源类公共产品,对于一定时期不得不付出的环境代价进行量化和配置,并使之能够通过市场进行交易,可以有效地控制和约束污染排放和环境破坏。

自然资源的可持续利用还需要人们关于自然资源价值观的转变。人和自然界其他生命相互依赖是与生俱来的,有着不可分割的联系。地球是地球上生存的一切生物的地球,而不仅是人类的地球,人类只是生存在地球上的生物之一。地球上生存的每一种生物都有其应有的位置,都有着自己存在的价值和意义,这是天赋权利,不应该随意被剥夺。没有按照自然规律和生态规律从事的活动,都是不正确、不合理的活动,这应该成为经济社会和日常生活的重要规范。自然资源的开发利用需要讲求代际公平。如果说保护环境、资源节约集约利用是为长远谋利的话，那么，为了一时方便，任意排放污染，破坏环境，挥霍浪费、无节制地开发利用资源，社会和经济就不可能持续发展，人类就没有了未来。

八、动态性

自然资源是在地球演化过程中形成的。地球作为一颗行星，起源于46亿年以前的原始太阳星云。地球和其他行星一样，经历了吸积、碰撞这些共同的物理演化过程。在地球形成的过程中，初期的地球是由热的液态物质组成的发光球体。随着时间的推移，地表温度不断降低，固体核逐渐形成。进入太古宙、元古宙时期，随着原始大气中水蒸气含量的增加，最后汇聚成原始海洋。进入显生宙，即寒武纪初期，以大量动物的出现为标志，地球上进入看得见生物的年代。早古生代以生长在海水中的无脊椎动物与低等植物的繁盛为特点，藻类、三叶虫、头足类、笔石、腕足类、低等珊瑚等十分丰富。晚古生代以陆生植物的繁盛和脊椎动物登上大陆为特点，在大陆出现了高大的乔木、两栖类及爬行类，在海洋中出现了蜓类，同时，三叶虫及笔石在晚古生代末期灭绝，头足类、腕足类、珊瑚等发展成为新的种属。中生代脊椎动物中的爬行类极其繁盛，各种恐龙横行天下。白垩纪初期出现鸟类。中生代早期裸子植物繁盛，中生代晚期被子植物开始取代裸子植物的地位。新生代是被子植物和哺乳动物的天下。

虽然地球的总自然禀赋本质上是固定的，但资源却是动态的，没有已知的或固定的极限。迄今的资源利用史一直是不断发现的历史，对资源基础的定义在不断拓展。旧石器时代的人类所知的资源不多，天然可得的植物、动物、水、木头和石头是那时的全部基本资源。将原始植物采集者转变成农夫的新石器革命，以及后来在苏美尔、古埃及和中国产生的以金属为基础的技术，开始了社会结构和组织变化的累积过程。进入农业社会后，人们开始种植和养殖，从靠天吃饭、四处游猎转变为在一个地方长期定居。蒸汽机成为第二次产业革命的核心，开启了人类对煤、石油、天然气等化石能源的广泛利用。人类不仅有了自然资源的概念，而且借助技术进步，开始积极主动地利用自然资源，大大地提高了自然资源的利用率，并进而刺激生产力水平的提高。

自然资源是与一定的社会经济条件和科学技术水平相联系的。随着技术、经济条件的变化，自然资源的质、量和利用效能都将发生变化，从而表现出极大的动态性和多变性。人类和科学技术水平是自然环境转化为自然资源的桥梁。随着科学技术的发展，人类利用自然资源的范围和深度不断扩大。过去排除在资源以外的自然环境要素，一旦有了利用和开采的手段，便逐步转化为有用的自然资源。人类可以在开发利用中，有目的地对它进行定向改造和培育，使它具有比天然状态更优越的利用性能。随着科学技术的进步与合理利用，资源的生产能力可以得到提高与循环使用。在一定的时空范围内，可供人类利用的自然资源是相对有限的，某些自然资源具有不可替代性，总的趋势是变化的、无限的。因为自然界的自然进化不会停止，人类科技进步不会停止，人们认识自然、利用自然、改造自然的能力不断增强。

第四节 中国自然资源利用与管理

一、中国自然资源开发利用的现状

(一) 开发利用历史悠久

早在200多万年前开始的旧石器时代，中华民族的祖先——巫山人(距今约200万年)、元谋人(距今约170万年)和北京人(距今约50万年)，就已经能够使用一些用坚硬的矿物和岩石——燧石、石英与石英岩、板岩、石灰岩等制成的粗笨石器，砍伐树木，刮削木棒，切割兽肉，挖掘植物块根。到了距今1万年左右的新石器时代，生活在黄河上下、大江南北的我们的祖先，开始利用石镰和石铲，在当地栽培植物、饲养役畜，以供生活需要。早在6000年前，中国已经开始水稻种植，栽培了黍、粟、小麦、高粱、麻、桑等作物，并驯养了猪、羊、牛、马、鸡、鸭、狗和骆驼等。

到了奴隶社会时期，青铜冶炼业成为社会生产发展重要的物质基础。距今约5970年，大约相当于仰韶文化时期，中国便有了最早的用铜记录。由于大量矿物采冶生产知识的积累，在春秋战国时期的古籍中就曾留下关于中国矿物资源分布的丰富记载。春秋至秦汉时期，通过采集、捕猎而获取的天然物资是手工业生产资料的主要来源。那时“百工”生产的原料，如皮、革、筋、角、齿、羽、箭、干、脂、胶、丹、漆等,大抵都是天然出产。秦始皇曾专设铁官管理全国的矿冶事业。汉晋时期,中国已懂得用天然气煮盐、从硫化汞中提取汞,还曾有陕西延长地区石油可燃现象的记录。在西汉时期,我国已开始将煤炭用作炼铁的燃料。

在海洋资源开发利用方面,自古以来,中国人民就把海洋作为生产斗争和科学实验的基地。春秋战国时期,我国即已开始大规模地利用海滩晒制海盐,并大力发展沿海捕捞。西汉时代便发展了海洋运输,与日本等国开展了频繁的海上交通往来。唐宋时期,中国商船队已成为航行南海和印度洋海域最活跃的船队。明代中国航海家郑和率领庞大的航海船队,于1405—1433年七下西洋,为世界航海史增添了光辉篇章。

(二)开发利用发展迅速

中华人民共和国成立以来,中国自然资源的开发利用得到了迅速发展。

在矿产资源开发利用方面,1949年,中国发现矿产18种,探明储量的矿产只有2种。全国有矿山300座,产煤3243万吨,石油12万吨,钢铁15.8万吨,有色金属1.3万吨,水泥66万吨,磷矿石不足2万吨。截至2022年年底,中国已发现173种矿产,其中,能源矿产13种,金属矿产59种,非金属矿产95种,水气矿产6种。2022年,一次能源生产总量为46.6亿吨标准煤,比上年增长9.2%;能源生产结构中,煤炭占67.4%,石油占6.3%,天然气占5.9%,水电、核电、风电、太阳能发电等非化石能源占20.4%;能源消费总量为54.1亿吨标准煤,增长2.9%,能源自给率为86.1%。2022年,金属矿产中,铁矿石产量为9.7亿吨,铜精矿产量为187.4万吨,铅精矿产量为149.7万吨,锌精矿产量为310.3万吨;非金属矿产中,磷矿石产量为10474.5万吨(折含P_2O_5 30%),水泥产量为21.3亿吨。中国实现了向矿产大国的飞跃,矿石产量和原矿产值均居世界第三位,仅次于俄罗斯和美国。从矿产资源开发利用结构来看,建筑材料开采量最高,占矿产资源开采总量的47.4%;其次是化石能源,占37.4%;再次是金属矿石,占12.9%;最低是工业矿物,占2.3%。天然气、稀土等部分矿种开采量保持逐年增长的趋势。

随着社会和经济的发展,工业建设和居住用地的需求不断扩大,土地利用结构发生了巨大的变化。1949年中国的土地利用结构为:耕地占10.19%,林地占13.02%,草地占40.83%,园地占0.11%,居住工矿地占0.49%,交通用地占 0.21%，水域占 2.35%，其他土地占 32.8%。根据第三次全国国土调查（简称“国土三调”）的数据，2019 年的土地利用结构为：耕地占 13.32%，林地占 29.60%，草地占 27.56%，园地占 2.10%，居住工矿地占 3.68%，交通用地占 1%，水域占 3.78%，其他土地占 18.98%。自然资源部发布的《2023 年中国自然资源公报》显示，根据 2022 年度全国国土变更调查成果，全国共有耕地 12 758.0 万公顷、园地 2 011.3 万公顷、林地 28 354.6 万公顷、草地 26 428.5 万公顷、湿地 2 356.9 万公顷、城镇村及工矿用地 3 596.8 万公顷、交通运输用地 1 018.6 万公顷、水域及水利设施用地 3 629.6 万公顷。

中国大陆位于太平洋西岸，海岸线长，海洋渔场面积为 200 多万平方千米，拥有丰富的海洋滩涂、港湾、渔业和海洋矿产资源。20 世纪 90 年代以来，中国海洋经济以两位数的年增长率快速发展。1992 年以来，中国海洋渔获量一直居世界首位。1992 年海洋渔获量 934 万吨，其中，海水养殖产量 242 万吨；2022 年，全国海水产品产量 3 459.53 万吨，其中海水养殖产量 2 275.7 万吨。2022 年，全国海洋生产总值超过 94 628 亿元，海洋经济对国民经济增长的贡献率达到 7.8%。海洋第一、第二和第三产业增加值占海洋生产总值的比重分别为 4.6%、36.5%、58.9%。海洋产业结构调整取得成效，发展水平不断提升。

（三）开发利用尚有巨大潜力

中国自然资源开发利用取得了显著业绩，但由于科学技术、经营管理等方面的原因，目前尚有巨大的开发利用潜力。21 世纪 10 年代初，中国工业用水的重复利用率仅为 20%左右，矿产资源的利用率仅为 40%～50%，化工原料的利用率仅为 33%，木材的利用率为 40%～50%，能源的利用率仅为 33%，冶金行业有色金属冶炼中的总体利用率不到 50%，含铁尘泥只利用了 15%。按此计算，中国通过废水、废气、废渣每年排放的纯硫达 33 万吨，有色金属 7.3 万吨，铁 80 万吨，煤 230 万吨。

中国土地资源的节约集约利用潜力也没有充分发挥。21 世纪 10 年代初，全国耕地的复种指数平均约为 150%，长江中下游地区高达 218%；但光、热、水条件比较优越的华南地区，按理论一年可以三熟甚至四熟，而实际复种指数只有 195%；黄淮海平原大部分地区一年可以二熟，复种指数仅为 148%。因而，假使积极创造条件，因地制宜地提高现有耕地的复种指数，就意味着扩大了耕地面积，农业增产潜力是相当可观的。中国现有耕地大体是高、中、低产的耕地各占 1/3，也就是说，中低产耕地要占 2/3。如果能改善生产条件，使高产地区保持稳产高产，力求稳中有增，中低产耕地逐步提高单产，努力实现地区间平衡增产，则必将使中国耕地的生产水平登上新的台阶。在耕地保持 18.45 亿亩（1.23 亿公顷），粮食播种面积在 21.15 亿亩（1.41 亿公顷），灌溉面积达到 10.35 亿亩（0.69 亿公顷）的前提下，中国粮食的理想生产能力约 9.4 亿吨。经土地质量综合订正后认为，全国粮食最大可能生产力约 8.3 亿吨，播面单产接近 6 吨/公顷，是现有单产的 2 倍多。中国城镇化进程中，建设用地规模扩张过快。目前，城镇工矿建设用地中处于低效利用状态的有 5 000 平方千米，占全国城市建成区面积的 11%。2017 年的测算显示，全国城镇住宅用地占比平均为 33%，人均住宅用地面积为 39 平方米。2006—2015 年，农村人口向城市转移了 1.9 亿人，但农村建设用地不仅没有相应地减少，反而增加了 255 亿平方米，人均农村建设用地高达 325 平方米。

中国海洋资源的开发利用，同样具有巨大的潜力。在中国管辖的海域，记录到的海洋生物达到 20 200 多种，占世界海洋生物种类总数的 1/10。中国沿海水深在 15 米以内的水面和滩涂就超过 1 300 万公顷。据《2023 中国渔业统计年鉴》，2022 年全国海水养殖产量达 2 275.69 万吨。中国的海底石油资源储量约占全国石油资源储量的 10%～14%；中国的海底天然气资源量约占全国天然气资源的 25%～34%。中国近海分布有金、锆英石、钛铁矿、独居石、铬尖晶石等经济价值极高的砂矿。大陆架浅海区广泛地分布有铜、煤、硫、磷、石灰石等矿。中国已经实现直接从海水中提取氯化钠、溴素和氯化镁，并实现了工业化；直接从海水中提取钾、铀、锂等正在向产业化阶段积极迈进。

（四）资源浪费和环境破坏相当严重

中国开发利用自然资源有悠久的历史。一方面，这使中国积累了开发利用自然资源的丰富的、宝贵的经验，发展起了规模巨大的产业经济活动，把自然资源的潜在优势转化成了现实经济优势；另一方面，在漫长的历史长河中，人们不断地变更居住地，开拓新的生存空间，留下了原始农耕文化对自然资源的破坏遗迹。历代统治者对自然资源的掠夺和战乱冲突，使自然环境受到严重的破坏。例如，地跨甘、宁、陕三省（区）的黄土高原，其历史自然景观曾是森林和森林草原。在秦汉以前，这里森林密布，山清水秀。根据《汉书・地理志》《水经注》等书考证，黄土高原西部的甘肃陇东、陇西、兰州和宁夏一带也曾密布森林。

自唐以后，屯田开始向深度发展，造成原有生态系统的破坏，黄土高原一带成为中国水土资源流失最严重的地区。宁夏西海固由于森林广布、草场丰美，曾经是唐朝的养马中心，直到明代前期，仍然是以牧为主的半农半牧区。1949 年后，我国党和政府十分重视自然资源的开发利用和改善保护，在合理开发利用自然资源方面做了大量工作。

目前，全国水土流失严重。解放初的水土流失面积约 116 万平方千米。水利部发布的《中国水土保持公报（2022 年）》显示，据全国水土流失动态监测，2022 年，全国共有水土流失面积 265.34 万平方千米。其中，水力侵蚀面积 109.06 万平方千米，占水土流失总面积的 41.10%；风力侵蚀面积 156.28 万平方千米，占水土流失总面积的 58.90%。每年水土流失的土壤至少在 50 亿吨，水土流失带走的氮、磷、钾约有 4 000 万吨。2019 年，我国的荒漠化土地总面积为 257.37 万平方千米，沙化土地面积为 168.78 万平方千米，受其危害的人口近 4 亿人。荒漠化给中国的工农业生产和人民生活带来了严重的影响，造成了可利用土地面积的减少，生产力下降，自然环境和农业生产条件恶化，旱涝灾害加剧，粮食产量下降。中国天然草地主要分布在利用条件较差的山地或高海拔地区，此类地区又多为大江大河的源头，在逐年增大的拓垦中，草地面积已在逐年缩减。再加上牧业生产者掠夺式的经营，超载过牧、重用轻养，甚至滥用，致使草原生态系统失衡、生产力下降。2022 年，中国森林面积达 2.31 亿公顷，是全球森林资源增长最多和人工造林面积最大的国家，是全球“增绿”的主力军。

资源浪费成为中国自然资源开发利用的软肋。据了解，发达国家农产品的综合利用率高达 90%，中国仅为 40%左右，存在很大的差距。中国农产品加工的副产物中有 60%得不到有效利用，其中，水产品类的综合利用率不足 50%，米糠类不足 10%，果蔬类不足 5%，油料类产品的综合利用率也仅达到 20%。中国矿产资源的特点是“三多、两少、一难”，即贫矿多、中小型矿床多、共伴生矿床多，富矿少、大型超大型矿床少，开发利用难。煤矿基本上是采一丢二，资源综合回收率只有 10%～15%，全国平均综合回收率仅 30%。铝土矿采一丢一，产量占全国一半以上的个体和小型铝土矿山的回采率仅为 20%～35%。另外，因为中国大部分工业企业管理不善，生产工艺落后，机械设备陈旧，也导致资源的浪费和破坏。例如，全国造纸行业每年随废水排入江河的烧碱总量，约占全国烧碱产量的 1/3。资源、能源利用率低，大量物料和能源变成“三废”排入环境，意味着大量资源、能源遭到浪费，没有变成工业产品造福人民，反而变成环境的污染物危害当今和后世。

中国拥有约300万平方千米的蓝色国土，由于历史与现实的原因，南海问题十分复杂，已经形成"六国七方"介入、"四国五方"军事占领的武装割据格局。近海区域的酷渔滥捕，使海洋渔业资源严重衰退。对沿海湿地的围垦，改变了海岸形态，降低了海岸线的曲折度，危及红树林等生物资源，造成对海洋生态环境的破坏和海洋生物多样性的减少。在开发和利用海洋资源的同时，人们忽视了环境问题，导致海洋污染严重。

二、中国自然资源开发利用面临的挑战

（一）人均资源占有少，资源稀缺性明显

中国耕地、森林、草地、淡水、矿产等自然资源按资源总量计算，均居世界前列。但我国人口众多，人均资源相对不足。中国人均国土面积仅为世界平均水平的1/3，耕地、森林、淡水资源人均占有量分别只有世界平均水平的1/2、1/4和1/3。中国以占世界1/10的耕地养活了占世界1/5的人口，迫于人口压力，中国长期以来对耕地重用轻养，土地开垦过度，耕地处于严重超负荷利用的状态。近年来，我国的农村与城市都处于快速发展之中，而无论是新农村建设，还是城市发展，都需要使用到大量的土地资源。1957—1995年，中国的耕地年均净减少超过600万亩；1996—2008年，年均净减少超过1 000万亩；2009—2019年，年均净减少超过1 100万亩。2009—2019年，中国耕地净流向林地1.12亿亩，净流向园地0.63亿亩，有6 200多万亩坡度2°以下的平地被用来种树。中国的耕地质量可谓"先天不足"，优质耕地资源紧缺。根据农业部门的调查，全国耕地由高到低依次划分为10个质量等级，平均等级仅为4.76等。其中，一等到三等耕地仅占31%，中低产田占2/3以上。2016年年底公布的全国耕地后备资源调查结果显示，经过持续开垦，耕地后备资源的总面积为8 029万亩，大规模开发利用的方式已不再适用。其中，4 722万亩受水资源限制，短期内不适宜开发利用。全国现存耕地中25°以上坡耕地以及分布在河道、湖区高水位线下的耕地有8 000多万亩，属于不稳定利用耕地，需要逐步退出。

除煤炭和部分稀有矿产外，中国统计的38种主要矿产中，有24种的人均储量低于世界平均水平，特别是石油、天然气、铜、镍、锡、钾盐、钴、锂等对国计

民生具有重要影响的大宗矿产人均储量不足。石油和天然气储量不到世界人均水平的7%，铁矿石、铜和铝土矿等大宗矿产的人均可回收资源储量分别相当于世界人均水平的72%、41%和38%。即使那些人均储量较高的矿产，由于人均消费量或产量更大，其保障程度也远低于世界水平。至2020年，中国完全可以满足需求供应的矿产只有7种：煤炭、钼、钒、晶质石墨、高岭土、菱镁矿和重晶石。24种主要矿产资源的可供产量不能满足需求，其中，供应保障率不足30%的矿产为13种，包括能源矿产石油、天然气，黑色矿产铁、锰、铬，有色矿产铜、镍、钴，贵金属金以及萤石、硼、金刚石和硫铁矿。

中国还是一个干旱缺水严重的国家。中国的淡水资源总量为28 000亿立方米，占全球水资源的6%，仅次于巴西、俄罗斯、加拿大、美国和印度尼西亚，位列世界第六位。但是，中国的人均水资源量只有2 300立方米，仅为世界平均水平的1/4，是全球人均水资源最贫乏的国家之一。然而，中国又是世界上用水量最多的国家。2022年《中国水资源公报》显示，全国用水总量为5 998.2亿立方米。其中，生活用水为905.7亿立方米，占用水总量的15.1%；工业用水为968.4亿立方米（其中，火电和核电直流冷却水482.7亿立方米），占用水总量的16.2%；农业用水为3 781.3亿立方米，占用水总量的63%；人工生态环境补水为342.8亿立方米，占用水总量的5.7%。地表水源供水量为4 994.2亿立方米，占供水总量的83.3%；地下水源供水量为828.2亿立方米，占供水总量的13.8%；其他（非常规）水源供水量为175.8亿立方米，占供水总量的2.9%。2022年，全国人均综合用水量为425立方米，万元国内生产总值（当年价）的用水量为49.6立方米。耕地实际灌溉亩均用水量为364立方米，农田灌溉水有效利用系数为0.572，万元工业增加值（当年价）的用水量为24.1立方米，人均生活用水量为176升/日（其中，人均城乡居民用水量为124升/日）。

（二）自然资源时空分布不均，自然灾害频繁发生

中国自然资源地区分布很不平衡，尤以光、热、水、土、能源和矿产资源为甚。

中国南北相距5 500多千米，跨近50个纬度，大部分地区位于北纬20°～50°的中纬度地带。全年太阳辐射总量西部大于东部，高原大于平原。以西藏为最高，西北地区和黄河流域的太阳辐射条件优于世界上不少平均温度相似的地方，长江流域优于日本和西欧。农作物生长期间的热量条件，除分别占国土

面积 1.2%和 26.7%的寒温带以及青藏高原多属高寒气候外，其余 72.1%的地区处于温带（占国土总面积的 25.9%）、暖温带（占国土总面积的 18.5%）、亚热带（占国土总面积的 26.1%）以及热带和赤道带（占国土总面积的 1.6%）。全年 0℃以上积温均在 2 500℃以上。其中，以海南为最高，达 8 500～9 000℃，无霜期 100 天至全年无霜。如果仅就热量条件而言，夏季都可种植多种喜温作物，大部分地区可复种，一年种二熟或三熟。

全国各地的干湿状况大体可以 400 毫米等雨量线为界，即从大兴安岭起，经通辽、张北、榆林、兰州、玉树至拉萨附近，沿东北斜向西南一线，分为东南和西北两大部分。东南部为湿润、半湿润区，西北部为半干旱和干旱区，约各占国土面积的一半。东南部受太平洋季风环流影响，雨水较充沛，年降雨量随纬度高低和距海远近变化于 400～2 400 毫米之间，干燥度①一般低于 1.5，且雨、热基本同期，80%以上的雨水集中在作物活跃生长期内，这是 90%以上的农区和林区都分布在东半部的重要原因。西北部半干旱、干旱区的年降水量一般在 400 毫米以下，有些地方仅数十毫米甚至数毫米，干燥度在 1.5 以上，有的甚至达 20 以上，因而限制了农业和林业的发展，只在较高的山岭有少量森林资源。但这些地区有辽阔的草原，形成了中国的牧区。夏半年南北之间的温度差异较小。北方夏季气温比世界同纬度地方高，可使一年生喜温作物的北界大大地向北推移；冬季气温则比世界同纬度地方低，又使冬小麦等越冬作物的北界南移。

中国季风气候的不利方面主要是它的不稳定性。夏季风各年的进退时间、影响范围和强度都不相同，因而降水年内分布不均，年际变化也大。正常年份，由于北方处在副热带高气压带的控制下，形成少雨的天气；南方受副热带高气压和海洋上的低气压交汇控制和台风的共同影响，造成多雨天气。个别年份，夏季风强时副热带高压强盛北抬，静止锋停留在长江以北的黄淮流域，使黄淮流域长时间降雨导致南旱北涝。夏季风弱时副热带高压南移，北方冷空气可到达长江以南，使静止锋停留在长江以南，长江以南多雨，形成南涝北旱。中国主要河流以东西流向为主，与雨带平行，雨季上下游同时涨水，旱季上下游同时进入枯水期。中国河流的水文特征，加剧了中国洪涝和干旱灾害。

---

① 衡量气候干燥程度的指标。又称干燥指数。用地面失水（如蒸发、径流）与供水的比值表示。比值越大，表示气候越干燥；比值越小，表示气候越湿润。

中国水资源的分布特征是南方多、北方少。其中，长江流域的水量最大，占全国总水量的37.7%，其次为珠江和广东、广西沿海各河流域，占17.2%；反观淮河以北，黄河虽为大河，但其水量仅占全国径流量的2%，海河、滦河为1%。长江流域及长江以南耕地只占全国总耕地的37.8%，黄淮海三大流域耕地却占全国的38.4%。长江流域每亩耕地的平均占有水量达2800立方米，黄河流域为260立方米，海河流域仅为160立方米。

中国自然环境地域分异明显，各地光、热、水、土等资源条件的配合不够协调，各有利弊。东北地区平原面积大，土壤肥力高，气候也不太干旱，森林资源丰富，但气温较低，生长期短，易受寒害。华北地区平原广阔，夏暖冬寒，水资源不足而变率大，旱涝碱面积较大。西北地区太阳辐射强，光能资源丰富，夏季温度高，但严重干旱缺水，沙漠、戈壁和盐碱地分布广。南方地区热量丰富，水源充沛，植物生长发育快，生物资源丰富，但丘陵山地的比例大，耕地较少，降水变率大，易受洪涝威胁。青藏地区地势很高，太阳辐射强，为全国之冠，但气候寒冷，活动积温低，土层发育差。全国土地资源中宜农地少，不宜地类面积占有较大的比例，难利用的土地多。

中国矿产资源地域分布不平衡。能源方面，煤炭探明储量将近80%分布于中国北方（其中有64%集中于华北地区），10%在西南地区，而江南八省只占2%；石油探明储量的98%在北方；天然气探明储量有限，其中的67%分布于四川；水力资源西南、西北、中南三大地区占90%，其余10%分布于东北、华北、华东地区。中国东南部的滇、黔、桂、湘、赣、粤六省具有世界上数一数二的钨、锡、锑、锌、汞、铅等矿产储量。北煤南运，西电东送，成为中国的新常态。

中国自然灾害种类多，发生频率高，分布地域广。除了现代火山活动外，地球上几乎所有的自然灾害类型在中国都发生过。中国大陆发生的地震次数占全球陆地破坏性地震次数的1/3，是世界上大陆地震最多的国家。中国32个省（自治区、直辖市）均不同程度地受到自然灾害的影响，70%以上的城市、50%以上的人口分布在气象、地震、地质、海洋等灾害的高风险区。区域性洪涝、干旱每年都会发生，东南沿海地区每年有7个左右的台风登陆。自然灾害给国民经济和人民生命财产带来了巨大的损失。21世纪以来，中国平均每年因自然灾害造成的直接经济损失超过3000亿元，每年大约有3亿人次受灾。

（三）自然生态系统总体较为脆弱，生态修复任务急迫且艰巨

中国是世界草原面积较大的国家。草原是中国黄河、长江、澜沧江、怒江、雅鲁藏布江、辽河和黑龙江等几大水系的发源地，是中华民族的水源和“水塔”。黄河水量的80%、长江水量的30%、东北河流50%以上的水量直接源自草原。如果把森林比作立体生态屏障，草原就是水平生态屏障。一些地方征占用草原过度开发、无序开发，草原被不断蚕食，面积萎缩，草原退化、沙化、石漠化等问题依然存在。中国自然生态系统总体仍较为脆弱，生态承载力和环境容量不足，经济发展带来的生态保护压力依然较大。

就生态系统质量功能看，2020年全国乔木纯林面积达10 447万公顷，占乔木林总面积的58.1%，较高的占比容易导致森林生态系统不稳定，全国乔木林质量指数为0.62，整体仍处于中等水平。草原生态系统整体仍较脆弱，中度和重度退化面积仍占1/3以上。草原的防沙作用明显。当植被盖度为30%～50%时，近地面风速可降低50%，地面输沙量仅相当于流沙地段的1%；盖度60%的草原，其每年断面上通过的沙量平均只有裸露沙地的4.5%。在相同条件下，草地土壤含水量较裸地高出90%以上；长草的坡地与裸露坡地相比，地表径流量可减少47%，冲刷量减少77%。部分河道、湿地、湖泊的生态功能降低或丧失，例如，红树林面积与20世纪50年代相比减少了40%，珊瑚礁覆盖率下降、海草床盖度降低等问题较为突出，自然岸线缩减的现象依然普遍，防灾减灾功能退化，近岸海域生态系统的整体形势不容乐观。

中国在生态方面的历史欠账多、问题积累多、现实矛盾多，且面临“旧账”未还、又欠“新账”的问题，生态保护修复的任务十分艰巨，既是攻坚战，也是持久战。个别地方还有“重经济发展、轻生态保护”的现象，以牺牲生态环境换取经济增长，不合理的开发利用活动大量挤占和破坏生态空间。部分地区的水资源过度开发，经济社会用水大量挤占河湖生态水量，水生态的空间被侵占，流域区域生态保护和修复用水保障、水质改善、生物多样性保护等面临严峻挑战。一些地区长期大规模地超采地下水，形成地下水漏斗区，引发地面沉降、海水入侵等生态环境问题。部分城市过度挖湖引水造景，加剧水资源紧缺，破坏水系循环。2020年，中国地下水开采的总量为892.5亿立方米，中国21个省（自治区、直辖市）存在不同程度的地下水超采问题；中国现有盐碱化和次生盐碱化土地有5.1亿亩，土壤盐碱化主要分布在中国的北方地区和西北地区，其中，仅在新

疆、宁夏、甘肃和山西四省(自治区)就有盐碱地 2 亿亩。土壤盐碱化主要是气候比较干旱的地区人们过度灌溉,或者只灌不排,导致地下水位上升,地下的盐分被带到地表面,水分蒸发后,盐碱物质留在土壤中,形成盐碱土。

《2022 中国生态环境状况公报》显示,全国生态质量指数(EQI)值为 59.6,生态质量为二类。其中,生态质量为一类的县域面积占国土面积的 27.8%,二类的县域面积占 31.5%,五类的县域面积占 0.9%。在大气环境方面,339 个地级市及以上城市的优良天数平均占比为 86.5%。在淡水环境方面,全国地表水Ⅰ至Ⅲ类水质断面的占比为 87.9%;劣Ⅴ类断面的占比为 0.7%;919 个地级市以上城市在用集中式生活饮用水水源监测断面(点位)中,881 个全年均达标,占 95.9%。在土壤环境方面,全国农用地安全利用率稳定在 90%以上,农用地土壤环境状况总体稳定。

中国在生态保护和修复标准体系建设、新技术推广、科研成果转化等方面仍然存在很大不足,理论研究与工程实践存在一定程度的脱节现象,关键技术和措施的系统性和长效性不足。科技服务平台和服务体系不健全,生态保护和修复产业仍处于培育阶段。生态保护和修复工作具有明显的公益性、外部性,受盈利能力低、项目风险多等因素的影响,加之市场化投入机制、生态保护补偿机制仍不够完善,缺乏激励社会资本投入生态保护修复的有效政策和措施,生态产品价值实现缺乏有效途径,社会资本进入的意愿不强。工程建设仍以政府投入为主,投资渠道较为单一,资金投入整体不足。

(四)资源产业对外依存度增高,资源安全面临国际挑战

经济全球化的趋势仍然没有改变,新时代中国经济社会进入高质量发展阶段,生态文明建设、美丽中国和绿色发展要求转变自然资源开发利用战略。经济全球化的本质特征之一是国内外自然资源的优化配置。中国社会和经济发展中自然资源稀缺性问题的解决:一是要加快科技进步,提高自然资源的节约集约利用水平;二是要扩大开放,通过对外投资和国际贸易,提高自然资源的供给保障能力。

就农业而论,在确保中国粮食生产实现谷物基本自给、口粮绝对安全的目标的前提下,可以适当地扩大农产品进口,鼓励企业参与农业和食品行业的海外投资,进入国际市场。2016 年年末,中国注册海外投资的农业、林业、渔业企业超过 1 300 家,投资领域涉及农作物和畜牧养殖、捕捞、加工、农业机械、种子和物流，遍布 100 多个国家。例如，在俄罗斯、拉丁美洲建立大豆、粮食生产基地，在中亚和东南亚开展天然油棕、剑麻、橡胶、木薯等特色作物种植。随着全球粮食危机的缓解，中国企业将投资对象转向更加发达的国家，开始收购能够生产出在国内大城市畅销产品的企业和农场。这些举措有效地弥补了中国耕地资源的不足。

中国一些重要矿产资源品质不佳，国内矿产资源供应能力严重不足，石油、铜、铝、镍、铬、钴、锂、铁矿石等 10 种矿产的对外依存度超过 50%。进入 21 世纪后，这些大宗金属矿产品的价格飞涨，加剧了资源供需失衡，资源安全体现为因跨国公司资源垄断和价格操纵引起的一系列问题。特别是油气、铁矿石、铝土矿、镍、钴、锂等多种资源进口来源国（输出国）容易受美国霸权的干涉，存在供给量变化以及运输通道受阻和价格急剧波动等多重威胁。

中国海洋资源开发利用前景广阔，是保障中国未来能源安全的重要方向。周边国家对海洋权益的争夺日趋激烈，海洋资源被疯狂掠夺，渔业资源争端、油气资源争端已经成为影响国家关系的重要因素，加之西方国家将中国视为竞争对手，在国际上鼓吹"中国威胁"，以"航行自由"行霸权之实，引发安全危机，严重地侵害了中国的主权。

21 世纪以来，中国工业化与城市化快速发展，推动了国民经济高速增长，带动了巨量资源消费和大量资源性企业产能过剩、生产粗放、资源产出效率低下和大量废弃物没有合理再利用等诸多问题。中国主要资源消耗和污染物排放逐步居于世界前列，西方国家以气候变化和环境保护问题开展博弈，例如：欧美的一些专家称中国的水稻会释放大量的甲烷，温室效应是二氧化碳的 28 倍，种植水稻是在浪费水资源，并且污染环境，建议中国取消水稻种植；抹黑中国人吃肉，为了环保，希望中国人能撤下肉食，转向植物性饮食。在国际舆论场，散布"如果中国人过上美国人的生活，全球都将陷入悲惨境地"的流言。事实上，早在 2001 年的时候，中国科学院的研究团队、日本的土壤学专家就对此专门做过一系列的研究，研究结果显示：水稻种植产生的甲烷排放量远远低于自然湿地产生的甲烷排放量。世界上人均肉类消费量最多的国家依次是澳大利亚、美国、阿根廷及欧盟国家，中国排名靠后。美国人的肉类消费是中国人的 2 倍。即使是最受欢迎的猪肉，中国的人均摄入量也排在韩国、越南和智利之后。

三、中国自然资源管理的特征及其改革方向

自然资源管理是指有效地管理自然资源及其相关信息以及人类开发利用自然资源行为的过程。它是国家为维护自然资源所有制，调整自然资源产权关系，遵照自然生态环境系统与社会经济系统的内在联系，实现自然资源最优化配置，促进自然资源可持续利用等目标的实现，组织和监督自然资源的开发、利用、保护和整治，而采取的行政、经济、法律和技术的综合性措施。

有效地进行自然资源管理，关系到人类未来的可持续发展。良好的自然管理制度将能够做到：

(1) 保障自然资源所有权和使用权的安全；

(2) 发展和监测自然资源市场；

(3) 合理开发和利用自然资源，保障经济和社会发展的自然资源供给；

(4) 通过自然资源评价与规划，实现自然资源的优化配置；

(5) 有效地开展自然资源的有偿使用，实现自然资源资产的保值增值；

(6) 减少自然资源负面外部效应、相关争端和利益冲突；

(7) 保护自然生态环境和生物多样性，减少环境污染，防灾减灾；

(8) 促进自然资源科技进步；

(9) 做好自然资源统计和档案管理；

(10) 维护国家自然资源安全，维护自然资源代际公平，人口、资源、发展和环境相协调，促进自然资源可持续利用。

自然资源管理是政府工作中极为重要的一项内容，自然资源管理机构属于国家行政管理体制的重要组成部分。中华人民共和国成立后，我国各种自然资源按照产业精细分工，由不同的主管部门分别管理，权力体系由与自然资源相关的国土、水利、林业、农业、环保等部门分散构建。改革开放以来，我国进行了多次规模较大的政府机构改革。在历次改革浪潮中，自然资源管理机构因循顺时而“变”的大逻辑，呈现出由“分”到“统”的改革全脉络。1986 年 2 月，根据国务院第 100 次常务会议的决定，组建中华人民共和国国家土地管理局，为国务院直属机构，负责全国土地和城乡地政统一管理。1998 年 3 月，根据九届全国人大一次会议批准的《国务院机构改革方案》，由原地质矿产部、原国家土地管理局、原国家海洋局和原国家测绘局共同组建中华人民共和国原国土资源部，

负责土地资源、矿产资源、海洋资源等自然资源的规划、管理、保护与合理利用。2018 年 3 月，根据十三届全国人大一次会议批准的《国务院机构改革方案》，将原国土资源部的职责，国家发展和改革委员会的组织编制主体功能区规划职责，住房和城乡建设部的城乡规划管理职责，水利部的水资源调查和确权登记管理职责，原农业部的草原资源调查和确权登记管理职责，原国家林业局的森林、湿地等资源调查和确权登记管理职责，原国家海洋局的职责，原国家测绘地理信息局的职责进行整合，组建中华人民共和国自然资源部，负责土地、海洋、矿产、水流、湿地、自然保护区、森林、草原、野生植物等资源的专门管理，统一行使全民所有自然资源资产所有者职责，统一行使所有国土空间用途管制和生态保护修复职责，着力解决自然资源所有者不到位、空间规划重叠等问题，实现山水林田湖草整体保护、系统修复、综合治理。

自然资源制度体系建设的任务包括：①建立统一规范的自然资源调查监测体系；②构建产权明晰的自然资源产权登记和权籍管理体系；③构建系统化的国土空间规划体系；④构建精准化的自然资源供给保障体系；⑤构建市场化的自然资源有偿使用资产管理体系；⑥构建整体化的自然资源保护体系；⑦构建协同化的国土空间生态保护修复体系；⑧构建法治化的自然资源管理体系；⑨构建科学化的自然资源基础支撑体系。

我国的自然资源管理适合中国国情，具有明显的中国特色。

（一）实行自然资源社会主义公有制

我国法律明确规定的国有自然资源包括 13 种：矿藏、水资源、森林、山岭、草原、荒地、滩涂、土地、野生动植物资源、无线电频谱资源、海域、无居民海岛和空域。其中，全部为国家所有的自然资源共 7 种，分别为矿藏、水资源、海域、无居民海岛、无线电频谱资源、野生动植物资源、城市的土地和空域。森林、山岭、草原、荒地、滩涂、农村和城市郊区的土地 6 种自然资源，则存在国有和集体所有两种所有制。国家所有权由国务院代理，各级政府和有关资源管理部门具体行使自然资源资产管理和行政监督职责。

我国自然资源管理将自然资源视为区位、实物和权利的统一。对于气候资源，由于光、热、大气的普遍性和流动性，很难在空间上和产权上予以区分和管控，目前主要以科学研究、认识自然为核心，没有纳入自然资源管理对象。自然风景旅游资源，具有复合自然资源利用的特点，也不作为单独的自然资源管理对象考虑。

（二）统一实施自然资源管理

自然资源部作为国务院组成部门，主管自然资源事务。自然资源部对外保留国家海洋局的牌子。自然资源部统一行使全民所有自然资源资产所有者职责，统一行使所有国土空间用途管制和生态保护修复职责，着力解决自然资源所有者不到位、空间规划重叠等问题，实现山水林田湖草整体保护、系统修复、综合治理。各省（自治区、直辖市）及各级地方政府的自然资源管理机构参照有关规定，进行相应的改革和重组。自然资源具有不可替代性，国土空间具有唯一性，机构改革调整后，自然资源部门和相关规划涵盖了水资源、土地、矿产、农业、林业、海洋等自然资源以及环境保护、规划测绘等多个领域的多种职能，将陆地、海洋自然资源纳入统一的管理体系，实现国土空间管制与自然资源配置的有效衔接，从根本上厘清了自然资源分类多部门的众多矛盾和隐患。从前，各种自然资源由不同的主管部门分别管理。单独来看，各门类自然资源管理都在努力做到极致；总体来看，自然资源所有权主体虚位，自然资源管理缺乏统筹与协调，部门之间缺乏共享互通，相互掣肘，权力边界冲突，明显带有部门色彩，甚至存在部门利益固化的积弊，无法形成合力，自然资源保护困难。单门类资源管理立法，部门色彩太浓，相互间的衔接性及稳定性不够，甚至相互矛盾冲突，有法不依，有法难依，依法行政困难。目前，自然资源统一管理，统筹各类自然资源资产管理，突出自然资源的综合功能，将各类自然资源作为生命共同体，避免任何一种资源开发利用只从自己效益最大化出发。通过部门统筹，在规划上要综合考虑、综合利用、综合保护，明确各类自然资源开发利用的限制条件、开发利用过程中的补偿修复责任，并在法律制度上加以完善。在政府的总体规划和控制下，自然资源开发利用效益可以得到大幅度提升，避免了自然资源被无目的、无节制、无效率地开采浪费以及有效地实现生态环境保护。计算机、遥感、GPS、GIS应用普及和信息化、大数据时代的到来，为自然资源统一管理提供了良好的基础平台和快速通道。

（三）自然资源管理和资产管理相结合

自然资源管理注重自然资源的合理利用，要求因地制宜，发挥区域优势，节约集约利用自然资源，避免自然资源浪费。自然资源管理主要依靠自然资源评价与规划，以行政管理的方式，实行许可制管理。自然资产管理是自然资源管理的重要组成部分，资产管理的核心是保证自然资源所有者权益能够在经济上得到实现，自然资源资产管理遵循“谁所有-谁管理-谁收益”的原则，利用市场机制，倡导自然资源的有偿使用，提高自然资源的配置和使用效率，最大化地发挥自然资源应有的价值，实现这些自然资产的保值增值。自然资产管理主要是通过明晰产权，采用市场化的方式有偿使用，实行合同制管理。自然资源管理和资产管理相结合，有利于发挥市场对自然资源配置的决定性作用，以市场化为导向完善自然资源资产出让价格形成机制，推进建立反映市场供求关系、资源稀缺程度、环境损害成本和代际关系的价格形成机制，坚决遏制依靠垄断或占有的方式获取超额利润的现象，更好地实现自然资源资产的最优配置，更好地体现自然资源资产的经济价值和生态价值。自然资源资产化经营，必须服从国家战略目标和适应社会经济发展的现实需要，必须统一规划，统筹利用，避免唯利是图，维护自然资源安全，对于自然资源开发实行用途管制和空间管制。自然资源资产所有者以自然资源资产的保值增值为主要目标，自然资源监管者以自然资源的可持续利用和生态保护为主要目标，二者之间要建立沟通协商和监督制约机制，实现信息共享，确保两个方面工作目标的对立统一。

要严格遵循主体功能区规划和相关空间规划的自然资源用途管制要求，对不同种类的自然资源资产实行公益性和经营性分类管理，形成自然资源资产分类管理体系。对于承担着生态产品供给和重要生态系统服务功能的国家公园和各类自然保护区、国家森林公园、风景名胜区等公益性自然资源资产，要按照国有公益性资产进行统一管理，并主要就自然资源资产的生态服务质量状况进行考核。对于具备市场流通、交换和使用价值的城镇建设用地和生产用地，经济林木和矿产等经营性自然资源资产，以及耕地、基本农田等特殊经营性自然资源资产，要按照国有收益性资产采用市场手段进行统一运营和管理，严格按照行业规则和市场规范进行合理出让和转让，并对其自然资源资产价值的增值和净收益增长状况进行考核。特别值得注意的是，对其中部分以经营性为主，但与国家战略安全和公共利益联系紧密的自然资源资产，如耕地和基本农田，要采取公共行政和市场机制相结合的手段加以管理和运营。

（四）强化生态文明建设

党的十八大报告将大力推进生态文明建设作为重要内容，并从国土空间开发格局优化、资源节约集约利用、生态环境保护修复和生态文明制度建设四个层面，对生态文明建设作出顶层设计和战略部署。2015年，党中央、国务院出台《关于加快推进生态文明建设的意见》和《生态文明体制改革总体方案》，提出加快生态文明建设的目标、任务和举措，并形成了包括自然资源资产产权管理、空间规划体系、国土空间开发保护、资源有偿使用和生态补偿、资源总量管理和全面节约、绩效评价考核和责任追究等在内的"四梁八柱"生态文明制度体系。党的十九大报告提出加快推进生态文明体制改革，建设美丽中国，并确定了推动绿色发展、着力解决突出环境问题、加大生态系统保护和修复力度以及改革生态环境监管体制等四个方面的重点任务。党的二十大报告指出，中国式现代化是人与自然和谐共生的现代化，明确了我国新时代生态文明建设的战略任务，总基调是推动绿色发展，促进人与自然和谐共生。自然资源和生态监管成为生态文明建设的主要阵地和重要目标。

我国陆基国土空间格局，涉纬度与大气圈的三大自然区、涉海拔与岩石圈的三大地形阶梯，雄踞亚洲、独处世界，规模极为宏大，国土的非均衡性一览无余。构建优势互补、高质量发展的区域经济布局和国土空间体系，必须合理区分市场、生产、生活和生态空间，严格保护耕地，控制建设用地的总量，实行自然资源生态开发，以节约集约利用、循环利用为抓手，以国家重点生态功能区、生态保护红线、自然保护地等为重点，坚持山水林田湖草沙一体化保护和系统治理，持续开展重点区域的自然生态保护与修复。

坚持生态优先、绿色发展，正确处理好资源开发与生态环保的关系，坚定不移地走生态和经济协调发展、人与自然和谐共生之路。尽快建立健全生态产品价值评价机制，健全生态产品经营开发机制。加大对重点耕地保护地区、生态功能区、重要水系源头地区、自然保护地的转移支付力度，鼓励受益地区和保护地区、流域上下游通过资金补偿、产业扶持等多种形式开展横向生态补偿。完善市场化多元化生态补偿，鼓励各类社会资本参与生态保护修复。科学地开展大规模国土绿化行动，深入推进退耕还林、还草工程，积极发挥重大工程实施对生态保护能力建设的重要推动提升作用，在全国层面进行统筹规划，加快推进青藏高原生态屏障区、黄河重点生态区、长江重点生态区和东北森林带、北方防沙带、南方丘陵山地带、海岸带等生态屏障建设。

应对气候变化是全人类共同的事业，事关人类的生存与发展。实现"碳达峰”“碳中和”是一场广泛而深刻的经济社会系统性变革。在能源安全的重点领域，要加大油气资源勘探开发和增储上产力度，统筹水电开发和生态保护，安全有序地发展核电，持续加强能源产供储销体系建设等。在工业、建筑、交通等领域，持续推进清洁低碳转型。

第二章　自然资源调查和监测

第一节　自然资源调查和监测的概念

自然资源调查和监测是通过遥感影像判读、实地勘察、相关者访谈、资料搜集和整理等途径，系统地掌握自然资源的数量、质量、空间分布、开发利用、生态状况、动态变化的过程，以科学地评价自然资源在经济社会发展和生态文明建设中的关键性支撑和制约作用。在自然资源学科领域进行自然资源调查和监测，实质上是对特定区域的自然的经济、社会、生态价值的筛选与认定，并予以记录，因而也是区域自然的价值化、符号化过程。

调查与监测所包含的内容与实际工作密不可分，然而，调查与监测是不同的概念。一般而言，调查强调通过遥感、踏勘、访谈、问卷、数据、文献等定量与定性相结合的多种手段，直接与间接接触相结合的方式，获得调查对象客观实际现状及其相关情况。监测则以初始调查为基础，强调通过连续勘测调查，运用相关计量方法或仪器设备的测量，定量获取监测对象的某些特征参数数值，通过对这些数据的对比分析，来持续地获取所监测对象的态势和发展动向。调查偏重了解现状态势，监测侧重掌握变化动向。调查与监测是一个统一的过程，调查是监测的开始，监测是调查的继续；调查是监测的实现过程，监测是调查结果的更新。初次调查，既是摸清资源家底，也是制定资源监测标准的过程；此后的调查，是调查成果的更新，也是监测成果的分析和总结。

由于调查和监测的对象、尺度等差异巨大，两者的界限不能一概而论，需要结合具体的应用领域开展探讨。对于自然资源全流程管理而言，调查是为了获取和建立底图、底线、底板，为构建统一的国土空间管控体系打好基础，或者说主要是为了说明“什么是”“有什么”；监测则是为了更好地实施管制、监管、保护和生态修复，更应该从“怎么样”“会怎样”来说明问题。调查要求信息和数据系统性强，更为全面、详尽，耗资巨大、周期长，通常反映5～10年甚至更长时期内的自然资源基底状况，实时性较差，主要用作自然资源管理的底图。监测的周期短，可以反映每个年份或季节、月份、日，甚至实时的自然资源基本状况，数据成本相对较低，具有很强的实时性，处于不断动态更新的过程中，主要用于反映自然资源的变化和发展趋向。调查在若干年的周期内属于一次性行为，监测则是常态化的、持续不断的，甚至是实时进行的动态行为。

自然资源调查和监测是认识自然的向导，是进行自然资源科学研究的重要研究方法，也是自然资源开发利用的基础和科学管理自然资源的依据。自然资源调查和监测是自然资源管理部门依法组织和实施的法定工作任务。国家通过自然资源立法建立自然资源调查评价监测制度是做好自然资源调查和监测工作的保证。

一、自然资源调查

自然资源调查分为基础调查和专项调查。其中，基础调查是对自然资源共性特征开展的调查，专项调查是指为自然资源的特性或特定需要而开展的专业性调查。基础调查和专项调查相结合，共同描述自然资源的总体情况。

（一）基础调查

基础调查的主要任务是查清各类自然资源体投射在地表的分布和范围，以及开发利用与保护等基本情况，掌握最基本的全国自然资源本底状况和共性特征。基础调查以各类自然资源的分布、范围、面积、权属性质等为核心内容，以地表覆盖为基础，按照自然资源管理的基本需求，组织开展我国陆海全域的自然资源基础性调查工作。

基础调查属重大的国情国力调查，由党中央、国务院部署安排。为保证基础调查成果的现势性，组织开展自然资源成果年度更新，及时掌握全国每一类自然资源的类型、面积、范围、权属性质等方面的变化情况。

（二）专项调查

专项调查是指针对土地、矿产、森林、草原、水、湿地、海域海岛等自然资源的特性、专业管理和宏观决策的需求，组织开展的专业性调查，查清各类自然资源的数量、质量、结构、生态功能以及相关人文地理等多维度信息。根据专业管理的需要，建立自然资源专项调查工作机制，定期组织全国性的专项调查，发布调查结果。专项调查主要有耕地资源调查、森林资源调查、草原资源调查等八种，下文将一一展开说明。除此之外，还可结合国土空间规划和自然资源管理的需要，有针对性地组织开展城乡建设用地和城镇设施用地、野生动物、生物多样性、水土流失、海岸带侵蚀以及荒漠化、沙化和石漠化等方面的专项调查。

1. 耕地资源调查

查清耕地的等级、健康状况、产能等，掌握全国耕地资源的质量状况。每年对重点区域的耕地质量情况进行调查，包括对耕地的质量、土壤酸化和盐渍化，以及其他生物化学成分组成等进行跟踪，分析耕地质量的变化趋势。

2. 森林资源调查

查清森林资源的种类、数量、质量、结构、功能和生态状况以及变化情况等，获取全国森林覆盖率、森林蓄积量以及起源、树种、龄组、郁闭度等指标数据。每年发布森林蓄积量、森林覆盖率等重要数据。

3. 草原资源调查

查清草原的类型、生物量、等级、生态状况以及变化情况等，获取全国草原植被覆盖度、草原综合植被盖度、草原生产力等指标数据，掌握全国草原植被生长、利用、退化、鼠害、病虫害、草原生态修复状况等信息。每年发布草原综合植被盖度等重要数据。

4. 湿地资源调查

查清湿地类型、分布、面积，以及湿地水环境、生物多样性、保护与利用、受威胁状况等现状及其变化情况，全面掌握湿地生态质量状况及湿地损毁等变化趋势，形成湿地面积、分布、湿地率、湿地保护率等数据。每年发布湿地保护率等数据。

5. 水资源调查

查清地表水资源量、地下水资源量、水资源总量、水资源质量、河流年平均径流量、湖泊水库的蓄水动态、地下水位动态等现状及变化情况，开展重点区域的水资源详查。每年发布全国水资源调查结果的数据。

6. 海洋资源调查

查清海岸线类型(如基岩岸线、砂质岸线、淤泥质岸线、生物岸线、人工岸线)、长度,查清滨海湿地、沿海滩涂、海域的类型、分布、面积和保护利用状况以及海岛的数量、位置、面积、开发利用与保护等现状及其变化情况,掌握全国海岸带保护利用情况、围填海情况,以及海岛资源现状及其保护利用状况。同时,开展海洋矿产资源(包括海砂、海洋油气资源等)、海洋能(包括海上风能、潮汐能、潮流能、波浪能、温差能等)、海洋生态系统(包括珊瑚礁、红树林、海草床等)、海洋生物资源(包括鱼卵、浮游动植物、游泳生物、底栖生物的种类和数量等)、海洋水体、地形地貌等调查。

7. 地下资源调查

地下资源调查主要针对矿产资源,任务是查明成矿远景区的地质背景和成矿条件,开展重要矿产资源潜力评价,为商业性矿产勘查提供靶区和地质资料;摸清全国地下各类矿产资源状况,包括陆地地表及以下各种矿产资源矿区、矿床、矿体、矿石主要特征数据和已查明资源储量信息等。掌握矿产资源储量利用现状和开发利用水平及变化情况。每年发布全国重要矿产资源的调查结果。

地下资源调查对象还包括以城市为主的地下空间资源,海底空间和利用情况,地下天然洞穴的类型、空间位置、规模、用途等,以及可利用的地下空间资源分布范围、类型、位置及体积规模等。

8. 地表基质调查

查清岩石、砾石、沙、土壤等地表基质类型、理化性质及地质景观属性等。条件成熟时,结合已有的基础地质调查等工作,组织开展全国地表基质调查,必要时,进行补充调查与更新。

基础调查与专项调查统筹谋划、同步部署、协同开展。通过统一调查分类标准,衔接调查指标与技术规程,统筹安排工作任务。原则上采取基础调查内容在先、专项调查内容递进的方式,统筹部署调查任务,科学组织,有序实施,全方位、多维度地获取信息,按照不同的调查目的和需求,整合数据成果并入库,做到图件资料相统一、基础控制能衔接、调查成果可集成,确保两项调查全面综合地反映自然资源的相关状况。

二、自然资源监测

自然资源监测是在基础调查和专项调查形成的自然资源本底数据的基础上，掌握自然资源自身变化及人类活动引起的变化情况的一项工作，实现"早发现、早制止、严打击"的监管目标。根据尺度范围和服务对象，自然资源监测分为常规监测、专题监测和应急监测。

（一）常规监测

常规监测是围绕自然资源管理的目标，对我国范围内的自然资源定期开展的全覆盖动态遥感监测，旨在及时掌握自然资源年度变化等信息，以支撑基础调查成果年度更新，服务年度自然资源督察执法以及各类考核工作等。常规监测以每年 12 月 31 日为时点，重点监测包括土地利用在内的各类自然资源的年度变化情况。

（二）专题监测

专题监测是对地表覆盖和某一区域、某一类型自然资源的特征指标进行动态跟踪，掌握地表覆盖及自然资源数量、质量等变化情况。专题监测主要有以下五类监测内容。

1. 地理国情监测

以每年 6 月 30 日为时点，主要监测地表覆盖变化，直观地反映水草丰茂期地表各类自然资源的变化情况，相关结果用来满足耕地种植状况监测、生态保护修复效果评价、督察执法监管，以及自然资源管理宏观分析等的需要。

2. 重点区域监测

围绕京津冀协同发展、长江经济带发展、粤港澳大湾区建设、长三角一体化发展、黄河流域生态保护和高质量发展等国家战略，三江源、秦岭、祁连山等生态功能重要地区，以国家公园为主体的自然保护地，以及青藏高原冰川等重要生态要素，动态跟踪国家重大战略实施、重大决策落实以及国土空间规划实施等情况，监测区域自然资源状况、生态环境等变化情况，服务和支撑事中监管，为政府科学决策和精准管理提供准确的信息服务。

3. 地下水监测

依托国家地下水监测工程，开展主要平原、盆地和人口密集区地下水水位监测;充分利用机井和民井,在全国地下水主要分布区和水资源供需矛盾突出、生态脆弱、地质环境问题严重的地区开展地下水位统测;采集地下水样本,分析地下水矿物质含量等指标,获取地下水质量监测数据。

4. 海洋资源监测

监测海岸带、海岛保护和人工用海情况,以及海洋环境要素、海洋化学要素、海洋污染物等。

5. 生态状况监测

监测水土流失、水量、沙质、沙尘污染等生态状况,以及矿产资源开发及损毁情况、矿区生态环境状况等。

(三) 应急监测

根据党中央、国务院的指示,按照自然资源部党组的部署,对社会关注的焦点和难点问题,组织开展应急监测工作,突出“快”字,响应快,监测快,成果快,支撑服务快,第一时间为决策和管理提供第一手的资料和数据支撑。

自然资源监测要统筹好各项业务需求,做好与各项监测工作和服务应用系统的衔接和融合,充分发挥各部门已有的各类监测站点的作用,科学地设定监测的指标和监测频率,建立全国自然资源综合监测网络,实现监测站点实时数据共享,逐步建成自然资源监测体系。

第二节　中国自然资源调查和监测的历史回顾

中国古代的诸多典籍中都有关于天地运行、海陆变迁、古生物化石、矿产资源以及地形地貌、地震、火山、水旱灾害等的记述。古代农业极度依赖土壤、水源、气候等自然条件,中国先民很早就有了对土质差别、岁时节令的认识。作为古代思想背景的一般观念,表征并尊重万物内部秩序的“自然”观念在道家哲学传统中历来得到高度重视。中国对自然环境和自然资源的认知与应用都达到了当时的国际先进水平。根据英国科学史学家李约瑟的研究,从公元前 1 世纪到公元 15 世纪,在把人类的自然知识应用于人的实际需要方面,中国文明要比西方文明有效得多。15 世纪开始,文艺复兴和地理大发现新航路的开辟,推动了欧洲崛起，欧洲封建社会的内部产生了新型的资本主义生产关系。资本主义生产发展为自然科学的发展创造了课题以及研究、观察与实验的物质手段，人们对自然界各种现象的认识产生了革命性的变化，注重积累生产经验以及技术的提高，自然科学得到巨大发展，欧洲成为现代科学技术的主要发源地。与世界各国相比，中国的封建制度延续时间最长，小农经济束缚了生产力的发展。

人类对于自然环境和自然资源的调查和监测由来已久。在资本主义社会以前，是以认识自然为主。直到19世纪，由于人类活动对自然资源利用强度的加深，一些地方出现了自然资源的枯竭，人类才意识到保护自然资源的重要性，因而基于管理的需要对自然资源进行必要的调查工作。19世纪中叶，世界大部分地区都进行过地学考察，唯独中亚、东亚处于调查研究"空白"区，而这些地区又具有特殊的自然环境和丰富的人文景观，很自然地引起人们探索的兴趣。因此，许多西方人士以学者、探险家、旅游者、传教士等身份来到中国进行地质地理考察。随着西方地质、地理、生物、测绘科学知识在中国的传播，对于自然资源研究的相关现代科学开始萌芽。近代工业发展、洋务运动和军阀战争的开展，刺激了社会对自然环境和自然资源科学研究的重视。1904年，清政府练兵处在北平创立陆军测绘学堂，这是中国第一所测绘专科学校。1909年，京师大学堂格致科（理科）设地质学门并开始招生，标志着中国地质教育的正式起步。民国时期是中国现代大学教育发展的早期。1915年，由中国近代著名实业家、教育家张謇创办的河海工程专门学校在南京建立，开创了中国水利高等教育的先河。1921年，竺可桢先生在东南大学创建地学系，该系设地理气象和地质矿物两个专业，是中国最早设立的地理学和气象学专业；和秉志先生同年创立的南京高等师范学校生物系，是我国大学的第一个生物系。这些高等教育专业的设置代表着我国现代自然资源科学研究人才培养的新开端。民国时期，由于经济的多元化发展，加之科学和教育事业的发展，资源的开发较之以往任何一个历史时代更为加强，更有成果。1934年10月至1935年4月，我国开展了历史上第一次国土调查，调查内容仍然是从税赋出发，以耕地为主，其他类型土地也有涉及。那时的自然资源开发与晚清时期相比，耕地以更大的规模和更多的方式被继续开发；矿产资源的开发日益受到重视，对矿产的蕴藏状况开始进行全面的勘查；水利资源的开发日益从农田灌溉向着航道开辟和水力发电的方向发展，为民国时期经济的进一步发展提供了有利条件。民国时期，我国自然资源调查和监测工作，仍然存在着大量空白。到1949年10月1日中华人民共和国成立时，实测地形图覆盖范围不足全国陆地总面积的1/3，仅对煤、铁、铜等20多种矿产进行过不同程度的调查，探明储量的矿产只有两种。土壤调查仅完成了1∶300万和1∶1 000万的全国土壤概图，江西、福建和四川三省的1∶100万土壤图，四幅按经纬度分幅的1∶20万的土壤图和70个县的土壤图。

1949年后，为了适应国家建设的需要，我国开始了数次大规模的自然资源综合考察或全面调查工作，极大地推进了我国自然资源科学研究的进步，形成了系统的自然资源科学体系。更加重要的是，这推动了我国自然资源的合理开发利用，为我国国民经济健康、稳定、可持续发展提供了物质基础和供给保障。自然资源调查结果是从事资源研究、进行资源评价、制定资源法规和规划、建立资源档案、保护管理和合理开发利用资源的基础。我国自然资源调查和监测不仅是自然资源研究相关工作者的责任和任务，而且越来越受到社会和政府部门的高度重视，自然资源调查监测工作得以法制化、规范化和科学化，自然资源调查监测的水平逐步走向世界前列。

中华人民共和国成立以来，我国的自然资源调查监测工作可以分为如下五个阶段。

一、1949—1965年：自然资源多学科综合考察

1951年，中央人民政府派遣考察队前往西藏，用时近三年，汇集地理、地质、气象、土壤、水利、动物、植物、农业、牧业、语言、社会、历史、文艺和医药卫生等领域的专家，对西藏地区的自然环境、自然资源现状及潜力、社会人文特征等方面进行考察研究，中国自然资源综合考察发展史就此开启序幕。1955年12月，经国务院批准，中国科学院成立综合科学考察工作委员会，竺可桢兼任主任。至1957年年底，中国科学院已有七个考察队同时开展工作，即新疆综合科学考察队、盐湖调查队、黄河中游水土保持考察队、黑龙江流域综合科学考察队、红水河生物资源综合科学考察队、云南热带生物资源综合科学考察队和土壤队。20世纪60年代以前的自然资源综合考察，以中国边境地带及解决国民经济急需解决的主要资源短缺问题为主要目的(见表2-1)。自然资源综合考察，主要包括六个方面的研究：矿产资源的考察研究、水资源的考察研究、土地资源的考察研究、生物资源的考察研究、区域生产力综合考察、自然区划和经济区划。

表 2-1　以中国科学院为主体的自然资源综合科学考察

时间	项目名称	区域
1951—1953 年	西藏地区综合考察	西藏
1953—1958 年	黄河中游水土保持综合考察	黄河中游
1955—1962 年	云南紫胶与南方热带生物资源综合考察	云南
1956—1960 年	黑龙江流域综合考察	黑龙江
1956—1961 年	新疆综合考察	新疆
1957—1960 年	青海柴达木盆地盐湖科学考察	青海
1958—1960 年	青海甘肃综合考察	青海、甘肃及内蒙古西部
1959—1961 年	西部地区南水北调综合考察	四川西部、云南北部
1960—1961 年	西藏高原综合考察	西藏
1961—1964 年	内蒙古宁夏综合考察	内蒙古、宁夏
1970—1990 年	南海综合考察	南海
1973—1980 年	青藏高原综合科学考察	西藏
1976—1977 年	贵州省山区资源综合利用考察	贵州
1984—1989 年	亚热带东部丘陵山区综合考察	鄂豫皖湘浙赣闽粤桂
1984—1989 年	黄土高原综合科学考察	黄土高原
1986—1988 年	西南地区资源开发考察	川滇黔桂渝
1989—1990 年	青海可可西里综合科学考察	可可西里
1989—1997 年	青藏高原综合考察	西藏"一江两河"及藏南、藏东

1952 年地质部成立之时，我国区域地质调查工作才被纳入国民经济计划。在国家层面上组织编制完成了东部地区 1∶100 万区域地质图及说明书；1955 年在新疆建立第一个中苏合作区调队，次年组建南岭、秦岭和大兴安岭三个中苏合作区调队，开展 1∶20 万区调试点；1958 年开始，我国分省（自治区、直辖市）组建专业区调队，到 1960 年，全国建立了 27 个省（自治区、直辖市）专业区调队，大规模的 1∶20 万区调工作由此展开。20 世纪五六十年代的地质勘探工作不是指单纯的勘探工程，而是包括了区域地质调查以及矿产普查、详查、勘探

等的地质工作。为国家生产建设服务所需，矿产资源普查和勘探成为地质工作的主要目标。至 1962 年年底，我国探明储量的矿产达到 97 种，1958 年发现的金川镍矿和 1959 年发现的大庆油田尤其引人注目。各种稀有金属、特种非金属以及铍、锂、铌、钽、稀土元素、硼、压电石英等矿产，也探明了一定储量。

第一次土壤普查在 1959—1961 年开展，主要是了解中国的耕地资源到底有多少、在哪里的问题，初步建立了一个土壤分类系统，摸清了耕地资源分布与土壤基本性状。1953—1965 年为我国农业气候资源调查研究的创建期和发展期。1953 年 3 月，华北农业科学研究所与中国科学院合作，成立了农业气象组。1957 年 1 月，由原农业部、中国科学院和原中央气象局合作，将农业气象组扩建为农业气象研究室，建立起我国最早的农业气象研究机构。1953—1965 年，农业气象研究以问题为导向，为因地制宜地进行农业生产布局优化提供了科学依据。例如，通过对青藏高原的农业气候鉴定，确定了适于青藏高原气候的作物种类和品种；通过华南地区橡胶树栽培试验，使橡胶树北移在 18°N～24°N 地区栽培成功；提出西北内陆地区光热条件适于发展优质棉生产；双季稻种植以年均温度≥10℃、积温 4 800℃为其北界，年均温度≥10℃、积温 5 200℃为其安全北界。

1954 年，中国科学院组织进行自然区划工作，包括中国自然地理、地形、气候、水文、土壤、植被和动物地理七种区划草案。鉴于当时缺乏经验，所采取的区划原则与方法存在不少问题，所能收集到的资料也很有限。1956 年，中国科学院决定进一步开展自然区划工作，成立了自然区划工作委员会，中国科学院及有关部委的众多研究所参加了区划的考察和资料编纂工作。此次自然区划包括地貌、气候、水文、土壤、植被、动物和昆虫及综合自然区划八个部分，揭示了中国自然条件的地域差异，为全面认识全国各地区自然环境的综合面貌，更好地利用和改造自然，因地制宜地拟定最有效的措施，提供了有意义的基本参考依据。

1960 年年初，为了克服自然灾害的影响，中央提出“大兴调查研究之风”，农业区划得到了前所未有的重视，农业区划被列为《1963—1972 年农业科学技术发展规划纲要》第一项任务。农业区划工作摸清农业自然资源的家底，对因地制宜地指导农业生产发展起到了重要作用。

新中国成立初期，测绘科学技术人才和科学仪器设备异常缺乏，只有少数院校和科研技术单位能进行一些测绘学术和理论上的初步研究，开始着手进行一些国防建设方面的大地测量、工程测量和地形图测绘工作，涉及经济建设方面的测绘科学技术工作还非常少。中国土地改革的土地测量和制图，主要是采用古老的丈量方法，土地分布情况仅仅是用简单的手绘示意图表示——单个地块的四至并辅之以文字说明，单个地块或单户的土地面积则采用简单的图解法计算。这次全国性的土地改革既没有条件进行准确的地块测量和规范的制图，更没有条件进行区域性的土地分类制图、土地利用分析和土地面积统计汇总。1953—1959 年是我国通过学习、借鉴苏联和欧美建立自己的测绘科学技术体系的快速发展时期。1954 年北京坐标系和 1956 年黄海高程系的建立及其在全国统一推广使用，统一了全国的测绘基准，标志着全国测绘科学技术体系初步建立，由此国土调查直接或间接地获得了核心科学技术的支撑。

二、1966—1976 年：自然资源调查和研究滞缓

"文化大革命"期间，自然资源科学考察工作基本上停顿，发展滞缓。早期地理学研究和自然资源考察主要是为农业生产服务的，但是在此期间，农业区划机构被取消，队伍被解散，多年积累的资料被损毁，农业区划工作被中断。自然资源综合考察委员会于 1970 年被撤销。

在此期间，自然资源综合科学考察主要执行 1962 年颁布的《1963—1972 年科学技术发展规划纲要》，其中的第三章是《自然条件和资源的调查研究》，涉及土地生物资源的调查研究、矿产资源的调查勘探与合理开发、海洋调查、水利资源及其综合开发利用、气象研究、地震地磁研究和测量制图技术等内容。《1963—1972 年科学技术发展规划纲要》主要包括三项区域性综合考察任务：西南地区综合考察研究、西北地区综合考察研究、青藏高原综合考察研究。同时，该规划纲要还提出了我国西部与北部的宜农荒地和草场资源的综合评价等两个重点考察研究项目。遗憾的是，正当自然资源考察事业蓬勃发展之际，1966 年"文化大革命"开始，除青藏高原综合考察（1965 年、1966—1968 年）外，区域性综合考察工作很难继续组织实施。1965 年组织的西藏科学考察队，主要任务是配合国家登山队第二次攀登珠穆朗玛峰。1966—1968 年的西藏考察成果直到 1972 年中国科学院召开珠穆朗玛峰科学考察学术会议才系统总结，其考察范围比过去扩大了约 7 倍，在探讨高原环境发展历史领域有较大突破。"文化大革命"期间只进行了一些小规模、短周期的专题考察研究，如黑龙江荒地资源调查、青海玉树草场及海南宜农荒地调查、湖南桃源和江西泰和发展规划等。

在“文化大革命”时期，虽然大部分研究工作被迫中断，但中国科学院原地理研究所仍然开展了许多有重要意义的研究，如北京市官厅水库污染防治研究、历史气候变化研究等。1972 年 3 月，竺可桢发表了《中国近五千年来气候变迁的初步研究》。1973 年，依照周恩来总理的指示，竺可桢约见黄秉维等谈“近来气候变化及其与人类的关系”，使中国科学院原地理研究所成为国内最早开展环境变化研究的单位之一。中国科学院于 1973 年组织了以“青藏高原隆起及其对自然环境与人类活动影响以及自然资源合理利用”为主题的大规模综合科学考察研究，直到 1980 年结束。这次科考时间之长、规模之大、学科之多，不仅在西藏地区，而且在我国科学考察史上也是空前的，为以后的青藏高原科学研究奠定了坚实基础。

“文化大革命”时期也是我国“三五”“四五”计划时期。这一时期和我国自然资源调查有密切关系的重要事件主要是“三线建设”和农业学大寨运动。

在此阶段，中国的地质勘探一直伴随着“三线建设”展开。在“三线建设”的前期和整个“三线建设”的过程中，地质勘探起着非常重要的作用。1964—1980 年，国家在“三线地区”进行了 2 000 多亿元的投资，先后建成了 2 000 个大中型骨干企业、科研机构和学校等单位，初步建成了 30 多个工业城市和 40 多个大型生产科研基地。以电工器材、棉纺为主体的陕西关中工业区，以有色金属、石油化工、大型水电站为主体的甘肃兰州工业区，以重型机械、电子为主体的四川成渝工业区，以攀钢为主体的攀西工业区，以六盘水煤矿为代表的西南、西北几个大能源基地的建成，不仅建设了国防工业，而且把工业建设从沿海推向内地，改变了中国工业的布局。

农业学大寨运动从 1964 年开始，贯穿“文化大革命”时期。广大农民群众以大寨为榜样，大力推进农田基本建设。“文化大革命”期间，全国修建了 8.4 万座水库、1 万千米江堤、17 万千米河道堤坝，全国机井数 1975 年比 1965 年增长 9.36 倍，新增 3 亿亩灌溉面积。全国拖拉机数量增长了 6 倍，手扶拖拉机增长了 65 倍，农用电增长 4.7 倍，农业排灌动力机械增长 5.7 倍，生产条件发生了很大变化。1976 年与 1965 年相比，在全国耕地面积下降 4.1%、人口总数增加 29.2% 的情况下，粮食产量由 1 945.3 万吨增加到 2 863.1 万吨，增长 47.2%，人均占有量增加 14.2%。为了搞好农田基本建设，湖北省进行“三治”（治山、治水、治路）和“五改”（单改双、旱改水、高改矮、籼改粳、坡改梯），农业自然资源调查和监测做了大量工作，提供了科学依据。

三、1978—1985年：以农业区划为主的自然资源调查和研究

1978年颁布的《1978—1985年全国科学技术发展规划纲要》是中国的第三个科技发展长远规划，提出了8个综合性研究领域、108个重大科技研究项目。该纲要的第一项内容为由原农林部、原国家农垦总局、原国家林业总局、原国家水产局、中国科学院、教育部等部门组织开展"对重点地区的气候、水、土地、生物资源以及资源生态系统进行调查研究，提出合理开发利用和保护的方案，制定因地制宜地发展社会主义大农业的农业区划"。为了全面系统地推进这项重点研究工作的开展，经国务院批准于1979年2月12日成立了全国农业自然资源和农业区划委员会。同时，要求有关省、自治区和直辖市成立相应的机构。1979年4月，第一次全国农业自然资源调查和农业区划会议在北京举行，会上讨论制定了《农业自然资源调查和农业区划研究计划要点》。此项目任务下达后，中央和省级近百个单位，上万人参与研究，至1985年年底基本完成。各省、地、县除配合完成全国农业区划研究任务以外，绝大部分完成了自己的农业自然资源调查和区划、部门区划、措施区划，专题研究、综合农业区划的研究工作，初步形成了从全国至省、地、县四级区划成果体系。这些成果初步摸清了土地、生物、气候、水资源的数量、质量和时空分布，其中的许多成果具有划时代意义。

在土地资源调查和研究方面，中国科学院原地理研究所负责编制的《中国1∶100万地貌图》《中国1∶100万土地类型图》《中国1∶100万土地利用图》，以及中国科学院原自然资源综合考察委员会负责的《中国1∶100万土地资源图》，极大地丰富了我国土地科学的理论与实践，是我国土地科学的一个高峰。《中国1∶100万地貌图》用地图的形式总结地貌科学研究的已有成果，综合、全面、系统地反映地貌类型和分布规律，有助于分析这些地貌类型的发生和发展过程，以及与生产建设的关系，为区域国土整治、自然资源合理开发提供地貌方面的科学依据。《中国1∶100万土地类型图》分类系统，是我国到20世纪末为止最完整的土地类型分类研究成果；《中国1∶100万土地类型图》制图规范及主要地区出版的土地类型彩色图等成果，将我国土地类型研究与制图推进到较成熟的阶段，在国内外具有广泛而深刻的影响。《中国1∶100万土地利用图》是中国历史上首次按照统一规范进行的大规模土地利用调查与制图研究，是第一套全面如实反映中国20世纪80年代初期土地利用状况及其分布的大型专

业性地图。它以地图形式系统地表达了中国土地利用特征、类型结构及其分布规律。《中国 1∶100 万土地资源图》是我国第一套全面系统地反映土地资源潜力、质量、类型、特征、利用的基本状况及空间组合与分布规律的大型小比例尺专业性地图。土地资源数据按土地资源分类系统进行分省、分潜力区、分类型逐级逐项量算统计,系统而又全面,特别是其中的土地适宜性、土地质量等土地评价部分的资源数据在国内尚属首次。

在水资源的综合评价和合理利用的研究方面,整个工作是在原水利部下达的《全国水资源调查评价工作要点》《地表水资源调查和统计分析技术细则》《地下水资源调查评价工作技术细则》《地表水水质调查评价提纲》等技术文件的指导下完成的,自 1980 年 5 月开始,到 1986 年 5 月结束。相关工作应用和分析了全国 2 000 多个水文站、9 000 多个雨量站的水文资料和大量的地下水动态观测资料,并调查搜集了工农业生产和生活用水、水文地质、均衡试验场等大量原始资料。最后提出的全国地表水资源的总量为 2.71 万亿立方米,全国水资源总量为 2.81 万亿立方米,其中,地下水资源为 0.829 万亿立方米,地表水和地下水重复计算量为 0.728 万亿立方米。全国第一次水资源调查评价工作中,原水利部水文局还委托原南京水文资源研究所、中国科学院原南京地理研究所、原兰州冰川冻土研究所分别对"中国大陆上空水汽输送量计算""江河天然水化学特性分析""中国湖泊水资源分析与评价""中国冰川水资源估算"开展专题研究。

在气候资源调查和区划方面,原中央气象局在 1979 年和 1981 年召开了两次全国农业气候区划工作会议,组织开展全国性的农业气候区划工作,并按照《省、县级农业气候区划技术工作要点》,推动省、县级农业气候区划全面开展。我国还专门开展了山区农业气候资源及其开发利用的调查研究,对松辽平原和三江平原、黄淮海平原、黄土高原、云贵高原、蒙新干旱区、青藏高原、热带、亚热带等地区的农业气候资源的开发利用进行了系统研究。此外,我国对旱地农业如何处理好发展生产与保持水资源平衡之间的关系开展专题研究。在农业气象灾害研究方面,我国先后完成了"东北地区主要作物低温冷害的研究和区划""我国小麦干热风气候区划""北方冬小麦越冬冻害区划""柑橘避冻区划""热带作物寒害研究"等项目。

1979 年,我国进行第二次土壤普查。在土壤普查办公室统一组织和部署下,全国有大约 8 万名农业科技人员勤奋工作,大部分地区在 1984 年年底基本完成普查，少数地区延续到 1986 年，成果汇总工作到 1994 年完成。全国第二次土壤普查基本上查清了全国土壤的类型、数量、分布、主要障碍因素及肥力状况，计算出了农、林、牧等各类用地的面积概数；同时，县、地、省、全国四级都编绘了相应比例尺的土壤图、土地利用现状图、土壤养分图、土壤改良利用分区图等；撰写《土壤志》《土种志》《土壤普查成果应用》，形成了《中国土壤》《中国土壤普查技术》《中国土壤普查数据》等成果。第二次土壤普查为我国各地土壤改良、科学施肥和建立高产稳产农田，进一步发展农村经济提供了科学指导，并为国土开发整治、农业规划与土地管理提供了科学依据。

1978—1985 年，中国科学院自然资源综合考察委员会除继续组织青藏高原综合科学考察外，还先后组织了贵州山地资源综合考察、黑龙江伊春地区荒地资源综合考察、内蒙古滩川地考察、新疆托木尔峰登山科学考察、西藏南迦巴瓦峰登山科学考察、湖南省桃源综合考察、东线南水北调考察、南方山区综合科学考察等，这一阶段的考察工作开始注重我国除边疆地区之外的其他地区的调查研究。

1979—1986 年，从国家到省、地、县四级都比较全面、系统地开展了农业自然资源调查和自然区划、农业部门区划、农业措施区划、综合农业区划和专题调查研究等，先后提出了 4 万多项成果报告，其中，有 8 000 多项成果获得各级政府颁发的科技成果奖。“中国综合农业区划”与“全国农业气候资源和农业气候区划研究”系列成果被评为国家科学技术进步奖一等奖；“‘三北’防护林地区自然资源与综合农业区划”“我国粮食产需区域平衡研究”被评为国家科学技术进步奖二等奖；“中国饲料区划”被评为国家科学技术进步奖三等奖。这些成果广泛地揭示了农业的地域分异规律，为各地因地制宜，分类指导农村经济的发展提供了科学依据。

四、1986—2018 年：适应自然资源法制化管理的自然资源调查

我国自 1984 年制定第一部自然资源单行法《森林法》以来，自然资源法制建设就进入了一个快速发展的新时期。1985 年《草原法》和《渔业法》、1986 年《土地管理法》和《矿产资源法》、1988 年《水法》、1992 年《测绘法》等法律陆续通过，我国主要自然资源管理已经基本上实现有法可依。自然资源调查和监测成为政府部门依法行政的责任。

《森林法》第二十七条规定：“国家建立森林资源调查监测制度，对全国森林

资源现状及变化情况进行调查、监测和评价，并定期公布。”林业部门开展的森林资源调查分为三类：以全国（或大区域）为对象的森林资源调查，简称一类调查；为编制规划设计而进行的调查，简称二类调查；为作业设计而进行的调查，简称三类调查。这三类调查上下贯穿、相互补充，形成森林调查体系，是合理组织森林经营、实现森林多功能永续利用、建立和健全各级森林资源管理和森林计划体制的基本技术手段。近年来，为了强化森林资源动态管理，相关部门提出进行林地变更调查，对林地利用现状进行年度更新。

全国第一次森林资源清查于 1973 年开始（一类调查），由原国家林业局组织开展，将林地资源分为有林地、疏林地、未成林造林地、灌木林地、苗圃地和无林地 6 类。2013 年开展的第八次全国森林资源清查将林地资源分类进行优化，分为有林地、疏林地、灌木林地、未成林造林地、苗圃地、无立木林地、宜林地和辅助生产林地（8 个大类、13 个中类）。此后，林地资源调查周期为 5 年，实行年度更新。森林资源二类调查的调查周期原则上为 10 年，实行年度更新。

2009 年，原国家林业局组织开展第二次全国湿地资源调查，于 2012 年年底完成。第二次湿地资源调查是我国首次按照国际公约要求对湿地生态系统进行的自然资源国情调查。2021 年，第三次全国国土调查完成，中国也成为全球首个完成三次全国湿地资源调查的国家。各地建立了湿地调查监测野外台站、实时监控和信息管理平台并在逐步纳入国家林草感知系统，通过高新技术实现监测监管一体化。中国指定了 64 处国际重要湿地，建立了 602 处湿地自然保护区、1 600 余处湿地公园和为数众多的湿地保护小区，湿地保护率达 52.65%。

《草原法》第二十二条规定：“国家建立草原调查制度。县级以上人民政府草原行政主管部门会同同级有关部门定期进行草原调查；草原所有者或者使用者应当支持、配合调查，并提供有关资料。”

全国草地资源调查开始于 1979 年，由原农业部组织开展，形成了第一批较完整的草地资源成果，中国科学院原自然资源综合考察委员会依农业区划要求主持全国草场资源图编制，后续没有再形成空间化的调查成果。2016 年，原农业部发布草地分类标准，重点是对天然草地资源进行调查，将天然草地资源划分为天然草地类和草地型（全国划分 9 个草地类、175 个草地型）。草地资源调查的内容还包括天然草地退化程度、沙化程度、盐渍化程度、草地质量等级、合理载畜量等。草地资源调查是对草地资源的数量、质量、空间分布、环境条件和利用现状进行调查,并依据调查结论提出开发利用、保护对策的一项科学研究工作。草地资源调查能为草地的科学经营管理、以草定畜、执行《草原法》、发展草地畜牧业生产、环境保护和国土整治提供科学的依据。

《水法》第十六条规定:"制定规划,必须进行水资源综合科学考察和调查评价。水资源综合科学考察和调查评价,由县级以上人民政府水行政主管部门会同同级有关部门组织进行。"水资源管理主要在水利部门。原水利部于2010—2012年组织开展了第一次全国水利普查,对湖泊和水库的分类标准与国土部门一致(水库总设计库容≥10万立方米,湖泊面积>1平方千米),但河流采集线状要素要求流域面积≥50平方千米。这次水利普查对全国所有的江河湖泊、水利工程、水利机构以及重点社会经济用水户进行调查,包含了河流湖泊基本情况、水利工程基本情况、河湖开发治理保护情况、经济社会用水、水土保持情况、行业能力建设情况六个方面的综合性、系统性普查,以及灌区和地下水两个专项普查。

水资源调查不同于水利普查,水资源调查的范围更广,调查内容包括水量、水质、可利用量、可开采量等。水资源评价是对某一地区或流域水资源的数量、质量、时空分布特征、开发利用条件、开发利用现状和供需发展趋势作出的分析估价。我国共开展过三次水资源调查评价工作,分别是1980年开展的基本系列为1956—1979年的第一次全国水资源调查评价、2001年开展的基本系列为1956—2000年的第二次全国水资源调查评价和2017年开展的基本系列为1956—2016年的第三次全国水资源调查评价。三次调查评价工作摸清了我国水资源数量、质量、开发利用、水生态环境的变化情况,系统地分析60年来我国水资源的演变规律和特点。

《土地管理法》第二十六条规定:"国家建立土地调查制度。县级以上人民政府自然资源主管部门会同同级有关部门进行土地调查。土地所有者或者使用者应当配合调查,并提供有关资料。"

全国土地调查由国土部门组织开展。第一次全国土地调查于1984年开始,当时,由于计算机应用刚刚起步,大部分内业工作是人工操作,一直到1997年才完成调查。2007年开始第二次全国土地调查,随着3S技术[①]的广泛应用,

---

① 3S技术是遥感(remote sensing, RS)、地理信息系统(geographic information system, GIS)和全球定位系统(global positioning system, GPS)的统称。

调查内容比第一次调查有较大的变动，制定了土地利用现状分类标准和调查技术规程，土地利用现状分为耕地、园地、林地、草地、商服用地、工矿仓储用地、住宅用地、公共管理与公共服务用地、特殊用地、交通运输用地、水域及水利设施用地和其他土地共计 12 个一级类、57 个二级类。此外，它还对城镇村及工矿用地进行单独分类。2017 年，第三次全国国土调查正式开始，分类体系上沿用了第二次调查的一级分类，增加湿地资源作为一级类，与耕地、林地、草地等一级地类并列，细化了二级类指标，如林地增加森林沼泽、灌丛沼泽二级类，草地增加沼泽草地二级类，水域及水利设施增加沼泽地二级类等，并以 2019 年 12 月 31 日为统一时点。原则上，全国土地调查以县级为单位，按年度开展变更调查。

《矿产资源法》第二十三条规定："区域地质调查按照国家统一规划进行。区域地质调查的报告和图件按照国家规定验收，提供有关部门使用。"第二十四条规定："矿产资源普查在完成主要矿种普查任务的同时，应当对工作区内包括共生或者伴生矿产的成矿地质条件和矿床工业远景作出初步综合评价。"第二十五条规定："矿床勘探必须对矿区内具有工业价值的共生和伴生矿产进行综合评价，并计算其储量。未作综合评价的勘探报告不予批准。但是，国务院计划部门另有规定的矿床勘探项目除外。"

2007 年开展的全国矿产资源利用国情调查是由中国地质科学院矿产资源研究所担任第一完成单位，原国土资源部部署的 1949 年以来规模最大、最为系统的矿产资源国情调查工程。经全国 31 个省（自治区、直辖市）的 674 支队伍 3 万余人耗时 4 年的艰苦努力，耗资 22.5 亿元，完成了 28 种矿产全部 25 753 个矿区的核查，形成矿区核查报告 21 540 套，省级汇总报告 550 套，全国单矿种调查报告 28 套，图集 300 余册，取得了重大的创新成果。首次完成 28 种矿产资源储量及其利用现状的全面核查，摸清了我国矿产资源储量的数量、结构、品质、开发利用及其空间分布现状，为国家掌控矿产资源家底、提升储量管理水平奠定了前所未有的扎实基础。首次建立了全国矿产资源储量空间数据库和矿产资源储量动态管理支持系统，为实现资源储量管理从一维属性数据向二维半空间数据管理的飞跃、实施"一张图管矿"搭建了平台。

《测绘法》第十九条规定："基础测绘成果应当定期更新，经济建设、国防建设、社会发展和生态保护急需的基础测绘成果应当及时更新。　基础测绘成果的更新周期根据不同地区国民经济和社会发展的需要确定。”

为全面掌握我国地理国情现状，满足经济社会发展和生态文明建设的需要，国务院决定于2013—2015年开展第一次全国地理国情普查工作。地理国情普查的对象为我国陆地国土范围内的地表自然和人文地理要素，主要包括地表形态、地表覆盖和重要地理国情监测要素三个方面。地理国情普查就是用各种科技手段解析影像图。普查工作按照“全国统一领导、部门分工协作、地方分级负责、各方共同参与”的原则组织实施。原国家测绘地理信息局会同有关部门制定普查总体方案，建立普查的技术和标准体系，做好技术指导、培训、质量控制、信息汇总和统计分析，建设全国地理国情本底数据库，形成全国普查报告。这次地理国情普查以2015年6月为标准时点，首次取得了中国全覆盖、无缝隙、高精度的地理国情普查成果，全面查清了陆地国土范围内(未含港澳台地区)地表自然和人文地理要素的空间分布状况及其相互关系，建成了普查数据库及管理系统，编制了普查公报和统计数据汇编。通过地理国情普查从另外一个侧面反映了整个土地利用的强度和状况，有利于提升国土空间规划的科学性和准确性，丰富了国土空间规划编制工作底图的数据。地理国情普查和土地调查数据配合使用，有利于实现国土资源的优化配置。

五、2018年以来:适应自然资源统一管理的自然资源调查监测

2018年，国务院组建自然资源部，负责全国土地、海洋、矿产、水流、湿地、自然保护区、森林、草原、野生植物等资源的专门管理，统一行使全民所有自然资源资产所有者职责，统一行使所有国土空间用途管制和生态保护修复职责，着力解决自然资源所有者不到位、空间规划重叠等问题，实现山水林田湖草整体保护、系统修复、综合治理，标志着我国自然资源管理进入了一个新阶段，也给自然资源调查监测提出了新的要求。

1949年后，我国各种自然资源按照产业精细分工，由不同的主管部门分别管理，权力体系由与自然资源相关的国土、水利、林业、农业、环保等部门分散构建。单独来看，每个门类都在努力做到极致；但从总体来看，自然资源所有权主体虚位，管理缺乏统筹与协调，相互掣肘，甚至存在部门利益固化的积弊，自然资源保护困难。海洋、林业、草原、湿地资源实际上实行多部门交叉管理，水资源实行单门类统一管理，土地、矿藏资源实行相对集中统一管理，以土地为中心

的空间管制权分散于不同部委(局),空间规划冲突的焦点,在于争夺管控土地发展权。土地利用总体规划、城乡规划、主体功能区规划、生态功能区规划,是我国现行具有代表性的四类空间规划。由于这些规划的编制管理机构分散、层级结构和编制标准不统一,因而出现了规划目标相抵触、内容相矛盾等问题,最终导致"规划墙上挂挂",无法实施到位,导致项目重复建设以及国家资源的浪费和流失。在对自然资源的管理中,感性偏多,理性偏少,多是解决表面问题;直接的偏多,间接的偏少,多是就问题解决问题;行政的偏多,经济与法治的偏少,多是采取行政手段解决问题。加之审批权限分散,串联式审批流程设计,造成审批程序冗长,效率低下。

长期以来,我国自然资源由不同的主管部门分别管理,自然资源受调查监测工作分头组织开展的影响,存在调查部门比较分散、概念不统一、内容相互交叉、指标之间相互矛盾,出台的相关标准、技术体系存在不协调,调查监测成果数据存在相互重叠、数据各不相同等问题,调查监测成果分散在各项目承担单位保管,成果应用时需要协调多家单位,统筹管理的难度较大,调查监测成果管理责任不清晰,调查监测成果共享利用效率和监督管理效能不高,难以满足推进国家治理体系和治理能力现代化的迫切要求。

自然资源部组建以来,高度重视自然资源统一调查的基础性和重要性,将其作为部履行"两统一"职责的重要支撑,按照生态文明建设总体目标的要求,紧紧围绕土地、矿产、森林、草原、水、湿地、海域海岛七类资源,系统重构自然资源调查监测的任务和工作内容。

自然资源统一调查不是对现有各类调查监测工作简单地接过来、延续下去,更不是一般的物理拼接,不能过去怎么干,机构改革之后还怎么干,而是要适应生态文明建设和自然资源管理的需要,按照科学、简明、可操作的要求,进行改革创新和系统重构。例如,在过去的森林资源调查中,森林的覆盖率、蓄积量等指标主要服务于林业发展和国土绿化管理等;草原资源调查主要服务于畜牧业,调查中特别有两个指标是牧草地、天然草场,这些指标考虑的就是畜牧业的发展。现在,自然资源统一调查都要从生态文明的视角,重新审视原来的工作理念、调查内容和技术方法,进行系统重构,这样才能适应山水林田湖草整体保护、系统修复和综合治理的需要。

2020 年 1 月,自然资源部发布《自然资源调查监测体系构建总体方案》(以下简称《总体方案》),明确了自然资源调查监测工作的任务书、时间表,为加快建立自然资源统一调查、评价、监测制度,健全自然资源监管体制,切实履行自然资源统一调查监测职责,提供了重要遵循和行动指南。

《总体方案》分为六个部分,科学地设置了自然资源分层分类模型,明确了自然资源调查监测体系构建的目标任务、工作内容、业务体系和组织实施分工等。

根据《总体方案》的要求,自然资源部将以依法行使"两统一"职责为总目标,以自然资源科学和地球系统科学理论为指导,重点构建以自然资源分类为核心的调查监测标准体系和构建以遥感监测为主要手段的技术体系,稳步有序地建立完善的自然资源统一调查、评价、监测制度体系和顺畅有序的工作机制,科学地组织实施各类调查监测工作,查清我国各类自然资源的家底和变化情况,为科学地编制国土空间规划,逐步实现山水林田湖草的整体保护、系统修复和综合治理,保障国家生态安全提供基础支撑,为实现国家治理体系和治理能力现代化提供服务保障。

《总体方案》明确了工作任务:建立自然资源分类标准,构建调查监测系列规范;调查我国自然资源状况,包括种类、数量、质量、空间分布等;监测自然资源的动态变化情况;建设调查监测数据库,建成自然资源日常管理所需的"一张底版、一套数据和一个平台";分析评价自然资源调查监测数据,科学分析和客观评价自然资源和生态环境保护修复治理利用的效率。

《总体方案》围绕土地、矿产、森林、草原、水、湿地、海域海岛七类自然资源的调查监测进行规划和设计。根据自然资源产生、发育、演化和利用的全过程,以立体空间位置作为组织和联系所有自然资源体的基本纽带,以基础测绘成果为框架,以数字高程模型为基底,以高分辨率遥感影像为背景,按照三维空间位置,对各类自然资源要素进行分层分类(见图 2-1)。

第一层为地表基质层,是地球表层孕育和支撑森林、草原、水、湿地等各类自然资源的基础物质。第二层为地表覆盖层,根据自然资源在地表的实际覆盖情况,将地球表面(含海水覆盖区)划分为耕地、森林、草原、湿地、水域、建筑等,并根据各类自然资源特有属性及特征指标等进行属性描述。第三层为管理层,是在地表覆盖层上叠加审批管理和资源利用等界线所形成的分层,体现各类自然资源的利用、管理等情况。地表基质层、地表覆盖层、管理层共同构成一个完

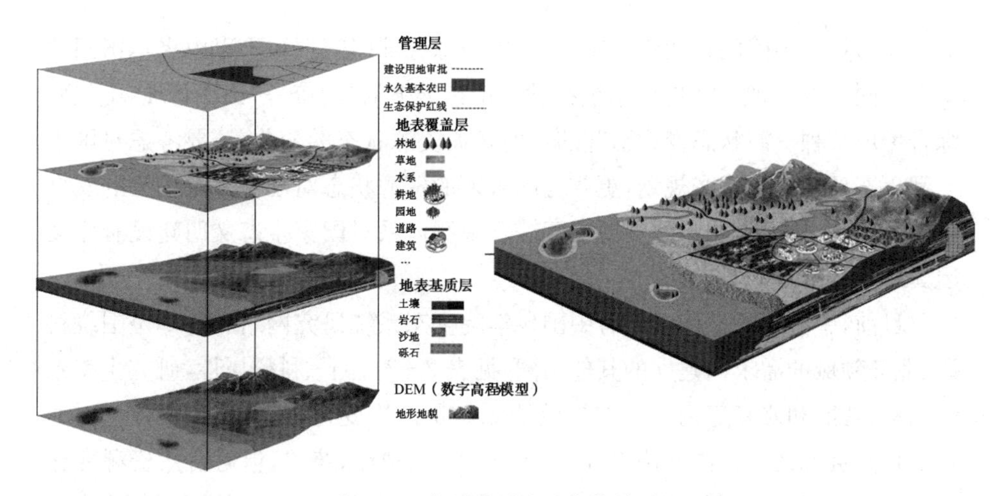

图 2－1　自然资源分层分类模型图

（资料来源：《自然资源调查监测体系构建总体方案》，自然资发〔2020〕15 号。）

整的支撑生产、生活、生态的立体空间，实现对自然资源的立体化、精细化综合管理。另外，地表以下还有地下资源层，主要是地下矿产资源及地下空间资源，通过坐标位置与上述三层建立空间关系。

《总体方案》提出，自然资源调查监测包含调查、监测、数据库建设、分析评价、成果及应用五项工作内容。自然资源部将紧密围绕职责和业务需求，把握自然资源调查监测工作的系统性、整体性和重构性，从法规制度、标准、技术和质量管理四个方面，着力开展自然资源调查监测业务体系建设。按照"总—分—总"的方式组织实施，坚持"六统一"，即统一总体设计和工作规划、统一制度和机制建设、统一标准制定和指标设定、统一组织实施和质量管控、统一数据成果管理应用以及统一信息发布和共享服务。

《总体方案》明确了自然资源调查监测体系构建的时间表。2020 年 6 月，初步建立自然资源调查监测制度；2020 年 10 月，初步完成自然资源基础调查和专项调查技术体系设计，建立自然资源调查成果的动态监测机制，研制自然资源分类标准；2020 年年底，发布一批重要的自然资源基础调查、专项调查成果，建立自然资源调查监测质量管理体系，形成自然资源管理的调查监测"一张底图"；2023 年，完成自然资源统一调查、评价、监测制度建设，形成一整套完整的自然资源调查监测的法规制度体系、标准体系、技术体系以及质量管理体系。

新形势下中国的自然资源管理，由单资源分部门管理转为以山水林田湖草生命共同体发展理念和地球系统科学理论指导下的“两统一”集中管理，不仅要综合考虑某种资源状态变化引起的其他相关资源状态的变化，还要考虑对国土空间生态环境的影响和规划，更要考虑未来的资源状态对国家重大决策的安全保障。因此，构建全国自然资源要素综合观测体系对国家生态文明建设有序发展具有十分重要的意义。

目前，中国观测站网主要有中国科学院生态系统研究网络和各单位围绕科研、业务领域的需求而建立的其他站网（见表2-2），侧重科研属性，研究生态系统结构、功能和修复等内容。在自然资源数量结构变化方面，相关单位主要通过对自然资源几年一次的调查和每年1～2次的监测获得，但对自然资源变化动因、演化趋势和资源环境承载力的科学预判，需要通过对自然资源各要素长期、连续、稳定的观测，获取资源间耦合作用过程、变化趋势和速度等关键数据。由于现有观测网分布在多个部门，观测数据融合难、共享难、统一管理难，数据价值没有得到充分挖掘，难以全面反映国家自然资源态势，在支撑自然资源变化动因机制、发展趋势研究、宏观判断和国家重大战略决策等方面还有待加强和完善。

表2-2 国内典型的野外观测站网

观测网名称	建设单位	观测点(站)数量(个)	主要观测内容	定位
气象监测站网	国家气候信息中心	41 636	气象	业务网
水文监测站网（地下水）	中国地质调查局	10 168	水文	业务网
水文监测站网（地表水）	环境监测院	由6 700余个水文站、12 000余个水位站、51 000余个雨量站、51 000余个报汛站组成	水文	业务网
水土保持监测网	水利部门	175	不同水土流失类型区	业务网
国家土壤肥力和肥料效益监测网	农业部门	9	不同温带的农业区土壤肥力	业务网

续　表

观测网名称	建设单位	观测点(站)数量(个)	主要观测内容	定位
国家土壤环境监测网	生态环境部门和农业部门	由生态环境部38 880个、农业农村部40 061个和自然资源部1 000个监测点位组成	不同类型的土壤	业务网
中国数字地震台网	地震局	152	不同地震带和区域的地震监测	业务网
中国生态系统研究网络(简称生态网)	中国科学院	54	生态类型	科研网
中国荒漠-草地生态系统观测研究野外站联盟	中国科学院、林业部门、教育和农业部门	30	荒漠化、石漠化生态系统和水土流失治理	科研网
黑河流域地表过程综合观测网	北京师范大学和中国科学院	11	黑河流域地表过程	科研网
高寒区地表过程与环境观测研究网络(简称高寒网)	中国科学院	17	高寒区地表过程与环境变化	科研网
日地空间环境观测研究网络	中国科学院	9	地球空间环境中涉及的磁层、电离层、中高层大气以及地球磁场与重力场	科研网
地球物理观测台网	中国科学院	由500余个专业地球物理站约500个地方站组成	重力、地磁、测震、大地电场	科研网
全国材料环境腐蚀试验网站	中国科学院	46	大气、海水、土壤腐蚀试验	科研网
区域大气本底观测研究网络	中国科学院	10	大气本底	科研网

续 表

观测网名称	建设单位	观测点(站)数量(个)	主要观测内容	定位
中国陆地生态系统通量观测研究网络	中国科学院	79	陆地生态系统与大气间 CO_2、水汽、能量通量的日、季节、年际变化观测研究	科研网
中国物候观测网络	中国科学院	39	植被类型区植物、动物和气象水文等物候现象	科研网
中国森林生态系统定位研究网络	林业部门	192	森林、草原生态系统观测研究	科研网

自然资源要素综合观测网络工程建设已经被列为中国《自然资源科技创新发展规划纲要》中"十二大科技工程"之首,是一项具有战略性、基础性、紧迫性的系统工程。中国自然资源要素综合观测网络构建的基本思路为:坚持山水林田湖草命运共同体理念,以自然资源问题和管理需求为导向,形成法规依据、观测指标、分类标准、技术规范和数据平台统一的自然资源要素综合观测工作机制。以自然资源科学和地球系统科学为理论基础,建立自然资源分类标准体系、多尺度-多要素-全天候的观测指标体系、天-空-地立体观测技术体系;坚持合作共享,试点引领,利用融合共建、改建升级、空白添建三种模式,构建布局合理、体系完整的自然资源要素综合观测体系。依托自然资源"一张网",加强智能化观测装备的自主创新和信息化建设,通过自然资源各要素动因机制研究和耦合关系模型模拟,揭示其演变趋势,与摸清自然资源家底的调查和跟踪掌握自然资源变化的监测形成互补,服务自然资源的统一管理,为自然资源预测、预判、预警和管理决策提供科技支撑。

中国的自然资源要素综合观测,围绕掌握大气资源、地表覆盖资源和地下资源的数量、质量和耦合作用过程等内容开展观测,按照自然资源区划和利用空间抽样统计技术布设一级、二级和三级观测站。以自然资源间耦合关系、自然资源的演变趋势预判与模拟、自然资源资产管理与评价为需要,深入探讨观测的研究方向。中国自然资源要素综合观测网络在构建覆盖全国自然资源三级区划观测站的基础上,提出了要素、技术、质控、服务和运维体系"五位一体"

总体框架，其中，要素体系是基础，技术体系是核心，质控体系是关键，服务体系是根本，运维体系是保障（见图 2-2）。

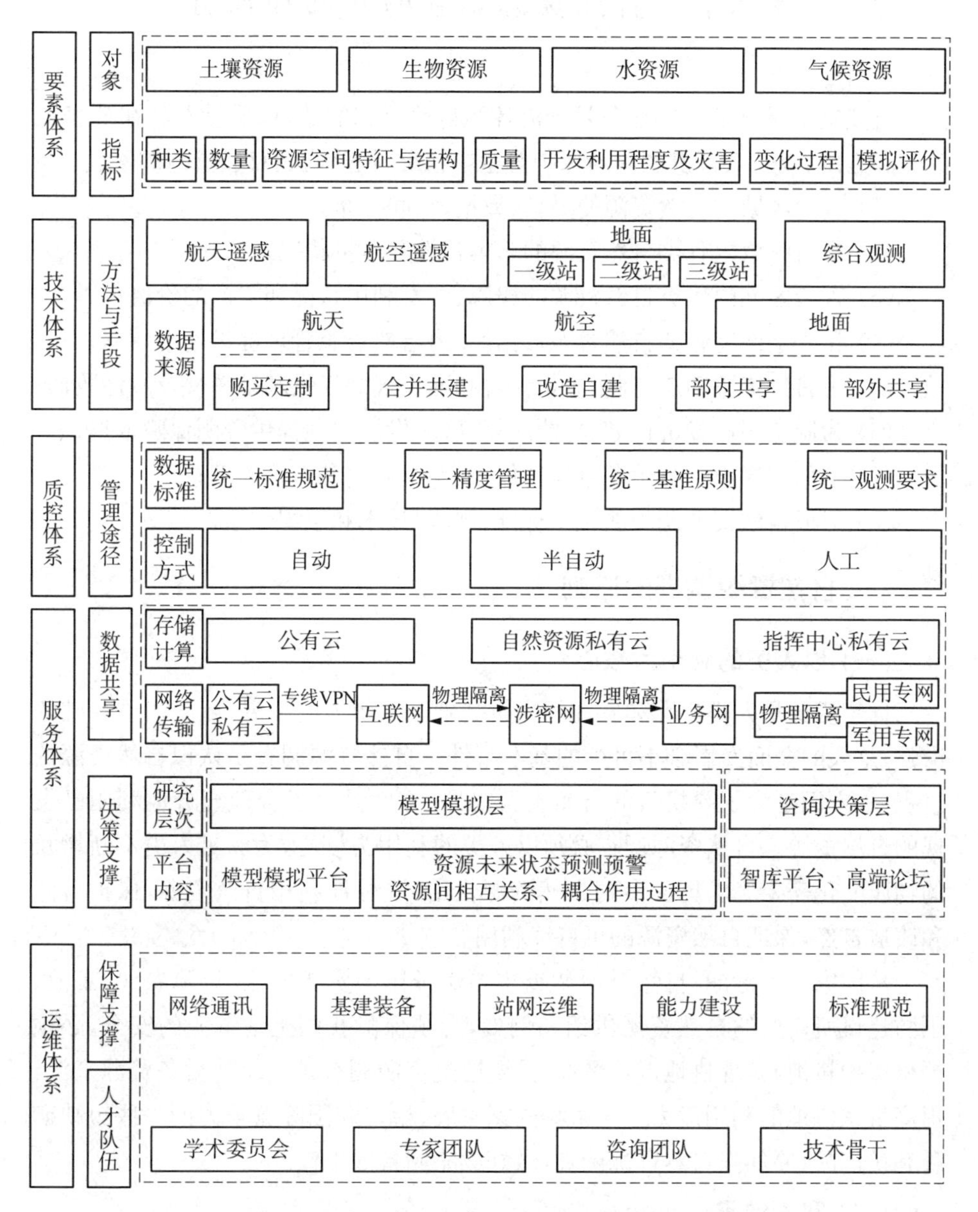

图 2-2　自然资源要素综合观测体系的总体框架

（资料来源：刘晓煌，刘晓洁，程书波，等. 中国自然资源要素综合观测网络构建与关键技术[J]. 资源科学，2020，42(10)：1853.）

第三节　自然资源调查的目的和任务

自然资源调查的主要任务是查清各类自然资源的数量、质量及其在地表的分布和范围，以及其开发利用与保护等基本情况，摸清全国自然资源的家底。

(1) 查清区域内自然资源的类型、数量、空间分布；

(2) 查清区域内各类自然资源的基本特性和质量状况；

(3) 查清区域内各类自然资源的权属、开发利用状况和资产的价值；

(4) 建立全面完善的自然资源数据库，为自然资源管理提供基本数据；

(5) 为自然资源动态监测、分析评价和国土规划提供基础图件及属性数据；

(6) 为制定国民经济计划、功能区划、区域发展规划提供资源保障依据；

(7) 全面支撑山水林田湖草整体保护、系统修复和综合治理；

(8) 形成自然资源调查的统一标准、规范、技术和组织体系。

一、自然资源调查的原则

(一) 以人类的利用为核心

自然资源是人类生存和发展的物质基础。生产力的发展，社会物质基础的增强，是人的全面发展必不可少的基本条件。自然资源调查是认识自然资源的过程，一方面是为了寻找新的自然资源，另一方面是为了合理充分地利用已发现的自然资源。自然资源调查必须以人类的利用为核心，为满足人类不断增长的物质文化需要寻求更加多的自然资源供给，更好地利用自然资源，保护自然和改造自然，保证自然资源的可持续利用。

从国家安全考虑，自然资源调查主要保证国家资源安全，保障农业、工业、国防建设所需要的自然资源供给。例如，为了保障我国土地资源的安全，必须严格保护耕地，实现耕地占补平衡，需要通过资源调查扩大耕地后备资源来源，提高现状耕地的利用潜力。对影响国家发展、稳定和国际竞争力的一些短缺矿种和矿产品，要加强自然资源调查，做好战略储备的工作。

(二) 科学继承

科学是个开放系统，它在时间上有继承性，在空间上有积累性。只有继承已发现的科学事实、已有理论中的正确东西，科学才能发展并不断完善。

自然资源调查要认真地进行科学继承。一是以前人的自然资源调查为基础，总结前人自然资源调查的经验和技术成就，以此为手段去开展新的自然资源调查；二是将前人自然资源调查中探索过、但没有完成的课题继续探索下去，系统地继承前人已经获得的知识和解决前人还没有解决的问题，对于开展新的自然资源调查有事半功倍的作用。

在市场经济条件下，市场在自然资源配置中具有决定性作用。自然资源调查需要将资源管理和资产管理相结合，为自然资源产权化与有偿使用提供良好的基础。

（三）实事求是

自然资源调查要实事求是，就是要求自然资源调查严格遵守相关技术规范，保证自然资源调查的科学性和真实性。自然调查数据的真实性是国土调查的生命，是自然资源调查成功与否的关键。

2021 年，自然资源部办公厅、国家林业和草原局办公室联合印发《自然资源调查监测质量管理导则(试行)》(自然资办发〔2021〕49 号)，提出各地各单位要有序推进自然资源调查监测质量管理体系建设，全面加强自然资源调查监测质量管理，确保调查监测数据真实、准确、可靠。

建设自然资源调查监测质量管理体系，重在统一调查监测质量管理方式、流程和要求；规范质量控制方法、检验技术和评价指标，防范弄虚作假和成果质量问题，完善质量追溯和责任追究机制，持续提升调查监测成果的质量，满足建设国家治理体系和治理能力现代化的需求；创新质量管理理念和质量控制方法，综合运用现代空间信息等技术手段，减少人为主观因素对调查监测成果质量的影响。

自然资源调查伊始，就要注重调查监测主要口径的统一，在设计阶段解决好口径、手段、方法统一这一基础性问题，即要保证调查监测口径统一、分类指标清晰、技术方法科学、质量要求明确。突出全面质量管理，建立覆盖调查监测各环节的质量管控机制，明确设计质量管理、作业质量控制、过程质量巡查、成果质量验收、质量监督管理的具体举措。坚持在“保真”上下功夫。围绕保障调查监测数据的真实性、准确性，明确划分调查监测质量责任，健全完善质量监督检查、质量问题防范、质量追溯和质量责任追究机制。

(四) 统一组织和实施

自然资源调查监测属于国家重大基础性工作，是满足生态文明建设和高质量发展新需求的关键环节。自然资源进行统一调查监测，在工作落实上、总体组织上，严格遵循“六个统一”原则，具体包括：

(1) 统一总体设计和工作规划，科学地组织开展各项自然资源调查监测评价任务；

(2) 统一制度和机制建设，保障调查监测工作规范有序地实施；

(3) 统一标准制定和指标设定，实现各类自然资源调查监测数据相互衔接；

(4) 统一组织实施和质量管控，保证调查监测成果真实、准确、可靠；

(5) 统一数据成果管理应用，充分发挥调查监测成果的作用和效益；

(6) 统一信息发布和共享服务，确保自然资源基础数据的权威性。

“六个统一”充分彰显了自然资源调查监测体系的基本原则：坚持自然资源统一调查监测；平衡财政事权和支出责任划分；加强自然资源调查监测成果利用与共享；活用数据和用活数据相结合，加快实现数字化转型；统筹用好各方力量，形成独特的“总—分—总”优势。

但是，自然资源调查监测在落实“统一”时依然存在误区和问题，主要可以概括为三个方面。

第一，统一调查监测必然涉及不同部门的协作，要共同组织实施具体工作。“共同组织”几乎都被误解为“牵头方组织”，尤其是惯性思维、路径依赖造成的“过去怎么干，现在还怎么干”的顽疾，非一时一事能化解。实践证明，共同组织应该面向务虚层面(如顶层设计、技术、标准规范、实施方案等)，牵头方组织则对应务实层面(如具体组织实施)，两者要有机地结合并实现统一。

第二，统一必须靠自上而下的行政拍板来驱动。既要做正确的事，又要正确地做事；不仅要做能够做的事，更要做应该做的事。不是自娱自乐、自得其乐地各行其是。特别是有些工作技术逻辑已经十分到位了，只要对接好行政逻辑，其工作成果就能掷地有声。

第三，统一的根本在于不同力量一体化行动的统筹。要想“四两拨千斤”，就必须用好他人的力量。“能用众力，则无敌于天下矣；能用众智，则无畏于圣人矣”，更重要的是内心一定牢牢地树立“只有队友，没有对手”的理念，“心中无敌，天下无敌”。可惜有优势者时常“眼中有敌”，迈出的每一步都企图亮出必杀技，总想凭一己之力打遍天下无敌手，统一之难，可见一斑。

（五）制度化

自然资源调查制度是实现自然资源治理法治化、现代化的重要支柱。建立健全自然资源调查制度，其目的也在于为自然资源调查、监测、评价所涉及的相互冲突的利益建立法律秩序，确定可预期性。

自然资源调查按内容可分为自然资源利用现状调查、自然资源权籍调查和自然资源环境条件调查；按精度可分为详查和概查；按调查期限可分为普查和变更调查。

目前，我国的土地调查制度相对完整。《土地调查条例》对于土地调查的目标和任务、土地调查的内容和方法、土地调查的组织实施、调查成果处理和质量控制、调查成果公布和应用、表彰和处罚等作出了明确规定。土地调查包括全国土地调查、土地变更调查和土地专项调查。全国土地调查是指国家根据国民经济和社会发展的需要，对全国城乡各类土地进行的全面调查，每 10 年进行一次。土地变更调查是指在全国土地调查的基础上，根据城乡土地利用现状及权属变化情况，随时进行城镇和村庄地籍变更调查和土地利用变更调查，并定期进行汇总统计，土地变更调查由自然资源部统一部署，以县级行政区为单位组织实施。土地变更调查中的城镇和村庄地籍变更调查，应当根据土地权属等变化情况，以宗地为单位，随时调查，及时变更地籍图件和数据库。土地利用变更调查，应当以全国土地调查和上一年度土地变更调查的结果为基础，全面查清本年度本行政区域内土地利用状况变化情况，更新土地利用现状图件和土地利用数据库，逐级汇总上报各类土地利用变化数据。土地利用变更调查的统一时点为每年的 12 月 31 日。土地专项调查是指根据国土资源管理的需要，在特定范围、特定时间内对特定对象进行的专门调查，包括耕地后备资源调查、土地利用动态遥感监测和勘测定界等，由县级以上自然资源行政主管部门组织实施。

我国自然资源部正在研议制定《自然资源调查条例》，其他自然资源调查制度也有望参考土地调查制度进行完善。

二、自然资源调查的相关技术规程

长期以来，我国自然资源调查制度分散在各个不同的单行资源法律之中，适用不同的调查技术标准和规程。自然资源部组建以来，遵循落实自然资源调查监测体系"统一"原则，正在对一系列自然资源分类调查标准进行协调和融合，实现各类自然资源调查监测数据的相互衔接。许多新的自然资源统一调查技术标准、规范和技术规程将陆续制定完成，逐步公布实施。原来各个产业部门制定的分类自然资源调查技术标准、规范和技术规程，不仅是适应自然资源统一管理、统一标准制定的基础，同时也是科学继承原则的落实。各种分类自然调查标准中有关于各种自然资源调查的指标，反映了每种自然资源对于行业经济发展的重要性，具有科学性和实用性，是对于以往自然资源调查成果理解、应用、更新的科学依据。经过初步梳理，我国自然资源调查监测的主要技术依据如下：

(1) 土地利用现状分类(GB/T 21010－2017)；

(2) 林地分类(LY/T 1812－2021)；

(3) 草地分类(NY/T 2997－2016)；

(4) 湿地分类(GB/T 24708－2009)；

(5) 地表基质分类方案(试行)(自然资办发〔2020〕59号)；

(6) 土地利用现状调查技术规程(全国农业区划委员会1984年)；

(7) 土地利用动态遥感监测规程(TD/T 1010－2015)；

(8) 第三次全国国土调查技术规程(TD/T 1055－2019)；

(9) 土地变更调查技术规程(试行)(自然资发〔2018〕139号)；

(10) 年度国土变更调查技术规程(自然资办发〔2023〕38号，年度更新)；

(11) 耕地后备资源调查与评价技术规程(TD/T 1007－2003)；

(12) 第二次全国土地调查基本农田调查技术规程(TD/T 1017－2008)；

(13) 地籍调查规程(GB/T 42547－2023)；

(14) 不动产单元设定与代码编制规则(GB/T 37346－2019)；

(15) 土地勘测定界规程(TD/T 1008－2007)；

(16) 海籍调查规范(HY/T 124－2009)；

(17) 海域使用权属核查技术规程(HY/T 0321－2021)；

(18) 2022年全国森林、草原、湿地调查监测技术规程(自然资发〔2022〕5号)；

(19) 自然资源统一确权登记暂行办法(自然资发〔2019〕116号)；

(20) 自然资源确权登记操作指南(试行)(自然资办发〔2020〕9号)；

(21) 地理国情普查成果图编制规范(CH/T 4023－2019)；

(22) 森林资源连续清查技术规程(GB/T 38590－2020);

(23) 森林资源数据采集技术规范　第1部分:森林资源连续清查(LY/T 2188.1－2013);

(24) 森林资源数据采集技术规范　第2部分:森林资源规划设计调查(LY/T 2188.2－2013);

(25) 森林资源数据采集技术规范　第3部分:作业设计调查(LY/T 2188.3－2013);

(26) 草地资源调查技术规程(NY/T 2998－2016);

(27) 天然草原等级评定技术规范(NY/T 1579－2007);

(28) 岩溶地区草地石漠化遥感监测技术规程(GB/T 29319－2012);

(29) 矿产资源国情调查(试点)技术要求(自然资办函〔2019〕172号);

(30) 固体矿产资源储量分类(GB/T 17766－2020);

(31) 油气矿产资源储量分类(GB/T 19492－2020);

(32) 矿产资源综合勘查评价规范(GB/T 25283－2010);

(33) 水文地质调查规范(1∶50 000)(DZ/T 0282—2015);

(34) 水文调查规范(SL/T 196－2015);

(35) 水环境监测规范(SL 219－2013);

(36) 水资源调查规范(征求意见稿)(水利部,2011);

(37) 地下水监测工程技术规范(GB/T 51040－2014);

(38) 地下水监测网运行维护规范(DZ/T 0307－2023);

(39) 地下水资源储量分类分级(GB/T 15218－2021);

(40) 地下水质量标准(GB/T 14848－2017);

(41) 地下水监测工程技术规范(GB/T 51040－2014);

(42) 全国湿地资源调查技术规程(试行)(林湿发〔2008〕265号);

(43) 重要湿地监测指标体系(GB/T 27648－2011);

(44) 海洋调查规范　第1部分:总则(GB/T 12763.1－2007);

(45) 海洋调查规范　第2部分:海洋水文观测(GB/T 12763.2－2007);

(46) 海洋调查规范　第3部分:海洋气象观测(GB/T 12763.3－2020);

(47) 海洋调查规范　第4部分:海水化学要素调查(GB/T 12763.4－2007);

(48) 海洋调查规范　第5部分:海洋声、光要素调查(GB/T 12763.5－

2007)；

(49) 海洋调查规范　第 6 部分：海洋生物调查(GB/T 12763.6－2007)；

(50) 海洋调查规范　第 7 部分：海洋调查资料交换(GB/T 12763.7－2007)；

(51) 海洋调查规范　第 8 部分：海洋地质地球物理调查(GB/T 12763.8－2007)；

(52) 海洋调查规范　第 9 部分：海洋生态调查指南(GB/T 12763.9－2007)；

(53) 海洋调查规范　第 10 部分：海底地形地貌调查(GB/T 12763.10－2007)；

(54) 海洋调查规范　第 11 部分：海洋工程地质调查(GB/T 12763.11－2007)；

(55) 海岸带综合地质勘查规范(GB/T 10202－1988)；

(56) 城市地下空间规划标准(GB/T 51358－2019)。

三、建立自然资源调查的“一张图”

(一) 建立自然资源调查“一张图”的必要性

长期以来，各类自然资源调查工作分散在各个主管部门，造成已有调查成果数出多门，粗细不均，重复交叉，难以直接综合利用。自然资源统一调查，是建立自然资源“一张图”的基础，也是履行自然资源管理部门既定职责，即打破原来各类自然资源管理的界限，统一实行自然资源调查评价、确权登记、空间规划、用途管制、监测监管和生态修复职责的需要。

自然资源“一张图”在自然资源部建立以前，主要是源起于“多规合一”、空间规划“一张图”、“一张蓝图绘到底”的构想。“多规合一”改变了“多规并存”的许多矛盾和问题。在“多规并存”模式下，不同的政府部门制订出本部门的规划，主要立足于本部门的需要和利益，存在着规划期限不统一、规划目标不一致、规划空间(图版)边界不吻合导致管制政策和措施不统一甚至相互矛盾和冲突的问题，造成规划落实困难重重，“规划规划，墙上挂挂”的形式主义，规划管理虚化。“多规合一”在一级政府一级事权下，强化国民经济和社会发展规划、城乡规划、土地利用规划、环境保护、文物保护、林地与耕地保护、综合交通、水资源、文化与生态旅游资源、社会事业规划等各类规划的衔接，确保“多规”确定的保护性空间、开发边界、城市规模等重要空间参数一致，并在统一的空间信息平台上建立控制线体系，以实现优化空间布局、有效配置土地资源、提高政府空间管控水平和治理能力的目标。

自然资源“一张图”是全面推动新一代信息技术与自然资源管理深度融合的现实需要。实现自然资源管理的数字化、网络化和智能化，有助于提升国土空间治理能力，优化国土空间开发格局，促进资源节约利用，全面提升自然资源的社会化服务水平。自然资源部发布的《2020 年自然资源部网络安全与信息化工作要点》明确提出，推进自然资源三维立体“一张图”和国土空间基础信息平台建设。

建立自然资源“一张图”，就是要充分利用基础测绘的成果，以数字高程模型（DEM）等三维测绘成果为基底，以遥感影像为背景，整合、集成和规范土地、地质、矿产、海洋、测绘地理信息等各类自然资源调查监测类数据，构建“地上地下、陆海相连”的统一的自然资源“一张图”大数据体系，全面真实地反映自然资源的现实状况和自然地理格局。在现代数字化、信息化的条件下，各种自然资源调查监测提供的调查监测结果为自然资源数据库建设提供了数据来源，各种自然资源数据库是自然资源调查监测成果的汇总。自然资源“一张图”是自然资源数据库的可视化，是以现有的自然资源数据为基础，形成自然资源调查监测的工作基础和工作地图。自然资源调查和监测的成果，最终需要通过建立自然资源数据库来汇交和存档。自然资源数据库也是自然资源调查监测最终成果的表达形式。可以说，自然资源“一张图”既是自然资源调查监测的开始，也是自然资源调查监测的终结。

（二）建立自然资源调查“一张图”的基础

2019 年 11 月发布的《自然资源部信息化建设总体方案》明确了自然资源信息化的基础。

在数据资源建设方面，我国已积累和整合涵盖土地、地质、矿产、地质环境与地质灾害、不动产登记、基础测绘、海洋等基础类、业务类和管理类数据，形成了覆盖全国包含 5 000 余个图层、110 多亿个要素的国土资源“一张图”，初步建立了国土空间基础信息平台；基本上完成了馆藏地质资料数字化，基本上建成了国家地质数据库体系，涵盖 10 大类 48 个国家核心地质数据库；建成数据量达 16

亿站次、测线量超百万千米的海洋综合数据库并提供了系列信息产品；建成系列比例尺基础地理信息数据库并实现我国陆地国土 1∶5 万基础地理信息年度更新；形成了覆盖全国的陆地范围的卫星遥感影像产品库并持续更新；累计建成土地、地质、矿产、地质灾害与地质环境、海洋、测绘等领域各类数据库 189 个。

在信息服务方面，土地管理、地质矿产管理、海洋管理和测绘地理信息管理方面都建立了门户网站。土地征收、地质灾害防治等一批关系民生的政务信息面向全社会公开，行政审批结果实现网上公开查询，土地供应和矿业权出让信息实时发布，地籍数据已向相关部门提供共享和应用，全国地质资料集群化共享服务平台为社会公众提供地质资料在线查询，“地质云”建成并上线，实现了 100 多个国家地质数据库、5 000 多个信息产品、14 万档馆藏地质资料的共享服务；海洋科学数据共享服务平台、iOcean 中国数字海洋公众版和海洋工程知识服务系统面向涉海部门、沿海省市、涉海科研院所、军队和社会公众，在线开放共享 5 亿条海洋数据和信息；建成由 1 个国家级节点、31 个省级节点和 300 多个市县级节点组成的“天地图”，成为地理信息公共服务的公益性平台。

在政务管理信息化方面，土地管理、地质矿产管理、海洋管理和测绘地理信息管理方面均设立了政务服务大厅或窗口，建立了办公自动化和政务审批系统，部分行政许可和审查事项实现了电子化申报和全流程网上办理。建立了国土资源综合信息监管平台，实现了事中事后的网络化动态监管，建成了不动产登记信息管理基础平台并实现全国联网运行；建成了面向海洋经济、海洋权益等政务业务的国家海洋综合监管平台，以及海洋综合管理决策系统；建立了测绘与地理信息管理“一站式”网上政务服务平台，实现了 17 项政务服务事项“单点登录、全网通办”，建成了测绘行业综合监管平台，构建了线上线下监管体系。

然而，目前统一的自然资源信息化体系还没有形成，已有的信息化基础与自然资源统一管理的实际需求相比还存在较大的差距。虽然在土地、地质、矿产、测绘、海洋等方面建立了一批基础数据库与业务数据库，但是受业务机制和技术手段的限制，有些受人为因素干扰，数据的准确性还存在较大的差距。由于缺乏有效的数据更新机制，数据的时效性不强。一些数据由于管理应用分割，标准不一致，造成数据之间存在矛盾和冲突，数据的系统性、完整性也存在较大的问题。自然资源系统的一些部门和单位在基础设施建设、数据资源建设、应用系统建设等方面仍有不同程度的交叉重叠，信息化建设还存在多头布置、分散建设的问题。土地、地质、矿产、海洋、测绘地理信息等方面建立的数据库、应用系统和网络基础设施，在建设机制、技术标准和应用模式上存在较大的差异。现有的数据库互联互通和信息共享还存在较大的差距。已有的网络基础设施、云计算和存储等建设维护分散化，存在网络信息安全隐患。自然资源行业受攻击事件时有发生，面临的安全风险不断加大，全社会对自然资源信息的迫切需求与信息安全之间的矛盾日益突出，网络安全防护和监管能力需要全面加强。

（三）建立自然资源调查“一张图”的基本思路

自然资源调查“一张图”是自然资源部信息化总体架构的重要组成部分（如图 2－3 所示）。自然资源部信息化的总体架构为：以政策、制度、标准为基础，以安全运维为保障，在“一张网”“一张图”“一个平台”的基础上支撑“三大应用体系”。

第一，立足已有的基础，协调相关数据标准，整合、规范、扩展现有的基础地理、遥感影像、土地、地质、矿产、海洋、林草、湿地等各类自然资源和国土空间数据，构建地上地下、陆海相连的自然资源大数据体系，形成统一的自然资源三维“一张图”。

第二，通过国土空间基础信息平台的技术机制，建立分布式分工维护、有机集成、统一服务的数据管理和应用机制，实现各单位部门的数据互通，向相关政府部门提供自然资源数据共享与服务。具备网络条件的，按照分布式建设方式管理和使用；暂不具备网络条件的，采取数据集中存储管理的方式。

第三，通过第三次国土调查及年度变更调查、自然资源调查监测、自然资源和不动产确权登记、国土空间规划、矿产资源国情调查、海洋调查监测、基础测绘等专项工作，不断提高“一张图”数据的准确性和完整性。完善数据更新机制，利用数据相互印证的方法，提升数据质量。

第四，逐步推进地上地下三维实景数据的管理与应用，为自然资源管理和国土空间用途管制提供更直观、更精准的应用。全面梳理土地、矿产、海洋、森林、草原、湿地、水等自然资源及人口、经济、社会等与国土空间开发利用相关的数据资源，结合第三次国土调查及年度变更调查、国土空间规划、不动产和自然资源确权登记的成果，按照统一标准、空间参考和分类体系，建立内容完整、标准权威、动态更新的自然资源数据体系，按照现状数据、规划数据、管理信息、

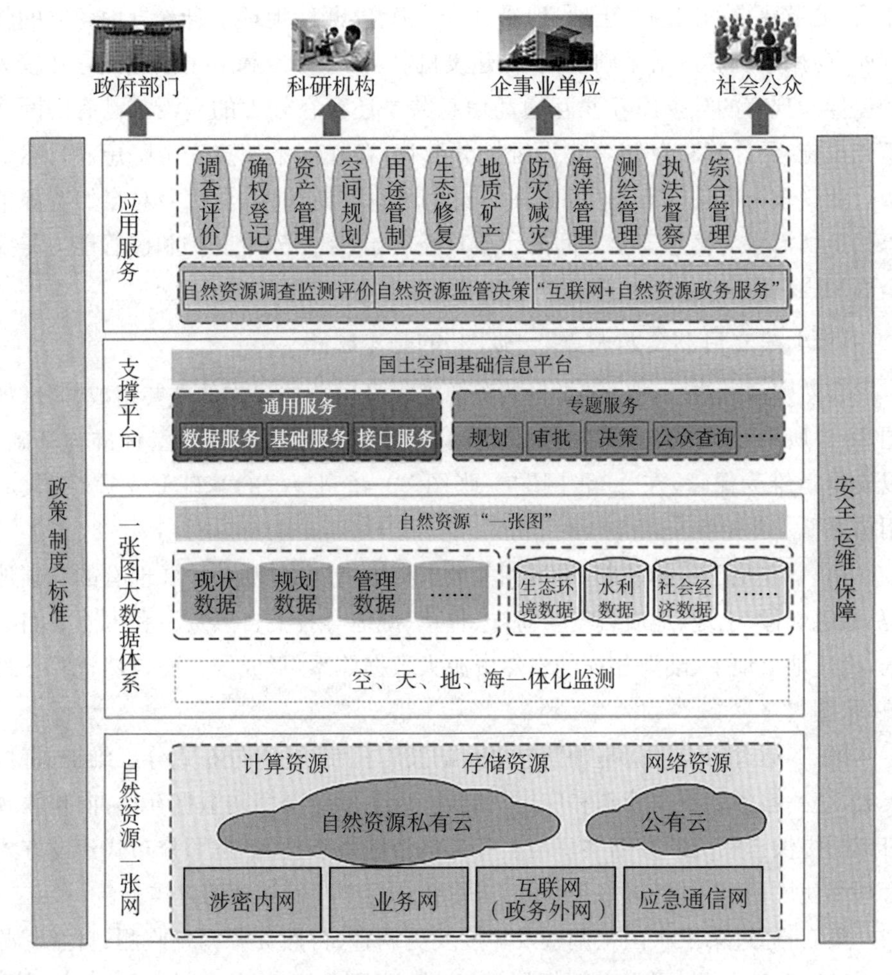

图 2-3　自然资源部信息化总体架构

（资料来源：《自然资源部信息化建设总体方案》，自然资发〔2019〕170 号。）

社会经济数据进行组织，通过国土空间基础信息平台进行统一管理，统一支撑自然资源管理与国土空间的开发利用工作。

（四）完善自然资源数据体系，建立自然资源数据目录

根据自然资源数据体系，按照数据类别、层次和关系，建立自然资源数据目录（见表 2-3），形成数据共建、共享、共用的索引。省（含）以下自然资源主管部门按照统一目录体系，在相应的分类层次下补充扩展本地其他数据目录，并更

新到国家级数据资源目录。各级自然资源主管部门在统一目录体系下，可建设不同专题数据目录，并保持对应的关系。按照"谁生产、谁负责"的原则，横向上建立跨业务、跨行业协同的数据资源目录和数据更新维护机制，纵向上建立国家、省、市、县四级协同联动的数据资源目录和数据更新维护机制。

表 2-3　自然资源核心数据目录(一级)

数据类型	数据类别	数 据 内 容
现状数据	测绘	基准、遥感影像、地形、DEM
	地质	地质调查、矿山地质环境、地质灾害
	地理国情普查	地表形态、地表覆盖、重要地理国情要素
	国土调查	国土调查与变化调查
	耕地资源	耕地资源、永久基本农田/耕地后备资源、耕地质量评价
	矿产资源	矿产资源储量、矿产资源潜力评价、矿产地
	森林资源	林地资源状况、森林资源清查、森林灾害、林业重点工程
	湿地资源	湿地资源调查、典型湿地、重点湿地资源
	草地资源	草地资源清查、草原生态
	水资源	水利普查、水利工程、防汛抗旱、水资源调查
	海洋	海域海岛、南北极、海洋测绘地理、海洋地质、海洋环境、海洋资源、海洋权益
	气象	大气环境、台风、气候
	灾害	旱灾、洪涝、火灾、沙尘暴、赤潮、绿潮、水母、入侵生物
	交通	民航、铁路、公路、航运
	水利设施	水库、港口
	生态环境	水环境、大气环境、土壤环境、污染源
规划管控数据	开发评价	资源环境承载能力和国土空间开发适宜性评价
	重要控制线	生态保护红线、永久基本农田、城镇开发边界
	国土空间规划	各级国土空间规划、详细规划、村庄规划
	国土空间相关规划	原主体功能区规划、原土地利用总体规划、原城乡规划

续 表

数据类型	数据类别	数据内容
	自然资源行业专项规划	矿产资源规划、地质勘查规划、地质灾害规划、海洋规划、自然保护地规划
	其他行业专项规划	环保规划、水利规划、公路规划、铁路规划、民航规划等
管理数据	自然资源资产	土地、矿产、林、草、水、其他
	不动产登记	土地、房屋、林地、草原、海域、无居民海岛
	自然资源确权登记	水流、森林、山岭、草原、荒地、滩涂、探明储量的矿产资源
	土地管理	建设用地项目、土地供应、城市地价
	地质矿产管理	矿业权、地质勘查资质、矿业资源开发利用
	海洋综合管理	海域管理、海岛管理、海洋工程、围填海管理
	测绘地理信息管理	测绘资质资格、基础测绘、测绘项目、测绘成果、测量标志
	生态修复	国土空间综合整治、土地整治、矿山生态修复、海洋生态修复、海域海岸带和海岛修复、矿业遗迹保护
社会经济数据	人口数据	人口数量、人口密度、人口迁移
	经济数据	宏观经济、消费者物价指数、工业品出厂价格指数
	社会数据	就业、社会舆情、社会网络
其他	其他	其他

（五）完善数据汇交、备案、交换与同步机制

自然资源和国土空间相关数据来自各级自然资源管理相关部门及其相关单位、其他行业、互联网等不同领域和地域。根据统一数据标准规范和数据体系框架，不断地完善数据汇交、备案、交换与同步机制：调查监测类、国土空间规划类数据要通过逐级汇交方式实现数据汇聚；自然资源管理类数据通过实时备案、在线业务协同等方式实现数据汇聚；其他行业数据通过交换、协议、共享等方式实现数据汇聚；互联网类等数据通过网上接口、下载等方式实现数据汇聚；离线汇交、在线调用、服务接入多种方式共用，保障数据同步与更新。同时，不断地完善相关制度保障，不断地完善分布式与面向服务技术，建立“分兵把守、

各自建设、统一服务”的数据建设、管理与应用机制，从标准规范上保障数据的集成性和整合性，从源头上保障数据的真实性和准确性，从汇聚途径上保障数据的时效性和全面性，全面提升数据汇聚的效率与质量。

（六）整合建设自然资源“一张图”，更新完善核心数据库

自然资源“一张图”的框架如图 2-4 所示。自然资源“一张图”是按照自然

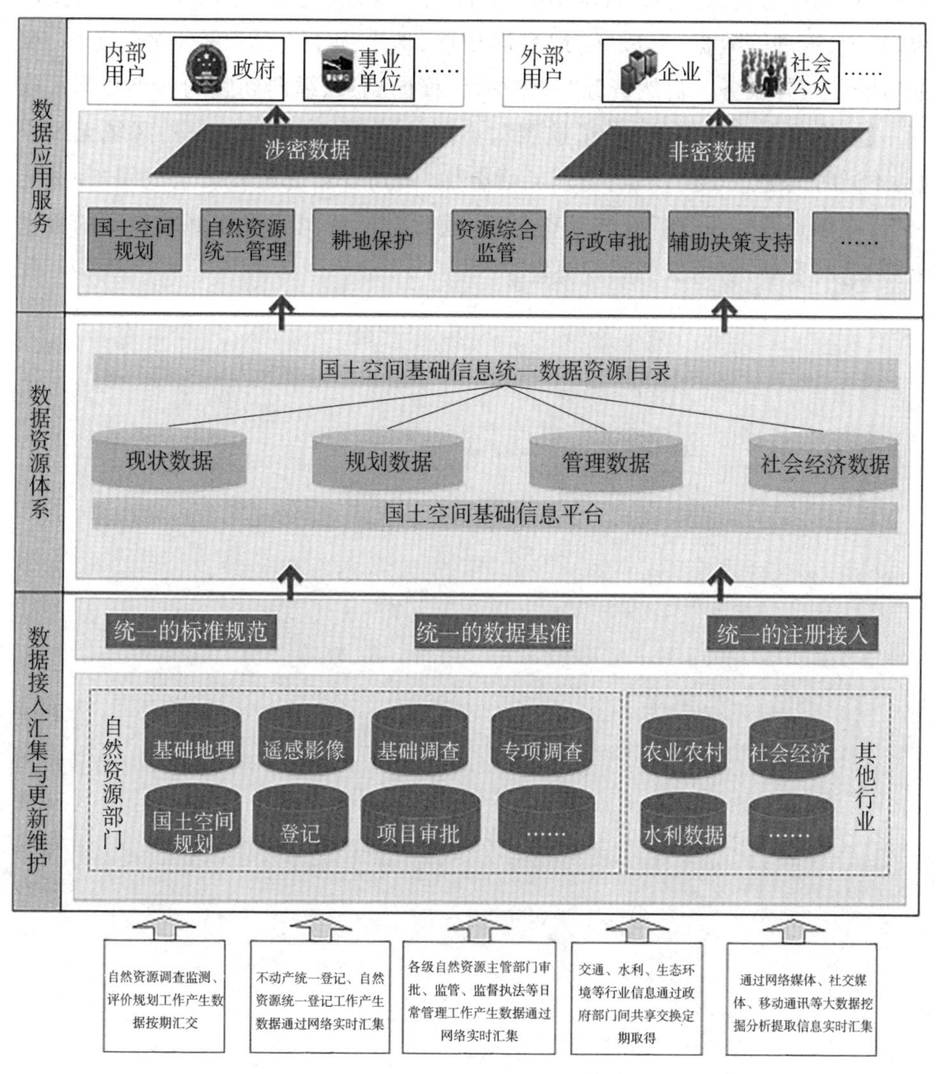

图 2-4　自然资源“一张图”框架

（资料来源：《自然资源部信息化建设总体方案》，自然资发〔2019〕170 号。）

资源数据体系的框架，基于统一的坐标系统，依据统一的数据标准和分类标准，在空间、时序、比例尺上对各类自然资源数据进行标准化整合、对接、去重、融合、分层，根据自然资源利用和管理需要输出的专题地图。数据在一个单位的，统一处理；数据在不同单位的，根据统一标准分别处理；同一类数据在不同单位的，加强协调、统一处理、同步分发更新，纳入自然资源数据目录，建立分布式数据存储机制，通过国土空间基础信息平台统一管理，叠加自然资源调查监测成果、规划、管理等数据，形成"陆地海洋相连、地上地下一体"的自然资源"一张图"，统一对外服务。自然资源"一张图"将横向到边、纵向到底的各类数据汇聚到一起，形成自然资源的"电子地图"，不同比例尺任意放大，不同区域无缝漫游，不同时间随意切换，不同类别灵活叠加，做到自然资源和国土空间"一览无余"。自然资源"一张图"应该动态更新，通过自然资源调查监测取得新的数据来源，适时更新，努力保持其现势性。

第三章　地表基质层：自然资源形成基础调查

第一节　地表基质层的定义

地表基质层是《自然资源调查监测体系构建总体方案》建立的自然资源分层分类模型的第一层，是地球表层孕育和支撑森林、草原、生物、水、湿地等各类自然资源的基础物质层。组成地表基质层的基础物质是地表基质，在海岸线向陆一侧(陆地)分为岩石、砾石、沙和土壤等，向海一侧(海洋)则包括不同类型的底质(如表 3－1 所示)。

地表基质层是地质作用和自然环境演化共同作用的产物，是地球表层物理作用、化学作用和生物作用过程极为活跃的地带，是维系地球生态系统功能和人类生存的物质基础。它位于地球表层岩石圈、土壤圈、水圈、生物圈和人类及其活动构成的智慧圈的接合部，构成了以地球系统为参考系，联结地上覆盖层(土地覆盖)和地下资源(矿产和地下水等)的纽带，是各类自然资源分层分类立体模型的骨架。

在地球系统科学体系中，很多学科都将地表基质层作为研究对象开展研究。一是地质学中的地表基岩、松散沉积物或第四纪沉积物，主要指直接露出地表或陆壳表层风化层之下的完整岩石、第四纪因地质作用形成的呈松散状态沉积的物质；二是林草学中的立地层或立地条件，指造林地或林地的具体环境，即与林木生长发育有密切关系并能为其所利用的气体、土壤等条件的总和；三是土壤学中的土壤，主要是指发育于陆地表面的具有肥力、能够生长植物的疏松表层；四是水文学中的底质，包括陆域大型和深水型江、河、湖等水体的底质

表 3-1 地表基质分类方案(试行)

序号	一级类及依据	二级类及依据		三级类及依据	描述
1	按照地表基质发育发展过程划分	A 石质			即岩石,天然产出的具有一定结构构造的矿物集合体,少数由天然玻璃,或胶体,或生物遗骸组成
		成因	A1 岩浆岩	《岩石分类和命名方案 火成岩岩石分类和命名方案》(GB/T 17412.1-1998)	又称火成岩,是由岩浆喷出地表或侵入地壳冷却凝固形成的岩石
			A2 沉积岩	《岩石分类和命名方案 沉积岩岩石分类和命名方案》(GB/T 17412.2-1998)	在地壳表层条件下,母岩经风化作用、生物作用、化学作用和某种火山作用的产物,经搬运、沉积形成成层的松散沉积物,而后固结而成的岩石
			A3 变质岩	《岩石分类和命名方案 变质岩岩石分类和命名方案》(GB/T 17412.3-1998)	在变质作用条件下,由地壳中已经存在的岩石(岩浆岩、沉积岩及先前已经形成的变质岩)变成的具有新的矿物组合及变质结构与构造特征的岩石
2		B 砾质			指地表岩石经风化、搬运、沉积作用而成,颗粒粒径≥2 mm 者体积含量≥75%的岩石碎屑物、矿物碎屑物或二者的混合物
		粒级	B1 巨砾	第四纪沉积物的碎屑粒级分类(温德华分类法)	颗粒粒径≥256 mm 者体积含量≥75%
			B2 粗砾		颗粒粒径 64 mm(含)~256 mm 者体积含量≥75%
			B3 中砾		颗粒粒径 4 mm(含)~64 mm 者体积含量≥75%
			B4 细砾		颗粒粒径 2 mm(含)~4 mm 者体积含量≥75%
3		C 土质			由不同粒级的砾(体积含量<75%)、砂粒和黏粒按不同比例组成的地球表面疏松覆盖物,在适当的条件下能够生长植物

续　表

序号	一级类及依据	二级类及依据		三级类及依据	描述
		质地	C1 粗骨土	张甘霖，王秋兵，张凤荣，等. 中国土壤系统分类土族和土系划分标准[J]. 土壤学报，2013，50（4）：826 - 834. 三级类按土壤理化性质划分	不同粒级砾体积含量介于 25％到 75％之间
			C2 砂土		不同粒级砾体积含量＜25％，筛除砾质后砂粒质量含量≥55％
			C3 壤土		不同粒级砾体积含量＜25％，筛除砾质后砂粒质量含量＜55％，黏粒质量含量＜35％
			C4 黏土		不同粒级砾体积含量＜25％，筛除砾质后黏粒质量含量≥35％
4		D 泥质			长期处在静水或缓慢的流水水体底部的特殊壤土、黏土，以及天然含水量大于液限、天然孔隙比≥1.5 的黏性土
		成因	D1 淤泥	张富元，李安春，林振宏，等. 深海沉积物分类与命名[J]. 海洋与湖沼，2006(6)：517 - 523.	湖沼、河湾、海湾或近海等水体底部有微生物参与条件下形成的一种近代沉积物，富含有机物，天然含水量大于液限
			D2 软泥		生物遗骸质量含量＜30％的深海泥质沉积物
			D3 深海黏土		远洋沉积物中生物遗骸质量含量＜30％的细粒泥质沉积物之总称

以及海洋的底质等;五是自然地理学中的自然环境和土地类型。土地科学建立以后,土地成为其研究对象和研究的基本概念。土地是陆地表层的区域自然历史综合体,它是由阳光、岩石、地貌、土壤、水和生物等自然因素相互联系和相互制约而形成的,包括过去和现在人类活动作用及其结果。

地表基质很多就是自然资源。例如,岩石、黏土、沙是重要的建筑材料,陶瓷是原料和装饰材料。当岩石中矿物的元素含量达到工业生产的要求时,就可以作为矿产资源使用。地表基质层在工程建设中是作为地基和承载力存在的,作用于城乡建设和房地产开发。作为森林、草、农作物等资源的生长或支撑层,其地表生态环境和物质能量及其空间分异控制着相应的农林牧渔业布局和生产潜力,可以看作"资源之母"。作为地下生物体(或微生物、细菌等)的生活或活动层,决定了相应生物的生境状态。作为地表水体的支撑层和地下水的赋存空间,其内部结构构造等决定了地表水体的稳定性和地下水体的饱和度。地球的成矿作用主要是在基质层发生的,与地壳运动、岩浆活动、板块运动、变质作用、外力作用、生物作用以及地壳物质循环等密切相关。成矿作用有的地方作用强,有的地方作用弱,使得矿产资源分布不均。矿产资源在某些区域富集起来,便形成具有开采价值的重要矿床。地表基质层与人类活动的关系最密切,相互作用最频繁,是关键的关键,也称为地球关键带。可以看出,地表基质层在自然资源形成、发展和演化过程中占有根、源、储、汇的地位。

目前,自然资源部定义的地表基质层主要是指地球表层的组成物质,这个定义具有深刻的地质学烙印。从自然资源开发和管理上看,地表基质层的科学内涵,应该更加接近于自然地理学的"自然环境"或者土地科学中的"土地"。土地在词义上,具有"区位""环境""场所""空间""景观""生产要素""地产"等方面的意义。它比土壤的概念要广,土壤只是构成土地的一个自然因素,土壤是地表具有肥力和能够生长植物的疏松表层。地球表层的组成物质是成土母质,没有经过成土过程和作用,是不具有肥力的。

土地的功能主要包括以下九类。

(1) 生产功能。土地是农业的基本生产资料和劳动对象。

(2) 承载功能。土地是人类生活和生产的场所。

(3) 生态功能。土地包括生物和非生物要素,具有自我调节和生态恢复能力。

（4）财产功能。土地在现代市场条件下，是国家（或企业、个人）拥有的重要财富，可以通过土地产权转让获得经济收益。

（5）空间功能。土地是自然历史综合体，作为空间利用，其外溢效应明显，房地产开发可以从周围其他土地利用中获得效益（增值或减价）。

（6）储藏功能。土地不仅指地表空间，其向上包括大气，是各种气候资源的载体，向地下延伸包括人类活动作用和影响的地下空间，矿产资源和地下水资源形成和储存其中。

（7）记忆功能。土地埋藏有大量的文物和古生物化石，土壤和岩石结构可以记录自然环境演替、气候变化和人类活动历史的信息。

（8）景观功能。土地上的地貌变化、植被季相更替、气象风云变幻、建筑物多姿多彩，均给人带来赏心悦目的享受，是旅游业发展的基础。

（9）社会和文化功能。土地崇拜形成土地神、风水、恋乡情结等，无不影响人们的生活和文化习惯。土地关系是人类社会关系的反映，土地所有制是社会制度的决定性因素。由土地衍生出的领土和国土等概念，是国家主权的载体，神圣不可侵犯。

地表基质层是资源形成的基础，地表基质层调查是对于自然资源形成的背景条件的调查。从土地科学和自然地理学上看，它更加接近于土地类型和综合自然区划研究。土地类型是土地自然属性和特征相对一致的地域单元。土地类型研究包括土地分级和分类，主要以土地为研究对象，研究土地自然特征的形成、发展、演替和地域分异规律。同一土地类型自然特征和土地质量相似，具有相对一致的土地利用方向和利用改造措施，土地类型研究是认识评价、开发、利用、保护、改造土地的前提和基础。土地类型代表着陆地表层低层次，中、小尺度自然环境的研究。综合自然区划是更高层次的，涉及国家甚至全球尺度的自然环境研究，是区域自然地理研究的核心。

第二节　地表基质层调查和监测的工作任务

在自然资源调查监测体系中，地表基质层调查监测是一项全新和开创性的工作，具有很强的探索性。地表基质层调查监测的主要工作任务有以下五个方面。

一、查清国土空间范围内地表基质的物质成分和空间分布特征

地表基质层位于地球表层，是一个特殊的物理化学体系。它不仅有地球演化物质分异而形成的地壳(岩石圈)，也包括地球表层的水圈、大气圈，生命长期发育演替形成的生物圈，还有人类及其活动影响而形成的智慧圈。

地表基质层从物理学(组成物质的物理结构、粒径)分析，可以分为石质(岩石)、砾质、土质和泥质。从化学结构分析，可以分为无机物、有机物和生物。无机物构成的地表基质层可以从岩石、矿物和化学成分(元素)等方面进行认识。

岩石由矿物组成。矿物是在地球(地壳)物理化学条件下形成的稳定单质和化合物。岩石地层单位既是地层学研究的基本要素，又是地质填图的基本单位，也是区域地质发展历史研究的基本对象。了解特定区域内地层的基本序列及关键层位空间展布信息，对恢复不同地域的构造、气候环境背景和探寻矿产资源的分布特征具有重要意义。

在地球科学上，地表砾质物质通常被称为风化壳或者成土母质。风化壳中岩石的风化程度因深度而不同，表层风化程度较深，深处风化程度较浅，逐渐过渡到未风化的母岩。

风化壳的厚度取决于气候、地形、构造等许多因素。一般说来，在气候湿热、地形平坦、构造活动比较稳定的地区，风化作用较强，剥蚀作用较弱，风化残余物质易于保存，故风化壳的厚度较大。在相反的条件下，风化壳的厚度就较小，以至为零。原苏联科学家 Б. Б. 波雷诺夫首先从发生学的角度研究风化壳的地球化学，指出在自然条件下元素的迁移顺序不仅取决于该元素的物理化学性质，而且取决于元素的迁移条件。风化壳的形成可分成四个时期：第一时期，风化物丧失 Cl 和 SO_4 的化合物；第二时期，风化物丧失碱金属和碱土金属盐基；第三时期是残积黏土时期，SiO_2 开始淋失；第四时期是富铝化时期，大量二氧化合物、三氧化合物积聚(见表 3-2)。按风化壳所处的形成时期，可分成碎屑状风化壳(气候严寒)、含盐风化壳(干旱、半干旱)、碳酸盐风化壳(暖温带和温带干旱、半干旱)、硅铝风化壳(暖温带、温带和寒温带半湿润)、富铝风化壳(湿润的热带、亚热带)。此外，还有在上述风化壳上发育的渍水风化壳(淹水还原条件下，Fe、Mn 还原)。

表 3-2　元素和化合物在风化壳中的相对活动性

时期	迁移系列	元素或化合物	相对移动率(%)
第一时期	极易移动	Cl SO_4	100.00 57.00
第二时期	易移动	Ca Na Mg K	3.00 2.40 1.30 1.25
第三时期	可移动	SiO_2	0.20
第四时期	惰性	Al_2O_3 Fe_2O_3	0.04 0.02

土质地表基质是砾质物质的进一步发育。在风化壳的顶部，通常是生物活动的场所，生物在生命过程中分泌和产生大量有机质，有机质和残积物发生化学反应，就形成了富含腐殖质的具有肥力的土壤。土壤肥力就是指土壤能够满足作物生长发育所必需的水分、养分、空气、热量的能力。土壤是母质、气候、生物、地形和时间五大因素综合作用下的产物，是地质大循环和生物小循环综合作用的结果。

在环境科学兴起之前，地球化学家和地球物理学家已对地壳、岩石、大气和水体各种化学元素的含量（或称丰度）进行了研究。环境背景值的测定和研究是环境科学的一项基础工作。环境背景值实际上是在未受污染影响的情况下，地表基质层化学元素的正常含量以及环境中能量分布的正常值。化学元素含量超过了环境背景值和能量分布异常，表明环境可能受到了污染。

二、研究地表基质层能量平衡和物质循环的过程

早在 20 世纪 50 年代，我国著名地理学家黄秉维就提出自然地理学研究的三个方向：地表热量与水分平衡（研究自然地理作用及自然地带性规律）、化学元素迁移和转化（研究地球化学景观）、生物地理群落（以生物为主导因素，研究物质能量在自然综合体中的交换）。实际上，传统的地球科学已从各自学科的视角，对于地表基质层中的物质迁移和能量转化过程分别开展了深入研究。例如，气象气候学对于太阳辐射平衡，大气环流、洋流的形成过程和机理的研究；地

质学对于地球内部圈层的形成、海陆变化和地质大循环、成矿过程的研究；地貌学对于地貌成因和地貌过程的形成、地貌侵蚀循环理论、地貌形态分析方法的研究；水文学对于水循环和区域水量平衡的研究；土壤学关于成土过程的研究；生物学关于生物进化理论、植物群落演替规律的研究。近年来，在全球环境变化的驱动下，自然地理学研究领域出现了气候变化、生态系统服务、格局与过程耦合、模型、尺度等热点问题，地貌学、气候学、水文学、生物地理学、综合自然地理学等分支学科在传承中得到新的发展，并出现城市地理学、流域与区域综合等新兴方向。

在我国大力推进生态文明建设的时代背景下，对于生态安全格局评价、识别、构建与调控等领域的研究，也具有广阔的应用前景。在具体的研究过程中，需要基于格局—过程—服务—可持续性的研究框架，在分析地理格局与过程、地理过程与服务相互作用机制的基础上，以可持续发展为导向，通过情景分析与模拟，设计维护区域生态安全的地理空间格局。

研究地表基质层能量平衡和物质循环的过程，其目标是提高自然资源的利用效率和效益。例如，充分发挥农作物的光合作用潜力，培土增肥；通过低碳经济、绿色产业、有机农业发展，促进经济高质量发展，保护人类健康和生态安全。

三、阐明地表基质层的空间形态、景观格局和系统功能

地表基质层的空间形态通常称为地貌。地貌过程则是联系地球深部过程和地表过程的重要环节，对系统地认识和理解地球系统中岩石圈、大气圈、水圈与生物圈的相互作用关系至关重要。地貌类型及其演变受控于内营力过程和外营力过程的共同作用与影响，因而地貌演变所遗留的证据也就成为环境变化研究的可靠记录，地貌现象与特征能为探究地球构造运动与大尺度气候变化及其相互作用提供最重要、最直观的佐证。

大陆与洋盆是地球表面最大的地貌单元，它们的成因与地球内部的物质运动有关。大洋地壳的存在时间有限，一般不超过 2 亿年。大陆地壳主要形成于太古宙，约 40 亿～25 亿年以前。地壳分为上下两层，以康拉德不连续面隔开。上层化学成分以氧、硅、铝为主，平均化学组成与花岗岩相似，称为花岗岩层，也有人称之为硅铝层。此层在海洋底部很薄，尤其是在大洋盆底地区，在太平洋中部甚至缺失，是不连续圈层。下层富含硅和镁，平均化学组成与玄武岩相似，称为玄武岩层，也有人称之为硅镁层。硅镁层在大陆和海洋均有分布，是连续

圈层。因此，大陆地壳又轻又厚，平均为 33 千米，高山、高原地区的地壳最高可达 70 千米，平原、盆地地壳相对较薄。大洋地壳则远比大陆地壳薄，厚度只有几千米。大洋的形成与海底扩张有关，大洋的消亡与板块的俯冲有关，大陆的分布是大陆漂移、板块运动的结果（如图 3－1、图 3－2 所示）。

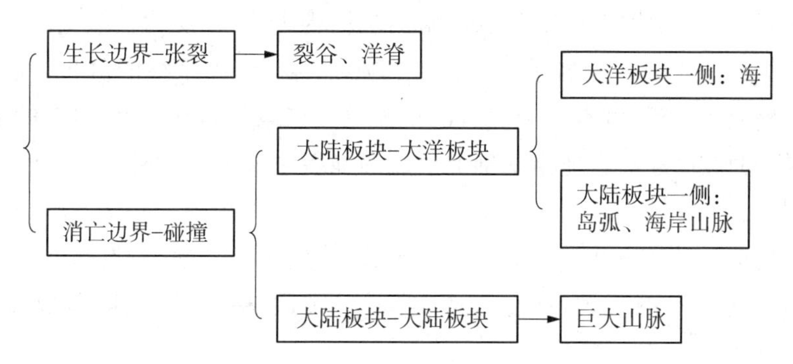

图 3－1 板块构造学说与地貌形成

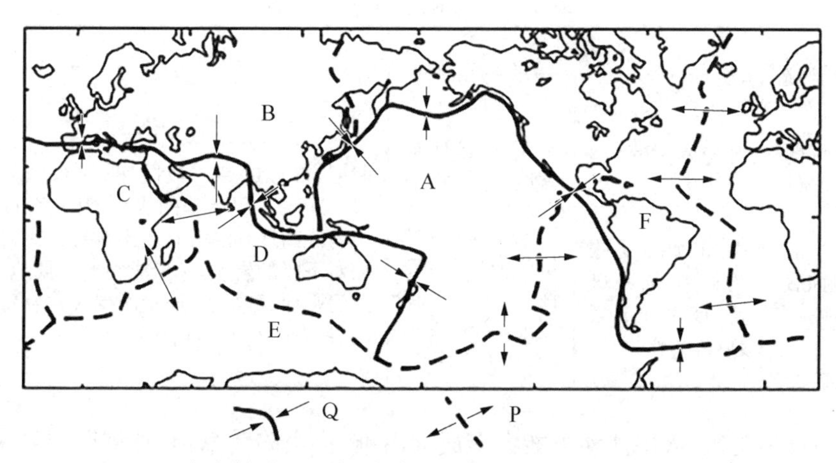

A—太平洋板块；B—欧亚板块；C—非洲板块；D—印度洋板块；
E—南极洲板块；F—美洲板块；Q—消亡边界；P—生长边界

图 3－2 全球板块分布图

依据槽台学说，地槽和地台二者构成地壳的两种基本构造单元。地槽是大陆地壳的一级构造单元，呈狭长带状，长达数百千米至数千千米，宽只有数十千米至数百千米，是地壳上相对活动的区域，有强烈的构造变动和频繁的岩浆活动，因此也有丰富多样的矿物存在。地槽的发展过程分为两大阶段：在第一阶段有强烈的差异下降，接受了非常厚的沉积层；在第二阶段呈现强烈的褶皱上升，相成巨大的山系。地槽主要位于大陆的边缘地带或两个大陆之间。现代位于大陆内部的地槽褶皱带，在当时发育时处于古代大陆的边缘。地台又称为陆台，是地壳上相对稳定的地区，是大陆地壳的构造单元，直径可达数百千米至数千千米，是由地槽旋回转化形成的，由两层结构组成：下层为褶皱基底，由强烈褶皱和广泛变质的复杂岩系组成；上层为沉积盖层，由平缓的沉积岩层组成。地盾长期处于上隆，没有或很少有沉积盖层。在地台的基础上，对应的地貌单元多是平原或高原。在地槽基础上形成的地貌主要为与大陆边缘一致的巨大山系。

按构造运动的方式有上升、下降、平移、旋转、褶皱、断裂，不同方式的构造运动有不同的地貌表现，如上升成山、下陷成盆、褶皱造山、断裂成崖等（如表 3-3 所示）。

表 3-3　局地构造形成的地貌

地质构造	褶皱		断层
	背斜	向斜	
未侵蚀地貌	常形成山岭（内力作用）	常形成谷地或盆地（内力作用）	断层，常形成裂谷或陡崖，如东非大裂谷。断层一侧上升的岩块，常发育成为山岭或高地，如华山、庐山、泰山；另一侧相对下降的岩块，常形成谷地或低地，如渭河平原、汾河谷地；沿断层线常发育成沟谷，有时有泉、湖泊形成
侵蚀后地貌	背斜顶部受张力作用，岩石破碎，被侵蚀成谷地（外力作用）	向斜槽部因受挤压力作用，岩性坚硬不易被侵蚀，常形成山岭（外力作用）	

此外，地震、火山活动可能会形成火山锥、火山陷落盆地、地震断层崖等不同的地貌形态。在重力的作用下，地表风化松动的岩块和碎屑物通过块状运动形成各种重力地貌，包括崩塌（山崩、塌岸和散落）、滑坡、蠕动土屑、土溜（冻融土溜、热带土溜）。有时，山地沟谷中的泥石流也被列入重力地貌。

地貌过程从对地表原始物质的破坏——风化作用开始，经过侵蚀和搬运，物质最终堆积下来。地貌的作用方向受内力控制，一般而言，受到内力作用上升的地区主要发生剥蚀作用；受到内力作用下沉的地区则以沉积作用为主。外营力（流水、风力、太阳辐射能、大气和生物的生长和活动）的地质作用，通过多种方式对地壳表层物质不断地进行风化、剥蚀、搬运和堆积，地表的物质位移运动导致已有地貌形体从形态到物质组构不同程度地发生变化，并产生新的地貌形体，构成新的外力地貌发育系统、地貌类型体系及不同地貌类型体系的时空组合（如表 3 - 4 所示）。

表 3 - 4　外力作用形成的地貌

<table>
<tr><th colspan="2">外力作用</th><th colspan="2">地貌形态</th><th>分布地区</th></tr>
<tr><td rowspan="3">风化作用</td><td>物理风化</td><td colspan="2">温度变化、水分相态变化、干湿变化、流体作用等引起的岩石机械破碎</td><td>普遍（如花岗岩的球状风化）</td></tr>
<tr><td>化学风化</td><td colspan="2">地表和近地表的岩石因与水溶液、气体等发生化学反应而破碎。包括溶解作用、水化作用、水解作用、碳酸化作用和氧化还原作用</td><td>可溶性岩石（石灰岩）分布地区</td></tr>
<tr><td>生物风化</td><td colspan="2">生物生长和发育及其生理代谢过程使岩石及其矿物发生破坏</td><td>有植被和动物活动的区域</td></tr>
<tr><td rowspan="4">侵蚀作用</td><td>风力侵蚀</td><td colspan="2">风力吹蚀和磨蚀，形成戈壁、风蚀洼地、风蚀柱、风蚀蘑菇、风蚀城堡等</td><td>干旱、半干旱地区（如雅丹地貌）</td></tr>
<tr><td rowspan="2">流水侵蚀</td><td>侵蚀</td><td>使谷底、河床加深加宽，形成 V 形谷，使坡面破碎，形成沟壑纵横的地表形态</td><td>湿润、半湿润地区（如长江三峡、黄土高原地表的千沟万壑、瀑布）</td></tr>
<tr><td>溶蚀</td><td>形成漏斗、地下暗河、溶洞、石林、峰林等喀斯特地貌，一般地表崎岖，地表水易渗漏</td><td>可溶性岩石（石灰岩）分布地区（如桂林山水、路南石林）</td></tr>
<tr><td>冰川侵蚀</td><td colspan="2">形成冰斗、角峰、U 形谷、冰蚀平原、冰蚀洼地等</td><td>冰川分布的高山和高纬度地区（如挪威峡湾）</td></tr>
<tr><td rowspan="3">沉积作用</td><td>风力沉积</td><td>形成沙丘（静止沙丘、移动沙丘）和沙漠边缘的黄土堆积</td><td rowspan="2">颗粒大、比重大的先沉积，颗粒小、比重小的后沉积</td><td>干旱内陆及邻近地区（如塔克拉玛干沙漠、黄土高原）</td></tr>
<tr><td>流水沉积</td><td>形成冲积扇（出山口）、三角洲（河口）、冲积平原（中下游）</td><td>出山口和河流的中下游（如黄河三角洲、恒河平原等）</td></tr>
<tr><td>冰川沉积</td><td colspan="2">杂乱堆积，形成冰碛地貌</td><td>冰川分布的高山和高纬度地区</td></tr>
</table>

地表基质层的景观形态主要表现为土壤和植被。从全球范围来看，热量分

布总趋势仍是受太阳辐射的分布规律控制，与纬度大致平行。温度的纬度变化是形成地表气候带的热量基础。由于太阳辐射强度的不同，热量（温度）的纬度地带性差异显著，形成了不同的地带性土壤和植被。大体上讲，凡对流旺盛、锋面活动强烈、气旋比较频繁、盛行风来自海洋的地区，降水均较丰富；反之，降水稀少。由于海陆位置的不同，降水和湿润条件自沿海向内陆降低，形成了森林、稀树草原、草原和荒漠的经度地带性差别（如表 3 - 5 所示）。我国位于欧亚大陆的东部，由于受到季风影响，我国东部湿润地区的气候-植被-土壤呈现出较完整的海洋型纬度地带性分布规律（如表 3 - 6 所示）。我国土壤-植被的经度地带性明显表现在温带和暖温带，是一种由海洋转向大陆型的自然经度地带性分布（如表 3 - 7 所示）。

表 3 - 5　陆地表层主要植被、土壤和气候类型

群系纲		气候类型	土壤类型
森林生物群落	赤道雨林	潮湿赤道带气候	砖红壤
	热带雨林	沿海信风和季风气候	砖红壤
	季风林	热带干湿季气候（亚洲）	变性土
	温带雨林（月桂林）	亚热带湿润气候 西海岸海洋性气候	砖红壤性土到灰化土
	中纬度落叶林	亚热带湿润气候 湿润大陆气候（夏季长）	灰化森林土
	针叶林	湿润大陆气候（夏季短） 亚北极大陆气候	灰化土
	硬叶林	地中海气候	红色和红棕色土
萨瓦纳生物群落	热带萨瓦纳（林地、多刺灌木、灌木、草地）	热带干湿季气候	砖红壤变性土
草地生物群落	高草原（高草）	亚热带湿润气候（半湿润气候）	湿草原土 黑钙土
	干草原（矮草）	热带干草原气候 中纬度干草原气候	栗钙土 棕钙土 红色棕钙土 红色栗钙土

续 表

群系纲		气候类型	土壤类型
荒漠生物群落	半荒漠	热带荒漠和干草原气候 中纬度荒漠和干草原气候	棕钙土 荒漠土
	干荒漠	热带荒漠 中纬度荒漠气候	红色和灰色荒漠土
苔原生物群落	北极多草苔原	苔原气候	冰沼土
	高山苔原	高山气候(高山地带)	苔原土

表 3-6 我国东部湿润地区土壤-植被的纬度地带性分异

热量带	年均温(℃)	年降水量(mm)	干燥度	植被类型	地带性土壤类型
寒温带	<−4	450～750	<1	针叶林	棕色针叶林土
温带	−1～5	600～1 100	<1	针叶与落叶阔叶混交林	暗棕壤
暖温带	5～15	500～1 200	0.5～1.4	落叶阔叶林	棕壤
北亚热带	15～16	1 000～1 500	0.5～1	常绿与落叶阔叶混交林	黄棕壤
中亚热带	14～16	≈2 000	<1	常绿阔叶林	黄壤
	16～20	1 000～2 000	<1	常绿阔叶林	红壤
南亚热带	19～22	1 000～2 600	<1	季雨林	赤红壤
热带	21～26	1 400～3 000	<1	雨林与季雨林	砖红壤

表 3-7 我国温带、暖温带土壤-植被的经度地带性分异

温度带		湿度带					
		极干旱	干旱	半干旱	半干旱、半湿润	湿润、半湿润	湿润
温带	年均温(℃)	5～8	2～7	−2～6	−2～5	0～6.7	−1～5
	年降水量(mm)	100～200	150～280	250～400	350～500	500～650	600～1 100
	干燥度	>4	2～4	1～2	>1	<1	<1
	植被类型	荒漠	荒漠草原	干草原	草甸草原	草原化草甸、草甸	针阔叶混交林
	土壤类型	灰漠土	棕钙土	栗钙土	黑钙土	黑土[1]	暗棕壤

续 表

温度带		湿度带					
		极干旱	干旱	半干旱	半干旱、半湿润	湿润、半湿润	湿润
暖温带	年均温(℃)	10～12	5～9	8～10	—	10～14	5～15
	年降水量(mm)	<100	200～300	300～500	—	500～800	500～1200
	干燥度	>4	2～4	1.25～1.5	—	1.3～1.5	0.5～1.4
	植被类型	荒漠	荒漠草原	草原、干灌丛	—	森林灌丛	落叶阔叶林
	土壤类型	棕漠土	灰钙土	黑垆土、栗褐土	—	褐土	棕壤

注：1. 在大兴安岭西坡森林草原区的森林植被下，有灰色森林土向黑钙土或栗钙土过渡。

图 3-3 为理想大陆上出现土壤-植被自然地带分布的图式（或模式）。为了阐明土壤-植被自然地带分布与水热的对比关系，原苏联地理学家 M. И. 布迪科和 A. A. 格里哥里耶夫提出了采用辐射干燥指数 $\left(\frac{R}{L\cdot r}\right)$ 来确定下垫面的热量与水分平衡关系，各自然地带的边界可以用这一指标的某一定值等值线划分。森林景观的各种类型也可以根据年辐射差额的绝对值差别而加以区分（如图 3-4 所示）。

地形起伏变化也明显地控制着地球表层水分与热量的地域再分配，并间接影响着土壤、植被以及物质迁移和生态系统的演替与发展。山地垂直带的形成，主要是随地势高度增加而引起的水热组合分异。关于山地土壤-植被垂直带谱，地理学家 Λ. C. 马克耶夫总结出两种分布图式（或模式）（如图 3-5、图 3-6 所示）。

土壤-植被的地带性空间分异主要是水热条件引起的分异，除此之外，地形、母质（岩性）、水文等非地带性因素及人为活动也可以引起土壤-植被类型的形成，往往打破地表自然地带的景观格局。在地形、母质、水文等非地带性因素的主导成土作用下产生的土壤类型（土类）统称为非地带性土壤，它包括草甸

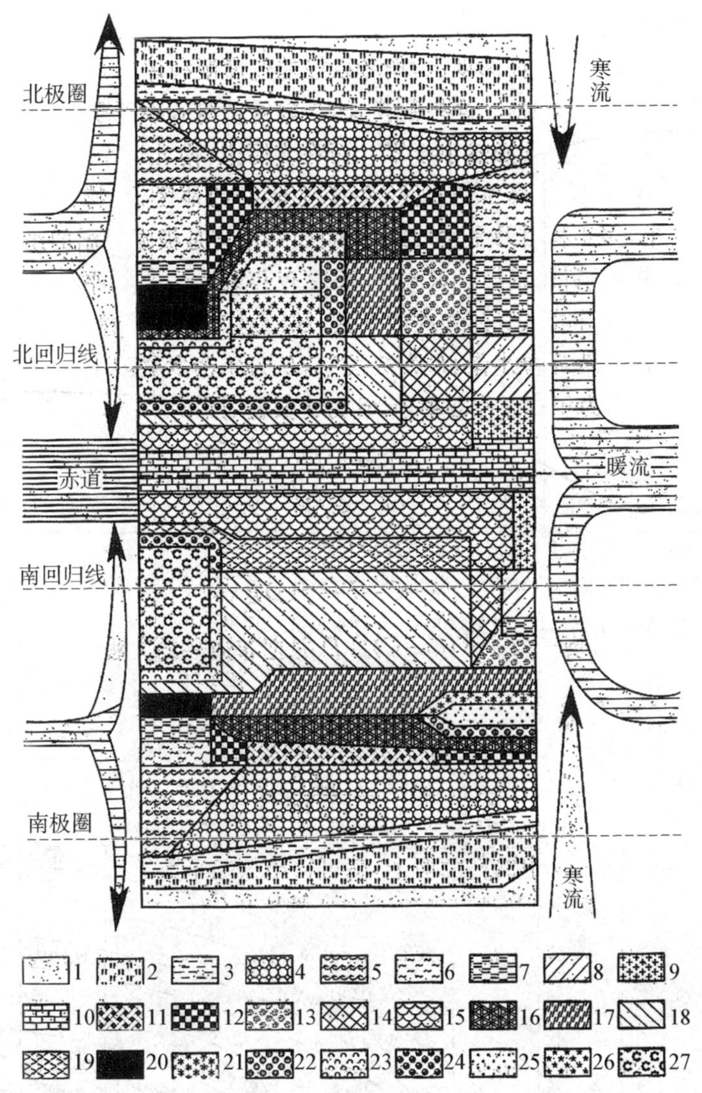

1—长寒带；2—冻原地带；3—森林冻原地带；4—泰加林地带；5—混交林地带；6—阔叶林地带；7—半亚热带林地带；8—亚热带林地带；9—热带林地带；10—赤道雨林地带；11—桦树森林草原地带；12—栎树森林草原地带；13—半亚热带森林草原地带；14—亚热带森林草原地带；15—热带森林草原地带；16—温带草原地带；17—半亚热带草原地带；18—亚热带草原地带；19—热带草原地带；20—地中海林地带；21—温带半荒漠地带；22—半亚热带半荒漠地带；23—亚热带半荒漠地带；24—热带半荒漠地带；25—温带荒漠地带；26—半亚热带荒漠地带；27—热带荒漠地带

图 3-3　理想大陆上的自然地带分布(依 A.C. 马克耶夫)

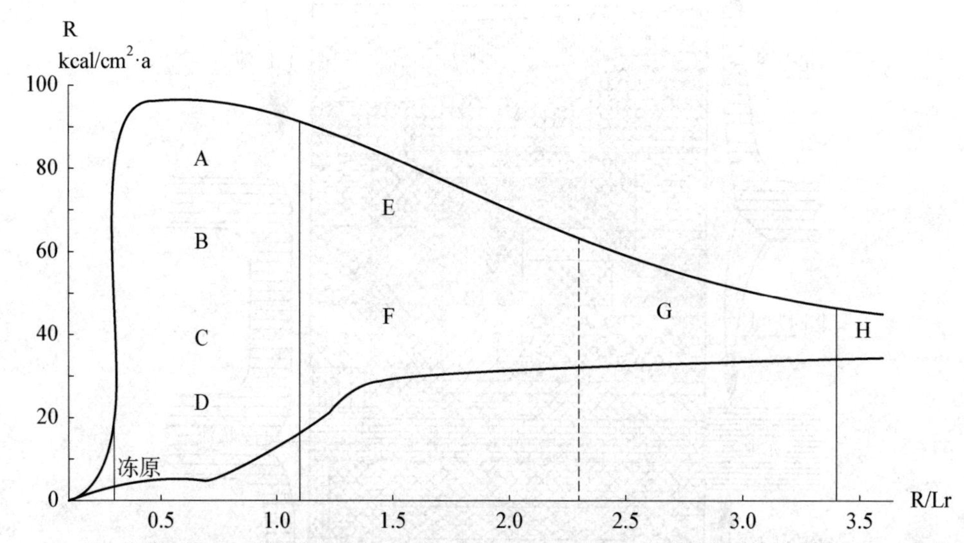

A—热带雨林;B—亚热带森林;C—温带阔叶林;D—针叶林;E—热带稀树;F—温带草原;G—半荒漠;H—荒漠;R—年辐射差额;L—蒸发潜热;r—年降水总量

图 3-4 自然地带与水热条件的关系

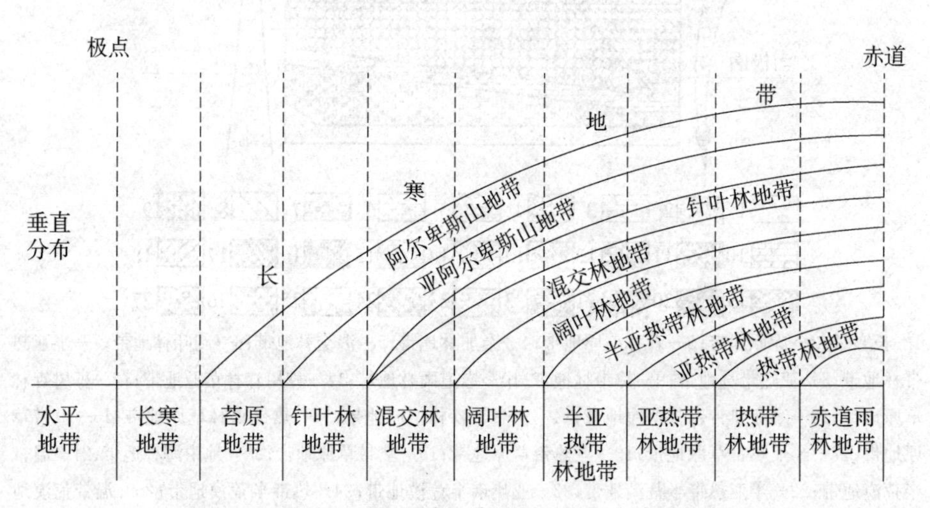

图 3-5 海洋性水平自然地带系统上的垂直带理想图式

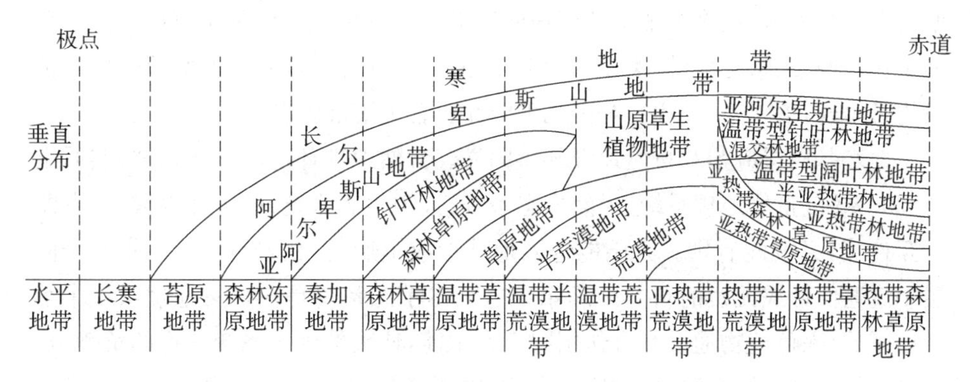

图 3-6 大陆性水平自然地带系统上的垂直带理想图式

土、沼泽土、潮土、盐碱土、紫色土、石灰(岩)土、石质土等。在我国热带、亚热带的四川、贵州、广西及云南一带的石灰岩裸露的岩溶地区，新的风化碎屑以及富含碳酸盐的地表水源源不断地进入土体，会减缓土壤中盐基的淋失并抑制脱硅富铝化作用的进行，往往形成大面积幼年的、有石灰反应、中性或弱基性的黑色石灰土和红色石灰土。紫色土是在紫红色岩层上发育的土壤，在我国以四川盆地分布最广，在南方诸省盆地中零星分布。紫色土的有机质含量在1.0%左右，其发育程度较同地区的红、黄壤为迟缓，尚不具脱硅富铝化特征，属化学风化微弱的土壤，呈中性至微碱性，pH 值为 7.5～8.5，石灰含量随母质而异，盐基饱和度达 80%～90%。紫色土矿质养分丰富，在四川盆地的丘陵地区为较肥沃的土壤，其农业利用价值很高。西北黄土高原因水土流失严重，形成大面积由黄土母质发育的黄绵土。东北林区草甸土、沼泽土与暗棕壤的分异，主要是由于地形导致的水分状况差异，母质也不一样(暗棕壤一般为粗松的坡积母质，草甸土、沼泽土多为较黏重的淤积母质)；至于白浆土与暗棕壤或黑土的分异，滞水引起的干湿交替水分状况可能是直接因素，而产生这种水分状况的根源在于特定地形条件下的母质特性(黏重且胶体易分散)。另外，如水稻土、潮土、灌淤土、灌漠土等人为土壤，则是在人为控制的水分和耕作条件下发生分异而形成的。非地带性土壤虽然与地带性土壤(显域土)同处于一个生物气候带，但地域性成土因素的强烈影响使它们基本上不具备地带性土壤的特征，其性状不能充分反映地带性生物气候条件的特点(只突出反映引起分异的局部地形、母质或水文条件)，所以，非地带性土类在分布上往往也不限于一个土壤地带，同类土壤可以在某一地带、多个地带甚至任何地带的相近局域条件下重复出现。如草甸土在棕壤带、暗棕壤带、黑土带、黑钙土带、栗钙土带等诸多土壤带的低湿地段均可出现;沼泽土、冲积土等则几乎能在所有土壤带内出现。

地表基质层应当和自然地理环境同义。自然地理环境的进化发展,实质上是三大系统(自然地理系统、天然生态系统、人类生态系统)的进化发展,三者既相互连接,又彼此有别。太阳能进入地球形成负熵流,在岩石、大气、水三个圈层中流通而形成无机的自然地理系统。天然生态系统是在自然地理系统中孕育出来的,绿色植物通过光合作用固定太阳能,使天然生态系统获得的负熵流,较之自然地理系统多得多,作用更大,形成更复杂、更有序的耗散结构。人类生态系统和天然生态系统比较,其耗散结构使负熵流的输入具有目的性,以人为本。人类是唯一有智慧、能思维的动物。人类可以凭借知识和工具,加快和延缓自然环境的演变。人类活动总是在不断地打破自然生态平衡,建立新的高效优质的生态平衡,努力发挥自然资源系统的经济、生态和社会功能,使之更加有利于人类的生存和发展。人类对于自然环境认识的失误,进而干扰生态平衡,往往会导致土地退化和自然环境自恢复功能衰减。

四、研究地表基质层状态变化,科学防治自然灾害和恢复生态

地表基质监测本质上是研究地表基质层的状态变化。地表基质层的状态发生异常,常常导致自然灾害,带来人民生命财产损失和生态环境破坏。例如,水土流失指的是水和土壤的大量流失。通常,人口快速增长,粮食短缺,或经济发展快速,建设用地供不应求,过度耕种、过度放牧、大规模砍伐森林和植被破坏,陡坡开垦,在不适合农业生产的地区种植作物,或在斜坡上建造建筑物等不合理的土地利用,会导致土壤的流失。气候变化的原因可能是自然的内部进程,或者是外部强迫,或者是人为持续地改变大气的组成成分和土地利用方式。气候变化既有自然因素,也有人为因素。人为因素主要是指工业革命以来人类活动特别是发达国家工业化过程的经济活动。化石燃料燃烧及毁林、土地利用变化等人类活动所排放的温室气体导致大气中温室气体的浓度大幅增加,温室效应增强,从而引起全球气候变暖。地质灾害是以地质动力活动或地质环境异常变化为主要成因的自然灾害。地质灾害在成因上具备自然演化和人为诱发的双重性,地震、崩塌、滑坡、泥石流、岩溶地的塌陷、黄土地的湿陷和地裂缝等,

它们是地壳表层地质结构的剧烈变化而产生的，具有突发性，诱发其发生的地应力的积聚也有一个由量变到质变的过程。

对于地表基质监测，应该以查清国土空间范围内地表基质的物质成分为基础，通过研究地表基质层能量平衡和物质循环的过程，掌握自然环境演变的规律，发现地表基质层状态变化的异常，自觉地进行调整和防止人类活动产生的不良环境影响，提高生态环境的自我修复功能，有针对性地对地表基质层的能量平衡和物质循环的过程进行干预，通过物理、化学和生物工程措施，有效地对退化的生态环境进行生态修复。

环境问题是由于发展不当而造成的，必须且也只能在发展中加以解决。我们所说的发展是可持续发展，绝不是高投入、高消耗、高污染的粗放型发展。我们面临着既要发展经济又要保护环境的双重挑战。实现环境与经济"双赢"，是正确处理经济发展和环境保护关系的重要方针，也是实现可持续发展的基本要求。目前，在理论上和实践上都已初步探索出避免"先污染后治理"、实现可持续发展的政策措施。生态工业（ecological industry）是依据生态经济学原理，以节约资源、清洁生产和废弃物多层次循环利用等为特征，以现代科学技术为依托，运用生态规律、经济规律和系统工程的方法经营和管理的一种综合工业发展模式。通过经济结构的战略性调整，大力发展以工业为主导的生态特色经济，从根本上解决结构性污染的难题，减轻环境污染和生态破坏的压力。工业生产中要实行清洁生产，建立生态工业园区。农业生产中要发展有机农业、生态农业和多功能农业，推广名优特农产品、环境标志产品以及有机食品、绿色食品。要在环境保护与经济建设之间找到最佳结合点，在生产和消费的过程中建立生态链，把上游产品产生的废物作为下游产品的原料，充分利用资源和能源，最大限度地减少污染排放量，促进环境与经济之间达到相互协调的最高境界。

五、建立自然资源科学研究框架，提供客观可靠的自然资源评价和制图单元

地表基质层是各种自然资源赋存的空间，它是自然资源形成的物质基础和背景条件。

自然资源是自然界中可转化为生产、生活资料的物质与能量。不同类型的

自然资源具有不同的属性和特征。土地资源与矿产、水、森林、草原、海洋等资源之间既具有密不可分的联系，又有本质的区别。自然资源要素与人类行为共同构成生命共同体系，自然资源开发利用必须统筹规划，分类对待，通过总量和强度控制，实行用途管制和建设用地空间管制，进行合理开发利用，实施整体保护与系统修复，保证自然资源的可持续利用。然而，任何自然资源的形成都受到各种自然因素和人类活动的作用和影响。生态是统一的自然系统，是相互依存、紧密联系的有机链条。人的命脉在田，田的命脉在水，水的命脉在山，山的命脉在土，土的命脉在林和草，这个生命共同体是人类生存发展的物质基础。地表基质层作为自然资源形成的环境，以土地作为研究对象和科学内涵，它包括太阳辐射、大气、水、土壤、生物和人类活动的作用等各个因素，具有系统性、综合性和科学性。

自然资源在地球表层呈现不均匀分布，具有明显的区域差异性。自然资源的开发有其数量和质量的规定性，必须在现状技术经济条件下，才能够给自然资源所有者、使用者和经营者带来经济收益。自然资源开发利用具有单元性空间的要求。例如，土地利用通常是按照地块进行的。工业生产和城市建设讲求集聚效益和规模经济效益，农业生产地域专门化也是农业现代化的重要方向。矿产资源分布的不均衡性是地质成矿规律造成的。某一地区可能富产某一种或某几种矿产，但其他矿种相对缺乏，甚至缺失。矿床是地壳中由成矿地质作用形成的地质体，其所含有用矿物资源的质和量符合当前的经济和技术条件，并能被开采和利用。矿体是构成矿床的基本单位，是矿山中被开采和利用的对象。矿体为矿石在三维空间的堆积体，通常构成独立的地质体。它占有一定的空间，具有一定的形态、产状和规模。矿体四周无实际价值的岩石，称为矿体围岩，简称围岩(wall rock)。矿体和围岩的界线可以是清晰的，也可以是不清而呈逐渐过渡状态的。矿产资源开发需要建立矿区。矿区一般指曾经开采、正在开采或准备开采的含矿地段，包括若干矿井或露天矿的区域，有完整的生产工艺、地面运输、电力供应、通信调度、生产管理及生活服务等设施，其范围常视矿床的规模而定。

自然资源调查是为了自然资源开发、利用、保护和改造。自然资源评价单元的选择，既要保持自然特征的均质性和边界的可辨性，还应该具有客观性和稳定性。目前，以土地自然特征为基础进行的土地类型，是自然资源评价和制图单元的最佳选择。有的采用土壤类型作为评价和制图单元，与土地类型比较，其主要反映了土壤的肥力，对于其他自然条件只是间接反映。土地的生产力本质特征没有充分体现，其综合性和全面性不如土地类型突出。有的采用土地利用类型作为评价和制图单元。土地利用类型是土地利用用途一致的地域单元，主要是反映土地利用现状。以水田为例，它在我国热带、亚热带和温带都有分布，同一地区的平原、谷地、丘陵甚至山地都可见到，同一土地利用类型的自然条件可能存在很大的不同。采用土地利用类型作为评价和制图单元，有可能模糊土地的适宜性。土地利用类型是人们遵循经济原则形成的，具有主观性。以土地类型作为评价和制图单元，其更加体现自然特征的相对一致性和差异性，土地类型特征受到自然环境演化规律控制，比土地利用类型更加稳定，土地类型演替周期长，具有客观性和合理性。

在市场经济条件下，每一种自然资源的开发利用都必须明确自然资源的产权和划定自然资源的权属界限。自然资源作为自然产物，其产权归属与人类劳动产品、交换产品往往存在区别，其产权主体并不具备取得清晰性。自然资源产权模糊、家底不清，开发利用的收益与保护修复责任不对等，容易导致破坏性开发。我们要明晰自然资源的产权，逐步实现自然资源确权登记全覆盖，清晰界定全部国土空间各类自然资源资产的产权主体，划清各类自然资源资产所有权、使用权的边界。这有利于保护自然资源所有者的权益，发挥自然资源资产价格形成机制和市场配置资源的决定性作用，促进自然资源资产市场流转，提高自然资源的利用效率和效益，提高自然资源的集约利用水平。土地类型是土地系统的形态划分，边界划分标志突出，地貌面、土壤和植被群系等自然界限容易识别，土地类型的边界往往也是土地利用单元的边界，也是宗地权益的边界。土地类型研究应该是地表基质层研究的核心内容。在土地类型研究的基础上，自下而上地开展综合自然区划，有助于更加系统地认识自然环境，揭示自然环境形成、发展、演替和地域分异规律，科学地掌握区域自然资源的优势，扬长避短，把资源优势变成经济优势和竞争优势，促进合理的地域生产分工，提高区域空间的生产效率和效益。综合自然区划是国土空间规划的科学基础。

第三节　土地类型和自然区划

自然资源与自然环境是两个不同的概念，但具体对象和范围又往往是同一客体。地表基质层是自然资源形成的基础，是自然环境的物理表现形式。土地作为地球陆地表层的区域，是自然环境的空间表现。地表基质层调查揭示自然环境形成、发展和演化及其地域分异规律，其核心任务是进行土地类型和自然区划。

一、土地资源构成要素调查和分析

从土地的科学定义可知，要了解土地系统的特征，掌握土地发生、发展、演替和地域分异的规律，必须对构成土地的各个自然因素进行全面调查，认识各种自然因素属性和自然特征，明确各个自然因素在土地系统中的功能和作用，弄清楚各个自然因素之间相互作用和联系的物质交换和能量转化过程，揭示出它们在自然环境地域分异中的区域共轭性。土地特征是各个自然因素共同作用的结果和综合特征的反映。土地资源构成因素调查和分析主要包括以下七个方面的内容。

(一) 地质调查

岩石与沉积物是形成土壤的母质，是土地形成的物理基础，地质条件是影响土地利用的最基本条件之一。地质调查主要收集地质图和钻井资料，必要时，应该实地调查相应的断面。

区域地质调查必须以当代地球科学系统观和国内外先进的地质理论为指导，运用行之有效的新方法，以野外观察为主要手段，客观准确地观察记录野外地质现象，取全、取准野外的各项原始地质资料。通过野外与室内相结合、宏观与微观相结合的地质观察研究，查明区内地层、岩石（沉积岩、岩浆岩、变质岩、混杂岩）、古生物、构造、矿产以及其他各种地质体的特征，并研究其属性、形成时代、形成环境和发展历史等地质问题。基础地质调查也是获取与岩土工程相关各种信息的一个重要而直接的手段，它在地质灾害的预防中起着至关重要的作用。

（二）地貌调查

地貌是地表的起伏形态。地貌调查的项目包括：

（1）地貌类型。按照地貌形态特征可分为山地、丘陵、平原、高原和盆地等类型。

（2）绝对高度。又称海拔高度，我国以黄海标准海平面作为全国高程的计算基准，自地面点至黄海标准海平面的垂直距离称为地面的海拔高度。

（3）相对高度。又称高差或比高，即地面上两点高程之差。

（4）坡度。指不同高度的任何两点的高差与水平距离的比值。

（5）切割密度和强度。即地表单位面积的沟谷长度和沟谷的切割深度。

（三）气候调查

气候调查侧重于光、热、水分、风灾资料的调查收集。气候调查的项目主要包括：

（1）太阳辐射和日照时数。

（2）温度条件：年平均气温、月平均气温、极端气温、气温日较差、年较差、农业指标温度。

（3）降水条件：降水量、降水变率及其时空变化。

（4）风灾：寒潮、台风、龙卷风、焚风等。

（四）水文调查

水文调查主要调查地表径流系数、地表水与地下水状况。水文调查的项目主要包括：

（1）地表水。对象包括河水、湖水、山塘、水库蓄水等，主要收集水量和水质方面的资料。水量调查，即调查年径流量，包括多年平均年径流量及其年际变化、年内分配，以及本地区水资源分布情况和利用程度。水质调查，即调查水的理化性状（矿化度、营养物质、溶解氧等），以评价其对生活饮用、农业灌溉、水产养殖、工业供水的适宜程度。遇有污染时，要查明有毒物质的种类、含量及污染源。

（2）地下水。调查收集有关地下水的分布、埋藏深度和水质方面的资料。在水质方面，要查清地下水矿质化的程度，即矿化度，以地下水中含盐量克/升或%表示（也可用毫克/升表示，即一升水中含盐分的毫克当量数）。

(3) 水量平衡。降水、地表径流、地下径流和蒸发量的相互转化过程和循环水量。

(五) 土壤调查

土壤调查主要调查和收集土壤类型、土壤质地、有效土层厚度、土层构造、土壤养分和土壤侵蚀状况等方面的资料。土壤调查的项目主要包括:

(1) 土壤类型。以土壤发生学原则或者系统分类为理论基础,以土壤颜色、土体构型或者诊断层特征为依据而划分出土类、亚类、土属、土种等。

(2) 土壤质地。土壤的机械构成,一般指土壤的沙黏比例。一般规律是,从沙土到重壤土,土壤肥力逐渐提高;从重壤土到黏土,肥力则逐渐降低。

(3) 有效土层厚度。作物(或林木)根系能自由伸展的土层厚度。

(4) 土层构造。整个土壤剖面中,各个土壤层次互相排列组合的情况以及在土壤剖面中是否分布有障碍层次(黏盘层、铁锰结核层、砂姜层、潜育层和砾石层等)。

(5) 土壤养分。土壤中有机质、氮素、磷素、钾素及微量元素等的含量。

(6) 土地酸碱度。pH 值在 6.5～7.5 的代表中性;pH 值<6.5 的,为酸性,数值越小,酸性越大;pH 值>7.5 的,为碱性,数值越大,碱性越大。

(7) 土壤侵蚀。侵蚀程度一般按土壤剖面存留情况划分(耕作土与非耕作土相同)。无明显侵蚀,表土层完整;轻度侵蚀,表土小部分被蚀;中度侵蚀,表土 50%以上被蚀;强度侵蚀,表土全部被蚀;剧烈侵蚀,心土部分被蚀。

(六) 植被调查

植被是指一定地区内植物群落的总体,它包括森林、草原或草地及农田栽培作物。植被调查的项目主要包括:

(1) 自然植被调查。调查区内的植被群落,找出反映地区特点的优势群落。

(2) 人工植被调查。调查区内农作物、防护林及人工草地。了解作物品种、生长状况。

(3) 特种土宜作物调查。主要调查这些作物的立地条件、土地的相关性,以发展地区特产的优势。

(七) 人类活动的作用和影响的调查分析

人类活动的作用和影响的调查分析主要从两个方面进行。

1. 土地利用社会经济条件调查

土地利用社会经济条件调查的项目主要包括：

(1) 人口状况。人口的数量、质量和人口构成结构(年龄结构、性别构成、城市化水平、民族构成、行业分布等)。

(2) 区位条件和交通运输情况。

(3) 经济发展水平和产业经济结构。工农业产值及产业结构、国民生产总值(GNP)、国内生产总值(GDP)等指标。

(4) 基础设施、能源、供水、供电、电讯等公共设施。

(5) 工农业生产布局及主要产品市场。

2. 土地利用效果和效益调查

土地利用效果和效益调查的项目主要包括：

(1) 土地利用效果。土地利用方式、人工植被和建筑景观、土地质量、土地污染、土地退化等。

(2) 土地利用效益。目前平均状况下单位面积粮食、经济作物产量；单位用地面积工业产值、利润和税收等。

二、地表基质层的结构分析

地表基质层是以岩石圈、大气圈、生物圈、水圈交互作用及人类活动形成的地球关键带，和地理学中的自然环境和土地科学中土地的概念基本相当。研究地表基质层的结构不仅要弄清各种自然因素的基本特征，还要研究各种要素之间的相互作用、物质流动和能量转化的过程，揭示其自然地理环境形成、发展、演替及其地域分异规律。

(一) 地表基质层结构分析的概念

研究地表基质层结构，主要从三个角度出发：一是要从自然景观的综合特征出发，需要理解自然环境的区域相似性和差异性；二是要从位置(区位分析)出发，揭示其自然景观特征形成的机制和成因；三是从地理尺度的概念出发，通过尺度的透镜观察和理解地理事象、分析和解决地理问题的观念，包括尺度划分、尺度匹配、尺度关联、尺度效应、尺度选择和尺度推绎等思想内容，揭示出自然地理环境具有的层级性、相对性、关联性和复杂性。总之，地表基质层(或者自然环境)的结构分析，就是从其因素构成、作用机制、景观格局、过程、尺度和等级等方面揭示自然环境系统的功能和作用，为理解自然资源形成和因地制宜地开发利用自然资源提供科学依据。这里的景观概念，相当于自然区划的最低单位和土地类型研究的初始区域。土地类型和自然区划是研究地表基质层结构的主要途径和方法。

顾名思义，区划就是地理区域划分。它包括自然区划、经济区划和行政区划三种基本类型，分别代表三种不同的区域结构。每一个自然区划单元(自然区域)都是自然环境特征相对一致的均质区域，自然资源利用要因地制宜，扬长避短，发挥区域自然优势是关键。每一个经济区划单元(经济区域)都是从生产地域的组织需要出发，在经济联系上相对一致的核心区域，经济区域由经济中心和腹地所构成，建立共同市场和实现生产地域合理分工是根本目标。每一个行政区划单元(行政区域)都是从社会治理和区域协调发展出发，依区域经济多样性和社会完整性考虑划分的稳定区域，力求政令畅通，先进带后进，共同富裕，社会和谐，实现区域管治效率最大化和效果最优化。

地表自然界受不同尺度的地带性与非地带性因素的作用，分化为不同等级的自然区。以自然环境地域分异规律学说为理论依据划分自然区，并力求反映客观实际的方法，就是自然区划。各级自然区之间都存在特征差异性，自然区内部则具有相对一致性。

按区划的对象，自然区划分为部门自然区划和综合自然区划。部门自然区划以自然地理环境的各组成成分为对象，如地貌、气候、水文、土壤、植被、动物等。部门自然区划是在考虑自然地理环境综合特征的基础上，依据某一组成成分地域分异规律而进行的区域划分，如地貌区划、气候区划、水文区划、土壤区划、植物区划、动物区划等。综合自然区划以自然环境整体为对象，从各自然地理成分相互联系的性质和特点出发，依据整体景观差异进行划分。部门自然区划应以自然环境的综合特征为背景，而综合自然区划以部门自然区划为依据。

土地类型是地表各组成要素(包括气候、地质、地貌、水文、土壤、植被)相互作用、相互制约而形成的有规律地表现的自然性质相对均一的土地单元，包括人类活动过去和现在的作用和结果。同时，土地类型划分是通过土地分级和分类完成的，土地类型是土地分级和分类单位的统称。土地分级是对土地个体形态单元组织水平，即自然环境结构层次的确定。土地分类则是对各个土地个体形态单元土地属性或特征共性的归纳。土地分级、分类的关键在于正确识别土地类型个体形态单元，确定土地结构复杂度和土地特征相似性指标，从而建立科学的土地类型分类系统。

（二）地表基质层地域分异

自然界是一个统一的整体，它是地质、地貌、气候、水文、土壤、生物及人类活动作用的结果等各种现象完整的、相互制约的有规律的组合，在地理学上统称为自然综合体。由于各种自然现象是相互关联、相互制约的，因此，一个自然因素的地域变化必然会影响其他因素的变化。人类在生产实践中利用自然、改造自然，对任何一个因素采取措施，也必将引起其他因素的相应的变化。土地类型研究和综合自然区划研究都是为了认识自然环境或自然综合体，都是揭示自然地理环境地域分异规律的科学途径。

从成因关系分析，各种地域分异规律从根本上来看归因于两个基本的分异因素，即地带性因素和非地带性因素。太阳辐射能分布因纬度而不同，气候主要受纬度因素制约，植物、土壤等的分布都受到气候因素的影响，它们的分布一般都呈带状。所以，气候、植物和土壤等称为地带性因素。自然地理环境因素中，海陆分布、地形、岩石等因素的分布与太阳辐射能没有联系或没有直接联系，而是受内力因素（主要受地质构造控制）影响，其分布不呈带状。所以，海陆分布、地形和岩石等称为非地带性因素。由于自然环境地域分异影响因素的作用尺度不同，各种自然要素的特征和自然综合体的特征表现出的区域相似性和差异性也有时空范围的差异，自然地理环境可以划分出不同等级的自然综合体（如图 3－7、表 3－8 所示）。自然综合体的整体性是由各级之间的等级从属和制约关系所决定的，高级分异规律是低级分异规律的背景和基础，低级分异规律是高级分异规律的进一步分化，小的分异规律受大的分异规律的制约和影响。从较高级到较低级，每一个划分出来的单位的内部相似性是逐级增大的。

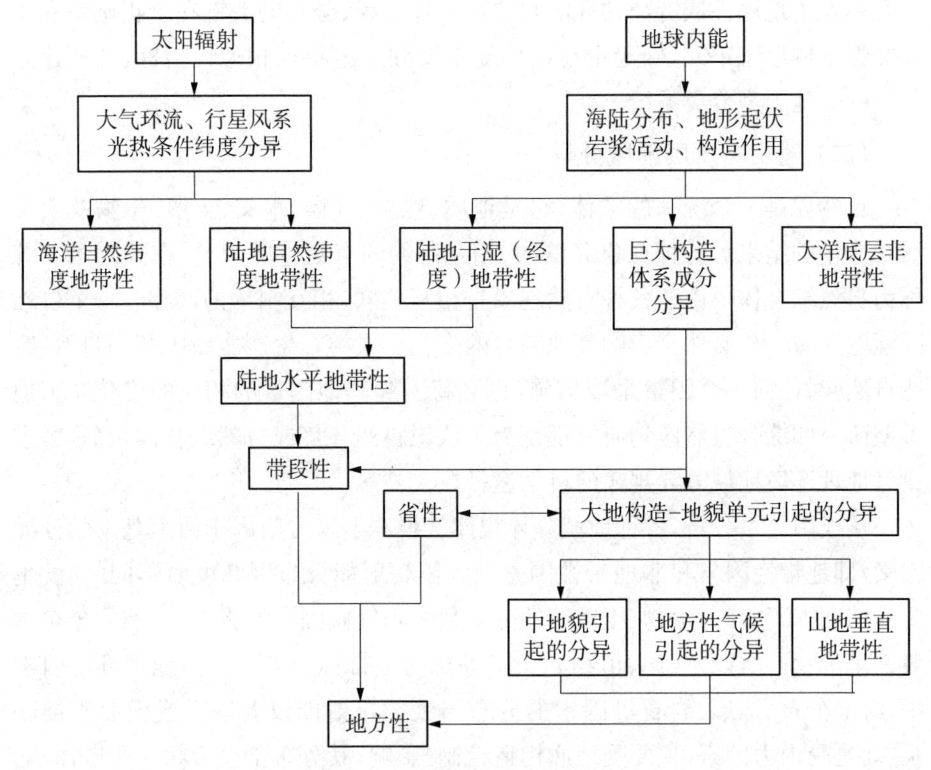

图 3-7 自然环境地域分异图解

表 3-8 自然区划和土地分级系统

单位	定义	土壤单位	植被单位	适宜的制图比例尺
土地带 (land zone)	大气候区	土纲	—	<1∶1500 万
土地大区 (land division)	大陆构造	亚纲	植被泛群系：生态带	1∶1500 万
土地省 (land province)	二级构造或大型岩性组合	土类	—	1∶1500 万～ 1∶500 万
土地区域 (land region)	岩性单位或经历可以比较的地貌演变的岩性组合	亚类	亚省	1∶500 万～ 1∶100 万

续　表

单位	定义	土壤单位	植被单位	适宜的制图比例尺
土地系统(简单) (land system)	有发生联系的土地刻面的重复组合型	土族	生态区	1∶25 万～ 1∶15 万
土地链 (land catena)	一个土地系统的主要重复成分;土地刻面的地形系列	土组	生态地段	1∶15 万～ 1∶8 万
土地刻面 (land facet)	景观相当一致的地段,与周围地区显然有别,包括土地要素在实用上的组合	土系	亚群系	1∶8 万～ 1∶1 万
土地丛 (land clump)	两个或两个以上的土地要素的重复组合型,因为差别较大不成为土地刻面	土壤复合体	生态站	1∶8 万～ 1∶1 万
土地亚刻面 (land subfacet)	土地刻面的组成部分,主要形成过程带来物质或形成次级形态划分	土型	—	不制图
土地要素 (land element)	景观的最简单一致组成部分,形态上不可再分	土体	生态站要素	不制图

资料来源：MITCHELL C W. Terrain Evaluation [M]//GOODALL B, KIRBY A. Resources and Planning. Oxford: Pergamon Press, 1979: 168.

任何自然综合体都有自己统一的发展过程,其自然特征地域分异的主要影响因素和作用机制基本一致。自然综合体特征的一致性是相对的,不同等级或层次的自然综合体的划分具有不同的标准。高级的自然综合体数量有限,空间尺度大,年龄大,是全球性或区域性地域分异要素作用和影响的结果。高级的自然综合体可以细分为多个低级的自然综合体。低级的自然综合体数量多,地域分异要素作用和影响的尺度相对较小,空间尺度和年龄都较小。例如,全球性的热力分带只有热带、亚热带、温带、寒带等有限的几个地带。自然环境分异的尺度规模越小,则形成的低级自然综合体就越多。例如,一个阶地按照其初级地貌面就可以划分为阶地面和阶地坡两个自然综合体,一条河谷有数级阶地，一个地区有数条河流，全球的阶地面和阶地坡多得数不胜数。同一层次的自然综合体内部各组成部分之间的物质流动和能量转化具有在空间上的联系性以及其发生发展上的共同性。但是，不同等级或同一等级不同层次的自然综合体，其发生统一性的程度和特点应该有区别。

（三）自然区划的等级体系

表3-8中自然综合体的等级体系包括自然区划和土地类型分级的连续型等级系统。“土地带”“土地大区”“土地省”“土地区域”是自然区划单位，相当于中国自然区划中的自然地带、自然区、自然省或自然州、自然小区。我国自然区划的等级划分，以黄秉维的“中国综合自然区划”方案最具有代表性，共分为五级（如表3-9所示）。

表3-9　中国自然区划等级单位系统

<table>
<tr><th>等级</th><th>自然区划单位</th><th colspan="2">划分依据</th></tr>
<tr><td>第0级</td><td>带或区域</td><td colspan="2">按地表热量的分布及其对于整个自然界的影响划分，以潜在的土地自然生产力为依据</td></tr>
<tr><td>第1级</td><td>地区与亚地区</td><td colspan="2">以湿润程度为依据。一般可分为湿润地区、半湿润地区、半干旱地区和干旱地区</td></tr>
<tr><td>第2级</td><td>地带与亚地带</td><td colspan="2">具有一个土类及一个植被群系纲的地域，在气候上代表一定热量和水分条件的组合。部分地带所具有土类与植被群系纲可以再分为亚类和亚纲（或群系组），在区划上再分为亚地带</td></tr>
<tr><td rowspan="2">第3级</td><td>区（平地区域）</td><td>平地地域分为：平原，包括海拔较高的高平原；丘陵、丘陵-平原与丘陵-高原，包括丘陵性平原和丘陵性高原以及平原或高原与丘陵混杂分布的地域；盆地、丘陵性盆地及间山盆地，后者包括其周围的丘陵和低山，而以盆地中的平原为主体</td><td rowspan="2">往往与一定地貌单位相符，反映地带以内的生物气候地域差异。在有些地带之内，地形是生物气候地域差异的主要原因</td></tr>
<tr><td>区（山地区域）</td><td>山地地域按大气候的基本特点及垂直地带系列的差异划分；除一般山地以外，还分为高原山区（高原占较大的比重）、高山区（海拔高度与相对高度都特大）。一般山区也可分为两类：一类是由上而下有两个或两个以上明显的地带，各占一定的比重；另一类是由上而下，只有一个地带，或者虽有不止一个地带，但其中有一个地带所占的比重远比其他地带所占的比重大</td></tr>
</table>

续　表

等级	自然区划单位	划 分 依 据
第 4 级	州(平地区域)	州是按地貌和地面组成物质来划分的，由于这两项条件的内部一致性，其他自然现象也随之而形成更大的内部一致性
	州(山地区域)	由于地域的自然情况比较复杂，每一个州内的最大地域差异可以是地貌发生类型、山文走向、地面组成物质、坡向坡度、割切程度或中气候组合形式等

资料来源：黄秉维．中国综合自然区划草案[J]．科学通报，1959(18)：594－602.

自然区划中区域单位必须保持空间连续性和不可重复性，任何一个自然区划中区域单位永远是个体，不能存在彼此分离的部分。任何自然综合体都是地带性因素和非地带性因素综合作用而形成的。按照地域分异的主导因素，自然区划等级单位系统可以分为单列体系和双列体系。双系列体系由地带性等级单位系统(带—地带—亚地带—次亚地带)和非地带性等级单位系统(大区—地区—亚地区—州)共同构成，地带性等级单位和非地带性等级单位都是不完全的综合性单位。单系列体系根据地带性和非地带性的综合特征来划分综合性区划单位，并按其从属性关系建立统一的等级系统(如图 3－8 所示)。从综合观点出发，强调起因不同，互不从属的地带性规律和非地带性规律共同作用于

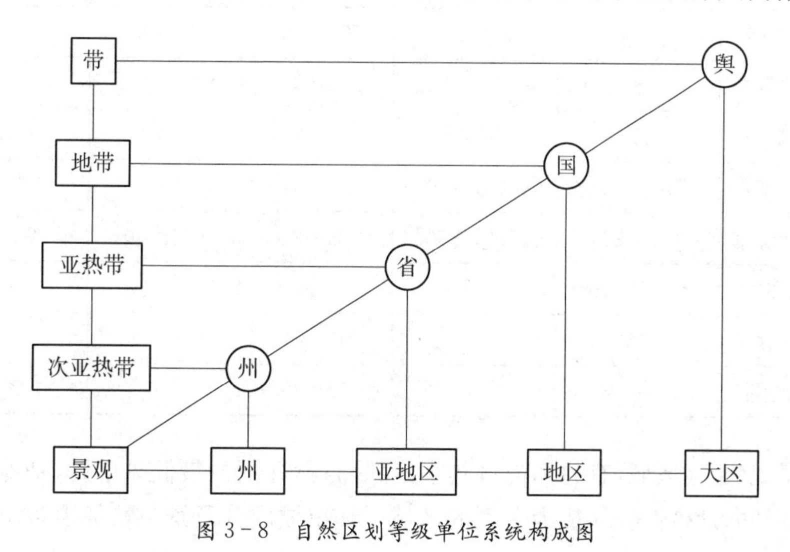

图 3－8　自然区划等级单位系统构成图

地表自然界，建立完全综合区划单位，双列系统中的联系单位是次要的，而单列系统中的联系单位是基本的。

我国大多数学者认为自然地带是最高级的地带性区划单位，自然地带按照热量条件的地域差异及其对整个自然界的影响来划分（如表 3－10 所示）。太阳辐射是地表许多自然过程的动力来源，是考察自然环境地域分异规律的起始点。自然地带划分有利于全球各国自然区划体系的衔接。

表 3－10　中国自然地带的划分指标

自然带	主要指标		辅助指标		
	≥10℃日数（天）	≥10℃积温（℃）	最热月气温（℃）	最冷月气温（℃）	年极低平均气温（℃）
寒温带	<105	≤1 700	<16	<−30	<−45
中温带	106～108	(1 700, 3 500]	16～24	−30～−10	−45～25
暖温带	181～225	(3 500, 4 500]	24～30	−10～0	−25～10
北亚热带	226～240	(4 500, 5 300]	24～28	0～5	−10～5
中亚热带	241～285	(5 300, 6 500]	24～28	5～10	−5～0
南亚热带	286～365	(6 500, 8 200]	20～28	10～15	0～5
边缘热带	365	(8 200, 8 700]	24～28	15～20	5～10
中热带	365	(8 700, 9 200]	>28	20～25	10～15
赤道热带	365	>9 200	>28	>25	>15
干旱中温带	105～180	(1 700, 3 500]	16～24	−30～10	−45～25
干旱暖温带	181～225	(3 500, 5 500]	26～32	−10～0	−25～10
高原寒带	不连续出现	—	<6	—	—
高原亚寒带	<50	—	6～12	—	—
高原温带	50～180	—	12～18	—	—

景观（土地区域，有的称为自然小区）是自然区划的最低级单元，是地表在地带性和非地带性特征最为一致的区域。其组成成分及景观特征表现出一致的地带性和非地带性的属性，自然综合体特征和其组成成分的分布范围相同，

景观结构具有同一性，地带性和非地带性因素分异或区划单元的网格能够吻合。

景观是自然区划的下限单元，是土地类型研究的初始单元。土地分级实际上是对于景观的细分。土地类型的形成、发展、演替和地域分异是中、小尺度的地域分异规律作用的结果（如图 3－9 所示）。地方性气候、垂直地带和中地貌组合是土地类型分异的高级因素；岩性、小地貌是土地类型分异的直接因素。土壤和植被的分异是土地类型特征的综合反映。

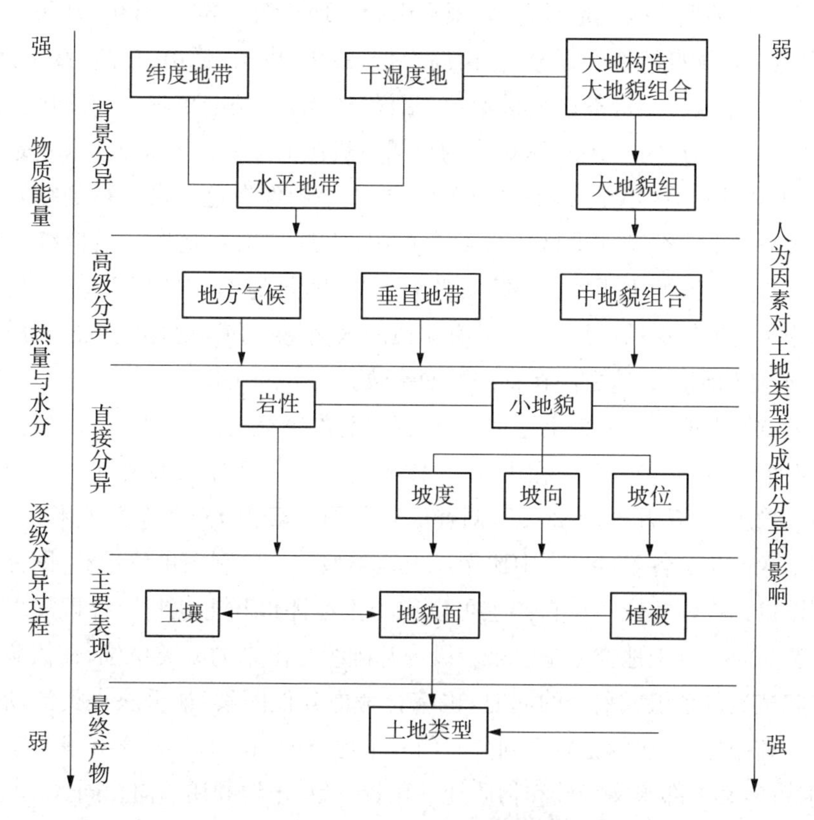

图 3－9　土地类型形成和分异因素

（四）土地类型的分级

目前，土地类型通常分为三个基本的分级单位（如表 3－11 所示）。

表 3-11　主要国家土地类型的分级单位

土地分级	主要国家		
	中国	澳大利亚	英国
第一级	土地类	土地系统(land system)	土地系统(land system)
第二级	土地型	土地单元(land unit)	土地刻面(land facet)
第三级	土地单元	土地点(land site)	土地素(land element)

第一级类型称为土地类,主要根据引起土地类型分异的大(中)地貌类型划分(山地以垂直自然地带划分)。由高而低,高山、中山、低山、丘陵、高平地(岗地、台地)、平地(川、沟谷地)、低湿地(沼泽、滩涂)等相继出现。制图比例尺一般采用 1∶20 万～1∶100 万,调查的范围一般在 1 万平方千米以上。这是全国性 1∶100 万土地类型图的主要制图单位,卫星图像在这里可以得到很好的应用。第一级土地类型在地区中的组合(或称土地结构),是划分最低级自然区域——自然小区的主要指标。第一级土地类型是土地分类的高级单位,代表在空间分布比较广泛的一片土地,具有相似的水文特征和与之相联系的物质迁移性质,土地的利用改造方向在某些方面一致。

第二级土地类型称为土地型,是依据引起次一级土地类型分异的植被亚型或群系组、土壤亚类划分。在山地,大体相当于一个生物-土壤亚带。制图比例尺一般采用 1∶5 万～1∶20 万,调查地区范围一般为 1 000 平方千米～10 000 平方千米。这是各省(区)大中比例尺土地类型的主要制图单位,航空图像在这里可以得到很好的应用。它们也可以作为土地评价和土地利用合理规划的基本单位。第二级土地类型是以第一级为基础续分出来的分类单位,在依照土壤亚类和植被群系组成划分的同时,也综合考虑其他因素(如反映人类活动影响的土地利用特点等)的分异来划分。同一土地类型内具有形态学和发生学上的共同特征,其内部水文特性和物质迁移比较一致,土地利用方向相同。

第三级土地类型称为土地单元,是土地类型的最低级单位。一般具有相同的地貌部位、岩性、土壤变种、植被群丛及土地生产潜力。制图比例尺为 1∶2.5 万～1∶5 万,调查地区范围一般限于 500 平方千米～1 000 平方千米,它是土地生态设计的基本单元,是自然地理地域分异的最后阶段。

土地单元是最低级的土地单位,是自然特征最一致的地段,在其范围内的地貌部位、岩性、土质、土壤水含量和排水条件都是一致的，并具有一种小气候、一个土壤变种和一个植被群丛。例如，河流阶地的一个阶地面，如果其他方面的自然条件基本上相同，便是一个低级的土地单位。低级土地单位可构成中级的土地单位。它通常相当于由各地貌要素（地貌面）组合而成的一个基本地貌单元。例如，高差几十米内的一个岗地是由岗顶地段和各岗坡地段组合而成；又如，发育较宽的冲沟是由沟底地段和两侧沟坡地段组合而成的。它们既是一个基本地貌单元，也是一个中级土地单位。彼此紧密联系的若干中级地貌单位，再可组合成内部结构复杂的、具有一定组合形式的、较高级的土地单位。例如，一群岗地，在其范围内经常出现岗地与岗间凹地典型重复的组合形式；又如，河谷盆地中从河床、天然堤、河滩以至阶地经常出现一定排列组合的形式。它们可各自构成一个土地高级单位。

（五）土地类型分级和分类的关系

土地分类是运用逻辑方法对土地属性进行归纳，使之条理化和系统化。土地分级是在综合分析土地构成因素特征和作用的基础上，自下而上地合并或自上而下地划分出一些等级有高低、复杂程度有差异的土地单位。在土地分级系统中，土地单元的级别越高，自然环境结构就越复杂，彼此之间的相似性就越小；土地单元的级别越低，自然环境结构就越简单，彼此之间的相似性就越大。土地分类是对于土地个体形态单元景观形态特征共性的归纳。同类土地的自然景观特征的相对一致性明显，异类土地的差异性突出。土地分类和土地分级既有区别，也有联系。通俗地讲，土地分级是对土地的纵向划分，土地分类是对土地的横向类群归并（如图 3－10 所示）。

土地分类是根据土地属性（或综合特征）的均质性划分的。由于土地单位是多级的，相应地，土地分类也是多系列的。进行土地分类时，除遵循逻辑原则、发生原则和相对一致性原则之外，具体的工作主要是确定分类标志和指标。例如，在对低级土地单位进行分类时，可把它们某些个体的共同特征作为分类指标和标志。这些标志和指标通常又是较稳定的、较普遍的或处于平均状态的特征。例如，首先，可根据岩性、土质、土壤变种、植被群丛等自然属性的共同特征进行划分；其次，按同类地貌面上的基本类型，归并为较高一级的类型；再次，可按一定的成因或共同的相互联系，尤其是水热状况和外动力条件具有的共同性特征，将其归并为更高一级的类型。

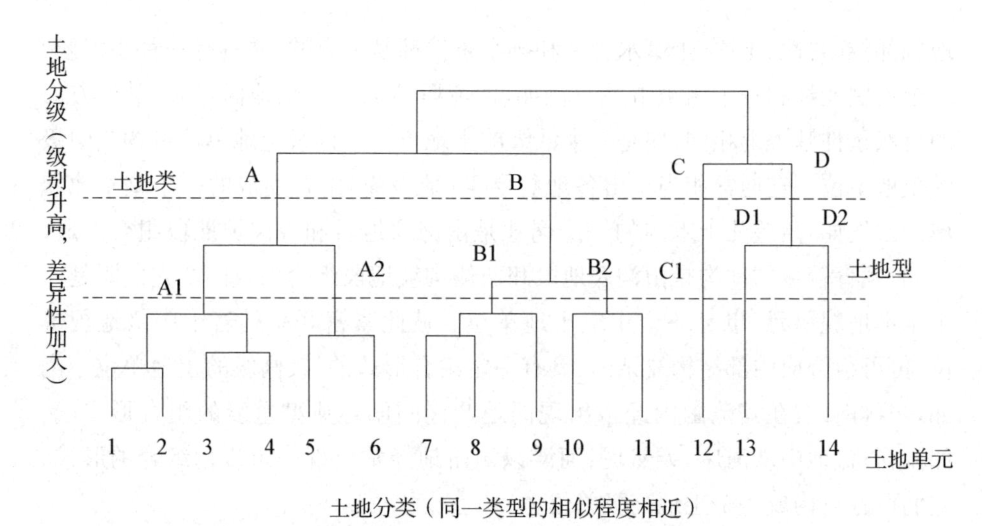

图 3-10 土地类型研究中分类和分级的关系

目前，我国关于土地类型的分类系统还没有完全一致的意见。中国 1∶100 万土地类型图编辑委员会拟定的"全国 1∶100 万土地类型分类系统"已被广泛地应用（如表 3-12、表 3-13 所示）。

表 3-12 中国 1∶100 万土地分类系统

代码	名称	代码	名称	代码	名称
A	湿润赤道带	B8	丘陵地	C7	丘陵地
A1	岛礁	B9	低山地	C8	低山地
B	湿润热带	B10	中山地	C9	中山地
B1	岛礁	C	湿润南亚热带	D	湿润中亚热带
B2	滩涂	C1	滩涂	D1	滩涂
B3	低湿河湖洼地	C2	低湿河湖洼地	D2	低湿河湖洼地
B4	海积平地	C3	海积平地	D3	海积平地
B5	冲积平地	C4	冲积平地	D4	冲积平地
B6	沟谷河川与平坝地	C5	沟谷河川与平坝地	D5	沟谷河川与平坝地
B7	台阶地	C6	岗台地	D6	岗台地

续　表

代码	名称	代码	名称	代码	名称
D7	丘陵地	F8	岗台地	I2	黄土川地
D8	低山地	F9	丘陵地	I3	黄土沟谷地
D9	中山地	F10	低山地	I4	黄土台塬地
D10	极高山	F11	中山地	I5	黄土塬地
D11	高山地	F12	高山地	I6	黄土梁地
E	湿润北亚热带	G	湿润半湿润温带	I7	黄土峁地
E1	滩涂	G1	低湿河湖洼地	I8	黄土涧地
E2	低湿河湖洼地	G2	盐碱低平地	I9	石质丘岗地
E3	海积平地	G3	草甸平地	I10	黄土丘陵地
E4	冲积平原	G4	(冲积)高平地	I11	低山地
E5	沟谷河川地	G5	(冲积)平地	I12	中山地
E6	岗台地	G6	漫岗地	J	半干旱温带草原
E7	丘陵地	G7	沟谷地	J1	低湿滩地
E8	低山地	G8	丘陵地	J2	盐碱滩地
E9	中山地	G9	低山地	J3	沟谷地
E10	极高山	G10	熔岩高原	J4	干滩地
F	湿润半湿润暖温带	G11	中山地	J5	沙地
F1	滩涂	G12	高山地	J6	平地
F2	低湿河湖洼地	H	湿润寒温带	J7	岗坡地
F3	海积平原	H1	低湿洼地	J8	丘陵地
F4	冲积平原	H2	低平地	J9	低山地
F5	冲积洪积倾斜平地	H3	针叶林灰化土低山地	J10	中山地
F6	沙地	I	黄土高原	K	干旱温带暖温带荒漠
F7	沟谷河川地	I1	黄土冲积平地	K1	滩地

续 表

代码	名称	代码	名称	代码	名称
K2	绿洲	K8	高山地	L4	台地
K3	土质平地	K9	极高山地	L5	低中山
K4	戈壁	L	青藏高原	L6	高山地
K5	沙漠	L1	河湖滩地及低湿地	L7	极高山地
K6	低山丘陵地	L2	干谷地		
K7	中山地	L3	平地		

表 3-13 中国 1∶100 万土地分类系统(以湿润南亚热带为例)

第一级土地类型		第二级土地类型		第一级土地类型		第二级土地类型	
代码	类型名称	代码	类型名称	代码	类型名称	代码	类型名称
C1	滩涂	1	沙质海滩			3	平畈田
		2	泥质海滩			4	基塘
		3	草滩	C5	沟谷河川与平坝地	1	岗间谷地水田
		4	红树林滩			2	丘间谷地水田
		5	芦苇滩			3	山间谷地水田
C2	低湿河湖洼地	1	沙质沼泽低湿洼地			4	旱作峰林丘间谷地
		2	湿生杂草沼泽低湿洼地			5	旱作峰林山间谷地
		3	芦苇沼泽低湿洼地			6	旱作赤红壤谷地
C3	海积平原	1	滨海沙地			7	水田坝子
		2	滨海咸田			8	旱地赤红壤坝子
		3	盐田			9	茶果园经济林坝子
C4	冲积平原	1	沙围田			10	峡谷地
		2	圩垸田				

续　表

第一级土地类型		第二级土地类型		第一级土地类型		第二级土地类型	
代码	类型名称	代码	类型名称	代码	类型名称	代码	类型名称
C6	岗台地	1	常绿阔叶林赤红壤岗台地			7	裸岩丘陵地
		2	灌草丛赤红壤台地	C8	低山地	1	季雨林赤红壤低山地
		3	针叶林赤红壤岗台地			2	针叶林赤红壤低山地
		4	旱作赤红壤台地			3	灌草丛赤红壤低山地
		5	茶园赤红壤岗台地			4	茶果林赤红壤低山地
		6	旱作紫色土台地			5	灌丛石灰土低山地
		7	裸岩台地			6	季雨林赤红壤低山地
C7	丘陵地	1	季雨林赤红壤丘陵地	C9	中山地	1	坡园红壤黄壤中山地
		2	针叶林赤红壤丘陵地			2	常绿阔叶林红壤黄壤中山地
		3	灌草丛赤红壤丘陵地			3	灌丛草地红壤黄壤中山地
		4	人工林赤红壤丘陵地			4	常绿针叶林灰化黄壤中山地
		5	坡园旱作赤红壤丘陵地			5	山顶矮曲林草甸黄壤中山地
		6	灌丛石灰土丘陵地				

三、土地类型划分

（一）土地类型调查

土地类型调查主要根据系统的整体性和层次性，从土地的各个构成因素出发，来揭示土地这个自然综合体的基本特征。土地类型调查是对于土地作为自然综合体的调查和研究，在全面了解自然地理环境各个要素特征、地域分布、地域差异与区域共轭性的基础上，拟定土地类型分类体系。根据野外路线调查编制的综合剖面图，是土地类型研究中拟定土地类型分类体系最重要的工具和最基础的图件，它对于科学合理地制定土地类型分级和分类体系具有特别重要的作用。通过编制综合剖面图，可以揭示土地资源组成要素及其相互联系以及不同土地类型之间的空间组合关系（如图 3－11 所示）。

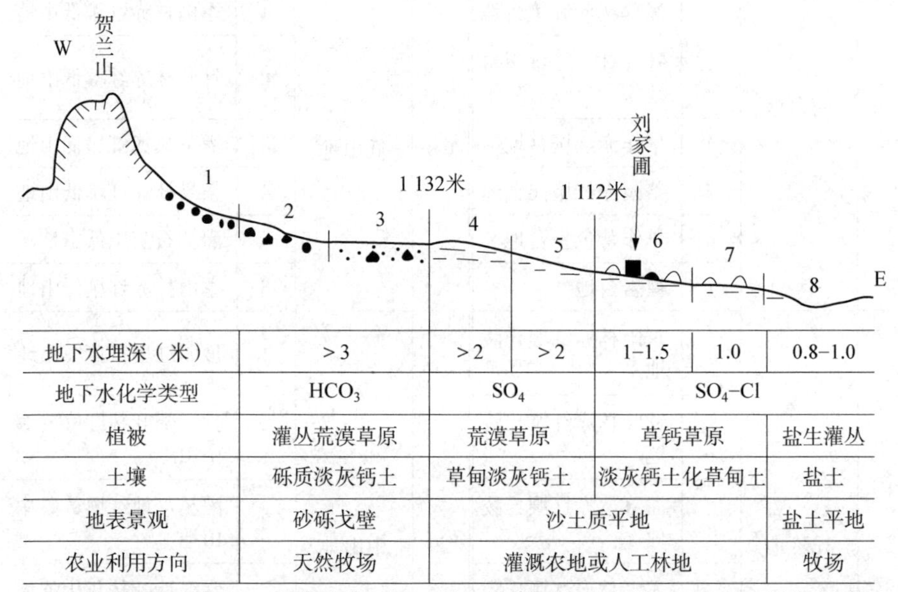

地下水埋深（米）	>3	>2	>2	1–1.5	1.0	0.8–1.0
地下水化学类型	HCO_3	SO_4		SO_4–Cl		
植被	灌丛荒漠草原	荒漠草原		草钙草原		盐生灌丛
土壤	砾质淡灰钙土	草甸淡灰钙土		淡灰钙土化草甸土		盐土
地表景观	砂砾戈壁	沙土质平地				盐土平地
农业利用方向	天然牧场	灌溉农地或人工林地				牧场

1—坡积、洪积石块地；2—洪积砾石戈壁；3—洪积沙砾戈壁；4—灰钙土土质平地（部分为龟裂土土质平地）；5—草甸淡灰钙土土质平地；6—淡灰钙土草甸土土质平地；7—盐化草甸土土质平地（上有固定沙堆）；8—盐土平地

图 3－11　贺兰山东麓洪积扇土地类型分布剖面图

资料来源：梅成瑞，申元村. 黄河大柳树水利枢纽灌区土地资源开发[M]. 北京：科学出版社，1996.

（二）土地类型划分的原则

土地类型划分的原则是根据土地类型研究的目的和任务确定的。它反映了土地类型划分的科学思维，也是土地类型研究的工作指导思想。

1. 发生学原则

土地类型是地表地质、地貌、气候、水文、土壤、植被等多种自然因素和人类活动相互联系、相互作用而形成的自然综合体。土地类型的各组成要素之间存在着发生学上的有机联系。土地类型的自然地理特征决定于其位置空间，根据自然环境因素的地域共轭性原理，从一个自然环境因素的特征，可以推断出每一个土地类型其他组成要素的特征。土地类型特征的形成与演替，受自然规律的控制，具有相对的稳定性。

土地类型的划分，既要反映土地自然特征的相对一致性，还要反映其发生和演变过程的联系。也就是说，同一土地类型在性质上的相似性是因为它们发生和发展条件的共同性而形成。这种发生学上的因果关系是认识和划分土地类型单元的重要根据。

2. 主导因素原则

土地类型的特征是土地组成要素相互联系、相互作用、相互制约的总体效应和综合反映。但是，具体到某一级或某一类土地类型，各土地组成要素在土地这一自然综合体中的作用是不均衡的，因此，在综合分析中常能找到一个起决定作用，并因其变化而引起综合体其他因素变化的主导因素。贯彻这一原则的具体办法是，选取反映这一因素的标志作为分类指标。由于不同区域的土地分异特点是不同的，起决定作用的主导因素也往往随地而异。一般来说，在山地和丘陵地区，海拔高度、相对高度、坡度与坡向的变化对水热条件的重新分配有重要影响，从而导致植被和土壤相应地发生变化。因此，在这些地区划分土地类型时，地貌通常可作为主导因素。在平坦地区，尤其是在那些坦荡的平原地区，地形起伏小，土壤质地或水分状况等常可作为土地类型划分的主导因素。然而，在实际工作中往往难于根据这些因素去划分土地类型，在这种情况下，如果植被的分异状况比较明显，就可将植被作为主导标志，因为植被的分异在很大程度上可反映地形的微起伏、土壤质地或水分状况。由于土地类型划分是多层次的，不同级别土地类型的主导因素也常常是不同的。

3. 实用性原则

土地类型研究具有鲜明的实践性，即为土地资源的开发和利用服务。同一土地类型，其具有相同的自然环境地域分异结构特点，具有类似的土地个体形态特征，其土地利用的适宜性基本相同，土地的自然生产能力相近，利用改造方向基本一致。土地类型划分时，分类指标的确定应尽量照顾到它的应用目的。我国 1∶100 万土地类型图主要是为大农业布局服务的，所采取的划分指标是与发展农林牧生产密切相关的自然因素。在可垦荒地比较丰富的东北温带湿润、半湿润地区，坡度 7°可作为平地（种植业为主）和山地（林地为主）的划分指标。但是，这在人口稠密、可垦荒地极其稀少的南方丘陵山区是不适用的。再如，黄土高原重点水土流失区的土地类型划分，考虑到主要为该区域治理水土流失服务，因此，在对黄土梁、峁坡地进行分类时可主要依据坡度。例如，在梁坡地细分出缓梁坡地（＜15°）、中梁坡地（15°～25°）和陡梁坡地（＞25°）。坡度15°和25°分别相应为较强侵蚀/强烈侵蚀、强烈侵蚀/剧烈侵蚀的界线。在为城市建设、交通、旅游等服务的土地类型划分中，所采用的指标可以是地基承载力、交通通达度、最高最佳使用的土地用途、景观吸引力及敏感性等不同的指标。

土地类型划分作为一种类型学研究方法，除了上述几个重要原则以外，一般的分类原则对土地类型调查和制图也有指导意义。例如，在具体选择土地类型的分类指标时，还应注意指标的互斥性、明确性、层次性和针对性等原则，以保证分类过程的可操作性。

（三）土地类型划分的方法

依照土地类型划分的原则，土地类型主要有三种划分方法。

1. 发生法

在发生法中，以形成土地的环境因素为依据把土地划分成各个单位并对之分类。使用发生法的研究者们认为，只有当知道一个景观是怎样产生和将要转变为什么东西的时候，才有可能了解景观。因此，发生法特别强调研究发生和形成过程，并以此作为演绎推理的依据，得到一个自上而下分解的等级系统。由于土地形成因素的复杂性，人类目前的认识水平有限，发生法基本上只能以气候和地质构造为依据。用发生法划分出来的土地单位都是大单位，它们的内部仍有很复杂的地域分异，这些单位之间的界线往往是模糊的，单靠发生法难以确定。一般来说，发生法适合于自然区划研究。在土地类型研究中，发生法虽然有助于认识土地类型结构的层次性，有助于科学地进行土地分级，但是在土地类型具体划分的尺度上和精度上都显粗略。

2. 景观法

景观法是指通过土地的空间形态识别来进行土地类型划分的途径。地表各种自然现象在空间上的相互作用形成各种自然综合体，这些综合体的内部相对一致，而与相邻综合体的特征有明显差异，这就是“景观”一词在这里的含义。景观法有两大特点：一是综合性；二是注重形态特征。它主要依据土地的各组成要素在地表具体地段的结合方式及作用强弱的不同，根据一定的原则区分出外部形态和内在特征各异的土地个体，并进行分类归并。其界线比较清楚，所划分的土地单位在尺度上和精度上都适合于土地类型划分的要求。但由于分类指标的选定和分类系统的拟定在很大程度上依赖于研究人员的经验，因此，难免带有某种程度的主观随意性。

3. 参数法

参数法实际上是将主要因素特征加以量化，即选择对于分类目的意义重大的土地属性参数（如海拔高度、相对高度、坡度、水网密度、土壤参数、植被参数等）作为分类标志，利用数学方法（如聚类分析、判别分析等）来进行土地类型划分。参数法是一种比较客观的方法，量测的参数越多，其客观性就越强。同时，参数法由于具有定量的特点，便于进行数量比较，也适于计算机处理。由于对土地属性参数的选择及属性等级数值界线的确定上仍然要依赖研究者的理论观点和经验，往往还需要结合景观法综合分析来构筑抽样框架，所以，参数法也并不是完全没有主观性。使用参数法时，抽样工作量极大，对一些非数值化的土地属性需要进行数量化处理，其指标数量化赋值是否合理对分类结果的影响也很大。

上述三种方法通常结合起来使用，以取长补短（如表 3－14 所示），提高研究的质量和缩短研究周期。

表 3－14　土地类型划分的方法比较

项目	发生法	景观法	参数法
大面积踏勘	可行	可行	困难
半详查	不适用	可行	可行
土地单位级别	大土地单位	中至小土地单位	小土地单位
界线清晰程度	模糊	清楚	模糊
土地个体内的一致程度	差	综合性质的一致	个别属性的一致
采样点密度	有限抽样	有限抽样	密集抽样
外推的可能性	困难	容易	困难
利用遥感影像	小比例尺卫片	特别适用	有限地使用航片
实地辨认土地个体	困难	容易	困难
调查成本和时间	低、短	低、短	高、长

土地类型的划分主要以土地类型图的形式完成。实际工作过程中常常是选择合理比例尺的地形图、卫星影像、航空影像及各种专题地图,在GIS软件的支持下进行研究区域土地类型的形成要素叠加分析,基于综合制图的理论和方法,勾绘土地类型的空间界线,完成土地类型的划分。

(四)土地类型划分的注意事项

土地是由诸多自然要素组成的自然综合体。这就要求在制图前,广泛收集、仔细研究当地的有关气候、地貌、植被、土壤、水文等资料。土地类型的界线有着深刻的发生学内在特征,往往与气候资源图、土壤图、地貌图等专业图的界线相吻合,因而只有通过对土地类型构成要素的综合分析才能确定。

土地类型的划分不仅要重视不同土地类型在卫星影像、航空影像上的图像特征,还需要根据土地形成、发展、演替和地域分异的规律,拟定更加具体的规定指标。例如,山区地形有正负之分,正地形为山地,负地形为沟谷。山地容易遭受侵蚀,沟谷以堆积为主。在山区土地类型划分中,第一级土地类型划分,必须首先把山地和沟谷区分开来,不能只规定海拔高度的差异,还应该注意坡向(迎风坡、背风坡、阳坡、阴坡)、地面组成物质和侵蚀程度等。平地的土地类型划分,不能只用一般的耕种方式(水田或旱地)区分,必须更详细地规定土壤性质的变化。草原的土地类型划分,除了考虑植物的群落组成成分,还应考虑单位面积产草的质和量的差别。

以植被和土壤为依据划分土地利用类型要注意现状和历史的区别,历史时期可能是一种性质的类型,现状却变成不同的类型。例如,森林植被遭受破坏以后,产生不同程度的水土流失,有的历史痕迹已经消失了,有的则还保留一些历史痕迹。一些地区,在农业生产地域专门化的情况下,地表植被(人工林、作物)可能相同,但历史时期是不同的类型,代表着土地自然特征的不同。

土地类型划分,不仅要注意不同类型的空间关系,还要揭示其发生学上的联系,揭示土地类型形成的区域差异和成因。例如,黄土地区和南方花岗岩地区都有流水冲蚀而形成的复杂沟谷,其沟谷形态因组成物质不同也有差别。黄土丘陵沟壑区的沟道较深峻,沟谷间的地貌以顶部呈穹形突起的黄土梁、峁为主。我国南方花岗岩地区的花岗岩地貌常见的有丘陵状花岗岩山地、峰林状花岗岩山地。丘陵状花岗岩山地多由穹窿构造的花岗岩体组成,常具有红色风化壳，在风化壳剥蚀去后，则露出球状石蛋，成馒头状岩丘。峰林状花岗岩山地多由岩株构造的花岗岩体组成，地势高峻，岩石裸露，沿垂直节理、断裂进行强烈的风化、侵蚀以及流水切割，形成深壑。黄山就是由岩株形态的花岗岩侵入体形成的，当四周软弱的砂、页岩等被剥蚀去之后，形成峭拔的高山花岗岩峰林地形。土地类型划分，不仅要划出沟谷的数量，还要反映沟头与汇集形式等差别，才能准确地反映出土地类型的区域特征。

《中国 1∶100 万土地类型图制图规范》指出："由于我国自然条件复杂，形成的土地类型千差万别，首先按照水热条件的组合类型分为 12 个高级土地类型（土地纲）：A. 湿润赤道带；B. 湿润热带；C. 湿润南亚热带；D. 湿润中亚热带；E. 湿润北亚热带；F. 湿润、半湿润暖温带；G. 湿润、半湿润温带；H. 湿润寒温带；I. 黄土高原；J. 半干旱温带草原；K. 干旱温带暖温带荒漠；L. 青藏高原。这些类型是研究土地的形成、特性、结构和分类的基础，是进行土地类型划分的出发点。"划分"土地纲"的指标是积温、干燥度、无霜期及熟制（青藏高原及黄土高原主要根据地貌条件）等。有些非地理界的土地科学工作者认为"土地纲"是一级土地分级单位，其实，这是误会。《中国 1∶100 万土地类型图》的主编赵松乔教授多次拟文指出："自然地区可作为土地划分的出发点，或'零级'。它是全国五级综合自然区划方案的'第二级'单位。自然地区作为'类型'，是从气候上而言的，是指其在世界范围内可以重复出现。""土地纲"同中国综合自然区划单位自然地区比较，存在的范围不同，主要是考虑中国自然环境的复杂性与特殊性而调整的，其在自然环境地域分异过程中的组织水平并不以此决定，只是用它们对全国土地类型分类系统的拟定起宏观控制作用。突出自然地区，主要是保持农业自然条件与气候生产潜力的相对一致性和土壤与植被地域分异的地带性，是完全合理的。若把它当作土地类型的分级，显然是错误的，也违背了自然环境地域分异的结构有序性。

我国土地类型的分类研究，也是在土地分级的基础上，根据其自然特征的相对一致性来进行的。根据《中国 1∶100 万土地类型图制图规范》的分类系统统计，全国总计划分出土地类 115 个，土地型 872 种。相同名称的土地类型属于同一种土地分类。所以，土地分类的过程也是土地类型命名的过程。土地类型命名，应力求科学、准确和简明，并能从土地类型的名称看出其土地特征或从名称反映出其分类标志和指标。

我国土地类型的命名方法主要有两种。一是采用植被、土壤、地貌的三名法，如针叶林漂灰土山地；或是采用植被（或土壤）、地貌的两名法，如草灌丘坡地和黄红壤山坡地。这种命名方法在我国使用比较普遍。例如，在陕北黄土高原地区，在自然植被保护较好的山区，采用土壤、植被、地貌三名法，如灰褐色森林土针阔叶混交林低山地；而在黄土丘陵和河川地，因人工植被的变化较大，可采用土壤、地貌两名法，如淤土河谷阶地、褐土宽平梁地。这种命名方法的优点是土地类型的名称较严密、科学，可直接反映出土地类型的主要构成要素和特征，缺点是名称相对较长。二是采用群众习用的名称，如珠江三角洲地区的沙田、咸田、围田、坑田以及黄土高原地区的川地、塬地、梁地、峁地等。这类名称简练、形象，便于使用，不足之处是地区之间的实际差异较大而没有可比性。

（五）土地类型的应用研究

土地类型调查不仅要揭示各种土地类型的自然属性，更要明确其土地开发利用途径和措施（见表 3 - 15），特别要注意一些特殊的、局地性的自然环境变化。一些优质农、林、特产品的原产地的地方气候特征研究，要找出其农产品质量同光、温、水条件，农作物生态习性与生长过程的关系。例如，西湖区的狮峰山、龙井村、灵隐、五云山、虎跑、梅家坞一带为西湖龙井精品的传统核心产区，其土地肥沃，周围山峦重叠，林木葱郁，地势北高南低，既能阻挡北方的寒流，又能截住南方的暖流，在茶区上空常年凝聚成一片云雾。当然，有的地方地表组成物质和土壤化学成分的特殊性，也可能使得土地利用价值大大提升。例如，大量的调查资料说明，一个地区食物和土壤中硒含量的高低与癌症的发病率有直接关系。广西壮族自治区巴马县是世界著名四大长寿地区之一，巴马县的土壤、谷物中的硒含量是全国平均水平的 10 倍以上。高硒土壤主要继承于富硒岩石和煤层。岩石硒是土壤硒的库源。浙北、浙东、浙中三地区的泥岩、砂岩、石英砂岩、硅质岩、泥质灰岩、灰岩、石灰性紫泥岩、石灰性紫砂岩、非石灰性紫砂岩、中深变质岩、浅变质岩、中酸性火山岩等相对富含硒，从而为富硒土壤的形成提供了物质基础。

表 3-15　北京市第一级土地类型的主要特征(部分)

第一级土地类型	地貌概况	水热条件	植被状况	土壤特征	利用意见
河滩地	处于河流堤防内侧，汇水及泄流通道	水分条件好，地下水位高，河漫滩常受水淹	河床常流水处有水生植被，沙质高滩地一般无植被或者散生少量沙生植被	大部分为沙滩，无土壤剖面发育，少数泥质河滩剖面发育不全，具层理结构	在保障泄洪的情况下，可在沙质滩地上造林或栽植果树，少量泥质河滩可发展湿生或水生植物，如芦苇等
低湿洼地	河流外侧的原低河漫滩和碟形湖盆洼地	地下水位高，雨季常有临时性积水，土温较凉，水源充足	原生植被主要为湿生及中湿生杂草，现多已垦种水稻等，少量仍为芦苇、湿生杂草	土壤为沼泽土或草甸沼泽土，土壤潜育层分布部位高，较黏重。少量经过长期种稻发育成水稻土	适宜发展湿生作物，也宜种植水稻
潮土冲积平地	一级阶地及高河漫滩，地面平坦，坡降＜1/1000	热量高，地下水位不深于2米，灌溉水源充足	原生植被为中生杂草，现几乎为农田	土壤发育成潮土，土体碱性，具石灰反应，土层锈纹锈斑不深于1米，表层有机质含量为1.2%～1.5%	上等宜农土地，应长期经营农业，利用中应注意多施有机肥
褐潮土高平地	主要为二级阶地，少部分属冲积洪积扇受切割而成	热量条件较高，水分条件较潮土冲积平地差，稍有春旱，地下水位2～3米	原生植被为中生杂草，现几乎为农田，种植作物和蔬菜	土壤成土过程出现轻度淋溶，土壤为褐土，锈纹锈斑常在0.8～1.5米间出现，表层有机质含量为1.0%～1.2%	上等宜农土地，适宜发展蔬菜种植

资料来源：申元村．土地类型研究的意义、功能与学科发展方向[J]．地理研究，2010,29(4):575-583.

四、综合自然区划

综合自然区划(integrated physical regionalization)简称自然区划,是自然地理环境区域研究的开始,也是区域地理研究的终结。它建立在对于自然地理环境广泛和深入调查的基础上,是区域研究成果的最终表达。

(一) 自然区划的途径

自然区划既是划分,又是合并。根据地域分异规律,等级高的自然区划单位可以划分成等级低的自然区划单位;根据区域共轭性原则,等级低的自然区划单位可以合并成等级高的自然区划单位。也就是说,每一个自然地理区域都可以采用自上而下的划分或自下而上的合并这两种自然区划途径。

1. 自上而下的划分

通常,自然区划主要是进行宏观的区域尺度的自然环境地域分异规律研究,自然区划多采用自上而下的划分的自然区划途径。通过对地域分异各种因素的分析,主要是根据区域分异因素的大/中尺度差异,按照区域的相对一致性,从划分高级区域单位开始,在大的地域单位内从上至下或从大至小揭示其内在的差异,逐级进行划分。图 3-12 就是采用这种方法进行区划的一种图示。

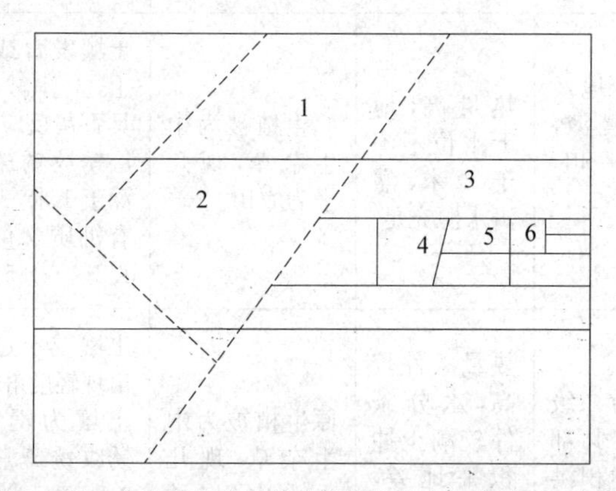

1—根据大尺度的地带性和非地带性分异划分热量带和大自然区;2—热量带和大自然区相互叠置,得出地区一级单位;地区也可视为热量带内的高级省性分异单位;3—根据地区内的带段性差异划分地带、亚地带;4—根据地带、亚地带内的省性差异划分自然省;5—自然省划分为自然州;6—自然州划分为自然小区

图 3-12　自然区划等级系统逐级划分图示

资料来源:陈传康,伍光和,李昌文. 综合自然地理学[M]. 北京:高等教育出版社,1993.

我国的综合自然区划，主要是采用自上而下的顺序划分方法完成的。全国性的综合自然区划方案，主要分为五级，即大自然区、自然地区、自然区、自然亚区和自然小区。全国性的自然区划主要针对前三级，第四级自然亚区在省级综合自然区划中具有现实意义，第五级自然小区在县级自然区划中的重要性突出。

2. 自下而上的合并

自下而上的自然区划通常是基于土地类型研究的，以土地类型结构分析为依据，通过阐明各种土地利用类型的特征及土地开发利用方向和改良措施，以相对一致性和差异性对于土地单元进行归并，组合成为土地型、土地类，最后形成自然小区。然后，再以自然小区逐级合并成为比较复杂的较高级的自然区划单位。图 3－13 就是采用这种途径进行区划的一种图示。

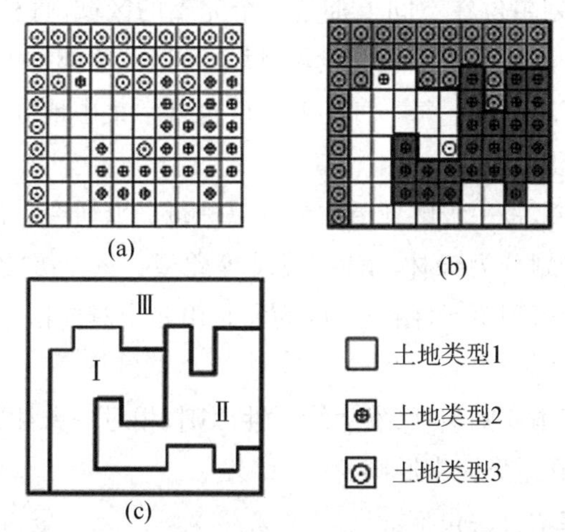

(a)划分出若干个具体土地单位，对土地单位进行分类，区分出三种土地类型；(b)去掉土地单位的具体界线，根据土地类型的质和量的对比关系，即组合分布图式的地域差异，划分自然地理区，同一种分布图式所占有的范围相当于一个自然地理区；(c)去掉土地类型的界线，即为自然地理区(自然小区Ⅰ、Ⅱ、Ⅲ)

图 3－13　自下而上地根据土地类型组合自然区划单位

资料来源：陈传康，伍光和，李昌文．综合自然地理学[M]．北京：高等教育出版社，1993：62.

(二) 自然区划的原则和方法

在综合自然地理学上，自然区划和土地类型划分的研究对象、理论基础、原则和方法很大程度上具有一致性，主要是研究的尺度和侧重点不同。自然区划主要是区域尺度以上的自然综合体区分和研究。土地类型则是区域尺度自然综合体内部的细分和研究。自然区划强调自然环境地域分异形成的大/中尺度的自然综合体的个性。土地类型侧重于自然小区(景观)内部中、小尺度(地方性)自然综合体的共性。土地类型和自然区划单位之间的区别和联系,主要表现为以下四点。

第一,自然地理环境的类型单位是对其属性抽象概括的结果,同一类的自然地理环境单位的属性都相类似,不同类的都相异。例如,沼泽景观和山地景观便是两种不同类型的景观。自然区划单位是对区域结构的个体划分,任何区划单位都是作为具体的区域个体而出现的,不存在属性的抽象概括问题。

第二,类型单位的等级越高,其共同的属性越少,即相似性越简单。区划单位的等级越高,则各个区域的结构越复杂,个性越突出。

第三,每个区划单位在空间上都是一个完整的区域,每种类型单位在空间上都表现为一些分散的地域单元。但是,每个区划单位都是由一些相关的类型单位组合而成的区域整体。每一种类型单位也常常集中地分布于一定的地区,具有一定的分布范围。

第四,一般来说,每一级区划单位都可以进行类型研究。例如,地表各个自然地带可以进一步划分为森林、草原、荒漠等类型。每一级的类型单位也可以落实到各个具体的区划单元(图斑),因为它是由各个具体区域单元的属性归纳而成的。

自然区划的基本原则包括:发生统一性原则、相对一致性原则、区域共轭性原则、综合性原则和主导因素原则。

自然区划的基本方法包括:

(1) 部门区划叠置法。重叠各部门的区划(气候、地貌、土壤、植被区划等)图,以相重合的网络界限或它们之间的平均位置作为区域界限。

(2) 古地理法。通过实地对古地理和历史自然地理遗迹的考察,并借鉴有关古籍文献及地质历史研究资料,深入探讨区域分异产生的原因与过程,并根据自然区域逐级分异产生的历史过程和相对一致性,划分出不同性质和不同等级的区域单位。

(3) 地理相关分析法。运用各种专门地图、文献资料以及统计资料,对各种自然要素之间的相互关系做相关分析后进行区划。

（4）主导标志法。通过综合分析，选取某种反映地域分异主导因素的自然标志或指标，作为划分区界的依据。并且同一级区域单位基本上按同一标志划分。

自然区划原则和方法是紧密联系的。只有坚持区划原则，才能保证区划目的的实现；贯彻区划原则，必须运用相应的方法。例如，发生统一性原则通常通过古地理法贯彻落实；综合性原则通常通过部门区划叠置法、地理相关分析法贯彻落实；主导标志法则体现出主导因素原则的贯彻落实。

（三）由土地类型组合成自然区划的方法

关于自下而上地由土地类型组合成自然区划的方法，过去已做了不少探索。它主要以土地类型结构分析为依据。一般认为，土地类型结构应该包括土地要素组成结构、数量结构、质量结构、空间组合结构和时间演替结构。土地类型结构研究提高了土地类型研究的科学性和严密性。但是，上述土地类型结构的分类（如土地要素组成结构、数量结构、质量结构等）更多是提供了土地类型结构分析的方法，而不是土地类型结构本身。因为，所谓土地要素组成结构，实际上不是讲各个土地类型单元构成要素有什么不同，否定土地是一个自然综合体的含义，而是强调某些土地构成要素在土地类型特征上表现突出，是土地类型形成、发展和地域分异的特殊因素。至于数量结构和质量结构，它们是针对特定区域而言的，没有区域边界，就无法进行统计和分析。根据系统科学理论，结构是系统构成的形式，功能是系统的作用。土地类型结构表现为土地类型的景观对比结构、空间组合结构和时间演替结构。

1. 土地类型的景观对比结构

土地类型的景观对比结构是指不同土地类型的自然景观特征的相似性与相对差异性的对比关系。在航空图像、卫星图像上即表现为灰度（黑白片）对比关系或色调（假彩色合成片）对比关系。对其进行数量化分析，既可以直接用不同土地类型构成要素的数量化特征值构成的矩阵 $X=[x_i]$来直接反映；也可以将各种土地类型的特征进行数量化以后，以反映不同土地类型之间相似性与差异性的指标，如相似距离、相似系数等的计算来综合反映。其中，以欧氏距离和相似系数最为常用，其计算公式如下：

$$D_{ij}=\sqrt{\sum_{k=1}^{m}(x_{ik}-x_{jk})^2} \quad \text{（欧氏距离）}$$

$$R_{ij}=\frac{\sum_{k=1}^{m}(x_{ik}-\overline{x}_i)(x_{jk}-\overline{x}_j)}{\sqrt{\sum_{k=1}^{m}(x_{ik}-\overline{x}_i)^2\sum_{k=1}^{m}(x_{jk}-\overline{x}_j)^2}} \quad \text{（相似系数）}$$

式中：

x_{ik} 和 x_{jk} 分别为第 i 种土地类型和第 j 种土地类型自然特征的第 k 个要素特征值；$\overline{x}_i$，$\overline{x}_j$ 分别为第 i 种和第 j 种土地类型的综合平均特征值；i，$j=1$，2，3，…，n，n 为土地类型分类的类型总数或者图斑数；$k=1$，2，3，…，m，m 为土地类型自然要素的特征变量个数。

2. 土地类型的空间组合结构

土地类型的空间组合结构是指土地类型之间的空间邻接关系，它是土地类型结构最直观的表现形式，反映出土地类型群体关系在空间上的有序性。土地类型空间结构既可以根据它们的空间拓扑关系，按几何形态概括出各种各样的土地类型结构模式，如树枝状结构、同心圆结构、对称阶梯结构、扇形结构等；又可以根据土地个体形态单元（图斑）的面积与周长，定量地反映出其几何形态；还可以根据各土地个体形态单元之间的彼此邻接关系，确定其邻接系数。

土地个体形态单元之间的邻接系数为：

$$l_{ij}=\begin{cases}1 & \text{镶嵌关系}\\ \max\left(\dfrac{l_i+l_j-l_n}{l_i},\dfrac{l_i+l_j-l_n}{l_j}\right) & \text{邻接关系}\\ 0 & \text{不接触关系}\end{cases}$$

式中：

l_{ij} 系第 i 个和第 j 个土地个体形态单元的邻接系数；l_i，l_j，l_n 分别为第 i 个、第 j 个、第 i 个同第 j 个土地个体形态单元一起组成的新图斑的周长。

3. 土地类型的时间演替结构

土地类型的时间演替结构，是指不同土地类型在其发展演替过程中所具有的时序承袭关系，所反映的是土地类型群体关系时间上的有序性。土地类型时间演替结构既可通过建立各种土地类型演替关系框图模式予以反映，也可通过对各种土地类型彼此之间相互演替的条件和速度的研究，确定其演替的转换概率，其表达式为：

$$P_{ij}=\max(f\cdot\vec{V}_{ij},\ f\cdot\vec{V}_{ji})$$

式中：

P_{ij} 为第 i 种土地类型与第 j 种土地类型相互演替的转换概率，变化于 0～1 之间；f 为演替关系常数；$\vec{V}_{ij}$，$\vec{V}_{ji}$ 分别为第 i 种与第 j 种土地类型的正向、逆向演替的速度。它可以由模拟实验或调查获得，也可以由研究者针对其演替过程中各种土地类型相互演替的相对速度的快慢，运用模糊数学方法予以赋值。

土地类型的各种结构是相互关联的。土地类型的景观对比结构直接制约着土地类型的空间组合结构和时间演替结构，制约着土地的合理利用、生产力布局，尤其是和商品生产基地的建设关系密切。土地类型的空间组合结构是其景观对比结构的具体表现形式，也是土地类型演替结构的"定格"(特定时段内的具体表现形式)。土地类型的时间演替结构则是其景观对比结构形成、发展过程的演示，是未来潜在的空间组合结构。土地类型的景观对比结构越简单，说明整个研究区域的自然特征的相似性越高，相对均质性强，其空间组合结构与时间演替结构也越简单，土地利用也就比较有利于产业地域专门化的发展，有利于商品生产基地的建设。反之，土地类型的景观对比结构越复杂，则说明研究区域自然特征的差异性越显著，土地类型的空间组合结构与时间演替结构也越复杂，土地利用越多样化，有利于多种经营的发展。

由下而上的自然区划最常用的数学方法是聚类分析，其基本思想是：首先，将所研究的每个样本(土地个体形态单元，即图斑)各自看成一"区"；然后，根据样本间的相似程度(不同土地个体形态单元划归同一自然区划单元的隶属度)，每次将最相似(隶属度最大)的两区加以合并，并计算新"区"与其他"区"之间的相似程度，再选择最相似者加以合并，这样每合并一次，就减少一"区"，继续这一过程，直到将所有的样本合并成一"区"为止。

第一，按土地类型分类系统，分别计算各种类型之间的相似系数和演替转换系数，按图斑计算各土地个体形态单元之间的邻接系数，按图斑依次列出它们彼此之间的相互关系矩阵：

$$XA=\{R_{kt}\};\ XB=\{L_{kt}\};\ XC=\{P_{kt}\}$$

式中：

k，$t=1,2,\cdots,M$(M 为图斑总数)；R_{kt}，P_{kt} 分别为第 k 个和第 t 个图斑

各自所属的土地类型的相似系数和演替转换概率，利用前述土地类型之间的相似系数和演替转换概率计算公式计算，若两个图斑同属一种类型，R_{kt}，P_{kt} 值为 1；L_{kt} 是邻接系数，利用前述土地类型邻接系数公式计算。

第二，根据上述土地类型结构特征值，计算各个图斑（土地个体形态单元）组合成同一自然区划单元的隶属度矩阵：

$$U=\{U_{kt}\};\ U_{kt}=(R_{kt}\cdot L_{kt}\cdot P_{kt})^{\frac{1}{3}}$$

式中：

U_{kt} 系第 k 个图斑与第 t 个图斑同属一个自然区划单元的隶属度；以 U_{kt} 作为聚类分析中反映图斑与图斑之间相似程度的指标。

第三，计算由多个图斑组成的“区”与“区”的相似程度。先规定一种方法，即进行聚类方法（如最短距离法、最长距离法、类平均法等）的选择，再进行计算。

第四，将原有的“区”合并为新“区”。

第五，将逐次并“区”的过程（自下而上地组合成自然区划单元的过程）用图形形象地表现出来，即绘制聚类分析树枝图。

第六，对聚类分析结果进行分析，根据自然环境结构的层次性，确定不同的截距（隶属度差），最后得出自然区划方案。

第七，根据土地类型结构分析的成果（如面积对比、频率对比、复杂度、破碎度指标、空间结构模式、时间演替模式等），对各个自然区划单元的结构与功能进行阐述，阐明其自然地理的基本特征、自然资源的优劣势以及因地制宜合理改造利用的方向与途径。

从上述过程可以看出，由土地类型自下而上组合自然区划，有利于自然地理信息系统的建立和制图自动化的实施，它虽然需要做大量的数据采集（主要由土地类型结构分析完成），但在计算机广泛应用的今天，它的实现并不太难。它同由地理信息系统支持下开展的土地类型划分一起，上下联结将可以实现区域自然地理研究的数量化。自下而上的自然区划途径，可以进一步摆脱自然区划过程中人为因素的影响，使自然区划的科学性与客观性实现统一，并可以重复检验。自下而上的自然区划建立在可靠的土地类型研究信息的基础之上，它需要扎实的野外调查工作和室内技术可靠分析作支撑。

第四节　地表基质层的监测

地表基质层的监测主要是监测长期的和大尺度的自然地理环境变化。

自然地理环境变化监测，主要立足于作用于地球表层内外营力的变化监测。这也是地球相关基础科学研究的方向。主要包括以下三个方面。

一、大地测量

大地测量学是一门测量和描绘地球表面的科学，即研究和测定地球形状、大小和地球重力场，以及测定地面点几何位置的学科。它也包括确定地球重力场和海底地形，是测绘学的一个分支。

大地测量的基本任务是研究全球，建立与时相依的地球参考坐标框架，研究地球形状及其外部重力场的理论与方法，研究描述固体潮、地壳运动等地球动力学问题，研究高精度定位理论与方法。

大地测量学中测定地球的大小，是指测定地球椭球的大小；研究地球形状，是指研究大地水准面的形状；测定地面点的几何位置，是指测定以地球椭球面为参考的地面点的位置。将地面点沿法线方向投影于地球椭球面上，用投影点在椭球面上的大地纬度和大地经度表示该点的水平位置，用地面点至投影点的法线距离表示该点的大地高程。

大地测量确定地球形状及其外部重力场及其随时间的变化，建立统一的大地测量坐标系，研究地壳形变（包括地壳垂直升降及水平位移），测定极移以及海面地形及其变化等。

大地测量工作是为大规模测绘地形图提供地面的水平位置控制网和高程控制网，为用重力勘探地下矿藏提供重力控制点，也为发射人造地球卫星、导弹和各种航天器提供地面站的精确坐标和地球重力场资料。

大地测量学已有300多年的历史。20世纪90年代，美国发展了新一代导航定位系统（GPS），以其廉价、方便、全天候的优势迅速在全球普及，成为大地测量定位的常规技术。

二、地震监测

地震监测是对于某一特定地区地震活动情况的监测。地震监测可归纳为四大方面的内容。

一是测震，专门负责记录地下大大小小破裂引起的震动。现在的地震仪比过去完善多了，采用先进的电子反馈技术和卫星通信技术以及计算机技术，可以宽频带、大动态、高精度、数字化测震。这种地震仪可记录小到1级以下的微震、大到8级以上的巨震，还可以给出完整的地震波形。

二是地震形变监测，专门负责监测地球上板块的运动、断层的移动，尤其是一些重点地震区地下应力应变的微小变化。中国地壳运动观测网络作为第一批国家立项的"九五"国家大型科学工程，是跨行业、多部门联合执行的项目。由中国地震局、国家测绘局和中国科学院三方共同承担。该网络重点分布在我国陆地板块的重要活动带上，以高精度和高稳定性的观测技术获取大范围和时空密集的地壳运动观测数据，为大地震的预报提供关键性依据。

三是地震地球物理场监测，专门负责监测地球的重力场、电场、磁场、应力场、温度场等变化。地震发生在地壳内，地震的能量是由地球岩石层的构造运动、地幔物质的迁移、地核高压高温物质的热运动所提供的。在地震断层发生错动的前后，必然伴随大量的物理场的剧烈变化。

四是地震地下水体的监测，专门负责监测地下水的水位，水中氡等放射性元素的变化。地球深部富含流体（以水为主体），对于地下的各种物理、化学变化和构造运动起很大作用。

地震监测不仅对预防地震、减轻灾害有重要的现实意义，还为研究地球表层自然地理环境变化提供了有效途径和科学依据。

三、气候变化研究

气候变化研究是一个自然科学问题，涉及大气、地质、生物等多个学科，不同的学者以不同的自然学科为出发点，对气候变化的形成机制、作用机制等进行深入研究。

地质特点是研究古代气候的依据。不同地质时代的气候变迁，可以通过这一时期的地质特点间接研究。根据这一地质时代的岩石性质、古老的土壤、地形以及古生物化石，来推断地质时期的气候状况。例如，在某一地区中如发现冰碛石、冰擦痕、漂石等，这就是寒冷时期冰川活动的证明；某地区的灰化土下面埋藏有古红色土，可推知古代那里曾经有过炎热的气候；沙漠地区发现有干涸河谷地形和湖岸线的遗迹，就表示该地是由湿润气候转变为沙漠的；生物化石是说明地质时代气候状况的良好根据，如果有马匹或走禽的化石，表示这里曾是草原气候。

生物对于气候变化的作用，很多研究聚焦于对温室效应的影响。从全球来看，森林估计储存有80%的地上有机碳。植物将光合作用固定的35%—80%的碳输送到地下，保证根、菌根共生体和根分泌物的生产和呼吸。植物根呼吸是陆地碳循环的重要组成部分，也是大气中 CO_2 的重要来源。

《联合国气候变化框架公约》将气候变化定义为："经过相当一段时间的观察，在自然气候变化之外由人类活动直接或间接地改变全球大气组成所导致的气候改变。"这就将因人类活动而改变大气组成的气候变化与归因于自然原因的气候变率区分开来。气候变化主要表现为全球气候变暖、酸雨、臭氧层破坏，其中，全球气候变暖是人类面临的最迫切问题。

第四章　地表覆盖层:自然资源利用调查和监测

第一节　地表覆盖层的相关概念

地表覆盖层是《自然资源调查监测体系构建总体方案》建立的自然资源分层分类模型的第二层,它反映了自然资源在地表的覆盖状况。同土地利用/覆盖变化(land use and cover change, LUCC)研究中的土地覆盖概念相近。土地覆盖是地球表面当前所具有的自然和人为影响所形成的覆盖物,是地球表面的自然状态,如森林、草场、农田、土壤、冰川、湖泊、沼泽湿地及道路等。土地利用是人类在生产活动中为达到一定的经济效益、社会效益和生态效益,对土地资源的开发、经营、使用方式的总称。土地覆盖是随遥感技术发展而出现的新概念,其含义与土地利用相近,只是研究的角度有所不同。土地覆盖侧重于土地的自然属性,土地利用侧重于土地的社会属性,对地表覆盖物(包括已利用和未利用)进行分类。例如,在对林地的划分中,前者根据林地生态环境的不同,将林地分为针叶林地、阔叶林地、针阔混交林地等,以反映林地所处的生境、分布特征及其地带性分布规律和垂直差异;后者从林地的利用目的和利用方向出发,将林地分为用材林地、经济林地、薪炭林地、防护林地等。但两者在许多情况下有共同之处,所以,在开展土地覆盖和土地利用的调查研究工作中,常将两者合并考虑,建立一个统一的分类系统,统称为土地利用/土地覆盖分类体系(如表 4 - 1 所示)。

表 4-1　中国科学院土地利用/覆盖分类体系

一级类型		二级类型		
编号	名称	编号	名称	含义
1	耕地	—	—	指种植农作物的土地，包括熟耕地、新开荒地、休闲地、轮歇地、草田轮作物地；以种植农作物为主的农果、农桑、农林用地；耕种三年以上的滩地和海涂
		11	水田	指有水源保证和灌溉设施，在一般年景能正常灌溉，用以种植水稻、莲藕等水生农作物的耕地，包括实行水稻和旱地作物轮种的耕地
		12	旱地	指无灌溉水源及设施，靠天然降水生长作物的耕地；有水源和浇灌设施，在一般年景下能正常灌溉的旱作物耕地；以种菜为主的耕地；正常轮作的休闲地和轮歇地
2	林地	—	—	指生长乔木、灌木、竹类，以及沿海红树林地等林业用地
		21	有林地	指郁闭度>30%的天然林和人工林，包括用材林、经济林、防护林等成片林地
		22	灌木林	指郁闭度>40%、高度在 2 米以下的矮林地和灌丛林地
		23	疏林地	指林木郁闭度为 10%～30%的林地
		24	其他林地	指未成林造林地、迹地、苗圃及各类园地(果园、桑园、茶园、热作林园等)
3	草地	—	—	指以生长草本植物为主，覆盖度>5%的各类草地，包括以牧为主的灌丛草地和郁闭度<10%的疏林草地
		31	高覆盖度草地	指覆盖度>50%的天然草地、改良草地和割草地，此类草地一般水分条件较好，草被生长茂密
		32	中覆盖度草地	指覆盖度在 20%～50%的天然草地和改良草地，此类草地一般水分不足，草被较稀疏
		33	低覆盖度草地	指覆盖度在 5%～20%的天然草地，此类草地水分缺乏，草被稀疏，牧业利用条件差
4	水域	—	—	指天然陆地水域和水利设施用地
		41	河渠	指天然形成或人工开挖的河流及主干常年水位以下的土地；人工渠包括堤岸

续　表

一级类型		二级类型		
编号	名称	编号	名称	含义
		42	湖泊	指天然形成的积水区常年水位以下的土地
		43	水库坑塘	指人工修建的蓄水区常年水位以下的土地
		44	永久性冰川雪地	指常年被冰川和积雪所覆盖的土地
		45	滩涂	指沿海大潮高潮位与低潮位之间的潮浸地带
		46	滩地	指河、湖水域平水期水位与洪水期水位之间的土地
5	城乡、工矿、居民用地	—	—	指城乡居民点及其以外的工矿、交通等用地
		51	城镇用地	指大、中、小城市及县镇以上建成区用地
		52	农村居民点	指独立于城镇以外的农村居民点
		53	其他建设用地	指厂矿、大型工业区、油田、盐场、采石场等用地以及交通道路、机场及特殊用地
6	未利用土地	—	—	目前还未利用的土地，包括难利用的土地
		61	沙地	指地表为沙覆盖，植被覆盖度＜5%的土地，包括沙漠(除水系中的沙漠外)
		62	戈壁	指地表以碎砾石为主，植被覆盖度＜5%的土地
		63	盐碱地	指地表盐碱聚集，植被稀少，只能生长强耐盐碱植物的土地
		64	沼泽地	指地势平坦低洼，排水不畅，长期潮湿，季节性积水或常年积水，表层生长湿生植物的土地
		65	裸土地	指地表土质覆盖，植被覆盖度＜5%的土地
		66	裸岩石质地	指地表为岩石或石砾，其覆盖面积＞5%的土地
		67	其他	指其他未利用土地，包括高寒荒漠、苔原等
9	海洋	99	海洋	最早的分类系统中没有海洋，因为是在陆地上开展监测；在数据更新中由于填海造陆涉及海洋而补充的新代码

单一的土地利用方式对应某一种土地覆盖类型，而一种土地覆盖类型可能支持多种利用方式，一个土地利用系统也可能有不同的土地覆盖类型共同存在。自然资源调查监测过程中，对于地表覆盖层的覆盖类型划分，可以参考《土地利用现状分类》《地理国情普查内容与指标》以及国土空间规划用途分类等，制定地表覆盖分类标准。地表覆盖数据可以通过遥感影像并结合外业调查快速获取。自然资源部 2023 年 11 月发布的《国土空间调查、规划、用途管制用地用海分类指南》，适用于国土调查、监测、统计、评价，国土空间规划、用途管制、耕地保护、生态修复，土地审批、供应、整治、督察、执法、登记及信息化管理等工作。其作为地表覆盖分类标准比较合适。其中，该分类的用海用地部分采用三级分类体系，共设置 24 个一级类、113 个二级类及 140 个三级类(如表 4－2 所示)。

表 4－2　自然资源部地表覆盖层分类(用地用海分类)

一级类		二级类		三级类	
代码	名称	代码	名称	代码	名称
01	耕地	0101	水田		
		0102	水浇地		
		0103	旱地		
02	园地	0201	果园		
		0202	茶园		
		0203	橡胶园地		
		0204	油料园地		
		0205	其他园地		
03	林地	0301	乔木林地		
		0302	竹林地		
		0303	灌木林地		
		0304	其他林地		
04	草地	0401	天然牧草地		
		0402	人工牧草地		
		0403	其他草地		

续 表

一级类		二级类		三级类	
代码	名称	代码	名称	代码	名称
05	湿地	0501	森林沼泽		
		0502	灌丛沼泽		
		0503	沼泽草地		
		0504	其他沼泽地		
		0505	沿海滩涂		
		0506	内陆滩涂		
		0507	红树林地		
06	农业设施建设用地	0601	农村道路	060101	村道用地
				060102	田间道
		0602	设施农用地	060201	种植设施建设用地
				060202	畜禽养殖设施建设用地
				060203	水产养殖设施建设用地
07	居住用地	0701	城镇住宅用地	070101	一类城镇住宅用地
				070102	二类城镇住宅用地
				070103	三类城镇住宅用地
		0702	城镇社区服务设施用地		
		0703	农村宅基地	070301	一类农村宅基地
				070302	二类农村宅基地
		0704	农村社区服务设施用地		
08	公共管理与公共服务用地	0801	机关团体用地		
		0802	科研用地		

续　表

一级类		二级类		三级类	
代码	名称	代码	名称	代码	名称
		0803	文化用地	080301	图书与展览用地
				080302	文化活动用地
		0804	教育用地	080401	高等教育用地
				080402	中等职业教育用地
				080403	中小学用地
				080404	幼儿园用地
				080405	其他教育用地
		0805	体育用地	080501	体育场馆用地
				080502	体育训练用地
		0806	医疗卫生用地	080601	医院用地
				080602	基层医疗卫生设施用地
				080603	公共卫生用地
		0807	社会福利用地	080701	老年人社会福利用地
				080702	儿童社会福利用地
				080703	残疾人社会福利用地
				080704	其他社会福利用地
09	商业服务业用地	0901	商业用地	090101	零售商业用地
				090102	批发市场用地
				090103	餐饮用地
				090104	旅馆用地
				090105	公用设施营业网点用地
		0902	商务金融用地		
		0903	娱乐用地		

续 表

一级类		二级类		三级类	
代码	名称	代码	名称	代码	名称
		0904	其他商业服务业用地		
10	工矿用地	1001	工业用地	100101	一类工业用地
				100102	二类工业用地
				100103	三类工业用地
		1002	采矿用地		
		1003	盐田		
11	仓储用地	1101	物流仓储用地	110101	一类物流仓储用地
				110102	二类物流仓储用地
				110103	三类物流仓储用地
		1102	储备库用地		
12	交通运输用地	1201	铁路用地		
		1202	公路用地		
		1203	机场用地		
		1204	港口码头用地		
		1205	管道运输用地		
		1206	城市轨道交通用地		
		1207	城镇村道路用地		
		1208	交通场站用地	120801	对外交通场站用地
				120802	公共交通场站用地
				120803	社会停车场用地
		1209	其他交通设施用地		
13	公用设施用地	1301	供水用地		
		1302	排水用地		
		1303	供电用地		

续 表

一级类		二级类		三级类	
代码	名称	代码	名称	代码	名称
		1304	供燃气用地		
		1305	供热用地		
		1306	通信用地		
		1307	邮政用地		
		1308	广播电视设施用地		
		1309	环卫用地		
		1310	消防用地		
		1311	水工设施用地		
		1312	其他公用设施用地		
14	绿地与开敞空间用地	1401	公园绿地		
		1402	防护绿地		
		1403	广场用地		
15	特殊用地	1501	军事设施用地		
		1502	使领馆用地		
		1503	宗教用地		
		1504	文物古迹用地		
		1505	监教场所用地		
		1506	殡葬用地		
		1507	其他特殊用地		
16	留白用地				
17	陆地水域	1701	河流水面		
		1702	湖泊水面		
		1703	水库水面		
		1704	坑塘水面		
		1705	沟渠		

续 表

一级类		二级类		三级类	
代码	名称	代码	名称	代码	名称
		1706	冰川及常年积雪		
18	渔业用海	1801	渔业基础设施用海		
		1802	增养殖用海		
		1803	捕捞海域		
		1804	农林牧业用岛		
19	工矿通信用海	1901	工业用海		
		1902	盐田用海		
		1903	固体矿产用海		
		1904	油气用海		
		1905	可再生能源用海		
		1906	海底电缆管道用海		
20	交通运输用海	2001	港口用海		
		2002	航运用海		
		2003	路桥隧道用海		
		2004	机场用海		
		2005	其他交通运输用海		
21	游憩用海	2101	风景旅游用海		
		2102	文体休闲娱乐用海		
22	特殊用海	2201	军事用海		
		2202	科研教育用海		
		2203	海洋保护修复及海岸防护工程用海		
		2204	排污倾倒用海		
		2205	水下文物保护用海		
		2206	其他特殊用海		

续　表

一级类		二级类		三级类	
代码	名称	代码	名称	代码	名称
23	其他土地	2301	空闲地		
		2302	后备耕地		
		2303	田坎		
		2304	盐碱地		
		2305	沙地		
		2306	裸土地		
		2307	裸岩石砾地		
24	其他海域				

资料来源：《自然资源部关于印发〈国土空间调查、规划、用途管制用地用海分类指南〉的通知》（自然资发〔2023〕234 号），2023 年 11 月 22 日发布。
注：无三级地类的，记录到二级地类。

地表覆盖层从广义上讲包括陆地和海洋。地表覆盖层中的自然资源，包括土地、森林、草原、水（地下水除外）、湿地、海域海岛等。

地表覆盖层调查和监测的核心是土地资源利用调查。土地资源是指已经被人类所利用和可预见的未来能被人类利用的土地。土地是人类和生物的生存空间，万物土中生，是“财富之母”。土地是农业的劳动对象和基本生产资料。对于工业发展和城市建设而言，土地的区位和地基承载力是主要的。森林资源、草原资源、湿地资源和水资源占有的地表空间实际上也是土地，是土地资源的一种类型。

把水资源单独划分出来主要是突出水的利用功能，水是土地的重要组成要素，是植物光合作用的基本原料，是人类生产与生活中不可缺少的物质。水是地表分布最为广泛的自然溶剂，是地球物质和能量迁移与转化的重要媒介，是天气云雨变幻的根源，是自然环境重要的外营力。水不仅广泛地应用于农业、工业和生活，还用于发电、水运、水产、旅游和环境改造等，是被人类在生产和生活活动中广泛利用的资源。

把森林资源、草原资源、湿地资源单独划分出来，主要是为了突出其生物资源特性和更加好地展现其自然资源的生态功能。

森林资源包括森林、林木、林地以及依托森林、林木、林地生存的野生动物、植物和微生物。森林资源是地球上最重要的资源之一，是生物多样化的基础，它不仅能够为生产和生活提供多种宝贵的木材和原材料，能够为人类经济生活提供多种物品，更重要的是能够调节气候、保持水土、防止和减轻旱涝、风沙、冰雹等自然灾害，具备净化空气、消除噪声等功能。同时，森林还是天然的动植物园，哺育着各种飞禽走兽和生长着多种珍贵林木和药材。森林可以更新，属于可再生的自然资源，也是一种无形的环境资源和潜在的绿色能源。反映森林资源数量的主要指标是森林面积和森林蓄积量。森林资源调查监测是在地表覆盖的基础上，根据森林结构、林分特征等，从生态功能的角度，进一步描述其资源量指标，如森林蓄积量。天然森林资源主要分布在陆地上的气候湿润区域和干旱区域山地降水丰沛的山腰地带。

草原资源是草原、草山及其他一切草类资源的总称，包括野生草类和人工种植的草类，其实体是草本植物，是一种生物资源。天然草原的分布受到海陆分布带来干湿差异的控制，在半湿润地区为森林草原，在半干旱地区为草原，在干旱地区为荒漠草原。

湿地是指濒临江、河、湖、海或位于内陆，并长期受水浸泡的洼地、沼泽和滩涂。湿地的水位接近或处于地表面，或有浅层积水，且处于自然状态。湿地具有强大的物质生产功能，蕴藏了丰富的动植物资源。湿地覆盖地球陆地表面仅6%的区域，却蕴藏着地球上40%的已知物种。湿地是重要的生物遗传基因库，具有极为丰富的生物多样性。

海洋资源是相对于土地资源而言的。海洋是地球上最广阔的水体的总称。海洋的中心部分称作洋，边缘部分称作海，彼此沟通组成统一的水体。国家主张管辖范围层面上的海域，既包括《海域使用管理法》《物权法》所调整的内水、领海海域，也包括专属经济区和大陆架。

第二节　土地资源（国土）调查

土地调查是我国法定的一项重要制度，是全面查实查清土地资源的重要手段。地表覆盖层调查的核心工作是进行土地资源利用现状调查。

我国的土地调查，过去主要是进行土地利用现状调查。土地利用现状是自然客观条件和人类社会经济活动综合作用的结果。它的形成与演变过程在受到地理自然因素制约的同时，也受到人类改造利用行为的影响。不同的社会经济环境和不同的社会需求以及不同的生产科技和经营管理水平，不断地改变并形成新的利用现状。土地利用现状调查是指以一定的行政区域或自然区域（或流域）为单位，查清区域内各种土地利用类型面积、分布和利用状况，并自下而上地逐级汇总为省级、全国的土地总面积及土地利用分类面积而进行的调查。

我国先后完成了三次全国土地调查。根据机构设置、人员变动情况和工作需要，国务院决定，第三次全国土地调查调整为第三次全国国土调查。

一、国土调查的目标和任务

第三次全国国土调查的主要目标是：在第二次全国土地调查成果的基础上，全面细化和完善全国土地利用基础数据，掌握翔实准确的全国国土利用现状和自然资源变化情况，进一步完善国土调查、监测和统计制度，实现成果信息化管理与共享，满足生态文明建设、空间规划编制、供给侧结构性改革、宏观调控、自然资源管理体制改革和统一确权登记、国土空间用途管制、国土空间生态修复、空间治理能力现代化和国土空间规划体系建设等各项工作的需要。

第三次全国国土调查的主要任务是：按照国家统一标准，在全国范围内利用遥感、测绘、地理信息、互联网等技术，统筹利用现有资料，以数字正射影像图（Digital Orthophoto Map, DOM）为基础，实地调查土地的地类、面积和权属，全面掌握全国耕地、种植园、林地、草地、湿地、商业服务业、工矿、住宅、公共管理与公共服务、交通运输、水域及水利设施用地等地类分布及利用状况；细化耕地调查，全面掌握耕地数量、质量、分布和构成；开展低效闲置土地调查，全面摸清城镇及开发区范围内的土地利用状况；同步推进相关自然资源专业调查，整合相关自然资源专业信息；建立互联共享的覆盖国家、省、地、县四级的集影像、地类、范围、面积、权属和相关自然资源信息为一体的国土调查数据库，完善各级互联共享的网络化管理系统；健全国土及森林、草原、水、湿地等自然资源变化信息的调查、统计和全天候、全覆盖遥感监测与快速更新机制。

《第三次全国国土调查技术规程》（TD/T 1055－2019）作为推荐性行业标准，通过全国国土资源标准化技术委员会的审查，由自然资源部正式对外发布，于

2019 年 2 月 1 日起实施。它明确了第三次全国国土调查的总体原则与要求、遥感正射影像图制作及内业信息提取、土地权属调查、农村土地利用现状调查、城镇村庄内部土地利用现状调查、专项调查、数据库建设、统计汇总、成果核查及数据库质量检查、统一时点更新、成果检查及资料归档等各环节的方法和技术路线。

二、国土调查的工作分类

第三次全国国土调查以县级行政辖区为基本调查单位。在土地分类上，采用《第三次全国国土调查工作分类》，对《土地利用现状分类》(2017)中的部分地类做了归并或细化(如表 4-3 所示)。

《第三次全国国土调查工作分类》主要调整的地类有以下七类。

(1) 修改一级类园地(02)为种植园用地。修改一级类商服用地(05)为商业服务业用地；新增二级类物流仓储用地(0508)。修改一级类工矿仓储用地(06)为工矿用地。

(2) 对于因农业结构调整导致耕地变更为园地、林地、草地以及坑塘水面等农用地，且耕作层未破坏的，可认定为可调整地类，用“K”标识区分。共有八类，包括可调整果园、可调整茶园、可调整橡胶园、可调整其他园地、可调整有林地、可调整其他林地、可调整人工牧草地和可调整养殖坑塘等。

(3) 对设施农用地的含义进行细化，包括设施畜禽养殖用地、设施种植用地、设施水产养殖用地、辅助生产设施用地、临时存放场所、晾晒场和其他设施农用地。

(4) 对部分二级类进行特殊标识，用“A”表示。例如，科教文卫用地(08H2)中区分出高教用地(08H2A)；公园与绿地(0810)中区分出广场用地(0810A)；坑塘水面(1104)中区分出养殖坑塘(1104A)；沟渠(1107)中区分出干渠(1107A)。

(5) 为满足生态建设、与湿地分类相衔接的需求，归并出湿地(参见表 4-4)，指红树林地以及天然的或人工的、永久的或间歇性的沼泽地、泥炭地，盐田，滩涂等。主要包括红树林地(0303)、森林沼泽(0304)、灌丛沼泽(0306)、沼泽草地(0402)、盐田(0603)、沿海滩涂(1105)、内陆滩涂(1106)、沼泽地(1108)。

(6) 为满足土地利用总体规划的需求，可以将建设用地归并为城镇村和工矿用地(参见表 4-5)。

(7) 为了满足土地用途管制的需要，将各种地类归并为农用地、建设用地和未利用地(参见表 4-6)。

表 4-3　第三次全国国土调查工作分类和编码

<table>
<tr><th colspan="2">一级类</th><th colspan="2">二级类</th><th colspan="3" rowspan="2">含　义</th></tr>
<tr><th>编码</th><th>名称</th><th>编码</th><th>名称</th></tr>
<tr><td rowspan="4">01</td><td rowspan="4">耕地</td><td>—</td><td>—</td><td colspan="3">指种植农作物的土地，包括熟地、新开发、复垦和整理地、休闲地（含轮歇地、休耕地）；以种植农作物（含蔬菜）为主，间有零星果树、桑树或其他树木的土地；平均每年能保证收获一季的已垦滩地和海涂。耕地中包括南方宽度<1.0 米、北方宽度<2.0 米固定的沟、渠、路和地坎（埂）；临时种植药材、草皮、花卉、苗木等的耕地，临时种植果树、茶树和林木且耕作层未破坏的耕地，以及其他临时改变用途的耕地</td></tr>
<tr><td>0101</td><td>水田</td><td colspan="3">指用于种植水稻、莲藕等水生农作物的耕地，包括实行水生、旱生农作物轮种的耕地</td></tr>
<tr><td>0102</td><td>水浇地</td><td colspan="3">指有水源保证和灌溉设施，在一般年景能正常灌溉，种植旱生农作物（含蔬菜）的耕地，包括种植蔬菜的非工厂化的大棚用地</td></tr>
<tr><td>0103</td><td>旱地</td><td colspan="3">指无灌溉设施，主要靠天然降水种植旱生农作物的耕地，包括没有灌溉设施，仅靠引洪淤灌的耕地</td></tr>
<tr><td rowspan="6">02</td><td rowspan="6">种植园用地</td><td>—</td><td>—</td><td colspan="3">指种植以采集果、叶、根、茎、汁等为主的集约经营的多年生木本和草本作物，覆盖度>50%或每亩株数大于合理株数 70%的土地，包括用于育苗的土地</td></tr>
<tr><td rowspan="2">0201</td><td rowspan="2">果园</td><td colspan="3">指种植果树的园地</td></tr>
<tr><td>0201K</td><td>可调整果园</td><td>指由耕地改为果园，但耕作层未被破坏的土地</td></tr>
<tr><td rowspan="2">0202</td><td rowspan="2">茶园</td><td colspan="3">指种植茶树的园地</td></tr>
<tr><td>0202K</td><td>可调整茶园</td><td>指由耕地改为茶园，但耕作层未被破坏的土地</td></tr>
<tr><td>0203</td><td>橡胶园</td><td colspan="3">指种植橡胶树的园地</td></tr>
</table>

续 表

一级类		二级类		含义		
编码	名称	编码	名称			
				0203K	可调整橡胶园	指由耕地改为橡胶园，但耕作层未被破坏的土地
		0204	其他园地	指种植桑树、可可、咖啡、油棕、胡椒、药材等其他多年生作物的园地		
				0204K	可调整其他园地	指由耕地改为其他园地，但耕作层未被破坏的土地
03	林地	—	—	指生长乔木、竹类、灌木的土地。包括迹地，不包括沿海生长红树林的土地、森林沼泽、灌丛沼泽，城镇、村庄范围内的绿化林木用地和铁路、公路征地范围内的林木，以及河流、沟渠的护堤林		
		0301	乔木林地	指乔木郁闭度≥0.2的林地。不包括森林沼泽		
				0301K	可调整乔木林地	指由耕地改为乔木林地，但耕作层未被破坏的土地
		0302	竹林地	指生长竹类植物，郁闭度≥0.2的林地		
				0302K	可调整竹林地	指由耕地改为竹林地，但耕作层未被破坏的土地
		0305	灌木林地	指灌木覆盖度≥40%的林地。不包括灌丛沼泽		
		0307	其他林地	包括疏林地（树木郁闭度≥0.1、<0.2的林地）、未成林地、迹地、苗圃等林地		
				0307K	可调整其他林地	指由耕地改为未成林造林地和苗圃，但耕作层未被破坏的土地
04	草地	—	—	指以生长草本植物为主的土地		
		0401	天然牧草地	指以天然草本植物为主，用于放牧或割草的草地。包括实施禁牧措施的草地，不包括沼泽草地		

续　表

一级类		二级类		含　义		
编码	名称	编码	名称			
		0403	人工牧草地	指人工种植牧草的草地		
				0403K	可调整人工草地	指由耕地改为人工草地，但耕作层未被破坏的土地
		0404	其他草地	指树木郁闭度<0.1，表层为土质，不用于放牧的草地		
05	商业服务业用地	—	—	指主要用于商业、服务业的土地		
		05H1	商业服务业设施用地	指主要用于零售、批发、餐饮、旅馆、商务金融、娱乐及其他商服的土地		
		0508	物流仓储用地	指用于物资储备、中转、配送等场所的用地。包括物流仓储设施、配送中心、转运中心等		
06	工矿用地	—	—	指主要用于工业生产、物资存放场所的土地。不包括盐田		
		0601	工业用地	指工业生产、产品加工制造、机械和设备修理及直接为工业生产等服务的附属设施用地		
		0602	采矿用地	指采矿、采石、采砂（沙）场和砖瓦窑等地面生产用地，排土（石）及尾矿堆放地，不包括盐田		
07	住宅用地	—	—	指主要用于人们生活居住的房基地及其附属设施的土地		
		0701	城镇住宅用地	指城镇用于生活居住的各类房屋用地及其附属设施用地，不含配套的商业服务设施等用地		
		0702	农村宅基地	指农村用于生活居住的宅基地		

续 表

一级类编码	一级类名称	二级类编码	二级类名称	含义
08	公共管理与公共服务用地	—	—	指用于机关团体、新闻出版、科教文卫、公用设施等的土地
		08H1	机关团体新闻出版用地	指用于党政机关、社会团体、群众自治组织等的用地；用于广播电台、电视台、电影厂、报社、杂志社、通讯社、出版社等的用地
		08H2	科教文卫用地	指用于教育、科研、医疗卫生、社会福利、文化设施和体育等的用地
				0803A 高教用地 指高等院校及其附属设施用地
		0809	公用设施用地	指用于城乡基础设施的用地。包括供水、排水、污水处理、供电、供热、供气、邮政、电信、消防、环卫、公用设施维修等用地
		0810	公园与绿地	指城镇、村庄范围内的公园、动物园、植物园、街心花园、广场和用于休憩、美化环境及防护的绿化用地
				0810A 广场用地 指城镇、村庄范围内的广场用地
09	特殊用地	—	—	指用于军事设施、涉外、宗教、监教、殡葬、风景名胜等的土地
10	交通运输用地	—	—	指用于运输通行的地面线路、场站等的土地，包括民用机场、汽车客货运场站、港口、码头、地面运输管道和各种道路以及轨道交通用地
		1001	铁路用地	指用于铁道线路及场站的用地。包括征地范围内的路堤、路堑、道沟、桥梁、林木等用地
		1002	轨道交通用地	指用于轻轨、现代有轨电车、单轨等轨道交通用地以及场站的用地
		1003	公路用地	指用于国道、省道、县道和乡道的用地，包括征地范围内的路堤、路堑、道沟、桥梁、汽车停靠站、林木及直接为其服务的附属用地

续　表

一级类		二级类		含　义
编码	名称	编码	名称	
		1004	城镇村道路用地	指城镇、村庄范围内公用道路及行道树用地，包括快速路、主干路、次干路、支路、专用人行道和非机动车道及其交叉口等
		1005	交通服务场站用地	指城镇、村庄范围内的交通服务设施用地，包括公交枢纽及其附属设施用地、公路长途客运站、公共交通场站、公共停车场(含设有充电桩的停车场)、停车楼、教练场等用地，不包括交通指挥中心、交通队用地
		1006	农村道路	在农村范围内，南方宽度≥1.0米、≤8.0米，北方宽度≥2.0米、≤8.0米，用于村间、田间交通运输，并在国家公路网络体系之外，以服务于农村农业生产为主要用途的道路(含机耕道)
		1007	机场用地	指用于民用机场、军民合用机场的用地
		1008	港口码头用地	指用于人工修建的客运、货运、捕捞及工程、工作船舶停靠的场所及其附属建筑物的用地，不包括常水位以下部分
		1009	管道运输用地	指用于运输煤炭、矿石、石油、天然气等管道及其相应附属设施的地上部分用地
11	水域及水利设施用地	—	—	指陆地水域，滩涂、沟渠、沼泽、水工建筑物等用地，不包括滞洪区和已垦滩涂中的耕地、园地、林地、城镇、村庄、道路等用地
		1101	河流水面	指天然形成或人工开挖河流常水位岸线之间的水面，不包括被堤坝拦截后形成的水库区段水面
		1102	湖泊水面	指天然形成的积水区常水位岸线所围成的水面
		1103	水库水面	指人工拦截汇集而成的总设计库容≥10万立方米的水库正常蓄水位岸线所围成的水面

续　表

<table>
<tr><th colspan="2">一级类</th><th colspan="2">二级类</th><th colspan="5" rowspan="2">含　义</th></tr>
<tr><th>编码</th><th>名称</th><th>编码</th><th>名称</th></tr>
<tr><td rowspan="11"></td><td rowspan="11"></td><td rowspan="3">1104</td><td rowspan="3">坑塘水面</td><td colspan="5">指人工开挖或天然形成的蓄水量<10 万立方米的坑塘常水位岸线所围成的水面</td></tr>
<tr><td>1104A</td><td>养殖坑塘</td><td colspan="3">指人工开挖或天然形成的用于水产养殖的水面及相应的附属设施用地</td></tr>
<tr><td>—</td><td>—</td><td>1104K</td><td>可调整养殖坑塘</td><td>指由耕地改为养殖坑塘，但可复耕的土地</td></tr>
<tr><td>1105</td><td>沿海滩涂</td><td colspan="5">指沿海大潮高潮位与低潮位之间的潮浸地带，包括海岛的沿海滩涂，不包括已利用的滩涂</td></tr>
<tr><td>1106</td><td>内陆滩涂</td><td colspan="5">指河流、湖泊常水位至洪水位间的滩地；时令湖、河洪水位以下的滩地；水库、坑塘的正常蓄水位与洪水位间的滩地；包括海岛的内陆滩地，不包括已利用的滩地</td></tr>
<tr><td rowspan="2">1107</td><td rowspan="2">沟渠</td><td colspan="5">指人工修建，南方宽度≥1.0 米、北方宽度≥2.0 米，用于引、排、灌的渠道，包括渠槽、渠堤、护堤林及小型泵站</td></tr>
<tr><td>1107A</td><td>干渠</td><td colspan="3">指除农田水利用地以外的人工修建的沟渠</td></tr>
<tr><td>1108</td><td>沼泽地</td><td colspan="5">指经常积水或渍水，一般生长湿生植物的土地，包括草本沼泽、苔藓沼泽、内陆盐沼等，不包括森林沼泽、灌丛沼泽和沼泽草地</td></tr>
<tr><td>1109</td><td>水工建筑用地</td><td colspan="5">指人工修建的闸、坝、堤路林、水电厂房、扬水站等常水位岸线以上的建(构)筑物用地</td></tr>
<tr><td>1110</td><td>冰川及永久积雪</td><td colspan="5">指表层被冰雪常年覆盖的土地</td></tr>
</table>

续　表

一级类		二级类		含　义
编码	名称	编码	名称	
12	其他土地	—	—	指上述地类以外的其他类型的土地
		1201	空闲地	指城镇、村庄、工矿范围内尚未使用的土地，包括尚未确定用途的土地
		1202	设施农用地	指直接用于经营性畜禽养殖生产设施及附属设施用地；直接用于作物栽培或水产养殖等农产品生产的设施及附属设施用地；直接用于设施农业项目辅助生产的设施用地；晾晒场、粮食果品烘干设施、粮食和农资临时存放场所、大型农机具临时存放场所等规模化粮食生产所必需的配套设施用地
		1203	田坎	指梯田及梯状坡地耕地中，主要用于拦蓄水和护坡、南方宽度≥1.0米、北方宽度≥2.0米的地坎
		1204	盐碱地	指表层盐碱聚集，生长天然耐盐植物的土地
		1205	沙地	指表层为沙覆盖、基本无植被的土地。不包括滩涂中的沙地
		1206	裸土地	指表层为土质，基本无植被覆盖的土地
		1207	裸岩石砾地	指表层为岩石或石砾，其覆盖面积≥70%的土地

资料来源：《第三次全国国土调查技术规程》(TD/T 1055－2019)。

表 4-4　第三次全国国土调查湿地分类和编码

一级类		二级类		含　　义
编码	名称	编码	名称	
00	湿地	—	—	指红树林地以及天然的或人工的、永久的或间歇性的沼泽地、泥炭地，盐田，滩涂等
		0303	红树林地	沿海生长红树植物的土地
		0304	森林沼泽	以乔木森林植物为优势群落的淡水沼泽
		0306	灌丛沼泽	以灌丛植物为优势群落的淡水沼泽
		0402	沼泽草地	指以天然草本植物为主的沼泽化的低地草甸、高寒草甸
		0603	盐田	指用于生产盐的土地。包括晒盐场所、盐池及附属设施用地
		1105	沿海滩涂	指沿海大潮高潮位与低潮位之间的潮浸地带。包括海岛的沿海滩涂，不包括已利用的滩涂
		1106	内陆滩涂	指河流、湖泊常水位至洪水位间的滩地；时令湖、河洪水位以下的滩地；水库、坑塘的正常蓄水位与洪水位间的滩地。包括海岛的内陆滩地，不包括已利用的滩地
		1108	沼泽地	指经常积水或渍水，一般生长湿生植物的土地。包括草本沼泽、苔藓沼泽、内陆盐沼等，不包括森林沼泽、灌丛沼泽和沼泽草地

资料来源：《第三次全国国土调查技术规程》(TD/T 1055-2019)。

表 4-5　城镇村和工矿用地的内涵及细分

<table>
<tr><th colspan="2">一级类</th><th colspan="2">二级类</th><th colspan="3" rowspan="2">含　　义</th></tr>
<tr><th>编码</th><th>名称</th><th>编码</th><th>名称</th></tr>
<tr><td rowspan="3">20</td><td rowspan="3">城镇村及工矿用地</td><td>—</td><td>—</td><td colspan="3">指城乡居民点、独立居民点及居民点以外的工矿、国防、名胜古迹等企事业单位用地，包括其内部交通、绿化用地</td></tr>
<tr><td>201</td><td>城市</td><td colspan="3">即城市居民点，指市区政府、县级市政府所在地(镇级)辖区内的，以及与城市连片的商业服务业、住宅、工业、机关、学校等用地。包括其所属的、不与其连成片的开发区、新区等建成区，及城市居民点范围内的其他各类用地(含城中村)</td></tr>
<tr><td></td><td></td><td>201A</td><td>城市独立工业用地</td><td>城市辖区内独立的工业用地</td></tr>
</table>

续　表

<table>
<tr><th colspan="2">一级类</th><th colspan="2">二级类</th><th colspan="3" rowspan="2">含　义</th></tr>
<tr><th>编码</th><th>名称</th><th>编码</th><th>名称</th></tr>
<tr><td rowspan="8"></td><td rowspan="8"></td><td rowspan="2">202</td><td rowspan="2">建制镇</td><td colspan="3">即建制镇居民点，指建制镇辖区内的商业服务业、住宅、工业、学校等用地。包括其所属的，不与其连片的开发区、新区等建成区，及建制镇居民点范围内的其他各类用地（含城中村），不包括乡政府所在地</td></tr>
<tr><td>202A</td><td>建制镇独立工业用地</td><td>建制镇辖区内独立的工业用地</td></tr>
<tr><td rowspan="2">203</td><td rowspan="2">村庄</td><td colspan="3">即农村居民点，指乡村所属的商业服务业、住宅、工业、学校等用地。包括农村居民点范围内的其他各类用地</td></tr>
<tr><td>203A</td><td>村庄独立工业用地</td><td>村庄所属独立的工业用地</td></tr>
<tr><td>204</td><td>盐田及采矿用地</td><td colspan="3">指城镇村庄用地以外的采矿、采石、采砂（沙）场，盐田，砖瓦窑等地面生产用地及尾矿堆放地</td></tr>
<tr><td>205</td><td>特殊用地</td><td colspan="3">指城镇村庄用地以外的用于军事设施、涉外、宗教、监教、殡葬、风景名胜等的土地</td></tr>
</table>

资料来源：《第三次全国国土调查技术规程》（TD/T 1055－2019）。

注：对《第三次全国国土调查工作分类》中 05、06、07、08、09 一级类，0603、1004、1005、1201 二级类，以及城镇村庄范围内的其他各类用地按表 4－5 进行归并。

表 4－6　土地利用三大类和土地利用现状分类对照

三大地类	土地利用现状分类		三大地类	土地利用现状分类	
	类型编码	类型名称		类型编码	类型名称
农用地	0101	水田	农用地	0302	竹林地
	0102	水浇地		0303	红树林地
	0103	旱地		0304	森林沼泽
	0201	果地		0305	灌木林地
	0202	茶园		0306	灌丛沼泽
	0203	橡胶园		0307	其他林地
	0204	其他园地		0401	天然牧草地
	0301	乔木林地		0402	沼泽草地

续 表

三大地类	土地利用现状分类		三大地类	土地利用现状分类	
	类型编码	类型名称		类型编码	类型名称
农用地	0403	人工牧草地	建设用地	1002	轻轨交通用地
	1006	农村道路		1003	公路用地
	1103	水库水面		1004	城镇村道路用地
	1104	坑塘水面		1005	交通服务场站用地
	1107	沟渠		1007	机场用地
	1202	设施农用地		1008	港口码头用地
	1203	田坎		1009	管道运输用地
建设用地	05H1	商业服务业设施用地		1109	水工建筑用地
	0508	物流仓储用地		1201	空闲地
	0601	工业用地	未利用地	404	其他草地
	0602	采矿用地		1101	河流水面
	0603	盐田		1102	湖泊水面
	0701	城镇住宅用地		1105	沿海滩涂
	0702	农村宅基地		1106	内陆滩涂
	08H1	机关团体新闻出版用地		1108	沼泽地
	08H2	科教文卫用地		1110	冰川及永久积雪
	0809	公共设施用地		1204	盐碱地
	0810	公园与绿地		1205	沙地
	09	特殊用地		1206	裸土地
	1001	铁路用地		1207	裸岩石砾地

资料来源:《第三次全国国土调查技术规程》(TD/T 1055 - 2019)。

三、国土调查的工作准备

第三次全国国土调查采用的流程是:国家统一制作调查底图、内业判读地类；地方实地调查、地类在线举证；国家核查验收、统一分发成果。国务院第三次全国国土调查领导小组办公室（简称全国三调办）对年度土地变更调查界线进行坐标转换和界线更新，制作标准分幅数字化的国界线、省级行政区域调查界线及沿海零米线、岛屿界线图，作为省级调查控制界线，并制作全国及分省《图幅理论面积与控制面积接合图表》，计算各省级调查区域的控制面积，提供给各省（自治区、直辖市）使用。县级调查区域内，分区采用不同比例尺调查的，由省（自治区、直辖市）提前统一组织将不同比例尺及相应的图幅号上报全国三调办。全国三调办将依据所报比例尺计算该省（自治区、直辖市）的控制面积。

省级土地调查办依据国家下发的省级控制界线和控制面积制作数字化县级调查界线图，并制作全省及分县《图幅理论面积与控制面积接合图表》，计算各县级调查区域的控制面积。沿海省陆地与岛屿《图幅理论面积与控制面积接合图表》需分别编制，陆地与岛屿面积分别控制，辖区总面积（控制面积）等于陆地总面积加岛屿面积之和。

全国三调办组织统一采购 2017 年 7 月 1 日至 2018 年 8 月 31 日优于 1 米分辨率覆盖全国的遥感影像制作 DOM。各地可自行采购更高分辨率的遥感影像制作 DOM，辅助开展实地调查，并将 DOM 成果汇交至全国三调办。地方国土调查办公室可结合相关资料和工作需要，在全国三调办制作的调查底图的基础上，进一步开展细化提取工作，进一步丰富调查底图的内容。

全国国土调查制图在数学基础上，采用“2000 国家大地坐标系”及“1985 国家高程基准”，投影方式采用高斯-克吕格投影。在调查精度上，农村土地利用现状调查采用优于 1 米分辨率覆盖全国的遥感影像资料，城镇内部土地利用现状调查采用优于 0.2 米分辨率的航空遥感影像资料。在最小上图图斑面积上，建设用地和设施农用地实地面积为 200 平方米；农用地（不含设施农用地）实地面积为 400 平方米；其他地类实地面积为 600 平方米，荒漠地区可适当减低精度，但不应低于 1 500 平方米。农村土地利用现状调查、城镇村庄内部土地利用现状调查各比例尺标准分幅及编号，应执行《国家基本比例尺地形图分幅和编号》（GB/T 13989－2012）标准，分幅采用国际 1∶100 万的地图分幅标准，各比例尺标准分幅图均按规定的经差和纬差划分，采用经、纬度分幅。图幅编号均以 1∶100 万地形图编号为基础采用行列编号方法。1∶2 000、1∶5 000、1∶10 000 比例尺标准分幅图或数据按 3°分带。

全国三调办在最新DOM、矢量图斑和参考地类信息基础上制作调查底图，下发地方开展调查工作。DOM制作对于遥感数据选取的要求如下：第一，光学数据单景云雪量一般不应超过10%（特殊情况不应超过20%），且云雪不能覆盖重点调查区域；第二，成像侧视角一般小于15°，最大不得超过25°，山区不超过20°；第三，调查区内不出现明显的噪声和缺行；第四，灰度范围总体呈正态分布，无灰度值突变现象；第五，相邻景影像间的重叠范围不得少于整景的2%。基于数码相机航空摄影时：DOM比例尺1∶500，数码相机像素地面分辨率≤0.05米；DOM比例尺1∶2000，数码相机像素地面分辨率≤0.2米；DOM比例尺1∶10000，数码相机像素地面分辨率≤0.8米。采用航天遥感数据制作DOM时：DOM比例尺1∶2000，数据空间分辨率≤0.5米；DOM比例尺1∶5000，数据空间分辨率≤1米；DOM比例尺1∶10000，数据空间分辨率≤2.5米。

省级第三次国土调查领导小组办公室（简称省三调办）统一组织建设全省初始库。初始库建设是指工作底图制作前，充分利用1∶2000基础数据、国家下发的最新遥感影像及2017年度土地利用变更调查等已有成果，内业采集土地利用图斑界线，预判图斑地类，标注疑问图斑和外业举证图斑，形成土地利用初始数据库。初始库是工作底图、外业调查及最终国土调查数据库建设的重要基础。初始库所有的图斑均为外业图斑，内业能清晰判读的为外业概查图斑。初始库地类预判的同时，对影像无法明确判读地类的，标注为疑问图斑，并结合国家下发的不一致图斑，套合国家下发的影像标注为外业举证图斑。初始库下发包括辅助图层、基础数据以及初始库成果。辅助图层包括标准地名录数据、国家下发的监管平台备案数据、临时用地、农村集体土地所有权确权登记发证成果。基础数据包括1∶2000数字线划地图（digital line graphic, DLG）①中的水系面、道路线、房屋面、植被面4个图层。初始库成果有地类图斑层、行政区图层以及初始库面积对比统计表和地类变化分析报告。

县级工作底图是在初始库的基础上进一步细化和补充（如表4-7所示）。各个县（市、区）以省级下发的初始库为基础，结合本地实际和专项调查需要，收集并叠加相关资料，进行内业套合分析、土地权属界线上图、细化标注、专项标

---

① 数字线划地图是现有地形图上基础地理要素分层存储的矢量数据集。

注后，制作以建制村（社区）为单位的野外核查工作底图。工作底图为外业调查提供依据，它是县级第三次国土外业调查的主要载体，也是全野外调查和全员参与的基础。外业调查底图有两种形式，可以导出电子底图用于平板电脑调查，也可输出打印纸质底图实地调查，再结合 App 进行野外“互联网+”举证。

表 4-7 工作底图与初始库的联系

项目	初始库	工作底图
参考资料	省级统一下发	地方收集
土地权属	未进行处理	把农村集体土地确权登记数据库中确定的权属界线上图及调整
属性标注	标注坑塘耕种属性	预标注耕地种植属性以及各细化标注
内部细化	划定城镇村庄外围界线	对城镇村庄内部土地利用最新现状进行内部细化和勾绘，预标现状地类

国土调查工作底图制作技术路线如图 4-1 所示，主要包括七个环节。

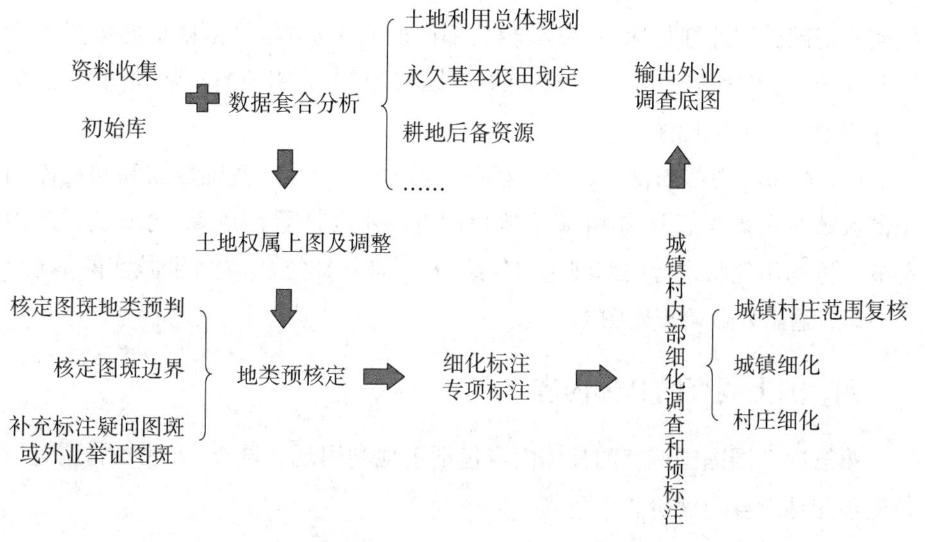

图 4-1 国土调查工作底图制作技术路线

(1) 资料收集。收集自然资源管理相关数据资料，包括土地调查、土地权属、基础地理、国情普查、城乡规划、永久基本农田划定等资料，以及农业、林业、交通、水利、民政、环保等相关部门的现有调查成果。进行数据格式转换、坐标系统转换等套合预处理工作。

(2) 数据套合分析。结合各部门的资料及国土部门的土地利用总体规划、永久基本农田划定、耕地后备资源等调查成果，进行数据套合分析，补充标注疑问图斑或外业举证图斑。

(3) 土地权属上图及调整。套合集体土地所有权村级以及村级以上的界线，逐条进行核实，对定位精度存在偏差的权属界线按照土地权属界线协议书进行细微调整，对界线错误或发生变化的进行标注登记，待外业开展核查和确权。

(4) 地类预核定。进一步核定图斑边界和地类预判的准确性，对初始库地类预核定存在疑问的或原调查错误需纠正的地类，补充标注疑问图斑或外业举证图斑。

(5) 细化标注、专项标注。包括耕地种植属性预标注，结合国家下发的不一致图斑以及国家下发的影像，根据影像纹理特征预判耕地种植属性，作为外业核实的基础。耕地细化标注，参考相关部门的有关资料，根据耕地的位置和立地条件，开展细化调查，并标注相应的属性。按照工业用地的实际利用状况，对工业用地进行细化标注。

(6) 城镇村内部细化调查和预标注。根据 1∶2 000 基础数据和初始库划定的城镇村庄调查范围，结合城镇地籍调查和不动产登记成果，对城镇村庄内部的土地利用现状进行内部细化和勾绘，预标现状地类，作为外业核实的基础。

(7) 输出外业调查底图。

四、国土调查的具体内容

第三次全国国土调查的具体内容包括土地利用现状调查、土地权属调查以及专项用地调查与评价。

(一) 土地利用现状调查

土地利用现状调查包括农村土地利用现状调查和城市、建制镇、村庄(以下简称城镇村庄)内部土地利用现状调查。

1. 农村土地利用现状调查

农村土地利用现状调查是区域全覆盖的土地利用现状调查。它是以县(市、区)为基本单位,以国家统一提供的调查底图为基础,实地调查每块图斑的地类、位置、范围、面积等利用状况,查清全国耕地、园地、林地、草地等农用地的数量、分布及质量状况,查清城市、建制镇、村庄、独立工矿、水域及水利设施用地等各类土地的分布和利用状况。

农村土地利用现状调查,按照《土地利用现状分类》的类型实地调查每块图斑的地类、位置、范围、面积等利用状况。土地利用现状调查主要采用综合调绘法。综合调绘法是内业判读、外业调查补测和内业建库相结合的调绘方法。在开展外业实地调查的同时,一并开展图斑举证工作,对影像未能反映的地物进行补测,最后依据外业调查结果,进行内业矢量化和建库工作。

1）地类样本采集

各地在正式开展调查工作前,须选取本区域涉及的所有地类中的典型地块,进行地类样本采集工作,以规范和统一土地分类标准。选取地类单一、特征明显的典型地块作为地类样本,尽量保持样本影像特征和实地利用特征的一致性。样本地块的边界应根据样本选取的要求重新勾绘,不建议直接采用地类图斑的原始边界,边界勾绘形状以矩形为主,尽量保证地类单一。使用统一下发的软件进行地类样本采集工作,在样本地块实地拍摄的过程中,应尽可能地保持地类样本照片的完整性、单一性、典型性、清晰性,远近协调,合理分配空白和实体所占空间的布局,尽可能地提高艺术美感,准确、美观地反映地类特征。

省级三调办收到县级地类样本图斑采集成果后,负责组织对各县地类样本认定标准的规范性审查,并及时将地类样本审查结果反馈给各县,以统一地类认定标准,规范各地调查工作。

地类图斑的认定。按工作分类末级地类划分地类图斑。单一地类地块,以及被行政区、城镇村庄等调查界线、土地权属界线或地类界线分割的单一地类地块为一个图斑。城镇村庄内部同一地类的相邻宗地合并为一个图斑。梯田、坡耕地单独划分图斑。地类图斑统一以行政村为单位,按从左到右、自上而下的顺序,由“1”开始编号。

建设用地信息由国家依据自然资源部监管平台信息在单独图层上划出,地方有异议,可向自然资源部监管平台补充备案。原来发过土地证的或原来是建设用地的，只要现状是农用地的，都将只按照现状调查。

对于可调整地类，经所在县级自然资源主管部门和农村农业主管部门进行评估后，能恢复生产的，可仍保留原可调整地类。第三次国土调查不能新增可调整地类。如果可调整地类实地已是耕地，按耕地调查。

铁路、公路、农村道路、河流和沟渠等线状地物以图斑方式调查，线状地物图斑被调查界线、权属界线分割的，按不同图斑调查上图。线状地物调查应充分利用交通及水利部门的相关资料，保证道路和水系的连通性。线状地物发生交会时，从上向下俯视，上部的线状地物连续表示，下压的线状地物断在交叉处。

对于飞入飞出地，一般按照“飞出地调查、飞入地汇总”的原则开展，各地也可根据实际情况协商调查，保证调查成果不重不漏。

当各种界线重合时，依行政区域调查界线、土地权属界线、地类界线的高低顺序，只表示高一级界线。

2）地类调绘及补测

各地方以全国三调办下发的调查底图为基础，将调查底图与国土调查数据库套合，叠加自然资源管理数据及相关自然资源专业调查数据，进行各地类预判和内业图斑边界勾绘，生成图斑预编号、权属单位名称等国土调查记录表规定的图斑基本信息，制作外业调查数据。将外业调查数据导入外业调查设备或打印成外业调查纸图，辅助开展外业实地调查工作。

依据遥感影像和实地现状进行图斑综合调绘。按照以实地现状认定地类的原则，逐图斑核实确认图斑地类及标注信息，调绘图斑边界，记录土地权属等相关属性信息。调绘图斑的明显界线与DOM上同名地物移位不大于图上0.3 mm，不明显界线不大于图上1.0 mm。对全国三调办内业判读地类与实地现状不一致的，应按实地现状调查；对影像未能反映的新增地物，需要进行补测。

补测主要采用仪器补测法和简易补测法。为了提高调查的效率和成果精度，有条件的地区采用卫星定位仪器补测法，无条件的地区可采用简易补测法。补测平面位置精度要求：补测地物点相对邻近明显地物点距离的中误差，平地、丘陵地不得大于2.5米，山地不得大于3.75米，最大误差不超过2倍中误差。

3）实地举证

地方实地调查认定地类与全国三调办内业判读地类不一致的图斑，原则上需全部实地举证；对影像未能反映，地方补测调查的新增地物也需全部实地举证。对原地类为耕地，国家判读地类为其他农用地，经地方调查仍为耕地，标注种植属性与国家判读地类一致的，可不举证。

重点地类变化图斑原则上由地方全部实地举证。包括相对原地类新增的建设用地和设施农用地图斑、原有耕地内部二级地类发生变化的图斑、原有农用地调查为未利用地的图斑等。但对依据遥感影像特征能够准确地认定为住宅小区、规模化工厂、水工建筑等新增建设用地的，可不举证。

涉及军事用地的图斑不举证；对城镇村庄内部涉及建设用地细分类型的图斑，无须举证；对于因纠正精度或图斑综合等原因造成的偏移、不够上图面积或狭长地物图斑，可不举证；对原有线状地物面状化的图斑，可不举证；未硬化且未贯通的农村道路未调查上图的，可不举证；对同一条道路或沟渠等线性地物的图斑，可选择典型地段实地举证，其他地段备注说明。无人类生活活动的区域，如沙漠、戈壁、冰山、森林等无人区，影像可以判断地类的，可不举证。

举证照片应在实地拍摄，拍摄方向正确，应能够举证说明调查地类与影像特征不一致区域的土地利用情况。举证照片包括图斑全景照片、局部近景照片、建构筑物内部和农用地及未利用地的利用特征照片三类。

2. 城镇村庄内部土地利用现状调查

充分利用地籍调查和不动产登记成果，积极创造条件，大力推进城市、建制镇、村庄补充地籍调查，确实不具备条件的，开展土地利用现状细化调查，查清城镇村庄内部商业服务业、工业、住宅、公共管理与公共服务和特殊用地等地类的土地利用状况。

城镇村庄内部土地利用现状调查，在城镇村庄地籍调查数据库成果的基础上开展，将城镇村庄地籍调查宗地成果同类合并，按照《土地利用现状分类》的类型归并地类，被道路、水系等线状地物分割的同类宗地应分割为不同的图斑，道路、水系、绿地等单独划分图斑。各类图斑应严格按照现状用途调查。对有多种用途的宗地按主要用途调查，对超大型宗地按宗地内不同用途划分为不同图斑。特大型的企事业单位，内部土地利用类型显著不同且界线明显的，可以依据工作分类划分成多个图斑。

对城镇村庄地籍调查数据库未覆盖和城镇村庄新扩区域，确实不具备开展补充地籍调查条件的，可参考最新的影像图、近期规划图和地形图，由当地自然资源部门组织街道办事处、土管所及村委会相关人员配合建库单位技术人员，采用内业勾绘和实地核实相结合的方法，确定城镇村庄内部每个图斑的土地利用类型。

城镇村庄范围内的图斑，不仅要在每个图斑上标注20X属性，还要在单独图层上画出集中连片的20X范围界线。南方跳棋式分布的村庄，按实际情况勾绘单独图层，不得强行合并。

(二) 土地权属调查

结合全国农村集体资产清产核资工作，将城镇国有建设用地范围外已完成的集体土地所有权确权登记和国有土地使用权登记成果落实在土地调查成果中，对发生变化的开展补充调查。土地权属调查要做好权属界线上图和补充调查工作。

将农村集体土地确权登记数据库中确定的权属界线转绘到国土调查的底图上。城镇以外的独立国有土地使用权界线，依据集体土地所有权调查成果转绘到国土调查的底图上。城镇内部的国有土地使用权界线不调查上图。城镇内部的街道行政界线调查上图。

权属调查原则上以各行政村为基本单位，对集体土地确权登记到村民小组的，也可按照村民小组的权属界线转绘到国土调查的底图上。

在权属界线上图的过程中，因成图精度等客观因素，部分权属界线与遥感影像产生位移的，可根据协议书记载转绘至遥感影像相关位置，避免产生细小图斑。

对权属界线发生变化的，按照集体土地所有权和不动产调查相关规定，开展权属界线补充调查。

全国三调办负责组织各省开展接边工作，省级和地市级负责组织其辖区范围内相关地市和县级调查单位的调查接边工作。依据影像辅助实地调查，对不同行政区界线两侧的公路、铁路和河流等重要地物进行接边，确保重要地物的贯通性；对影像反映的明显地物界线进行接边，保证同名地物的一致性；对地类、权属等属性信息进行接边，保证水库、河流、湖泊、交通等重要地物调查信息的一致性。当行政界线两侧明显地物接边的误差小于图上0.6 mm、不明显地物接边误差小于图上2.0 mm时，双方各改一半接边；否则，双方应实地核实接边。

(三) 专项用地调查与评价

基于土地利用现状、土地权属调查成果和国土资源管理形成的各类管理信息，结合国土资源精细化管理、节约集约用地评价及相关专项工作的需要，开展系列专项用地调查评价。

1. 耕地细化调查

耕地细化调查是重点对河道或湖区范围内的耕地、林区范围内的耕地、牧区范围内的耕地、沙荒耕地等开展细化调查，分类标注，摸清各类耕地资源的家底状况，夯实耕地数量、质量、生态“三位一体”保护的基础。

对于耕地的标注，调查为耕地的图斑，根据耕地图斑的实际利用情况，标注种植属性。原则上不因标注种植属性而分割耕地图斑，对一块耕地内有多种种植情况的，按主要种植情况标注。标注属性主要包括：耕种、休耕、临时种植园木、临时种植林木、临时种植牧草、临时坑塘、林粮间作、观赏园艺、速生林木、绿化草地和未耕种。

耕种主要是指耕地上种植农作物（含蔬菜、临时种植花卉及苗圃等），包括耕作层未被破坏的非工厂化的大棚、地膜及临时工棚等用地；休耕是指有计划地“休养生息”的耕地；临时种植园木、临时种植林木、临时种植牧草、临时坑塘是指耕作层未被破坏，临时改变用途的耕地；林粮间作是指属于退耕还林工程范围内尚未达到成林标准的耕地。观赏园艺是指在耕地上临时种植盆栽观赏花木等不利于耕作层保护的园艺植物；速生林木是指在耕地上临时种植速生杨、构树、桉树等不利于耕作层保护的经济林木；绿化草地是指利用耕地进行绿化装饰，以及种植草皮出售不利于耕作层保护的；未耕种是指不在休耕范围内，可直接恢复耕种的无种植行为的耕地（包括轮歇地）。

对于退耕还林工程范围内尚未达到成林标准的，调查为耕地并标注“林粮间作”属性。对其他林粮间作区域，达到最小上图面积的，按现状调查。

对在耕地范围内，必须采用工程措施才能恢复耕种的坑塘（包括用海水或人造咸水养殖的坑塘）、种植园用地、林地、多年撂荒等，按照实地现状调查为坑塘、种植园用地、林地等，不得按耕地调查。

耕地坡度分级，按照《利用 DEM 确定耕地坡度分级技术规定》制作坡度图。将坡度图与耕地图斑叠加，确定耕地图斑的坡度级。耕地分为≤2°、2°～6°、6°～15°、15°～25°、>25°（上含下不含）5 个坡度级。进行坡度分级时，原则上不打破图斑界线，一个图斑确定一个坡度级。当一个图斑含有两个以上坡度级时，原则上以面积大的坡度级为该图斑坡度级；但不同坡度级界线明显的，也可依界分割图斑并分别确定坡度级。2°以上各坡度级再分为梯田和坡地两种耕地类型，耕地类型由外业调查确定。

耕地坡度≤2°的原则上不调查田坎，坡度>2°的耕地的田坎以田坎系数表示，田坎不能按图斑或单线表示。采用更高调查精度的区域，田坎可用图斑表示，但应保证省域调查的精度标准统一。田坎系数原则上继续沿用第二次全国土地调查测定的田坎系数。重新测算田坎系数的，须由省三调办统一重新组织测算，并上报全国三调办备案。

第三次国土调查不再新认定可调整地类。对原有可调整地类图斑，实地现状为耕地的，按耕地调查，并进行标注；实地现状为种植园、林木、坑塘等非耕地的，经所在县级自然资源主管部门和农业农村两部门共同评估认为仍可恢复为耕地的，可继续按可调整地类调查，并按种植园用地、林地、坑塘等地类进行汇总统计；对于实地已为种植园、林木、坑塘等且经两部门评估难以恢复成耕地的，按实地现状调查，不得再保留可调整地类的属性。

2. 批准未建设的建设用地调查

批准未建设的建设用地调查将新增建设用地审批界线落实在土地调查的成果上，查清批准用地范围内未建设土地的实际利用状况，为持续开展批后监管，促进土地节约集约利用提供基础。

建设用地调查图斑属性标注相应的城市(201)、建制镇(202)、村庄(203)、盐田及采矿用地(204)、特殊用地(205)或各类独立工业用地的地类编码。城市(201)、建制镇(202)、村庄(203)的范围按照集中连片的原则划定，所对应的范围界线按照单独图层方式录入国土调查数据库。工业用地要按火电、煤炭、水泥、玻璃、钢铁、电解铝等类型进行标注。

对于已拆除的存量建设用地，按实地现状调查。拆除图斑未复耕或复绿且原地类为20X地类的，可按空闲地调查，标注20X属性；未拆除到位的拆除图斑，为违法用地拆除恢复原地类的，按原地类调查，对其占地范围以单独图层的方式存储在数据库中，拆除图斑原地类为耕地的，按耕地调查，并标注“未耕种”属性；不论拆除图斑的原地类是否是20X地类，实地已是农用地的，一律按实地利用现状调查，不能标注20X属性；如拆除图斑的原地类不是20X地类，不能标注20X属性。

城镇外部的采矿用地、特殊用地等，按实地利用现状调查，并标注204/205

属性。原有 204/205 范围内的耕地、林地等，分别调查为耕地、林地等地类的，不标注 204/205 属性。

原有农村居民点范围内的耕地、林地等农用地图斑，按实地利用现状调查，标注 203 属性；村庄周边耕地、林地等达到上图面积的，按实地利用现状调查，原则上不标注 203 属性，如原地类是 203 且确属农村宅基地范围的，可标注 203 属性；空闲地、公园绿地等按实地利用现状调查，标注 203 属性。

城乡接合部大片的林地、水面等，应按利用现状调查，不标注 201 或 202 属性；城镇内部的农用地等原则上应按现状调查，标注 201 或 202 属性；城镇内部的公园及其附属的林地、绿地、水面等，按公园与绿地调查，标注 201 或 202 属性。

严禁将推土区调查为建设用地。对利用方向不明确的推土区，按原地类调查，对其占地范围以单独图层方式存储在数据库中；推土区占用原地类为耕地的，按耕地调查，并标注“未耕种”属性。如在统一时点时推土区已建成，可通过增量更新的方式更新为建设用地。对于地基已开挖、建筑施工主体工程已达到“正负零”（基础结构施工已完成）的，可按建设用地调查。

未拆除到位（推平或混有瓦砾）的设施农用地，不得按建设用地调查。原地类为设施农用地的，可按设施农用地调查；原地类为耕地的，按耕地调查，并标注“未耕种”属性；原地类为其他类农用地的，应按原地类调查。

临时用地指因建设项目施工和地质勘查需要临时使用国有土地或者农民集体所有的土地。对于实地为临时用地的，应维持原地类不变。临时用地的占地范围以及批准文号，以单独图层的方式存储在数据库中。临时用地原地类为耕地的，按耕地调查，并标注“未耕种”属性。

3. 耕地后备资源调查

耕地后备资源（reserved land resource for cultivation）是指在现有自然及经济技术条件下，通过开发、复垦或整理等土地整治措施能够转化为耕地的土地资源。

耕地后备资源调查的目的，在于查清耕地后备资源的面积、类型和分布状况，形成补充耕地潜力数据库，为合理开发利用耕地后备资源、规范耕地占补平衡管理、落实耕地进出平衡提供依据。

耕地后备资源调查的任务是：以最新国土调查成果为基础，确定调查评价对象，从生态、立地和区位条件方面，构建科学合理的耕地后备资源调查评价指标体系，逐图斑开展调查评价，建立耕地后备资源潜力数据库，并编制相关成果报告和图件。

耕地后备资源的调查评价对象为可开发的未利用地、可复垦的建设用地和可整理为耕地的其他农用地。

耕地后备资源评价指标体系如表 4-8 所示。

表 4-8　耕地后备资源评价指标体系

序号	评价指标	评价结果	
		宜耕	不宜耕
1	生态条件	生态保护红线外	生态保护红线内或开发会导致土地退化、引发地质灾害
2	地形坡度	≤25°	＞25°
3	≥10℃年积温	≥1 800℃	＜1 800℃
4	年均降水量和灌溉条件	≥400 mm 或＜400 mm，有灌溉条件	＜400 mm，无灌溉条件
5	排水条件	有排水体系且具备建设排水设施条件	无排水体系且不具备建设排水设施条件
6	国土空间规划相关限制因素	无限制	有限制
7	土壤质地	壤质、黏质或砂质土壤	砾质土或更粗质地
8	土壤重金属污染状况	无污染或轻度污染	中度污染或重度污染
9	盐渍化程度	无、轻度盐化和中度盐化；或重度盐化，有灌溉排水条件	重度盐化，无灌溉排水条件
10	土壤 pH 值	≥4.0 且≤9.5	＜4.0 或＞9.5
11	土层厚度	≥60 cm 或＜60 cm，有客土土源	＜60 cm，无客土土源
12	土源保障	有土源保障	无土源保障
13	地下水埋深	≥0.2 m	＜0.2 m
14	地表岩石露头度	≤2%	＞2%
15	耕作便利度	方便到达	不方便到达

4．耕地质量等级调查评价和耕地分等定级调查评价

在耕地质量调查和评价的基础上，将最新的耕地质量等级调查评价和耕地分等定级评价成果落实到土地利用现状图上，对评价成果进行更新完善。

耕地质量等级调查评价要注意健全耕地质量等级评价指标体系，以县为单位开展耕地质量等级评价，开展耕地质量调查、样品采集与监测，建立县域耕地质量评价数据库，汇总分析全国耕地质量等级成果。

耕地分等定级调查评价，梳理现有耕地分等定级成果，修订耕地分等国家级参数，修订和规范省级参数，以省为单位分县编制分等单元图和分等因素分级图，开展土地利用系数和指定作物产量比的补充调查和测算工作，按照与已有分等成果相衔接的原则，结合国土调查成果，更新分等数据库，进行分等数据库的核查入库，形成全国耕地分等定级专项数据库。

5．永久基本农田调查

将永久基本农田划定成果落实在国土调查的成果中，查清永久基本农田范围内的土地的实际利用状况。

在永久基本农田范围内，现状已实施退耕还林的图斑，按实地现状地类调查；在实施退耕还林工程范围内，实地现状已为林地的，按现状调查为林地；在实施退耕还林工程范围内，林木尚未达到成林标准（树木郁闭度＜10％或灌木覆盖度＜40％），仍以耕作为主的，按耕地调查，并标注“林粮间作”属性。

6．海岛调查

对照经国务院批准的《中国海域海岛标准名录》开展海岛调查与统计。海岛范围调查至零米等深线。

有常住居民的海岛，应实地调查。其他海岛，调查底图覆盖到的，调绘至底图上；调查底图覆盖不到的，依据国家海洋信息中心提供的海岛数据确定其位置，对海岛的名称、地类和面积等进行统计汇总。

五、第三次全国国土调查的成果

第三次全国国土调查的成果主要包括数据成果、图件成果、文字成果和数据库成果等。

数据成果包括：各级土地分类面积数据，各级土地权属信息数据，城镇村庄土地利用分类面积数据，耕地坡度分级面积数据，耕地细化调查、批准未建设的

建设用地、耕地质量等级和耕地分等定级等专项调查数据。

图件成果包括:土地利用现状图件,土地权属界线图件,城镇村庄土地利用现状图件,第三次全国国土调查图集,耕地细化调查、批准未建设的建设用地、耕地质量等级和耕地分等定级等专项调查的专题图、图集。

文字成果包括:第三次国土调查工作报告,第三次国土调查技术报告,第三次国土调查成果分析报告,各市县城镇村庄土地利用状况分析报告,耕地细化调查、批准未建设的建设用地、耕地质量等级和耕地分等定级等专项调查成果报告。

数据库成果主要是指形成集土地调查数据成果、图件成果和文字成果等内容于一体的各级土地调查数据库,包括:各级土地利用数据库,各级土地权属数据库,各级多源、多分辨率遥感影像数据库,各项专项数据库。

六、第三次全国国土调查成果核查及数据库质量检查

为了保证调查成果的真实性和准确性,按照第三次全国国土调查有关技术标准的要求,建立调查成果的县市级自检、省级检查(重要)、国家级核查三级检查制度。第三次全国国土调查采用分阶段成果检查制度,即每一阶段的成果需经过检查合格后方可转入下一阶段,避免将错误带入下一阶段的工作,保证成果的质量。

县级以上地方人民政府对本行政区域的国土调查成果质量负总责。县级国土调查成果的核查必须做到:

(1) 100%全面自检,以确保成果的完整性、规范性、真实性和准确性。

(2) 利用全国统一的数据库质量检查软件检查数据库及相关表格成果的规范性与正确性。

(3) 以外业实地检查为主,现场检查图斑地类、权属及相关调查内容的正确性,检查地类图斑与相关权属边界、相关自然资源边界的衔接情况,避免数据不衔接。

(4) 县级根据自检结果组织成果全面整改,编写自检及整改报告,报市级检查和汇总。市级组织对县级调查成果进行检查和汇总,在全面检查县级自检记录的基础上,重点检查调查成果的完整性和规范性,形成地级检查报告并报送省级检查。

省三调办对本省统一时点的国土调查成果质量负总责。省级利用遥感影

像和互联网＋实地举证照片，采用内业核查、在线外业核查和外业实地核查三种方式，全面检查县市报送成果的图斑地类、边界、属性标注信息等与实地现状和举证照片的一致性。省级组织对各县级单位统一时点的国土调查的成果进行全面检查，具体工作包括：

（1）对数据库地类、举证照片和实地现状三者一致的，通过核查。

（2）对三者不一致、未提供举证照片的，以及提供的举证照片不符合要求的，省级组织专业技术队伍，采取互联网＋在线核实或外业实地核实等方式，进行全面核实。

（3）对省级核实发现地方调查错误的，责成地方或省级直接修改完善。对通过核查的县级调查成果，利用全国统一的数据库质量检查软件进行数据库质量检查。

（4）根据内外业检查结果，组织调查成果整改，编写省级检查报告，将通过省级检查的县级调查成果及检查记录一并报送全国三调办。

全国三调办组织对省级检查合格的县级调查成果进行全面核查。全国三调办组织对省级提交的统一时点的增量数据开展内业核查、数据库质量检查、互联网在线核查、外业抽查、数据库修改以及数据库更新入库工作。对原有耕地内部二级类变化图斑、新增建设用地图斑、原农用地调查为未利用地图斑等，以及第三次国土调查地类与国家内业判读地类不一致的图斑，进行重点检查，具体包括内业核查、在线外业核查和外业实地核查三种方式。国家级核查通过后，全国三调办组织专业技术队伍，对各省提交的调查成果进行国家级数据库质量检查。

第三节　森林、草原、湿地资源调查监测

一、森林、草原、湿地资源调查监测的工作基础

（一）森林资源调查

森林资源调查是以林地、林木以及林区范围内生长的动植物及其环境条件为对象的林业调查。森林资源调查的目的在于：及时掌握森林资源的数量、质

量和生长、消亡的动态规律及其与自然环境和经济、经营等条件之间的关系，为制定和调整林业政策、编制林业计划和鉴定森林经营效果服务，以保证森林资源在国民经济建设中得到充分利用，并不断提高其潜在生产力。

我国森林资源调查工作分为四类。

1. 国家森林资源连续清查

国家森林资源连续清查（简称一类清查）是以掌握宏观森林资源现状与动态为目的，以省（自治区、直辖市）为单位，以固定样地为主进行定期复查的森林资源调查方法，是全国森林资源与生态状况综合监测体系的重要组成部分。国家森林资源连续清查成果是反映全国和各省森林资源与生态状况，制定和调整林业方针、政策，监督检查各地森林资源消长任期目标责任制的重要依据。国家森林资源连续清查以省为单位，原则上每五年复查一次。

国家森林资源连续清查的任务是：定期、准确地查清全国和各省森林资源的数量、质量及其消长动态，掌握森林生态系统的现状和变化趋势，对森林资源与生态状况进行综合评价。具体包括：制定森林资源连续清查工作计划、技术方案及操作细则；完成样地设置、外业调查和辅助资料收集；进行森林资源与生态状况的统计、分析和评价；定期提供全国和各省森林资源连续清查的成果；建立国家森林资源连续清查数据库和信息管理系统。

国家森林资源连续清查的主要对象是森林资源及其生态状况。主要包括：土地利用与覆盖，包括土地类型（地类）、植被类型的面积和分布（如表 4－9 所示）；森林资源，包括森林、林木和林地的数量、质量、结构和分布，森林按起源、权属、龄组、林种、树种的面积和蓄积，生长量和消耗量及其动态变化；生态状况，包括林地自然环境状况、森林健康状况与生态功能、森林生态系统多样性的现状及其变化情况。

表 4－9　林地类型划分表

一级	二级	三级	代码
林地	有林地	乔木林	111
		红树林	112
		竹林	113

续 表

一级	二级	三级	代码
	疏林地	—	120
	灌木林地	国家特别规定灌木林地	131
		其他灌木林地	132
	未成林地	未成林造林地	141
		未成林封育地	142
	苗圃地	—	150
	无立木林地	采伐迹地	161
		火烧迹地	162
		其他无立木林地	163
	宜林地	宜林荒山荒地	171
		宜林沙荒地	172
		其他宜林地	173
	林业辅助生产用地	—	180
非林地	耕地	—	210
	牧草地	—	220
	水域	—	230
	未利用地	—	240
	建设用地	工矿建设用地	251
		城乡居民建设用地	252
		交通建设用地	253
		其他用地	254

一般情况下，国家森林资源连续清查不要求落实到小地块，也不进行森林区划。当前大都采用以固定样地为基础的连续抽样方法。固定样地不仅可以直接提供有关林分及单株树木生长和消亡方面的信息，而且它本身是一种有多次测定的样本单元，因此，可以根据两期以至多期的抽样调查结果，对森林资源的现状尤其是对森林资源的变化作出更为有效的抽样估计。

2. 森林资源规划设计调查

森林资源规划设计调查(简称二类调查)是以森林经营管理单位或行政区域为调查总体,查清森林、林木和林地资源的种类、分布、数量和质量,客观地反映调查区域的森林经营管理状况,为编制森林经营方案、开展林业区划规划、指导森林经营管理等需要进行的调查活动。

森林资源规划设计调查的范围包括:以森林经营管理单位为调查总体时,应调查经营管理范围内的所有土地;以行政区域为调查总体时,一般只调查行政区域内的森林、林木和林地。森林规划设计调查过去原则上是10年一次,现在要求的调查周期为5年一次,称为一个经理期。

森林资源规划设计调查的内容包括:核对森林经营单位的区划界线,并在经营管理范围内进行或调整经营区划;调查各类林地的面积;调查各类森林、林木的蓄积量;调查与森林资源有关的自然地理环境和生态环境因素;调查森林经营条件、前期主要经营措施与经营成效。

各地在开展森林资源规划设计调查时,应根据当地森林资源的特点和调查的目的等,对调查的内容及其详细程度有所侧重。以森林主伐利用为主的地区,应着重对地形、可及度,以及用材林的近、成、过熟林的测树因子等进行调查。以森林抚育改造为主的地区,应着重对幼中龄林的密度、林木生长发育状况等林分因子以及立地条件进行调查。以更新造林为主的地区,应着重对土壤、水资源等条件及天然更新状况等进行调查,以做到适地适树,保证更新造林质量。以自然保护为主的地区,应着重调查被保护对象的种类、分布、数量、质量、自然性以及受威胁状况等。以防护、旅游等生态公益效能为主的林区,应区分不同的类型,着重调查与发挥森林生态公益效能有关的林木因子、立地因子和其他因子。森林资源规划设计由调查会议确定可开展生长量调查、消耗量调查、土壤调查、森林病虫害调查、森林火灾调查、珍稀植物、野生经济植物资源调查、野生动物资源调查、湿地资源调查、荒漠化土地资源调查、森林多种效益计量、评价调查和林业经济调查等各专项调查,可按照原林业部制定的《林业专业调查主要技术规定》和其他有关专项调查技术规定(或实施细则)的调查方法执行。

3. 森林资源作业设计调查

森林资源作业设计调查(简称三类调查)是林业基层单位为满足伐区设计、

抚育采伐设计等的需要而进行的调查。对林木的蓄积量和材种出材量要作出准确的测定和计算。在调查过程中，对采伐木要挂号。根据调查对象面积的大小和林分的同质程度，可采用全林实测或标准地调查方法。调查结果要提出物质-货币估算表。

4. 林地变更调查

林地变更调查，是指对自然年度内的全国林地利用状况、权属变化，以及各类森林经营活动（如造林、采伐、更新等）、自然灾害损害（如火灾、泥石流等）、非森林经营活动（如建设项目使用林地、违法毁林开垦等）等用地情况进行调查的活动。开展林地变更调查工作的目的，是掌握林地利用现状及其消长变化情况，保持林地调查数据和林地数据库（指林地"一张图"数据库）的真实性、准确性和时效性，以支撑林地保护管理和生态建设的需要。

林地变更调查以县级行政区域为基本调查单位。自然保护区、国有林场等国有林业企事业单位是否作为独立的调查单位，由省级林业主管部门确定。统一变更时点为每年 12 月 31 日。鼓励有条件的省（自治区、直辖市）实行实时变更。

林地变更调查包括下列内容：行政单位、国有森林经营单位和集体经济组织的界限变化状况；林地转为非林地（如建设用地、耕地、设施农用地等）、非林地（如耕地、废弃矿山等）转为林地的变化情况；林地内部地类、权属、林地保护等级、森林类别、林种、起源等变化情况；自然保护区、森林公园、国有林场、公益林以及退耕还林、天然林资源保护、国家储备林基地等林业工程的界线变化情况；自然灾害引起的林地利用状况变化情况；其他土地上的森林资源变化情况；国家林业和草原局规定的其他内容。

林地变更调查应充分应用高分辨率遥感技术，强化日常档案管理，实现常态化林地变更监管，减少林地变更调查工作量，节约工作成本，提高工作效率。林地调查成果实行逐级汇交、汇总统计制度。县级以上林业主管部门应当将林地调查成果报上一级林业主管部门汇总。

（二）草原资源调查

草原资源是草原、草山及其他一切草类资源的总称，包括野生草类和人工种植的草类。从植被上看，它是一种生物资源。按土地利用类型划分，主要用于牧业生产的地区或自然界各类草原、草甸、稀树干草原等统称为草地。草甸和草原都是以多年生草本植物组成的植被类型，其区别在于：面积大小不同，草甸较小，草原相对面积大；植物种类不同，草甸主要长野草和耐寒的树种，草原主要长草本植物和耐旱的树木；干湿状况不同，草甸较湿，草原相对较干。

草原资源调查是指查清草原的类型、生物量、等级、生态状况以及变化情况等，获取全国草原植被覆盖度、草原综合植被覆盖度、草原生产力等指标数据，掌握全国草原植被生长、利用、退化、鼠害病虫害、草原生态修复状况等信息。每年发布草原综合植被覆盖度等重要数据。草原资源调查在牧区、半牧区以县级辖区为调查的基本单位，其他地区可以地级行政区划辖区进行调查。调查比例尺以 1∶50 000 为主，人口稀疏区域可以采用 1∶100 000 比例尺制图。

按照水、热气候条件和植被型组，我国的天然草地可以分为九大类。每一类草地按照草原的优势种、共优势种相同，或优势种、共优势种的饲用价值相似的植物细分为型，共分为 175 个草地型（如表 4 - 10 所示）。人工草地分为改良草地和栽培草地。改良草地是在天然草地的基础上补播改良的草地，其类型细分可以参照天然草地。栽培草地是通过退耕还草、人工种草和饲料等形成的草地。

草原资源调查的主要任务有以下五个方面。一是清查草原资源分布，包括：草原面积及空间位置界线；草原各类、各型的面积及空间位置界线；各草原分级的面积及空间位置界线；禁止开发区、限制开发区、重点开发区等各类主体功能区内草原面积、空间位置界线；纳入国家公园、世界自然和文化遗产地、各级自然保护区、风景名胜区、地质公园、湿地公园等各类保护区草原面积及空间位置界线；纳入生态保护红线草原面积及空间位置界线。二是调查草原生态状况，包括：分类调查轻度、中度、重度的退化、沙化、盐渍化草原面积及空间位置界线；草原生产力，草原综合植被盖度等。三是调查草原利用现状，包括按照利用方式分类调查草原采草利用、放牧利用、开垦等改变用途草原面积及空间位置界线。四是调查统计草原权属情况，包括：国家所有草原面积及空间位置界线；集体所有草原面积及空间位置界线；统计国有农牧场草原面积和已改制国有农牧场的草原面积。五是统计草原承包情况，包括：各草原承包主体承包的草原面积及空间位置界线、承包合同编号、承包经营权证书编号、发包主体以及草原流转情况；国家所有草原向集体经济组织外流转的草原面积。

草原资源调查一般是基于卫星遥感影像解译和地面调查完成的。

表 4－10　我国的天然草地分类

草地类	分布范围	草地型
A 温性草原类	主要分布在湿润度 0.13～1.0、年降水量 150 mm～500 mm 的温带干旱、半干旱和半湿润地区，以多年生旱生植物为主，有一定数量的旱中生或强旱生植物的天然草地	A01 芨芨草、旱生禾草；A02 沙鞭；A03 贝加尔针茅；A04 具灌木的贝加尔针茅；A05 大针茅；A06 羊草；A07 羊草、旱生杂类草；A08 具灌木的旱生针茅；A09 西北针茅；A10 具小叶锦鸡儿的旱生禾草；A11 长芒草；A12 白草；A13 具灌木的白草；A14 固沙草；A15 沙生针茅；A16 短花针茅；A17 石生针茅；A18 具锦鸡儿的针茅；A19 针茅；A20 针茅、绢蒿；A21 糙隐子草；A22 具灌木的隐子草；A23 羊茅；A24 羊茅、绢蒿；A25 冰草；A26 具灌木的冰草、冷蒿；A27 早熟禾；A28 藏布三芒草；A29 甘草；A30 草原薹草；A31 具灌木的薹草、温性禾草；A32 线叶菊、禾草；A33 碱韭、旱生禾草；A34 冷蒿、禾草；A35 蒿、旱生禾草；A36 具锦鸡儿的蒿；A37 褐沙蒿、禾草；A38 差巴嘎蒿、禾草；A39 具乔灌的差巴嘎蒿、禾草；A40 黑沙蒿、禾草；A41 细裂叶莲蒿；A42 白莲蒿、禾草；A43 具灌木的白莲蒿；A44 亚菊、针茅；A45 草麻黄、禾草；A46 刺叶柄棘豆、旱生禾草；A47 达乌里胡枝子、禾草；A48 具锦鸡儿的牛枝子；A49 百里香、禾草
B 高寒草原类	主要分布在湿润度 0.13～1.0、年降水量 100 mm～400 mm 的高山（高原）亚寒带与寒带半干旱地区，以耐寒的多年生旱生、旱中生或强旱生禾草为优势种，有一定数量的旱生半灌木或强旱生小半灌木的草地	B01 新疆银穗草、针茅；B02 紫花针茅；B03 紫花针茅、青藏薹草；B04 具灌木的紫花针茅；B05 针茅、莎草；B06 针茅、固沙草；B07 座花针茅；B08 羊茅、薹草；B09 早熟禾、垫状杂类草；B10 青藏薹草、杂类草；B11 具垫状驼绒藜的青藏薹草；B12 蒿、针茅
C 温性荒漠类	主要分布在湿润度<0.13、年降水量<150 mm 的温带极干旱或强干旱地区。以超旱生或强旱生灌木和半灌木为优势种，有一定数量的旱生草本或半灌木的草地	C01 大赖草、沙漠绢蒿；C02 猪毛菜、禾草；C03 白茎绢蒿；C04 绢蒿、针茅；C05 沙蒿；C06 红砂；C07 红砂、禾草；C08 驼绒藜；C09 驼绒藜、禾草；C10 猪毛菜；C11 合头藜；C12 戈壁藜、膜果麻黄；C13 木地肤、一年生藜；C14 小蓬；C15 短舌菊；C16 盐爪爪；C17 假木贼；C18 盐柴类半灌木、禾草；C19 霸王；C20 白刺；C21 柽柳、盐柴类半灌木；C22 绵刺；C23 沙拐枣；C24 强旱生灌木、针茅；C25 藏锦鸡儿、禾草；C26 梭梭

续 表

草地类	分布范围	草地型
D 高寒荒漠类	主要分布在湿润度<0.13、年降水量<100 mm 的高山(高原)亚寒带与寒带极干旱地区,极稀疏低矮的超旱生垫状半灌木、以垫状或莲座状草本植物为主的草地	D01 唐古特红景天;D02 垫状驼绒藜、亚菊
E 暖性灌草丛类	主要分布在湿润度>1.0、年降水量>550 mm 的暖温带地区,以喜暖的多年生中生或旱中生草本植物为优势种,有一定数量的灌木、乔木的草地	E01 具灌木的大油芒;E02 白羊草;E03 具灌木的白羊草;E04 黄背草;E05 黄背草、白茅;E06 具灌木的黄背草;E07 具灌木的荩草;E08 具灌木的野古草、暖性禾草;E09 具灌木的野青茅;E10 结缕草;E11 具灌木的薹草、暖性禾草;E12 具灌木的白莲蒿
F 热性灌草丛类	主要分布在雨季湿润度>1.0、旱季湿润度 0.7~1.0,年降水量>700 mm 的亚热带和热带地区,以热性的多年生中生或旱中生草本植物为主,有一定数量的灌木、乔木的草地	F01 芒、热性禾草;F02 具乔灌的芒;F03 五节芒;F04 具乔灌的五节芒;F05 白茅;F06 具灌木的白茅;F07 具乔灌的白茅、芒;F08 野古草;F09 具乔灌的野古草、热性禾草;F10 白健秆;F11 具乔灌的金茅;F12 刚莠竹;F13 旱茅;F14 红裂稃草;F15 金茅;F16 桔草;F17 具灌木的青香茅;F18 具乔灌的黄背草、暖性禾草;F19 细毛鸭嘴草;F20 具乔灌的细毛鸭嘴草;F21 细柄草;F22 扭黄茅;F23 具乔灌的扭黄茅;F24 具乔木的华三芒草、扭黄茅;F25 蜈蚣草;F26 地毯草
G 低地草甸类	主要分布在河岸、河漫滩、海岸滩涂、湖盆边缘、丘间低地、谷地、冲积扇扇缘等地,受地表径流、地下水或季节性积水影响而形成。以多年生湿中生、中生或湿生草本植物为优势的草地	G01 芦苇;G02 芦苇、藨草;G03 具乔灌的芦苇、大叶白麻;G04 小叶章、大叶章;G05 芨芨草、盐柴类灌木;G06 羊草、芦苇;G07 拂子茅;G08 赖草;G09 碱茅;G10 巨序剪股颖、拂子茅;G11 狗牙根、假俭草;G12 具乔灌的甘草、苦豆子;G13 乌拉薹草;G14 莎草、杂类草;G15 寸草薹、鹅绒委陵菜;G16 碱蓬、杂类草;G17 马蔺;G18 具乔灌的疏叶骆驼刺、花花柴

续　表

草地类	分布范围	草地型
H 山地草甸类	主要分布在湿润度＞1.0、年降水量＞400 mm 的温性山地，以多年生中生草本植物为优势种的草地	H01 荻；H02 拂子茅、杂草类；H03 糙野青茅；H04 具灌木的糙野青茅；H05 垂穗披碱草、垂穗鹅观草；H06 穗序野古草、杂类草；H07 野古草、大油芒；H08 鸭茅、杂类草；H09 短柄草；H10 无芒雀麦、杂类草；H11 羊茅、杂类草；H12 具灌木的羊茅、杂类草；H13 早熟禾、杂类草；H14 三叶草、杂类草；H15 薹草、蒿草；H16 薹草、杂类草；H17 地榆、杂类草；H18 羽衣草
I 高寒草甸类	主要分布在湿润度＞1.0、年降水量＞500 mm 的高山（高原）亚寒带与寒带湿润地区，以耐寒多年生中生草本植物为优势种，或有一定数量的中生灌丛的草地	I01 西藏蒿草、杂类草；I02 矮生蒿草、杂类草；I03 具金露梅的矮生蒿草；I04 高山蒿草、禾草；I05 高山蒿草、薹草；I06 高山蒿草、杂类草；I07 具灌木的蒿草、薹草；I08 线叶蒿草、杂类草；I09 蒿草、杂类草；I10 莎草、鹅绒委陵菜；I11 莎草、早熟禾；I12 珠牙蓼、圆穗蓼

资料来源：《草地分类》(NY/T 2997－2016)。

(三) 湿地资源调查

目前,有关湿地的定义有60多种,大体被分为狭义和广义两大类。狭义的湿地是指陆地生态系统与水生生态系统的过渡地带。广义的湿地通常是指管理部门广泛采用的《关于特别是作为水禽栖息地的国际重要湿地公约》(简称《湿地公约》,又称《拉姆萨公约》)的定义:"湿地系指不问其为天然或人工、常久或暂时之沼泽地、湿原、泥炭地或水域地带,带有或静止或流动,或为淡水、半咸水或咸水水体者,包括低潮时水深不超过六米的水域。"所有季节性或常年积水地段,包括沼泽、泥炭、湿草甸、湖泊、河流和冲积平原、三角洲、潮滩、珊瑚礁、红树林、水库、池塘、稻田领域和低潮时水深不超过6米的海岸,均属湿地范畴。根据《湿地分类》(GB/T 24708-2009),中国湿地按照湿地成因、地貌类型、水文特征、植被类型等因素综合考虑,共分为三级。第一级将全国湿地生态系统分为自然湿地和人工湿地2大类。第二级自然湿地按地貌特征进行分类,分为4类,人工湿地按主要功能用途进行分类,分为12类。第三级,人工湿地不再细分,而自然湿地主要以湿地水文特征进行分类,包括淹没的时间、水质咸淡程度、湿地水源等特征因子。一些较为复杂的湿地类型,还采用了植被形态特征(如沼泽湿地)和采用基质性质(近海湿地与海岸湿地),共分为30个类型。中国湿地整个分类系统共包括42个类型(参见表4-11)。

表4-11 我国的湿地分类

一级	二级	三级
自然湿地	近海与海岸湿地	浅海水域
		潮下水生层
		珊瑚礁
		岩石海岸
		沙石海滩
		淤泥质海滩
		潮间盐水沼泽
		红树林
		河口水域

续　表

一级	二级	三级
		河口三角洲/沙洲/沙岛
		海岸性咸水湖
		海岸性淡水湖
	河流湿地	永久性河流
		季节性或间歇性河流
		洪泛湿地
		喀斯特溶洞湿地
	湖泊湿地	永久性淡水湖
		永久性咸水湖
		永久性内陆盐湖
		季节性淡水湖
		季节性咸水湖
	沼泽湿地	苔藓沼泽
		草本沼泽
		灌丛沼泽
		森林沼泽
		内陆盐沼
		季节性咸水沼泽
		沼泽化草甸
		地热湿地
		淡水泉/绿洲湿地
人工湿地	水库	
	运河、输水河	
	淡水养殖场	
	海水养殖场	
	农用池塘	

续 表

一级	二级	三级
	灌溉用沟、渠	
	稻田/冬水田	
	季节性洪泛农业用地	
	盐田	
	采矿挖掘区和塌陷积水区	
	废水处理场所	
	城市人工景观水面和娱乐水面	

注：无三级类的，记载到二级类。

湿地资源调查是指查清湿地类型、分布、面积，湿地水环境、生物多样性、保护与利用、受威胁状况等现状及其变化情况，全面掌握湿地生态质量状况及湿地损毁等变化趋势，形成湿地面积、分布、湿地率、湿地保护率等数据。

湿地资源调查的目的和任务是：以县（区、市）为单位，查清区域湿地资源现状，了解湿地资源动态消长规律，建立湿地资源数据库，对区域湿地资源进行全面、客观的分析评价，为区域湿地资源保护和管理提供基础资料和决策依据。《全国湿地资源调查技术规程（试行）》规定，湿地调查范围为面积 8 公顷（含 8 公顷）以上的近海与海岸湿地、湖泊湿地、沼泽湿地、人工湿地，以及宽度 10 米以上、长度 5 千米以上的河流湿地。第三次全国国土调查的湿地最小调查面积为 600 平方米。

湿地调查方法采用以遥感（RS）为主、以地理信息系统（GIS）和全球定位系统（GPS）为辅的“3S”技术。即通过遥感解译获取湿地型、面积、分布（行政区、中心点坐标）、平均海拔、植被类型及其面积、所属三级流域等信息。通过野外调查、现地访问和收集最新资料获取水源补给状况、主要优势植物种、土地所有权、保护管理状况等数据。在多云多雾的山区，如无法获取清晰的遥感影像数据，应该通过实地调查来完成。湖泊湿地、河流湿地、沼泽湿地以及人工湿地的遥感影像解译，选取近两年丰水期的影像资料。如果丰水期的遥感影像的效果影响到判读解译的精度，则选择最靠近丰水期的遥感影像资料。近海与海岸湿地调查，选取低潮时的遥感影像资料。湿地的外业调查根据调查对象的不同，分别选取适合的时间和季节进行。

湿地调查分为一般湿地调查和重点湿地调查。

一般湿地调查的内容包括对所有符合调查范围要求的湿地，调查湿地型、面积、分布（行政区、中心点坐标）、平均海拔、所属流域、水源补给状况、植被类型及面积、主要优势植物种、土地所有权、保护管理状况，以及河流湿地的河流级别等（如表 4－12 所示）。

表 4－12　一般调查湿地斑块调查表

调查人：　　　　　　　　　　　　　　　　　　　　　　　　调查时间：　　年　　月

<table>
<tr><td>湿地斑块名称</td><td colspan="2"></td><td>湿地斑块序号</td><td></td></tr>
<tr><td>所属湿地区名称</td><td colspan="2"></td><td>湿地区编码</td><td></td></tr>
<tr><td>湿地型</td><td colspan="2"></td><td>湿地面积(hm²)</td><td></td></tr>
<tr><td>湿地分布</td><td colspan="4">县级行政区：
中心点坐标：北纬　　　　　　；东经</td></tr>
<tr><td>所属三级流域</td><td colspan="2"></td><td>河流级别
（河流湿地）</td><td></td></tr>
<tr><td>平均海拔(m)</td><td colspan="4"></td></tr>
<tr><td>水源补给状况</td><td colspan="4">1. 地表径流　2. 大气降水　3. 地下水　4. 人工补给　5. 综合补给</td></tr>
<tr><td>近海与海岸湿地</td><td colspan="2">潮汐类型：1. 半日潮（　　）
2. 全日潮（　　）
3. 混合潮（　　）</td><td>盐度(‰)：</td><td>水温(℃)：</td></tr>
<tr><td>土地所有权</td><td colspan="4">1. 国有　2. 集体</td></tr>
<tr><td rowspan="7">植物群落调查</td><td rowspan="3">植被类型及面积</td><td>植被类型</td><td colspan="2">面积(hm²)</td></tr>
<tr><td></td><td colspan="2"></td></tr>
<tr><td></td><td colspan="2"></td></tr>
<tr><td rowspan="4">优势植物</td><td>中文学名</td><td>拉丁学名</td><td>科名</td></tr>
<tr><td></td><td></td><td></td></tr>
<tr><td></td><td></td><td></td></tr>
<tr><td></td><td></td><td></td></tr>
<tr><td>湿地斑块区划因子</td><td colspan="4">1. 三级流域不同　2. 湿地型不同　3. 县级行政区域不同　4. 土地所有权不同。</td></tr>
<tr><td>保护管理状况</td><td colspan="4"></td></tr>
</table>

注：保护管理状况包括已采取的保护管理措施以及是否建立自然保护区、自然保护小区、湿地公园。

重点湿地调查的内容除一般调查所列内容外，还应调查：自然环境要素，包括位置（坐标范围）、地形、气候、土壤；湿地水环境要素，包括水文要素、地表水和地下水水质；湿地野生动物，重点调查湿地内重要陆生和水生湿地脊椎动物的种类、分布及生境状况，包括水鸟、兽类、两栖类、爬行类和鱼类，以及该重点调查湿地内占优势或数量很多的某些无脊椎动物，如软体、甲壳、节肢类等；湿地植物与植被；湿地利用状况、社会经济状况和受威胁状况（如表 4－13、表 4－14 所示）。

表 4－13　重点调查湿地功能和利用现状调查表

湿地名称：　　　　湿地型：　　　编号：　　　　所属县市：

调查时间：　　年　　月

编号	湿地功能	详 细 说 明				
1	水资源（万吨）	总取水量	工业取水量	农业取水量	生活取水量	生态用水量
2	天然动物产品	产品名称	鱼	虾	蟹	软体类
		产量（吨）				
		价值（万元）				
3	天然植物产品	产品名称	（　）	（　）	（　）	（　）
		产量（吨）				
		价值（万元）				
4	人工养殖与种植	品种	鱼	虾	蟹	贝
		产量（吨）				
		价值（万元）				
5	矿产品及工业原料	品种	泥炭	石油	芦苇	（　）
		产量（吨）				
		价值（万元）				
6	航运	通航里程（km）		年通航时间（天）	货运量（万吨）	客运量（万人）

续　表

编号	湿地功能	详 细 说 明			
7	旅游疗养	疗养院数量(个)	宾馆数量(个)	游客量(万人)	疗养人数(万人)
8	体育运动	运动项目名称	(　　)	(　　)	(　　)
		接待人数(万人)			
		产值(万元)			
9	调蓄	调蓄河流名称	(　　)	(　　)	(　　)
		调蓄能力(m^3)			
10	泥炭储存	储存量(吨)			
11	水力发电	装机容量(kW·h)		发电量(kW·h)	
12	其他	(　　)			
湿地的主要利用方式及其详细说明：					

注：1. 括号里可填入表中未列入的种类。
2. “其他”栏填入未列出的其他湿地功能及相应描述。
3. 各数据均以年为单位统计。

表 4-14　重点调查湿地受威胁现状调查表

湿地名称：　　　　编号：　　　　所属市县：　　　　调查时间：　　年　　月

序号	威胁因子	起始时间(年)	影响面积(m^2)	已有危害	潜在威胁
1	基建和城市化				
2	围垦				
3	泥沙淤积				
4	污染				
5	过度捕捞和采集				
6	非法狩猎				
7	水利工程和引排水的负面影响				
8	盐碱化				
9	外来物种入侵				

续 表

序号	威胁因子	起始时间(年)	影响面积(m^2)	已有危害	潜在威胁
10	过牧				
11	森林过度采伐				
12	沙化				
13	其他				

湿地受威胁状况等级评价:

二、森林、草原、湿地资源调查的整合和统一

自然资源部成立以前,我国的森林资源、草原资源和湿地资源调查工作分属于不同的部门,由于各个部门的分类标准不一致、调查内容不一致、调查时点不一致、调查精度不一致、技术方法不一致,使得各部门、各行业间难以实现数据共享与交换,面积统一存在重复和冲突(如表 4-15、表 4-16 所示)。

表 4-15　我国林草湿地资源不同分类的重叠和冲突

分类	林地分类	草地分类	湿地分类
土地利用现状分类	在林地分类中,有宜林地;在土地利用现状分类中,将城镇村庄内的森林划入公园与绿地	按土地利用现状分类,可把草地分为天然牧草地、沼泽草地、人工牧草地;按气候和地貌分类,可把草地分为草原类、荒漠类、灌草丛、草甸类等 9 种。草地分类中的草原荒漠类与土地利用现状分类中的沙地有重叠	土地利用现状分类中未包括湿地分类中的浅海水域、潮下水生层和喀斯特溶洞湿地
林地分类	—	在林地分类中,灌丛覆盖度大于30%的,为灌木林地;在草地分类中,灌丛覆盖度小于 40% 的,为草地	红树林、森林沼泽、灌丛沼泽既属于林地,又属于湿地
草地分类	—	—	草本沼泽、灌丛沼泽既属于草地,又属于湿地

资料来源:袁承程,高阳,刘晓煌. 我国自然资源分类体系现状及完善建议[J]. 中国地质调查,2021,8(2):14-19.

表 4 - 16　我国自然资源调查工作主要技术要求的差别

调查		自然资源类型				
		土地	林地	草地	水资源	湿地
近期专项调查工作		第三次全国土地调查	第八次森林资源连续清查	第二次草地资源清查	第三次全国水资源调查评价	第二次湿地资源调查
起止时点(年)		2017—2020	2013—2018	2017—2018	2017—2019	2009—2013
国家层面牵头部门		原国土资源部	原国家林业局	原农业部	水利部	原国家林业局
国家层面技术标准	国家标准	《土地利用现状分类》	《森林资源规划设计调查技术规程》	—	—	《湿地分类》
	行业标准	《第三次全国国土调查技术规程》	《林地分类》	《草地分类》《草原资源与生态监测技术规程》	—	—
	技术规定	—	—	—	《第三次全国水资源调查评价技术细则》	《全国湿地资源调查与检测技术规程》
调查基本比例尺		1∶500、1∶2 000和1∶10 000	1∶10 000～1∶25 000	以1∶50 000为主	不形成面积数据	1∶50 000
上图精度		最小实地200平方米	各比例尺不同，不小于地形图上4平方毫米	3.75公顷	—	8公顷
技术方法		影像解译与解析测量	影像解译与样方抽样调查	影像解译、样方抽样调查与入户访问	—	影像解译与实地走访调查

续 表

调查	自然资源类型				
	土地	林地	草地	水资源	湿地
调查内容	各类农用地、建设用地、未利用地的位置、范围、权属、面积、分布等	森林资源的种类、结构、数量、质量和分布	草地资源面积、草原类型及面积、质量分级及面积、草原综合植被覆盖度、草原退化面积、草原承包面积、年末草食家畜存栏数量等 3 方面 33 个基础指标	水资源数量、质量、开发利用情况、水生态环境等 4 方面 13 个基础指标	湿地类型、分布、面积、平均海拔、土地权属、所属流域、水源补给、优势植物和植被、湿地保护管理等在内的 20 个基础指标
数学基础	1980 西安坐标系	1980 西安坐标系	1980 西安坐标系	—	1980 西安坐标系

资料来源：闫岩．破除壁垒，构建自然资源统一调查体系——以跨界创新思维研究自然资源调查现状与发展[J]．北京规划建设，2018(6)：37 - 40.

为搞好森林、草原、湿地等自然资源调查监测工作的协调配合，减少工作重复浪费，充分发挥现有机构队伍的调查监测能力，根据《深化党和国家机构改革方案》和自然资源部、国家林业和草原局“三定”规定，将森林、草原、湿地等自然资源调查职责整合至自然资源部，国家林业和草原局负责森林、草原、湿地动态监测工作。建立统一的森林、草原、湿地调查监测制度。森林、草原、湿地调查监测每年开展一次。

森林、草原、湿地调查监测以上一年度国土变更调查成果为底图，保持相关数据基础的一致性。自然资源部统一向国家林业和草原局提供年度国土变更调查的成果，国家林业和草原局统一制作调查底图并下发给地方林草主管部门使用。各级自然资源主管部门和林草主管部门共享卫星遥感影像数据（含原始数据和正射影像图）和相关基础地理信息数据。

依据《国土空间调查、规划、用途管制用地用海分类指南》，林地、草地、湿地调查监测指标可以根据需要，在林地、草地、湿地的二级地类基础上细化。森林面积、森林覆盖率、森林蓄积量指标应覆盖并仅限于“国土三调”及其国土变更调查的全部林地范围，草原面积、草原综合植被盖度应覆盖并仅限于“国土三调”及其国土变更调查的全部草地范围。需要调整分类指标的，自然资源部会同国家林业和草原局修订分类标准。林草业务管理需要的其他专项监测指标由国家林业和草原局确定。湿地面积等相关指标应覆盖并仅限于“国土三调”及其国土变更调查的全部湿地范围。林草湿资源现状调查监测的内容包括森林、草原、湿地的种类、数量、质量、结构、保护利用及其年度变化情况等（如表 4－17 所示）。

表 4－17　林草湿资源现状调查监测指标

调查监测内容		调查监测指标
综合指标		植被覆盖类型、林草湿植被生物量和碳储量、林草湿生态系统健康、保护利用情况
森林	种类	森林类型、植被类型、优势树种
	数量	森林覆盖率及各类森林面积、各类森林储量及其变化（包括蓄积量、生物量、碳储量）、各类森林面积增长量和减少量、毛竹和其他竹株数及其变化
	质量	平均胸径、平均树高、郁闭度/覆盖度、密度、单位面积储量、单位面积生长量、灌木平均高及覆盖度、腐殖质厚度、枯枝落叶厚度、森林健康、自然度

续 表

调查监测内容		调查监测指标
	结构	土地权属、林木权属、起源、龄组、径组、群落结构、树种结构
	利用保护	保护形式、利用方式
草原	种类	草原类、草原型、植被结构
	数量	草原面积、草地类、草原综合植被盖度及其变化、禁牧面积、草畜平衡面积、鲜草产量、干草产量、可食牧草比例、毒害草比例、植被碳储量及其变化
	质量	植被盖度、草群平均高度、裸斑面积比例、净初级生产力、草原植被碳密度、草原等、草原级、草原健康
	结构	草原所有权、草原使用权、草原承包权、植被覆盖类型、草原起源
	利用保护	保护类型、利用方式、功能类别、管控类型、草畜平衡指数
湿地	种类	湿地类型、植被类型
	数量	湿地面积、各类型湿地面积、植被面积
	质量	溶解氧、积水状况、水源保障情况、植物种类、植被群系面积、受威胁状况、湿地健康、国际重要湿地生态状况质量
	结构	权属、植被起源
	利用保护	湿地管理分级、保护形式、利用方式

(一) 统一调查监测的目标、思路和技术路线

1. 全国森林、草原、湿地调查监测的总目标

按照统一本底、统一时点、统一标准的原则，构建林地、草地、湿地统一调查监测体系，依法开展林草湿调查监测工作，着力推进国家和地方一体化调查监测。利用遥感、模型、大数据等先进技术手段，定期调查、年度监测和专项调查监测相结合，全面查清、准确掌握全国和各省林草湿资源的种类、数量、结构、分布、质量、功能、保护与利用状况及其消长动态和变化趋势。每年产出林草湿资源现状及动态变化数据，每 5 年全面评价林草湿资源及其生态系统状况和变化趋势，为林草湿资源及自然资源保护管理提供支撑。

2. 森林、草原、湿地统一调查监测的总体思路

从林草湿资源保护发展需求入手，定期调查与年度监测相结合、国家和地

方一体化、图斑监测与样地调查相协同，准确地获取林草湿资源的种类、数量、结构、分布、质量、功能、保护与利用状况及其变化情况，开展基于图斑的生态系统评价以及数据挖掘分析，揭示林草湿生态状况和发展规律，支撑林草湿资源三维时空数据库和生态网络感知系统建设，调查成果及时纳入自然资源三维立体时空数据库和国土空间基础信息平台（如图 4－2 所示）。

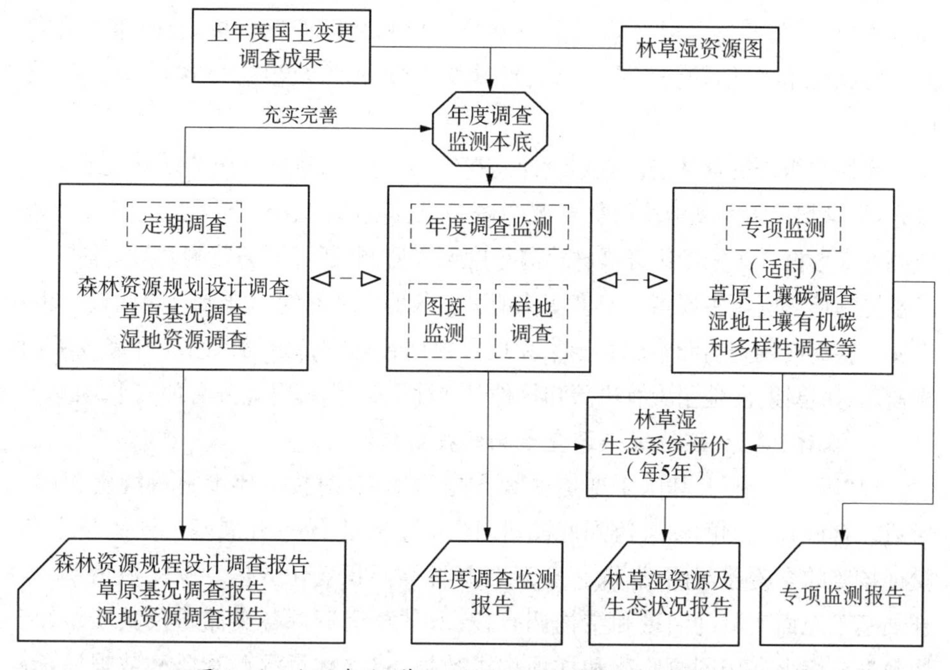

图 4－2　全国森林、草原、湿地统一调查监测的总体思路

（资料来源：《2022 年全国森林、草原、湿地调查监测技术方案》，自然资发〔2022〕65 号。）

3. 年度监测总体思路

每年以上年度国土变更调查数据为本底，对接上年度林草湿资源图，形成调查监测的图斑监测底图。国家和地方协同开展图斑监测和样地调查，形成点面融合、国家与地方一体的林草湿调查监测成果。在林草湿调查监测工作中，发现实地现状相对上年度国土变更调查结果发生变化的，要及时纳入当年国土变更调查。对林草湿调查监测工作中发现的变化图斑，可利用“国土调查云”平台开展实地举证，纳入国土变更调查的日常变更工作，未实地举证的图斑由国家林业和草原局统一汇交到自然资源部，补充到年度国土变更调查，并下发各地实地调查举证。各地在开展林草湿调查监测工作中，要对此类图斑的相关属性信息进行记录，在年度国土变更调查成果形成后，及时地将相关属性信息关联到对应的图斑上，纳入当年林草湿调查监测成果和国土空间基础信息平台。对年度监测中不能涵盖资源管理特定需求的工程成效、草原物候、草畜平衡、土壤固碳等开展专项调查监测，形成专项调查监测成果。充分利用年度监测、专项监测成果，每5年开展林草湿生态系统评价和数据挖掘分析，及时掌握林草湿生态状况和变化趋势，形成全面反映林草湿资源及生态状况的监测评价成果。

定期组织开展森林资源规划设计调查(二类调查)、草原基况监测和湿地资源调查，准确掌握落实到地块的林草湿图斑界线及其属性数据，充实完善年度调查监测本底数据。国家组织开展林草湿年度调查监测，通过图斑监测、样地调查，及时掌握林草湿资源主要指标年度变化情况。各地应适时组织开展定期调查，及时充实完善年度调查监测本底。国家和地方根据管理的特定需求组织开展专项调查监测，如草原、湿地土壤有机碳和物种多样性调查等，提升业务管理水平。

4. 森林、草原、湿地统一调查监测的技术路线

以"国土三调"及其国土变更调查数据为本底，对接上年度林草湿资源图，形成综合调查监测的图斑监测底图；以图斑为单元，统一开展基于遥感技术和验证核实的全覆盖监测，获取林草湿资源各类面积变化数据。以样地为单元，开展基于地面实测的储量和结构调查，获取林草湿资源各类储量及其质量、结构数据。综合利用图斑监测和样地调查数据，建立林草湿调查监测数据库，分析林草湿资源的种类、数量、质量、结构、保护利用及其变化情况，产出林草湿调查监测年度报告(如图4-3所示)。

(二) 统一调查监测的技术要求

1. 基础数据要求

(1) 平面坐标系统采用CGCS2000国家大地坐标系。

(2) 高程系统采用1985国家高程基准。

(3) 地图投影方式采用高斯-克吕格投影。其中，1∶2 000、1∶5 000、1∶10 000标准分幅图或数据，按3°分带；1∶50 000标准分幅图或数据，按6°分带。

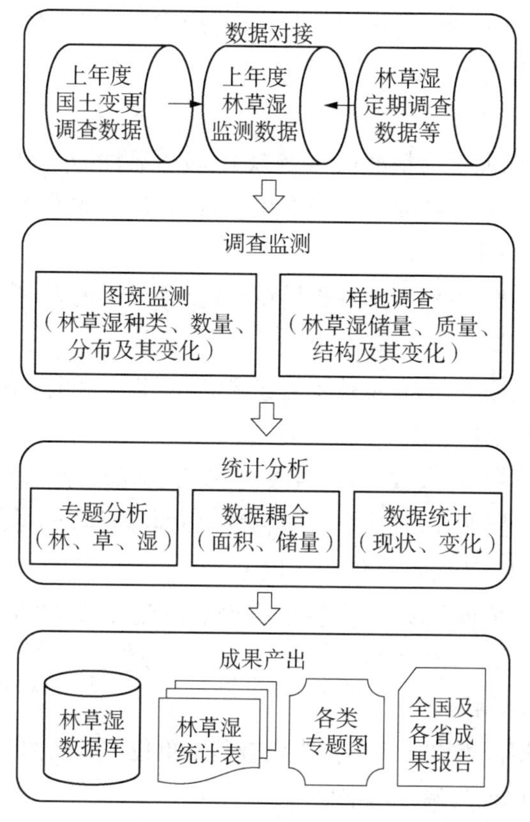

图 4-3　全国森林、草原、湿地统一调查监测的技术路线

（资料来源：《2022年全国森林、草原、湿地调查监测技术方案》，自然资发〔2022〕65号。）

(4) 遥感影像原则上采用调查年度时相为6—9月的遥感数据，突出植被信息；空间分辨率优于2 m；图像中云、雾覆盖面积少于5%，且不能覆盖在重点区域(森林覆盖率高的地区、工矿占地等)。

2. 调查精度要求

(1) 样地定位精度优于1 m。复位样地周界的长度误差应小于1%，新增或改设样地周界测量闭合差应小于0.5%。

(2) 林木胸径精确到0.1 cm；树高精确到0.1 m。森林蓄积量精确到0.1 m^3；每公顷蓄积量精确到0.01 m^3/hm^2。

(3) 草原植被盖度测量误差小于5%；植被高度测量误差精确到1 cm；产草量测量误差精确到5 g/m^2。

(4) 在优于 1∶10000 的比例尺上,图斑界线的区划误差不得大于 0.5 mm,不明显界线不得大于 1.0 mm。

3. 主要指标精度要求

(1) 生物量、碳储量的精度在 90%以上(按可靠性 95%计算)。

(2) 森林蓄积量:凡活立木蓄积量在 5 亿 m^3 以上的省,精度要求在 95%以上,其余各省在 90%以上。

(3) 林木总生长量:活立木蓄积量在 5 亿 m^3 以上的省,精度要求在 90%以上,其余各省为 85%以上。

(4) 林木总消耗量:活立木蓄积量在 5 亿 m^3 以上的省,精度要求在 80%以上,其余各省不作具体规定。

(5) 草原产草量:六大牧区省(西藏、内蒙古、新疆、青海、甘肃、四川)的精度要求在 95%以上,黑龙江、辽宁、吉林、河北、山西、陕西、宁夏、云南八省份的精度要求在 90%以上,其他省份在 85%以上。

(6) 草原综合植被盖度:六大牧区省份的精度要求在 95%以上,其他省份在 90%以上。

4. 其他技术要求

(1) 图斑区划调查以县级单位为调查基本单位,东北、内蒙古重点国有林区以国有林业经营单位为调查基本单位。

(2) 林地、草地、湿地区划的最小面积为 400 m^2,细碎小斑按边界相邻的原则合并。对于小于最小图斑面积的孤立林草湿图斑予以保留。林带采用面状图斑表示。

(3) 因季节性涨水、遥感影像阴影、卫星侧视角及影像校正误差、人为落图位移等导致图斑边界变化,现地未发生变化的,根据实际情况修正,如不能准确地确定偏移情况,则维持原小班界不动。

(4) 图斑发生合并、分割等变更时,应当保持与原图斑面积一致。

(5) 固定样地复位率要求达到 98%以上;固定样木复位率要求达到 95%以上。

(三) 统一调查监测的主要技术方法

1. 图斑监测方法

采用遥感监测和现地核实相结合的方法。以上年度国土变更调查数据为本底，对接林草湿资源上年度图斑监测数据，叠加各级行政界线和国有林区、国有林场/牧场、各类自然保护地等林草经营界线，形成林草湿资源调查监测图斑底图。采用自动识别和人工复核相结合的方法，将最新高分遥感影像与前期或多期遥感影像进行叠加分析，全面监测林草湿图斑的变化情况，准确区划变化图斑的边界；结合收集的建设项目用地、林木采伐、生态保护修复、林草灾害损失等业务管理资料，确定图斑变化类型，并更新变化图斑的相关属性信息。对于无法确定变化原因或无法获取相关属性信息的变化图斑，须通过实地核实的方法进行调查和确认。在图斑变化监测过程中，若发现原来的图斑区划不够准确或图斑属性存在错误的，应当一并予以纠正；对于存在疑问的图斑，应当结合变化图斑实地举证工作一并予以核实确认。

林草湿资源图斑监测按照制作调查监测底图、判读遥感区划、验证核实、数据更新四个工作环节开展图斑监测。

1）制作调查监测底图

（1）明确林草湿调查监测的范围。依据上一年度全国国土变更调查的成果，在林草湿资源图中剔除改变林地、草地、湿地用途的图斑，补充新增的林地、草地、湿地图斑。

（2）融合最新的定期调查成果。在林地、草地、湿地范围内，融合森林、草原、湿地定期调查监测的成果，更新林草湿图斑和属性信息。

（3）处理遥感影像底图。收集时相 6—9 月、空间分辨率优于 2 m 的遥感影像，经正射校正、融合拉伸、镶嵌拼接，制作 DOM 影像。

（4）收集整理上年度的“落地上图”数据。包括造林、抚育、退化林修复、种草改良、工程建设项目使用林地、草地、湿地“落地上图”的数据。将上述数据叠加，构成本年度的调查监测本底。

2）判读遥感区划

（1）人工智能识别。分析前后期遥感影像特征发生变化的情况，按建设项目占用、林地、草地、湿地开垦破坏、林木采伐、灾害及生态保护修复等判别变化类型，并分别类型进行标定，形成遥感解译标志库和变化类型数据标签。采用以深度学习为主的人工智能算法，读取遥感解译标志库和数据标签进行迭代训练，获取孪生神经网络模型等算法的最优参数，基于两期遥感影像，自动识别提取变化图斑。

(2) 变化地块遥感判读。对人工智能识别的变化图斑,根据两期遥感影像的特征变化情况,结合有关业务管理资料判定林地、草地、湿地变化原因的类型,修改完善和补充区划变化图斑的边界。此外,对以下四种情况进行区划判读,填写变化原因的类型:一是林草湿外的乔木和竹覆盖(植被覆盖类型)发生变化的;二是乔木林、竹林和灌木林(细化地类)图斑中,两期影像均未反映出乔木林、竹林和灌木林覆盖特征的部分,且不为幼龄林的;三是其他林地(细化地类)图斑中,对两期影像未反映出地表覆盖特征变化的,根据遥感影像特征能明确确定为工程建设项目使用的;四是对接融合标注不一致的林地图斑,根据遥感影像特征进行判读核实,对明显不一致的,进行确认。

(3) 变化图斑复判。对判读区划的变化图斑逐一进行界线核对和变化原因类型复核。变化图斑现状地类依据《国土空间调查、规划、用途管制用地用海分类指南》。

3) 验证核实

以查阅资料、野外验证、无人机拍摄识别等方式,实地举证核实变化图斑的范围界线,记录变化类型、地类、管理和自然属性等变化情况。地类按实地的实际情况记载,记载到三级地类,无三级地类的,记载到二级地类。

(1) 判读区划的变化图斑与林草湿资源档案记录的位置、范围、信息对应的,或当地人员举证确认的,可以判定的变化图斑,根据档案信息、资源数据库、举证资料等记载变化图斑的前地类、现地类、变化原因类型等属性及其他变化情况。

(2) 判读区划的变化图斑与林草湿资源档案记录不对应的,且无法室内判定的,应进行实地核实,判定是否发生变化及变化情况,并记录变化图斑的前地类、现地类、变化原因类型等属性及其他变化情况。

(3) 判读区划的变化图斑外,根据相关资料或实地发现的林地、草地、湿地变化地块,应根据实际情况补充勾绘图斑,实地核实记录变化图斑的前地类、现地类、变化原因类型等属性及其他变化情况。

(4) 对林草湿图斑中小班区划不合理、属性因子不完善的,进行补充区划调查,填写相关因子。

4) 数据更新

(1) 对涉及地类变更的图斑,在年度国土变更调查成果形成后,对图斑的界线和属性进行更新。

（2）对未涉及地类变更的图斑，采用模型更新的方法，对龄组、蓄积量、产草量、草原植被盖度等主要因子进行更新。

（3）有批复国家级公益林补进调出的，或有权属变更证明的，应参照相关成果资料对森林类别、国家公益林事权等级、保护等级、林种、林草权属等进行更新。

2. 样地调查方法

1）抽样设计

确定抽样总体，通常采用两种办法。一种是以整个地区作为抽样总体，全面布设样地。这种方法可以对整个地区的地类和资源作出估计，但工作量较大。另一种方法是分别以林业用地、草地、湿地作为清查总体，工作量小，但只能查清林业用地上的地类和资源状况。采用哪种方法，应视条件而定。

以国家森林资源连续清查固定样地框架为基础，系统抽样和空间/属性均衡抽样相结合，构建森林、草原、湿地调查监测统一抽样框架。森林样地维持第九次全国森林资源清查的固定样地框架不变。草原样地按产草量和植被盖度两项指标精度控制综合确定各省样地数量后，采用系统抽样和地理空间/属性均衡抽样的方法布设样地。湿地样地以各省范围内的湿地图斑为抽样总体，采用空间均衡抽样方法确定样地位置。森林、草原、湿地样地的位置应当固定，通过前后期复位调查，以准确地监测林草湿资源的动态变化。

2）样地布设

森林、草原和湿地调查监测样地设计为一体化的复合样地，由 1 个面积为 0.5 hm^2 的圆形样地（半径 40 m）、1 个面积为 0.06～0.08 hm^2 的方形/长方形/圆形样地（维持第九次全国森林资源清查各省固定样地的大小和形状不变）、3 条 40 m 长的样线、1 个 100 m^2 大样方（10 m×10 m，视灌木大草本覆盖情况可缩小至 5 m×5 m）、3 个 4 m^2 小样方（2 m×2 m）和 3 个 1 m^2 测产小样方组成（如图 4-4 所示）。其中，0.06～0.08 hm^2 的方形/长方形/圆形样地用于调查乔木林和竹林，100 m^2 大样方用于调查灌木林、林下幼树及大灌木，4 m^2 小样方用于调查草本植物及小灌木，40 m 长的样线主要用于调查草原植被盖度，0.5 hm^2 的圆形样地用于调查草原类、草原型及相关湿地因子等。

森林资源调查固定样地按系统抽样布设在国家新编地形图千米网交点上。每个固定样地均设永久性标志，按顺序编号，并须绘制样地位置图和编写位置说明文字。固定样地布设应与前期保持一致。如果改变抽样设计方案，或固定

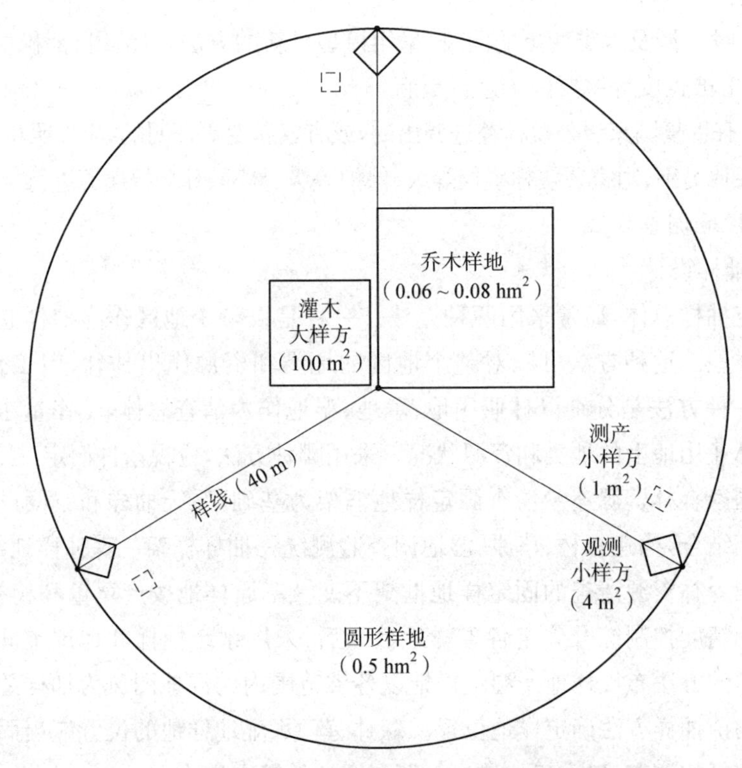

图 4-4　全国森林、草原、湿地统一调查监测的样地设计

（资料来源：《2022 年全国森林、草原、湿地调查监测技术方案》，自然资发〔2022〕65 号。）

样地数量、形状和面积，必须提交论证报告，经区域森林资源监测中心审核后，报国务院林业主管部门审批。

草原样地采用 GNSS 导航方法进行样地中心点定位，以 40 m 为半径设置圆形样地（0.5 hm^2）。以中心为起点，分别向正北、东南、西南方向设置夹角为 120°的 3 条样线。以样线端点处为中心设置 3 个 2 m×2 m 观测小样方，样方对角线与样线重合。以样地中心点正西方向 1 m 作为东南角点，设置 1 个 10 m×10 m（当灌木冠幅较小且分布均匀时，可缩小至 5 m×5 m）的大样方。对样地中心点及 3 条样线的端点加以固定。面向样地中心点，分别在 3 条样线右侧 5 m 左右选取 3 个最能代表观测小样方状况的 1 m×1 m 测产小样方。测产小样方不得与样线和观测样方重叠，不得与过去 10 年的测产小样方重叠。

湿地样地采用 GNSS 导航方法进行样地中心点定位，以 40 m 为半径设置圆形样地。当湿地样地所在图斑面积小于 0.5 hm² 时，以湿地图斑为样地范围。

森林样地维持第九次全国森林资源清查的固定样地数量不变。按照 5 年一个调查周期，将全部样地均匀地分成 5 组，每年调查其中的 1 组，即每年完成 1/5 约 8.3 万个样地调查，需要实地调查有植被覆盖的样地约 6.5 万个。草原样地数量按植被盖度的抽样精度为：内蒙古、四川、西藏、甘肃、青海、新疆（以下简称六大牧区）不低于 95%，其他省份不低于 90%；产草量的抽样精度为：六大牧区省份不低于 95%，黑龙江、辽宁、吉林、河北、山西、陕西、宁夏、云南不低于 90%，其他省份不低于 85%，全国草原样地总数约为 2 万个。湿地样地数量按主要指标抽样精度不低于 90%进行测算，全国湿地样地总数约为 1.2 万个。

3）样地调查

森林样地调查主要包括样地判读、样地调查、样地属性更新三项工作。

（1）样地判读。对全部样地进行遥感判读。对当年需要调查的 1 组样地，通过遥感判定是否需要实地调查。对其他 4 组样地，通过遥感判定植被覆盖类型是否显著变化。

（2）样地调查。对判定需要实地调查的样地进行地面调查。主要调查流程包括：样地定位、周界测量、样地因子调查、样木因子调查、拍摄现场照片、样地所在图斑调查。森林样地原则上只对 0.06～0.08 hm² 的方形/长方形/圆形样地和 25 m² 大样方开展调查（如图 4－5 所示），不调查 3 个小样方。

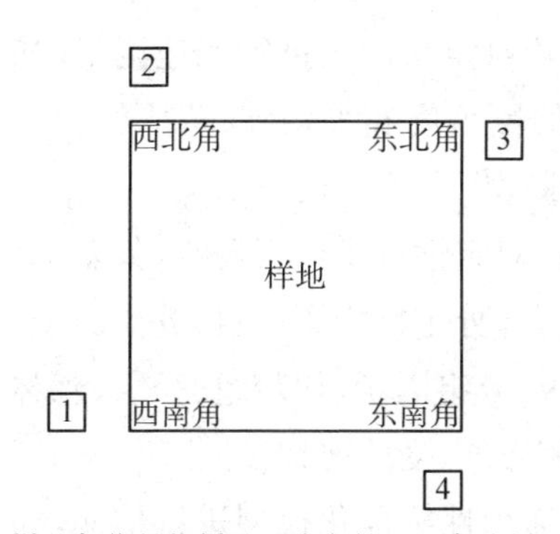

A.立地土壤：包括地理位置、地形地貌、海拔、坡向、坡位、坡度，地表形态、沙丘高度、覆沙厚度、侵蚀沟面积比例、基岩裸露、土壤名称、土壤质地、土壤砾石含量、土壤厚度、腐殖质厚度、枯枝落叶厚度等。

B.植被特征：包括植被类型、灌木覆盖度、灌木平均高、草本覆盖度、草本平均高、植被总覆盖度、地类、起源、优势树种、平均年龄、龄组、产期、平均胸径、平均树高、郁闭度、森林群落结构、林层结构、树种结构、自然度、森林灾害类型、灾害等级、四旁树株数、杂竹株数、天然更新等级、地类面积等级。

C.管理属性：土地权属、林木权属、森林类别、林种、公益林事权等级和保护等级、商品林经营等级、抚育措施、可及度、地类变化原因。

D.样木因子：对胸径≥5.0 cm的乔木树种和胸径≥2.0 cm的毛竹（含非竹林样地内毛竹）进行每木检尺，分别记载立木类型、检尺类型、树种，测量胸径。

图 4－5　森林资源样地调查示意图

(3) 样地属性更新。对其他 4 组样地，经判定没有明显变化样地的属性，采用生长模型或回归模型进行更新。

草原样地调查包括样地因子调查、样线调查、样方调查并拍摄相应的照片。

(1) 样地因子调查。在 0.5 hm^2 范围内调查的样地因子包括地形因子、土壤因子、地表特征，以及草地类、草地型、草原起源、优势草种类等植被特征因子。对于人工草地样地，调查草类品种、生活型、灌溉条件、种植年份、利用方式等。

(2) 样线调查。指沿样线每隔 1 m 或 0.5 m 间距采用针刺法进行植被盖度测量。样方调查的调查对象是：小样方对中小草本（平均高<80 cm）及小半灌木（平均高<50 cm、不形成大株丛）进行调查；大样方对高大草本（平均高≥80 cm）及灌木（平均高≥50 cm）进行调查。

(3) 样方调查。观测小样方调查分优势可食、优势毒害、其他可食、其他毒害 4 个类型调查草种、盖度、草群高度；测产小样方分优势可食、优势毒害、其他可食、其他毒害等 4 个类型调查草种、盖度、产草量。大样方分高大草本和灌木种类调查株（丛）数、冠幅、高度及当年新生枝条产量。

湿地样地调查需要记录样地中心点坐标，调查样地的地形因子、土壤因子、植被面积、植被群系、植物种类、溶解氧、积水状况、水源保障情况、生物量、土壤含水量、受威胁情况等因子。对于红树林，还要调查起源、树种、平均年龄等因子。

4) 样地调查的方法

第一，实测调查。通过调查工具或测量仪器对定量因子进行实地测量，如树木的胸径和树高、乔木林的郁闭度、灌木林的覆盖度和平均高、草原植被盖度、草群平均高、湿地水中溶解氧含量、土壤含水率等。

第二，目测调查。通过特征识别和目视判定对定性因子进行调查，如森林、草原、湿地的类型、起源、结构或构成因子。还有部分定性因子（也称分类因子）需结合实测进行综合确定，包括各种分等、分级、分组因子，如龄组、径组、森林健康等级、灾害等级、草原等、草原级和湿地利用方式、受威胁状况。

第三，模型估测。根据实测因子通过利用通用性标准化模型进行估测，如蓄积量、生物量、碳储量、产草量、草原植被盖度等。在样地调查中采用的标准化模型，应当事先通过典型抽样获取足够数量的样本来建立，并达到既定的精度要求。

(四) 统一调查监测的成果

1. 数据库

(1) 林草湿图斑监测数据库。包括遥感影像数据库、林草湿地表覆盖变化判读数据库、林草湿变化图斑核实数据库、林草湿图斑更新数据库。

(2) 林草湿样地调查数据库。包括样地调查数据库、样方调查数据库、样木调查数据库。

(3) 林草湿调查监测支撑数据库。包括数表数据库、模型数据库、参数数据库、数据字典数据库。

2. 统计表

(1) 林草湿资源统计表。包括各类资源种类、数量、质量、结构、分布等现状及年度变化统计表。

(2) 生态评价统计表。包括生态系统类型、健康、生产力、碳储量等现状及年度变化统计表。

(3) 重点区域统计表。包括重点战略区、国家公园、重点生态保护修复区、重点国有林区、主要流域及山脉等重点区域资源及生态评价统计表。

3. 图件

(1) 资源现状图。包括林草湿分布图、森林分布图、草原分布图、湿地分布图以及重点区域资源分布图。

(2) 专题分析图。包括天然林、人工林、国有林、集体林、国家级公益林等资源分布及其变化图。

(3) 生态评价图。包括生态系统生产力、生态系统健康、森林碳密度、草原碳密度、草原植被盖度、草原单位面积鲜草产量等生态评价图。

4. 报告

以县级行政区为单位形成林草湿资源及生态状况年度报告。通过汇总形成林草湿调查监测全国及各省报告。

第四节 水域和海洋资源调查监测

地球表面的一切水体(包括海洋和陆地水域)占地表覆盖层面积的较大比

例，是地表覆盖层调查监测的重要对象，是水资源的主要载体。海洋的形态分为洋、海、海湾和海峡等。海洋是地球表面被各大陆地分隔为彼此相通的统一的广大水域。海洋的中心部分称作洋，边缘部分称作海。海湾一般被说成是洋或海的延伸。海峡是连接两个大的海域的狭窄的水道。陆地水域是陆地上被水覆盖的区域，包括河流、湖泊、库塘、沟渠、冰川、沼泽等。

地球上的水在地理环境中以固态、液态和气态三种形式相互转化，形成各种水体，以陆地水、海洋、生物水和大气水的形式存在，共同构成了一个连续但不规则的圈层（水圈）。通过以蒸发蒸腾、水汽输送、降水、下渗或径流等一系列环节和过程形成水循环，维持全球水量平衡，不断地更新陆地淡水资源，联系岩石圈、大气圈、土壤圈和生物圈，促进地表物质运动和能量交换，调节全球水热平衡，还不断地塑造地表形态。世界上的淡水资源是由水循环产生的，陆地降水大于蒸发，海洋蒸发大于降水，通过水循环使海洋往陆地源源不断地供应淡水。水循环使水成为可再生资源，可以保证在其再生速度水平上可持续利用。

全球水主要以海洋为主，约占其总量的 97.5%，淡水只约占 2.5%。位于极地高纬度地区和高山地区的淡水以冰川、雪盖的固体形式存在，其储量只约占全球水总储量的 1.725%，也不容易为人类所利用。当今人类比较容易利用的是河流、湖泊淡水及浅层地下水，其储量只占全球水总储量的 0.007%。水是地球上人类和一切生物得以生存的必要条件和物质基础，是相对稀缺的一种宝贵的自然资源。

地表水由经年累月自然的降水累积而成，并且自然地流向海洋或者是经由蒸发消失，以及渗流至地下。虽然任何地表水系统的自然水来源仅来自该集水区的降水，但仍有其他许多因素影响此系统中的总水量多寡。这些因素包括湖泊、湿地、水库的蓄水量，土壤的渗流性，此集水区中地表径流的特性。人类活动对这些特性有着重大的影响。人类为了增加存水量而兴建水库，为了减少存水量而排除湿地的水分。人类的开垦活动以及兴建沟渠则会增加径流的水量与强度。由于受地理位置和地形地貌的影响，世界水资源的自然分布存在着时间上和空间上不均匀的状况。社会经济发展、人口集聚和城市建设，使得一些地区的水资源供不应求，水的利用不合理和水污染使得水环境恶化成为影响面广、后果极其严重的问题。

地表水资源调查监测工作是新时期党中央赋予自然资源系统的新使命，是自然资源部门“两统一”职责的重要组成部分，也是全面提升自然资源治理能力和治理水平的基础性工作，对全面准确地掌握全国水资源空间分布、动态变化、开发利用，推动山水林田湖草整体保护、系统修复和综合治理具有重要意义。

一、陆地水调查监测

陆地水是自然界中最重要的资源之一。长期以来，水文和水利学界对于陆地水调查非常重视，水资源调查是通过区域普查、典型调查、临时测试、分析估算等途径，在短期内收集与水资源评价有关的基础资料的工作。它是长期定位观测、常规统计及专门试验的补充。为了掌握区域水资源状况，我国曾开展了一系列相关调查。

（一）水域调查

水域调查的目的是全面掌握调查区域范围内现有水域的基本数据，为依法保护水域，有效管理水域，发挥水域行洪排涝、水量调蓄、航运交通、环境美化、生态保护、资源利用等功能，控制因经济发展和城市化进程对水域的无序占用，改善并恢复水域生态环境，加快水域综合治理步伐，实现生态建设目标提供全国水域基本资料。水域调查以县级行政区为单位实施，水域调查对象是县级行政区陆域范围内的河道、湖泊、池塘、水库、山塘以及其他水域。

水域调查的总体要求是：充分利用现有的水域资料，注意收集与水域调查相关的规划、水工程设计资料、历史测量资料、地形图、电子地图、遥感及航测图片等，并注重资料的对比分析。水域调查的重点是平原河网、入海河流的河口段、城市河段等经济发展速度较快、城镇化水平较高、水域资源占用比较严重的地区。水域调查要从保护水域、发挥水域功能、改善水域环境的要求出发，确保调查成果的质量。

水域调查的内容包括：河道长度、河道平均宽度、河道水域面积、河道水域容积，对于河网，还包括河网水面率；湖泊和池塘的水域面积、水域容积；水库和山塘的水域面积、水域容积；其他水域形成的水域面积、水域容积；上述各类水域的水域功能和使用情况。

（二）水文调查

水文调查是为了弥补基本水文站网定位观测的不足，扩大资料收集范围和提供专项水文资料的工作。水文调查以调查区为单元(无基本站或无基本雨量站的区域、原水/河网水量巡测线及区域代表片、干支流上游基本站至下游基本站的区间、下游控制站至注入口的区间等)进行成果综合。

水文调查的基本内容分为四类:一是流域基本情况调查,即基本水文站(基本站)上游集水区内流域基本情况调查;二是水量调查,即基本站受水工程影响程度达到中等影响时,对河川径流进行还原水量调查和水量平衡调查;三是暴雨和洪水调查,即基本站设站初期进行历史暴雨和洪水调查,或超过一定标准的当年暴雨和洪水调查;四是专项水文调查,即为了专门目的的需要,调查收集某专项水文资料,如枯水调查、固定点洪水调查、沙量调查、泉水调查、平原水网区水量调查、岩溶地区水文调查等。

(三) 水资源规划现状调查

水资源综合规划是在查清区域水资源及其开发利用现状、分析和评价水资源承载能力的基础上,根据经济社会可持续发展和生态环境保护对水资源的要求,提出水资源合理开发、优化配置、高效利用、有效保护和综合治理的总体布局及实施方案,以水资源的可持续利用支持经济社会的可持续发展。

水资源综合规划调查的内容包括以下六个方面:

(1) 水资源:当地水资源量(地表水、地下水)、可用水资源量、水资源配置等情况,工业、农业用水状况,相关节水措施。

(2) 水环境:当地水功能区划、整体水质情况、重点河湖的水质、水环境规划治理措施、水环境治理示范点。

(3) 水系:当地水系现状、规划水系布局、水利工程措施。

(4) 防洪排涝:当地洪涝情况、防洪片区规划、防洪工程及非工程措施、雨洪资源利用。

(5) 水生态:当地水生态现状、生态片区划分、水生态规划措施、水生态示范点。

(6) 水景观、水文化、水旅游:当地水景观、水文化、水旅游资源现状、规划情况、示范区情况。

水资源开发利用现状分析、未来供需水预测和实测径流还原计算是其工作基础,重点调查对象为河道外用水。按照用户的性质分类,河道外用水可分为农业用水、工业用水和生活用水,其中,农业是用水大户,而工业、生活用水要求保证率高。由大型水利工程供水的灌区和自来水厂供水的用户，一般有供水记录作为核算用水的依据。由小型水利工程、自备井分散供水的用户，则需根据灌溉面积、工业产值、人口等社会经济资料和典型调查获得的用水定额，对各类用水进行估算。为了分析用水水平和节水潜力，还应根据灌区、工厂、住宅的水平衡测试资料，分析估算各类用户的耗水量。

（四）地表水环境现状调查

地表水环境现状调查的目的是掌握评价范围内水体污染源、水文、水质和水体功能利用等方面的环境背景情况，为地面水环境现状和预测评价提供基础资料。

地表水环境现状调查以收集资料为主，以现场实地测量为辅，常用的调查方法有三种，即搜集资料法、现场实测法和遥感遥测法，调查的对象（内容）主要为环境水文条件、水污染源和水环境质量。

地表水环境现状调查的关键是水质调查。调查内容包括污染源、地表水质量状况、地下水质量状况和污染事故等。调查程序主要有三个步骤：首先，收集已有的定位水质监测资料，确定重点调查地区，制定调查计划；其次，现场查勘，了解污染源的分布情况，估算废污水排放量和有机农药使用量，对污染严重的河段和水井进行取样分析；最后，将水质调查资料与定位监测资料相结合，对水体水质概况进行评价，提出控制污染的建议。

水环境调查的范围应包括受建设项目影响较显著的地面水区域。在此区域内进行的调查，能够说明地面水环境的基本状况，并能充分满足环境影响预测的要求。当下游附近有敏感区（如水源地、自然保护区等）时，调查范围应考虑延伸至敏感区的上游边界，以满足预测敏感区所受影响的需要。在确定某具体建设开发项目的地面水环境现状调查范围时，应尽量按照将来污染物排放进入天然水体后可能达到的水域范围，并考虑评价等级的高低（评价等级高时，调查范围取偏大值；反之，取偏小值）后决定。

（五）水资源调查评价监测

2021 年 6 月，自然资源部召开全国水资源调查监测评价工作视频会，标志着新一轮水资源调查监测评价工作正式启动。

水资源调查评价监测的总体目标是：按照“坚持问题导向、坚持继承与创新相结合、坚持与时俱进”的要求，利用 5 年时间基本建成组织协同、技术融合、标准统一、成果有效的水资源统一调查监测评价制度，形成水资源状况周期调查评价与年度更新调查监测制度，全面掌握全国水资源的数量、质量、空间分布、开发利用、生态状况及动态变化。

水资源调查监测评价要继承融合已有工作的基础，联合多部门协同合作，持续开展；要提升对水资源生态价值的认识，建立符合生态文明建设新要求的水资源数量、质量、生态“三位一体”调查监测评价指标体系。充分发挥水文地质调查监测和卫星遥感等技术优势、陆海统筹的职能优势以及国土和各类自然资源最新调查成果等优势，拓展调查指标，加强技术创新，建立统一规划部署、统一标准体系、统一数据平台、统一成果发布的水资源调查监测评价制度。

水资源调查监测评价具体包括四个方面的工作。第一，开展全国水资源调查评价监测。将河湖库塘水面、冰川及常年积雪面积及变化纳入调查监测的范畴，掌握全国、流域及地方各级行政区域水资源的数量、质量、空间分布、开发利用、生态状况及动态变化。第二，建成国家水资源调查数据库和信息共享服务平台。在已有国家地下水监测平台的基础上，加强水资源及其开发利用信息共享，建成国家水资源调查全口径数据库。第三，实施重点地区水资源调查评价重大专题。统筹推进国家重大战略区、生态脆弱区、江河源区等重点地区水资源综合调查与水平衡分析，构建生产、生活和生态系统相互协调的水平衡分析方法，科学评价水资源的关键性支撑和制约作用，为国家重大战略部署、国土空间规划与用途管制、生态保护修复等提供支撑。第四，加强技术标准体系建设和科技创新成果转化。探索建立冰川及常年积雪、冻土、土壤水、水量蒸发等区域水循环要素调查监测技术方法。

水资源年度调查监测评价的主要工作内容包括以下五个方面：第一，地表水资源调查，共享水利、生态环境、气象等部门的数据成果；第二，地下水资源调查监测评价，通过开展水文地质调查，完成地下水位、水温和水质的动态监测，形成地下水资源调查评价成果；第三，海水淡化等非常规水资源开发利用量调查统计，采用统计数据，结合现场调查、数据共享，汇总完成；第四，水资源总量调查评价，综合评价全国、流域和各级行政区水资源的总量；第五，生态状况调查评价，获取江河湖库塘水面面积、冰川及常年积雪面积、人工或自然岸线（以河湖为主）等生态状况基础数据，识别河道断流、湖泊湿地萎缩、岸线破坏等生态问题，分析成因和变化趋势。

水资源年度调查监测评价成果以年度水资源调查监测报告反映，其主要内容包括降水量、地表水资源数量和质量、地下水资源数量和质量及动态变化、海水淡化等非常规水资源开发利用情况和生态状况调查评价结果。

水资源调查评价监测要加强组织领导，明确责任分工。自然资源部自然资源调查监测司负责制度建设、组织协调、监督指导；中国地质调查局负责具体实施；省级自然资源主管部门负责本辖区的水资源调查监测工作。

二、海洋资源调查监测

（一）海洋资源、海洋调查和海域使用的概念

海洋资源是自然资源的分类之一，指的是与海水水体及海底、海面本身有着直接关系的物质和能量。海洋资源包括：海水中生存的生物；溶解于海水中的化学元素；海水波浪、潮汐及海流所产生的能量、贮存的热量；滨海、大陆架及深海海底所蕴藏的矿产资源；海水所形成的压力差、浓度差等。海洋资源按资源性质或功能分为水域资源、海洋生物、矿产资源和能源资源。

海水直接利用是以海水直接代替淡水作为工业用水和生活用水等相关技术的总称，包括海水冷却、海水脱硫、海水回注采油、海水冲厕和海水冲灰、洗涤、消防、制冰、印染等。海水直接利用是直接替代淡水、解决沿海地区淡水资源紧缺的重要措施。世界水产品中的85%左右产于海洋。地球上生物资源的80%分布在海洋里，以鱼类为主体（占世界海洋水产品总量的80%以上），还有丰富的藻类资源。在海洋生态不受破坏的情况下，每年可向人类提供30亿吨水产品。海水中含有丰富的海水化学资源，已发现的海水化学物质有80多种。其中，11种元素（氯、钠、镁、钾、硫、钙、溴、碳、锶、硼和氟）占海水中溶解物质总量的99.8%以上，可提取的化学物质达50多种。由海水运动产生的海洋动力资源，主要有潮汐能、波浪能、海流能及海水因温差和盐差而引起的温差能与盐差能等。估计全球海水温差能的可利用功率达100×10^8千瓦，潮汐能、波浪能、河流能及海水盐差能等可再生功率在10×10^8千瓦左右。远洋航线以主要海港为起点，海洋运输是国际物流中最主要的运输方式，运量大，海运费用低，航道四通八达，是海洋运输的优势所在。国际贸易总运量中的2/3以上，中国进出口货运总量的约90%都是利用海上运输。广阔的海洋和风光绮丽的滨海

地带令人流连忘返。充分利用大海的自然风光，开发海滨旅游，也是人们利用与开发海洋资源的一个重要方面。

海洋调查是帮助人们认识海洋的重要手段，为海洋科学研究、海洋资源开发、海洋工程建设、航海安全保证等方面提供基础资料和科学依据。海洋资源调查和监测，通常是指对海域的水文、气象、化学要素、海洋声光要素、海洋生物、海洋地质、地球物理、海洋生态、海底地形地貌、海洋工程地质等自然属性，以及用海类型、位置、面积、分布和海域权属等社会属性及其变化情况进行的调查、监测、统计、分析的活动。

海域使用指内水、领海中持续使用特定海域三个月以上的排他性用海活动。海域使用分类以海域用途为主要分类依据，区分用海方式，遵循对海域使用类型的一般认识，并与海洋功能区划、海洋及相关产业等的分类相协调，体现海域使用管理工作的特点和要求，保持项目用海的完整性（如表 4-18、表 4-19 所示）。

表 4-18　海域使用类型分类

一级类		二级类	
编码	名称	编码	名称
1	渔业用海	11	渔业基础设施用海
		12	围海养殖用海
		13	开放式养殖用海
		14	人工鱼礁用海
2	工业用海	21	盐业用海
		22	固体矿产开采用海
		23	油气开采用海
		24	船舶工业用海
		25	电力工业用海
		26	海水综合利用用海
		27	其他工业用海

续　表

一级类		二级类	
编码	名称	编码	名称
3	交通运输用海	31	港口用海
		32	航道用海
		33	锚地用海
		34	路桥用海
4	旅游娱乐用海	41	旅游基础设施用海
		42	浴场用海
		43	游乐场用海
5	海底工程用海	51	电缆管道用海
		52	海底隧道用海
		53	海底场馆用海
6	排污倾倒用海	61	污水达标排放用海
		62	倾倒区用海
7	造地工程用海	71	城镇建设填海造地用海
		72	农业填海造地用海
		73	废弃物处置填海造地用海
8	特殊用海	81	科研教学用海
		82	军事用海
		83	海洋保护区用海
		84	海岸防护工程用海
9	其他用海	91	其他用海

资料来源:《河域使用分类》(HY/T 123－2009)。

表 4-19 海域利用方式(用海方式)的区分

一级方式		二级方式	
编码	名称	编码	名称
1	填海造地	11	建设填海造地
		12	农业填海造地
		13	废弃物处置填海造地
2	构筑物	21	非透水构筑物
		22	跨海桥梁、海底隧道等
		23	透水构筑物
3	围海	31	港池、蓄水等
		32	盐业
		33	围海养殖
4	开放式	41	开放式养殖
		42	浴场
		43	游乐场
		44	专用航道、锚地及其他开放式
5	其他方式	51	人工岛式油气开采
		52	平台式油气开采
		53	海底电缆管道
		54	海砂等矿产开采
		55	取、排水口
		56	污水达标排放
		57	倾倒

资料来源:《河域使用分类》(HY/T 123-2009)。

海域属于国家所有,单位和个人使用海域,必须依法取得海域使用权。国家实行海洋功能区划制度,海域使用必须符合海洋功能区划。养殖、盐业、交通、旅游等行业规划涉及海域使用的,应当符合海洋功能区划。沿海土地利用总体规划、城市规划、港口规划涉及海域使用的,应当与海洋功能区划相衔接。

海域使用权人有依法保护和合理使用海域的义务；海域使用权人对不妨害其依法使用海域的非排他性用海活动，不得阻挠。海域使用申请经依法批准后，必须进行海域使用权登记。海域使用权的最高期限，按照用途分别确定：养殖用海的最高期限为15年，拆船用海的最高期限为20年，旅游、娱乐用海的最高期限为25年，盐业、矿业用海的最高期限为30年，公益事业用海的最高期限为40年，港口、修造船厂等建设工程用海的最高期限为50年。海域使用权期限届满，海域使用权人需要继续使用海域的，应当至迟于期限届满前两个月向原批准用海的人民政府申请续期。除根据公共利益或者国家安全需要收回海域使用权的外，原批准用海的人民政府应当批准续期。国家实行海域有偿使用制度。单位和个人使用海域，应当按照国务院的规定缴纳海域使用金。准予续期的，海域使用权人应当依法缴纳续期的海域使用金。海域使用权人不得擅自改变经批准的海域用途；确需改变的，应当在符合海洋功能区划的前提下，报原批准用海的人民政府批准。海域使用权期满，未申请续期或者申请续期未获批准的，海域使用权终止。海域使用权终止后，原海域使用权人应当拆除可能造成海洋环境污染或者影响其他用海项目的用海设施和构筑物。

（二）我国海洋调查监测的历史回顾

中国人对海洋的探索早已开始。秦汉时期是我国海疆开发的重要时期，近海捕捞、海盐生产、航海海路的开辟都进入了一个崭新的阶段。西汉时期，开辟了从徐闻经南海、印度洋到今印度南部、斯里兰卡的航线。明朝永乐三年（1405年）开始的“郑和下西洋”，是传统王朝体制下中央政权经略海洋最为开放的一次。但系统性的海洋调查起步相对较晚。1909年成立的中国地学会，从地球科学的角度，对海洋地理、海洋地质、海产生物和海洋气象等进行研究，并通过其会刊《地学杂志》宣传海洋科学知识。1914年创办的中国科学社，为促进中国近代海洋科学的发展作出过积极的贡献。1922年，中华民国设立海道测量局，中国的海道测量工作开始起步。至1935年，该局共绘出30余幅图，编有《水道图志》一册。建于1928年的青岛观象台海洋科，是中国第一个海洋水文气象和生物观测研究机构。中国科学社筹建的青岛水族馆也由该科管理。海洋科主办刊物《海洋半年刊》。1937年下半年至20世纪40年代末，中国的海洋科学研究绝大部分陷于停顿。抗日战争胜利后，童第周在山东大学、马廷英在台湾大学、唐世凤在厦门大学分别创立海洋研究所。厦门大学还设立了海洋学系。这时期研究的学科多偏重海洋生物、海洋地理、海洋地质和海洋水文气象方面。

中华人民共和国成立，党和政府非常重视海洋科学事业的发展，中国海洋科学进入了全面、迅速发展的时期，创造了新的辉煌。1956 年 10 月，国务院原科学规划委员会制定了《1956 年至 1967 年国家重点科学技术任务规划及基础科学规划》，将“中国海洋的综合调查及其开发方案”列入第 7 项。这是中国首次将海洋科学研究列入国家科学技术发展规划，为中国海洋科学的发展勾画出一幅宏伟的蓝图，指明了前进方向。1958 年 4 月，国务院原科学规划委员会海洋组决定采取大协作的方式开展中国近海海洋综合调查(简称全国海洋普查)，全国海洋普查的主要目的是：通过对中国近海进行系统全面的综合调查，编绘海洋物理、海洋化学、海洋生物和海洋地质地貌等图集、图志；撰写调查报告、学术论文；制定海洋资源开发方案；建立海洋水文气象预报、渔情预报系统；为加强国防和海上交通建设等提供必要的基础资料。全国海洋普查的范围包括我国大部分近海区域。在 28°N 以北的渤海、黄海、东海海区，布设 47 条调查断面，333 个大面积巡航调查观测站(简称大面观测站)和 270 个连续观测站；在南海海区内布设 36 条调查断面、237 个大面观测站和 57 个连续观测站。另外，在浙江、福建沿海的 2 个海区内布设 8 条调查断面和 54 个大面观测站，进行 8 个月的探索性大面调查。全国海洋普查共获得各种资料报表和原始记录 9.2 万多份，图表(各种海洋要素平面分布图、垂直分布图、断面图、周日变化图、温盐曲线图、温深记录图等)7 万多幅，样品(沉积物底质表层样品、地底垂直样品、悬浮体样品及其他地质分析样品)和标本(浮游生物标本、底栖生物标本)1 万多份。由于受当时条件的限制，东海区和南海区大片海域未能进行调查。于 1961 年编辑出版了我国第一部正式的海洋调查规范——《海洋调查暂行规范》，规范了我国此后的海洋调查。全国海洋普查促成了我国众多重要海洋机构的建立。在普查中，1959 年 1 月，中国科学院原海洋生物研究所扩建为中国科学院海洋研究所；1 月，中国科学院南海海洋研究所在广州成立；3 月，我国第一所海洋综合性理工大学——山东海洋学院(现中国海洋大学)成立。特别值得一提的是，全国海洋普查直接促生了原国家海洋局的成立。第二届全国人民代表大会第 124 次常委会会议批准在国务院下设立原国家海洋局。原国家海洋局的成立是中国海洋事业发展史上的重要里程碑，标志着中国从此开始走向建设海洋强国的时代。

1977年，我国正式加入联合国教科文组织政府间海委会（IOC-UNESCO），并一直以高票数当选海委会执行理事会成员，在参与重大计划以及游戏规则制定等方面发挥了重要作用。几十年来，我国积极参与海委会发起的一系列重大全球性海洋科学计划，如全球海洋与大气相互作用计划、世界大洋环流计划、全球海洋观测计划等，同时，与美国、加拿大、日本、德国、法国等国家建立了双边海洋科技合作。这些计划代表着世界海洋科学发展的前沿，国际合作计划的实施促进了我国海洋科学的发展，提高了我国在海洋科学研究、资料交换、防灾减灾、海洋制图和海洋观测与预报等方面的能力，扩大了我国在世界海洋界的影响。

1980—1987年，由原国家海洋局主持，我国全面开展了海岸带和海涂资源综合调查。这一调查工程涉及沿海10省区，调查面积约有35万平方千米，测量断面9600条，观测点9万个，历时7年完成。查明我国拥有滩涂217万公顷，其中的95%分布在大陆岸线，岛屿滩涂面积仅约占5%，以江苏、山东面积最大，次为浙江、辽宁、福建、广东。海域中大于500平方米的海岛约有6500多个。滩涂和浅海可供养殖面积各约66万公顷。基本上摸清了我国海岸带、海涂和海岛的自然条件、资源数量以及社会经济状况，为开发利用海岸带和海岛资源提供了科学依据。

1984—1995年，我国先后三次组织了大规模的南沙群岛及其邻近海区综合科学考察，较全面地查明了在12°N以南、断续线以内南沙群岛72个主要礁体的状况，为南沙海区资源开发和保护，维护国家海洋权益，提供了科学依据。同期，先后对台湾海峡及邻近海域进行了三次较大规模的海洋环境综合调查。

21世纪初以来，随着《海洋环境保护法》《海域使用管理法》和《海岛保护法》的颁布实施，以及国民经济的快速发展需求，我国的海洋调查研究得到全面发展，进入到成熟阶段。大批先进探测仪器、定位和取样设备以及分析测试仪器等得到应用，大大提高了我国海洋调查研究的水平。在此期间，我国实施了大量规模型海洋调查项目，包括我国专属经济区和大陆架勘测以及西北太平洋环境综合调查等。

2003年9月，国务院批准我国近海海洋综合调查与评价专项（简称908专项），这是中华人民共和国成立以来国家投入最大、参与人数最多、调查范围最广、采用技术手段最先进的一项重大海洋基础工程，包括近海海洋综合调查、近海海洋综合评价、"数字海洋"信息基础框架构建三大基本任务。此次采用了当时世界先进的海洋调查仪器设备，动用大小船只500余艘，航程200多万千米，海上作业约2万天，完成水体调查面积102万平方千米、海底调查面积64万平方千米、海岛海岸带卫星遥感调查面积约152万平方千米、航空遥感调查面积约9万平方千米。基本上摸清了我国近海海洋环境资源的家底，更新了我国近海海洋基础数据和图件，构建了中国数字海洋信息基础框架。首次获取了我国大陆海岸线长度及海岛数量等的高精度实测数据，首次获得了准同步、全覆盖的我国近海海洋环境基础数据，首次查明了我国海洋能等新兴海洋资源分布及可开发潜力，首次实现了对我国近海60多万平方千米的全覆盖勘测。综合调查已圆满完成了迄今为止最大规模的全海域准同步水体环境夏、冬、春、秋四个季度航次的调查，获得了我国近海海域物理海洋与海洋气象、海洋生物生态、海洋化学、海洋光学、海底底质、海底地形地貌和海洋地球物理等大范围、高精度的海洋调查数据，全面更新和丰富了我国近海海洋环境的基础数据，绘制了全新的海洋环境要素基础图件。获得了我国海岛数量与地理位置、海岸线长度、近海海洋可再生能源蕴藏量与分布、海水资源开发利用现状、海洋灾害的分布等第一手资料。各沿海省(自治区、直辖市)按照专项总体部署，完成了海岸带修测工作和社会经济基本状况调查、专项海底环境调查以及海岛海岸带、海洋灾害、海洋可再生能源、海水资源利用等专题调查任务，对我国近海资源、环境和生态承载力以及海洋防灾减灾、沿海地区社会经济可持续发展等方面进行了综合评价。"数字海洋"信息基础框架构建项目、历史数据整合、标准规范编制以及关键技术研发等各项工作已深入展开。

2006年，原国家海洋局启动国家海域动态监视监测系统建设，开展了包括海洋功能区划利用及执行、海域已开发面积及其分布、各类型宗海面积、宗海用途、权属变更、岸线、海湾河口变化、海洋灾害等情况的监视监测，基本上实现了对我国无争议管辖海域的动态掌握。2008—2011年，"927工程"重点开展部分海岛岛陆测绘，为建立陆海一致的大地坐标系统服务。2009—2012年，开展全国海域海岛地名普查，隶属于第二次全国地名普查试点，主要调查海岛名称、数量和位置，服务于国家地名管理。2019—2020年，开展全国海岸线修测工作，明确海岸线位置、类型、长度、用途等。2019—2021年，开展海域海岛专项调查规范编制、局部试点调查以及海岸带自然资源监测等工作，全面系统地掌握了我国大陆沿岸(包括海南岛本岛，不含其他海岛和港、澳、台地区)的滨海湿地类型、面积、范围与分布等基本情况，为生态文明建设和自然资源管理等提供基础数据。

随着经济的发展，海运活动增加，我国的海洋调查涉及一些重要的远海海域调查。远海综合调查是为了对远海情况有个基本了解而进行的全面远海综合情况的摸底，调查内容包括海流时速、海水透明度、含盐量、海底资源、水文气象等。1976 年，万吨远洋科学调查船"向阳红五号"从广州港启航，开赴南太平洋目标海域，从此开启了新中国第一次远洋调查。此次远航，冲破了重重的海上封锁，横跨东西半球，航程 13 800 海里，创下了第一次走出中国海、第一次走进太平洋、第一次穿越第一岛链等多个新中国第一，获得了大量的、多学科的第一手资料，取得了十分可喜的成果，为发展我国海洋科学事业作出了贡献。从 1983 年起，我国先后组织了多次太平洋海域多金属结核资源的系统调查。经过前后 10 多个航次的综合调查，1991 年，我国获得了 15 万平方千米的太平洋海底多金属结核开辟区；现在，我国已在东太平洋海盆西部获得两块共 7.5 万平方千米海域海底多金属结核合同区。2005 年 4 月至 2006 年 1 月，我国首次开展了环球综合海洋科学考察，横跨三大洋，航程 43 230 海里，历时 297 天。初步圈出富钴结壳的富矿区，在多金属结核合同区开展了环境基线和多金属结核调查，获得了大量的硫化物、微生物、大型生物、沉积物和热液样品，这次环球大洋综合考察在我国大洋科考史上具有里程碑意义。2012 年 6 月，随着"蛟龙"号载人潜水器在太平洋马里亚纳海沟成功潜至 7 062 米海底并开展作业，我国正式跻身"国际深潜俱乐部"梯队，具备了载人到达全球 99.8%以上的海底进行作业的能力。2018 年 5 月，我国新一代远洋综合科考船"向阳红 01"船圆满地完成了我国首次环球海洋综合科考任务，航程达 3.86 万海里。

为查清海域使用权属现状，掌握准确完整的海域使用权人、面积、用海类型、用海方式、用海期限等海域使用权属数据，原国家海洋局制订了重点区域海域使用权属核查总体方案和技术规程。2018 年，自然资源部对全国政协十三届一次会议上九三学社中央提出的第 0111 号提案《关于开展全国海域资源普查的建议》作出答复，将积极推动修订《海域使用管理法》，明确海洋调查制度，开展海域资源专项普查，彻底摸清我国海域资源的家底。

2020 年 1 月，自然资源部印发《自然资源调查监测体系构建总体方案》，标志着自然资源统一调查监测工作启动，海洋资源调查监测被纳入该方案，进入了一个新的阶段。

（三）海洋调查的主要内容和方法

海洋调查的基本目的是运用各种方法和方式，了解海洋中发生的各种现象及其变化。由于海洋中发生的现象是多种多样的，以调查的内容和分类为主线，海洋调查可以分为海底地形地貌测量、海洋水文气象观测、海洋地质地球物理调查、海洋生物调查和海域（空间）资源调查。

1. *海底地形地貌测量*

海底地形测量（bottom topographic survey）是按一定的程序和方法，将海水覆盖下的海底地形及其变化记录在载体上的测绘工作。海底地形测量是陆地地形测量在海洋区域的延伸，内容包括水深测量、海上定位测量、海洋底质探测和海底地形图绘制等。

水深测量多采用回声测深仪，也可同时采用侧扫声呐（扫海测量）或多波束测深系统。此外，还可用辅助船增测平行断面。具有高能级和高度方向性激光，也可实现对近岸海床的探测。水色遥感不但可以快速地实现水下地形的反演，还可以实现对历史海床形态的呈现。

海底地形测量的定位，可用岸上目标、无线电双曲线定位系统和卫星定位系统定位的方法，也可用海底控制点（海洋大地测量）来定位。

海底底质探测主要是针对海底表面及浅层沉积物的性质进行测量。海底表层一般由陆源物质沉积物、火山沉积物、生物沉积物或暴露的基岩组成。在浅水海域，可用采泥器进行底质探测；在较深海域，普遍使用浅底层剖面仪进行探测。底质探测一般与水深测量同时进行。底质点的密度，要根据需要和海底表层底质状况来确定。探测工作是采用专门的底质取样器具进行的，可以由挖泥机、蚌式取样机、底质取样管等来实施。海底底质探测也可以采用测深仪记录的曲线颜色来判明底质的特征。为了探测沉积物的厚度和底质的变化特征，采用浅地层剖面仪、声呐探测器等，浅水区还可以采用海上钻井取样。

测绘海底地形图一般采用统一的测量基准点、坐标格网和投影。海底地形图的分幅、编号、比例尺方案也有统一的规定，并常常与同地区的陆地地形图取得一致，以利海、陆地形图的衔接使用。海底地形图的比例尺视各海域的重要性而定，一般为1∶25 000～1∶250 000。海底地貌用等深线或负等高线表示。

2. 海洋水文气象观测

在沿海、岛屿、平台设海洋观测站，进行海洋水文气象要素观测、资料处理及数据处理、传输、存储、分析和应用的工作。

海洋水文观测要素一般包括水温、盐度、海流、海浪、透明度、水色和海冰等，如有需要，还可以进行水位观测。水文观测方式为大面观测、断面观测、连续观测、走航观测和同步观测。水文测站应该在观测海区具有代表性，观测数据能够反映水文要素的分布特征和变化规律。相邻两站的距离应该不大于所研究过程空间尺度的 1/2。每一测站的观测次数不少于 2 次。如果条件允许，应该尽量缩小时、空观测的距离。每一水文断面应该不少于 3 个测站，各个测站观测尽可能在短时间内完成。

海洋气象观测要素主要有太阳辐射、云、能见度、天气现象、风速、风向、气温、气压、相对湿度、降水量等。海洋气象观测采用定时观测、定点连续观测、走航观测和高空气象探测。定时观测每天观测 4 次，分别在 2 时、8 时、14 时、20 时进行绘图天气观测。定点连续观测在每日 24 个整点进行：在 2 时、8 时、14 时、20 时进行绘图天气观测；在 5 时、11 时、17 时、23 时进行辅助绘图天气观测。高空气象探测每日 2 次，分别在 8 时和 20 时进行。调查船到达站位以后即进行一次观测。走航观测一般采用自动观测的方法连续进行，每分钟记录一次。

海洋水文气象观测可以满足海洋气候变化和海洋环境变化研究的需求，为海水资源、海洋化学资源和海洋能量资源（风能、波浪能、潮流或海流能、温差能和盐度差能等）的开发利用提供科学依据，可以提高海洋气候预报的能力，为海洋工程设计提供可靠的数据，为海洋防灾减灾和海洋环境保护提供有力支持。

3. 海洋地质地球物理调查

海洋地质地球物理调查是应用地质、地球物理和地球化学等各种手段探测海底地形、地质构造、海底岩石、沉积物及海底矿产的统称。海洋地质地球物理调查的内容和方法主要有：利用回声测深仪、旁侧声呐和多波束测深仪调查海底地形地貌；用拖网、抓斗以及柱状取样器和海洋钻探等获取沉积物和岩石样品；用地层剖面仪了解水下疏松沉积物分布、厚度及其构造特征；用地震、重力、磁力以及地热等地球物理方法、海上钻探等，探测海底地质构造及矿产资源；在个别地区，通过潜水器、水下电视、照相等方法直接观测海底沉积物及其动态和地貌形态等。海洋地质地球物理调查是开展海洋地貌、沉积和构造等的研究及勘测海底矿产资源最重要的基础性工作。

海洋矿产资源又称海底矿产资源，是海滨、浅海、深海、大洋盆地和洋中脊底部的各类矿产资源的总称。按矿床成因和赋存状况分为三类。一是砂矿，主要来源于陆上的岩矿碎屑，经河流、海水(包括海流与潮汐)、冰川和风的搬运与分选，最后在海滨或陆架区的最宜地段沉积富集而成。如砂金矿、砂铂矿、金刚石矿、砂锡矿与砂铁矿，以及钛铁石与锆石、金红石与独居石等共生复合型砂矿。二是海底自生矿产，由化学、生物和热液作用等在海洋内生成的自然矿物，可直接形成或经过富集后形成。如磷灰石、海绿石、重晶石、海底锰结核及海底多金属热液矿(以锌、铜为主)。三是海底固结岩中的矿产，大多属于陆上矿床向海下的延伸，如海底油气资源、硫矿及煤等。在海洋矿产资源中，以海底油气资源、海底锰结核及海滨复合型砂矿的经济价值最大。随着海洋矿产资源的利用开发技术越来越先进，海洋矿产资源的开发利用能力不断提高，同时，还必须充分考虑和设计如何保护海底环境。

4. 海洋生物调查

海洋生物调查包括海洋生物群落结构要素调查和海洋生态系统功能要素调查。

海洋生物群落结构要素调查的常规调查项目包括：叶绿素，初级生产力，新生产力，微生物，微微型、微型和小型浮游生物；大、中型浮游生物，鱼类浮游生物，大型底栖生物，小型底栖生物，潮间带生物、污损生物和游泳动物。必要时，应包括渔业资源声学调查与评估。海洋生物调查方式分为大面观测、断面观测和连续观测。

海洋生物采样方法及适用条件：第一，采水样适用于叶绿素浓度，初级生产力和新初级生产力，微生物，微微型、微型和小型浮游生物等调查项目的水样采集；第二，拖网采样适用于大、中型浮游生物，鱼类浮游生物，大型底栖生物和游泳动物等调查项目的采样；第三，采底质样适用于微生物和大、小型底栖生物调查项目的采样；第四，挂板和水面或水中设施上采样适用于污损生物调查的采样。海洋生物调查采样时间一般以 3—5 月为春季、6—8 月为夏季、9—11 月为秋季、12—2 月为冬季，分别以 5 月、8 月、11 月和 2 月为四季代表。

海洋生态系统是一定海域内的生物群落与周围环境相互作用构成的自然

系统，具有相对稳定的功能以及能自我调控的生态单元。海洋生态系统调查是海洋生物调查的综合。其目的是要弄清一定海域内的各种生物种群组成，生物群落中物种的丰富度及其个体数量分布；区分具有控制群落和反映群落特征、数量上所占比例最多的优势种，食物链中处于关键环节起到控制作用的关键种和海洋生物群落在一定状态出现的标志性的指示种；沿一定的环境梯度（如纬度梯度、水深、温度梯度、盐度梯度、营养盐梯度、底质类型梯度等）海洋生物群落结构及其分布发生相应改变而形成的分布型，海洋生态系统中的物质循环、能量流动、信息传递机制调控作用，生物群落的结构随时间而发生的变化，以及来自陆地、海洋、大气的自然干扰和人类活动对海洋生态系统产生的胁迫（包括养殖、捕捞、富营养化和环境污染等）。

自古以来，海洋生物资源就是人类食物的重要来源，也是重要的医药原料和工业原料。海洋中蕴藏的经济动物和植物的群体数量，是有生命、能自行增殖和不断更新的海洋资源。海洋生物调查是保护海洋和海洋生物，维护生态环境健康的重要保障。

5. 海域（空间）资源调查

海洋空间是指涵盖海岸、海面、海（水）中、海底的三维立体空间。海洋空间资源依据海洋空间分布特征，分为海岸线、岸滩、河口、海湾、海岛、海域。由于经济发展水平和海洋科技开发能力的限制，目前大部分海洋空间没有得到充分的开发和利用。除维护国家主权、国防建设和海运事业发展以外，国家对于海洋空间的管理仍然主要集中在海岸带和近海区域。《海域使用管理法》明确规定，海域是指国家主权管辖范围内的内水、领海的水面、水体、海床和底土。内水是指中华人民共和国领海基线向陆地一侧至海岸线的海域。领海是从海岸线（或本国所属的近岸岛屿）向海中延伸 12 海里国家行使主权范围内的区域。

1）海岸线修测

海岸线是海水水面与陆地之间的分界线。其位置随潮位的升降和风引起的增水或减水作用而变化。通常，在垂直方向上海面的升降幅度可达 10～15 米，在水平方向的进退有时能达几十千米。也就是说，海洋与陆地之间事实上并不存在一条明显的、固定的界线。因此，海岸线的确定存在很大的人为因素和行政因素以及陆地部分的国土意识。世界上绝大多数国家（包括中国）以多年平均高潮水位线作为海岸线的标志。

随着近年来海岸带开发建设的规模和强度逐渐加大,受自然淤涨与海岸侵蚀等多种因素的影响,实际岸线形态和走向已发生较大的变化。通过岸线修测,摸清海岸线的变化情况,掌握岸线的位置、类型、长度、开发利用现状等,为陆海统一规划和统筹开发保护提供基础,为科学制定自然岸线保有率管控目标和实现海岸线资源精细化管理提供决策支撑。

2）领海基线测量

领海基线是沿海国家测算领海宽度的起算线。

按照《联合国海洋法公约》的规定,有三种确定沿海国领海基线的方法。一种是正常基线法,是以退潮时海水退到离岸最远的那条线为基线。海岸平直的国家一般采用这种方法。一种是直线基线法,直线基线是指在海岸线极为曲折,或者近岸海域中有一系列岛屿的情况下,可在海岸或近岸岛屿上选择一些适当点,采用连接各适当点的办法,形成直线基线。海岸曲折或者有岛屿的国家一般采用这种方法。我国漫长的海岸线曲折复杂,近岸又有一系列岛屿。这种自然地理条件适于采用直线基线法。还有一种是混合基线法,是指交替采用正常基线和直线基线来确定本国的领海基线。海岸较长或者地形复杂的国家一般采用这种方法。

基线不仅对沿海国的领海主张有重要意义,而且对毗连区、专属经济区和大陆架的主张也至关重要。所以,确定沿海国基线的位置是确定不同海洋管辖区域的必要前提,而且对测量不同区域的具体宽度也非常关键。同样重要的是,它还表示国家陆地领土边界的外限,或基线向陆一侧的内水的边界。

《领海及毗连区法》第三条规定:“中华人民共和国领海的宽度从领海基线量起为十二海里。中华人民共和国领海基线采用直线基线法划定,由各相邻基点之间的直线连线组成。中华人民共和国领海的外部界限为一条其每一点与领海基线的最近点距离等于十二海里的线。”中国划定领海宽度的方法采用直线基线法,需用大地测量方法精确地测定领海基线各基点的位置。

3）海岸带和海涂资源综合调查

海岸带是海陆相互连接、相互作用的地带。它包括近岸海域和沿岸陆地部分。其中心地带是涨潮时淹没、落潮时干出的潮间带。对海岸带范围的划定,国际上没有统一标准,一般是根据开发和管理的需要而定。我国确定的调查范围是从海岸线向陆延伸10千米，向海延伸至15米等深线。在基岩海岸、河口区、岛屿、辐射状沙洲区，向海向陆都可以适当伸缩。海岸带包括：潮上带——海蚀崖、海岸沙丘、潟湖洼地、港湾等；潮间带——岩滩、海滩、潮坪等；潮下带——水下岸坡。

海涂是指海岸潮间浅滩，是平均大潮高潮位至平均大潮低潮位之间的泥滩。海涂的形成，主要是海潮不断运来泥沙堆积在岸边，使海岸扩展的结果。海涂资源也称滩涂资源。按其性质及所处的地形部位，一般包括沿海滩涂、滨海沼泽和河口滩地三类。滩涂资源是近岸海域一项重要的后备土地资源，既可直接用于发展海水养殖、滩涂养殖和种植芦苇、大米草等，也可根据需要因地制宜地采取一定的措施围海造田，发展种植业、果树栽培或晒制海盐，开展石油钻探，扩大其他工业用地等。

海岸带和海涂资源综合调查的目的是：初步查清海岸带的自然环境要素和社会经济条件；各种资源的数量、质量和分布，并作出综合评价，为海岸带综合利用和海岸带管理提供基本资料和依据。调查项目包括海岸带的水文、气象、地质、地貌、海洋化学、生物、环境保护、土壤和土地利用、植被和林业以及社会经济等方面。资源状况包括土地资源、生物资源、盐和盐化工资源、矿产资源、海洋能源以及港口、旅游资源等。调查方法是定点观测、断面调查、大面观测、线路调查等常规方法，既要收集整理历史的、现实的已有资料，也要积极应用"3S"技术。海上和潮间带调查一般采取断面和大面观测；陆上调查一般采用点面结合、路线调查。

潮间带是海岸带的中心地带，是位于平均大潮高、低潮之间的海水覆盖的区域，是滨海湿地的主要组成部分，具有类型多样、资源丰富等特点，为沿海地区经济发展的热点区域。潮间带调查的目的是掌握潮间带资源环境的基本情况，为沿海滩涂资源的开发、利用、保护和管理提供基础资料。潮间带调查的基本任务包括：潮间带类型与分布调查、潮间带地形剖面与冲淤动态调查、潮间带底质调查、潮间带底栖生物调查和潮间带植被调查。

4）海岛资源调查

海岛指海洋中四面环水并在涨潮时高于水面的自然形成的陆地区域。在狭小的地域集中2个以上的岛屿，即成岛屿群，大规模的岛屿群称作群岛或诸岛，列状排列的群岛即为列岛。岛拥有领海、毗连区和专属经济区。海岛资源指分布在海洋岛屿上的、可以被人类利用的物质、能量和空间。

海岛资源调查的目的是：通过资料收集和现场调查，查明海岛的类型、位置、地形、岸线、面积、淡水、土壤、植被、植物和动物、自然和人文历史遗迹、岛滩及周边海域的海水物理化学性质，生物、生态和环境组成、分布、数量、质量、开发历史及现状等；明确海岛资源开发的潜力、优势、劣势和面临的挑战，识别海岛保护对象的类型、位置、分布和保护现状，了解海岛生态系统的结构、功能和服务，查清我国海岛及其周边海域生态环境的基本情况、变化趋势和潜在危险；为海岛及邻近海域的合理利用规划提供基础资料，为评估海岛资源开发的环境影响和生态修复提供科学依据。

海岛资源调查工作底图充分采用已有的 1∶1 万地形图，补充 1∶5 万等深线、水深点，已有相关海洋调查成果数据以及海岛地名普查调查数据成果，形成包括行政区划、海洋要素、岛陆地貌、岛陆水系、植被、保护区、居民地及设施、岛陆利用状况 8 大类 126 细类要素的内容丰富的调查工作底图，并充分利用航空遥感影像数据更新码头、主要交通道路等地物信息，完善地名普查数据成果。

海岛位置及周边地形、岸线等数据应该由具有测绘资质的单位提供或通过现场测量获得。植物、动物、淡水、海水水质、海洋沉积物、海洋生物生态、典型生态系统等资料应该采用 3 年以内调查获得的资料。海岛淡水、海水水质、海洋生物生态、典型生态系统等分析测试数据应该由国家级、省级计量认证或实验室认可的单位提供。应用遥感影像应该是 1 年以内，空间分辨率优于 2.5 米，云量小于 15%的多光谱影像或融合多光谱影像。海岛及周边海域地形地貌、自然和人文遗迹等资料应该采用近 5 年的调查资料。对于无开发利用活动的无居民海岛，地形地貌、自然和人文遗迹等资料，可使用能够客观反映当前海岛及周边海域状况的历史资料。

海岛资源调查成果包括调查报告、表格、图件和数据库。海岛资源调查报告的内容包括海岛及周边海域自然环境和自然资源特征。海岛数据的内容主要有：海岛名称、面积、岸线长度（人工岸线和自然岸线长度、砂质岸线长度、自然岸线占比）；淡水分布及面积、供水量；植被覆盖率、植被类型；特有、珍稀濒危植物、古树名木物种分布及其数量；动物种群、数量，特有、珍稀濒危动物分布及数量；自然和人文遗迹类型及数量；岛滩分布及其面积；岛滩及周边海域生态状况；海草床、珊瑚礁和红树林等典型生态系统分布、群落状况；海岛资源利用现状及存在的问题；海岛资源开发利用的方向及途径；海岛生态本底评价及保护对象名录；海岛自然环境保护及生态修复措施。海岛资源调查成果的图件包括：地形图（包括岛陆地形图和周边海域水深地形图）、岸线类型图、淡水分布图；植被类型分布图（包括特有、珍稀濒危植物分布）；主要陆生脊椎动物栖息地、繁殖地、觅食区分布图；自然和人文古迹分布图；典型生态系统分布图等。

5）围填海现状调查

全国围填海现状调查的工作目标是：全面掌握围填海的规划依据、审批状态、利用现状等信息，查清实际填海、围海面积等数据，重点查明违法违规围填海和围而未填、填而未用的情况，分析评价围填海总体规模、空间分布和开发利用现状，为进一步严格管控围填海、妥善处理围填海的历史遗留问题提供决策依据。

全国围填海现状调查主要包括前期准备、外业核测、内业整理、成果检查、专题数据库建设等。其中，对合法合规围填海要逐一进行现场核实，对违法违规围填海在现场核实的基础上还应进行实地测量。调查范围以省级人民政府批准的海岸线向海一侧的围填海，未批准海岸线的以国务院批准的现行省级海洋功能区划确定的海岸线为基准。此外，各沿海省份要形成本省的围填海现状调查报告、历史遗留问题清单、围填海现状分布图以及围填海项目现场调查表、照片影像、调查成果电子数据等。

第五节 地表覆盖层（自然资源利用）的动态监测

一、地表覆盖层利用动态监测的目的和意义

地表覆盖层是自然资源集中分布的空间，地表覆盖层的监测实际上是自然资源利用变化的动态监测。地表覆盖层中的自然资源，不是任意自由使用的，它们是人类遵循经济规律，适应自然环境而进行利用的结果。地表覆盖层监测，不仅是要求弄清各类自然资源的数量、质量和分布状况等的变化，进行自然资源"一张图"的更新，也能够通过自然资源利用的变化连续调查，推动自然资源各项管理制度和国土空间规划的贯彻和落实。监测结果可以满足国土变更

调查日常变更、耕地保护、国土空间规划编制及实施监督、城市体检评估、用途管制、开发利用、生态保护修复、督察执法、林草湿保护等自然资源管理和生态文明建设的需要。

为了保护自然资源的合法财产权益，国家建立了统一的自然资源产权登记制度。全面实行自然资源统一确权登记，目的是清晰地界定我国全部国土空间各类自然资源资产的所有权主体。划清所有权的"边界"，即划清全民所有和集体所有之间的边界，划清全民所有、不同层级政府行使所有权的边界，划清不同集体所有者的边界，划清不同类型自然资源之间的边界。自然资源统一确权登记以不动产登记为基础，要建立自然资源登记簿。自然资源登记簿应当记载以下内容：自然资源的坐落、空间范围、面积、类型以及数量、质量等自然状况；自然资源所有权主体、所有权代表行使主体、所有权代理行使主体、行使方式及权利内容等权属状况等，并关联国土空间规划明确的用途、划定的生态保护红线等管制要求及其他特殊保护规定等信息。自然资源统一确权登记的基本单位是自然资源登记单元。森林、草原、荒地登记单元应当以土地所有权为基础；其他自然资源，如由国家批准的国家公园、自然保护区、自然保护核心区等各类自然保护地，按照管理或保护范围优先作为独立登记单元划定；水流以管理范围为基础，结合堤防、水域岸线划定登记单元；湿地按照自然资源边界划定登记单元；海域依据沿海县市行政管辖界线，自海岸线起至领海外部界线划定登记单元；无居民海岛按照"一岛一登"的原则，单独划定自然资源登记单元；探明储量的矿产资源，固体矿产以矿区、油气以油气田划分登记单元。实施自然资源确权登记的法治化，积极推动建立归属清晰、权责明确、保护严格、流转顺畅、监管有效的自然资源资产产权制度。

为了合理利用自然资源，发挥自然资源的区域优势，国家实行国土空间规划，建立土地用途管制和建设用地空间管制。国土空间规划中的"三区三线"是指，城镇空间、农业空间、生态空间三种类型空间所对应的区域，以及分别对应划定的城镇开发边界、永久基本农田保护红线、生态保护红线三条控制线。其中，城镇空间指以城镇居民生产、生活为主体功能的国土空间，包括城镇建设空间、工矿建设空间及部分乡级政府驻地的开发建设空间；农业空间指以农业生产和农村居民生活为主体功能，承担农产品生产和农村生活功能的国土空间，主要包括永久基本农田、一般农田等农业生产用地和村庄等农村生活用地；

生态空间指具有自然属性的以提供生态服务或生态产品为主体功能的国土空间，包括森林、草原、湿地、河流、湖泊、滩涂、荒地、荒漠等。“三区”突出主导功能划分，“三线”侧重边界的刚性管控，国土空间规划的“三区三线”要服务于全域全类型用途管控，管制的核心要由耕地资源单要素保护向山水林田湖草全要素保护转变。

为了维护国家自然资源的安全，国家对一些自然资源的利用实行严格保护，例如，应我国人多地少的国情实行世界上最严格的耕地保护制度，划定基本农田、基本草原、生态公益林，建立自然保护区。对于建设用地供给实行总量控制，推行节约集约土地利用制度。实行自然资源所有权和使用权分离，推动自然资源配置的市场化改革，建立有偿、有流动、有限期的使用制度。

依据《自然资源调查监测体系构建总体方案》提出的自然资源分层分类模型，在地表覆盖层上叠加一个管理层。它们为各类日常管理、实际利用等界线数据（包括行政界线、自然资源权属界线、永久基本农田保护红线、生态保护红线、城镇开发边界、自然保护地界线、开发区界线等）。例如，按照规划要求，以管理控制区界线，划分各类不同的管控区；按照用地审批备案界线，区分审批情况；按照“三区三线”的管理界线，以及海域管理的“两空间内部一红线”等，区分自然资源的不同管控类型和管控范围；还可结合行政区界线、地理单元界线等，区分不同的自然资源类型。这层数据主要是规划或管理设定的界线，根据相关管理工作直接进行更新。通过地表覆盖层自然资源利用的动态监测，将自然资源利用的格局和这些界线及其管理规定进行对比，可以找出自然资源开发利用的不合理性和存在的问题。

二、地表覆盖层利用监测的主要内容和任务

地表覆盖层中的自然资源利用监测，按照有关法律，主要包括以下六项。

其一，土地利用监测。依据《土地管理法》，对于土地利用各类统计数据进行更新，包括土地权属、利用现状、面积、质量、分布及其是否存在不合理利用、违法违规利用等问题。监测内容主要包括耕地、林地、草地、水面、交通、城市用地等各类生产建设用地面积的变化和各种自然灾害对土地利用所造成的破坏和影响等的分析。

其二，森林资源监测。它是以林业发展以及生态建设为基础，以国家森林

资源连续清查为核心，通过与森林、荒漠以及土壤沙漠化的生态定位等专项监测紧密地结合在一起，应用先进的技术以及管理制度的创新，对森林监测资源进行充分的整合，构建起森林资源以及生态环境的信息综合管理以及服务系统。

森林资源监测通常是以全国森林资源为调查对象，利用“国土三调”及其最新年度变更调查成果，在上一年度全国森林资源调查工作的基础上，更新全国森林资源分布图，优化森林资源调查监测技术方法，统一技术标准，统筹布设国家和省级样地，组织开展国家级、省级样地调查和县级森林资源调查监测试点，推进构建国家、省、市、县四级一体的森林资源年度调查监测体系。根据调查监测结果，统计计算森林面积、森林覆盖率、森林蓄积量、森林单位面积蓄积量、单位面积生长量等森林资源总量数据，以及按起源、林种、优势树种、龄组等因子的全国和各省(自治区、直辖市)森林面积、蓄积量、生物量、碳储量等分类数据及其构成比例等。

其三，草原监测。依据《草原法》，开展草原基本状况的动态监测。依法对草原的面积、等级、产草量、载畜量等进行统计，定期发布草原统计资料；国家建立草原生产、生态监测预警系统，县级以上人民政府草原行政主管部门对草原的面积、等级、植被构成、生产能力、自然灾害、生物灾害等草原基本状况实行动态监测。

其四，野生动植物资源监测。依据《野生动物保护法》的规定，野生动物行政主管部门应当定期组织对野生动物资源的调查，建立野生动物资源档案，应当监视、监测环境对野生动物的影响。依据《野生植物保护条例》的规定，野生植物行政主管部门应当定期组织国家重点保护野生植物和地方重点保护野生植物资源调查，建立资源档案，应当监视、监测环境对国家重点保护野生植物生长和地方重点保护野生植物生长的影响。

其五，水土保持监测。依据《水土保持法》，国务院水行政主管部门建立水土保持监测网络，对全国水土流失动态进行监测预报，并予以公告。依法开展水资源的动态监测，规定由县级以上人民政府水行政主管部门会同同级有关部门组织进行水资源综合科学考察和调查评价；加强水文、水资源信息系统建设，加强对水资源的动态监测，包括地表水资源监测、地下水资源监测、水功能区的水质状况监测、水文监测、水文地质监测等。

其六，海域使用监测。依据《海域使用管理法》，开展海域使用状况监视、监测。国家主管部门建立海域使用管理信息系统，对海域使用状况实施监视、监测。

此外，地质灾害监测、湿地及各种典型生态环境监测工作也是自然资源利用监测的主要内容。

三、地表覆盖层利用监测的具体实施

地表覆盖层利用监测主要通过全国地类变化监测和城市国土空间监测来具体实施，并在此基础上，根据工作需要，加密监测频次，深化对特定专题或重点区域的专项监测和重点监测。

（一）地类变化监测

地类变化监测是在自然资源统一调查监测评价框架下，以上年度国土变更调查成果为底图，开展本年度土地利用变更调查，完成地类变化监测，掌握各地类的面积、范围、分布和变化等情况。影像特征与地类不一致，但较上年度变更调查影像特征无明显变化的图斑，不再提取。

(1) 耕地变化监测。在上年度国土变更调查数据库耕地图斑范围内，根据影像特征，分类提取疑似变化为园地、林地和坑塘等其他地类图斑。

(2) 疑似新增建设图斑监测。在上年度国土变更调查数据库建设用地、设施农用地图斑范围外，根据影像特征，分类提取疑似新增建设图斑。

(3) 建设用地和设施农用地监测。在上年度国土变更调查数据库城市(201)和建制镇(202)单独图层覆盖范围外（含 201 和 202 单独图层范围线内侧未集中建设区），监测地类为建设用地和设施农用地图斑变化情况，根据影像特征，分类提取疑似拆除复耕、拆除复绿、在设施农用地实施非农建设、拆除状态或已推平等变化图斑。

(4) 园地、林地、草地及其他农用地变化监测。在上年度国土变更调查数据库园地、林地、草地及其他农用地图斑范围内，根据影像特征，提取影像特征与相应农用地地类不一致的图斑。

(5) 未利用地变化监测。在上年度国土变更调查数据库未利用地范围内，根据影像特征，提取影像特征与相应地类不一致的图斑。

(6) 单独图层变化监测，对上年度国土变更调查数据库中推(堆)土、拆除未尽、光伏板区、临时用地等单独图层，根据影像特征，跟踪监测其变化后的现状情况。

（7）新增围填海情况监测，依据上年度年底和本年度4—6月两期遥感影像，提取影像特征为新增围填海图斑，并按照影像特征细化分类。

（8）冰川及常年积雪监测。依据冰川及常年积雪分布区域的季节气候特征，结合前期监测成果，采集最适宜反映冰川及常年积雪分布范围对应时相的遥感影像，监测冰川及常年积雪分布范围及变化情况。

自然资源部组织有关单位按照种植作物物候期采集时相为4—6月的全覆盖影像，重点地区（东部和城市及周边约300万平方千米）采集优于1米分辨率的影像，其余地区优先采集优于1米分辨率的影像、不足区域补充优于2米分辨率的影像。采集到的影像经正射纠正用于后续监测工作。利用正射影像图套合上年度国土变更调查数据库进行比对，分类提取地类变化信息，包括耕地、园地、林地、草地、湿地、水域（含冰川及常年积雪）、建设用地等变化信息。自然资源部分批下发监测发现的地类变化信息，各地根据实际情况，开展国土变更调查日常变更，按照变更调查的相关要求进行举证，结果报自然资源部审核，并持续跟踪变化情况，如年底未发生变化，不再进行举证，避免年底集中举证导致时间紧张。各地可根据工作需要，在国家开展的上半年地类变化监测和下半年国土利用全覆盖遥感监测的基础上，按照统一标准，加密监测频次。

落实《自然资源调查监测质量管理导则》的相关要求，按照全过程管理的原则开展质量控制，实行“两级检查、一级验收”制度，确保监测成果的完整性、规范性和准确性。监测作业单位负责监测成果质量的“两级检查”，主管责任部门负责组织质量检验机构对监测成果开展验收。按照年度地类变化监测技术方案对正射影像图和监测图斑进行质检和抽检。正射影像重点检查影像精度、色彩、处理、云雪雾勾绘情况等。监测图斑重点检查图斑漏提、误提、重复提取、边界精度超限、类型错误、编号错误、属性错误、标注丢漏或错误等问题。矢量图斑成果在文件组织结构、图斑提取规则、属性逻辑规则、拓扑关系处理、关联图斑一致性等方面需符合技术方案要求。在此基础上，疑似新增建设图斑层、监测耕地变化状况图斑层的漏提率不大于1%；建设用地和设施农用地变化图斑层、非耕农用地变化图斑层、未利用地变化图斑层、新增围填海图斑层的漏提率不大于5%；监测图斑中面积大于10亩的大图斑漏提率不大于1%；监测图斑的多提率不大于10%、类型判断正确率不小于95%、勾绘及其他属性标注等准确率不小于98%。同时满足以上要求的，为合格成果。

各监测作业单位在完成数据汇总检查并形成完整成果后，提交最终检查验收。各级监测任务责任部门组织专业质检机构，依据监测成果检查验收与评定的有关规定，完成对监测成果的质量检查验收，并形成质量检查验收报告。验收合格的成果作为最终监测成果进行汇交，并同时汇交验收报告和总结报告。

自然资源调查监测司组织开展汇交成果的质量抽查评价。以县级行政区为单元，每个省份抽取不少于5%（最少2个）进行全面检查，对监测成果质量进行评价。

地类变化监测属于自然资源常规监测，每年完成两次对全国范围的全覆盖监测。年中一次（时点为6月30日），年末一次（时点为12月31日）。其中，年中监测的重点为地表覆盖，直观地反映地表各类自然资源的变化情况。年末监测以自然资源年度变化为重点，综合反映包括土地利用在内的各类自然资源的年度变化信息，直接支撑年度自然资源调查数据库的动态更新。

地类变化监测的主要成果包括基础成果、统计成果和分析成果三类。基础成果包括正射纠正影像数据、地类变化监测成果；统计成果是基于基础成果进行汇总统计形成的数据成果；分析成果是根据相关管理需求，结合其他调查监测成果、管理数据和社会经济数据，通过分析提取形成的各类数据集及分析报告。

（二）城市国土空间监测

城市国土空间监测是以上年度国土变更调查成果为底图，依据本年高分辨率遥感影像和最新的相关专题资料，通过土地利用变更调查，掌握城市建设总量、用地结构、基础设施和服务功能等情况，支撑城市建设用地细化、国土空间规划编制及实施监督、城市体检评估和用途管制等国土空间治理工作。

城市国土空间监测的范围根据需要分为全域范围和城区工作范围。全域范围指以城市行政区域为监测范围。城区工作范围指按照《城区范围确定规程》划定的城区范围和上一年度国土变更调查确定的城市（201，不含县级市和县）范围的并集。一般是指实际已开发建设、市政公用设施和公共服务设施基本具备的建成区域范围。

城市国土空间监测工作以土地利用现状为依据，在变更调查成果地类的基础上进一步细化地类，并确定监测要素的空间位置、占地范围、面积（长度）、相关属性等。主要监测要素如表4-20所示。第一，对于有独立用地的监测要素，监测时实地与上一年度国土变更调查成果地类二级类一致的，在变更调查成果底图上进行细化采集，矢量化相关位置和范围，并标注相关属性；监测时实地与上一年度国土变更调查成果地类二级类不一致的，在单独图层上进行采集，矢量化相关位置和范围，并标注相关属性，同时，按照国土变更调查外业举证相关要求进行举证。第二，对于没有独立用地的监测要素，以单独图层表示其矢量位置，并标注相关属性。第三，对于相关部门权威资料可以表明相关属性的，可以直接使用；对于无权威资料或相关资料不能表明相关属性的，要结合外业实地调查确定相关属性。第四，对于监测时实地原有监测要素改变为不需要监测的要素，对其范围进行标注，以单独图层表示其矢量位置。

表 4－20　城市国土空间监测要素

序号	目标	监 测 要 素
1	住宅情况	商品房（地上）、保障性住房（地上）
2	就学教育情况	高等院校、中等职业学校、特殊教育学校、中小学、幼儿园
3	医疗情况	医院（含方舱医院）、社区卫生服务设施
4	社会福利情况	养老设施、儿童社会福利设施、残疾人福利设施
5	文体活动情况	文化艺术场馆、社区文化活动设施、体育场馆（含独立足球场）
6	交通情况	高速公路服务区、轨道交通站点（地铁站）、对外交通场站、公共交通场站、地上公共停车场（停车楼）
7	公用设施情况	自来水厂、污水处理厂、垃圾集中处理设施、消防站、邮政局（所）、供热厂
8	公园与绿地情况	公园、绿地、广场
9	殡葬设施情况	殡葬设施
10	水利设施情况	水电站
11	城市安全韧性情况	城市内涝积水点、地上应急避难场所
12	室外滑雪场情况	室外滑雪场（含附属设施）
13	水域、交通网络情况	河湖（含大型水库）岸线、河渠结构线，铁路（含高速铁路）、公路（含高速公路）、城市道路、农村道路、匝道中心线
14	建筑情况	单体建筑的高度、占地面积、建筑总面积
15	城市更新情况	新增城市更新改造用地

在遥感影像收集与正射处理方面，要求收集时相为新的一年1米或者更高分辨率的卫星遥感影像、无人机遥感影像、倾斜摄影影像等，综合分析选择时相较新、分辨率更优的影像制作正射影像图，用于城市国土空间监测。资料收集与整理，涉及民政、统计、应急、教育、环保、住建、交通、水利、卫生健康、市场监管、体育等行业，现势性为上年度1月1日之后的专题资料、POI数据，结合地籍调查和不动产登记、城市大比例尺基础测绘、数字城市、智慧城市等成果，为确定各类监测对象空间位置、占地范围和属性提供参考和指引。

监测要素需要全域范围采集的包括：高等院校、中等职业学校、特殊教育学校，自来水厂、污水处理厂、供热厂，殡葬设施，轨道交通站点（地铁站）、高速公路服务区，水电站，河湖（含大型水库）岸线、河渠结构线，铁路（含高速铁路）、公路（含高速公路）、城市道路、农村道路、匝道中心线，室外滑雪场（含附属设施）。其余监测要素在城区工作范围内采集。

按照全过程管理的原则开展质量控制，实行“两级检查、一级验收”制度。国家负责质量抽查等工作。省级自然资源主管部门按要求组织完成数据成果汇交，国家将数据纳入自然资源三维立体时空数据库体系，并与国土空间规划“一张图”实施监督信息系统等管理系统互联互通。各层级自然资源主管部门，根据城市国土空间监测的成果，分别进行统计分析，满足不同层级的自然资源管理和国土空间治理等工作需要。

（三）专项监测和重点监测

自然资源利用的专项监测和重点监测主要包括四个方面。

第一，围绕国家对耕地和永久基本农田、生态保护红线、城镇开发边界三条控制线严格管理、监督、考核的需要，对三条控制线开展监测。

第二，围绕京津冀协同发展、长江经济带发展、粤港澳大湾区建设、长三角一体化发展、黄河流域生态保护和高质量发展等国家重点战略区域开展监测。

第三，围绕用地监管开展监测，对涉及自然资源管理的重大工程建设情况、已供土地、临时用地、备案设施农用地使用情况以及采矿损毁土地情况开展监测。

第四，围绕生态保护修复治理情况开展监测，对国家公园、山水林田湖草沙一体化保护和修复工程、新增矿山修复工程、历史遗留废弃矿山生态修复、红树林保护、国家湿地公园等开展监测。

（四）应急监测

应急监测是根据党中央、国务院和自然资源部的重点工作，以及涉及自然资源的社会关注焦点难点问题，组织开展应急任务的监测。突出“快”字，响应快，监测快，成果快，支撑服务快，第一时间为决策和管理提供第一手的资料和数据支撑。最常见的应急监测是自然灾害监测和生态环境污染（破坏）应急监测。

第五章 地下资源层：矿产和地下空间利用调查和监测

第一节 地下资源层的相关概念

地下资源层是《自然资源调查监测体系构建总体方案》建立的自然资源分层分类模型中地表基质层派生出来的一个子层，在空间上它是地表基质层的一个部分，具有重合性。但是，从研究方向和内容上，二者具有明显的差别。地表基质层主要是作为自然资源形成条件和环境来进行综合研究，地下资源层主要是从自然资源利用方面进行研究，是自然资源的重要组成部分。

地下资源(hidden resources)指赋存于地表以下的各种自然资源，包括各种金属和非金属矿产、地下水、地热等。在现代建筑工程科学不断发展，地表空间稀缺性增强的情况下，地下空间开发利用日益重要，地下资源也成为重要的自然资源。地下资源是相对于地表资源而言的，地表资源是指露天的资源，地下资源是指埋藏在地下需要人工开采的资源。

地下资源主要指矿产资源，是赋存于地下的，由地质作用形成的呈固态、液态或气态的具有现实或潜在经济价值的天然富集物。根据矿产特性及其主要用途，分为四类。一是能源矿产，指可以提供或者产生能量物质的矿物。如石油、天然气、煤、核能、地热等。二是金属矿产，指能提取某种金属元素的矿产资源。它包括黑色金属矿产(如铁、锰、铬、钒及其合金等)、有色金属矿产(如铜、铝、铅、锌、锡、铋、锑、汞、镍、钴、钨、钼等)、贵金属矿产(如金、银、铂等)、放射性金属矿产(如铀、钍等)和稀有及分散元素矿产(如锂、铍、铌、钽、锗、镓、铟、镉等)。三是非金属矿产，指在经济上有用的某种非金属元素，或可直接利用矿物、岩石的某种化学、物理或工艺性质的矿产资源。此类矿产少数是利用其化学元素、化合物，多数则是以其特有的物化技术性能利用整体矿物或岩石，如萤石、耐火黏土、白云岩和石灰岩等。非金属矿产品种众多，分布广泛。非金属矿产的成因多种多样，但以岩浆型、变质型、沉积型和风化型最为重要。四是水气矿产，指蕴含某种水、气并经开发可被人们利用的矿产。如地下水、矿泉水、二氧化碳气、硫化氢气、氦气和氡气等。除地热和浅层地下水以外，地下资源几乎都是地质作用所形成，绝大多数为不可再生资源，其数量随开发利用而逐渐耗竭。

应该指出，地下水既是一种矿产资源，也是一种重要的水资源。地下水资源是指存在于地下可以为人类所利用的水资源，是全球水资源的一部分，并且与大气水资源和地表水资源密切联系、互相转化。地下水既有一定的地下储存空间，又参与自然界的水循环，具有流动性和可恢复性的特点。

地下资源是人类生存和发展不可缺少的物质生产资料，对生产力布局有大的作用和影响。人们依赖地下资源提供生产和生活所需的工业原料、农业肥料、建筑材料、水源和能源等，这对现代科学技术发达的社会尤为重要。一个国家蕴藏的地下资源数量多寡，很大程度上影响其经济发展状况。矿产资源的品种、分布、储量，决定着采矿工业可能发展的部门、地区及规模；矿产资源的质量、开采条件及地理位置，直接影响矿产资源的利用价值、采矿工业的建设投资、劳动生产率、生产成本及工艺路线等，并对以矿产资源为原料的初加工工业（如钢铁、有色金属、基本化工和建材等）以至整个重工业的发展和布局有重要影响；矿产资源的地域组合特点，影响地区经济的发展方向与工业结构特点。矿产资源的利用与工业价值同生产力发展水平和技术经济条件有紧密联系，随着地质勘探、采矿和加工技术的进步，对矿产资源利用的广度和深度不断扩大。地下资源既包括当前经济技术条件下可以开发利用的物质，也包括具有潜在开发价值的物质。人们在开发利用地下资源时，特别需要加强安全防护措施，还必须注意防止破坏土地、诱发地质灾害和污染环境。

地下资源调查主要是矿产资源调查。矿产资源调查的任务是：查明成矿远景区的地质背景和成矿条件，开展重要矿产资源潜力评价，为商业性矿产勘查提供靶区和地质资料；摸清全国地下各类矿产资源状况，包括陆地地表及以下各种矿产资源矿区、矿床、矿体、矿石主要特征数据和已查明资源储量信息等。掌握矿产资源储量利用现状和开发利用水平及变化情况。每年发布全国重要矿产资源调查结果。地下水资源调查又称水文地质调查，其目的是查明天然及人为条件下地下水的形成、赋存和运移特征，以及地下水水量、水质的变化规律，为地下水资源评价、开发利用、管理和保护以及环境问题防治提供所需的资料。地下资源调查还包括以城市为主要对象的地下空间资源调查以及海底空间资源调查和利用，查清地下天然洞穴的类型、空间位置、规模、用途等，以及可利用的地下空间资源分布范围、类型、位置及体积规模等。

第二节　矿产资源的调查和监测

一、矿产资源的基础知识

（一）基本名词

1. 矿物

矿物是天然的无机物质，有一定的化学成分，在通常情况下，因各种矿物的分子构造不同，形成各种不同的几何外形，并具有不同的物理化学性质。矿物有单体者，如金刚石、石墨、自然金等，但大部分矿物都由两种或两种以上元素组成，如石英、黄铁矿、方铅矿、闪锌矿、辉铜矿等。

2. 矿石、矿体与矿床

凡是地壳中的矿物集合体，在当前技术经济水平条件下，能以工业规模从中提取国民经济所必需的金属或矿物产品的，称为矿石。矿石的聚集体叫矿体，矿床是矿体的总称。对某一矿床而言，它可由一个矿体或若干个矿体组成。

3. 围岩

矿体周围的岩石称围岩。根据围岩与矿体的相对位置，有上盘与下盘围岩和顶板与底板围岩之分。凡位于倾斜至急倾斜矿体上方和下方的围岩，分别称为上盘围岩和下盘围岩；凡位于水平或缓倾斜矿体顶部和底部的围岩，分别称为顶板围岩和底板围岩。矿体周围的岩石以及夹在矿体中的岩石（称为夹石），因不含有用成分或有用成分含量过少当前不具备开采条件的，统称为废石。

(二) 矿床埋藏要素

矿床埋藏要素是指矿床在地壳中的走向长度、埋藏深度、延伸深度、形状、倾角、厚度等几何因素。

1. 埋藏深度和延伸深度

矿体的埋藏深度是从地表至矿体上部边界的垂直距离，延伸深度是指矿体上下边界之间的垂直距离（如图 5-1 所示）。

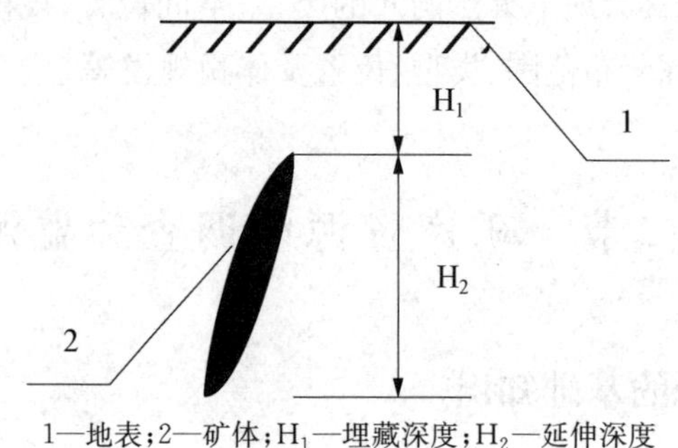

1—地表；2—矿体；H_1—埋藏深度；H_2—延伸深度

图 5-1 矿体的埋藏深度和延伸深度

2. 矿体形状

由于成矿环境和成矿作用的不同，矿体的形状千差万别，主要有层状、脉状、块状、透镜状、网状、巢状等（如图 5-2 所示）。

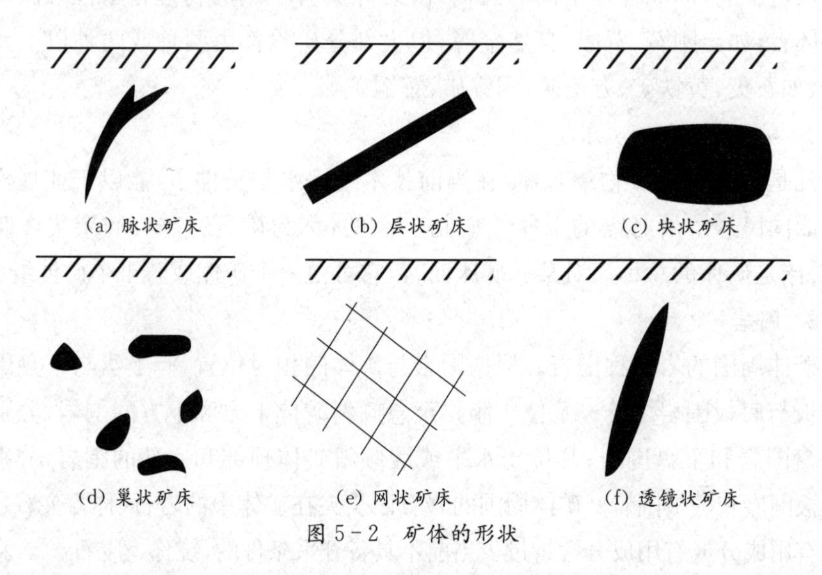

图 5-2 矿体的形状

3. 矿体倾角

根据矿体的倾角，矿体可分为四类：一是水平和微倾斜矿体，矿体倾角在 5°以下；二是缓倾斜矿体，矿体倾角为 5°～30°；三是倾斜矿体，矿体倾角为 30°～55°；四是急倾斜矿体，矿体倾角大于 55°。

4. 矿体厚度

矿体厚度是指矿体上下盘之间的垂直距离或水平距离，前者称为垂直厚度或真厚度，后者称为水平厚度。除急倾斜矿体常用水平厚度来表示外，其他矿体多用垂直厚度表示。由于矿体的形状不规则，因此，矿体厚度又有最大厚度、最小厚度和平均厚度之分。垂直厚度与水平厚度和矿体倾角的关系如图 5-3 所示。

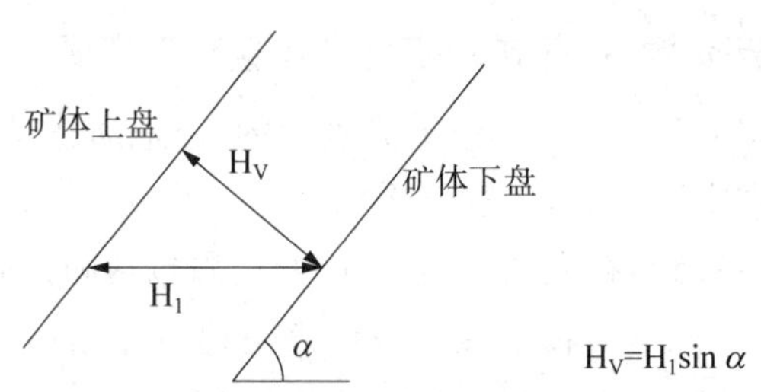

H_V—矿体垂直厚度；H_1—矿体水平厚度；α—矿体倾角。

图 5-3　矿体厚度与矿体倾角

矿体按厚度可分为五类：一是极薄矿体，矿体的平均厚度小于 0.8 m；二是薄矿体，矿体厚度为 0.8～2.0 m；三是中厚矿体，矿体厚度为 2.0～5.0 m；四是厚矿体，矿体厚度为 5.0～20.0 m；五是极厚矿体，矿体厚度大于 20.0 m。

（三）矿山、矿区和油气田

矿山是根据采矿权划定的、具有一定范围的从事矿业开采活动的场所。根据矿山生产状态，分为生产矿山、关闭（停产）矿山、闭坑矿山。生产矿山是指在调查基准日采矿权仍在有效期内并正常生产的矿山。关闭（停产）矿山是指在调查基准日之前，由于生态环境保护、产能调整、规划布局等政策性原因或其他原因关闭（停产）的矿山。闭坑矿山是指因资源枯竭正常关闭或其他原因关闭，并履行了闭坑手续的矿山。

矿区是指经地质勘查查明的、具有经济意义和明确边界的蕴藏矿体的区域，以经评审备案的勘查区范围为界。矿区根据利用状况，分为已利用矿区和未利用矿区。已利用矿区是指设立过采矿权、查明矿产资源被开采利用过的矿区。未利用矿区是指查明矿产资源从未被开采利用的矿区。矿区内可能包含生产矿山、关闭(停产)矿山、闭坑矿山。

油(气)田是单一地质构造(或地层)因素控制下的、同一产油(气)面积内的油(气)藏总和。一个油(气)田可以有一个或多个油(气)藏。油气资源国情调查以油(气)田为单位。累计原油探明技术可采储量在2 500万吨~25 000万吨之间者,为大型油田;在250万吨~2500万吨之间者,为中型油田。累计天然气探明技术可采储量在250亿立方米~2 500亿立方米者,为大型气田;在25亿立方米~250亿立方米者,为中型气田。它们统称为大中型储量规模及以上油(气)田。

(四) 固体矿产资源、油气矿产资源和压覆矿产资源

矿产资源是赋存于地壳内部或地壳表面的、由地质作用形成的呈固态、液态或气态的具有利用价值的自然富集物。

按照矿产资源的自然存在状态划分,矿产资源包括固体矿产资源和油气矿产资源。固体矿产资源是指在地壳内或地表由地质作用形成具有经济意义的固体自然富集物。油气矿产资源是在地壳中由地质作用形成的、可利用的油气自然聚集物。以数量、质量、空间分布来表征,其数量以换算到20℃、0.101 MPa的地面条件表达。

压覆矿产资源是指因铁路、公路、机场、油气管道、特高压输变电线路、重要引水工程、人工水库、城镇等重大建设项目实施后导致不能开发利用的重要矿产资源。但是建设项目与矿区范围重叠而不影响矿产资源正常开采的,不作压覆处理。压覆矿产资源的现状包括已批复压覆和事实压覆。已批复压覆是指建设项目压覆的重要矿产资源,按有关规定履行了压覆审批手续。事实压覆是指因已有的建筑(设施)因素(如铁路、村庄)、自然生态因素(如水源地、公园保护区)、法律和社会因素(如禁止开发地段)等事实压覆的矿产资源。

(五) 矿产勘查的阶段划分

我国矿产勘查工作划分为普查、详查、勘探三个阶段。普查阶段之前,为区域地质调查工作;勘探阶段之后,为矿山开发地质工作。

1. 矿产普查

矿产普查是在具有成矿远景的地区内,为寻找和评价矿床而进行的地质调

查研究工作。其主要任务是：研究工作地区的地质构造，特别是控制矿产形成和分布的地质条件，预测可能存在矿产的有利地段；综合运用有效的技术手段和找矿方法，利用找矿标志，在有利成矿的地段内找矿，并对发现的矿点和矿床进行初步研究和评价，对矿体（层）的形状、产状和分布情况、矿石品位、物质成分、结构构造、自然类型等的控制和研究程度，应达到探求相应储量级别的要求；对矿产的加工选冶性能进行对比和研究，作出是否可能作为工业原料的评价；大致了解矿床的水文地质、工程地质和其他开采技术条件；对矿床进行概略的技术经济评价，阐明工作地区的矿产远景，为是否进行详查阶段工作提供依据。

矿产普查工作多在筛选出的远景区域进行。如果是在中比例尺区域地质调查图幅之内，则在此区区域地质研究的基础上测制矿点或异常的大比例尺地质图（1∶10 000～1∶20 000），并进行相应的矿（化）点或异常的检查评价工作。如果矿点或异常分布区无中比例尺图幅，则应先测制中比例尺或稍小比例尺的地质图，使矿点或异常的分布位置能在区域地质构造背景上得到了解。此后进行矿化体或异常本身的研究，一般根据地表露头情况，开展槽深和少量浅井的揭露工作。除进行较系统的采样测试鉴定外，要研究矿石的矿物组分、矿石的结构构造、围岩及其蚀变、成矿后构造破坏等。

2. *矿产详查*

矿产详查是对经过普查阶段工作证实具有进一步工作价值的矿床，作出是否具有工业价值的评价，为是否进行勘探阶段工作提供依据，并可提供给矿山总体规划和编写矿山项目建议书使用。

矿产详查工作要进行大比例尺地质填图，查明矿区地质构造，特别是含矿地层的特征、岩浆岩与矿床的关系、构造对成矿的控制和围岩蚀变等，对确定矿床类型和探讨矿床成因至关重要的地质因素更要进行深入研究。详查必须按要求探明的储量级别条件应达到的勘探控制程度，补做揭露矿体的槽、井探工程和钻探、坑探工程以及相应的物探、化探工作，以求对矿体形状、规模、产状和矿石质量有进一步的控制和了解。对矿石类型、结构、构造，矿物共生组合以及矿石中有用、有益、有害组分的赋存状态，在系统采样和分析鉴定的基础上有更深的认识。这阶段对矿石的选冶加工技术性能进行采样试验或对比研究，作出是否具有工业价值的评价，对矿床的水文、工程地质和其他开采技术条件进行勘查，为矿床能否工业规模地开采作出初步评价。在上述工作的基础上参照同类矿床的一般工业指标，圈定矿体，计算 C+D 级储量[①]，对矿床未来开发价值进行初步的技术经济评价，提出今后可否勘探的建议。

3. *矿产勘探*

矿产勘探又称矿床勘探，是对经过详查阶段工作证实具有工业价值，并拟近期开采利用的矿床进行勘探，按全国矿产储量委员会制定的有关规范探求各级储量和必要的地质、技术和经济资料而进行的地质工作。矿床勘探主要是为矿山建设设计确定矿山建设规模、产品方案、开采方式、开拓方案、选择采矿方法、矿石选冶或加工技术方法，以及矿山建设总体布局、远景规划和未来矿山企业的经济社会效益等方面提供基础资料和依据。

矿产勘探的主要任务有六个方面。一是进一步查明矿体的形状、产状和赋存的地质条件，包括查明矿体四周的边界和提出准确的地质图件，以便确定合理的采矿方案。二是查明矿石的工业品级、矿物组成、结构构造、有用和有害组分及其分布等，作为确定矿石选冶技术加工方案的基础地质资料。三是进行矿产工业指标论证，这是决定矿产资源合理利用及未来矿山企业经济效益的根本问题。工业指标包括矿产的边界品位、工业品位、最低可采厚度和夹石剔除厚度等。依据工业指标，计算矿石的平均品位和储量，这是决定矿山企业生产规模、服务年限等的重要依据。四是查清矿体及其顶板、底板和夹石的物理机械性质、裂隙发育程度、构造破坏情况等，以选定合理的采矿技术，避免矿石贫化损失和保证安全生产。五是查明矿区水文地质条件，在调查区域水文地质条件的基础上，查明矿区中含水层和隔水层分布、地下水补给及排泄条件、水量、水质、污染源等，为矿山生产中的供水、排水设计和环境保护措施提供依据。六是对矿床的经济技术条件作出全面评价，估算未来企业的经济效益，对合理开发利用和建设方案提出意见及建议。为完成上述任务，一般会大量采用钻探和坑探（包括探槽、浅井、平硐、斜井等）工程，进行系统采样和测试，还常配合物探、化探等方法。为了达到勘探工作的最优化，即以较少时间和人力、物力的投入，完成勘探任务，必须采用正确的勘探方法、合理的勘探程度和高效的施工管理。

（六）矿产资源的储量

矿产资源储量是经过地质勘探工作查明的矿产资源，即通过地质矿产勘查

---

① C+D级储量为普查储量。C级是矿山设计中期开采依据的储量，如煤矿的C级储量一般不低于50%。D级储量指远景储量。

工作，勘查找到矿产地，依法依规对勘查、核实报告经过评审备案，形成被国家认可的国家储量。进入国家矿产资源储量库的矿产资源储量，是形成国家矿产资源家底账簿的基础。矿产资源的主要实物表现形态为各类查明的资源储量。矿产资源储量是矿产资源管理的核心对象。

矿产资源储量经过采矿权人的开发利用，通过采选冶加工等产业供应链和价值链，转变为各类矿产品、工业产品与产值，作为国民经济建设的基础原材料，进而通过工业化、基础设施建设，转变为经济社会所需的各种各样的终端产品。

1. 固体矿产资源储量分类

固体矿产资源包括潜在矿产资源和查明矿产资源。

潜在矿产资源是指未查明的矿产资源，是根据区域地质研究成果以及遥感、地球物理、地球化学信息（有时辅以极少量取样工程）预测的。其数量、质量、空间分布、开采利用条件等信息尚未获得，或者数量很少，难以评价且前景不明。潜在矿产资源不以资源量表述。

查明矿产资源是指经勘查工作发现的矿产资源，其空间分布、形态、产状、数量、质量、开采利用条件等信息已获得。国情调查的查明矿产资源指经过评审备案的矿产资源储量。《固体矿产资源储量分类》（GB/T 17766－2020）将查明的矿产资源以资源量和储量表达。资源量按地质可靠程度由低到高分为推断资源量、控制资源量和探明资源量三级；储量按地质可靠程度和可行性研究的结果，分为可信储量和证实储量两级（如图 5－4 所示）。

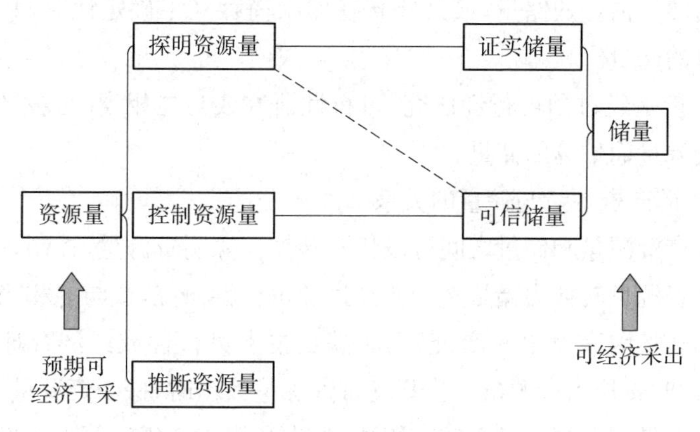

图 5－4　固体矿产资源储量分类框架

1）固体矿产资源量

固体矿产资源量是经矿产资源勘查查明并经概略研究，预期可经济开采的固体矿产资源，其数量、品位或质量是依据地质信息、地质认识及相关技术要求而估算的。

推断资源量是经稀疏取样工程圈定并估算的资源量，以及控制资源量或探明资源量外推部分；矿体的空间分布、形态、产状和连续性是合理推测的；其数量、品位或质量是基于有限的取样工程和信息数据来估算的，地质可靠程度较低。

控制资源量是经系统取样工程圈定并估算的资源量；矿体的空间分布、形态、产状和连续性已基本确定；其数量、品位或质量是基于较多的取样工程和信息数据来估算的，地质可靠程度较高。

探明资源量是在系统取样工程基础上经加密工程圈定并估算的资源量；矿体的空间分布、形态、产状和连续性已确定；其数量、品位或质量是基于充足的取样工程和详尽的信息数据来估算的，地质可靠程度高。

2）固体矿产储量

固体矿产储量是指探明资源量和控制资源量中可经济采出的部分，是经过预可行性研究、可行性研究或与之相当的技术经济评价，充分考虑了可能的矿石损失和贫化，合理使用转换因素后估算的，满足开采的技术可行性和经济合理性。

可信储量是经过预可行性研究、可行性研究或与之相当的技术经济评价，基于控制资源量估算的储量；或某些转换因素尚存在不确定性时，基于探明资源量而估算的储量。

证实储量是经过预可行性研究、可行性研究或与之相当的技术经济评价，基于探明资源量而估算的储量。

3）固体矿产资源量与储量的关系

固体矿产资源量和储量之间可以相互转换。探明资源量、控制资源量可转换为储量。资源量转换为储量至少要经过预可行性研究，或与之相当的技术经济评价。当转换因素发生改变，已无法满足技术可行性或经济合理性的要求时，储量应适时转换为资源量。公开发布资源量数据时，探明资源量、控制资源量和推断资源量应单列。潜在矿产资源、尚难利用矿产资源等不应作为资源量公开发布。公开发布资源量、储量数据时，不应将资源量和储量相加。

2. 油气矿产资源储量分类

油气矿产资源以数量、质量、空间分布来表征，其数量以换算到20℃、0.101 MPa的地面条件表达，油气资源储量分为1个资源量和3个地质储量（预测地质储量、控制地质储量、探明地质储量）（如图5-5所示）。

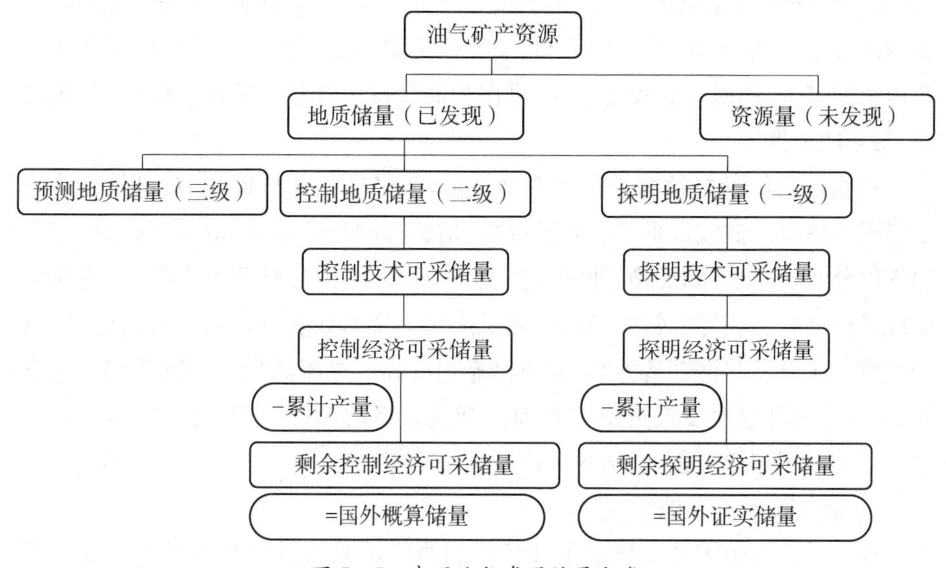

图5-5　我国油气资源储量分类

1）油气资源量

油气资源量指待发现的未经钻井验证的，通过油气综合地质条件、地质规律研究和地质调查推算的油气数量。资源量是发现石油之前计算的油气数量，可靠性比较低。油气资源量不再分级，且不包含已经发现的地质储量。

2）油气地质储量

油气地质储量是指在钻井发现油气后，根据地震、钻井、录井、测井和测试等资料估算的油气数量，分为预测地质储量、控制地质储量和探明地质储量。按勘探开发程度和地质认识程度，这三级地质储量的可靠度依次由低到高。储量是发现石油之后计算的油气数量，一般是针对一个构造和一个小的区域进行计算的，可靠性比较高。

预测地质储量指钻井获得油气流或综合解释有油气层存在，对有进一步勘探价值的油气藏所估算的油气数量，其确定性低。估算预测地质储量时，应初步查明构造形态、储层情况，已获得油气流或钻遇油气层，或紧邻探明地质储量或控制地质储量区、并预测有油气层存在，经综合分析有进一步勘探的价值，其地质可靠程度低。预测储量是制定评价钻探方案的依据。

控制地质储量指钻井获得工业油气流，经进一步钻探初步评价，对可供开采的油气藏所估算的油气数量，其确定性中等。估算控制地质储量，应基本查明构造形态、储层变化、油气层分布、油气藏类型、流体性质及产能等，或紧邻探明地质储量区，地质可靠程度中等，可作为油气藏评价和开发概念设计(开发方案)编制的依据。

探明地质储量是钻井获得工业油气流，并经钻探评价证实，对可供开采的油气藏所估算的油气数量，其确定性高。估算探明地质储量，应查明构造形态、油气层分布、储集空间类型、油气藏类型、驱动类型、流体性质及产能等；流体界面或最低油气层底界经钻井、测井、测试或压力资料证实，应有合理的钻井控制程度或一次开发井网部署方案，地质可靠程度高。探明储量是编制油田开发方案、进行油田开发建设投资决策和油田开发分析的依据。按我国的规定，只有储量达到探明储量级别，油田才允许开发。

3) 油气技术可采储量

在地质储量中按开采技术条件估算的最终可采出的油气数量称为技术可采储量。估算技术可采储量时，在控制地质储量中根据开采技术条件估算控制技术可采储量，在探明地质储量中根据开采技术条件估算探明技术可采储量。控制技术可采储量是在控制地质储量中，依据预设开采技术条件估算的、最终可采出的油气数量。探明技术可采储量是指在探明地质储量中，按当前已实施或计划实施的开采技术条件估算的、最终可采出的油气数量。

4) 油气经济可采储量

油气经济可采储量指在技术可采储量中按经济条件估算的可商业采出的油气数量。估算经济可采储量时，在控制技术可采储量中根据经济可行性评价估算控制经济可采储量，在探明技术可采储量中根据经济可行性评价估算探明经济可采储量。其中，控制经济可采储量指在控制技术可采储量中，按合理预测的经济条件(如价格、配产、成本等)估算求得的、可商业采出的油气数量；剩余控制经济可采储量等于控制经济可采储量减去油气累计产量，相当于国外的概算储量；探明经济可采储量指在探明技术可采储量中，按合理预测的经济条件(如价格、配产、成本等)估算求得的、可商业采出的油气数量；剩余探明经济可采储量等于探明经济可采储量减去油气累计产量，相当于国外的证实储量。

5）地质储量、技术可采储量与经济可采储量的关系

地质储量、技术可采储量与经济可采储量三者是包含关系，地质储量中包含技术可采储量，技术可采储量中包含经济可采储量。地质储量强调其“第一性资料”是必要条件，而技术可采储量、经济可采储量是动态变化的，油气田从发现直至废弃的勘探开发过程中，矿业权人根据技术、经济等条件的变化，要及时进行储量复(核)算、标定和结算。另外，估算地质储量、技术可采储量、经济可采储量，必须要达到相应的地质可靠程度和技术经济条件，不容许有模糊地带。

油气矿产资源开发状态不对储量状态分类，只根据开发井网实施程度将油气藏或区块界定为未开发和已开发两种状态。在油气藏或区块中，按照开发方案，完成配套设施建设，开发井网已实施70%及以上的，状态界定为已开发；在油气藏或区块中，完成评价钻探，但开发生产井网尚未部署，或开发方案中开发井网实施70%以下的，状态界定为未开发。

二、矿产资源国情调查与评价的目标和任务

矿产资源国情调查与评价主要是对矿产资源的数量、质量、结构、空间分布等进行评价，是一项重大的国情国力调查，是自然资源统一调查监测工作的重要组成部分。其主要目的是摸清矿产资源的家底，评价资源可利用性(可供性)，是国家为确定矿产资源战略、编制实施国土空间规划等，制定实施矿产资源政策所开展的一项基础性自然资源调查与评价工作。

矿产资源国情调查与评价的目标是：全面调查我国重要矿产资源的数量、质量、结构和空间分布等基础数据，准确掌握资源本底状况，推动建立矿产资源定期调查评价制度，实现矿产资源基础数据信息化管理与共享，为准确判断矿产资源形势，科学制定资源战略规划和政策，守住矿产资源安全底线提供基础支撑。

矿产资源国情调查与评价的主要任务包括以下六个。

(一) 查明矿产资源

以《固体矿产资源储量分类》(GB/T 17766－2020)标准为指导，开展全面调查与核查，摸清各类矿产的生产矿山、关闭(停产)及闭坑矿山、未利用矿区、建设项目压覆矿产资源储量状况，获取矿产资源储量的数量、质量、结构和空间分布等基础数据，全面掌握查明矿产资源现状。

以《油气矿产资源储量分类》(GB/T 19492－2020)标准为指导，摸清石油、天然气、页岩气、煤层气矿种的已开发、未开发、废弃、政策性关闭、难动用的探明地质储量状况，获取探明地质储量的数量、质量、结构和空间分布等基础数据，全面掌握探明地质储量现状。

(二) 潜在矿产资源评价

1. 固体矿产资源潜力评价

以战略性矿产[①]和战略性新兴矿产[②]为重点，综合运用地质、物化探、遥感等多元信息，动态评价我国矿产资源潜力，圈定有利的找矿远景区，为矿产地质调查提供靶区，为找矿勘查部署提供科学依据。

2. 油气矿产资源潜力评价

综合运用地质、物化探等多种信息，对全国油气资源潜力进行评价，优选有利区域，提出未来油气勘探方向。

(三) 专题调查与评价

1. 能源矿产资源状况评价

全面调查评价石油、天然气和铀矿等矿产资源储量的数量、质量、结构和空间分布情况，摸清开发利用现状，综合分析研究我国能源矿产总需求及供给结构和能力，综合论证能源矿产资源的保障程度，提出勘查、开发、储备和保护的政策建议。

2. 战略性新兴矿产资源状况评价

分析新兴产业发展的资源需求形势，动态厘定战略性新兴矿产目录；调查

---

① 原国土资源部发布《全国矿产资源规划(2016—2020年)》，把24种矿产资源列入战略性矿产目录。其中，能源矿产有石油、天然气、页岩气、煤炭、煤层气、铀；金属矿产有铁、铬、铜、铝、金、镍、钨、锡、钼、锑、钴、锂、稀土、锆；非金属矿产有磷、钾盐、晶质石墨、萤石。

② 战略性新兴矿产是在以往战略性矿产的基础上附加了战略性新兴产业所需矿产的定义，主要指"三稀"矿产(锂、铍、锆、铌、钽、锗等)、金刚石、高纯石英、晶质石墨等矿种。

锂、钴、镍等矿产资源储量的数量、质量、结构和空间分布信息，分析共伴生特点，摸清综合利用情况；开展战略性新兴矿产可利用性评价，论证保障程度，提出勘查、开发、储备和保护的政策建议。

3. 重要功能区矿产资源状况调查

在自然保护地等各类重要功能分区范围内开展矿产资源储量状况、产能建设、资源潜力等专题调查，评估查明矿产资源的利用现状。从资源潜力、技术经济和环境影响等方面，综合评价矿产资源开发对重要功能区的影响，分析国内矿产资源安全供应底线的影响，提出保障资源安全的勘查开发总量、结构、布局等方面的建议。开展比较效益评估，研究提出矿产资源保护原则及相关功能分区优化调整建议。

4. 压覆重要矿产资源状况调查

调查铁路、公路、机场、油气管道、特高压输变电线路、重要引水工程、人工水库、城镇等重大建设项目的现状和规划布局，分析与查明矿产资源的空间关系，评价压覆重要矿产资源的储量，提出优化压覆矿产资源的政策建议。

5. 能源资源基地、国家规划矿区矿产资源状况调查

对于全国矿产资源规划确定的能源资源基地和国家规划矿区，重点了解其查明矿产资源、潜在矿产资源及其矿业经济等相关数据，摸清矿产资源勘查开发利用现状，评价供应保障能力。在此基础上，提出规划的调整优化建议。

(四) 可利用性评价

收集分析查明矿产资源开发利用的内部因素和外部条件，进行可利用性评价。在全面摸清矿产资源储量家底的基础上，综合分析矿产资源开发利用的技术经济、生态保护、环境影响、产业政策等约束条件，分矿种、按区域科学地评价我国可利用矿产资源的数量、质量、空间分布和开发利用状态。

(五) 数据库建设

国家制定统一的数据库标准及建库规范，建设国家和地方矿产资源国情调查数据库，实现调查成果集成管理、三维呈现、应用服务等功能。

1. 查明矿产资源国情调查数据库

以矿产资源储量库中的矿区为数据库基本单元，主要包括查明矿产资源的数量、质量、利用现状、空间坐标、专题图件、报告等资料数据。数据内容分为属

性数据和空间数据两部分。严格按照统一的数据库建设规范、质量标准提交成果。

2. 潜在矿产资源国情调查数据库

以预测区作为数据库的基本单元，对已建库矿产资源潜力评价成果进行数据结构规范升级，充分反映资源潜力的变化情况，修编预测区属性数据表；对新增预测区，填写预测区属性数据表，按统一数据库结构入库。潜在矿产资源国情调查数据库采用统一的图件分层结构、代码、坐标系参数、图层属性表结构，格式为GIS格式。

3. 矿产资源储量呈现支持系统

建立矿产资源储量三维呈现支持系统，集成矿产资源国情调查数据库，实现动态分析与共享服务，展示地下矿体利用现状、数量规模、各矿体之间的空间位置关系，实现三维矿山数字化动态显示。实现矿产资源国情调查数据库与日常矿产资源储量管理数据的对接，以及数据的动态更新、集成管理、综合查询、统计汇总、数据分析、快速服务等功能。

(六) 综合研究

1. 更新矿产资源储量数据库

在矿产资源国情调查成果数据库的基础上，按矿种矿类、分地区进行矿产资源储量的数量、质量、结构、分布等现状以及潜力的汇总与分析，重点评价资源可利用状况，建立新分类标准下的国家矿产资源家底账簿。

2. 加强矿产资源储量分类改革衔接研究

系统研究新的矿产资源储量分类下数据变化情况及原因，提出新老数据转换对接过程中加强矿产资源储量管理的制度和措施建议。

3. 开展矿产资源保障程度研究

根据调查成果数据，结合资源赋存分布的特点，以及技术经济、生态保护、产业政策等条件，科学地评价可利用矿产资源情况，进行资源保障供需形势分析，论证提出国内矿产资源供应能力和开发利用潜力，综合评价国内矿产资源可持续保障能力。

4. 完善矿产资源储量统计和动态更新的管理制度

针对矿产资源储量动态更新不及时，以及取消储量登记和缩小评审备案范围产生的储量信息填报汇总空缺等情况，研究建立矿产资源定期调查评价和年度矿产资源储量更新机制，保障资源基础数据信息的系统全面和及时可靠。

三、矿产资源国情调查与评价的主要内容

（一）固体矿产（非油气）资源

在固体矿产资源国情调查的过程中，查明矿产资源以储量库中的矿区为调查单元，矿产资源潜力评价以预测矿种（组）的成矿区带为调查单元，查明矿产资源以矿区内生产矿山、关闭（停产）及闭坑矿山、未占用部分为具体调查对象。

固体矿产资源国情调查的指标体系包括数量指标、质量指标、结构指标、空间指标四类（如表 5－1 所示）。

表 5－1　固体（非油气）矿产资源国情调查的指标体系

类型	指标名称		备　注
数量指标	查明矿产资源	储量	可信储量、证实储量
		资源量	推断资源量、控制资源量、探明资源量
	潜在矿产资源		基于矿产资源潜力评价预测的资源潜力
质量指标	矿石主要组分及质量指标		矿体矿石主要组分及质量指标、有益有害组分的含量
	矿床地质条件		矿床类型，矿体形态、厚度、规模、埋深等，矿石类型
	可采性		工程地质条件，水文地质条件，开采方式、采矿方法、设计采矿能力、年实际产量、剥离系数、尚可服务年限、采掘比、采区回采率、采矿贫化率、采矿难易程度
	可选性		选矿方法、设计选矿能力、实际选矿量、选矿难易程度、入选品位、精矿品位、尾矿品位、选矿回收率
	经济可行性		年工业总产值、年工业增加值、年利润、采矿成本、选矿成本
	可利用情况		计划近期利用、推荐近期利用、可供边探边采、可供进一步工作
结构指标	利用状态		未利用、生产矿山、关闭（停产）矿山、闭坑矿山，以及矿山关闭（停产）日期及原因
	勘查类型		简单（Ⅰ类型）、中等（Ⅱ类型）、复杂（Ⅲ类型）
	勘查程度		普查、详查、勘探

续 表

类型	指标名称	备　注
	储量规模	矿区资源储量规模，分为大型、中型、小型
空间指标	分布	矿区(探矿权)、矿产资源储量及采矿权的范围和坐标，包括中心点坐标、拐点坐标和标高
	限制条件	与生态保护红线、永久基本农田、城镇开发边界和自然保护地等重要功能区的空间关系，以及铁路、公路、机场、油气管道、特高压输变电线路、重要引水工程、人工水库、城镇等重大建设项目的现状和规划布局压覆的范围

1. 查明矿产资源调查内容

按照矿产资源储量新分类标准，获取翔实的各类查明矿产资源的数量、质量、结构、空间分布等基础数据。

(1) 生产矿山调查。以最新的核实报告、生产勘探报告、最新储量年报为基础，实地调查矿山勘查增减量、重算增减量和消耗量等矿产资源储量变化情况，核实矿山保有资源量和储量；掌握矿山地质、技术、经济、环境、生态约束条件等影响开发利用的因素和关键指标。

(2) 关闭(停产)矿山调查。以储量库、最新矿山储量核实报告及最新的矿山储量年报及其图表为基础，调查矿山关闭(停产)原因、保有资源储量，以及地质、技术、经济、环境、生态约束条件等影响开发利用的因素和关键指标。

(3) 闭坑矿山调查。以储量库、闭坑地质报告及其图表为基础，确认矿山关闭的原因是资源枯竭或其他，评价矿山残留资源储量是否具有再利用价值。

(4) 矿区调查。以储量库、评审备案的地质勘查报告及其图表为基础，核实未利用矿区及已利用矿区内未占用的资源储量的数量、质量、结构、空间坐标等数据，评价矿区的地质、技术、经济、环境、生态约束条件等影响开发利用的因素和关键指标。

(5) 压覆矿产资源调查。调查已批复压覆和事实压覆的矿产资源储量；调查压覆的主体以及影响开发利用的因素。

查明矿产资源调查的成果以数据表格、调查报告和图件反映。

根据国情调查数据库建库要求，将已利用矿区中生产矿山、关闭(停产)及闭坑矿山、未占用和压覆矿产资源的调查数据，按矿体、矿山再到矿区逐级汇总，编制矿区矿产资源储量新分类标准下的调查数据表格。

已利用矿区、未利用矿区均需编制调查报告，说明调查过程及相关情况。调查报告的主要内容包括：资料收集情况说明；内业整理发现存疑问题；外业调查情况；矿区内生产矿山、关闭（停产）矿山、闭坑矿山和压覆情况；生产矿山调查情况；调查队伍调查与检查情况；质量保障情况；调查结果说明等。

将内业整理的储量估算底图中的资源储量类型，按照矿产资源储量新分类标准的探明资源量、控制资源量、推断资源量，形成矿体储量估算图。汇集生产矿山、关闭（停产）矿山、闭坑矿山、压覆、未占用矿产资源的储量估算成果图，形成矿区利用现状图。根据国情调查数据库建库要求及外业调查结果，修改完善矿区平面套合图。

2. *潜在矿产资源评价内容*

以战略性矿产和战略性新兴矿产为重点，兼顾其他矿种，开展矿产资源潜力（动态）评价。

1）对已评价过的矿种进行资源潜力动态评价与更新

对于在“全国重要矿产资源潜力评价”项目中已完成潜力评价的矿种（包括煤炭、铀、铁、铜、铝土矿、铅、锌、锰、镍、钨、锡、钾盐、金、铬、钼、锑、稀土、银、硼、锂、磷、硫、萤石、菱镁矿、重晶石等），以及有些省份根据本省矿产资源特征自行选择开展过预测的矿种，以原有省级矿产资源潜力评价成果为本底数据，根据近年来找矿勘查新进展，结合技术经济、生态环境、产业政策等因素，动态评价已有成果，更新潜在矿产资源的数据，优化调整重要预测区。主要工作包括以下三个方面。

第一，动态评价。在有新勘查进展的区带（或预测工作区），以前期潜力评价的成果为基础，结合新的进展，进一步总结完善成矿规律，修订预测模型，在最新的基础调查数据基础上，重新提取预测要素并开展预测。同时，结合与矿产综合开发利用有关的环境、选冶技术等信息，对未来开发利用的可能性展开预评估。动态评价后的变化主要表现为预测区边界的调整、预测区的增减、预测区内潜在矿产资源预测量的增减，以及对预测区内潜在资源可利用性的评价调整等方面。

第二，更新预测区属性数据表。对新增的预测区，整理并填写预测区属性数据表（如表 5 - 2 所示）。同时，对预测区开展概要的综合评价，评价该预测区内矿产资源的地质潜力、未来开发条件和环境影响等，评价结果也填入预测区属性数据表。

表 5-2 预测区属性数据表

数据项		填 写 说 明
预测区编号		
预测区名称		
地理位置		按最新的行政区划填写到县。跨县(区)的预测区以主体所在县(区)为准
预测矿种		
预测类型		预测区内可能产出的主要矿床类型
中心点地理经度		
中心点地理纬度		
预测区类别		预测区优选分级，分 A、B、C 三类
预测区面积		
累计查明资源储量	原来	
	现在	
延深		预测的深度
预测量估算方法		
500 m 以浅预测量	原来	新增的预测区，该项为“0”
	现在	删除的预测区，该项为“0”
1 000 m 以浅预测量	原来	新增的预测区，该项为“0”
	现在	删除的预测区，该项为“0”
2 000 m 以浅预测量	原来	新增的预测区，该项为“0”
	现在	删除的预测区，该项为“0”
3 000 m 以浅预测量	原来	新增的预测区，该项为“0”
	现在	删除的预测区，该项为“0”
3 000 m 以深预测量	原来	新增的预测区，该项为“0”
	现在	删除的预测区，该项为“0”

续　表

数据项	填 写 说 明
综合可信度	
有转化前景的预测量	预估目前经济技术条件下可利用的预测量
单位	指预测量的单位
变化原因	新增、预测量有变化及删除的原因
预测区综合简评	主要从地质、经济、环境等方面，简单地对预测区进行评价

注：预测量为扣除了原累计查明资源量的数据；“3 000 m 以浅”和“3 000 m 以深”为非必填项，根据实际情况自行把握。

第三，更新预测成果图。对于潜力评价成果图，要求在原全国矿产资源潜力评价预测成果图数据库的基础上进行更新。编制成果图说明书，对任务来源、资源潜力动态更新范围、动态更新原因（找矿新进展、规律新认识等）等进行说明。

2）对未评价过的矿种实施资源潜力评价

对未开展过全国矿产资源潜力评价的矿种，各省根据自身特点，选择优势矿种，或对区域经济社会发展具有重要价值的矿种，开展成矿规律研究，划定Ⅳ、Ⅴ级成矿区带，建立典型矿床的成矿要素与预测要素，圈定预测区，建立预测区的成矿要素与预测要素，提取成矿要素与预测要素对应的地质信息，估算预测量。主要工作包括以下五个方面。

第一，确定成矿有利地区，建立预测模型。根据区域成矿规律，按区域成矿单元，进行综合分析，划分Ⅳ级成矿区带，依统一的分类标准厘定矿床类型。根据区域成矿规律，结合中小比例尺地质、地球物理、地球化学、遥感、重砂等信息，确定成矿有利地区。在成矿有利地区选择并解剖典型矿床，结合更大比例尺的地质、地球物理、地球化学、遥感、重砂等信息，确定找矿有利标志，建立典型矿床预测模型进行区域成矿规律总结，建立区域成矿模式，并建立区域预测模型。

第二，圈定预测区。在成矿有利区内，依据区域预测模型，提取能反映预测要素的地质、矿产、地球化学、地球物理、遥感、重砂等信息图层，利用经验类比、多元统计、地质统计学等传统预测评价方法，以及尝试利用大数据及人工智能等新技术方法，开展潜力分析，圈出预测区，预测区的大小以Ⅴ级成矿区带的大小(几十至上百平方千米)为参考。

第三，评估资源潜力。资源潜力的估算可根据预测矿种的赋存特点、资料丰富程度等选择不同的方法，如体积法、地球化学法、地球物理法、专家咨询法等，分不同的预测深度，分别对500米以浅、1000米以浅以及2000米以浅的资源潜力进行评估。根据预测区的成矿地质条件和地质资料的可靠程度，对预测的资源潜力进行可信度分析，划分高、中和低三个级别(如表5-3所示)。

表5-3 预测区可信度分级

级别	分级依据
高	区内存在成矿有利的地层(或岩层或岩体)，地质工作程度较高，预测依据的地质资料可靠程度高，与找矿标志的关联程度高，位于矿区外围、中间或深部，至少存在1个已评价过的小型矿床
中	区内存在成矿有利的地层(或岩层或岩体)，地质研究程度中等，预测依据的地质资料可靠程度中等，与找矿标志的关联程度中等，区内至少存在1个已发现的矿点或矿化点
低	区内存在成矿有利的地层(或岩层或岩体)，地质研究程度较低，预测依据的地质资料可靠程度较低，与找矿标志的关联程度较低，只有较好的矿化异常和较好的地球化学信息

第四，预测区综合评价及优选分级。使用特征分析、证据权、神经网络等方法对预测区计算成矿有利度和找矿概率，将预测区划分为A、B、C三类(如表5-4所示)。同时，综合考虑地质、技术、经济、环境等因素，对预测区开展概略评价。

表5-4 预测区优选分类

预测区级别	分级依据
A类	成矿地质特征明显，成矿条件十分有利，预测依据充分，与预测模型匹配程度高，资源潜力大或较大，潜力可信度高，综合外部环境较好，潜在经济效益明显
B类	成矿条件有利，有预测依据，与预测模型匹配程度较高、预测资源潜力一般，或与预测模型匹配程度低、预测资源潜力较大，预测区内已有中小型工业矿床、矿点、矿化点，外部开发环境好，可获得经济效益

续　表

预测区级别	分 级 依 据
C类	有较好的物化探异常，已有矿点、矿化点线索，根据成矿地质条件有可能发现矿床。或者工作程度较低，已知信息不足以支撑更可靠的推测时，可作为C类预测区，用以部署探索性研究工作

第五，编制预测成果图及说明书。根据各省最新研编(结合各省矿产志项目或者地质志项目成果)的地质图为底图，分矿种(组)编制预测成果图。预测区图层(面文件)需挂属性，属性内容的数据项同表5－2。同时，编写预测成果图说明书，对任务来源、编图范围、与预测矿种有关的区域成矿规律、潜力评价结果、主要图层介绍以及重要预测区成矿条件分析等进行说明。

按照"突出重点、兼顾一般，突出当前、考虑长远"的原则，使用新思想、新理论、新方法和新手段，结合区域经济社会发展状况及省内各类矿产资源禀赋，开展矿产资源勘查规划研究；分析重要功能区与预测区的重叠情况，对功能区内的国家紧缺矿种的优质预测区提出勘查储备建议。

(二) 油气矿产资源

油(气)田是油气矿产资源国情调查的单元。按照储量计算单元核查油气探明地质储量数据库中的埋深、层系、孔隙度、渗透率、油气藏类型、原油密度、开发状态、丰度等内容。油气资源国情调查的指标体系如表5－5所示。

表5－5　油气资源国情调查的指标体系

类型	指标名称	备　注
数量指标	探明地质储量	探明地质储量、探明技术可采储量、探明经济可采储量、累计产量、剩余探明经济可采储量等
质量指标	品位或品级	储量丰度、渗透率、密度、原油黏度、硫化氢含量、二氧化碳含量、氦气含量等
结构指标	利用现状结构	已开发、未开发、难动用、重要功能区、政策性关闭油(气)田的储量等
	规模结构	大型、中型、小型油(气)田的储量等
空间指标	分布	油气藏立体表征、油(气)田面积及位置、盆地、省份(海域)统计分布等

续 表

类型	指标名称	备 注
	埋深	储量计算单元中部埋藏深度等
	限制条件	与生态保护红线、永久基本农田和自然保护地等重要功能区的空间关系

1. 油气探明地质储量调查

以《油气矿产资源储量分类》(GB/T 19492－2020)国家标准为指导,获取探明地质储量的数量、质量、结构、空间分布等基础数据。

1) 油(气)田调查

以油气探明地质储量数据库、历年探明地质储量报告为基础,调查油(气)田探明地质储量信息,包括所在盆地、省份、矿业权信息、含油气层位、原油性质、开发状态、含油气面积、累计探明地质储量、采收率、累计探明技术可采储量、累计探明经济可采储量、累计产量、剩余经济可采储量;掌握油(气)田的地质、技术、经济、环境、生态约束条件等影响开发利用的因素和关键指标。

2) 探明地质储量数据库核查

根据油气探明地质储量数据库的调查数据项逐项核查,若有数据缺失,根据各类探明地质储量报告补充、完善。其中,必核信息包括:计算单元名称、地质储量、采收率、技术可采储量、经济可采储量、累计产量、剩余经济可采储量等储量数据,含油(气)面积、有效厚度、孔隙度、含油(气)饱和度、油(气)体积系数、地面原油密度、偏差系数、气油比等储量技术参数;层位、油气藏中部埋深[陆域指油(气)藏中部到地表的距离,海域指油(气)藏中部到海平面的距离,均为正值]、空气渗透率、凝固点、油(气)藏类型、甲烷含量、天然气相对密度、储层岩性、地层原油黏度、地面条件、沉积相等[采用动态法等非容积法估算储量,含油(气)面积、有效厚度等体积法储量计算参数可不填]。

3) 成果编制

在内业整理和外业调查的基础上,对油(气)田的各类数据和图件进行汇总和成果编制。

对油气探明地质储量数据库已核实更新的数据,将储量计算单元分别按照埋深、层系、孔隙度、渗透率、油气藏类型、原油密度、开发状态、丰度等汇总统计到油(气)田级别。以油(气)田为单元,分别汇总重要功能区、政策性关闭、废弃、难动用储量等储量情况。

图件主要包括:分公司油(气)田分布图;油(气)田图件,含油(气)田探明地质储量面积图、油(气)田综合柱状图、油(气)田剖面图,油(气)田综合图、大中型规模及以上的油(气)田探明地质储量估算空间立体图。其中,油(气)田综合图主要是把油(气)田探明地质储量面积图、油(气)田柱状图、油(气)田剖面图、油(气)田探明地质储量表通过横版或竖版四拼的方式做成图册数据。

在内业整理和外业调查的基础上,编制形成油(气)田油气矿产资源国情调查报告、石油分公司油气矿产资源国情调查报告、石油集团公司油气矿产资源国情调查报告和全国油气矿产资源国情调查报告。

2. 油气资源潜力评价

结合以前全国油气资源评价结果,对全国油气资源开展地质潜力、开发条件和环境影响"三位一体"综合评价,优选有利区或提出未来油气勘探方向。

一是地质评价。突出松辽、渤海湾、鄂尔多斯、四川、柴达木、塔里木、准噶尔、吐哈、东海、珠江口、莺歌海、琼东南等大盆地,系统开展油气的生、运、聚、保等石油地质条件调查,分析油气成藏过程,总结油气成藏地质规律,采用成因法、类比法、统计法和体积法等估算石油、天然气、页岩气、煤层气等常规、非常规油气资源量的数量、空间和品质分布等,优选有利区或提出未来油气勘探方向。

二是经济性评价。油气资源经济性评价是完成油气资源地质评价和资源量估算后,基于当前经济、技术水平,选用主要地质因素、经济性指标,概要评价油气资源在不同价格条件下的经济性,为油气资源的政策制定和勘探开发潜力分析提供参考依据。第一,开展常规与非常规油气探明储量区经济性分析,建立资源经济性评价参数取值标准;第二,开展探明储量区块与待探明资源评价单元经济性影响因素类比研究,影响因素主要包括地理环境、深度、油气品质、储层物性、资源丰度等;第三,开展资源量经济性评价,并开展合理性分析;第四,汇总盆地(地区)、全国油气资源经济性评价结果并进行综合分析。

三是生态环境风险评价。油气资源生态环境风险评价,是指针对油气资源类型、品质与地质因素,分析在勘探开发活动中可能产生的对生态环境的影响,预测可能造成生态、水、大气、土壤环境污染的风险大小,综合评价区域生态环境风险,并提出相应的防范措施与建议。生态环境风险评价的主要内容包括:

生态保护红线与油气资源分布区域叠合，明确红线内和红线外的资源分布范围；计算红线内的油气资源量，并分析资源潜力，包括红线内勘查开采区块分布情况、储量分布情况、资源丰度等；开展红线外油气资源生态环境风险评价，划分高风险区、中风险区和低风险区，并对判定结果进行说明；资源量汇总，并开展盆地或地区油气资源勘探开发生态环境风险综合分析，指出主要的潜在风险，并提出防范措施建议。

四是成果报告编制。根据盆地地质评价和资源评价结果、经济性评价和生态环境风险评价结果，综合评价全国和主要含油气盆地常规、非常规油气资源潜力，编制成果报告。成果主要包括油气资源评价成果报告、油气资源分布图、油气资源评价结果表。

四、矿产资源动态监测

(一) 矿产资源储量动态监测

矿产资源储量动态监测(核查检测)是按统一的技术规定、规程、标准和要求，定期对矿山企业占用的矿产资源储量进行监测、审查、核销或报销管理，准确地统计和核算区域(省级)年度矿产储量的工作。矿产资源储量动态监测通过动态掌握矿山资源储量的数量、质量及其变化，以及矿产资源储量动用及利用情况，分析变动原因，落实变动范围，规范矿山储量年度报告编制，促进矿产资源的有效保护和合理利用。

矿产资源储量动态监测是矿产资源登记统计管理的基础，储量动态监测数据直接作为变更储量登记、残留储量登记和年度储量统计的依据，为国家资产账户管理服务。它为采矿人提供可靠的储量动态数据，定期在矿区范围内勘查推测储量，指导合理合法安全地开采矿产资源；为矿业投资融资提供可靠的决策参考依据；为矿山环境监督的采矿环境污染破坏和非法采矿造成资源破坏的立法及司法鉴定提供依据；是矿产资源管理上重要的管理制度和机制创新。通过开展矿产资源储量动态监测，有利于动态地掌握资源储量家底，准确判断市场资源需求情况，科学规划，合理设置采矿权，实现资源效益的最大化；也有利于实行征储挂钩，合理征缴矿产资源费，维护国家所有权益；通过强化矿政管理，监督资源开发利用规范秩序，保护环境。

按照矿山储量动态监管制度的规定，矿山企业在每年 12 月 31 日前要完成对其动用、消耗、损失的资源储量的地质测量工作，建立矿山技术档案和资源储量台账。并在下年1月底前，将矿山储量年报报送自然资源管理部门。矿山储量年报的内容包括：保有和累计查明资源储量、基础储量、资源量；当年开采和损失资源储量；当年勘查、计算变化的资源储量；矿石质量变化情况；下一年度开采拟动用的资源储量；与矿产资源储量管理有关的其他情况。

自然资源部负责石油、天然气（煤层气）、放射性矿产的储量动态监督管理，其中，放射性矿产资源储量动态监督管理委托中国核工业总公司负责，其他矿种储量动态监督管理由各省（自治区、直辖市）自然资源管理部门负责。自然资源管理部门要认真履行监督管理职能，矿产资源储量登记统计、矿产资源补偿费征收和矿业权评估等必须以经审查的矿山储量年报为依据。矿山企业办理资源储量报销、注销及停办矿山申请，必须按照《矿产资源监督管理暂行办法》进行。对资源不清、储量不实的矿山，自然资源管理部门要督促矿山企业补做地质工作，核实资源储量，履行储量评审备案和登记手续。矿山企业要按要求开展矿山储量地质测量，依法向自然资源管理部门报送矿山储量变化情况，不按规定进行地质测量、不提交矿山储量年报的，不予通过矿产资源开发利用年检。矿山地质测量机构要加强自身建设，努力提高从业人员的素质，采用先进技术方法，规范服务、诚实守信，独立、客观、公正地提供测量和年报编制等服务。

（二）矿产资源开发利用监测

矿产资源开发利用监测是通过遥感、遥测等实时观测数据和分析以往的监测数据，初步对矿区的开采秩序、开采环境以及矿山资源的规划信息进行了解，进而准确掌握我国在矿山资源开采的各个方面亟待解决的问题。矿产资源开发利用监测工作的内容包括以下三个方面。

1. 矿山资源规划执行情况监测

通过遥感、遥测等实时观测数据，基本上了解矿山开发环境地质背景；结合规划基年遥感影像和相关资料数据，监测矿产资源开采点分布及其矿山开发占地变化情况，基本上查明矿产资源开发利用和保护、矿山生态环境修复和治理情况，对于矿山资源规划进行实施评价。圈定矿山开发集中、环境破坏比较严重的地区，作为矿产资源开发利用监测的重点区域。

2. 矿产资源开发状况监测

矿产资源开发状况监测主要是查清矿产资源勘查或开采点/面的位置、开采方式(露天、地下、联合),确认矿山开采状态(生产、在建或停采),找出矿产疑似违法图斑(含无证勘查、越界勘查、擅自改变勘查对象,以采代探、无证开采、越界开采、擅自改变开采对象、擅自改变开采方式等)的分布和占地情况,掌握尾矿资源的分布位置、类型及保存/利用状况,估算其体积。

3. 矿山地质环境监测

矿山地质环境监测是通过布设专门性的监测网(点),定期观测矿山基础建设、开采,以及闭坑以后地质环境和各类矿山地质环境问题在时间上、空间上的变化情况。矿山地质环境监测的对象依据矿产资源成矿特征、赋存条件、开采矿种、生产阶段和开采方式确定。矿山在建阶段侧重于矿山地质环境背景条件监测,在开采生产阶段侧重于监测矿山地质环境问题,在矿山闭坑以后侧重于监测矿山地质环境恢复治理成效(如表 5-6 所示)。矿山地质环境监测要素根据监测对象的类型、发育特征及变化特点等确定和选择(如表 5-7 所示)。矿山地质环境监测决定于监测级别(如表 5-8 所示),受监测点密度、监测频率、数据采集传输自动化率和测量误差等指标控制。

表 5-6 矿山地质环境监测对象一览表

生产阶段	监测侧重方向	开采方式	开采矿种		
			煤炭	金属	非金属
在建	矿山地质环境背景	—	地形地貌、地下水环境	地形地貌、地下水环境、土壤环境	地形地貌、地下水环境
开采生产	矿山地质环境问题	露天开采	地形地貌破坏、崩塌滑坡地裂缝、不稳定边坡、含水层破坏	地形地貌破坏、含水层破坏、崩塌滑坡地裂缝、不稳定边坡、地下水污染、土壤污染	地形地貌破坏、崩塌滑坡地裂缝、不稳定边坡、含水层破坏、地下水污染、土壤污染
		井下开采	采空塌陷、含水层破坏	含水层破坏、地下水污染、采空塌陷	含水层破坏、采空塌陷、地下水污染

续　表

生产阶段	监测侧重方向	开采方式	开采矿种		
			煤炭	金属	非金属
开采生产	矿山地质环境问题	混合开采	地形地貌破坏、采空塌陷、崩塌滑坡地裂缝、不稳定边坡、含水层破坏	地形地貌破坏、崩塌滑坡地裂缝、不稳定边坡、采空塌陷、含水层破坏、地下水污染、土壤污染	地形地貌破坏、采空塌陷、崩塌滑坡地裂缝、不稳定边坡、含水层破坏、地下水污染、土壤污染
闭坑	矿山地质环境恢复治理成效	—	地下水环境修复	地下水环境修复、土壤环境修复	地下水环境修复、土壤环境修复

表 5-7　矿山地质环境监测要素一览表

监测要素	监测对象			
	采空塌陷	地形地貌破坏	崩塌滑坡地裂缝	不稳定边坡
地表形变	√√	—	√√	√√
地下形变	√√	—	√√	√√
岩土体含水率	√√	—	√√	√√
降雨量	√√	√	√√	√√
孔隙水压力	√	—	√√	√
土压力	√	—	√	√
地下水位	√	—	√√	√
地声	√	—	√	√
地应力	—	—	—	√
植被损毁面积	—	√√	—	—
岩土剥离体积	—	√√	—	—
地表风化层厚度	—	√	—	—

续 表

监测要素	监测对象		
	含水层破坏	地下水污染	土壤污染
含水层位	√√	—	—
含水层厚度	√√	—	—
含水层孔隙率	√√	—	—
地下水量	√√	√√	—
地下水位	√√	√√	—
地下水质	√√	√√	—
地下水温度	√	√	—
地下水流速	√	√√	—
土壤理化指标	—	—	√√
无机污染物	—	—	√√
有机污染物	—	—	√√
土壤溶液	—	—	√
污染扩散速度	—	—	√

注:"√√"表示必测要素;"√"表示选测要素。

表 5-8　矿山地质环境监测级别划分表

生产阶段	矿业活动影响对象重要程度	矿山开采方式	矿山建设规模		
			大型	中型	小型
在建	重要	—	一级	二级	三级
	较重要	—	二级	三级	三级
	一般	—	三级	三级	三级
开采生产	重要	混合	一级	一级	一级
		露天	一级	一级	二级
		井下	一级	一级	二级
	较重要	混合	一级	一级	二级

续 表

生产阶段	矿业活动影响对象重要程度	矿山开采方式	矿山建设规模		
			大型	中型	小型
	较重要	露天	一级	二级	二级
		井下	二级	二级	三级
	一般	混合	一级	二级	二级
		露天	二级	二级	三级
		井下	二级	三级	三级
闭坑	重要	—	二级	二级	三级
	较重要	—	二级	三级	三级
	一般	—	三级	三级	三级

矿山地质环境监测网要求覆盖矿产资源勘探、开采证确定的矿区范围，以及矿产资源勘探、开采、矿山基本建设影响的区域。重点监测范围包括露天采场、地下采空区、尾矿和废渣堆放场、排土场、洗选矿废水排放口以及所影响的区域。矿山地质环境监测网由监测点组成，监测点包括基准点、工作基点、地表位移测量点、地下位移测量点、各种监测要素监测点。地形变化监测点布设需要满足国家水准测量要求(如表 5-9 所示)。监测点要求设立标志，标注“国家矿山地质环境监测设施”字样。布设矿山地质环境监测网要求全面掌握监测区的基础资料，了解矿区的交通、通信、供电、气象和大地测量基准点等情况。矿山监测点按照矿山地质环境监测工作设计的监测工作布置图布设。矿山开采现状和矿山主要地质环境问题有较大变动时，应及时优化和调整监测网点，确保准确、及时地采集矿山地质环境监测数据。

表 5-9 矿山地质环境监测精度控制一览表

监测级别	监测对象	监测点密度	监测频率	数据采集传输自动化率	测量误差
一级	采空塌陷	4～6 个/100 m^2	24 次/年	30%	平面误差<1 mm
	不稳定边坡	4～6 个/体	24 次/年	30%	高程误差<3 mm

续 表

监测级别	监测对象	监测点密度	监测频率	数据采集传输自动化率	测量误差
	崩塌滑坡地裂缝	8～10 个/体	24 次/年	30%	—
	含水层破坏	6～8 个/km^2	36 次/年	50%	≤±1 cm/10 m
	地下水污染	4～6 个/km^2	3 次/年	—	—
	土壤污染	4～6 个/km^2	3 次/年	—	—
	地形地貌破坏	—	3 期影像/年	—	—
二级	采空塌陷	2～4 个/100 m^2	12 次/年	10%	平面误差<5 mm
	不稳定边坡	2～4 个/体	12 次/年	10%	高程误差<10 mm
	崩塌滑坡地裂缝	6～8 个/体	12 次/年	20%	—
	含水层破坏	3～6 个/km^2	24 次/年	30%	≤±3 cm/10 m
	地下水污染	2～4 个/km^2	2 次/年	—	—
	土壤污染	2～4 个/km^2	2 次/年	—	—
	地形地貌破坏	—	2 期影像/年	—	—
三级	采空塌陷	1～2 个/100 m^2	6 次/年	—	平面误差<5 mm
	不稳定边坡	1～2 个/体	6 次/年	—	高程误差<10 mm
	崩塌滑坡地裂缝	3～6 个/体	6 次/年	10%	—
	含水层破坏	1～3 个/km^2	12 次/年	10%	≤±5 cm/10 m
	地下水污染	1～2 个/km^2	1 次/年	—	—
	土壤污染	1～2 个/km^2	1 次/年	—	—
	地形地貌破坏	—	1 期影像/年	—	—

(三) 地质灾害监测

地质灾害是指在自然或者人为因素的作用下形成的,对人类生命财产造成损失、对环境造成破坏的地质作用或地质现象。常见的地质灾害主要指崩塌、滑坡、泥石流、地面塌陷、地裂缝、地面沉降等。地质灾害在成因上具备自然演化和人为诱发的双重性，它既是自然灾害的组成部分，也可能属于人为灾害的范畴。

地质灾害监测是运用各种技术和方法，测量、监视地质灾害活动以及各种诱发因素动态变化的工作。其中心环节是通过直接观察和仪器测量记录地质灾害发生前各种前兆现象的变化过程和地质灾害发生后的活动过程。地质灾害环境影响因素的监测也值得重视，如降水、气温等气象观测；水位、流量等陆地水文观测；潮位、海浪等海洋水文观测；地应力、地温、地形变、断层位移和地下水位、地下水化学成分等地质、水文地质观测等，它们可能是影响地质灾害形成与发展的重要动力。地质灾害监测为预测预报地质灾害提供重要依据，也是减灾防灾的重要工作内容。

地质灾害监测的方法主要有卫星与遥感监测、地面、地下、水面、水下直接观测与仪器台网监测。不同地质灾害的监测方法和监测的有效程度不同，总的看来，地质灾害监测水平的差距还比较大，远不能满足防灾减灾的要求。今后地质灾害监测的发展趋向是：全面提高监测能力，丰富监测内容，提高信息处理和综合分析能力；在加强专业监测的同时，在灾害多发区建立群测群防体系，大力推进社会化监测工作；把地质灾害监测同其他一些自然灾害以及环境监测有机地结合起来，形成广泛的综合监测网络。

对危险人员较多的地质灾害隐患点或者风险区，要有针对性地安排专业监测和群测群防。常用的地质灾害简易监测方法主要有四种。一是埋桩法，适合对崩塌、滑坡体上发生的裂缝进行观测。在斜坡上横跨裂缝两侧埋桩，用钢卷尺测量桩之间的距离，可以了解滑坡变形滑动过程。对于土体裂缝，埋桩不能离裂缝太近。二是埋钉法，在建筑物裂缝两侧各钉一颗钉子，通过测量两侧两颗钉子之间的距离变化来判断滑坡的变形滑动。三是上漆法，在建筑物裂缝的两侧用油漆各画上一道标记，与埋钉法的原理是相同的，通过测量两侧标记之间的距离来判断裂缝是否扩大。四是贴片法，横跨建筑物裂缝粘贴水泥砂浆片或纸片，如果砂浆片或纸片被拉断，说明滑坡发生了明显变形，须严加防范。此外，还可以借助简易、快捷、实用、易于掌握的位移、地声、雨量等群测群防预警装置和简单的声、光、电警报信号发生装置，来提高预警的准确性和临灾的快速反应能力。地质灾害监测次数和时间的要求是：旱季每 15 天监测一次，雨季每

5 天监测一次。如发现监测地质灾害点有异常变化或在暴雨、连续降雨天气时，特别是 12 小时降雨量达 50 mm 以上时，应加密监测次数，如每天 1 次或多次，甚至昼夜安排专人监测。

第三节 地下水资源的调查和监测

一、地下水和地下水资源的概念

(一) 地下水

地下水是广泛埋藏于地表以下岩土空隙中水的统称。

地面以下水的分布，以地下水面为界，划分为两个带(如图 5 - 6 所示)：饱和带和包气带。包气带(充气带)从地下水面向上延伸至地面。它通常可进一步划分为土壤水带、中间带和毛细管带。毛细管带内的水分含量随着距潜水面高度的增加而逐渐减少，在毛细管带中，压力小于大气压力，水可以发生水平流动及垂直流动。饱和带岩石的所有空隙空间均为水所充满，有重力水，也有结合水。重力水是开发利用的主要对象。

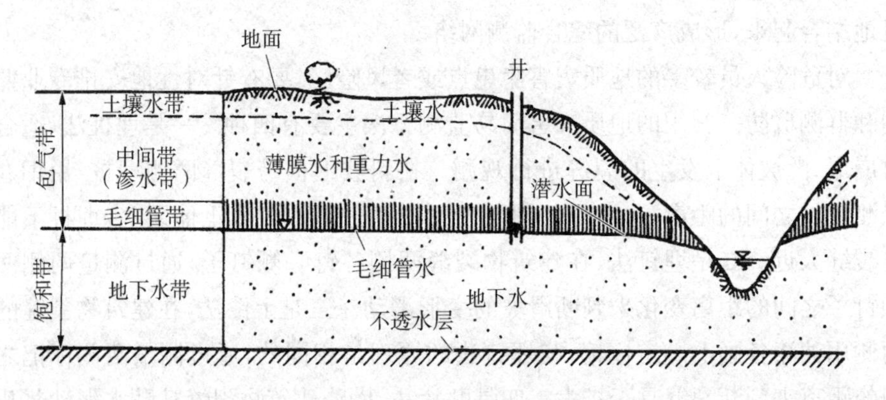

图 5 - 6 地面以下水的分布

地下水的气态水是指以水蒸气状态存在于饱和岩土空隙中的水。它可以随空气流动而运动，即使空气不流动，也可以发生迁移。气态水在一定的温度、压力条件下，会凝结而形成液态水。气态水在一地蒸发又在另一地凝结，因此，对岩土中地下水的重新分布有一定的影响。地下水的固态水在多年冻结区和季节冻结区可以见到。除了存在于岩土孔隙中外，水也可以存在于矿物结晶内部及其间，即沸石水、结晶水与结构水。

地下水的液态水根据水分是否被岩土固体颗粒吸引住分为结合水、毛细管水和重力水（如图 5-7 所示）。结合水是因固体颗粒表面带有电荷的静电引力作用而被吸引的水分子。最接近岩土颗粒表面的水被称为强结合水，也称为吸着水。强结合水在岩土颗粒表面吸附得很牢固，使它不同于液态水而接近于固体水，这种水不能被利用，无法被植物吸收。结合水外层的水被称为弱结合水，又被称为薄膜水，它一般不能被利用，但可以被植物吸收。岩土颗粒越细，结合水的含量越多；颗粒粗时，则相反。毛细管水是由于毛细作用保持在岩土毛细孔隙中的地下水。所谓毛管孔隙，是指土壤中孔径 0.001～1 mm 的孔隙。毛细管水受力较小（大约是 3.38×10^{4}～6.33×10^{5} Pa），可以流动，能顺利地被植物吸收利用，又能在土壤中保持较长的时间，因此是土壤中最有效的水分。毛细管水能够传递静水压力，并能在毛细作用下的孔隙中做垂直运动，而不因重力的作用流出。毛细管上升水是指地下水沿毛细管上升并保持在毛细管孔隙中的水分，毛细管悬着水是指在降水或灌溉后水分沿毛细管下降并保持在毛细管

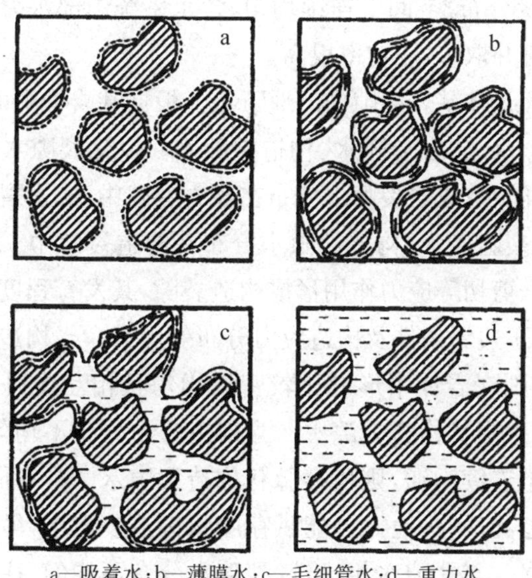

a—吸着水；b—薄膜水；c—毛细管水；d—重力水

图 5-7　地下液态水的形态

孔隙中的水分。毛细管上升高度主要和毛管孔隙大小有关，孔隙越大，毛细管上升高度越小；反之，则越大。当地下水埋藏较浅时，毛细管水有时会引起土壤沼泽化和盐碱化，以及道路的冻胀和翻浆。重力水是当岩土颗粒表面的水分子增厚到一定程度时，重力对水分子产生的影响超过颗粒表面对它的吸引力而形成的。重力水中靠近岩土表面的那部分，一般呈层流状态；远离的部分转为紊流运动。重力水是开发利用地下水时的主要对象。

地下水按照埋藏介质可分为孔隙水、裂隙水和岩溶水。孔隙水是指主要赋存在松散沉积物颗粒间孔隙中的地下水。孔隙水的分布、补给、径流和排泄决定于沉积物的类型、地质构造和地貌等。在山前地带形成的洪积扇内，近山处的卵砾石层中有巨厚的孔隙潜水含水层；到了平原或盆地内部，由于砂砾层与黏土层交互成层，形成承压孔隙水含水层。在平原河流的上游多为切割峡谷，沉积物的范围小，厚度不大，但岩性多为粗粒，可赋存少量的地下水；中游是典型的二元阶地，高层接受降水补给；底层接受河水补给，赋存的地下水丰富；下游地区的河床相的砂砾层中，存在着宽度和厚度不大的带状孔隙水含水层。在湖泊成因的岸边缘相的粗粒沉积物中，多形成厚而稳定的层状孔隙水含水层。在冰川消融水搬运分选而形成的冰水沉积物中，有透水性较好的孔隙水含水层。孔隙水呈层状分布，空间上连续均匀，含水系统内部水力联系良好，因此，在孔隙水系统中打井取水，成功率很高。

裂隙水是指埋藏在基岩裂隙中的地下水。根据基岩裂隙的成因，可以将裂隙水分为风化裂隙水、成岩裂隙水、构造裂隙水。风化裂隙水分布在风化裂隙中，多数为层状裂隙水；成岩裂隙水分布在成岩裂隙中，成岩裂隙的岩层露出地表时，常赋存成岩裂隙潜水；构造裂隙水分布在构造裂隙中。由于地壳的构造运动，岩石受挤压、剪切等应力作用形成构造裂隙，其发育程度既取决于岩石本身的性质，也取决于边界条件及构造应力分布等因素。当构造应力分布比较均匀且强度足够时，则在岩体中形成比较密集均匀且相互连通的张开性构造裂隙，这种裂隙常赋存层状构造裂隙水。当构造应力分布不均匀时，岩体中张开性构造裂隙分布不连续沟通，则赋存脉状构造裂隙水。具有同一岩性的岩层，由于构造应力的差异，一些地方可能赋存层状构造裂隙水，另一些地方可能赋存脉状构造裂隙水。与孔隙水相比较，裂隙水分布不均匀，往往无统一的水力联系，它是丘陵、山区供水的重要水源，也是矿坑充水的重要来源。

岩溶水赋存于可溶性岩层的溶蚀裂隙和溶洞中的地下水，又称喀斯特水。其最明显的特点是分布极不均匀。岩溶水并不是均匀地遍及整个可溶岩的分布范围，而是埋藏于可溶岩的溶蚀裂隙和溶洞中，所以，往往同一岩溶含水层在同一标高范围内，或者同一地段甚至相距几米的富水性可相差数十倍至数百倍。岩溶的发育具有向深部逐渐减弱的规律，使含水层的富水性相应地也具有强弱的分带性。

地下水按照埋藏条件可分为包气带水、潜水和承压水（如图 5－8 所示）。包气带水是指埋藏于包气带中的地下水，受气候控制，季节性明显，变化大，雨季水量多，旱季水量少，甚至干涸。潜水是在饱水层以内，埋藏在第一个稳定隔水层之上，具有自由水面的地下水；在重力作用下的大气降水和部分河湖水，潜水以地面蒸发或出露为地表水和泉水的方式排泄。承压水是充满两个隔水层之间的含水层中的地下水。承压水受隔水顶板的限制，承受静水压力，承压水由静水压力大的地方流向静水压力小的地方。承压水埋藏较深，直接受气候的影响较小，流量稳定，不易受污染，水质比较好。承压水依靠大气降水与河湖水通过潜水补给，承压水主要以泉水的形式排泄。

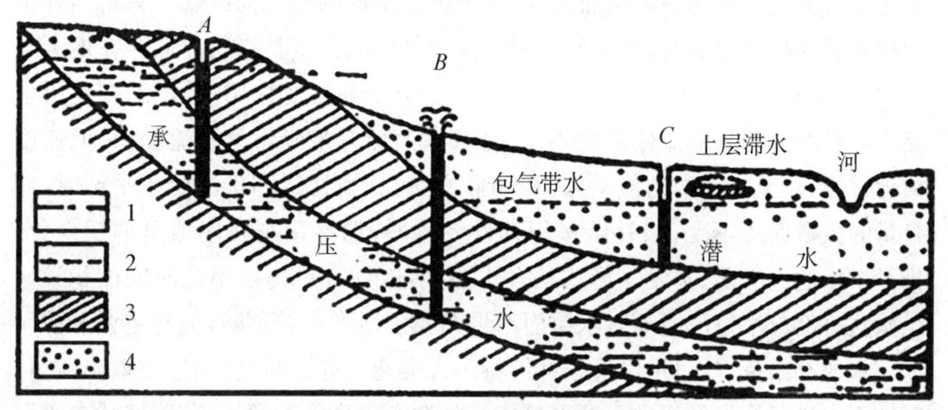

1—承压水位；2—潜水位；3—隔水层；4—含水层；
A—承压井；B—自流水井；C—潜水井

图 5－8　地下水埋藏条件分类

（二）地下水资源

地下水资源是埋藏于地表以下，其水量、水质、水温等可为当前或未来利用，具有现实或潜在经济意义的重力水。地下水是水资源的组成部分，也是一种矿产资源，包括水气矿产中的地下水、矿泉水以及能源矿产中的地热水、矿盐中的卤水（天然卤水）。与固体矿产、石油天然气矿产资源相比，地下水资源的形成、赋存具有两个主要特点：一是地下水资源具有流动和可恢复的特点（石油天然气具有流动性，但开采后不可恢复，深层卤水矿类似）；二是地下水资源由补给资源（固体矿产、石油天然气矿产无补给资源）和储存资源构成。城镇及工农业生产及生活供水利用的地下水被称为一般地下水，矿泉水、地热水、地下卤水等称为特殊地下水。地下水资源具有水资源和矿产资源的双重属性。地下水资源的勘查，适用《矿产资源法》和有关技术规范、管理细则；地下水资源的开发、利用、保护和管理，适用《水法》和有关的行政法规。

地下水资源是指在一定期限内，能提供给人类使用的，且能逐年得到恢复的地下淡水量。地下水资源储量是指在当前经济技术环境条件下，经过勘查工作，一定程度上查明含水层中的地下水资源的数量，包括补给量、储存量和允许开采量。补给量是通过多种途径（如降水入渗、地表水渗漏等），自外界进入含水层并转化为储存量的水量（以单位时间体积计）。补给量随气象、水文条件的变化及人类生产活动的影响而改变，并因排泄条件的变化而改变。只是当补给和排泄条件相对稳定时，补给量才能保持常量。储存量是指当前储存在地下岩层中的水的总量（以体积计），它是在长期的补给和排泄作用下，逐渐在地层中储积起来的。与其他流体矿藏不同，地下水的储存量经常处于流动中，但速度极为缓慢，甚至一年内的流动距离不到一米远。当补给和排泄处于平衡时，储存量的数量保持不变；当补给呈周期性变化时，储存量则相应地呈周期变化。排泄量指通过溢出、蒸发等形式从含水层中排出的流量（以单位时间体积计），虽然这一部分水量已脱离含水层而不再归属于地下水的范畴，但它主要来源于地下水的补给量，故可用以反推补给量。人类通过井、渠从含水层中取出流量，对地下水进行开发利用。可开采量指经过勘查或开采验证，当前能够从含水层中开采出来的数量，是地下水补给量的一部分。开采地下水可改变地下水的天然流向，使部分排泄量改从井、渠中排出，既可扩大地下水的消耗总量，也有可能促使补给量增加。例如，在下渗和蒸发的补给排泄类型中，因开发将地下水位降低到极限蒸发深度之下，可使原来蒸发损失的地下水转化为开采量而为人们所用。又如，在河水补给地下水的情况下，因开采而使原来的地下水位大幅度降低，促使河水更多地补给地下水。当存在着这种相互影响时，地下水资源评价必须考虑排泄量和开采量。

地下水资源也可分为天然资源和开采资源。在天然条件下可供利用的可恢复的地下水资源称为天然资源，而实际能开采利用的地下水资源称为开采资源。因此，地下水资源的开采一般不应超过补给量，否则会给环境带来危害，使生态条件恶化。

（三）地下水质量

地下水质量是地下水的物理、化学和生物性质的总称。一切不符合质量要求的地下水，都不能作为水资源。依据我国地下水质量状况和人体健康风险，参照生活饮用水、工业、农业等用水质量的要求，依据各组分含量的高低（pH 除外），地下水分为五类（如表 5－10 所示）。

表 5－10　地下水质量常规指标及其限值

<table>
<tr><th colspan="2" rowspan="2">序号</th><th rowspan="2">指标</th><th colspan="5">地下水质量</th></tr>
<tr><th>Ⅰ类</th><th>Ⅱ类</th><th>Ⅲ类</th><th>Ⅳ类</th><th>Ⅴ类</th></tr>
<tr><td>1</td><td rowspan="9">感官性状及一般化学指标</td><td>色（铂钴色度单位）</td><td>≤5</td><td>≤5</td><td>≤15</td><td>≤25</td><td>>25</td></tr>
<tr><td>2</td><td>嗅和味</td><td>无</td><td>无</td><td>无</td><td>无</td><td>有</td></tr>
<tr><td>3</td><td>浑浊度（NTU）</td><td>≤3</td><td>≤3</td><td>≤3</td><td>≤10</td><td>>10</td></tr>
<tr><td>4</td><td>肉眼可见物</td><td>无</td><td>无</td><td>无</td><td>无</td><td>有</td></tr>
<tr><td>5</td><td>pH</td><td colspan="3">6.5≤pH≤8.5</td><td>5.5≤pH<6.5
8.5<pH≤9</td><td><5.5 或>9</td></tr>
<tr><td>6</td><td>总硬度（以 $CaCO_3$ 计）（mg/L）</td><td>≤150</td><td>≤300</td><td>≤450</td><td>≤550</td><td>>550</td></tr>
<tr><td>7</td><td>溶解性总固体（mg/L）</td><td>≤300</td><td>≤500</td><td>≤1 000</td><td>≤2 000</td><td>>2 000</td></tr>
<tr><td>8</td><td>硫酸盐（mg/L）</td><td>≤50</td><td>≤150</td><td>≤250</td><td>≤350</td><td>>350</td></tr>
<tr><td>9</td><td>氯化物（mg/L）</td><td>≤50</td><td>≤150</td><td>≤250</td><td>≤350</td><td>>350</td></tr>
</table>

续 表

序号		指标	地下水质量				
			Ⅰ类	Ⅱ类	Ⅲ类	Ⅳ类	Ⅴ类
10		铁(mg/L)	≤0.1	≤0.2	≤0.3	≤1.5	>1.5
11		锰(mg/L)	≤0.05	≤0.05	≤0.1	≤1.0	>1.0
12		铜(mg/L)	≤0.01	≤0.05	≤1.0	≤1.5	>1.5
13		锌(mg/L)	≤0.05	≤0.5	≤1.0	≤5.0	>5.0
14		铝(mg/L)	≤0.01	≤0.05	≤0.2	≤0.5	>0.5
15		挥发性酚类(以苯酚计)(mg/L)	≤0.001	≤0.001	≤0.002	≤0.01	>0.01
16		阴离子表面活性剂(mg/L)	不得检出	≤0.1	≤0.3	≤0.3	>0.3
17		耗氧量(COD_{Mn}法,以O_2计)(mg/L)	≤1.0	≤2.0	≤3.0	≤10	>10
18		氨氮(以N计)(mg/L)	≤0.02	≤0.1	≤0.5	≤1.5	>1.5
19		硫化物(mg/L)	≤0.005	≤0.01	≤0.02	≤0.1	>0.1
20		钠(mg/L)	≤100	≤150	≤200	≤400	>400
21	微生物指标	总大肠菌群(MPN/100 mL或CFU/100mL)	≤3.0	≤3.0	≤3.0	≤100	>100
22		菌落总数(CFU/mL)	≤100	≤100	≤100	≤1 000	>1 000
23	毒理学指标	亚硝酸盐(以N计)(mg/L)	≤0.01	≤0.1	≤1.0	≤4.8	>4.8
24		硝酸盐(mg/L)	≤2.0	≤5.0	≤20	≤30	>30
25		氰化物(mg/L)	≤0.001	≤0.01	≤0.05	≤0.1	>0.1
26		氟化物(mg/L)	≤1.0	≤1.0	≤1.0	≤2.0	>2.0
27		碘化物(mg/L)	≤0.04	≤0.04	≤0.08	≤0.5	>0.5
28		汞(mg/L)	≤0.000 1	≤0.000 1	≤0.001	≤0.002	>0.002

续　表

序号		指标	地下水质量				
			Ⅰ类	Ⅱ类	Ⅲ类	Ⅳ类	Ⅴ类
29		砷(mg/L)	≤0.01	≤0.01	≤0.01	≤0.05	>0.05
30		硒(mg/L)	≤0.01	≤0.01	≤0.01	≤0.1	>0.1
31		镉(mg/L)	≤0.0001	≤0.001	≤0.005	≤0.01	>0.01
32		铬(六价)(mg/L)	≤0.005	≤0.01	≤0.05	≤0.1	>0.1
33		铅(mg/L)	≤0.005	≤0.005	≤0.01	≤0.1	>0.1
34		三氯甲烷(μg/L)	≤0.5	≤6	≤60	≤300	>300
35		四氯化碳(μg/L)	≤0.5	≤0.5	≤2	≤50	>50
36		苯(μg/L)	≤0.5	≤1.0	≤10	≤120	>120
37		甲苯(μg/L)	≤0.5	≤140	≤700	≤1400	>1400
38	放射性指标	总σ放射性(Bq/L)	≤0.1	≤0.1	≤0.5	>0.5	>0.5
39		总β放射性(Bq/L)	≤0.1	≤1.0	≤1.0	>1.0	>1.0

资料来源:《地下水质量标准》(GB/T 14848-2017)。

注:NTU为散射浊度单位,MPN表示最大可能数,CFU表示菌落形成单位。此外,当放射性指标超过指导值时,应该进行核素和评价。

常规指标是反映地下水基本状况的指标。根据地区和时间差异或者特殊情况,还需要在常规指标上拓展,进行非常规指标测定。非常规指标反映地下水中所产生的主要质量问题,包括比较少见的无机和有机毒理学指标。如镍(Ni)(mg/L)、铍(Be)(mg/L)、钡(Ba)(mg/L)、钴(Co)(mg/L)、钼(Mo)(mg/L)、二氯乙烷(μg/L)、氯乙烯(μg/L)、氯苯(μg/L)、六六六(μg/L)、滴滴涕(μg/L)等指标。

Ⅰ类:地下水化学组分含量低,适用于各种用途。

Ⅱ类:地下水化学组分含量较低,适用于各种用途。

Ⅲ类:地下水化学组分含量中等,以《生活饮用水卫生标准》(GB 5749-2022)为依据,主要适用于集中式生活饮用水水源及工农业用水。

Ⅳ类:地下水化学组分含量较高,以农业和工业用水质量要求以及一定水平的人体健康风险为依据,适用于农业和部分工业用水,适当处理后可作生活饮用水。

Ⅴ类:地下水化学组分含量高,不宜作为生活饮用水水源,其他用水可根据使用目的选用。

矿泉水指从地下深处自然涌出或经钻井采集，含有一定量的矿物质、微量元素或其他成分，在一定区域内未受污染并采取预防措施避免污染的地下水。

地热水是指高于观测深度的围岩温度的地下水。与我国的《饮用天然矿泉水》(GB 8537－2008)比较，地热水中的氟、砷、碘、偏硼酸、耗氧量、挥发性酚、银、汞、铬(六价)、色度、臭和味指标超过标准限值，不符合卫生要求，不能饮用。地热水中的氟、砷、溴、碘、偏硅酸、偏硼酸等成分达到一定浓度时，具有医疗价值。地热水可以作为热源、水源和矿物资源加以利用，如供发电、取暖、淋浴和养鱼等，对发展国民经济有重要意义。

地下卤水是指聚集于地下的盐类含量大于5%的液体矿产。

二、地下水资源调查

地下水资源调查通常称为水文地质调查，是在广泛收集调查区基础地质、气象水文等资料的基础上，通过遥感、物探、钻探、监测、分析测试、试验、模拟计算等技术方法，有效地获取水文地质基础信息，深化区域水文地质条件认识，为地下水资源评价及开发利用、国土空间规划与用途管制、生态环境保护修复等提供调查成果及有关数据信息。按照调查精度和工作目的，水文地质调查可分为区域水文地质调查和专门水文地质调查。区域水文地质调查是以行政区或自然单元为工作对象，是以查明基本水文地质条件并对地下水资源及其开发前景进行评价和区划等为主要目的，具有公益性、基础性、综合性的水文地质调查工作。专门水文地质调查主要是针对特定目的或专门对象进行的水文地质调查评价工作，如供水水文地质调查、环境水文地质调查、污染水文地质调查、生态水文地质调查、农业水文地质调查、矿山水文地质调查、岩溶水文地质调查、地热水文地质调查等。

除区域水文地质调查工作外，专门性水文地质调查工作一般分阶段进行。按照水文地质工作的精度，专门性水文地质调查分为普查、详查、勘探三个阶段，对应推断的、控制的、探明的三级精度。地质调查、开采阶段分别对应预测的、验证的两级精度。地下水储量按照属性进行分类，允许开采量按照工作精度进行分级(如表5－11、表5－12所示)。

表 5-11　地下水资源储量分级分类表

分级分类		工作阶段				
		开采阶段	地下水勘查（勘探）	地下水勘查（详查）	地下水勘查（普查）	区域水文地质调查
储量分类		验证的	探明	控制的	推断的	预测的
存储量	可开采量	A	B	C	D	E
补给量						

表 5-12　地下水允许开采量分级的允许误差和可信度

分级	精度级别	允许误差	可信度
验证的(A级)允许开采量	A	±10%	高
探明的(B级)允许开采量	B	±20%	较高
控制的(C级)允许开采量	C	±35%	中等
推断的(D级)允许开采量	D	±50%	低
预测的(E级)允许开采量	E	—	较低

注：允许误差$=\frac{\text{实际开采量}-\text{提交批准的允许开采量}}{\text{提交批准的允许开采量}}\times 100\%$

(一) 水文地质调查的任务

1. 查明地下水的赋存条件

地下水的赋存条件包括含水介质特征及埋藏分布情况。地下水的赋存条件主要是岩石中存在空隙。岩石空隙既是地下水的储存场所，又是运移通道。岩石的空隙包括孔隙、裂隙和溶隙。岩石中空隙的大小、数量和连通程度决定了岩石的透水性，加上充填程度及其分布规律，决定着地下水的埋藏条件。岩石按其透水性分为透水的、半透水的和不透水的三类。透水的岩石包括砂、砾层、砂岩、砾岩和溶隙发育的岩石；半透水的岩石包括粉砂岩、裂隙或溶隙发育较差的岩石；不透水的岩石包括黏土、黏土岩、页岩等致密的岩石等。透水的岩石构成透水层；不透水的岩石构成隔水层。当透水层充填着水时，称含水层。为了查明地下水的赋存条件，必须对区域地质结构、地层岩性、地貌、水文、植被等进行调查，从而为地下水系统的圈定及开采层的确定提供基础性资料。

2. 查明地下水的运动特征

地下水从地面往地下渗流时，大致呈垂直方向移动，到达隔水顶面后，则转为呈水平方向沿隔水层顶板倾斜的方向自高处往低处流动，形成潜流。潜流流速的大小与岩石的透水性和隔水层的倾斜坡度成正比。此外，地下水受静水压力作用时，可从压力较高的低处往压力较低的高处流动，甚至涌出地面。地下水除溶洞中的水体外，在流动时因受空隙间颗粒的摩擦阻力而流速缓慢。地下水在含水层中经常处在不断运动中，地下水的水质和水量不断发生变化，产生这种变化的原因是地下水的补给和排泄。因此，水文地质调查应查明地下水的补给、径流和排泄条件及渗流参数，为地下水资源定量评价和开采设计提供水文地质资料。

3. 查明地下水的动态特征

地下水的水位、水量、水温和水质等随时间不断变化，这种变化既可以由天然因素引起，也可以由人为因素引起。因此，水文地质调查应查明地下水的水位、水量、水温和水质等随时间变化的规律及其控制因素，为地下水资源的开发利用、管理和保护提供资料。

4. 查明地下水的水文地球化学特征

地下水的化学成分是进行水质评价、确定其利用价值的依据，也可以帮助分析地下水的形成条件及运动特征。因此，水文地质调查应查明包括地下水和地表水的化学成分，为地下水水质评价、地下水的形成条件及运动特征提供资料。

5. 查明地下水的开采历史和开发利用现状

评价地下水资源及其相关的环境地质问题，初步了解地下水的污染现状，提出地下水可持续开发利用区划和保护地质环境的对策建议。

水文地质调查应以地下水系统等现代地学理论为指导，在传统方法的基础上，注重利用各种新的调查技术方法，大幅度地提高调查工作效率，加大调查的深度和广度。注意基础调查与实际应用相结合。基础调查以含水层空间结构、地下水补给、径流、排泄条件及其变化为重点，以地下水的资源、生态、环境、调蓄功能评价为途径，以提出地下水资源可持续开发利用方案和防治环境地质问题为目标，并突出实际应用，针对不同地区的关键问题，各有侧重地部署不同层次的工作（如表 5 - 13 所示）。例如，在我国，东部地区调查工作还应围绕为提高地下水资源综合管理能力提供技术支撑来开展；西部地区调查工作还应围绕为水资源开发利用与生态环境保护提供技术支撑来开展。

表 5-13　1：50 000 水文地质调查每百平方千米基本技术定额

地区类别		调查路线间隔(km)	调查点(个)	水位统测点(个)	地球物理勘探剖面(km)	多孔非稳定流抽水试验(组)	水文地质钻孔(个)	常规水质分析(件)
平原盆地	简单地区	1.7～2.0	40～55	8～10	12～15	1～2	1.5～2	6～8
	中等地区	1.5～1.7	55～65	10～12	15～18	1～3	2～3	8～12
	复杂地区	1.2～1.5	65～70	12～16	18～20	1～4	3～4	12～16
山地丘陵	简单地区	1.2～1.5	40～55	6～8	2～5	1～2	1.5～2	4～6
	中等地区	0.9～1.2	55～80	8～10	3～5	1～3	2～3	6～8
	复杂地区	0.6～0.9	80～120	10～12	4～6	1～5	3～5	8～12
岩溶地区	简单地区	1.2～1.5	40～60	8～10	2～5	1～2	1.5～2	5～8
	中等地区	0.9～1.2	60～90	10～14	3～5	1～3	2～3	8～12
	复杂地区	0.6～0.9	90～130	14～18	4～6	1～5	3～5	12～18

(二) 水文地质调查的主要工作内容和方法

1. 水文地质测绘

水文地质测绘是为了了解水文地质条件而开展的一种以地面观察测绘为主的野外工作。其工作内容是按一定的路线和观察点对地貌、地质和水文地质现象进行详细观察记录，在综合分析观察、测绘、勘查和试验等资料的基础上，编制测绘报告和水文地质图。野外工作底图比例尺应采用 1：25 000 或 1：50 000。水文地质测绘是认识一个地区水文地质条件的基础，也是水文地质调查的第一步工作。

水文地质测绘的基本任务：调查各类含水层的分布规律与埋藏条件；调查泉的类型(含热、矿泉)、分布、流量、水质及动态特征，确定其实际价值与开发利用前景；调查地下水补给、径流和排泄条件以及地下水动态规律，各含水层之间的水力联系；调查研究地下水系统的边界条件，划分地下水系统；调查地形地貌、气象水文、地层岩性、地质构造等影响地下水形成的因素，分析地下水的赋存条件和富集规律；调查水文地球化学环境、地下水污染情况以及地下水的脆弱性;调查地下水开发利用的历史与现状,存在的主要环境地质问题及其形成条件、产生原因与演化趋势;调查生态群落的适存水位以及地下水开发对生态环境的影响;调查城镇、工业、农业用水的供水水文地质条件和矿床水文地质条件。

水文地质试验是在调查现场为获得各种水文地质参数和解决某些水文地质问题而进行的各种类型的试验工作,如抽水试验、弥散试验、示踪试验和渗水试验等,其中,抽水试验是最主要的一种水文地质试验。

抽水试验是测定含水层水文地质参数、评价含水层富水性和水文地质条件的重要工作。抽水试验孔一般宜远离含水层的透水、隔水边界,布置在含水层地质和水文地质条件有代表性的地段。为了观测水位变化,观测孔的深度和抽水试验孔的深度相一致。

在岩溶地区,为了查明地下水的运动途径以及地下水系的连通、延展、分布情况,需要做连通试验。示踪剂法是经常采用的方法。示踪剂应无污染、易分解,常用的有离子化学物质、有机染料、碳氟化合物以及谷糠、木屑、石松孢子等,试验工作根据岩溶的发育特征和岩溶的地下水流向布置。

地下水在形成和运移过程中,各种化学组分的同位素成分都会进入水中。利用这些同位素踪迹,可以研究地下水及其与环境介质之间的关系。环境同位素能对地下水起着标记作用和计时作用,因此被广泛地应用于水文地质调查工作中。

目前,在水文地质调查中应用同位素技术可解决下列问题:放射性环境同位素可以用于测定地下水年龄;放射性环境同位素可以用于研究包气带水的运动;稳定环境同位素可以用于研究地下水的起源与形成过程;稳定环境同位素可以用于研究水中化学成分的来源;放射性人工同位素示踪可以用于研究地下水运动及水文地质过程的机理,包括测定流向、流速、渗透系数等水文地质参数;研究地下水运动机理,进行弥散试验;确定含水层之间及含水层与其他水体之间的水力联系;查明岩溶地下水系统和矿坑涌水通道,以及查明水库、水坝渗漏途径等。

2. 水文地质物探

利用地球物理方法查明含水介质水文地质特征的勘探叫水文地质物探。水文地质物探具有工作方便、速度快、成本低、用途广等优点,是当前水文地质调查中不可缺少的工作手段之一。水文地质物探根据待查的水文地质条件而定，重点布置在地面调查难以判断而又需要解决问题的地段。在钻探试验或钻探工作困难的地段，其探测深度应大于钻探控制深度，面上物探线应沿垂直工作区主构造线方向进行布置。在水文地质调查中可采用的主要物探技术方法很多，应根据工作区的具体水文地质条件及要解决的主要问题优选（如表 5-14 所示）。

表 5-14　水文地质调查地面物探方法选择一览表

探测项目	常用物探方法	
地层结构、岩性特征、含水层（组）结构、岩性、厚度	浅埋区	高密度电法、电磁测探法
	深埋区	浅层地震、电磁测探法、电阻率测探法
基岩埋深、基底形态	浅埋区	高密度电法、电阻率测探法
	深埋区	电阻率测探法、电磁测探法、浅层地震
古河道带、隐伏冲洪积扇特征	浅埋区	高密度电法、电阻率测探法
	深埋区	电磁测探法、浅层地震、电阻率测探法
地下水矿化度、咸淡水界面	浅埋区	高密度电法
	深埋区	电阻率测探法
构造裂隙发育深度、含水性	高密度电法、电阻率测探法	
风化带分布特征、厚度、含水性	高密度电法、电阻率测探法	
岩溶发育	浅埋区	电阻率测探法、电磁测探法
	深埋区	电阻率测探法、电磁测探法、浅层地震
地下洞穴、地下河分布特征	电阻率测探法、高密度电法、电磁测探法、浅层地震	

许多国家的实践证明，核磁共振找水也是一项直接探测地下水的物探方法，与其他物探找水方法相比具有更高的准确性，因此具有广泛的应用前景。核磁共振找水仪适合各类含水层的地下水探测，可以获得含水层的厚度、埋深、孔隙度、含水量等，还能探测地下水污染的分布及确定污染物的组分等。

3. 地下水动态观测

地下水动态观测是对一个地区或水源地的地下水动态要素（水位、水量、水质和水温）等的物理化学性质定时测量、记录和存储整理的过程。也有人把动态监测和动态观测视为同义。地下水动态观测有长期和短期两种。地下水动态测网设置的范围、观测的项目与时间，根据工程的任务和规模并结合实际水文地质条件综合考虑确定。地下水动态观测结果是对区内地下水的形成和变化规律、水质、水量和水位进行正确评价和预测的基础和依据。

地下水监测网指为获取地下水的水位、水温、水量和水质等要素的动态变化信息而建设的，由监测站点网络以及实验测试质量监控体系、信息采集和传输系统、信息管理平台等构成的网络。地下水监测站(点)指为用于观测地下水的水位、水温、水量和水质等要素的动态变化信息而专门设置的监测井、泉和地下河的监测设施，包括井口保护装置、井房、水准点等辅助设施。地下水监测站(点)布置遵循点、线、面结合，浅、中、深结合，上、中、下游结合，地下水、地表水兼顾的原则。控制性地下水监测点按剖面布置；区域性地下水监测点均匀布置；重要井、泉、地下水水源地、地下水水位降落漏斗区、海水入侵区、地下水污染区的地下水监测点重点布置。

地下水动态监测的持续时间一般不少于一个水文年，以查明地下水流动年内的变化规律，在地下水动态监测期间，应系统地掌握有关气象和水文资料。水位监测同一地区应统一监测时间，宜每 5 天监测一次，逢五逢十进行监测，2 月份在月末进行监测。在地下水丰、枯水期应进行地下水位统测。水温监测一般要求选择控制性监测点，与地下水水位监测同时进行。对于地下水天然露头及自流井涌水量的监测，可逐旬进行，雨季应加密监测，每年对生产井的开采量应进行系统调查和测量。水质监测一般在丰水期和枯水期各取一次水样，进行常规水质分析，在地下水污染地区增加污染组分分析。

地下水动态监测的各项实际资料，必须及时整理，认真审查；应编制地下水动态监测年报，地下水位、水温、水质动态单项历时曲线及综合历时曲线，必要时，应绘制地下水动态与开采量、气象、水文等关系曲线图。

4. 水文地质钻探

在水文地质各勘查阶段所进行的钻探工作，其目的是了解地层岩性、地质构造、地下水的赋存条件和运动规律，以及水质、水量、水温的变化，为正确评价地下水源，合理开发利用与保护地下水提供资料。钻孔分类分勘探孔、试验孔、观测孔和探采孔。勘探孔用于水文地质普查，主要获取地层的岩性、地质构造和含水层的埋藏深度、厚度、性质及富水性资料。

水文地质勘探孔的布置，必须满足查明水文地质条件、开展地下水资源评价和专门任务的需要（如表5-15所示）。应在遥感解译、水文地质测绘和充分利用以往勘探孔资料的基础上，根据地质、地貌和水文地质条件以及物探资料，合理布置勘探线和勘探网。每个钻孔的布置必须目的明确，一孔多用，并进行充分论证。

表5-15　水文地质钻孔主要技术要求一览表

项目	技术要求
孔深	钻孔深度应钻穿主要含水层或含水构造带
孔径	松散层钻孔的孔径不小于Φ200 mm；基岩裸孔试验段的孔径不小于Φ190 mm；泵室段的直径应比抽水设备的外径大Φ50 mm
钻探冲洗介质	根据地层性质、水源条件、施工要求、钻进方法、设备条件等正确选择空气、泡沫、清水或清水基冲洗液作为钻探冲洗介质
岩芯	钻孔都应采取岩芯，一般黏性土和完整基岩的平均采取率应大于70%，单层不少于60%；砂性土、疏松砂砾岩、基岩强烈风化带、破碎带的平均采取率应大于40%，单层不少于30%。无岩心间隔，一般不超过3 m。对取芯特别困难的巨厚（大于30 m）卵砾石层、流沙层、溶洞充填物和基岩强烈风化带、破碎带，无岩心间隔，一般不超过5 m，个别不超过8 m。当采用物探测井验证时，采取率可以放宽。岩芯应填写回次标签并编号，装入岩芯箱保管。岩芯应以钻进回次为单元，进行地质编录。终孔后，岩芯按设计书要求进行处理
取样	按设计书要求采取地下水、岩、土等测试样品
孔位	勘探钻孔应测量坐标和孔口高程
止水	分层或分段抽水试验钻孔，均应按设计书和技术要求进行止水，并应进行止水效果检查
洗孔与试抽	水文地质试验孔均应进行洗孔与试抽对比。用活塞洗孔时，活塞的提拉一般自下而上地进行，每段的提拉时间根据含水层岩性与水文地质条件而定，一般不小于0.5小时。进行洗孔试抽对比，即洗孔试抽两次，每次试抽时间应不少于2小时，在同一降深时，前后两次单位出水量变化不超过10%；且在试抽结束时，用含砂量计测定泥浆沉淀物≤0.1%，即可认为洗孔合格，否则，应重新洗孔和捞砂。在区域水文地质条件清楚的地区，当进行洗孔试抽之后的出水量达到预计出水量要求或与附近水井的出水量相一致时，可不进行洗孔试抽对比

续 表

项目	技术要求
孔深与孔斜	每钻进 100 m 和钻进至主要含水层及终孔时、钻孔换径、扩孔结束和下管前,均应使用钢卷尺校正孔深。孔深校正最大允许误差为 2‰。每钻进 100 m 和终孔时,必须测量孔斜。孔斜每 100 m 不得超过 1°,可以递增计算。采用深井水泵抽水井,泵管段不得大于 1°
简易水文地质观测	所有钻孔在钻进过程中必须做好简易水文地质观测:观测孔内水位、水温的变化;记录冲洗液漏失量;记录钻孔涌水的深度,测量自流水头和涌水量;记录钻进中出现的异常现象

5. 水文地球化学调查

水文地球化学调查的目的与任务是:测定地下水与地表水的物理性质、化学成分、毒理指标、细菌指标、放射性指标,为水质评价提供依据;划分地下水化学类型,研究区域水文地球化学特征及其垂向和水平分带规律,研究地下水的成因;查明地下水的污染成分和含量、污染范围、污染源、污染途径及污染发展趋势,评价污染程度和危害情况,为制定保护地下水资源的策略提供依据;进行岩(土)鉴定与定名,为划分岩土类型、开展岩相古地理与地下水赋存条件研究提供基础资料;进行岩(土)化学成分分析,研究岩土化学成分对地下水化学成分的影响;测定岩(土)物理性质、力学性质、水理性质参数,为研究地下水形成条件、计算地下水资源量以及评价有关环境地质问题提供水文地质参数;进行古地磁、微体古生物等研究,为地层划分对比提供依据;测定地下水的年龄;研究大气降水、地表水、地下水的转化关系;研究地下水的形成、演化规律;研究地下水的补给、径流、排泄条件。

为了满足水文地球化学分析的需要,水文地质观测点(机井、民井、泉和地表水体)应采集简分析水样,其中,20%~50%的代表性水点应采集全分析水样和同位素样。集中供水水源地的代表性水源井应采集全分析水样和同位素样。抽水试验孔(井)应分层或分段采集全分析水样和同位素样。地下水动态监测点初次观测时应采集全分析水样和同位素样,观测期内应定期采集简分析水样。钻孔中的黏性土、黄土含水层,可采取原状土样。含水层顶(或底)板隔水层采取原状土样。新生代地层厚度大、研究程度低的地区,选择代表性钻孔和典型地层剖面,系统地采集微体化石、古地磁、热释光、碳-14 等样品。

6. 地下水资源与环境评价

1）地下水资源数量评价

地下水资源数量评价是对地下水的数量以及预测在开采条件下发生的变化和趋势所进行的全面论证和计算。水量评价分概略性和具体开采目的两种。概略性水量评价是对地下水资源总量的概算，精度较差，主要是为国民经济规划提供依据。具体开采目的水量评价是为满足某工厂企业的需水任务，按地下水水源地不同设计阶段的要求提供精度不同的资料。作地下水资源数量评价时，需掌握计算区的水文地质等条件和各种参数，以及水文、气象和地下水动态等资料，并根据需水量、水质、勘查阶段和计算区水文地质条件选用适合计算区特点的评价方法进行计算和分析比较，得出符合实际的结论。计算的水量最后还需要从计算区的水文地质条件的研究程度、动态观测时间的长短、计算所引用的原始数据和参数的精度、计算方法和公式的合理性、补给的保证程度等方面进行水量精度的评定，以达到或符合不同设计阶段的要求。常用的水量评价方法有水均衡法、开采试验法、补偿疏干法、解析解法、相关分析法、水文地质比拟法和水文地质模型法等。

水均衡法——计算供水含水层的补给项与排泄项，求得平衡的方法。含水层的补给项有上游含水层的径流量、其他含水层的越流量、地表水的补给量，以及灌溉、排放和其他人工引水的渗入量和大气降水渗入量等。含水层的排泄项有向下游含水层的排泄量、向其他含水层的排泄量、向地表水的排泄量、泉的溢出量、蒸发量和允许开采量等。由于各个项目的精确值难以确定，均衡式计算的允许开采量为概略数。水均衡法对潜水和承压水均可使用，经常被应用于冲洪积扇地区、河流冲积平原地区和山间河谷地区等。

开采试验法——按照开采条件或接近开采条件时的井数（含井的布局）、水位降深和开采量进行抽水试验，利用抽水结果和观测资料，直接或间接地确定允许开采量的方法。开采试验法的适用场合是：水文地质条件复杂地区，补给条件一时难以查清，而又急需提出允许开采量。由于开采试验法要求与水源地的开采条件相当，且费用高昂，一般常用在中、小型水源地的水资源评价中。

补偿疏干法——根据供水含水层的可恢复性能力确定允许开采量的方法。在旱季或枯水期，消耗储存量，疏干部分含水层，地下水位下降；在雨季或丰水期，由于补给量增加，补偿储存量，地下水位回升，依靠储存量的调节能力和补给量的补给能力确定允许开采量。应用补偿疏干法时，必须满足在枯水期借用的储存量在丰水期如数偿还的条件。具体确定某允许开采量时，要结合开采方案计算开采量、疏干体积和疏干时间、补给量和补偿时间，反复试算以达到疏干与补偿的平衡。在间歇性河谷潜水地区，常采用补偿疏干法评价地下水水量。

解析解法——利用对地下水稳定流或非稳流的基本微分方程，求得在不同边界条件下的解析公式（水文地质参数计算公式），用其计算允许开采量的方法。对于含水层几何形状规整、水文地质条件简单且含水层比较均质的水源地，常采用解析解法确定允许开采量。

相关分析法——根据地下水动态要素与气象、水文或其他因素的关系，计算相关系数确定允许开采量的方法。相关分析法有单相关法（直线相关、曲线相关）和复相关法（复直线相关、复曲线相关）两种。

水文地质比拟法——根据已研究清楚的水源地或已有水源地开采资料，估算水文地质条件相似的新水源地的允许开采量的方法。水文地质比拟法的精度取决于两地地质和水文地质条件的相似程度。另外，还需要选取最有代表性的水文地质参数（如区域单位降深值、单位出水量、补给带宽度、地下径流模数、开采模数、单位储存量和渗入系数等）作为比拟指标。当比拟两地条件略有差别时，需对比拟指标进行适当修正，并全面综合考虑地区的水文、气象、水文地质和开采等方面的特点。在大区域评价应用比拟法时，由于区内各处的水文、气象和水文地质等条件不可能雷同，可划分成条件相同的若干小区，再在小区内选取比拟指标，分区估算允许开采量后再总和。

水文地质模型法——根据水文地质条件、边界条件和水文地质参数建立水文地质模型，以模拟的模型确定允许开采量或预测其他参数的方法。模型法分物理模拟法和数值解法两类。物理模拟法应用较广的是电网络模拟法；数值解法应用较广的是有限差分法、有限单元法和边界元法。数值解法是电子计算机应用于水文地质计算后迅速发展的一种模拟方法。各种水文地质模型都是模拟地下水在渗流场中的运动规律，以达到确定参数和预测地下水资源的目的。在大型复杂水源地，尤其是大型重点水源地，常采用水文地质模型法评价地下水资源。

地下水资源数量评价要按照符合地下水的补给、径流、排泄条件的合理的地下水资源分类法进行；必须与生态环境相结合，特别是在评价地下水开采资源时，应以生态环境要素为约束条件；评价工作充分体现“动态”的观点，着重分析研究30年来地下水系统补给、径流、排泄条件的变化及其对地下水天然补给资源的影响；地下水资源量要分配到各级行政单元中，原则上以最小计算块段所属范围分配。若一个计算块段跨越两个或两个以上的行政单元，则以计算块段中的资源模数、面积并结合当地水文地质条件进行分配。

2）地下水资源质量评价

地下水资源质量评价是对地下水的质量以及预测在开采条件下发生的变化和趋势所进行的全面论证和计算。进行地下水资源质量评价，要在系统总结以往资料和成果的基础上，明确目前地下水资源调查需要取得的地下水检测实验数据，重视和遵守各种水质评价标准和评价方法，重视人类活动对地下水质量的影响作用；紧密配合地下水资源数量的评价工作，确保工作目标，以及对地下水质量现状作出客观的评价。

地下水资源质量评价需要掌握计算区地下水的物理性质、化学成分、卫生条件及其变化规律。对与开采含水层有水力联系的其他水体（包括相邻的含水层），也应掌握它们的物理性质、化学成分及其变化规律。针对用水目的，评价水质的现状和开采条件下可能发生的变化。

《地下水质量标准》（GB/T 14848－2017）是地下水资源质量评价的重要依据。它规定了地下水的质量分类、地下水质量监测指标（常规指标39项，非常规指标54项）及其阈值、评价方法，一般地下水资源质量评价均可参照执行。由于特殊地下水（地下热水、矿水、盐卤水）的利用方向不同，其质量标准应该根据水的用途按不同的用水标准确定。

地下水质量评价，要突出地下水开发利用关注的主要矛盾和问题。在有地方病的地区，当地环境保护和卫生部门往往会提出水质特殊要求。在水质变化复杂的地区，还要根据水质变化情况分区分层进行评价，以提高水质评价的精度。在地下水已受到污染的地区，要注重污染指标的有关元素、离子及其含量的分析和研究，按地下水污染的类型、途径、程度和范围进行调查和评价，并提出防止水质继续污染的建议和处理受污染水的措施。

地下水质量评价，除对水质的现状进行评价外，还要着重预测地下水按允许开采量开采后水质可能发生的变化。例如，在开采条件下引入新的补给源时，要考虑地下水是否有可能发生不同成分水质的混合，以及人类生产和生活活动(如工业废水、城镇污水、采矿排水和海水入侵等)造成的污染,并提出卫生防护措施。

地下水质量评价的方法是采用地下水水质数学模型。它主要包括单项参数评价方法和多项综合参数评价方法。单项参数评价划分为五类,当不同类别标准值相同时,从优不从劣。例如,挥发性酚类Ⅰ、Ⅱ类标准值均为L,若水质分析结果为L时,应定为Ⅰ类,不定为Ⅱ类。多项综合参数评价方法是在进行各单项组分评价的基础上,充分考虑不同组分对地下水质量和开发利用的重要程度(权重),运用多因素综合评价模型计算得出地下水质量的综合评价结论。

3) 地下水开发利用的环境评价

地下水开发利用的环境评价主要是调查分析地下水的质和量,以及其时空变化对人类社会和环境所产生的作用或效应。随着生产的发展,不合理开发利用地下水引起的环境恶化问题日益严重,如区域地下水位下降、地下水资源枯竭、地下水质恶化、海水入侵、地面沉降、地面裂缝和地面塌陷等,不仅严重影响国民经济的发展,而且危及人类自身的生存。地下水环境评价在做好多功能评价、环境污染评价的同时,还必须做好地下水相关的地质灾害评价。

地下水的资源功能,是指一定的补给、储存和更新条件的地下水可以作为重要的水源,具有相对独立、稳定的补给源和地下水资源供给保障能力。此外,地下水还具有生态功能和地质环境功能。地下水系统具有对陆表植被或湖泊、湿地或土地质量良性维持的生态作用或效应。如果地下水系统发生变化,则生态环境出现响应而发生生态平衡状态改变。地下水系统也对其所赋存的地质环境稳定具有支撑或保护作用或效应。如果地下水系统发生变化,则地质环境出现响应发生改变。地下水功能评价是为充分发挥地下水的资源功能、生态功能和地质环境功能的整体最佳效益,实现地下水可持续利用和有效保护生态及地质环境的重要基础;是地下水资源评价工作的延伸和拓展,是科学规划、合理利用和环境保护的前提;是完善或调整监测网络和科学管理体系的科学依据之一。在地下水功能评价体系中,资源占有性、资源再生性、资源调节性、资源可用性、植被环境维持性、土地环境关联性、地质环境稳定性、地下水系统衰变性是必须考虑的重要属性,并依此建立评价指标体系(如图 5-9 所示)。

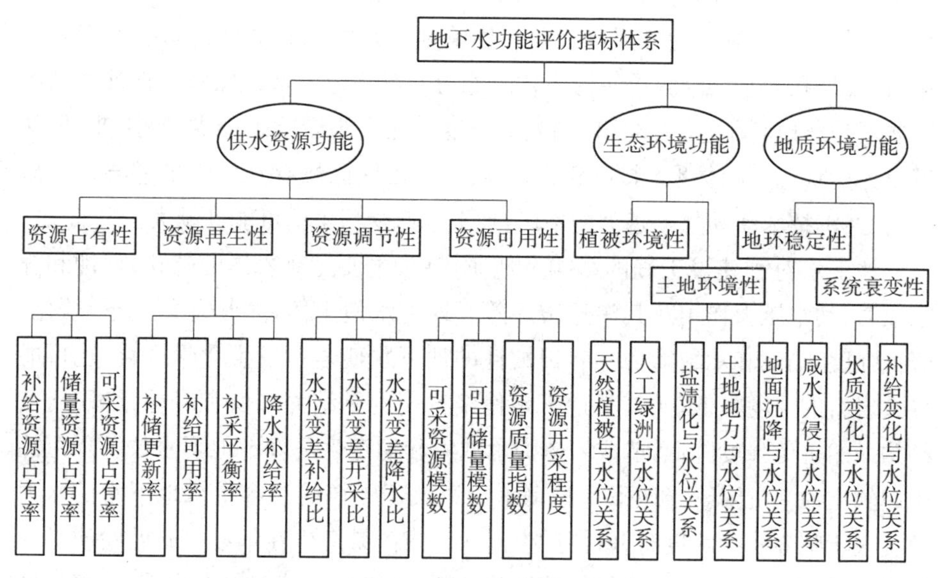

图 5－9　地下水功能评价指标体系

地下水功能评价以可持续发展原则为指导和出发点，流域尺度水循环系统是研究主体，地下水系统是评价基础。在流域尺度内，主要是评价地下水的资源功能、生态功能和地质环境功能的区位特征和相关自然属性状况，为发挥地下水各功能整体的最佳综合效益提供技术支撑。以地下水系统的补给、更新、储存条件及地下水对水环境、生态环境和地质环境维持或稳定作用的状况为主要依据，以地下水资源的数量和质量评价为基础工作，充分考虑地下水的储存和埋藏状况及其变化对生态、地质环境的影响。遵循地表水和地下水系统之间相互补给、相互转换的自然规律，兼顾地表水环境的功能分区。目标功能评价模式主要反映地下水功能的区位特征，以增强基础研究的指导性；主导功能评价模式表征流域水循环系统中各区、带的优势功能和脆弱功能的空间分布规律，以提高实际应用性。兼有多种功能时，按合理利用优势功能和保护脆弱功能的原则，进行主导功能模式评价及区划，尽可能地实现多目标保护、多种功能互补和综合发挥作用。

地下水的特殊脆弱性是根据污染物对地下水系统的危害来评价的。主要包括的参数有污染物在非饱和带的运移时间、在含水层中的滞留时间以及相对于单一污染物性质的土-岩-地下水系统的稀释能力。地下水的特殊脆弱性评价主要是进行系统的污染风险评价。影响地下水特殊脆弱性的首要要素是土壤、包气带和含水层降解单一污染物的能力。影响地下水特殊脆弱性涉及的次要要素是土地利用(人为作用)和人口密度。在人为影响下的农业、工业、居住区及天然状态下的林地、未开垦的草场、无人山区区域存在巨大的差异。人口越密、经济技术活动强度越大的地区,地下水遭受污染的可能性越大。

地下水对于建设工程的影响及地质作用,主要是对岩体的软化、侵蚀和静水压力、动水压力作用及其渗透破坏等。地下水使土体(尤其是黏性土)软化,降低强度、刚度和承载能力。有侵蚀性的地下水使岩石发生化学变化,也可能导致岩石的强度降低,尤其是地下水使结构面的黏结力降低和摩擦角减小,使结构面的抗剪强度降低,造成岩体的承载力和稳定性下降。地下水位下降可能引起软土地基沉降。当地下水的动水压力大于土粒的浮容重或地下水的水力坡度大于临界水力坡度时,就会产生流沙。流沙易产生在细沙、粉沙、粉质黏土等土中,致使地表塌陷或建筑物的地基破坏,能给施工带来很大困难,或直接影响工程建设及附近建筑物的稳定。如果地下水渗流产生的动水压力小于土颗粒的有效重度,即渗流水力坡度小于临界水力坡度,虽然不会发生流沙现象,但是土中细小颗粒仍有可能穿过粗颗粒之间的孔隙被渗流携带流失,将使土体结构破坏,强度降低,压缩性增加,产生地表塌陷,影响建筑工程的稳定。在我国的黄土层及岩溶地区的土层中,地下水溶解土中的易溶盐分,以化学潜蚀破坏土粒间的结合力和土的结构,土粒被水带走,形成黄土湿陷性和岩溶崩塌灾害。

地下水开发利用的环境评价方法主要采用水质计量评价模型进行。随着地下水监测的精细化和互联网及大数据分析能力的增强,运用水质数学模型中的一般利用分布参数模型,可以研究任一时刻、任一地点地下水中组分的运动规律;也可以利用不考虑空间坐标的集中参数模型,以研究平均浓度随时间的变化规律。地下水水质模型常用来预测地下水盆地水质的变化趋势、地下水污染范围的瞬时动态以及定量评价咸水入侵、盐碱土的淋滤等生产实际问题。地下水质量评价的预测、预报和预警作用逐步实现。特殊性岩土(包括石灰岩、白云岩、膨胀性土、湿陷性土、软土等)在地下水的作用下出现化学侵蚀或产生地面膨胀、开裂、塌陷、沉陷等,需要进行必要的试验,了解其地质特性。

三、自然资源统一管理体制下的地下水资源调查监测的发展

中国区域水文地质调查工作始于中华人民共和国成立以后。20 世纪 50 年代至 70 年代初，占全国陆地总面积约 1/3 的地区完成了 1∶20 万区域水文地质普查。到 1995 年，完成了第一轮全国以 1∶20 万比例尺为主的区域水文地质调查，初步查明了全国地下水资源的区域赋存条件和分布规律，确定了全国地下水天然补给资源总量和开采资源总量，全国陆域范围的区域水文地质普查基本完成。此外，根据国民经济发展的需要，部分研究程度较高的地区完成了诸如农田供水、土壤改良、城市供水、生态环境等不同目的的 1∶5 万或 1∶10 万比例尺的区域水文地质调查。700 多个县（市）的区域水文地质调查、130 多万平方千米面积的农田供水水文地质勘查、数千个城镇和工矿供水水源地勘查及 50 年来的地下水长期动态监测资料等，为我国科学合理地开发利用地下水资源奠定了基础。但是，由于受当时经济和技术水平的限制，其调查的深度和广度较为局限，缺乏基于地下水流系统的地下水资源调查评价、地下水资源的动态评价及地下水资源的可持续利用研究。

自 1999 年中国地质调查局组建以来，根据《新一轮国土资源大调查纲要》及其实施方案，按照原国土资源部的要求，全面展开了水文地质环境地质调查工作。原国土资源部在 2000 年至 2002 年，组织开展了第二轮全国地下水资源评价工作，对全国地下水资源进行了重新计算和评价，提出了评价成果。成果包括《中国地下水资源》总报告及分省报告、《中国地下水资源与水环境图集》和中国地下水资源数据库系统，揭示了我国地下水资源的分布存在明显的地区差异，自西向东的昆仑山—秦岭—淮河一线，既是我国自然地理景观的重要分界线，也是我国区域水文地质条件和地下水区域分布存在明显差异的分界线。此线以南地下水资源丰富，以北地下水资源相对缺乏；山区地下水资源多于平原区，我国各大平原和盆地是地下水资源的富集区。第二轮全国地下水资源评价成果与第一次评价成果（1984 年）比较，北方地下水资源量减少，南方地下水资源量增加；平原区地下水资源量减少，山区地下水资源量增加；地下水可开采资源的评价面积增大，单位面积可开采资源量减少。由于各地区地下水开采不平衡，有许多地区在同一区域内存在着整体有潜力而部分地区无潜力或处于超采的矛盾。第二轮全国地下水资源评价时，按照《地下水质量标准》（GB/T

14848-93)首次对全国地下水环境质量进行了综合评价,从地下水水质、地下水污染程度、地下水不合理开发诱发的环境地质问题及地下水脆弱性等方面较全面地论述了我国地下水环境的质量。调查发现,南方大部分地区的地下水可供直接饮用,但一部分平原地区的浅层地下水污染比较严重;北方地区的丘陵山区及山前平原地区的水质较好,中部平原区较差,滨海地区水质最差;我国北方丘陵山区分布着与克山病、大骨节病、氟中毒、甲状腺肿等地方病有关的高氟水、高砷水、低碘水和高铁锰水等。

2018年,自然资源部成立。在自然资源部的统筹部署下,中国地质调查局组织和实施了"水文地质与水资源调查计划"。该计划的总体目标是:全面掌握全国水资源的数量、质量、空间分布、开发利用、生态状况及动态变化,开展重点地区水平衡分析,评价水资源在经济社会发展、国土空间规划和生态系统保护修复中的关键性支撑和制约作用。该计划自2019年以来取得的推动科技进步的成果主要包括:

(1) 建设完善国家地下水监测网与统测网。在国家地下水监测工程20469个站点的基础上,利用4.7万眼民用井,部署完成了2019年和2020年同期地下水位统一测量,测点总数达到6.7万个。监测面积由350万平方千米拓展到400万平方千米,填补了内蒙古高原中段、塔克拉玛干沙漠南缘、罗布泊等地区地下水监测的空白,重点监测区的测点密度由每百平方千米0.6个提升至1.7个。其中,华北平原的测点数量由3140个增加到10172个,测点密度由每百平方千米3个提升至7.3个。自然资源部与水利部共建20469个国家地下水监测工程自动监测站,实现水位和水温自动监测;采用野外取样,室内测试,定期开展每年地下水37项常规指标与部分年份60项非常规指标监测。利用全国地下水监测与统测数据精细地刻画了区域地下水流场与动态,全面掌握地下水储存量与降落漏斗年度变化。

(2) 厘定全国地下水资源分区,完成全国地下水资源年度评价。系统地划分全国一至五级地下水资源区。以水循环和地下水系统理论为指导,以流域和地下水集水盆地为基础,依据地质构造、地形地貌和不同层级相对完整的地下水补径排条件,划分出全国地下水资源一级区15个、二级区45个、三级区131个、四级区435个、五级区788个。首次完成全国地下水储存量评价,揭示了全国地下水储存量的数量、质量、空间分布,查清了地下水的存量家底。系统地掌握了大型平原盆地、山间盆地、河谷区、岩溶区及基岩山区等不同地下水资源区地下水的储存量状况。为助力京津冀协同发展、黄河流域生态保护和高质量发展、长江经济带发展与生态系统保护修复等国家战略，启动了流域尺度和重点地区水平衡研究。

(3) 建设全国水文地质与水资源智慧服务平台。拼接完成全国1∶20万水文地质“一张图”，初步构建涉及水文地质、地下水监测、气象水文、土地覆盖、社会经济等多要素的全国水文地质与水资源数据库；完成基于地质云的基础数据库、模型与方法库、业务分级系统、水平衡与生态协调模型等多层级多功能全国水文地质与水资源智慧服务平台的总体设计；研发了在线评价与图表联动的全国—流域—省级三级地下水资源评价系统。利用多源数据，构建多学科数据驱动的水循环数据融合与机器深度学习算法体系，服务于流域水循环过程量化、水资源评价与可持续管理。

(4) 构建了全国水资源调查监测“四体系一机制”。按照自然资源部《自然资源调查监测体系构建总体方案》《水资源调查监测工作方案》《地质调查支撑水资源管理总体设计》的要求，初步构建水资源调查工作的技术业务、组织结构、人才队伍、条件保障体系和协调合作机制，推进从图幅水文地质调查向流域水文地质与水资源调查转变、从地下水调查向地表水地下水一体化调查转变、从侧重水资源功能向资源环境生态功能并重转变，为全面提升水资源“调查—监测—评价—区划”全链条工作能力奠定基础。

回顾过去，中国水文地质与水资源调查工作取得了巨大的进展。进入中国式现代化建设的新时代，围绕自然资源部履行“两统一”职责①，建立和完善统一的自然资源调查和监测体系，加强自然资源和资产管理，促进生态文明建设，地下水资源调查监测评价工作仍然任重道远。

今后，地下水资源调查监测评价工作要按照“水文地质与水资源调查计划”提出的科研方向，努力实现从图幅水文地质调查向流域水资源调查评价转变、从地下水调查向地表水地下水一体化调查转变、从侧重水资源功能向资源环境生态功能并重转变，进一步聚焦国家重大需求，依靠科技创新和信息化驱动，

① “两统一”指统一行使全民所有自然资源资产所有者职责、统一行使所有国土空间用途管制和生态保护修复职责。

积极拓展工作领域和服务方向。

地下水调查监测要逐步建立和完善面向大气水、地表水、地下水、海洋水的全要素水资源调查监测评价技术体系。形成水资源与水循环要素相结合，水资源的数量、质量与生态相结合的关键指标体系；形成全面调查与重点区域水平衡分析相结合、连续监测与年度统测相结合、地面监测与遥感监测相结合、周期评价与年度评价相结合的常规技术方法体系。稳步创新拓展冰川冻土水资源观测、土壤水与生态水监测、水资源调查“星-空-地-井”地球物理综合调查与监测、水资源区划、分布式水资源模拟模型和多级水资源联合配置等技术。

地下水监测网的建设和完善优化有待进一步加强。各地应该认真做好地下水监测规划，科学合理地布设井网，补充完善地下水监测井。在地下水超采区、大型漏斗区、重要水源地、地表水严重污染区和生态环境保护区，要重点建设一批国家重要地下水监测井。加快地下水监测现代化建设步伐，积极推广应用新技术、新设备，配置先进的地下水监测仪器设备，提高地下水监测能力。建立健全地下水监测运行维护技术管理体系和质控体系，优化完成监测网实时管理与信息应用服务系统，有效地保障监测设施安全稳定运行与智能化管理。重视和加强地下水监测资料的分析工作。在做好地下水动态分析，及时向全社会通报地下水动态的同时，开展地下水预测预报，揭示地下水开发利用中存在的问题，提出地下水资源合理开发利用、管理和保护的建议和措施。

地下水资源调查监测要法制化、制度化。要进一步完善全国—流域—省级三级地下水资源调查监测评价联动工作机制，建立地下水资源年度出数与十年一轮周期评价出数常态化机制，科学地评价地下水的可开采量，支撑水资源合理开发利用和管理；进一步深化海河流域、黄河流域、长江流域、三江平原、内蒙古高原、青藏高原及粤港澳大湾区等重点地区的水资源详查和水平衡分析，开展山水林田湖草沙生命共同体健康诊断，提出国土空间优化配置和生态环境保护修复科学建议。

地下水资源调查监测要依靠科技进步，提高工作效率和信息化服务水平。在基础研究方面，应开展地下水战略储备区划、地下水超采区划、地下水资源保护区划、地下水与地表水联合调蓄利用区划；积极探索高新技术和设备在地下水调查、监测和评价工作中的应用，深化地下水形成、分布和动态变化的机制和机理研究。在技术进步方面，鼓励多学科交叉和协同攻关，大数据与人工智能在地学研究上的应用，探索水资源和资产定量评价方法。通过研发升级国家地下水监测工程信息服务系统，实现水质监测工作的全流程管理和地下水监测站点的全生命周期管理，自动监测设备运行状态在线监控、异常数据智能识别和野外工作有效联动，自动、人工与历史监测数据的统一管理和应用。通过建立与水利、气象、地震、生态环境等部门地下水监测数据信息共享机制，不断提高水文地质与水资源信息服务系统建设水平，提升智慧服务能力。

第四节　地下空间资源的开发利用调查监测

一、地下空间分类及其特性

（一）地下空间和地下空间资源

地下空间指在岩层或土层中形成或经人工开发形成的空间，包括天然形成的地下空间和人工开发的地下空间。一般来说，人能够进得去的封闭空间都可以称为“洞”，它是地下空间与岩土空隙的尺度分界。

天然地下空间主要有喀斯特溶洞、花岗岩洞穴、风蚀洞、砾岩洞、砂岩洞、石膏洞、海蚀洞和冰川洞等。自然界中喀斯特溶洞占绝大多数，发育于砂岩、砾岩、花岗岩、熔岩、冰川的洞穴不足5%。喀斯特溶洞是岩溶地区的地下水长期化学侵蚀作用的结果。因为喀斯特地区广泛分布的石灰岩的主要成分是碳酸钙（$CaCO_3$），在有水和二氧化碳时发生化学反应生成的碳酸氢钙[$Ca(HCO_3)_2$]可溶于水，石灰岩中的钙被水溶解带走，经过几十万年、百万年甚至上千万年的自然作用，石灰岩地表就会形成溶沟、溶槽，地下就会形成空洞。我国是世界上石灰岩分布最为广泛的地区，世界闻名的利川腾龙洞、桂林芦笛岩、张家界黄龙洞和杭州市瑶琳仙境等均是天然岩溶洞穴。花岗岩是不易溶解的岩石，垂直节理发育，雨水沿花岗岩体内断裂冲刷，断裂上盘岩块的崩塌，能形成不规则的堆石洞。另外，石蛋地貌发育的地区，石蛋间的空隙也可以构成岩洞。例如，黄山的水帘洞、莲花洞和鳌鱼洞，崂山的白云洞和明霞洞，太姥山的璇玑洞，罗浮山的朱明洞，碴岈山的万人洞均是著名的花岗岩岩洞。

人工地下空间是指地表以下，为了满足人类社会生产、生活、交通、环保、能源、安全、防灾减灾等需求而进行开发、建设与利用的空间。人工地下空间包括城市地下空间、矿产开发遗留空间和人类历史时期形成的古遗迹空间等多种类型。人工地下空间主要集中于城市地区,是针对建筑而言的名词。建造在岩层或土层中的各种建筑物是在地下形成的建筑空间,称为地下建筑。地面建筑的地下室部分,是完全的地下建筑;一部分露出地面,大部分处于岩石或土壤中的建筑物和构筑物,称为半地下建筑。地下构筑物一般是指建在地下的矿井、巷道、输油或输气管道、输水隧道、水库、油库、铁路和公路隧道、野战工事等。地下建筑和构筑物有时总称为地下工程或地下设施。

地下空间资源是地表土地资源向下的延伸。地下空间资源包含着三方面的含义:一是依附于土地而存在的资源蕴藏量;二是依据技术经济条件可合理开发利用的资源总量;三是一定的社会发展时期内有效开发利用的地下空间总量。地下空间资源的开发和利用是自然、社会和经济因素共同作用的结果,它和一定的技术经济前提相联系。随着社会经济的发展和人口数量的增加,土地资源的稀缺性增强,人们开发利用地下空间的需求越来越强烈。随着科学技术的进步,人们开发利用地下空间的能力增强,可供开发利用的地下空间资源增加。地下空间资源主要是指目前技术经济前提下已经利用或可以利用的地下空间。为了满足社会经济、生产生活、防灾减灾、市政交通、生态环保等需求,已开发建设利用或废弃的地表以下空间,通常称为既有地下空间。未来可以利用的地下空间称为潜在可利用空间,也就是地下空间资源潜力。

地下空间按照用途划分,主要包括七种类型(如表 5-16 所示)。地下空间按开发利用的深度可分为浅层空间、中层空间和深层空间三大类(如表 5-17 所示)。

表 5-16 地下空间按用途分类

用途	具体说明
交通空间	交通空间是迄今为止城市地下空间利用的最主要类型之一,包括地下铁道、地下轻轨交通、地下汽车交通通道、地下停车库和地下步行街等地下空间
商业、文娱空间	地下商业街、地下影剧院、地下音乐厅和地下运动场等
业务空间	是指办公、会议、教学、实验和医疗等各种社会业务的地下空间

续　表

用途	具 体 说 明
物流空间	是指各种城市公用设施的管道、电缆等所占的地下空间以及各个系统的一些处理设施，如自来水厂、污水处理厂和变电站等
生产空间	在地下进行某些轻工业、手工业的生产是完全可能的，特别是对于精密生产的工业，地下环境更为有利
仓储空间	地下环境最适宜于贮存物质。为使用方便、安全和节省能源而建造的地下储库，可用来贮存食品、油类、药品等，具有成本低、质量高、经济效益好、节约大量地上仓库用地等特点
其他	防灾空间、居住空间、埋葬空间等

资料来源：前瞻产业研究院地下空间行业研究小组整理。

表 5-17　地下空间按开发深度分类

开发深度	具 体 说 明
浅层空间 (0～−30 m)	主要用于商业空间、文娱空间及部分业务空间
中层空间 (−30～−100 m)	主要用于地下交通、城市污水处理厂以及城市水、电、气、通信等公用设施
深层空间 (>−100 m)	可用作快速地下交通线路、危险品仓库、冷库、贮热库、油库等。还应考虑采用新技术后为城市服务的各种新系统和新空间

资料来源：前瞻产业研究院地下空间行业研究小组整理。

（二）地下空间的特性

1. 延伸性

地下空间是地表土地资源向下的延伸。它与地表土地共同构成土地资源的三维立体结构，具有土地资源的空间功能和特点，可以为人们提供生产和生活空间，具有明确的地理坐标，可以测算其空间的面积和体积。人类只有一个地球，地球的体积变化极其缓慢，需要用地质年代尺度计量，在人类经济活动周期内，地球的体积几乎是固定不变的。城市地下空间的开发平面上受城市布局限制；纵向上受利用目的和开发利用的经济技术水平限制，而非无限下延，还受到经济技术条件限制。因此，地下空间也具有体积的有限性和位置的固定性。

建筑物的地基实际上利用的是地下空间，地表土地资源使用权也包含部分的地下空间使用权（符合规划用地条件的土地使用权，通常含符合建筑工程需要的建筑地基营造深度和依法建造的人防工程、无偿使用的地下配套设施），地下空间是土地资源不可分割的部分。

城市地下空间相对地表土地而言，能作为独立的产权客体。首先，地下空间是物理独立物品，同地表空间可以分隔开来，成为具有功能的独立空间。地下空间与地表的分界目前尚未有明确的学术定义，但已有两种常用的实践做法：一是规定绝对深度，如丹麦、芬兰等国；二是根据土地使用需要决定地表深度，如日本、德国等。其次，地下空间的开发利用主要是因为土地资源的稀缺性而产生的，它的规划或实际用途和地表土地的用途不一致，与地表土地用途呈互补关系，在平面上呈现出镜像对称。例如，在城市建设中，地面建筑物覆盖的地方，往往考虑建筑物的安全性，地下工程建设的限制因素较多，地下空间的利用率相对低；而建筑物之间开敞空间（广场、绿地等）的地下工程建设的限制小，地下空间的开发利用程度相对要高。当然，地下空间权利并不包括目前人类所无法控制的地球地壳底土，也不包括地下埋藏的，依法属于国家的矿产资源等自然埋藏物和其他不为权利人所知的人为埋藏物。地下空间成为独立的产权客体，也离不开地表土地资源，地下空间的出入口、通风口等需要利用地表土地，也需要合理规划。实践中，地下空间与地表土地的边界划分是以不影响对方功能发挥为前提条件的。

2. 封闭性

地下空间与地上空间的周围介质不同，空气是地上空间的周围介质，地下空间的周围介质则是岩石或土壤。在地下，很难接触到太阳光线、自然风等，具有一定的封闭性。大地对温度的保持能力较强，使得地下空间具有较好的热稳定性。一年四季中，尤其在夏冬季节，地下空间与地表温度的差异性表现尤为明显。因其免受太阳光线、自然风以及自然灾害的直接影响，腐蚀的范围大幅减小，特有的土壤屏蔽，在电磁干扰及辐射方面大大削弱了消极作用。由于地下空间与外部环境处于相对隔绝的状态，其内部环境完全由人工控制，如热环境、光环境、声环境、空气清洁度等。这些环境因素受外部环境的干扰小，所以，地下空间的内部环境较易控制并且较易达到所要求的标准。相对地表来说，人员活动较少，在地下可以较好地从事某一特定活动，其所带来的噪声、固体垃圾以及部分烟雾等污染气体对地表的影响较弱。也就是说，地下空间的封闭性，衍生出了其热稳性、防护性和易控性。

城市地下空间的开发利用就是要求充分利用其有利的环境特点。城市地下居住工程可以很好地减少采暖和降温所消耗的能源。地下贮库工程在存放某些对温度保持要求比较严格的材料时也可以较好地利用热稳定的特点，减少在地表上建设同样工程所消耗的温度保持方面的建设投资成本。某些工业生产环境对温度要求较高（主要为保持恒温），地下工业工程可以解决这方面的问题，同样可以减少生产成本。城市地下市政管线工程充分利用了抗腐蚀及自然灾害的特点，延长设施的寿命，减少维修次数过多带来的经济投入。对于城市中各类对内部环境有较高要求的设施，如各种电视、电影的演播、录音室、医院的手术室、无菌室及高科技企业中的无污染厂房等，利用地下空间内部环境的易控性，将其建于地下较建于地面更为经济合理。城市地下人防工程在抗灾救灾时的重要生命线的地位以及战争时的物资、人员的保护，都是充分利用了地下空间所具有的优点。城市地下交通工程可以充分利用人员活动相对较少的特点，提高交通运输的效率。有条件的城市，还可发展地下垃圾处理系统，消除垃圾“围城”的现象。

3. 造价高

地下空间被岩石、土壤和地下水等介质包围，开发利用受地质环境等因素的影响大。与地面建设工程相比，由于利用地下空间需要大规模地开挖土方，并且要预防周边岩土体及各种地质环境要素变化对地下建（构）筑物的影响和破坏，地下空间开发利用工期长、技术设备更复杂、施工难度高。在不计入土地费用的条件下，地下工程的直接造价高于地面工程。据估算，地下空间的一次性投资为地面相同面积工程建设的 3～4 倍，最高可达 8～10 倍。为保持地下空间良好舒适的环境，地下空间设施的采光、除湿、通风、环境卫生等运营费用也较高。可以说，地下工程建设投资大、造价高、回收期长。

地下空间的开发利用，遵循一般自然资源开发利用的先易后难、由近及远的规律。地下空间的开发和利用，可能是因为地下空间的封闭性、热稳性、防护性和易控性等环境优势对于经济活动的吸引作用，更大的可能是因为地表土地资源的稀缺性。开发利用地下空间能够节约土地，降低土地成本和弥补地面建筑服务配套设施建设的不足，提高人类活动的便利性和安全性。地下空间开发利用具有良好的经济效益和社会效益。随着城市化和城市建设的发展,城市建设用地的稀缺性日益增强,土地价格上升,城市地下空间的开发利用效益就越明显,地下空间开发利用的必要性和可行性就越明显。城市地下空间开发一般从接近地表的浅层(浅层指地面之下 30 米范围)开始,随着施工、材料、技术和经济水平的提高,以及社会需求的发展,逐步向更深层次拓展。从最早的市政设施建设、地下通道、地下停车场、地下仓库等单一开发,向城市综合体建设,实现体系化和网络化发展。

4. 挑战性

地下空间开发利用需要综合考虑整体环境的影响。首先,需要考虑计划进行地下工程建设的地方地质环境特征,需要结合当地的地质水文条件,运用严谨的科学理论和探测结果进行分析,合理确定地下工程建设的施工方案;其次,依照人类目前的技术,所有的地下工程不对地面和周边产生任何影响是不可能的,关键在于如何将影响控制在许可的范围之内。例如,地铁工程盾构施工多在城市人口和建筑物密集的地段进行,盾构机从地下穿越各种建筑物、铁路、河流、桥梁,施工质量和安全隐患等问题不容忽视。地下建设工程的施工要考虑上层人类活动空间的具体情况,综合考虑施工是否会对城市的正常运行、安全等方面造成影响。此外,还需要对工程施工进行有效监控,合理安排工程的施工进度,避免对周边产生重大影响,避免诱发自然灾害。

人们长期在地面生活,习惯了阳光、雨、露、风、霜以及地面上的自然风景。在地下,人们不免会有怕黑暗、怕不知道方向、怕空气不好的忧虑。现在,建造者们不仅可以通过光学技术把太阳光直接导入地下,还可以模拟各种光,形成与地面相同的"阳光灿烂";装上传感器,接入物联网,所有的人和物都能实现地下定位,配套智能标识屏,在地下也不怕迷路;还可以通过空气流通系统升降温度,获得最舒适的温度和新鲜空气。尽管地下的三大"恐惧"技术上已解决,但是,"地下城"的建设并不是主张人生活在地下,哪些业态适合放在地下,哪些业态适合放在地面,要进行科学分析和统筹规划。

地下空间的存在环境一旦被破坏,就很难恢复原状,地下空间具有开发利用上的不可逆性。理论上,若技术条件可行,与地面建设工程重建类似,则可将废弃的地下空间推倒后再重建。实际上,浅层和中层地下空间被高层建筑的地基基础和现有的地下设施占领,由于拆除成本高而不能再开发利用;深层的地下空间一旦拆除，将造成岩石圈中受力场的重新分布，可能造成局部较大的变形，造成严重后果。

二、地下空间开发利用及其主要施工技术

（一）地下空间开发利用

人类对地下空间的初步利用最早可以追溯到原始人类对天然洞穴或地穴的利用。地下及岩体洞穴不但可以为早期人类提供躲避自然灾害等恶劣环境的最佳栖息场所，还可以有效地储存剩余食物及较好地防止野兽攻击，显示了地下空间适应生存环境的自然抉择。土葬最早出现在公元前4500年至公元前3000年的早期文明当中。据考古考证，那时已经有人以土葬的方式掩埋祖先的遗骸。距今5 000年的河南登封王城岗古城、距今约4 000年的河南淮阳平粮台古城已使用陶制地下排水管道，是已发现最早的城市地下排水设施。我国在古代就有采矿活动，春秋时期已经使用了立井、斜井、平巷联合开拓，初步形成了地下开采系统。坎儿井是新疆干旱地区一种特殊的地下渠灌溉系统，主要分布在新疆东部博格达山南麓的吐鲁番和哈密两个地区，至今已有2 000多年的历史。我国广大劳动人民创造了人类最辉煌的地下水空间开发利用的历史。

城市地下空间的利用，西方发达国家走在世界前列。国外地下空间的发展已经历了相当长的一段时间(如图5－10所示)。第二次世界大战期间，战略轰炸已经成为战争的主要样式，巨大的平民伤亡和财产损失，使得各国重视地下防护工程建设。目前，国外地下空间的开发利用从大型建筑物向地下的自然延伸发展到复杂的地下综合体(地下街)再到地下城(与地下快速轨道交通系统相结合的地下街系统)，地下建筑在旧城的改造再开发中发挥了重要作用。同时，地下市政设施也从地下供、排水管网发展到地下大型供水系统，地下大型能源供应系统，地下大型排水及污水处理系统，地下生活垃圾的清除、处理和回收系统，以及地下综合管线廊道(共同沟)。日本在新建地区(如横滨的港湾21世纪地区)及旧城区的更新改造(如名古屋大曾根地区、札幌的城市中心区)都规划并实施了地下空间的开发利用。日本比较重视地下空间的环境设计，无论是商业街还是步行道，在空气质量、照明乃至建筑小品的设计上均达到了地面空间的环境质量。在地下高速道路、停车场、共同沟、排洪与蓄水的地下河川、地下热电站、蓄水的融雪槽和防灾设施等市政设施方面，日本充分发挥了地下空间

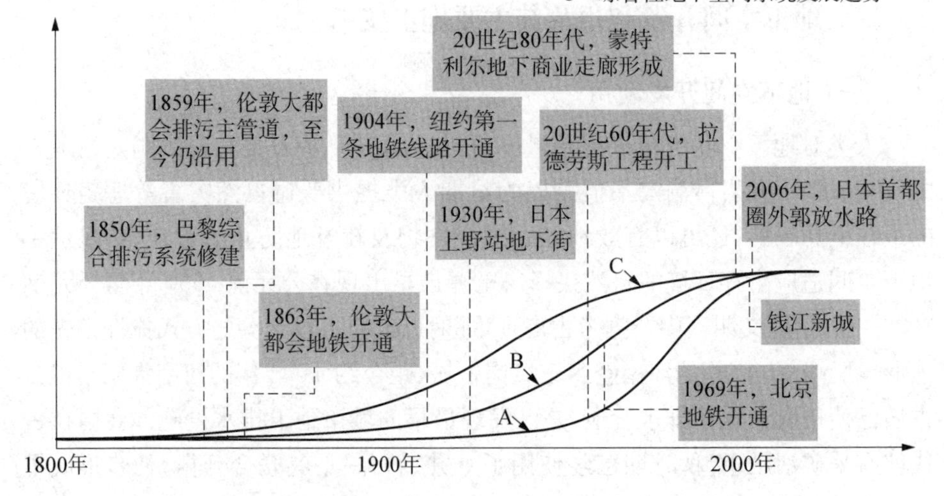

图 5-10　世界城市地下空间开发利用的历史进程

资料来源：陈志龙．中国城市地下空间开发利用现状评析与展望[EB/OL]//“上海市土木工程学会”微信公众号．(2017-11-06)[2024-01-15]. https://mp.weixin.qq.com/s/uXiwATQ-A2jV43bAjczVFPA.

的作用。

我国在20世纪80年代以前，城市地下空间开发利用的主体是出于备战目的的人防工程。目前，中国地下工程已具规模，是世界上隧道和地下工程最多、发展最快的国家，不仅中吉乌通道、泛亚铁路入地，城市地铁和轻轨发展迅速，而且水电工程、西气东输工程、城市空间开发均在利用地下空间，地下水封洞库、水下隧道等日渐增多，其中不乏厦门翔安海底隧道、天津市首条穿越海河的“共同沟”等亮点工程。2008年以后，我国地铁建设如火如荼，2022年有30多个城市开通地铁交通，地铁运营线路长度达7 655.32千米。近年来，随着中国经济持续快速发展与城市化水平的提高，中国城市地下空间开发利用得到了大发展(如图5-11所示)，其主要成就表现在：城市地铁建设的快速发展带动了城市地下空间资源的大规模开发利用，推进了城市定向、有序地发展，并带动地铁沿线房地产业的发展和地下商业交通的开发利用；城市高层建筑的“上天入地”推进了城市空间的立体开发；充分开发利用地下空间资源的防护潜能，提高了城市的综合防灾抗毁能力；城市地下空间的开发利用已步入科学化和法制化轨道。

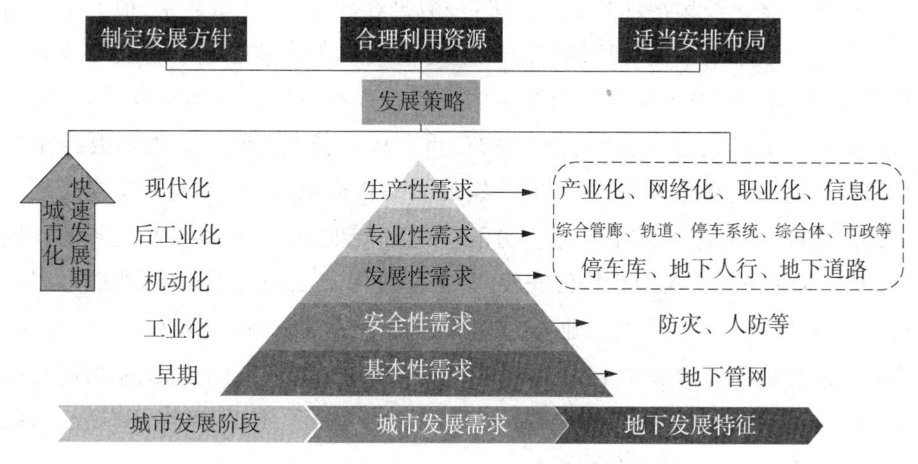

图 5－11　中国城市化进程和地下空间开发利用特征

资料来源：陈志龙．中国城市地下空间开发利用现状评析与展望[EB/OL]//“上海市土木工程学会”微信公众号．（2017－11－06）[2024－01－15]．https://mp.weixin.qq.com/s/uXiwATQA2jV43bAjczVFPA.

（二）地下空间开发的主要施工技术

1. 明挖法

明挖法是挖开地面，完成地下工程（如隧道、车站等）的主体结构，最后回填基坑或恢复地面的施工方法。简单地说，就是从地面上直接挖掘再盖上钢筋混凝土层。它是直接从地面向下分层、分段进行挖掘，整个施工相对比较简单、安全，但对周边的影响比较大，不利于城市安全，需在施工环境较好的情况下使用。主要施工方式包括：

（1）沉井法，又称沉箱凿井法，是在土层开挖前，在井间设计位置，把预先制好的一段 6～7 米长的整体井壁，靠自重局部沉入土中，然后在它的掩护下，边掘井边下沉，相应地砌筑井壁，通常称为普通沉井法。随着沉井深度的增加，井壁与井帮的摩擦阻力增加，下沉深度受到限制，一般只能下沉 20～30 米。这种方式常用于水系结构附近的工程施工。

（2）沉管法。在施工之前先预制好建筑主体，然后运用船舶等工具，将建筑体运输到指定位置，通过相应的技术手段，将建筑体安放到目标位置。这种方式适用于在江、湖中的施工。

2. 逆作法

逆作法是一种超常规的施工方法，一般是在深基础、地质复杂、地下水位高等特殊情况下采用。先沿建筑物地下室的轴线或周围做好地下连续墙或其他支护结构，同时在建筑物内部的有关位置浇筑或打下中间支承桩和柱，作为施工期间于底板封底之前承受上部结构自重和施工荷载的支撑。然后开挖土方至第一层地下室底面标高，并完成该层的梁板楼面结构，作为地下连续墙刚度很大的支撑，随后逐层向下开挖土方和浇筑各层地下结构，直至底板封底。同时，由于地面一层的楼面结构已完成，为上部结构施工创造了条件，所以可以同时向上逐层进行地上结构的施工。如此地面上、下同时施工，直至工程结束。此方法的优点是充分利用地质结构的特点，借用地质层自身的抗压能力进行施工，能减少安全防护的施工，但需要做好前期的立柱等施工，成本相对较高，并对施工的便利造成比较大的影响。

3. 暗挖法

暗挖法是指不挖开地面，采用在地下挖洞的方式施工。暗挖法主要是在地下施工，可以减少对周边居民生活出行的影响，但对于技术和成本的要求比较高。主要施工方式有四种。

(1) 新奥法是以控制爆破或机械开挖为主要掘进手段，以锚杆、喷射混凝土为主要支护方法，通过监测控制围岩的变形，动态修正设计参数和变动施工方法的一种隧道施工方法。其核心内容就是充分发挥围岩的自承能力。

(2) 浅埋暗挖法是在软弱围岩地层中，以改造地质条件为前提，以控制地表沉降为重点，以格栅和锚喷砼作为初期支护手段，遵循新奥法“管超前、严注浆、短开挖、强支护、快封闭、勤量测”的方针进行隧道设计和施工。这种方法能够有效地避免软土层带来的安全问题。

(3) 顶管法是在隧道或地下管道穿越铁路、道路、河流或建筑物等各种障碍物时采用的一种暗挖式施工方法。在施工时，通过传力顶铁和导向轨道，用支承于基坑后座上的液压千斤顶将管压入土层中，同时挖除并运走管正面的泥土。当第一节管全部顶入土层后，将第二节管接在后面继续顶进，这样将一节节管子顶入，做好接口，建成涵管。

(4) 盾构法是利用盾构进行隧道开挖、衬砌等作业的施工方法。它采用边挖掘边稳固的方式，盾构机在盾构的同时进行注浆和管片的拼接，从而确保挖掘不会对松土层造成非常大的影响。这种挖掘方式主要用于松土层及高压强的环境中，具有施工速度快、洞体质量比较稳定、对周围建筑物影响较小等特点。

三、地下空间资源调查与监测

（一）目的和意义

地下空间资源调查主要是摸清一定区域内目前既有地下空间和自然地下空间的类型、数量、质量、分布及其利用状况，探索在城市行政区划范围内地表以下一定的深度范围，受地质条件约束，在现有技术经济条件下能开发利用的土层或岩层中地下空间利用的潜力，是实现地下空间科学有序、安全规范开发利用的基础性工作。地下空间资源监测是在地下空间资源调查的基础上，对地下空间资源利用变化及其相关环境生态风险进行科学观测、分析、预测和预警，保障开发利用地下空间资源和可持续利用。

既有地下空间要素探测以收集资料为主，实地探测为辅。长期以来，各部门在业务和管理工作中积累了大量的地下空间开发利用信息，例如，住建部门拥有包括规划施工图、竣工验收档案在内的大量地下空间工程建设的资料，民防部门拥有人防设施工程的相关资料，这些均是地下空间资源调查的重要基础性资料。既有地下空间矿山开采资料更是分散在地矿、冶金、有色、煤田、化工、建材、油气等工业地勘部门。由于我国地下空间资源的管理涉及发改、规划、自然资源、住建、民防、交通、城管等 20 余个部门和单位，地下空间基础信息共享不畅，各类地下空间资源调查数据多源异构，数据量大，资料分散，精度不统一。开展地下空间资源调查，构建地下空间资源调查业务体系，摸清地下空间资源底数，是加强自然资源管理，实现地下空间合理开发利用，促进土地资源节约集约利用，实现区域经济可持续发展的现实需要。

《民法典》第三百四十五条规定："建设用地使用权可以在土地的地表、地上或者地下分别设立。"地下空间使用权作为一项物权，有其确权登记的现实需求。但由于地下空间相对封闭、可通达性和可视性差，使地下空间信息的管理（如信息采集、分析评价、综合管理和可视化表达等方面）相对滞后，进而使得地下空间权利主体、范围、责任和义务不清晰，容易造成侵害所有权行为发生。开展地下空间资源调查，查清地下空间资源的构筑物占用现状、权属关系和责任主体等信息，是解决地下确权登记的难点问题，是完善地上地下统一确权登记的基础支撑。地下空间资源调查是盘活地下空间资源的资产价值，发挥市场对于资源配置的决定性作用的客观要求。

煤炭是我国主体能源，经过数十年的开采，形成了大体量的地下空间，如何有效地利用不断产生的煤矿地下空间并实现资源枯竭型城市转型升级，是目前亟待解决的问题。金属矿产一般赋存于中硬硬岩中，金属矿山开采形成的地下空间具备一定的自稳能力。盐矿地下空间在国家油气战略储备、能源安全等方面作用巨大，且盐岩地层拥有比其他岩石更为致密的结构、更为良好的封闭性能，在储存能源和废弃物方面具有投资省、占地少、安全性好、易存储的特点。查明各类矿山地下空间资源的分布、质量、开发的难易程度以及安全程度，从生态环境和自然资源综合利用的角度，对矿山地下空间的合理开发利用潜力巨大。

天然洞穴是特殊的位于地表之下的地质体，是一种具有多方面价值的、不可再生的国土资源。洞穴是人类最早的栖息地之一，由于特殊的环境条件，洞内保存有大量的在洞外环境中难以保存的信息，是研究岩溶发育史、环境变迁、气候变化、人类文化和生物进化的重要场所。有的洞穴内发育有各种次生化学沉积物，形成丰富多彩的自然景观，具有观赏价值，成为重要的旅游资源。洞穴中特殊的小气候和生态环境，使洞穴具有军事、储藏、休闲、医疗、养生等方面的作用。利用地下空间进行储能是未来能源储备维护的重要方向。目前，地下空间储备设施主要分为五类：盐穴、水封洞库、含水层、枯竭油气藏和废弃矿坑。其中，盐穴具有物理性质稳定、渗透性低、自动愈合裂缝、易溶于水、分布广泛等特点，它被认为是一种理想的大规模储能地质介质。利用盐穴进行大规模能源储备，将是地下空间储能的优先发展方向。

我国人多地少，土地资源的稀缺性突出，特别是在城市化快速发展的地区，建设用地供不应求。开发利用城市地下空间资源，不仅可以拓展城市发展空间、优化城市空间布局、提高土地利用效率及恢复地表生态环境，还可以防御自然灾害、改善居民生活条件、增强城市韧性，在城市高质量发展中发挥着关键作用。向地下要空间已经成为解决大城市土地问题的普遍主张和共识。目前，我国城市地下空间资源开发建设的总规模已居世界首位，但多以粗放式浅层开发为主（0～30 米以内），对深部地下情况的探测和认识不足，导致地下资源浪费大，节约集约利用水平较低，大型城市浅层地下空间资源几近枯竭。开展地下空间资源调查，需要查明城市不同区域地下空间资源的质量、开发的难易程度以及开发的潜在风险，从地质安全的角度对区域地下空间开发的规划功能分区、建设项目布局、纵向分层管控提出建议。在地下空间开发利用的过程中，往往面临地热资源、优质地下水资源、地下文物古迹资源以及关键矿产资源、材料资源等多种资源的协同利用与保护问题，地下多种资源存在空间、时序方面的多种冲突，如果认识不清、评价不当，将导致资源的浪费或破坏，地下空间资源利用的效能难以实现最大化。

城市地下空间资源的大规模开发带来的负面效应也逐渐暴露，如地面塌陷、基坑突水、盾构机被埋、火灾等事故。此外，忽视地下地质结构的扰动、地下水流场和地下应力场的改变所诱发的生态环境问题，以及地面沉降等缓变地质灾害的滞后效应，将不可逆且不可恢复地影响城市的整体安全。开展地下空间资源调查监测，摸清地质结构和地灾隐患，是提升城市地质灾害防治能力，保障人民生命财产安全和国家长治久安的关键。

（二）主要内容和任务

1. 摸清区域既有地下空间资源底数，掌握已知天然地下空间资源利用状况

摸清既有地下空间资源底数和已知天然地下空间资源状况，主要是要求查清现有地下空间的类型、成因、三维空间位置，掌握地下空间的面积、体积、质量、权属关系、利用状况及其变化，以及地下空间利用面临的环境问题和挑战。地下空间调查，需要通过调查和测量的手段获得地下空间部件的三维坐标及其附属属性。由于地下设施的不可见性不能通过传统测量手段采集到所有相关的信息，所以，一般都是通过测量其地下主要特征点或是其地面的对应点，结合原有施工图进行图面还原的方法获得其所有点位的坐标和属性，把实地的地下设施按比例搬到含有地面地形数据的地形底图之上。地下管线可以通过管线探测技术实现信息获取。在明确地下空间的调查任务后，确定调查要素和指标，收集各部分拥有的地下空间资料，根据地下空间利用和管理需要，适当地运用实地调查和探测手段，补充和完善有关地下空间的数据，统一建立地下空间资源数据库。

天然地下空间主要是各类天然洞穴，它们多是在自然探险或工程建设过程

中发现的，宜采用遥感、地质调查、物探等方法，查清洞穴的类型及其成因、空间位置和规模，在进行洞穴考察和相关科学研究以后，对于地下空间环境进行合理评价，按照让自然做功的原则，充分挖掘天然洞穴的社会经济价值，科学地规划天然洞穴的用途。已经开发利用的天然洞穴，主要是要查找经济开发利用过程对于洞穴环境的不利影响和作用因素，防止各种地灾发生和洞穴天然景观及生态环境破坏。天然洞穴也要明晰产权，落实所有者、使用者和经营者的合法经济权益和自然保护责任。

人工地下空间资源主要包括人防工程、交通设施、公共服务设施、公共基础设施、存贮设施等城市地下空间，调查方法主要是搜集整理土地、建设、人防、交通、市政等多部门的数据，结合城市地质调查、地下空间测绘，获取城市地下空间的类型、用途、三维空间位置、建筑面积(体积)等状况，土地类型、构筑物类型、权利或责任主体等权属信息以及连通性、人防用途、独立性等，调查城市地下空间的地质情况，包括基础地质、水文地质、地面沉降、地裂缝、活动断裂等情况。

矿井地下空间调查主要采用地质矿产部门的数据，开展矿区区域地质调查和矿山地下空间测绘，获取矿井地下空间的类型、三维空间位置、开采状况、矿业权、生态修复情况，开展矿山地质环境调查，获取地质灾害风险、生态环境破坏、地下水资源破坏等情况。

地下空间资源调查不能只见树木，不见森林。要认真地总结地下空间开发利用的经验和教训，摸清已知空间资源的分布及其变化规律，为地下空间资源开发利用评价提供客观和可靠的依据。

2. 完成地下空间资源评价，弄清地下空间开发潜力

对于潜在的地下空间资源的开发利用，弄清地下空间资源开发利用的潜力，必须规划先行。潜在地下空间资源调查主要采用地质调查数据、土地利用数据、空间管控界线数据，结合地下空间资源开发利用规划，开展统计、分析、评价，获取可利用的地下空间资源区划，测算地下空间开发利用的潜力。其中，城市地质调查是重点。

城市地质调查的核心工作是完成城市 1：50 000 基础性综合地质填图，研发大数据下三维城市建模，开展城市国土空间开发地质适宜性评价和城市地下空间开发利用地质安全评价。城市国土空间开发地质适宜性评价，主要是研究城市规划建设的主要地质因素及其地质背景条件，分析不同地质因素的发育规

律和变化趋势，以及对于城市规划建设的制约和危害程度，建立不同尺度的国土空间开发地质适宜性评价指标体系，运用适宜性评价的理论和方法，提出明确的评价结论和地下空间开发建议。城市地下空间开发利用地质安全评价，主要是研究不同地质体地下空间开发岩土工程施工和运营过程中可能出现的地质问题，揭示地下空间开发可能引起的地质环境效应。

潜在的地下空间资源调查为地下空间资源开发利用的适宜性评价提供科学依据和工作基础。它按照对于资源的影响和利用导向确定调查的因素，主要有四类。一是自然因素，包括地形地貌、工程地质和水文地质条件、地质灾害、地质环境脆弱和敏感区、矿产资源埋藏区和地质遗迹等；二是环境因素，包括园林公园、风景名胜区、重要水体和水资源保护区等；三是人文因素，包括古建筑、古墓葬、历史遗址遗迹等不可移动的文物和地下文物埋藏区等；四是建设因素，包括新增建设用地、更新改造用地、现状建筑地下结构基础、地下建(构)筑物及设施、地下交通设施、地下市政公用设施和地下防灾设施分布等。

地下空间资源开发利用主要是进行地下工程建设，其适宜性评价理论与方法同建设用地适宜性评价类似，主要包括三个方面。一是按照建设施工的条件进行评价。所有地下空间资源的开发利用活动都是在地质体中进行，地质条件对地下空间开发利用的整体安全性和经济性和地下空间资源利用难易程度起决定性作用。二是进行地下空间利用布局合理性评价。地下空间开发服从地面土地利用，既要发挥区位优势，又要利用地下空间的有利特性和地表土地利用布局形成互补关系，相互促进，协同发展，实现最佳最优利用，经济效率和效益不断提高。三是进行自然景观利用和景观设计的适宜性评价。在尽量维持自然景观天然特征和美学优势的基础上，进行生态设计和生态开发，这个在天然洞穴资源开发利用中更加重要。人工地下空间的开发也必须尊重自然规律，注意趋利避害。

潜在开发地下空间资源主要集中于城市地区，这是土地资源稀缺性和地下空间利用需要共同决定的。地下空间开发利用潜力的上限是目前经济技术条件下，根据城市地层环境和构造特征，判明一定深度岩(土)体的自然、环境、人文及城市建设等因素对于城市地下空间开发利用的影响，而测算出的适建空间和分布的总量。它的下限是根据地下空间预测和地下空间规划而确定的实际需求量。

城市地下空间资源作为城市重要的发展空间，必须实行有序开发、合理利用和有效保护。一是城市地下透明化，对城市地下资源进行全面有效的勘查，完整地掌握城市地下空间（市政管线、地下交通、商业、人防、综合体、仓储等）的数量、位置、功能、开发利用情况等信息，实现城市地下透明化。二是城市基础设施地下化，从实现城市可持续发展的要求出发，以提高城市韧性为目标，明确城市各类基础设施建设时优先考虑地下建设的功能。三是地下空间资源分层化，对城市地下空间资源根据其分布情况合理分层，明确各层的主导功能、开发时序、保护策略等。四是地下空间管制法定化，要加快地下空间相关法律的制定和完善，做到依法开发利用和管理。

3. 开展地下空间资源利用状况调查，运用价格杠杆促进其开发利用合理化

地下空间资源利用调查主要是调查研究地下空间利用的合理性，探索提高地下空间利用效率和效益的合理利用方向，解决地下空间开发利用中存在的问题，进行地下空间利用科学规划和经营管理。

地下空间开发利用的区域综合评价在我国城市地下空间管理中已经实施。其城市地下空间建设评价指标体系如图 5－12 所示。通过评价，可以弄清我国不同地区和城市地下空间开发利用的水平，通过区域比较，可以发现城市地下开发距离先进水平的差距，明确城市地下空间开发利用的目标和方向。

地下空间开发利用，最为关注造价。对于地下空间开发利用产生的环境效益和社会效益缺乏合理的量化评价，对于地下空间开发利用的综合效益重视不够。有的地方，人们还停留在过去认为地下空间“阴暗潮湿”的印象。地下空间利用滞后于地面开发利用，地下空间规划和地表土地利用脱节，地下空间各自孤立和分隔，缺乏连通，造成地下空间利用效率和效益不高。应将地下空间作为城市空间的重要组成部分，地上地下空间一体化综合利用。首先，城市总体规划三维立体化。将地下空间真正纳入城市总体规划，使城市总体规划从原来的平面规划转化成三维立体，而不是将城市地下空间规划作为城市总体规划的一个专项规划。其次，城市地下空间规划综合化。地下空间规划尽管是一项专项规划，但其涉及的内容广，发挥的作用远远超出其他任何一项专项规划，因此，要像编制规划总体规划一样编制地下空间规划，从可持续发展的高度准确定位地下空间建设发展在城市中的地位，明确地下空间开发强度和功能布局，

城市地下空间专属指标		
	人均地下空间规模	·城市地下空间建筑面积的人均拥有量 ·城市地下空间建设力度
	建成区地下空间开发强度	·建成区地下空间开发建筑面积与建成区面积之比 ·地下空间资源利用有序化和内涵式发展程度
	停车地下化率	·城市（城区）地下停车泊位占实际总停车泊位的比例 ·城市地下空间功能结构、基础设施合理配置的重要指标
	地下综合利用率	·城市地下公共服务空间规模占地下空间总规模的比例 ·衡量城市地下空间市场化开发的综合利用程度
	地下空间社会主导化率	·城市普通地下空间（扣除人防）规模占地下空间总规模的比例 ·城市地下空间社会主导（主动型）开发及政策主导（被动型）开发程度

图 5－12　城市地下空间建设评价指标体系

资料来源：陈志龙．中国城市地下空间开发利用现状评析与展望[EB/OL]//"上海市土木工程学会"微信公众号．(2017－11－06)[2024－01－15]. https://mp.weixin.qq.com/s/uXiwATQA2jV43bAjczVFPA.

制定各类设施地下化的指标和策略等。再次，地上地下空间利用指标化。从城市可持续发展的角度出发，各城市要明确地下空间的人均指标和各类基础设施下地指标（地铁、停车场、道路、变电站、污水处理厂、垃圾转运站和处理厂等）；最后，规划设计地上地下一体化。在规划和设计中，树立地上地下一体化的理念，将地上地下空间作为一个整体。对于功能、布局、造型、装修、园林等各个方面，充分发挥地上地下空间各自的优势，综合考虑，实现地上地下空间一体化。依法依规建设是地下空间利用合理性评价的重要原则标准。

地下空间开发利用要讲求经济效益，运用价格杠杆促进其开发利用合理化。要加快地下空间管理的法律制度建设，明晰地下空间使用和经营的权属关系。地下空间许多属于人防、基础设施和公共服务用途，具有公益性。对于这些地下空间资源的供给，首先，应该肯定它们是由于公众利益保护和城市社会经济发展的现实需要而确定的，是政府和社会对于城市土地利用结构优化和土地资源合理配置的空间功能选择，必须有明确的指标控制，保质保量。其次，要认识到公益性地下空间同经营性地下空间、地表土地的密切联系。城市公益性地下空间的价值依存于经营性用地和经营性地下空间，可以通过经营性用地的效益提高来实现。地下经营性空间应该鼓励竞争，公开招标拍卖出让。通过市场竞争，优化地下空间利用的结构和功能。

地下空间开发利用经济效益的提高，要注意技术创新，积极探索新的地下空间利用方向，科技进步不仅能够开拓地下空间利用的潜力，也可以盘活限制和低效利用的地下空间。

4. 建立地下空间资源数据库和信息管理，实现地下空间资源动态监测和调查成果定期更新

地下空间资源数据库是自然资源调查监测数据库的组成部分，它作为一个子系统，也是由三维立体的点、线、面、体要素构成。地下空间资源数据库是地下空间调查和监测成果的归结和重要的表达方式。地下空间调查为自然资源数据库提供资料来源，保证地下空间资源数据库的数据及时更新，地下空间资源数据库的建成也为地下资源空间成果的定期更新提供了方便。地下空间资源调查成果定期更新，实际上是地下空间资源数据库在更新基准日期的现势信息。地下空间资源数据更新包括地下空间的数量和质量数据更新、地下空间分布变化、地下空间的利用状况更新、地下空间资源的权属状况更新和地下空间地质环境变化更新。地下空间资源数据库更新的过程，也是地下空间资源动态监测的实施过程。

与地上建筑空间相比，城市地下空间功能设施的多样性、空间环境的封闭性、地势的低洼性和自然条件的不良性，决定了地下空间内部的空气质量是一个大问题。地下空间内的甲醛、二氧化碳、挥发性有机物没有及时排除，也没有及时送入新鲜的空气，人在这个环境待不了多久就会产生厌恶感，身体自然出现头晕、头疼、胸闷、缺氧等一系列症状。要解决这个问题，首先需要从环境监测的角度入手，将各类空气传感器、数字终端、物联网构架、计算机局域网、信息化系统管理软件、智能终端应用软件、后台云计算以及现场移动管理应用，综合为统一的信息化空气质量管理平台。保障地下空间环境综合体安全稳定地运行，必须做好城市地下空间环境监测以及新风排放。

地下空间岩土工程安全监测是人们在总结岩土工程事故教训的过程中逐渐发展起来的。首先，人们认识到需要对事故发生之前的信息进行监测、分析和判断，力争防患于未然；其次，由于岩土体的复杂性以及岩土力学理论的不成熟，导致有关岩土工程安全问题更多地依靠测试和观测。所以，人们越来越多

地把工程安全情况的判断寄希望于工程建设过程中和竣工后的原位测试。岩土工程安全监测项目的种类很多，具体到每个工程，应根据其工程类型、场地地质和施工情况的不同采用不同的监测项目。按监测物理量的类型不同，一般可以分为变形监测、应力应变监测、渗流监测、温度监测和动态监测等。按监测变量的不同，可以分为原因量监测和效应量监测(如表5-18所示)。原因量即环境参量，由于它们的变化引起建筑物性态的变化。效应量是构筑物对原因量变化而产生的响应。地下空间的监测技术不仅要在城市地下空间建设施工阶段得到重视，在地下空间投入运营阶段将更加离不开该技术的支撑，故而该技术需要更进一步地研究完善，以适用于更多不同情况的城市地下空间监测。

表5-18 城市地下空间常规监测项目

监测分类	监测项目	监测目的
原因量监测	环境要素	大气质量、温度、湿度
	爆破	了解爆破对围岩和支护结构的影响
效应量监测	围岩内部位移和变形监测	围岩内部位移(水平和轴向)和松动区范围
	表面位移	围岩表面位移(收敛、拱顶下沉、仰拱隆起)
	应力、应变	岩体应力、支护结构应力
	渗流、地下水	渗压、地下水位
	荷载	围岩和支护间接触压力、锚杆(索)拉力
	裂缝	接触缝、裂缝、结构面
	周边环境	地面沉降、建筑物变形

地下空间监测除环境监测和安全监测外，还有必要对于地下空间经营情况进行监测，如经营性地下空间人流(车流)变化情况监测、地下空间利用率和利用效益变化监测、地下空间使用权或经营权流转租金或价格变化监测、地下空间设备使用情况监测等。

第六章　自然资源资产清查

第一节　自然资源资产及其特性

自然资源是资产，是因为它们具有经济价值，也被称为自然资源资产。它们是能够给自然资源所有者、使用者和经营者带来经济收益的自然资源，是法定的、有空间边界或者有载体的物质资产，可以明确产权。也就是说，自然资源资产是指产权主体明确、产权边界清晰、可给人类带来福利、以自然资源形式存在的稀缺性物质资产。

自然资源要成为自然资源资产，需要具备如下条件。一是自然资源的稀缺性。这是自然资源成为自然资源资产的基本条件。凡是不稀缺的自然资源，不能成为严格意义上的自然资源资产。二是自然资源能够产生经济价值，并且这种经济价值能够评价，甚至能够在市场上得以实现。三是产权主体尽可能明确。如果产权主体不明确，则易导致自然资源资产的过度开发利用或收益的流失。四是产权边界尽可能清晰。如果边界不清晰，就不能保证资产权益的清晰，也不能保证权益的完全实现。自然资源资产源于并基于自然资源，没有自然资源，便没有自然资源资产；自然资源的功能和属性决定自然资源资产的价值。自然资源资产与自然资源是相互包容的关系，只是视角上的差别或侧重点不同。自然资源资产更加强调自然资源的价值，具有可交易性。自然资源的天然形成性、空间分布不均、客观的垄断性、数量的有限性和计量复杂性等特征，使得自然资源资产管理具有紧迫性和艰巨性。自然资源资产管理的目标是在自然资源合理利用的基础上，保证自然资源资产保值增值。

中国自然资源资产的特性可以概括为如下四个方面。

一、实行社会主义公有制

我国实行社会主义公有制，自然资源归国家所有和集体经济组织所有。《宪法》第十条规定："农村和城市郊区的土地，除由法律规定属于国家所有的以外，属于集体所有；宅基地和自留地、自留山，也属于集体所有。"矿藏、水流、森林、山岭、草原、荒地、滩涂等自然资源，都属于国家所有，即全民所有；由法律规定属于集体所有的森林、山岭、草原、荒地、滩涂除外。国家保障自然资源的合理利用，保护珍贵的动物和植物。禁止任何组织或者个人用任何手段侵占或者破坏自然资源。在我国，自然资源的集体所有权是有限所有权，即它的客体是有限的，矿产资源、野生动物资源和城市土地资源等都不能成为集体所有权的客体。集体可以因开发利用自然而取得新产生的自然资源的所有权。例如，集体经济组织因建设水库，蓄积水流而取得水库水体的所有权；将集体所有的荒山植树绿化，变为森林，而取得新的森林资源的所有权。

国家所有是指所有权属于国家的财产。集体所有是社会主义劳动群众集体所有制的简称，是社会主义社会中生产资料和劳动成果归部分劳动群众集体共同占有的一种公有制形式。国家所有权的特征表现为：在权利主体方面，具有唯一性和统一性；在权利客体方面，具有广泛性和专有性；在权利行使方面，具有权能分离性。集体所有权的特征表现为：在权利主体方面，具有多元性；在权利客体方面，具有限定性；在权利性质方面，具有特殊性；在权利行使方面，具有民主性。

公有制是相对于私有制的一种经济制度。在人类社会中出现了两种公有制形式。一种是原始公社的公有制，它是生产力水平极低的一种公有制。在这种生产关系下，部落成员按年龄、性别分工，共同采猎，所有成员平均分享劳动成果。另一种是社会化大生产条件下的社会主义公有制。它力图破除资本主义生产资料私有制和社会化大生产的矛盾，是生产资料归劳动者共同所有的形式。公有制中，对于自然资源人人都有所有权，但任何人未经许可，不能占有、使用、控制和处分自己拥有所有权的自然资源。公有制中的自然资源开发利用是一种组织行为。私有制中，如果自然资源属于个人或家庭所有，自然资源的开发利用只要不违法，就可以由个人或家庭自主决策。公有制比较能够体现公共利益和均富目标，私利和平均主义始终是不可忽视的因素。私有制则有利于调动个人的主观能动性，让某些人先富裕，可能导致贫富差距。但是，公有制不能简单地理解为社会主义的本质特征，顶多是其经济的主要组织方式，社会主义并不排斥私有制。社会主义的本质特征是解放生产力，满足广大人民群众日益增长的物质和文化需要，贫穷不是社会主义。社会主义的优越性应该是比资本主义更加具有先进的生产力，人民生活更加富裕和美好，社会不公平和剥削现象大大减少。

由于自然资源是人类的基本生存条件和生产资料，当代世界各国大多将自然资源宣布为国家所有。我国宪法和法律在整体意义上确立了自然资源的国家所有权和集体所有权，确认了自然资源公有制的基本格局，其出发点既是对公有制经济体制的法律宣告，也是对自然资源公共属性的法律认可，具有正当性和合理性。

二、自然资源所有权和使用权分离

在现代社会，从人类最根本的生存权出发推导出自然资源的产权与所有权。人的生存必须使用一定量的自然资源才能维持，所以，只要承认人的生存权，就必然推导出每个人都有权占有、使用其生存“必需的自然资源”。随着经济发展和人的欲望增加，其所“必需”的资源量在增加，当增加达到稀缺性原则起作用时，为合理地开发、使用自然资源，应摒弃谁占谁有的方式，代之以人类社会整体去开发、占有、使用自然资源。因此，一国自然界提供的自然资源，其原始产权或最终所有权属全体国民，包括未出生的国民。从这个意义上讲，自然资源公有制无疑是比较合理的制度选择。

然而，随着生产力的发展和人口数量的增长，社会分工和生产专门化发展，改变了人与自然的关系，每一个人并不都需要直接占有自然资源，或者说自然资源对于不同产业的作用不一样。例如，农业生产的现代化水平越高，每个劳动者可经营的土地面积就越大，现代化农业需要实行土地规模经营。而有些劳动者的工作场所是办公室，办公楼的容积率高，每个劳动者工作实际占用的土地面积可以很小。所以，自然资源原始产权或最终所有权属全体国民是合理的，为了满足国民经济发展的实际需要，充分合理地开发利用自然资源，自然资源不可能也不应该被平均分配。也就是说，有些人应该将自己所有的那一份自然资源转让给其他更加需要的生产部门的人。为了充分和合理地开发利用自然资源，自然资源的所有权和使用权必须能够分离，自然资源所有权保证每个人都有权占有、使用其生存“必需的自然资源”。自然资源使用权的合理转移可以保证自然资源能够得到最佳最优使用。

自然界为人类提供的自然资源本身是无偿的，但是因此认为生产者可以无偿占有、使用自然资源是不合理的，因为生产者将其生产的经济财富转让给消费者时，向消费者索要了自然资源的价值，即生产者将其无偿占有的自然资源以产品形式有偿转让出去，形成不应得利。自然资源所有者不直接使用自然资源，也不是意味着他放弃了自然资源的所有权，因为他的生存和发展实际需要的自然资源比“必需的自然资源”更加多，他能够放弃的只是自然资源的使用权。自然资源使用权的转移必须保证自然资源所有者权益在经济上能够得到实现。按照地租理论，自然资源所有者应该获得自然资源使用权所得的租金（绝对租金和级差租金Ⅰ）。

由于自然资源使用者经营水平的差异，有的自然资源使用者在自然资源经营过程中可能发现更加适合自己的方式，或者感觉到其他同行的竞争力比自己强大，他也就可能放弃经营目前的自然资源，也就是再转让自然资源的使用权。自然资源使用权的再转让也必须让原自然资源使用者的经济权益在经济上得到回报，即取得自然资源使用权的投资收入，也就是获得自然资源使用权的成本和利润。自然资源使用权的再转让获得自然资源使用权的投资利润，它实际上应该是由其投资产生的级差收益（级差租金Ⅱ）。

自然资源使用权交易是一种市场竞争性行为。运用价格杠杆的作用，优质高价，价高者得，可以实现自然资源的最优配置和充分合理利用。

三、自然资源资产具有多重价值

自然资源具有多重价值，如经济价值、生态价值、审美价值等。传统社会对自然资源价值的需求侧重经济价值的实现；在现代社会，人们对自然资源价值的追求趋于多元化，尤其是在环境问题的生态危机凸显的背景下，对自然资源的生态、精神、美学等非物质方面的需求越来越突出。由此，以“自然资源”为共同客体的自然资源权利就体现为一种类型多样的“权利束”。比如，以水资源为客体的权利就可以进一步分为满足基本生活需要的饮用水权、满足农业生产需要的灌溉用水权、满足工业生产需要的水环境容量使用权、满足航运需要的航运水权、满足生态建设需要的生态用水权、满足水能发电需要的水力开发权、满足房地产开发或旅游需要的滨水景观等。这些具体权利类型的产生,或因不同主体对自然资源的不同价值的利用而产生,或因对自然资源相同价值的不同利用而产生,或因对自然资源同一价值的复合利用而产生。

由于自然资源具有多元价值,自然资源的用途是多重的,其中,有些使用是不受限制的,有些使用则受到法律上的限制。若以自然资源的使用是否受到法律限制为标准,可以将自然资源的使用分为不受限制的自由使用和有限制的许可使用。

自由使用是指在不妨碍他人使用的情形下,任何人无须许可就可以以符合自然资源本来使用目的的方式对自然资源加以使用,自由使用包括共同使用和生活使用。共同使用是指社会公众非排他地自由使用,例如,利用公共水道航行,在沙滩上散步、休闲。生活使用是指因家庭生活需要而对资源的使用。《水法》第四十八条规定:“直接从江河、湖泊或者地下取用水资源的单位和个人,应当按照国家取水许可制度和水资源有偿使用制度的规定,向水行政主管部门或者流域管理机构申请领取取水许可证,并缴纳水资源费,取得取水权。但是,家庭生活和零星散养、圈养畜禽饮用等少量取水的除外。”自由使用的特点是,当事人使用自然资源的权利为资源法直接确认、资源使用无须再经由资源行政主管部门的许可或同意。

许可使用是指当事人经由行政许可获得的对国有自然资源的使用权。在许可使用中,根据许可证是否为有偿取得,资源使用可分为有偿使用与无偿使用。根据使用是否具有持续性,资源使用可分为持续使用与临时使用。例如,《海域使用管理法》第二条规定:“在中华人民共和国内水、领海持续使用特定海域三个月以上的排他性用海活动,适用本法。”第五十二条规定:“在中华人民共和国内水、领海使用特定海域不足三个月,可能对国防安全、海上交通安全和其他用海活动造成重大影响的排他性用海活动,参照本法有关规定办理临时海域使用证。”根据使用是否具有排他性,资源使用可分为排他性使用与非排他性使用。养殖用海是排他性用海,而非固定区域的渔业捕捞则是非排他性用海。根据使用权的客体是否特定,资源使用可分为客体特定的资源使用和客体不特定的资源使用,使用特定水域、滩涂从事养殖活动是客体特定的使用,而在不特定区域的渔业捕捞是水域(海域)的不特定使用。根据许可证项下的权利能否转让,资源使用可分为使用权可转让的使用和使用权不得转让的使用。当许可使用的内容具有无偿性、临时性、非排他性、客体的不特定性、权利的不可转让性时,当事人依这类许可所取得的资源使用权没有明确的财产权属性;当许可使用的内容具有有偿性、持续性、排他性、客体的特定性、权利的可转让性等属性时,通常认为,这类行政许可具有赋予当事人财产权利的性质。

自然资源的经济价值和财产属性不容置疑,但这并不意味着所有使用自然资源的权利都必然具有物权性质。自然资源使用权具有物权性质,是由构成权利的若干属性所决定的。一般而言,凡以有偿方式,特别是以公开竞价方式取得的资源使用权,其财产权价值较高;以无偿方式取得的资源使用权,其财产权价值较低。资源使用权的排他性越强,其物权属性越明显;排他性越弱的资源使用权,物权的品质也就越差;没有排他性的资源使用权,一般都不具有物权属性。凡具有较强稳定性的资源使用权,其财产权属性较强;稳定性差的资源使用权,其财产权属性较弱。凡可以自由转让、自由处分的资源使用权,其财产权价值明显;凡转让、处分受到限制的资源使用权,其财产权价值较小;不能转让、处分的资源使用权,基本上没有财产权价值。因此,在自然资源使用权中,凡是没有排他性和可转让性的共同使用、生活使用,许可使用中的临时使用、非排他使用、许可证项下的权利不得转让的使用或行政机关可以随时取消的资源使用,都是不具有物权性质的使用。

具有物权性质的自然资源使用权的价值,在经济上相对容易实现;不具有物权性质的自然资源使用权的价值,则主要通过外溢经济效益内部化和行政管制(罚款、课税)、开发权的转移和区域经济补偿机制等方式进行自然资源使用权经济价值捕捉。

四、自然资源资产的保值和增值

自然资源资产的保值特性与增值特质,是由自然资源资产的稀缺性、不可替代或有限替代特性所决定的。

从一般意义上讲,自然资源价值是指自然资源能够满足人类需要的功能和属性。价值是一种关系,即自然资源对于人类生存和发展的重要性和积极意义。商品的价格总是围绕价值上下波动。价格形成的条件是有用,具有稀缺性和有效需求。自然资源是人类生产和发展必不可少的物质和能量。自然资源资产的替代性较差，水、土、能、矿、生物等自然资源资产往往很难有替代品，替代是渐进的、有限的。人类只有一个地球，自然资源并非取之不尽，用之不竭。随着人口数量的增长，人均占有自然资源的数量就会减少，自然资源的稀缺性就会增强，自然资源资产的价格就会上涨，自然资源资产的价值就会增加。

价值的物理学定义就是事物对于主体所具有、所释放的广义有序化能量。显然，这里的"事物"可以分为两大类：第一类是一般的事物，第二类就是人类主体。与此相对应，价值也相应地分为使用价值和劳动价值两大类。使用价值与劳动价值是价值的两种基本形式，两者都是具体的，而不是抽象的。使用价值与劳动价值分别代表着两个不同的作用方向：使用价值反映了客观事物对于人的生存与发展的作用程度，劳动价值则反映了人对于客观事物以人的生存与发展为基本目的的反作用程度。劳动价值是由人类自身机体产生的，是人的劳动能力的价值体现，是由人在劳动过程中释放出来的。劳动价值是劳动者通过消费生活资料的使用价值形成的劳动潜能，并通过劳动过程将劳动潜能转化为劳动价值。劳动价值既来源于使用价值，又是使用价值的源泉，是一种特殊的使用价值，是一种能够创造使用价值的使用价值。它是由生活资料使用价值（通过消费过程）转化而来，又服务于使用价值的增值过程。自然资源，简言之就是"（主要）以自然形态存在的资财的来源"。或者是指"人类可以利用的、自然生成的物质与能量"。同时，也可以视为"在一定时间、地点、条件下能够产生经济价值，以提高人类当前和将来福利的自然环境因素和条件"。自然资源的范畴随着人类认识、技术水平等发展而不断变化，总体上呈现不断拓展的态势。科技进步能够改良自然环境，利用原来不能利用的自然物质和能量，提高自然资源满足人类物质和文化生活需要的能力，提高自然资源利用的效率和效益，是自然资产增值最富活力的来源。

自然资源资产增值还与自然资源的可流动性相关。经济学表明，企业资金（包括固定资金和流动资金）在生产经营过程中不间断地循环周转，从而使企业取得销售收入。企业用尽可能少的资金占用，取得尽可能多的销售收入，说明资金周转速度快，资金利用效果好。按照价格原理，自然资源资产主要是向能够支付价格高的使用者转移。促进自然资源资产流动和市场建设，也有利于自然资源资产增值。例如，土地使用权转让和土地出让比较，土地供给者不是唯一的，不是政府垄断市场。土地出让作为一级市场的交易行为，主要是实现土地资源在全国各地区、各城市间的合理和科学配置，形成地区及城市间的合理的空间布局。土地一级市场控制着二级市场土地的来源和数量，控制着转让土地的利用条件，一级土地市场供给和土地价格对二级市场的土地供给和土地价格具有决定性作用。土地使用权转让以存量建设用地为主，它对于盘活低效和闲置土地，促进城市土地的节约集约利用具有积极的促进作用。土地二级市场的供需状况和价格对于一级市场具有积极的反馈作用，可以调节一级市场的土地供给和地价。土地一级市场出让的地块一般为成片出让或面积较大的地块，新增建设用地比较多，有需求能力的一般是开发商和投资机构。如果投资者没有足够的资金，也没有能力进入这个市场。土地二级市场中的土地可以分割转让，小的地块每宗地可能只有几十万元到几百万元的总价，有大量的需求者。在银行利率较低、股票市场等其他投资领域不稳定的情况下，房地产投资成了居民理财的一大手段，也刺激了土地二级市场的需求。根据供求关系决定价格的经济学理论，一级市场的价格相当于批发价格，二级市场的价格相当于零售价格，在正常情况下，土地出让价格低于土地使用权转让价格也是可以理解的。

除自然灾害以外，自然资源资产一般而言是能够增值的。但是，如果自然资源利用不合理，使得自然资源满足人类需要的能力损失，也可能造成自然资源资产价值降低。显然，自然资源不合理利用多是人为的，应该努力减少和避免，所以，自然资源资产管理必须把自然资源数量不减少、质量不降低、生态环境逐步改良、资产价值不降低作为最基本的目标，即实现自然资源资产保值。自然资源资产经营和管理的目标，应该是努力实现自然资源资产增值。

第二节　自然资源资产清查

一、资产清查的概念

清查是彻底检查、查清的意思，也具有清理、核查之意。

资产清查是指以实地盘点、核对往来等方法，查明经济主体占有资产实有数额的活动。它是通过对实物、现金的实地盘点和对银行存款债务债权的核对，确定各项财产物资、货币资金、债券债务的实存数，以查明账存数与实存数是否相符的一种专门办法。在一般经济活动中，企业是主体。资产清查既是会计核算的一种方法，又是单位内部实施会计控制和会计监督的一种活动。资产清查的目的是摸清企业的家底，为企业评估管理提供基础数据。通过资产清查，可以保证会计核算资料真实可靠，为正确编制会计报表奠定基础；可以充分挖掘实物资产的潜力，提高其利用率和使用效果；可以强化资产管理的内部控制制度，保护资产的安全与完整。

资产清查也是一种专业的审计流程，通过识别和评估组织资产，以确保其管理和收益。资产清查涉及企业内部的多方团队，旨在确保财务透明度，实施和维护有效的安全控制，预防资产损失，建立经济的资产管理体系。它通常是根据政府管理部门的要求而组织开展实施的。资产清查也可以定义为，受委托的资产评估机构应对委托单位的资产、债权、债务进行全面清查，在此基础上要核实资产账面与资产实际是否相符，考核其经营成果和盈亏状况是否真实，并作出鉴定。资产清查能够核实企业的资产情况，确保资产的真实性、准确性和完整性，防止资产损失和浪费，保护企业的财产安全。资产清查可以有效地预防丢失、损坏、未经授权使用等问题，从而减少企业损失，提高可用资源的利用率。它还可以让企业针对所拥有资产的成本，建立经济的资产管理体系，同时保护价值和收益。

我国过去广泛开展的资产清查工作，除企业经营管理中的资产清查以外，还开展了行政事业单位资产清查。社会主义市场经济体制建立后，国家又提出对国有资产和农村集体资产进行清查。

自然资源资产清查是国有资产清查和集体资产清查的一部分，主要是政府行为，同一般经济活动中以企业为主体进行的资产清查有所不同。自然资源资产清查是建立与发展市场经济的产物，它适应我国自然资源所有制、自然资源有偿使用与管理的现实需要。

(一) 企业资产清查

企业资产清查是按照企业财产清查制度对财产物资进行清点、盘点，以保证账实相符的一种会计审查工作。根据相关法律规定，各单位应当建立健全本单位内部会计监督制度，且应当满足财产清查的范围、期限和组织程序明确，审查人员之间相互监督、相互制约程序明确等条件。

企业资产清查的法律依据是《会计法》，该法第二十七条规定："各单位应当建立、健全本单位内部会计监督制度。单位内部会计监督制度应当符合下列要求：（一）记账人员与经济业务事项和会计事项的审批人员、经办人员、财物保管人员的职责权限应当明确，并相互分离、相互制约；（二）重大对外投资、资产处置、资金调度和其他重要经济业务事项的决策和执行的相互监督、相互制约程序应当明确；（三）财产清查的范围、期限和组织程序应当明确；（四）对会计资料定期进行内部审计的办法和程序应当明确。”

按清查的对象和范围，资产清查可以分为两类。一是全面清查，即对一个单位的全部资产，包括实物资产、货币资产以及债权债务等进行全面彻底的盘点与核对。其清查范围大、投入人力多、耗费时间长。实施全面清查的情况包括：年终编制会计决算报表前；企业撤销、合并或改变隶属关系时；企业更换主要负责人时；企业改制等需要进行资产评估时；等等。二是局部清查，即对一个单位流动性较强、易发生损耗及较贵重的部分资产进行的盘点或核对。其清查范围小、专业性强、人力与时间的耗费较少。实施局部清查的情况包括：材料、商品、在产品、库存现金于每日营业终了进行的实地盘点；企业与银行之间进行的账项核对；企业与有关单位进行的债权和债务核对或查询；等等。

按清查的时间，资产清查可以分为两类。一是定期清查，即根据计划安排的时间，对一个单位的全部或部分资产进行的清查。定期清查一般在月末、季末和年末结账时进行。二是不定期清查，即事前未规定清查时间，而根据某种特殊需要进行的临时清查。实施不定期清查的情况主要有：更换财产物资经管人员（出纳员、仓库保管员）时；实物资产遭受自然或其他损失时；单位合并、迁移、改制和改变隶属关系时；财政、审计、税务等部门进行会计检查时；清产核资工作时。定期清查和不定期清查可以是全面清查，也可以是局部清查。

（二）行政事业单位资产清查

行政事业单位资产清查，是指各级政府及其财政部门、主管部门和行政事业单位，根据专项工作要求或者特定经济行为需要，按照规定的政策、工作程序和方法，对行政事业单位进行账务清理、财产清查，依法认定各项资产损益和资金挂账，真实反映行政事业单位国有资产占有使用状况的工作。行政事业单位资产清查工作的内容主要包括单位基本情况清理、账务清理、财产清查和完善制度等。

单位基本情况清理是指对应当纳入资产清查工作范围的所属单位户数、机构及人员状况等基本情况进行全面清理。

账务清理是指对行政事业单位的各种银行账户、各类库存现金、各类有价证券、各项资金往来和会计核算科目等基本账务情况进行全面核对和清理。

财产清查是指对行政事业单位的各项资产进行全面的清理、核对和查实。行政事业单位对清查出的各种资产盘盈、损失和资金挂账，应当按照资产清查要求进行分类并提出相关处理建议。

完善制度是指针对资产清查工作中发现的问题，进行全面总结、认真分析，提出相应的整改措施和实施计划，建立健全资产管理制度。

(三) 国有资产清查

国有资产是属于国家所有的一切财产和财产权利的总称。国有资产有广义和狭义之分。广义的国有资产是指国有财产，是指国家以各种形式投资及其收益、拨款、接受馈赠、凭借国家权力取得，或者依据法律认定的各种类型的财产或财产权利。广义的国有资产包括企业国有资产、行政事业单位国有资产、资源性国有资产。狭义的国有资产仅指企业国有资产。企业国有资产包括国家作为出资者在企业依法拥有的资本及其相关的权益，已投入生产经营过程的国有资源性资产。

国有资产清查是适应我国社会主义市场经济的建立和完善逐步形成的国有资产管理制度，它首先应该明确国有资产经营管理的总目标。国有资产经营和管理的总体目标是维护国家基本经济制度，巩固和发展国有经济，加强对国有资产的保护，发挥国有经济在国民经济中的主导作用，促进社会主义市场经济发展。它要求在国家宏观调控下，充分发挥市场在资源配置方面的基础性作用。国有资产分布的领域包括政治领域、社会领域、经济建设领域和宏观经济调控四个领域。按国有资产分布的领域来概括国有资产管理的目标，可以体现国家履行职能的总体意向。在政治上，国有资产的管理经营要实现为国家履行政治职能提供物质基础和促进社会主义生产关系不断完善的目标。在社会目标上，国有资产管理要达到促进社会进步、社会安定和社会公平的预期目的。在经济建设方面，国有资产的管理要达到资源有效配置和经济可持续成长，使国有资产能够保值增值。在国民经济管理上，国有资产经营管理要达到社会总供给与总需求平衡的预期目的，即实现社会商品和劳务的供给与有支付能力的货币购买力相平衡。衡量经济总量平衡的主要标志是稳定物价、充分就业和国际收支平衡。

按照企业国有资产、行政事业单位国有资产、资源性国有资产等不同的国有资产的类型不同，国有资产经营管理的目的和任务不一样，其国有资产清查也存在一定的差异。

企业国有资产是指国家对企业各种形式的投资和投资所形成的权益，以及依法认定为国家所有的其他权益。对于国有独资企业，其国有资本是指该企业的所有者权益，以及依法认定为国家所有的其他权益；对于国有控股及参股企业，其国有资本是指该企业所有者权益中国家应当享有的份额。企业国有资产管理的改革，主要是要求国家出资企业要在市场竞争中求得生存和发展，必须转换经营机制，成为自主经营的商品生产者。企业成为独立的法人实体，必须实行国有资产所有权、占有使用权、监督管理权与经营执行权的分离。政府作为国有资产的所有者和占有使用者，必须行使所有权、占有使用权和监督管理权。包括国有产权管理、国有资产收益分配管理、国有资产处置管理、国有资本金投入管理、清产核资管理和资产评估管理等。企业国有资产管理以国有产权为基础，以保值增值为管理目标，管理范围具有全面性，经营方式具有多样性。国有企业资产清查，要求全面清理、账实相符、真实准确、核实产权，包括对流动资产的清查、固定资产的清查、长期投资的清查、在建工程的清查、无形资产的清查、递延资产及其他资产的清查、负债的清查、所有者权益的清查。企业国有资产清查最早是开始于清产核资。清产核资是国有资产监督管理机构根据一定的程序、方法和制度，对国有资产进行清查、界定、估价、核实、核销等各项活动的总称。清产核资有利于加强国有资产监督管理；有利于规范企业清产核资工作；有利于真实反映企业的资产及财务状况；有利于提高企业管理水平；为科学评价和规范考核企业经营绩效及国有资产保值增值提供依据。

行政事业单位国有资产管理，是对作为国家履行行政管理职能和社会职能所占有使用的国有资产的管理，包括对党政机关、社会团体、军队、学校、科研单位等行政事业单位占有使用的建筑物、交通运输工具、办公设备、军事设施和装备、科研仪器设备等的管理。

行政事业单位国有资产管理的目标有三个。一是确保国有资产所有者权益。保障国有资产的完整和安全，合理、有效、节约使用国有资产，防止国有资产流失和被侵占。二是实行制度管理。建立健全行政事业单位国有资产占有使用的管理制度、统计报告制度和监督制度，实现国有资产管理工作法制化、经常化和科学化。三是实行预算管理。对转作经营性用途的国有资产，要明确产权归属，实行有偿使用，使国有资产保值增值，其收益应纳入预算管理。行政事业单位国有资产清查，将全面核实行政事业单位的家底，对行政事业单位基本情况、财务情况以及资产情况等进行全面清理、清查，着重解决历年来形成的有账无物、账外资产、账实不符等状况，真实、完整地反映单位资产和财务状况；完善现有的行政事业单位资产监管系统，着力解决行政事业单位国有资产管理数据库信息与单位资产、财务状况不符问题，在此基础上，完善现有的行政事业单位国有资产动态监管系统，强化动态管理；强化资产管理"四个结合"，即进一步加强资产管理与预算管理、资产管理与财务管理、资产管理与实物管理、资产管理与绩效管理相结合的运行机制，为编制单位部门预算、强化资产配置预算审核、加强资产收益管理、规范收入分配秩序创造条件；进一步完善资产管理制度，对资产清查过程中发现的问题，财政部门、主管部门和行政事业单位提出相应整改措施和实施计划，建立健全资产管理制度；促进行政事业单位国有资产规范管理，按照分别情况、分类管理、分步实施的原则，逐步建立与公共财政相适应的行政事业单位资产管理新体制。

资源性国有资产，是指在人们现有的知识、科技水平条件下，通过开发并能够带来一定经济价值的国有资源。资源性国有资产管理，是对国有资源的勘探、开发、利用，经营、保护等方面进行计划、组织、调控、监督和国有资源资产化的管理。资源性国有资产管理的目标有三个。一是维护国有资源的国家所有权。它是指通过明晰国有资源的所有权、占有使用权、开发权和转让权，科学确定国有资源收益形式和数量界限，完善国有资源收益收缴制度和预算管理制度，确保国有资源的国家所有者权益。二是实现国有资源的产业化。它是指实现国有资源由潜在到现实、由非经营性到经营性、由非资本化到资本化的转变。三是有序开发资源，保证资源可持续利用。它是指在资源的开发、利用、经营和保护等方面进行计划、组织、调控和监督管理，维护良好的生态环境，减少生态破坏。资源性国有资产清查主要是围绕履行所有者职责，综合运用国土调查、确权登记、相关管理数据等已有成果，建立科学合理的全民所有自然资源资产价格体系和核算方法，查清所有者职责履职主体范围，构建全民所有自然资源资产底图，形成各类自然资源资产实物量、价值量、所有者职责履职主体情况和使用权状况、保护利用及权益维护等其他管理情况的资产底数，为实现资源性资产保值增值和科学管理提供依据。

开展国有资产清查，全面摸清企业国有资产、行政事业国有资产和自然资源国有资产的分布和投向，是落实中央、省规定的政治责任，是落实政府向人大常委会报告国有资产管理情况制度的一项重要的基础工作任务，是实现国有资产报告全口径、全覆盖的必然要求，也是提升政府治理能力的必然选择，是创新政府投融资的现实需要，还是反腐倡廉的一项重要工作。开展国有资产清查，建立健全国有资产监管制度，推进国有资产合理配置和存量资产的整合调剂，优化国有资产布局结构，有利于提高政府对国有资产的控制权和调控能力，运用金融手段发挥国有资产的杠杆作用，全面提高国家治理能力和水平。

（四）农村集体资产清查

农村集体资产是指归农村集体经济组织全体成员所有的资产。农村集体资产是广大农民多年来辛勤劳动积累的成果，是发展农村经济和实现农民共同富裕的重要物质基础。农村集体资产所有权受国家法律保护，任何单位和个人不得侵犯。

农村集体资产清查是按照原农业部《农村集体资产清产核资资产所有权界定暂行办法》等有关规定，对村内各类资产进行产权界定、资产估价。通过村小组集体经济组织成员（代表）大会讨论并制定清产核资方案，对集体经济组织的资产、资源、资金登记造册，摸清集体的家底，为农村集体资产管理部门提供初始信息，建立农村集体资产动态监管系统，建立完善农村集体资产经营和管理制度，维护农民的合法权益，保证农村集体资产保值增值的基础性调查研究工作。

农村集体资产清查的具体工作内容包括以下五个方面。

1. 清查资产

清查资产首先要明确范围，确保不能漏查。农村集体资产的范围主要包括：法律法规规定归集体所有的土地、山林、荒地、滩涂、水面等资源性资产；集体所有的各种流动资产、长期投资、固定资产、无形资产和其他资产。农村集体资产清查，就是对集体经济组织集体所有的各种资产、负债和所有者权益进行全面清查核实。各乡镇要调集各村财会人员及有关单位工作人员组成专门班子，对各村集体经济组织有计划、有步骤地进行全面清查。对清查出来的问题要及时进行处理，清查登记结果要张榜公布，接受群众监督。

2. 资产估价与价值重估

资产估价是对集体经济组织集体所有的无原始凭证的非经营性资产酌情进行估价;资产价值重估是对集体经济组织集体所有的经营性资产中账面价值与实际价值背离较大的主要固定资产进行价值重估。初次农村集体资产清查,主要是以账面价值为依据查清资产的实有量,不进行全面的价值评估。但对清查出来的没有原始价值的账外资产要重新估价,其中,房屋、建筑物、水利设施实行重置成本法;机械设备类实行询价法;其他资产实行现价法。

3. 界定资产所有权

界定资产所有权是指依据国家法律、法规和有关政策的规定,对集体经济组织集体所有的各种资产的所有权归属关系进行确认的法律行为。要通过界定集体资产的所有权,理顺权属关系。一是镇村之间的产权关系,不能相互平调和挤占。二是集体经济组织出资、参股的共有资产,均要按各方出资额和比例分享所有者权益,以此界定资产的权属。三是集体经济组织独资形成的资产,应全部归该组织集体所有。

在产权界定上,要坚持三个原则。一是依法界定的原则。适应的法律是《宪法》《土地管理法》《农业法》《森林法》《物权法》等。二是"谁投资,谁拥有产权"的原则。对村集体经济组织提供主要资金来源兴办、国家仅给少量补助而形成的资产,作为集体资产。三是尊重历史、实事求是、平等协商和有利于发展的原则。对于产权难以界定的资产,在坚持不损害国家和集体利益的前提下,由投资各方平等协商,合理界定。

4. 登记产权

在核实资产总量和界定产权的基础上,认真进行产权登记,并建立集体资产台账。包括资源性资产登记台账、固定资产明细台账等。

5. 资产清收

清查核实工作完成后,各乡镇要集中一段时间,突出搞好债权清收工作。各村要以回收往来欠款为重点,所清收的债权一律用于偿还债务。在清收过程中,要认真执行政策,把偿还集体资产有困难与故意拖欠严格区别开来;要依法办事,被侵占的集体资产必须如数归还,不能归还的,应作价赔偿;情节严重、构成犯罪的,要移交司法机关,依法追究当事人的刑事责任。

二、自然资源资产清查

自然资源资产清查是资产清查的重要内容。在国有资产清查和农村集体资产清查中均包括自然资源资产清查。

改革开放以来，我国逐步形成社会主义市场经济体系，建立起自然资源资产有偿使用制度。国家自 2013 年开始下发相关政策文件，开展自然资源资产清查的探索工作（如表 6－1 所示）。

表 6－1　关于自然资源资产清查的相关政策和文件

时间	政策文件	关于自然资源资产的论述
2013 年 11 月	中共中央关于全面深化改革若干重大问题的决定	加快经济核算制度改革，探索编制自然资源资产负债表，对领导干部实行自然资源资产离任审计。建立生态环境损害责任终身追究制
2015 年 4 月	中共中央 国务院关于加快推进生态文明建设的意见	明确国土空间的自然资源资产所有者、监管者及其责任，健全自然资源资产产权制度和用途管制制度
2017 年 1 月	国务院关于全民所有自然资源资产有偿使用制度改革的指导意见	以各类自然资源调查评价和统计监测为基础，推进全民所有自然资源资产清查核算
2017 年 12 月	中共中央关于建立国务院向全国人大常委会报告国有资产管理情况制度的意见	组织开展国有资产清查核实和评估确认，统一方法、统一要求，建立全口径国有资产数据库
2019 年 4 月	关于统筹推进自然资源资产产权制度改革的指导意见	研究建立自然资源资产核算评价制度，开展实物量统计，探索价值量核算，编制自然资源资产负债表
2019 年 9 月	自然资源部办公厅关于组织开展全民所有自然资源资产清查试点工作的通知	决定在河北、江西、湖南、宁夏、青海等省（区）开展全民所有自然资源资产清查试点工作

续 表

时间	政策文件	关于自然资源资产的论述
2019年11月	全民所有自然资源资产清查试点技术指南	规定了全民所有自然资源资产清查的目的任务、内容指标、主要工作方法和成果等，并提出具体要求
2021年2月	关于开展全民所有自然资源资产清查第二批试点工作的通知	第二批试点包括安徽省（滁州市、黄山市）、内蒙古自治区（兴安盟科尔沁右翼中旗、锡林郭勒盟锡林浩特市、巴彦淖尔市磴口县）、贵州省（百里杜鹃国家森林公园、思南乌江喀斯特国家地质公园、六盘水市）、广西壮族自治区（北海市）、广东省（广州市白云区、珠海市高新区、韶关市曲江区、江门市台山市）、新疆维吾尔自治区（阿勒泰地区富蕴县）、青海省（黄南藏族自治州）、湖南省（长沙市）、山东省（淄博市、潍坊市）、福建省（福州市、厦门市、晋江市、南安市、南平市）、江西省（九江市、南昌市）、浙江省（杭州市）、河北省（唐山市、秦皇岛市）、北京市（门头沟区）、深圳市（龙岗区）、宁夏回族自治区全区等。全民所有自然资源资产清查逐步在全国各地展开
2021年11月	全民所有自然资源资产清查通则（征求意见稿）	规定了我国全民所有自然资源资产经济价值清查的目的任务、范围内容、工作流程、技术方法、汇总方式、核验程序和主要成果等
2022年3月	全民所有自然资源资产所有权委托代理机制试点方案	针对全民所有的土地、矿产、海洋、森林、草原、湿地、水、国家公园八类自然资源资产（含自然生态空间）开展所有权委托代理试点。一是明确所有权行使模式，国务院代表国家行使全民所有自然资源所有权，授权自然资源部统一履行全民所有自然资源资产所有者职责，部分职责由自然资源部直接履行，部分职责由自然资源部委托省级、市地级政府代理履行，法律另有规定的依照其规定。二是编制自然资源清单并明确委托人和代理人权责，自然资源部会同有关部门编制中央政府直接行使所有权的自然资源清单，试点地区编制省级和市地级政府代理履行所有者职责的自然资源清单。三是依据委托代理权责依法行权履职，有关部门、省级和市地级政府按照所有者职责，建立健全所有权管理体系。四是研究探索不同资源种类的委托管理目标和工作重点。五是完善委托代理配套制度，探索建立履行所有者职责的考核机制，

续　表

时间	政策文件	关于自然资源资产的论述
		建立代理人向委托人报告受托资产管理及职责履行情况的工作机制
2023年5月	全民所有自然资源资产清查技术指南(试行稿)	规定了我国全民所有自然资源资产实物量清查和经济价值核算的目的任务、范围内容、工作流程、技术方法、汇总方式、核验程序和主要成果等
2023年8月	深化全民所有自然资源资产清查试点工作方案(征求意见稿)	完成委托代理机制试点地区的资产清查任务;探索权益管理信息清查方法,研究资产价格体系优化方法,完善价格体系。开展清查成果应用研究探索

党的十八大以来,生态文明建设成为中国特色社会主义事业的重要任务。自然资源从传统的利用管理走向资源管理和资产管理相结合,绿水青山就是金山银山的理念日益深入人心。为了着力解决自然资源所有者不到位,空间规划重叠等问题,实现山水林田湖草整体保护、系统修复和综合治理,2018年,我国组建自然资源部,统一行使全民所有自然资源资产所有者职责,统一行使所有国土空间用途管制和生态保护修复职责。作为摸清自然资源资产家底的重要途径,实施全民所有自然资源资产统计的前提,统一行使全民所有自然资源资产所有者职责的基础,全民所有自然资源资产清查得到了广泛重视和具体实施。建立健全全民所有自然资源资产清查制度,摸清全民所有自然资源资产底数,推动自然资源资产产权制度改革,能够满足全民所有自然资源有偿使用制度、资产报告制度、资产负债表编制制度建设的需要。

2019年9月,自然资源部开展了全民所有自然资源资产清查(简称资产清查)第一批试点,主要围绕建立制度、汇集补充数据、开展经济价值估算、建立成果数据库等四方面工作。2021年2月,为进一步验证和优化全民所有自然资源资产清查的技术路径与方法,建立资产清查价格体系,健全工作组织方式和协调机制,自然资源部启动了第二批试点工作。2022年3月,中共中央办公厅、国务院办公厅印发《全民所有自然资源资产所有权委托代理机制试点方案》,要求各地区各部门结合实际认真贯彻落实。该方案提出,在各省(自治区、直辖市)和新疆生产建设兵团同步试点。到2023年,基本上建立统一行使、分类实施、分级代理、权责对等的所有权委托代理机制，产权主体全面落实，管理权责更加明晰，资产家底基本摸清，资源保护更加有力，资产配置更加高效，收益管理制度更加完善，考核评价标准初步建立，所有者权益得到有效维护，形成一批可复制可推广的改革成果，为全面落实统一行使所有者职责、修改完善相关法律法规积累实践经验。2023 年 8 月，自然资源部制定了《深化全民所有自然资源资产清查试点工作方案（征求意见稿）》，要求各省（自治区、直辖市）和新疆生产建设兵团委托代理机制试点地区，在其所辖全部县级单元查清全民所有土地、矿产、森林、草原、湿地、水、海洋、国家公园等八类自然资源资产（自然生态空间）的实物量、探索核算价值量。鼓励有条件的地区开展资产清查工作。北京市海淀区、广西壮族自治区北海市、宁夏回族自治区石嘴山市、湖北省武汉市、福建省厦门市等市（区）在查清实物量、核算价值量的基础上，围绕履行所有者职责，拓展资产清查内容，探索开展使用权状况（权利主体、类型、年期、用途、确权登记等）、所有者职责履职主体等权益管理信息清查。

三、全民所有自然资源资产清查

全民所有自然资源资产是指具有稀缺性、有用性（包括经济效益、社会效益、生态效益）及产权明确的全民所有自然资源。

全民所有自然资源资产清查是在第三次全国国土调查、确权登记、相关管理数据等各类自然资源调查（清查）成果的基础上，进行全民所有自然资源实物属性和价值属性清查，最终估算资产的经济价值。这项工作一方面要全面摸清土地、矿产、森林、草原、湿地、水、海洋等各类全民所有自然资源资产的数量、质量、价格、分布、用途、使用权、收益属性等数据；另一方面，以汇集、补充的数据为基础，在统一标准、内涵的基础上，基于全民所有自然资源资产的数量、质量、用途、价格、收益等关键属性信息，估算全民所有自然资源资产的经济价值。

自然资源管理主体业务包括自然资源调查监测、自然资源确权登记、自然资源所有者权益、国土空间规划、国土空间用途管制、自然资源开发利用和国土空间生态修复等七项。其中，自然资源所有者权益工作的核心是资产管理，主要由全民所有自然资源资产清查统计、评估核算、委托代理、资产规划、资产配置、收益管理、考核监督、资产报告八部分内容组成。全民所有自然资源资产清查是自然资源资产管理的基础性调查研究工作。

全民所有自然资源资产清查的工作目标是：围绕履行所有者职责，整合已有各类自然资源的数据成果，构建全民所有自然资源资产底图，查清全民所有自然资源资产的实物量、价值量、使用权状况、所有者职责履职主体和其他管理情况等底数信息，服务于全民所有自然资源资产管理。

全民所有自然资源资产清查工作的任务是：利用各类自然资源调查、统计、登记成果，通过统一的技术方法，叠加提取全民所有土地、矿产、森林、草原、湿地、水、海洋（海域和无居民海岛）和国家公园等自然资源资产属性信息，形成资产清查底图；摸清全民所有自然资源资产的实物量、价值量、使用权状况、所有者职责履行主体、保护和利用情况、权益管理情况等底数信息；建立和更新各类、各级全民所有自然资源资产价格体系，研究进一步提高价格数据精度的方法；核算全民所有自然资源资产的经济价值，开展全民所有自然资源资产的生态价值、社会价值核算研究；建立健全全民所有自然资源资产清查制度与技术标准；开展资产清查成果应用分析。

自然资源资产清查是落实自然资源统一管理和推进自然资源资产产权制度改革的现实需要。自然资源资产清查不仅要摸清自然资源资产的家底，也要充分了解自然资源资产所有者职责履职主体情况，使用权状况，自然资源利用、保护及权益维护等管理情况。开展全民所有自然资源资产清查是实施全民所有自然资源资产统计的前提。自然资源资产清查为建立自然资源资产所有权委托代理、资产管理、收益管理、考核监督、资产报告等制度提供依据，有助于促进自然资源分类管护，推进生态修复、生态补偿、生态环境损害赔偿及生态产品价值实现。

自然资源资产清查是统一行使全民所有自然资源资产所有者职责的重要途径。开展资产清查，摸清全民所有自然资源资产的家底，将为建立全民所有自然资源资产所有权委托代理机制等资产管理工作提供依据，有助于进一步健全自然资源资产产权体系，落实全民所有自然资源资产的产权主体和所有者职责。

自然资源资产清查是提高自然资源治理水平的前提。开展自然资源资产清查是构建全民所有自然资源资产管理的基础，也是建立现代化自然资源资产管理模式，推进全民所有自然资源资产管理制度体系建设，提升自然资源监督管理效能，推动自然资源治理体系和治理能力现代化的前提。

自然资源资产清查是推进生态文明建设的重要基础。通过资产清查，摸清全民所有自然资源资产的数量、质量、分布、收益和经济价值等基础信息，促进自然资源节约集约利用和有效保护，优化自然资源开发利用格局，推进自然生态空间系统修复和合理补偿。

自然资源资产清查是按照自然资源资产管理的需要，围绕履行所有者职责，综合运用国土调查、确权登记、相关管理数据等构建自然资源资产底图；利用已有各类自然资源专项调查（清查）中的资源权属、数量、质量、用途、分布等成果，基于自然资源资产清查统一基准时点，遵照自然资源资产清查技术指南，通过内外业工作调查，对其进行核实、调整和修正，查清所有者职责履职主体范围内各类自然资源资产的实物量；依据与此同时的自然资源资产价格、使用权、收益等信息，建立科学合理的自然资源资产价格体系和核算方法，估算各类自然资源资产的经济价值。它是摸清自然资源资产家底的重要途径。

四、全民所有自然资源资产调查、确权登记与资产清查

自然资源部正在逐步推进自然资源调查、自然资源确权登记以及自然资源资产清查，各地也在陆续展开试点工作。厘清一下三者的区别与联系，有利于明确各自的任务和目标，便于开展工作，减少阻力。

自然资源调查的侧重点是搞清楚“有什么”——包括有多少、在哪里、好不好，要建立自然资源分类标准，构建调查监测系列规范，调查我国自然资源状况，包括种类、数量、质量、空间分布等。自然资源确权登记的侧重点是弄明白“归谁有”——就是所有权的问题，建立归属清晰、权责明确、保护严格、流转顺畅、监管有效的自然资源资产产权制度，对水流、森林、山岭、草原、荒地、滩涂、海域、无居民海岛以及探明储量的矿产资源等自然资源的所有权和所有自然生态空间统一进行确权登记。自然资源资产清查的侧重点是算出来“值多少”——就是清晰价值的问题，统一资产经济价值的内涵并建立全国资产清查价格体系，估算试点地区全民所有自然资源资产的经济价值，探索核实国家所有者权益。自然资源调查是自然资源资产清查的基础，自然资源确权登记是自然资源资产清查的前提条件。

自然资源调查、自然资源确权登记和自然资源资产清查都是自然资源利用和管理的基础性工作。自然资源调查、自然资源确权登记和自然资源资产清查

的工作成果可以相互印证、相互补充、相互促进。自然资源调查弄清各类自然资源的数量和质量，也是自然资源资产清查实物量调查的任务。自然资源资产清查中的自然资源资产价值量估算，应该优质高价，自然资源资产清查中的价值量估算成果也是对于自然资源调查和评价结论的检验。自然资源调查、自然资源确权登记和自然资源资产清查都有自然资源权属调查的任务，但是，自然资源确权登记具有法律要义，具有权威性。自然资源调查和自然资源资产清查可以发现自然资源权属争议的问题，找出自然资源权属争议的主要矛盾及其合理解决途径和关键措施。

五、全民所有自然资源资产的评估、核算与估算

（一）评估

自然资源资产的评估对象，包括自然资源的实体（有形）资产和由所有权派生的使用权（无形）资产。我国自然资源资产所有权分为全民所有（国有）和集体所有两种，其中，国有自然资源资产通过所有权与使用权分离，使用权在市场上流转，促进自然资源资产按照市场经济规律优化配置，国家所有权获取出让收益，从而维护所有者权益。因此，自然资源资产评估的实质是对使用权价值的估算和评定。

（二）核算

党的十八届三中全会通过的《中共中央关于全面深化改革若干重大问题的决定》提出了三项重大国民经济核算改革任务，即加快建立国家统一的经济核算制度、编制全国和地方资产负债表、探索编制自然资源资产负债表。

《全民所有土地资源资产核算技术规程》明确，土地资源资产核算包括实物量、价值量的核算。土地资源资产实物量核算指对一定时间（或时点）和空间内的土地资源的实物数量、质量的调查、量测与统计。土地资源资产价值量核算指按照统一规则，对一定时间（或时点）和空间内的土地资源资产的价值量进行全面整体调查、分类批量评估、统一核定分析。

（三）估算

《全民所有自然资源资产清查技术指南（试行稿）》提出了自然资源资产经济价值量估算的概念，即使用各类资源资产清查价格或取得成本测算对应资源资产

经济价值的计算过程。这包含两层含义:其一,估算需要建立在清查价格之上;其二,如果没有可以使用的价格,将取得成本视为价格并进行经济价值量估算。

(四) 评估、核算、估算三者之间的区别与联系

1. 区别

一是主体不同。自然资源资产评估的主体必须是专业人员,比如土地估价师、海域评估专业人员,需要具有专业的评估知识;自然资源资产核算与估算的主体没有类似的要求。

二是目的不同。自然资源资产核算与估算的目的明确,都是为开展全民所有自然资源资产清查、资产负债表编制、评价考核、监测监管等资产管理工作而服务。自然资源资产评估的目的则比较多样,包括制定基准地价以及进行土地拍卖、土地抵押等。

三是内容不同。自然资源资产评估的内容为自然资源资产的价格,包括平均价格和总价;自然资源资产核算包括自然资源资产的实物量与价值量;自然资源资产估算的内容是价值量,即总价。

四是单元不同。自然资源资产评估是选用合适的估价方法对宗地、宗海、具体矿业权的价格进行评估;自然资源资产核算与估算的单元可以根据情况灵活调整,可以是宗地、宗海,可以是图斑,也可以是区域。

五是方法不同。自然资源资产评估属于微观层面,评估方法、参数、程序等比较具体,评估结果为宗地或宗海的评估价,不需要再进行核定分析或统筹平衡等工作;自然资源资产核算与估算由于主要满足自然资源资产管理工作需求,是在中观和宏观层面开展,需要进行分类批量评估,精度要求低于宗地或宗海的评估。另外,自然资源资产核算与估算一般需要计算区域的平均价格,这一步需要进行统一的核定分析或统筹平衡,避免区域自然资源资产的平均价格出现极值,或者相邻区域两侧同区位、同用途等的自然资源资产价格出现大幅差异。

2. 联系

首先,评估是核算与估算的基础。核算与估算是在评估得到的价格基础上进行修正与调整,降低精度、放宽尺度,以实现在更大范围内测算自然资源资产的价格。其次,核算与估算的部分内容一致。对于自然资源资产估算基本单元,可能按照评估的方法得到价格,也可能采用均质区域的方法确定价格,同一估算层面或尺度下的价格精度可以不一致。

第三节　全民所有自然资源资产清查的对象、依据和工作要求

一、全民所有自然资源资产清查的范围和对象

全民所有自然资源资产清查一般以县级行政区为单位进行。未确定使用权人的国有建设用地和矿产资源，按管理权限组织开展，水资源按省级行政辖区开展。国家公园作为一个整体组织开展资产清查，跨省级行政区划的国家公园，各省（自治区、直辖市）分别清查行政辖区内的国家公园，由国家林业和草原局汇总。清查范围为全国 31 个省级行政区（不包括港澳台地区）。清查对象为全民所有土地、矿产、森林、草原、湿地和海洋（海域和无居民海岛）六类自然资源及国家公园专项资产。

全民所有自然资源资产清查按照全国统一领导、部门分工协作、地方分级负责、各方共同参与的原则组织实施。

国家总体部署全国资产清查工作，指导省级开展资产清查工作，建立国家级资产清查价格体系；核查省级资产清查成果，并进行汇总入库；负责中央直接行使所有权的自然资源资产、国家公园资源资产清查。

省级组织本省（自治区、直辖市）资产清查，建立省级协调机制，指导全省（自治区、直辖市）开展资产清查工作。在国家级均质区域基础上，建立省级资产清查价格与修正体系。对地市报送的资产清查数据及阶段性成果进行复检，逐级上报。

地市级对县级资产清查工作进行指导，补充本级清查成果。协助省级建立县级资产清查价格体系。对县级报送的资产清查数据进行预检与汇总，逐级上报。

县级分类组织开展资产清查，获取各类自然资源资产实物与价值属性信息。建立县级资产清查价格体系，估算经济价值，对资产清查成果进行自检，逐级上报。

二、全民所有自然资源资产清查的技术指南

全民所有自然资源清查工作主要依据的技术标准如下：

(1)《全民所有自然资源资产清查技术通则(征求意见稿)》；

(2)《全民所有自然资源资产清查技术指南(试行稿)》；

(3)《中华人民共和国行政区划代码》(GB/T 2260－2007)；

(4)《信息分类和编码的基本原则与方法》(GB/T 7027－2002)；

(5)《地质矿产术语分类代码》系列(GB/T 9649. X－2009)；

(6)《地热资源地质勘查规范》(GB/T 11615－2010)；

(7)《天然矿泉水资源地质勘查规范》(GB/T 13727－2016)；

(8)《固体矿产地质勘查规范总则》(GB/T 13908－2020)；

(9)《基础地理信息要素分类与代码》(GB/T 13923－2022)；

(10)《国家基本比例尺地形图分幅和编号》(GB/T 13989－2012)；

(11)《中国油、气田名称代码》(GB/T 15281－2009)；

(12)《地图学术语》(GB/T 16820－2009)；

(13)《海洋功能区划技术导则》(GB/T 17108－2006)；

(14)《固体矿产资源储量分类》(GB/T 17766－2020)；

(15)《地理空间数据交换格式》(GB/T 17798－2007)；

(16)《海洋学术语　海洋地质学》(GB/T 18190－2017)；

(17)《城镇土地分等定级规程》(GB/T 18507－2014)；

(18)《城镇土地估价规程》(GB/T 18508－2014)；

(19)《土地基本术语》(GB/T 19231－2003)；

(20)《天然草地退化、沙化、盐渍化的分级指标》(GB 19377－2003)；

(21)《土地利用现状分类》(GB/T 21010－2017)；

(22)《基础地理信息标准数据基本规定》(GB 21139－2007)；

(23)《湿地分类》(GB/T 24708－2009)；

(24)《森林资源规划设计调查技术规程》(GB/T 26424－2010)；

(25)《国家重要湿地确定指标》(GB/T 26535－2011)；

(26)《重要湿地监测指标体系》(GB/T 27648－2011)；

(27)《农用地定级规程》(GB/T 28405－2012)；

(28)《农用地估价规程》(GB/T 28406－2012)；

(29)《农用地质量分等规程》(GB/T 28407－2012)；

(30)《海域分等定级》(GB/T 30745－2014)；

(31)《陆地国界数据规范》(GB/T 33186－2016)；

(32)《固体矿产勘查工作规范》(GB/T 33444－2016)；

(33)《基础地理信息数据库建设规范》(GB/T 33453－2016)；

(34)《天然草地利用单元划分》(GB/T 34751－2017)；

(35)《国家基本比例尺地图测绘基本技术规定》(GB 35650－2017)；

(36)《森林生态系统服务功能评估规范》(GB/T 38582－2020)；

(37)《不动产单元设定与代码编制规则》(GB/T 37346－2019)；

(38)《基础地理信息数字产品元数据》(CH/T 1007－2001)；

(39)《基础地理信息数字产品 1∶10000、1∶50000 数字高程模型》(CH/T 1008－2001)；

(40)《海域使用面积测量规范》(HY 070－2003)；

(41)《沿海行政区域分类与代码》(HY/T 094－2022)；

(42)《全国海岛名称与代码》(HY/T 119－2008)；

(43)《海域使用分类》(HY/T 123－2009)；

(44)《海籍调查规范》(HY/T 124－2009)；

(45)《海岛命名技术规范》(HY/T 199－2009)；

(46)《无居民海岛开发利用测量规范》(HY/T 250－2018)；

(47)《宗海图编绘技术规范》(HY/T 251－2018)；

(48)《海岛保护与利用标准体系》(HY/T 265－2018)；

(49)《海域价格评估技术规范》(HY/T 0288－2020)；

(50)《林地分类》(LY/T 1812－2021)；

(51)《林地保护利用规划林地落界技术规程》(LY/T 1955－2022)；

(52)《县级林地保护利用规划编制技术规程》(LY/T 1956－2022)；

(53)《基于 TM 遥感影像的湿地资源监测方法》(LY/T 2021－2012)；

(54)《湿地信息分类与代码》(LY/T 2181－2013)；

(55)《森林资源资产评估技术规范》(LY/T 2407－2015)；

(56)《自然资源(森林)资产评价技术规范》(LY/T 2735－2016)；

(57)《林地变更调查技术规程》(LY/T 2893－2017);

(58)《主要树种龄级与龄组划分》(LY/T 2908－2017);

(59)《天然草地合理载畜量的计算》(NY/T 635－2015);

(60)《草原资源与生态监测技术规程》(NY/T 1233－2006);

(61)《天然草原等级评定技术规范》(NY/T 1579－2007);

(62)《草地分类》(NY/T 2997－2016);

(63)《草地资源调查技术规程》(NY/T 2998－2016);

(64)《地籍调查规程》(TD/T 1001－2012);

(65)《城市地价动态监测技术规范》(TD/T 1009－2007);

(66)《国土资源信息核心元数据标准》(TD/T 1016－2003);

(67)《建设用地节约集约利用评价规程》(TD/T 1018－2008);

(68)《标定地价规程》(TD/T 1052－2017);

(69)《第三次全国国土调查技术规程》(TD/T 1055－2019)。

三、全民所有自然资源资产清查工作要求

(一) 总体要求

1. 真实性

全民所有自然资源资产清查所采集的各项数据必须确保真实可查。

2. 规范性

严格按照相关法律法规和全民所有自然资源资产清查工作的相关规范和规定开展工作,确保清查工作内容、方法、格式和步骤的规范性。

3. 唯一性

全民所有自然资源资产清查的原始数据在实物信息数据整合过程中具有唯一的基数和底图。

4. 一致性

在数据提取、整合过程中应尊重原始数据的准确性,不对原始数据进行修改,确保整合前后数据的一致。

5. 完整性

在数据整合工作中,对缺失的图斑应开展补充调查,确保全民所有自然资源资产实物空间信息全覆盖、属性信息完整。

（二）精度要求

1. 数学基础

采用“2000 国家大地坐标系”和“1985 国家高程基准”。现有调查监测成果采用其他坐标系统的，应进行统一转换。

2. 最小上图图斑面积

全民所有土地、森林、草原、湿地和水最小上图图斑面积执行第三次全国国土调查的标准；具有使用权信息的宗地、宗海，按实际面积上图。

（三）分类

1. 土地

按照《第三次全国国土调查技术规程》中“国土三调”工作分类标准执行。

2. 矿产

矿产资源资产清查的范围包括全国已发现的 173 种矿产中清查主体所涉及的已查明并上表登记的矿产资源。资产分类细目采用 1994 年 3 月国务院第 152 号令、2000 年原国土资源部第 8 号公告、2011 年原国土资源部第 30 号公告以及 2017 年 10 月 17 日国务院批准的所有矿产资源所构成的分类。

3. 森林

林地二级地类按照《第三次全国国土调查技术规程》中“国土三调”工作分类标准，在此基础上依据《林地分类》进一步细化；林种、森林类别、林分因子等依据《森林资源规划设计调查技术规程》确定。

4. 草原

草原地类按照《第三次全国国土调查技术规程》中“国土三调”工作分类标准，草地类和草地型划分采用《草地分类》中草地类型的划分标准。

5. 湿地

湿地按照《第三次全国国土调查技术规程》中“国土三调”工作分类标准，具体包括红树林地、森林沼泽、灌丛沼泽、沼泽草地、沿海滩涂、内陆滩涂、沼泽地。

6. 海洋

海洋分为海域和无居民海岛，其中，海域使用类型采用两级分类体系，共分为 9 个一级类和 31 个二级类；用海方式采用两级层次体系，共分为 5 种一级方式和 21 种二级方式，具体见《海域使用分类》；无居民海岛用岛类型采用

《关于印发〈调整海域 无居民海岛使用金征收标准〉的通知》(财综〔2018〕15号),共分为9类,分别是旅游娱乐用岛、交通运输用岛、工业仓储用岛、渔业用岛、农林牧业用岛、可再生能源用岛、城乡建设用岛、公共服务用岛和国防用岛。

(四) 资料依据和工作要求

全民所有土地地类、土地权属、界线和面积以年度国土变更调查成果数据为准,使用权相关信息以地籍调查成果(确权登记成果)数据为准;矿产资源以矿产资源储量数据库和全国矿业权统一配号与信息发布系统为准;林木权属与实物量以林草专题调查数据为准;草原实物量以林草专题调查数据为基础进行赋值;水资源数量和水资源开发利用情况以国家水资源公报和各省水资源公报为准,地表水水质数据来源于全国和各省地表水环境质量状况报告,地下水水质数据来源于国家地下水监测工程年度报告和全国地下水年度调查评价报告;海洋资源以海域海岛动态监管系统数据、围填海现状调查成果数据、海洋功能区划成果数据、海域勘界成果数据为准。

飞入飞出地按照"飞出地调查、飞入地汇总"的原则开展调查,各地也可根据实际情况协商调查,保证调查成果不重不漏。

目前的清查仅核算全民所有自然资源资产的经济价值,全民所有自然资源资产的生态价值和社会价值的核算方法有待进一步探索。

(五) 计量单位

1. 实物量

长度单位采用"米(m)",保留两位小数。

面积计算单位采用"平方米(m^2)",保留两位小数,其中,海域面积计量单位采用"公顷(hm^2)",保留四位小数;面积统计汇总单位采用"公顷(hm^2)",保留四位小数。

矿产:矿产资源实物量计量单位以储量数据库规定的各矿种计量单位为主,并参考矿业权统一配号系统和矿山开发利用统计数据库管理系统的相关计量单位。矿业权计量单位采用"个"。

森林:郁闭度保留两位小数;覆盖度保留两位小数;平均年龄单位采用"年",保留整数;平均树高单位采用"米(m)",保留两位小数;平均胸径单位采用“厘米(cm)”,保留两位小数;株数单位采用“株”,保留整数;蓄积单位采用“立方米(m^3)”,保留两位小数。

草原:草原图斑干草产量单位采用“千克(kg)”,保留整数;草原汇总干草产量单位采用“吨(t)”,保留两位小数。草原资源的植被盖度精度参照《草原综合植被盖度监测技术规程》的规定执行。

水:地表水资源量、地下水资源量、供水量、用水量单位采用“亿立方米(亿m^3)”。

2. 价值量

矿产资源资产价格单位采用“元/克(千克、吨、立方米)”等,保留两位小数;国有建设用地资产价格单位采用“元/平方米”,保留整数;全民所有农用地、森林、草原的资产价格采用“元/亩”,保留整数;海洋资产价格采用“万元/公顷”,保留两位小数。汇总经济价值单位采用“万元”,保留两位小数。

第四节　全民所有自然资源资产清查的工作程序和研究内容

一、全民所有自然资源资产清查的技术路线和工作流程

总体上讲,全民所有自然资源资产清查是在充分利用现有的自然资源调查(清查)、确权登记、公示价格、评估核算以及管理数据等成果的基础上,以推动摸清家底为导向,明确资产清查工作的目标任务、时间安排和组织方式。针对不同类型和性质的自然资源资产清查和管理需要,根据其自然资源特性和分布规律采取不同的清查技术方法,分别开展专项研究。

对于同一行政区域内各种自然资源已经取得的调查(清查)成果,进行系统研究和统筹分析,确定各类自然资源的基数和底图,形成各类自然资源的实物属性数据。根据中央、省、市等人民政府制定并分别履职的自然资源清单,以及法律授权县级人民政府履行所有者职责的自然资源资产范围,结合确权登记、矿业权管理等成果,查清各类自然资源的所有者职责履职主体层级和具体履职部门等信息。基于执法督察资料、“三区三线”划定成果、资源审批和供应国有

企业经营状况等，运用综合研判等方法，查清保护和利用、权益维护等其他管理属性信息。划定所有权争议区域，推动解决所有权争议区域的权属问题。对于存在权属争议或权属不清的资源，作为权属待确定资源单独进行统计，待明确权属后再进行相应调整。

通过采集已有的各类管理数据库和信息平台数据、行政审批和登记数据、各类统计数据，获得价格及使用权期限等相关情况，通过多种手段查清价值属性。在统一标准、内涵的基础上，基于全民所有自然资源资产的数量、质量、用途、价格、收益等关键属性信息，估算全民所有自然资源资产的经济价值。

最后，按照自然资源部制定的《全民所有自然资源资产清查数据库规范》，将自然资源资产清查成果数据进行标准入库，并对数据进行维护管理，统一进行编码及规范化，进一步明确其动态更新相关机制，实现成果信息化管理与共享，确保数据真实可用。全面分析清查成果，编制全民所有自然资源资产清查总报告及专题报告，探索实践资产清查成果服务于全民所有自然资源资产精细化管理。认真总结全民所有自然资源资产清查工作的实践经验，着力解决目前自然资源资产清查技术规范不够细化、工作机制不够健全等突出问题，为建立和完善涉及各资源门类、空间数据整合、实物信息核查、数据库、预算、制图等资产清查技术标准体系，形成全民所有自然资源资产清查制度提供实证研究和案例研究参考。

全民所有自然资源资产清查的技术路线和工作流程如图 6-1 所示。

二、全民所有自然资源资产清查工作的主要内容

(一) 准备工作

1. 编制工作方案

各级清查单位根据本地区的实际情况，编制本地区全民所有自然资源资产清查工作方案。清查方案须按照全民所有自然资源资产清查技术通则、各项技术规程和清查技术指南要求编制。

全民所有自然资源资产清查工作方案的内容包括清查基本概况、目标任务、清查区域和范围、技术路线与工作流程、清查准备工作、具体责任分工、实物属性清查(内业数据处理和外业实地调查)、清查价格体系建立、经济价值估算、内业整理建库、成果质量控制、清查主要成果、计划进度安排、人员经费安排和

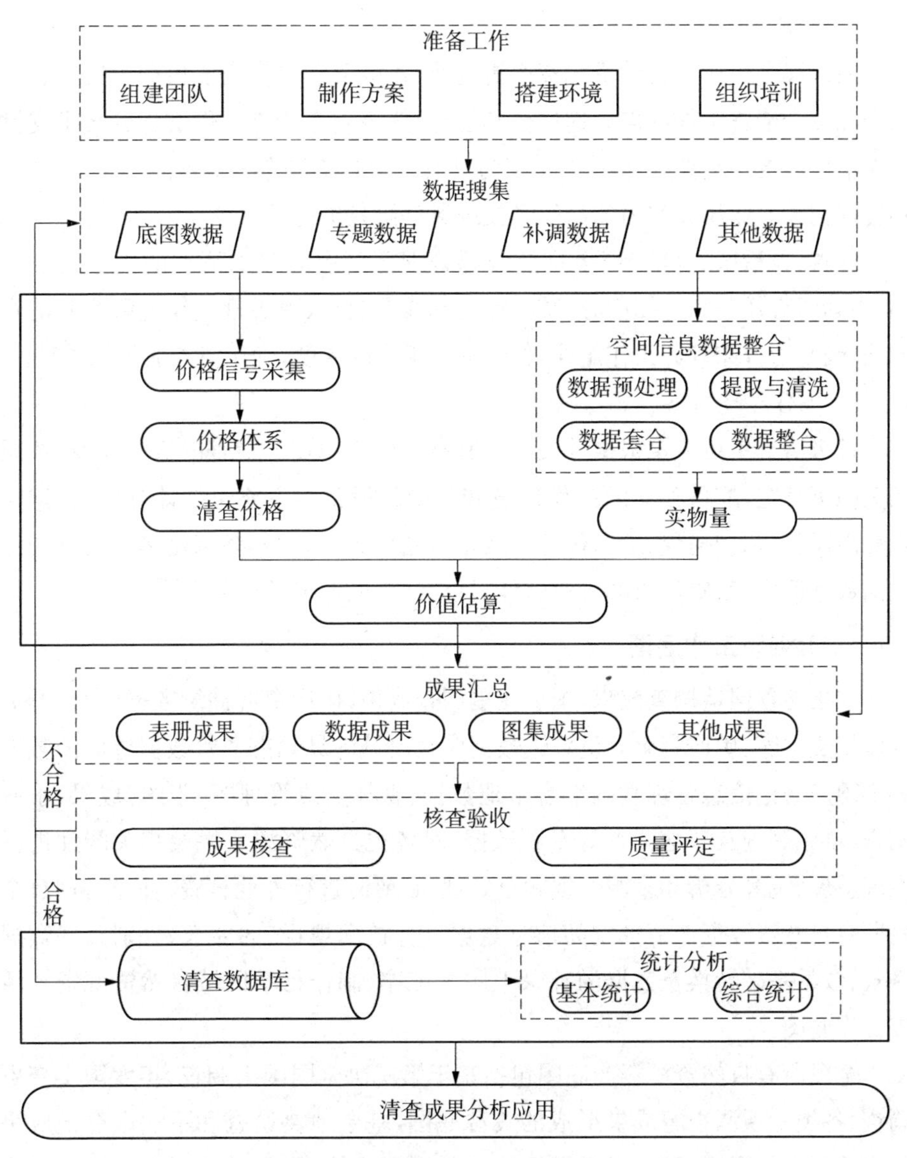

图 6-1　全民所有自然资源资产清查的技术路线和工作流程

组织实施等。

2. 人员培训

在开展全民所有自然资源资产清查前，各级清查单位应该根据全民所有自然资源资产清查工作的需要通过公开招标，选择确定清查工作实施的技术支撑合作单位。技术支撑合作单位应该为具有全民所有自然资源调查、评价、规划和管理相关专业研究实力的高等学校或科学研究机构。

各省（自治区、直辖市）级自然资源管理部门应对参加清查的人员组织培训，明确清查任务和主要内容、统一标准和成果要求、熟悉规范作业程序和清查方法、确定清查原则和工作纪律，保证清查工作的进度，确保清查成果的质量。

3. 工作环境准备

各级清查单位应该根据开展全民所有自然资源资产清查的实际需要，按照相关国家规定，配备独立的工作环境和相应的设备。主要包括计算机、数据输入输出设备（如扫描仪、绘图仪等）、数据存储设备等，并具备满足多源自然资源空间数据读取、编辑需求的行业软件，且与计算机系统具有兼容性。

（二）编制工作底图

收集地理国情调查成果、国土变更调查成果、矿产资源储量数据（含矿产资源储量数据库、矿产资源储量登记数据库）、海域海岛动态监管数据等底图数据和不动产登记信息管理基础平台宗地数据、森林资源管理“一张图”成果、水域调查、草原调查及湿地调查等专题数据，对各类自然资源成果及相关图件进行系统整理、统筹分析和多源数据融合处理，必要时进行外业核查、补充，按照《全民所有自然资源资产清查空间信息数据整合技术规程》的要求，分别开展数据格式、数学基础转换及数据的补录上图等工作，制作行政区域自然资源资产清查工作底图。

全民所有自然资源资产底图包括基于第三次全国国土调查、年度国土变更调查、各类专项调查等成果形成的资源底图，基于地籍调查和不动产登记成果形成的使用权图层，基于自然资源清单的履职主体图层，基于资产价格体系成果的价值核算图层，基于用途管制、“三区三线”划定、执法督察等成果的保护和利用图层及权益维护图层。清查工作底图应该保证同自然资源调查“一张底图”能够相互衔接。

(三)实物量清查

自然资源资产实物量清查是查明土地、矿产、森林、草原、湿地、水及海洋等资源的位置、数量、质量、权属、用途、分布等情况的过程,涉及的技术方法包括多源异构大数据整合、缺失数据插补、外业调查与核查、内业数据编辑与整理等。

1. 多源异构大数据整合

自然资源资产实物量清查以土地、矿产、森林、草地、湿地、水及海洋等各项已开展的专项调查数据为基础,获取所需的空间位置,地类面积,耕地质量,城镇土地等级,林、草、湿地生物多样性,生产力,水质,矿产资源储量,权属性质等信息。其中,土地资源信息包括耕地质量等别成果、城镇土地分等定级、不动产登记数据、土地储备监测监管数据等,矿产资源信息包括矿产资源储量数据,森林资源信息包括森林资源管理"一张图"成果,草原资源信息包括草原调查监测成果,湿地资源信息包括湿地调查监测成果等,海洋资源信息包括围填海现状调查数据、海域勘界成果数据、海岛地名普查成果数据、海域和无居民海岛不动产登记信息等。此外,各类资源需查清的信息均包括所涉及的相关规划文本、台账、行政管理记录等数据。

由上可见,自然资源资产实物量清查所涉专题数据来源众多,分属不同的管理部门,面向的业务需求不同,种类繁多,形式多样,具有多源(元)性、异构性、时空性、相关性等特点。在此阶段,首要任务是利用多源异构大数据整合技术,收集来自不同资源门类的专题调查数据集,对其进行整理,将不同格式的数据进行结构转换,非空间数据进行空间转换表达,形成格式统一的数据;继而按照实物量清查的目标导向、报表填报需求进行数据清洗,形成标准化的数据。在此基础上,进行空间处理与关键信息提取分析,生成新的数据集,服务于后期数据建库、空间可视化表达、统计分析、管理决策等。

2. 缺失数据插补

原始数据本身、多源异构数据经整合后,都会存在属性值缺失的情况。对于缺失数据的处理,较为简单的方法主要有不处理和直接删除法。但在自然资源资产实物量清查中,如果按照这些方式处理,将造成大量信息损失,进而影响信息的客观性与结果的准确性,极易致使在此基础上的估计和核算产生偏差。

针对实物属性信息缺失的情况,尤其通过相关资料补充、实地调查获取仍然存在信息缺失的，可以借鉴数理统计中的缺失值插补方法，对数据集中缺失的属性信息进行填充处理，使得数据集变得尽量完整、完备，以便后续工作的开展。

缺失数据插补的具体方法，目前应用较为广泛的主要有邻近值插补、均值插补、冷热卡插补、随机插补、回归插补、多重插补、K 最近邻插补、EM 算法和各类基于机器学习的插补方法等。综合考虑自然资源资产目标导向和可实施性，实物量清查缺失属性信息以邻近值插补和均值插补方法为主，根据不同场景，考虑属性字段类型，选用适宜的数据补充方法。

3. 外业调查与核查

自然资源资产的实物量清查，采用“内业＋外业”相结合的方式，获取实物属性信息。

外业调查与核查主要借助天地空一体化观测技术。其原理是：找出需要调查的目标，通过任务管理分发现场监管人员，到达目标所在地进行信息采集、现场取证和分析判断，实现采集数据的实时回传。

在外业调查与核查的过程中，作业单位基于高分辨率航空航天遥感数据，利用非现场监管方式，应用遥感分析、信息提取、识别监测等技术手段，根据自然地理环境、区域特点、人类活动特征，按照任务分工与进度计划开展外业调查与核查。外业调查与核查的工作内容主要包括三个方面：

(1) 对内业整合与判译工作中无法确定边界或属性的地类，以及无法准确确定类型的地类图斑进行核实确认和补调；

(2) 对内业处理的图斑类型、边界、属性等信息内容进行外业实地抽样核查和结果统计，发现和更正判读采集过程中的错误，以判定图斑归并、分割等的正确性、合理性；

(3) 参照行业专题数据调查规范，开展外业补调，并且核查外业补调数据的准确性等。

4. 内业数据编辑与整理

基于外业调查成果，结合遥感影像及专业数据资料，对内业处理的数据进行类型、边界、属性的修改编辑、接边，经过质量检查，并对数据进行规范化处理。对规范化处理完成的空间信息套合数据集各要素层开展拓扑检查、面积量算等，形成满足相关规定要求的自然资源资产实物量清查成果。

（四）价值量估算

全民所有自然资源资产清查采用“实物量＋价值量”相结合的计量方法，核算全民所有自然资源资产的价值。自然资源资产价值估算应包括两个方面：一是自然资源资产本身的市场价值，即满足有偿使用自然资源的需求，核算资源资产本身的经济价值；二是自然资源对生态环境起调节作用并对社会发展存在衍生价值，即生态价值和社会价值。目前，主要是根据搜集的价值属性数据资料及实物量数据，依据资源特点分类制定价值估算方法，开展各类全民所有自然资源资产经济价值估算。

全民所有自然资源资产经济价值是指在统一基准时点与既定用途的前提下，依据全民所有自然资源资产特点，按照法定使用年期估算出的使用权价值或收益价值。有条件的地区探索核算生态价值、社会价值，应与地方正在开展的生态系统生产总值(gross ecosystem product, GEP)核算做好衔接。估算的价值量仅作为全民所有自然资源资产权益管理的参考，不适用于全民所有自然资源资产市场交易及生态环境损害赔偿等其他工作。

全民所有自然资源资产经济价值估算，主要做好以下工作。

1. 查清全民所有自然资源资产的价值属性

通过叠加清查单元价格、采集行政审批和登记数据、收集已有各类统计数据和补充调查等方法，获得各类资源的价格及使用权期限等相关情况，查清全民所有自然资源资产的价值属性，形成自然资源资产价格属性清查一张图（如图 6-2 所示）。

2. 建立清查价格体系

在现有自然资源价格（价值）评估成果的基础上，按照统一的价格内涵，通过调整与修正，建立、更新与国土变更调查时点相衔接的农用地、建设用地、矿产、森林、草原、海洋六类全民所有自然资源资产价格体系，将资产价格细化至清查单元，形成适用不同价值核算精度的资产价格体系。

自然资源资产清查价格体系建设是根据收集到的能够直接反映或用于评估全民所有自然资源资产清查价格的指标（价格信号），根据规定程序和规范方法，在统一基准时点和特定区域内经过必要的修正和调整而确定的全民所有自然资源资产清查价格标准与相应的清查价格标准修正系数。国家、省（自治区、直辖市）、县三级应该分别建立各自的全民所有自然资源资产经济价值体系。

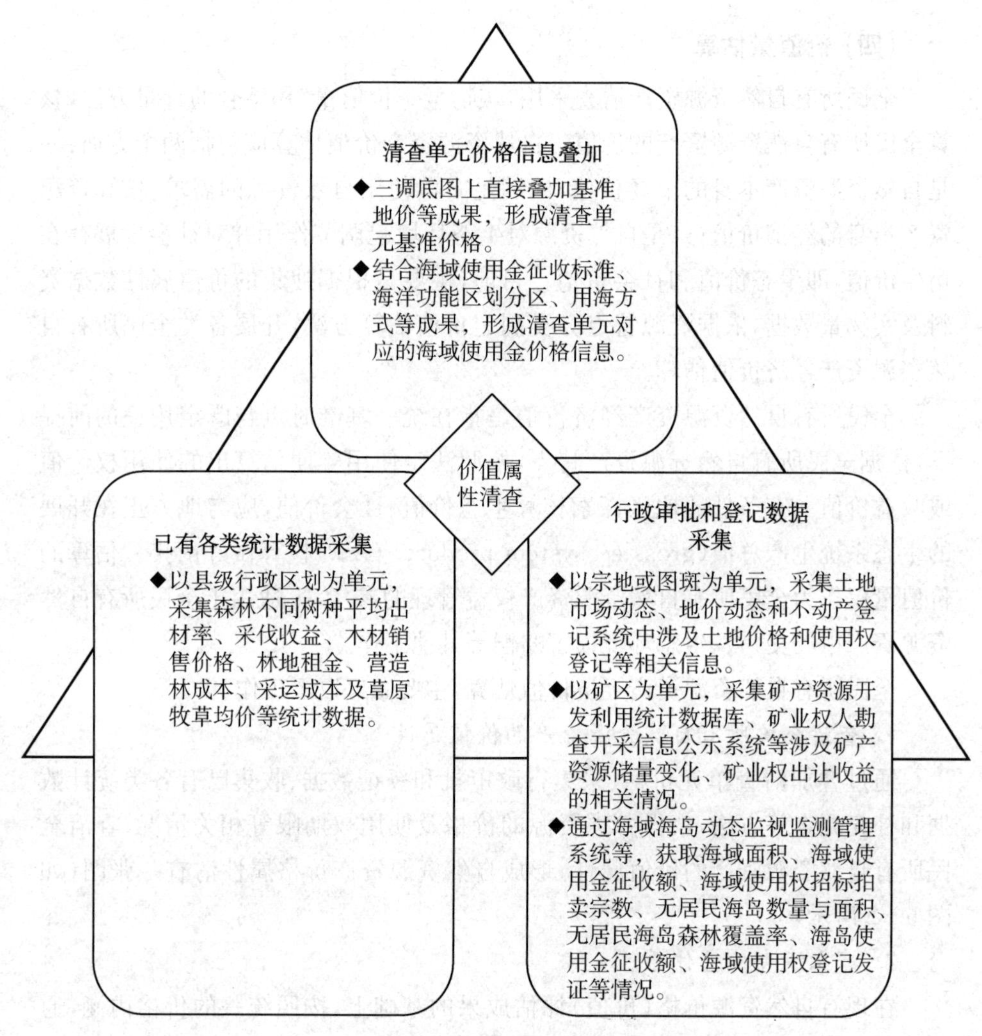

图 6-2　全民所有自然资源资产价格属性清查

自然资源资产清查价格体系建设的主要目的为：推动自然资源的有偿使用，避免交叉资源核算的重复或遗漏，实现同类自然资源资产经济价值成果的跨区域比较。

第一，对于基准地价体系比较完善的，如全民所有建设用地，利用基准地价成果与不动产登记平台、土地动态监测监管信息系统的宗地使用权信息，采用修正后的基准地价级别价或经容积率修正后的宗地地价来估算建设用地的经济价值。

第二，对于基准价格体系或标准体系不完善的，如农用地、矿产、森林、草原、海洋资源资产等，通过建立价格体系的方式，获得本行政区域的清查价格。省级将在国家级均值区域的基础上，通过综合考虑自然、社会、经济等因素，进一步细分，形成省级均质区域（矿产资源为标准矿山），各地根据其所属的省级均质区域（矿产资源为标准矿山）的清查价格，调整、修正得到本行政级别均质区域（矿产资源为标准矿山）的清查价格。

第三，对于储备土地，当规划条件明确且具备地价评估客观条件的，采用基准地价系数修正法，分用途对储备地块地价进行经济价值估算。当规划条件不明或者尚未有规划条件时，按照已经发生的收储成本、前期开发成本、资金成本和其他成本估算经济价值。

第四，未利用地、水资源只清查实物量，不估算经济价值。

第五，对于缺少必要价格信号的湿地，没条件的地区可以不对湿地进行经济价值估算，有条件的地区探索湿地内各资源类型或按湿地重置成本法估算经济价值。

第六，对于公益性用海用岛、特殊用海用岛、海洋保护区、保留区以及未确权未纳入可开发利用的无居民海岛资源资产，只清查实物量，不估算经济价值。

3. 估算经济价值

在统一标准、内涵的基础上，基于全民所有自然资源资产的数量、质量、用途、价格、收益等关键属性信息，采用基准价、实际成交价格、名义价值等估价方式，估算全民所有自然资源资产的经济价值。

对于近五年有交易的自然资源，可按照实际成交价格估算其资产经济价值。有政府公示价格体系的自然资源，利用基准价格、标定价格等估算其资产经济价值，原则上采用基准价格。没有公示价格但实际用于交易活动的自然资源，利用以往形成的价值估算成果等进行估算。对于短期内无法利用或无经济收益的自然资源，主要采用名义价值。

权属争议或待定的自然资源，参照上述原则单独进行经济价值估算，暂不列入全民所有自然资源资产范围之内。

（五）数据库建设

自然资源资产清查数据库由国家、省、地（市）和县四级数据库组成。各级自然资源资产清查数据库，主要包括土地、矿产、森林、草原、湿地和海洋（海域和无居民海岛）等资源资产清查成果及专题数据库。

县级全民所有自然资源资产清查数据是最基本的数据库，也是县级行政区全民所有自然资源资产清查成果的主要表达形式之一。县级自然资源管理部门负责完成本行政区全民所有自然资源资产清查成果及其数据库建设，并对其全民所有自然资源资产清查成果及其数据库进行自检，质检结果合格后，可将由质检工具生成的上报成果包（包括清查数据库及质检结果）提交给上一级自然资源管理部门。

地（市）级自然资源管理部门负责本辖区内各个县级清查成果和数据库预检；通过质检工具完成对县级的上报成果包的检查，检查合格，汇总下辖县级数据库，并补充本级清查成果，建设形成本级清查数据库。检查不合格的，则退回所属县级行政区进行必要修改。

省级自然资源管理部门负责本辖区内各个地（市）清查成果和数据库审核；通过质检工具完成对地（市）上报成果包的检查，检查合格，汇总下辖地（市）数据库，并补充本级清查成果，建设形成省（自治区、直辖市）清查数据库。检查不合格的，则退回所属地（市）行政区进行必要修改。

省（自治区、直辖市）级清查数据库向上一级汇总形成国家级全民所有自然资源资产清查数据库。自然资源部组织进行国家级全民所有自然资源资产清查数据库建设。

1. 数据实现方式

省、市、县各级根据本级数据量的大小，采用大型数据库或小型数据库建立全民所有自然资源资产清查数据集。

2. 数据库汇交格式

省、地（市）、县各级全民所有自然资源资产清查成果数据汇交格式按照《全民所有自然资源资产清查数据成果汇交规范》的要求执行。

资源资产清查成果数据库涉及各资源资产清查成果的属性结构，包括空间数据和非空间数据。

资产清查空间数据涵盖土地、矿产、森林、草原、湿地、海洋等各大门类自然资源资产清查结果图斑数据，按照 Shapefile 格式提交。

非空间数据涵盖土地、矿产、森林、草原、湿地、海洋等各大门类自然资源资产清查成果和价格体系建设数据，按照 SQLite 的 db 格式提交。

3. 数据库建设标准

数据库建设按照《全民所有自然资源资产清查技术指南》中关于全民所有自然资源资产清查数据集建设的要求执行。

4. 数据库运维管理

设立专门的数据库服务器和数据库管理系统，数据库管理员对数据库进行统一管理，并建立备份机制，防止因存储介质损坏而丢失数据。

数据库管理员实施数据备份、数据同步、数据修改、数据统计、数据提供、数据发布等数据操作，其他任何人不能擅自操作。修改和对外提供数据，应经过有关部门的批准。

数据库管理员应每日检查数据库及备份状态，做好检查记录，发现异常时，应及时处理；发生重大问题时，应立即向部门领导报告。

定期进行数据安全评估，制定数据恢复策略，保证数据的安全。

(六) 清查成果汇交

清查成果材料满足各级自然资源资产清查主管部门和清查报告应用目标后，由县级向上逐级汇交，省级部门统一收齐后向自然资源部提交(如图 6 - 3 所示)。

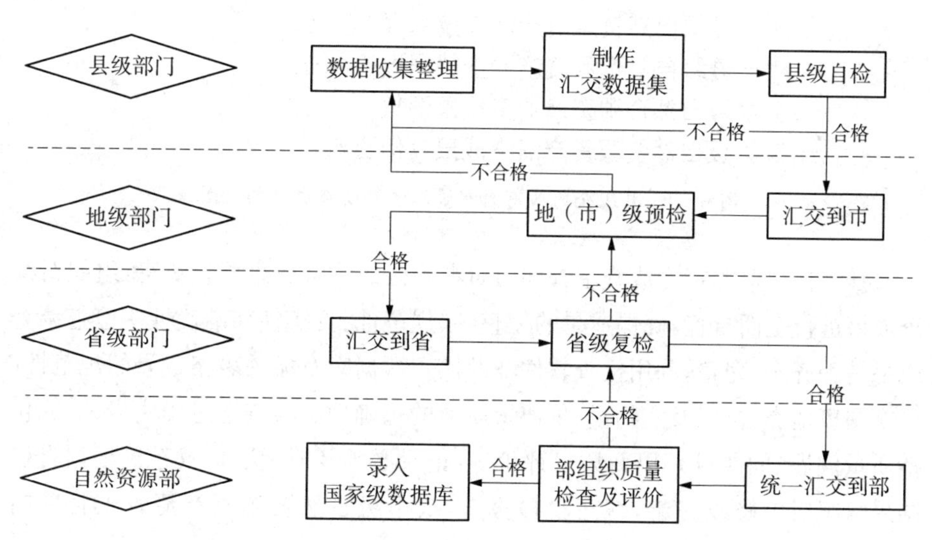

图 6 - 3　全民所有自然资源资产清查成果汇交的流程

全民所有自然资源资产清查成果，一般由资源资产清查成果数据库、汇总表、图集以及报告等内容组成(如图 6-4 所示)。

```
1 ××县行政区划代码（6位）全民所有自然资源资产清查数据成果
├—1 县级自然资源资产清查成果数据库
│   ├—非空间数据
│   └—空间数据
├—2 县级自然资源资产清查成果汇总表
│   ├—草原
│   ├—储备土地
│   ├—海洋
│   ├—建设用地
│   ├—矿产
│   ├—农用地
│   ├—森林
│   ├—湿地
│   └—未利用土地
├—3 县级自然资源资产清查成果文档数据
│   ├—县级自然资源资产清查工作报告
│   ├—县级自然资源资产清查技术报告
│   └—县级自然资源资产清查数据质检报告
├—4 县级自然资源资产清查成果图集
└—5 县级自然资源资产清查成果其他资料
```

图 6-4 县级全民所有自然资源资产清查成果构成图

县级自然资源资产清查主管部门对本地区的清查成果质量负责，组织对清查成果进行全面自检，确保成果的完整性、规范性、真实性和准确性。检查调查成果是否齐全、完整；利用检查软件辅助检查数据库及相关表格成果的规范性；检查图斑地类、权属及实物量、价值量属性的正确性。检查全过程应当记录，包括质量问题、问题处理以及质量评价等，记录必须及时、认真、规范。根据自检结果组织成果修改完善，编写自检报告，报市级自然资源资产清查主管部门检查和汇总。

地市级预检由地（市）级自然资源资产清查主管部门组织，负责本地（市）各县级单位清查成果的质量检查。地（市）级组织对县级调查成果进行检查和汇总，在全面检查县级自检记录的基础上，重点检查清查成果的完整性和规范性；组织对本级补充的清查成果进行100%的全面自检，根据自检结果组织成果修改完善；修改完善后结合县级检查结果，形成地（市）级检查报告。地市级预检合格后，交省自然资源主管部门组织检查验收，以确保全省清查成果的整体质量。

省级复检由省级自然资源资产清查主管部门组织，负责本省各地市级单位清查成果的质量检查，汇总本省清查成果，编制省级质量检查报告。省级在清查成果完整性和规范性检查的基础上，重点检查成果的真实性和准确性。

自然资源部组织对省级自然资源资产清查主管部门报送的清查数据库进行质量检查，同时选择重点区域进行现地核查。

第七章 全民所有土地资源资产清查

第一节 全民所有土地资源资产清查的范围、内容及工作流程

一、清查范围

全民所有土地资源是最重要的国有资产。全民所有土地资源清查的范围为全民所有农用地(不含林草湿)、建设用地和未利用土地(如表7-1所示)。根据自然资源管理的需要,对于耕地和政府储备土地分别进行专项清查。

表7-1 全民所有土地资源清查的范围

土地资源类型	资产清查的范围
国有农用地	“国土三调”成果中的农用地。包括:耕地中的水田、旱地、水浇地;种植园地中的果园、茶园、橡胶园、其他园地;水域及水利设施用地中的沟渠、坑塘水面、水库水面;交通运输用地中的农村道路;其他土地中的设施农用地、田坎
国有建设用地	“国土三调”成果中的国有建设用地,包括:商业服务业用地中的商业服务业设施用地、物流仓储用地;工矿用地中的工业用地、采矿用地;湿地中的盐田;住宅用地中的城镇住宅用地、农村宅基地;公共管理与公共服务用地中的机关团体新闻出版用地、科教文卫用地、公用设施用地、公园与绿地;特殊用地;交通运输用地中的铁路用地、轨道交通用地、公路用地、城镇村庄道路用地、交通服务站场用地、机场用地、港口码头用地、管道运输用地;水域及水利设施用地中的水工建筑用地;其他土地中的空闲地

续 表

土地资源类型	资产清查的范围
国有未利用地	“国土三调”成果中的国有未利用地。具体包括:草地中的其他草地;水域及水利设施用地中的河流水面、湖泊水面、冰川及永久积雪;其他土地中的盐碱地、沙地、裸土地、裸岩石砾地
耕地	具体包括:耕地中的水田、旱地、水浇地;种植园地中的可调整果园、可调整茶园、可调整其他园地;林地中的可调整乔木林地、可调整竹林地、可调整其他林地;水域及水利设施用地中的可调整养殖坑塘;即可恢复或工程恢复的种植园地、林地、草地和水域及水利设施用地
全民所有储备土地	指产权明晰的政府储备土地。包括:基层政府管理或土地储备机构以及各类开发区园区管委会、国有平台公司代政府管理的已批已征未供土地

二、清查内容

全民所有土地资源资产清查工作的内容主要包括实物属性清查、经济价值核算,以及使用权状况、所有者职责履职主体、其他管理信息清查,并建立数据库。其中,实物属性清查和经济价值核算最为重要,实物属性清查的内容如表 7-2 所示。

表 7-2 土地资源资产清查中实物属性清查的内容

土地利用类型	实物属性信息	数量属性信息清查	重要属性清查
国有农用地	以清查单元(即“国土三调”成果的图斑)为基础,叠加最新耕地质量等别年度更新调查评价成果,按照先核清各类资源范围、面积,再确定资源数量、质量的工作顺序,形成以县级行政辖区为清查单位的国有农用地资产权属、数量、质量、用途、分布等实物属性信息	依据“国土三调”成果,按图斑编号对土地用途、面积和空间位置等信息进行整理,填写国有农用地资产数量清查基础数据表	以国有耕地为清查对象,按图斑编号,提取图斑内耕地质量的“国家利用等”属性信息,叠加赋值给数量清查耕地图斑。清查底图的耕地图斑不能合并,图斑界线不允许改动

续 表

土地利用类型	实物属性信息	数量属性信息清查	重要属性清查
国有建设用地	基于"国土三调"数据成果，提取图斑的地类、权属、面积、位置、范围等相关属性信息，获取国有建设用地资产的数量、分布和利用情况。结合不动产登记信息管理基础平台、土地市场动态监测与监管系统、相关地籍调查数据库及行政管理记录等资料，补充土地使用权供应信息	依据"国土三调"成果，按图斑编号对土地用途、面积和空间位置等信息进行清查，填写国有建设用地资源资产数量清查基础数据表	土地使用权供应情况清查。宗地与"国土三调"国有建设用地图斑不完全重叠的，对宗地进行切割并形成子图斑。有使用权信息的子图斑，继承原有宗地的宗地编号、土地用途、供应方式、供应时间、容积率等使用权信息；没有使用权信息的子图斑，沿用"国土三调"图斑信息
国有未利用地	以清查单元（即"国土三调"成果图斑）为依据，核清各地类的范围、面积，形成以县级行政辖区为清查单位的国有未利用地资产权属、数量、用途、分布等实物属性信息	按"国土三调"图斑编号对土地用途、面积和空间位置等信息进行清查，填写国有未利用地资源资产清查基础数据表	注意未利用土地的环境保护和作为后备资源利用的适宜性
全民所有储备土地	地块基本信息，包括地块名称、地块编号、收储时间、所在县级行政区、地块面积、地块坐标；地块规划信息，包括规划条件、规划用途、规划容积率、规划建筑面积、规划土地面积等；地块资产信息，包括是否位于基准地价覆盖范围内、对应的基准地价内涵、基准地价级别、适用基准地价水平；地块状态信息，包括地上物情况、前期开发情况；地块成本信息，包括土地储备预算总成本、土地储备已发生成本和土地储备需继续投入成本	基层政府管理或土地储备机构以及各类开发区园区管委会、国有平台公司代政府管理的已批已征未供土地面积	加强与财政、金融监管、人民银行等部门的联系，通过信息共享、联合评估等方式，核实、考核储备土地、资金、融资等信息的真实性和实效性

续　表

土地利用类型	实物属性信息	数量属性信息清查	重要属性清查
耕地	清查对象包括现状耕地及可调整耕地地类。形成以县级行政辖区为清查单位的国有耕地的权属、数量、质量、利用状况、分布等实物属性信息	以"国土三调"为基础，结合已有的自然资源确权登记、集体土地所有权确权登记成果，按图斑编号对土地用途、面积和空间位置等信息进行整理，填写资产清查基础数据表	查清耕地资产的数量和质量。数量信息主要指土地用途、面积和空间位置等信息。耕地质量信息主要指"国家利用等"属性信息

三、清查程序

全民所有土地资源资产清查工作围绕实物属性清查和价值属性估算分步展开(如图 7-1、图 7-2 所示)。

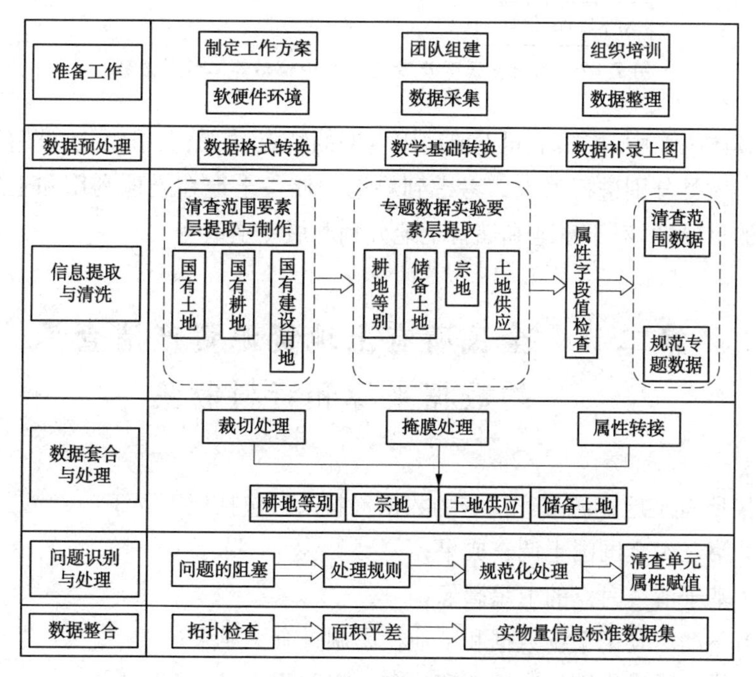

图 7-1　土地资源资产实物属性清查工作的流程

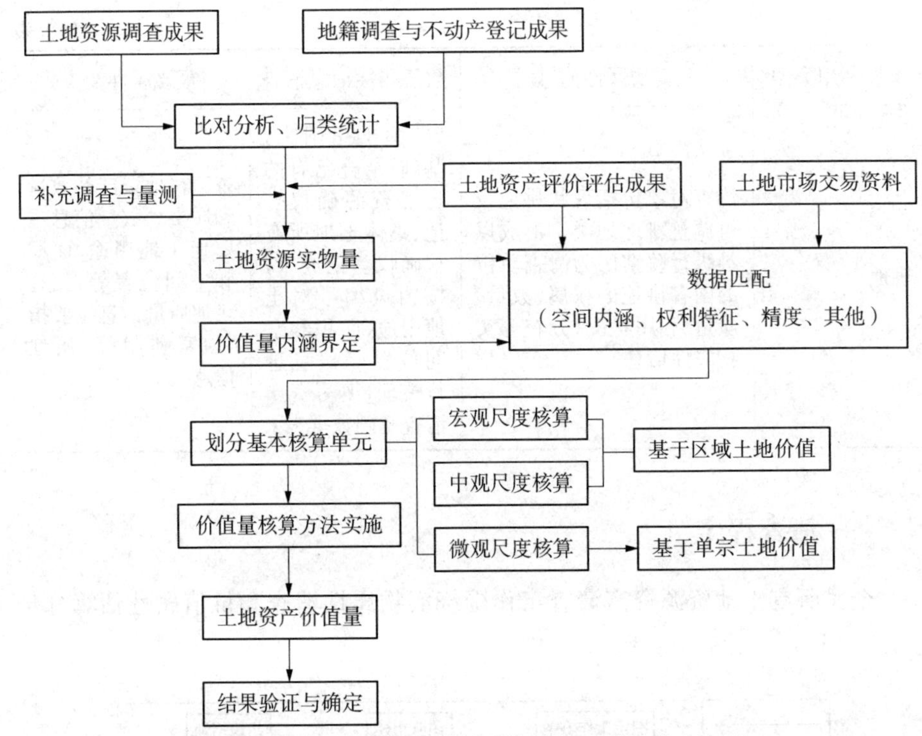

图 7-2　土地资源资产清查经济价值估算工作的流程

在具体工作中，按照不同土地利用类型的特点，按照农用地、建设用地和未利用地三大类分别进行清查。考虑到耕地和储备土地在土地利用和土地资产经营中的重要性，对于耕地和储备土地分别开展专项清查。

第二节　全民所有土地资源资产清查的数据来源和资料收集

全民所有土地资源资产清查的数据资料来源包括但不限于：

(1) 第三次全国国土调查成果；

(2) 基于清查时点的卫星影像；

(3) 不动产登记系统数据和土地权属调查有关成果；

(4) 耕地质量等别年度更新评价和动态监测成果；

(5) 农用地定级和基准地价研究成果；
(6) 政府制定的征地区片价成果及青苗补偿费、地上附着物补偿标准；
(7) 城镇土地定级和基准地价成果；
(8) 土地市场动态监测与监管系统土地供应数据；
(9) 清查基准时点下的卫星遥感影像数据；
(10) 土地储备规划和年度计划成果；
(11) 土地储备管理台账数据；
(12) 土地储备监测监管系统数据；
(13) 农村经济经营统计年报；
(14) 农业经济统计年报；
(15) 国民经济统计年鉴；
(16) 区域总体规划；
(17) 国土空间规划；
(18) 城市总体规划；
(19) 土地利用规划；
(20) 区域环境保护生态红线区划；
(21) 自然保护地区划；
(22) 土地资源资产清查实地调查收集的相关资料。

第三节　全民所有土地资源资产实物量清查

一、农用地(不含林草湿)

(一) 清查范围要素层提取与制作

在对各类农用地相关数据进行格式转换、数学基础统一等规范化处理以后，按照“地类编码”(DLBM)或“地类名称”(DLMC)，根据“国土三调”工作分类与全民所有农用地资源资产清查的范围，提取国有农用地图斑，存储为“国有农用地”(GYNYD)，作为农用地资源资产清查的对象和范围。结合已有的自然资源确权登记、集体土地所有权确权登记成果，对农用地清查范围的图斑属性数据进行更新和完善，同时在“国有农用地”层中增加字段“权属标识码”(QSBSM)，并在字段中注明权属情况。农用地的有关信息数据如表7-3所示。

表7-3　全民所有农用地资源资产清查宗地信息表

属性信息		代码	填写	属性信息		代码	填写
行政区名称		A401		土地承包经营权信息	地块代码	A419	
行政区代码		A402			土地用途	A420	
宗地代码		A403			发包方名称	A421	
地类编码		A404			承包方名称	A422	
地类名称		A405			承包方类型	A423	
批准用途		A406			承包方类型详查	A424	
实际用途		A407			承包合同代码	A425	
宗地面积		A408			承包经营权取得方式	A426	
坐落		A409			承包起始时间	A427	
所有者职责履职主体	层级	A410			承包结束时间	A428	
	具体履职部门	A411			承包期限	A429	
国有农用地的使用权信息	使用权权利人名称	A412			承包价格[元/(亩·年)]	A430	
	使用权权利人类型	A413			承包经营权是否登记	A431	
	使用权权利人类型详查	A414		土地经营权信息	流转合同代码	A432	
	使用权取得方式	A415			经营权起始时间	A433	
	使用起始时间	A416			经营权结束时间	A434	
	使用结束时间	A417			流转价格	A435	
	使用权是否登记	A418			土地经营权是否登记	A436	
				是否抵押		A437	
				亩均种植纯收益[元/(亩·年)]		A438	

(二) 专题数据空间信息要素层提取

提取耕地质量等别更新评价成果中的“县级分等单元”(XJFDDY)要素层，保留要素层名称、代码及“国家利用等”(GJLYD)属性字段中属性值不变。

(三) 属性表清洗

对制作的全民所有农用地清查范围和提取的实物要素层属性表进行逐项检查、分析，剔除与报表填报无关的属性字段；对农用地资源专题要素层属性字段进行查阅，并对完整性缺失(漏填)、规范性错误(填写不规范)的属性字段图斑进行标注。标注方法为在要素层属性表新建属性字段“SXCW”，属性缺失者填写“L—属性字段代码”；属性错误者填写“W—属性字段代码”。对填写“W—属性字段代码”的图斑进行分析判别后改正。

(四) 数据整合

按照清查范围，以“国土三调”为基础，结合已有自然资源确权登记、集体土地所有权确权登记的成果，按照图斑号对土地用途、面积和空间位置等信息进行整理，填写资产清查基础数据表。

已划定完成生态保护红线、自然保护地核心区的地区，用生态保护红线、自然保护地核心区分别与清查图斑叠加，统计各图斑划入生态保护红线、自然保护地核心区的面积。国土空间规划“三区三线”完成的县(市)，可以与农用地资源资产清查图斑叠加，统计出划入城镇开发边界内的农用地面积，以及划入永久基本农田保护红线内的耕地面积。

以国有耕地为清查对象，用国有农用地中的耕地图斑与耕地质量等别年度更新评价成果中的“县级分等单元”要素层叠加，按照图斑编号，提取图斑的耕地质量的“国家利用等”属性信息，并赋值给对应的清查耕地图斑。

按照关键规范化空间信息标准数据集内要素层的组织方式，将完成以上整理的清查范围数据集、专题数据集要素层进行整合，形成空间信息标准数据集。

(五) 形成实物量清查成果表

全民所有农用地资源资产实物量清查统计表格，以县级行政单元为单位填写，填表至图斑(如表 7 - 4 所示)。

表7-4 全民所有农用地资源资产实物量清查成果表

属性信息	代码	填写
资产清查标识码	A201	
行政区名称	A202	
行政区代码	A203	
地类编码	A204	
地类名称	A205	
图斑地类面积	A206	
耕地利用等别	A207	
耕地质量分类代码	A208	
划入城镇开发边界面积	A209	
划入永久基本农田保护红线面积	A210	
划入生态保护红线面积	A211	
划入自然保护地核心区面积	A212	
实际种植情况	A213	
违法违规面积	A214	
备注	A215	

二、耕地

(一) 清查范围要素层的提取与制作

根据“国土三调”工作分类与耕地资源资产清查地类范围，选取“国土三调”“地类图斑”(DLTB)层中“地类名称”为水田、旱地、水浇地，种植园地中的可调整果园、可调整茶园、可调整其他园地，林地中的可调整乔木林地、可调整竹林地、可调整其他林地，水域及水利设施用地中的可调整养殖坑塘，以及“国土三调”地类图斑层中“种植属性名称”(ZZSXMC)为“即可恢复”或“工程恢复”的种植园地、林地、草地和水域及水利设施用地的图斑，存储为“耕地”(GD)，作为耕地资源资产的清查范围。结合已有的自然资源确权登记、集体土地所有权确权登记成果对农用地清查范围的图斑属性数据进行更新和完善，同时在“国有耕地”(GYGD)层中增加字段“权属标识码”，并在字段中注明权属情况。

有的省份(如浙江省)将耕地专项清查的范围扩大为县域全部耕地，不仅包括国有耕地，也包括集体所有耕地。

(二) 属性表清洗

对制作的耕地资源资产清查范围和提取的实物要素层属性表进行逐项检查、分析，剔除与报表填报无关的属性字段。

(三) 数据融合

用国有农用地中的耕地图斑与耕地质量等别年度更新评价成果中的“县级分等单元”要素层叠加，按照图斑编号，提取图斑中耕地质量的“国家利用等”属性信息，并赋值给对应的清查耕地图斑。

(四) 形成实物量成果表格

按照耕地清查的范围，以“国土三调”为基础，结合已有自然资源确权登记、集体土地所有权确权登记的成果，按图斑编号对土地用途、面积和空间位置等信息进行整理，填写资产清查基础数据表(如表 7－5 所示)。以县级行政区为清查单位，填表至图斑。

表 7－5　全民所有耕地资源资产实物量清查成果表

属性信息	代码	填写
资产清查标识码	A101	
行政区名称	A102	
行政区代码	A103	
地类编码	A104	
地类名称	A105	
耕地利用等别	A106	

续 表

属性信息	代码	填写
图斑地类面积	A107	
划入生态保护红线面积	A108	
划入自然保护地核心区面积	A109	

对在已开展的土地资源确权登记成果中存在权属争议或权属不清的资源，作为权属待确定资源单独进行统计，待明确权属后再进行相应的调整。

三、全民所有建设用地

(一) 清查范围要素层的提取与制作

在"国土三调"成果土地利用数据地类图斑要素层中，选取"权属性质"(QSXZ)属性字段代码为"10"(国有土地所有权)，"20"(国有土地使用权)、"21"(国有无居民海岛使用权)的图斑，按照地类图斑或"地类名称"，根据"国土三调"工作分类和全民所有土地资源资产清查地类范围分别归类，存储为"国有建设用地"(GYJSYD)图层。

再结合农转用、供地、集体土地所有权确权登记成果，对"国有建设用地"图层的范围进行更新补充；补充增加国有的，需要在字段中表明；权属由国有更新为集体所有的，也需要在字段中表明。将权属变化情况填写至权属标识码，最终作为全民所有建设用地资源资产清查的范围。

(二) 专题数据空间信息要素层提取

1. 不动产信息提取

提取不动产登记信息管理基础平台"不动产登记系统数据"中的"宗地"(ZD)要素层，保留要素层名称、代码及属性表等信息不变。

2. 土地供应数据提取

结合土地市场动态监测与监管系统以及土地供应数据提取土地供应信息，要素层命名为"土地供应"(TDGY)。提取专题信息，形成专题数据集。

(三) 实物量清查及相关管理信息清查

实物量清查依据年度国土变更调查的成果，以地类图斑为清查单元开展。

查清全民所有建设用地各地类图斑的面积数量，形成资产实物量矢量数据。

相关管理信息清查在上述实物量清查的基础上，依据执法督察、“三区三线”划定成果，查清违法违规、适宜开发、需要保护、不符合规划及用途管制的面积数量。

将以上多源数据进行整合后，以年度国土变更调查成果、“三区三线”划定成果、执法督察数据为基础，进行全民所有建设用地各地类实物量及相关管理信息统计（如表 7－6 所示）。

表 7－6　全民所有建设用地资源资产清查实物量及相关管理信息属性描述表

属性信息	代码	填写
资产清查标识码	A101	
要素代码	A102	
省（自治区、直辖市）	A103	
市（地、州、盟）	A104	
县（区、市、旗）	A105	
行政区代码	A106	
国土调查图斑标识码	A107	
一级地类编码	A108	
一级地类名称	A109	
二级地类编码	A110	
二级地类名称	A111	
图斑面积（平方米）	A112	
城镇开发边界外的面积（平方米）	A113	
划入生态保护红线的面积（平方米）	A114	
划入自然保护地核心区的面积（平方米）	A115	
违法违规用地面积（平方米）	A116	
备注	A117	

（四）使用权状况及所有者职责履职主体清查

使用权状况清查根据地籍调查成果、确权登记成果、土地市场动态监测与监管信息平台数据，以宗地为清查单元开展。查清宗地使用权主体、类型、取得方式、年期、权利变化、利用状况等使用权相关属性信息，形成资产使用权状况矢量数据。

通过查阅土地供应纸质资料、相关行政记录（如土地有偿使用批准文件）完善缺失数据，对土地使用权信息进行补充，并将纸质的空间数据（坐标数据）进行转换落图。

所有者职责履职主体清查根据各级制定的自然资源清单和法律授权县级履行所有者职责的全民所有建设用地资产范围，结合宗地“使用权人”信息，将现有地籍调查成果中的“个人”“企业”“事业单位”“国家机关”“其他”等使用权人类型，细化至自然资源清单中“清单范围”涉及的类型（如省属企业、省属事业单位等），逐级查清自然资源清单中所有者职责履职主体以及具体履职部门，并逐级明确履行所有者职责资产的空间范围。

将以上多源数据进行整合后形成表 7－7。

表 7－7　国有建设用地清查宗地使用权状况及所有者职责履职主体信息矢量数据

属性信息		代码	填写	属性信息		代码	填写
资产清查标识码		A201		使用权状况	使用权人	A213	
要素代码		A202			使用权人类型	A214	
省（自治区、直辖市）		A203			使用权人类型详查	A215	
市（地、州、盟）		A204			批准用途	A216	
县（区、市、旗）		A205			实际用途	A217	
行政区代码		A206			合同编号	A218	
宗地代码		A207			合同单位金额（元/平方米）	A219	
宗地面积（平方米）		A208			合同签订时间（年-月-日）	A220	
坐落		A209			供应时间（年-月-日）	A221	
是否登记		A210			供应方式	A222	
所有者职责履职主体	层级	A211			供应年限	A223	
	具体履职部门	A212					

续　表

属性信息	代码	填写	属性信息		代码	填写
				已使用年限	A224	
				容积率	A225	
				是否抵押	A226	
				闲置状态	A227	
				备注	A228	

四、储备土地专项清查

从土地储备的工作要求来讲，应当先编制土地储备计划。自然资源主管部门按照土地储备计划，启动土地征收、收回、收购等工作，依法办理相关的审批手续，签订相关的土地征收、收回、收购协议，并完成补偿结案，办理相关的不动产登记手续，土地的完整产权转移至土地储备机构的名下，并纳入储备土地库管理。取得土地后实施前期开发，完成地块内的道路、供水、供电、供气、排水、通信、围挡等基础设施建设，并进行土地平整，满足必要的"通平"要求。具备供应条件后，纳入当地土地供应计划，由自然资源主管部门统一组织土地供应。

从管理流程（时间序列）来看，纳入储备管理的土地可分为以下五个阶段（如图 7－3 所示），初次纳入储备土地清查估算范围的是处于第二、三、四阶段的储备土地。

（一）数据整理

从土地储备监测监管系统、土地储备管理台账、农转用征收台账和相关数据、批而未供台账和相关数据、原始资料等数据（资料）中获取储备土地的信息。储备土地空间范围及面积原则上与经上级政府行政审批的相关文件中的范围及面积保持一致。当储备土地存在部分供应时，储备土地空间范围及面积应与实际面积保持一致。

确定储备土地范围后，形成产权清晰的储备土地，要素层命名为"储备土地"（CBTD）。

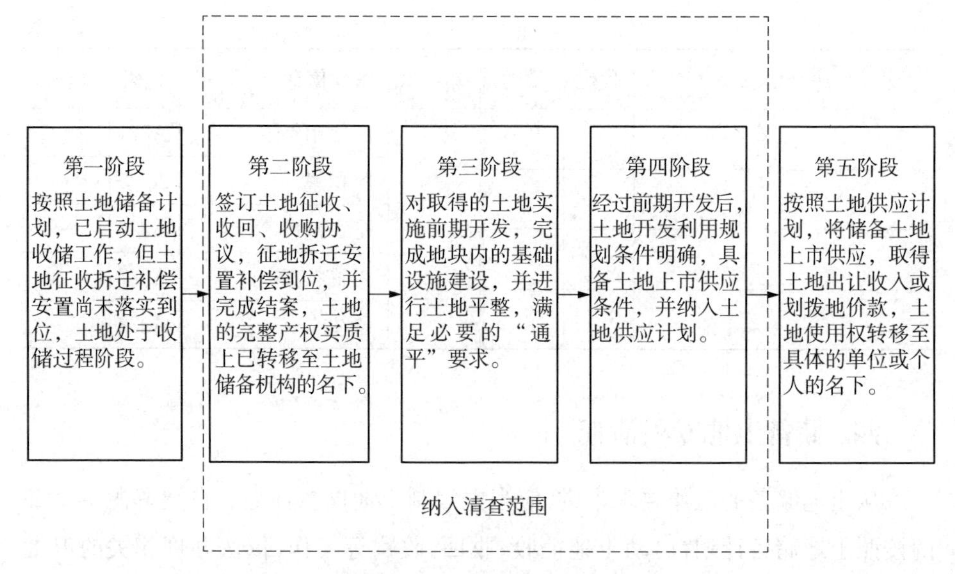

图 7-3　储备土地管理流程阶段和清查范围

(二) 属性表清洗

根据表 7-8 对要素层属性字段进行清洗，剔除与报表填报无关的属性字段。对专题要素层属性字段进行查阅，并对完整性缺失(漏填)、规范性错误(填写不规范)的属性字段图斑进行标注。

表 7-8　原始空间数据要素层属性表清洗后保留属性字段

编号	要素层名称	代码	保留属性字段名称
1	储备土地	CBTD	地块编号、地块名称、地块面积、规划用途、分用途面积、规划容积率、地块代管主体、收储时间

(三) 实物量清查及相关管理信息清查

地块基本信息的清查指标有六个，包括地块名称、地块编号、收储时间、所在行政区、地块面积、地块坐标。

地块规划信息的清查指标有五个，包括是否有规划条件、规划用途、规划容积率、规划建筑面积、规划土地面积。缺少规划用途的储备土地，可以根据城市控制性详细规划等相关规划数据确定规划用途信息。

以县级行政区为清查单位，形成储备土地资源资产清查成果汇总表(如表 7－9 所示)。

表 7－9 储备土地资源资产清查成果汇总表

属性信息	代码	填写
资产清查标识码	A101	
行政区名称	A102	
行政区代码	A103	
地块编号	A104	
对应图斑编号	A105	
地块名称	A106	
地块面积	A107	
规划用途	A108	
分用途面积	A109	
规划容积率	A110	

五、全民所有未利用土地

(一) 清查范围要素层(图斑)的提取与制作

按照“地类编码”或“地类名称”，根据“国土三调”工作分类与全民所有未利用地资源资产清查地类的范围，提取国有的其他草地、河流水面、湖泊水面、盐碱地、沙地、裸土地、裸岩石砾地，存储为“国有未利用地”(GYWLYD)，作为全民所有未利用地资源资产的清查范围。结合已有的自然资源确权登记、集体土地所有权确权登记成果对全民所有未利用地的清查范围进行更新完善，同时，在“国有未利用地”层中增加字段“权属标识码”，并在字段中注明权属情况。

(二) 数据融合与实物量清查

按照清查范围，以“国土三调”为基础，结合已有的自然资源确权登记、集体土地所有权确权登记成果，核清各地类的范围、面积，剔除与报表填报无关的属性字段，形成以县级行政辖区为清查单位的全民所有未利用地资产权属、数量、用途、分布等实物属性信息。按图斑编号对土地用途、面积和空间位置等信息进行清查,填写全民所有未利用地资源资产清查基础数据表(如表 7-10 所示)。已划定生态保护红线、自然保护地边界范围的地区,还应将生态保护红线、自然保护地核心区的范围分别与全民所有未利用地资产清查底图叠加,统计各图斑划入生态保护红线、自然保护地核心区的面积,填入表 7-10。

表 7-10 全民所有未利用地资产清查基础数据表

属性信息	代码	填写
资产清查标识码	A101	
行政区名称	A102	
行政区代码	A103	
对应国土变更调查图斑编号	A104	
对应国土变更调查图斑标识码	A105	
地类编码	A106	
地类名称	A107	
图斑地类面积	A108	
划入生态保护红线的面积	A109	
划入自然保护地核心区的面积	A110	

第四节 全民所有土地资源资产经济价值估算

土地资源资产经济价值估算,也称为土地资源资产经济价值核算(land resource asset accounting)。它是指按照自然资源资产清查统一规则,对一定时间(或时点)和空间内土地资源资产的经济价值量进行全面整体调查、分类批量评估、统一核定分析。土地资源资产经济价值是土地资源资产在为人类生产生活提供各类服务中体现的经济价值。

一、全民所有土地资源清查的土地价格内涵

土地资源资产清查中,土地资源资产经济价值是在自然资源资产清查统一基准时点与既定用途的前提下,依据土地资源资产的特点,按照法定最高使用年期或统一设定的年期核算出的使用权经济价值或收益的现值。最近一次开展的全民所有自然资源资产清查的价格基准日为2020年12月31日。不同土地利用类型的地价内涵如表7-11所示。

表7-11　土地资源资产清查中各种利用类型的地价内涵

土地利用类型	地价内涵
国有农用地	土地权利:农用地使用权价格 土地权利年期:30年 用地类型:耕地、种植园用地、设施农用地、水库水面、坑塘水面(用途为养殖) 耕作制度:耕地采用当地标准耕作制度;种植园地按照正常年结果、采茶等 农田基本设施状况:按照各用地类型各均质区域的农用地基本设施的平均状况确定 基准日:2020年12月31日
国有建设用地	地价构成:与土地要素直接相关的项目,含土地取得成本、开发成本、相关税费的客观值及正常的利息、利润与土地增值 权利特征:完整出让土地使用权 年期特征:法定最高出让年期 基准日:2020年12月31日。对于土地市场发育程度较低、交易稀少,或近年土地市场运行平稳、地价波动微弱的地区,以及清查时点距基准地价未超过3年的,可不进行期日修正 地价表现形式:地面地价(元/平方米) 其他:关于容积率和开发程度等土地利用条件,以当地基准地价内涵为准,除非其与区域客观情况明显不符、不具区域表征性,否则,无须进行统一修正;若现行基准地价的容积率、开发程度与区域客观情况明显不符,则需重新设定统一内涵,并依据此因素在当地的影响规律进行整体修正(例如,统一增加或减少开发程度中某一项的开发费用) 各类修正后的资产价格水平应遵循底线控制的原则:采矿用地、管道运输用地、水工建筑用地、盐田和全民所有的农村宅基地等类型的全民所有建设用地,地价水平不低于所在区域集体土地征收中的土地补偿费、安置补助费和地上附着物拆迁费用;其他类型的建设用地,价值水平不低于所在行政单元的工业用地出让最低价标准

续 表

土地利用类型	地价内涵
全民所有储备土地	储备土地经济价值是指储备土地经济投入或者预期可实现的经济收入。当储备土地的规划用途、规划容积率等规划条件明确时，其表现形式为规划条件下的预期土地出让收入或者划拨地价款，即法定最高出让年期出让地价或者无年期限制划拨地价；当储备土地的规划条件不明或者尚未有规划条件时，暂时无法形成可获得的预期土地出让收入或者划拨地价款，其表现形式为土地成本投入，具体又可分为土地收储成本、前期开发成本、资金成本和其他成本
耕地	土地权利：耕地使用权价格 土地权利年期：30 年 用地类型：区分国有耕地和集体所有耕地，并按照水田和旱地设定 耕作制度：耕地采用当地标准耕作制度；种植园地按照正常年结果、采茶、割胶等 农田基本设施状况：按照各用地类型各均质区域的农用地基本设施的平均状况确定 基准日：2020 年 12 月 31 日

二、全民所有土地资源资产经济价值估算的原则

(一) 以土地资源资产调查体系为基础

土地资源资产经济价值估算应以现行的土地资源资产调查体系为基础，充分利用国土调查、土地利用变更调查、地籍调查、公示地价体系建设和市场调查监测等专项工作的成果，实现社会经济统计数据、地价体系数据与土地资源数据的有机结合。

(二) 以均衡价值为主导

土地资源资产经济价值应反映正常利用条件下，土地资产内在的相对稳定和均衡的价值；通过选用适当的价格信号，经评估核定后予以量化表征；经营性土地资产宜以正常市场价值为主导，非经营性土地资产可结合其功能效用、贡献等，显化其合理价值。

(三) 兼顾核算精度与工作效率

土地资源资产经济价值估算具有规模化、批量化开展的特征。在具体核算实施中，应兼顾精度要求与效率，根据应用方向，合理确定核算范围与核算

方法。

（四）注重核算结果的时空可比性

在实施全国或区域性土地资源资产经济价值估算工作时，为保证核算结果在不同的时间和空间具备基本可比性，应统一界定核算结果的资产量内涵，确定具体适用的分类方法、实物量调查基础、核算方法尺度、主导核算方法以及主要参照的地价指标等具体因素。

三、全民所有土地资源资产经济价值估算的核算方法体系

依据价值量核算中的基本核算单元及预期实现的精度差异，土地资产核算方法可分为宏观、中观、微观三种不同尺度。结合主要参照的地价指标，构成由多种具体核算方法组成的核算方法体系。

（一）宏观尺度的核算方法

以县级以下（含县级）行政单元为基本核算单元，对行政单元内部的土地质量、价格的空间分布差异不予体现；评估核定基本核算单元内分用途的平均土地价值水平，与相应土地的实物量结合，核算土地资产总量。宏观尺度的土地经济价值核算一般以县、乡等行政辖区作为基本核算单元。

（二）中观尺度的核算方法

在行政单元内部，依据不同空间区位上土地的质量、功能、价值等的差异划分均质区域，以各均质区域为基本核算单元，评估核定基本核算单元内分用途的平均土地价值水平，与相应土地的实物量结合，核算土地资产总量。中观尺度的土地经济价值评估，基本核算单元在有条件的地区可参照土地质量等别、基准地价级别、标定区域、监测地价区段、节约集约利用评价功能区以及国土调查中的地类图斑等确定均质区域。

（三）微观尺度的土地资产核算方法

以各宗地（或地块）为基本核算单元，显化微观区位条件及主要个别因素对宗地（或地块）价值的影响，评估核定各宗地（或地块）的价值水平，与相应土地的实物量结合，核算土地资产总量。宗地（或地块）直接作为微观尺度的土地资产经济价值评估的基本核算单元。

四、全民所有土地资源资产价格信号的采集

全民所有土地资源资产清查价格信号是指能够直接反映或用于评估土地资源资产清查经济价值的价格指标，如政府公示价、交易价、流转价以及相关成本等。

(一) 农用地样点价格信息数据采集

1. 样点要求

在市场交易活跃的区域，优先选用市场交易样点。农用地投入产出的样点，采用抽样调查的方式选取。

以县为单位进行样点调查，搜集农用地的地价资料。样点要按照用地类型分别调查。耕地按照二级地类进行调查，各二级地类样点的数量不少于 10 个，且各二级类调查样点地块要能够代表县内典型的耕地质量水平，样点须涵盖所有耕地利用等别。种植园用地按照二级地类进行调查，各地类样点的数量不少于 10 个。养殖坑塘、设施农用地样点的数量各不少于 10 个。

样点资料应调查承包、转包、出租、拍卖、联营入股等交易案例资料(优先选择近 3 年的交易案例)，交易样点不足的，也可以通过样点投入产出资料(数据应为近 3 年的平均值)进行补充。

样点应优先选用全民所有农用地，全民所有农用地数量不满足要求时，可选择具有代表性的集体农用地补充。

2. 采集内容

农用地承包、转包、出租、拍卖、联营入股、投入产出等样点地块的资料(如表 7-12、表 7-13 所示)。

表 7-12　全民所有农用地资产样点价格信息调查表(一次性转让)

属性信息	代码	填写	属性信息	代码	填写
样点	B101		宗地坐标(经度)	B105	
县级行政	B102		宗地坐标(纬度)	B106	
县级行政区名称	B103		地类代码	B107	
宗地	B104		地类名称	B108	

续　表

属性信息	代码	填写	属性信息		代码	填写
用地类型代码	B109		单位面积生产成本(元/亩/年)	种苗费	B123	
权属性质	B110			人工费	B124	
一次性转让方式	B111			机工费	B125	
交易价格[元/(亩·年)]	B112			肥料费	B126	
交易面积(亩)	B113			农药费	B127	
交易年限(年)	B114			水电费	B128	
交易日期	B115			农具费	B129	
总收益[元/(亩·年)]	B116			生产性服务费	B130	
总投入[元/(亩·年)]	B117			其他成本费	B131	
净收益[元/(亩·年)]	B118			其他成本具体名称	B132	
农业补贴[元/(亩·年)]	B119		指定作物/主导作物经营情况	作物类型	B133	
种养类型	B120			总产值[元/(亩·年)]	B134	
种养面积(亩)	B121			总成本[元/(亩·年)]	B135	
耕地利用等别	B122			净收益[元/(亩·年)]	B136	

表 7-13　全民所有农用地资产样点价格信息调查表(租赁)

属性信息	代码	填写	属性信息	代码	填写
样点序号	B201		权属性质	B210	
县级行政区代码	B202		租赁方式	B211	
县级行政区名称	B203		租金/承包费[元/(亩·年)]	B212	
宗地位置	B204		交易面积(亩)	B213	
宗地坐标(经度)	B205		租赁年限(年)	B214	
宗地坐标(纬度)	B206		交易日期	B215	
地类编码	B207		交易对象	B216	
地类名称	B208		总收益[元/(亩·年)]	B217	
用地类型代码	B209		总投入[元/(亩·年)]	B218	

续 表

<table>
<tr><th colspan="2">属性信息</th><th>代码</th><th>填写</th><th colspan="2">属性信息</th><th>代码</th><th>填写</th></tr>
<tr><td colspan="2">净收益[元/(亩・年)]</td><td>B219</td><td></td><td colspan="2">水电费</td><td>B229</td><td></td></tr>
<tr><td colspan="2">农业补贴[元/(亩・年)]</td><td>B220</td><td></td><td colspan="2">农具费</td><td>B230</td><td></td></tr>
<tr><td colspan="2">种养类型</td><td>B221</td><td></td><td colspan="2">生产性服务费</td><td>B231</td><td></td></tr>
<tr><td colspan="2">种养面积(亩)</td><td>B222</td><td></td><td colspan="2">其他成本费</td><td>B232</td><td></td></tr>
<tr><td colspan="2">耕地利用等别</td><td>B223</td><td></td><td colspan="2">其他成本具体名称</td><td>B233</td><td></td></tr>
<tr><td rowspan="4">单位面积生产成本(元/亩・年)</td><td>种苗费</td><td>B224</td><td></td><td rowspan="4">指定作物/主导作物经营情况</td><td>作物类型</td><td>B234</td><td></td></tr>
<tr><td>人工费</td><td>B225</td><td></td><td>作物总产值[元/(亩・年)]</td><td>B235</td><td></td></tr>
<tr><td>机工费</td><td>B226</td><td></td><td>作物总成本[元/(亩・年)]</td><td>B236</td><td></td></tr>
<tr><td>肥料费</td><td>B227</td><td></td><td>作物净收益[元/(亩・年)]</td><td>B237</td><td></td></tr>
<tr><td colspan="2">农药费</td><td>B228</td><td></td><td colspan="2">备注</td><td>B238</td><td></td></tr>
</table>

3. 一般要求

样点地块资料按县级行政区域进行归类整理。

调查、收集资料中选择的样点地块要按实地位置标注到工作底图上，并建立样点资料数据库。

农用地承包、转包、出租、拍卖、联营入股等交易资料和农用地收益资料中的价格指标均以元/(亩・年)为单位，面积指标均以亩为单位，指标数值准确到小数点后两位。

4. 样点资料整理

一是样点资料补充完善或剔除。对所有调查的样点资料进行审查，对数据不全或不准确的，需进行补充调查；将缺少主要项目、填报数据不符合要求和数据明显偏离正常情况而又不容易补充的样点进行剔除；对于市场交易样点，应对其交易真实性进行审查，确保交易信息真实有效。

二是样点资料归类。将初步审查合格的样点资料，分别按土地用途、样点类型(租赁、一次性转让、投入产出)进行归类。

5. 样点地价计算

属于租赁方式(承包、转包、出租等)进行农用地流转交易的,根据所调查的流转租金水平,采用收益(年租金)还原法评估其价格,作为样点地价;属于一次性转让方式(拍卖、联营入股等)进行农用地流转交易的,对农用地流转交易价格进行修正,作为样点地价;对于市场交易样点不足的地区,为满足样点调查要求,可通过调查农用地生产经营的投入产出水平,以收益(净收益)还原法评估其价格,作为样点地价。

1) 租赁交易(承包、转包、出租等)样点

根据所调查交易样点的流转租金水平,采用收益还原法评估其价格。

第一,确定土地净收益。属于租赁性质的样点,以流转年租金作为衡量净收益的指标。

第二,确定土地还原率。采用安全利率加风险调整值法,耕地、种植园用地、养殖坑塘及设施农用地分别暂定为3%、4%、5%、5%。

第三,计算并修正样点地价。

以收益还原法计算租赁交易样点地价,计算公式为:

$$P_0 = \frac{V}{r} \cdot \left[1 - \frac{1}{(1+r)^{30}}\right]$$

式中:

P_0——交易时点的样点价格;

V——年租金;

r——土地还原率。

对于历史交易的调查样点,还应对样点地价进行期日修正,将交易时点的样点价格统一修正至基准日,计算公式为:

$$P_t = P_0 \cdot K_t$$

式中:

P_t——待估时点的样点价格;

P_0——交易时点的样点价格;

K_t——期日修正系数。

2) 一次性转让交易(拍卖、联营入股等)样点

农用地流转交易属于一次性转让类交易的，将交易单价进行期日修正、年期修正后作为样点地价，计算公式为：

$$P_t = P_0 \cdot K_t \cdot K_y$$

式中：

P_t——待估时点的样点价格；

P_0——交易时点的样点价格；

K_t——期日修正系数；

K_y——年期修正系数，交易样点的单价年期统一修正至30年。

年期修正系数的计算公式为：

$$K_y = \left[1 - \frac{1}{(1+r)^{30}}\right] \Big/ \left[1 - \frac{1}{(1+r)^{n}}\right]$$

式中：

K_y——年期修正系数；

r——土地还原率，采用安全利率加风险调整值法，耕地、种植园用地、养殖坑塘及设施农用地分别暂定为3%、4%、5%、5%；

n——交易案例的使用年期。

3）投入产出样点

为满足样点调查要求，对于市场交易样点不足的地区，需根据样点的投入产出水平，采用收益还原法评估其价格。

第一，确定土地净收益。利用样点投入产出水平，确定土地净收益。

第二，确定土地还原率。采用安全利率加风险调整值法，耕地、种植园用地、养殖坑塘及设施农用地分别暂定为3%、4%、5%、5%。

第三，计算并修正样点地价。以收益还原法计算样点地价，测算样点期日修正系数，修正样点地价。

（二）国有建设用地价格信息数据采集

国有建设用地价格信息数据采集，包括基础数据采集、资产价格信号的处理、补充和完善。具体实施过程可区分三种情况：

一是对于已具备较为完善的基准地价体系的地区，组织开展本辖区内现行基准地价体系的采集与必要的调整完善，完成区域内汇总，形成资产价格体系；

二是对于现有基准地价体系缺失或现势性严重不符合要求，但当地已统一部署开展基准地价更新的地区，加快推进技术测算工作，可将经过熟悉当地土地市场情况及土地管理相关工作的专家审核论证后的测算成果作为基础，参照前述的工作和技术要求，汇总形成资产价格体系；

三是无地价信号情况下的数据推算，按照以下实际情况不同，分别处理。

1. 已建立城镇基准地价的行政单元

1）城镇基准地价覆盖外的区域

参照本行政单元内相应用地类型的末级基准地价确定。有条件采集相关数据的，可选取若干个核心因素（如城镇规划的乡镇等级、距末级地边界的距离、新增建设用地取得成本或征地成本、区域 GDP 指标、同类用地市场交易价格等）测算区位修正系数，利用区位修正系数对所参照的末级基准地价进行修正后使用。

例如，根据土地取得成本测算区位修正系数，可将征地补偿标准作为土地取得成本的核心指标，修正公式如下：

$$P = P_{末} \cdot Q = P_{末} \cdot A_1 / A_{末}$$

式中：

P——待测算地价水平；

$P_{末}$——末级地的基准地价水平；

Q——区位修正系数；

A_1——基准地价未覆盖空间上的征地补偿标准均值；

$A_{末}$——末级地内的征地补偿标准均值。

2）城镇基准地价覆盖内的区域

对于城镇基准地价覆盖空间内无地价信号的地类（多为公共管理与公共服务用地、特殊用地等非经营性用地），如有政策约定该类用地的价格参照标准的，可根据其思路选择参照的基准地价类型；若没有政策约定该类用地的价格参照标准的，公共管理与公共服务用地中的机关团体新闻出版用地、科教文卫用地参照所在区域商住工等各类经营性用地基准地价的平均水平，公共设施用地、公园与绿地参照所在区域工业用地的基准地价，特殊用地参照所在区域工业用地的基准地价，交通运输用地参照所在区域工业用地的基准地价，空闲地参照所在区域工业用地的基准地价。

2. 未建立城镇基准地价体系的行政单元

利用城镇土地等别成果推算县级及以下行政单元的区域平均地价，即选取同一省份范围内，城镇土地等别相同，且基准地价体系完备的一个或多个县区级（及以下）行政单元（可比单元），测算同等别可比单元同类型用地的平均基准地价水平，作为待估单元该类土地的价格参照。计算公式如下：

$$\overline{P}=\sum_{j=1}^{n_2}\overline{P}_j/n_2$$

$$\overline{P}_j=\sum_{i=1}^{n_1}P_{ji}\cdot S_{ji}/\sum_{i=1}^{n_1}S_{ji}$$

式中：

$\overline{P}$——待估单元的资产价格；

$\overline{P}_j$——第 j 个同等别的可比单元的基准地价平均值；

P_{ji}——第 j 个同等别的可比单元中第 i 级土地的级别价格；

S_{ji}——第 j 个同等别的可比单元中第 i 级土地的级别面积；

n_1——第 j 个同等别的可比单元中土地级别的个数；

n_2——同等别的可比单元的个数。

在同一省份范围内，选取经济水平或区位条件与待估单元相近，且基准地价体系完备的一个或多个县区级（及以下）行政单元（可比单元），参照可比单元的平均基准地价水平取值。

有条件的地区，在建成区范围内，可参照城镇土地定级和基准地价评估中的多因素综合评价思路，选择少量核心因素，经量化评价后，按土地质量的差异程度，划定适宜数量的土地综合级别，以级别为抽样总体，采集市场交易样点的地价、征地成本、土地租赁或土地经营样点资料，核算样点地价，经统计检验，剔除异常值后，测算各级别的商、住、工各类地价；在建成区范围外，可参照前述测算所得的各类型用地的末级地价水平，确定其地价平均水平。

五、全民所有土地资源资产价格体系的建立

（一）工作实施模式

全民所有土地资源资产价格体系的建立，采用“国家与地方相结合，查漏

补缺"的方式，在县级全民所有土地资源资产价格体系建设的基础上，逐级开展地市级、省级和国家级汇总、区域均衡、检查工作。由于农用地和建设用地的利用需求和利用方式差别明显，土地市场和地价研究水平不一样，全民所有农用地资源资产价格体系和全民所有建设用地的价格体系应该分别建立。

（二）全民所有农用地的价格体系的建立

1. 国家级价格体系建设

全民所有农用地资源资产价格体系是为指导全国开展农用地经济价值核算而建立的分区域价格标准。国家价格体系的建立，首先在全国范围内按照农用地质量与社会经济水平的区域差异，划分均质区域，通过调查与采集各均质区域内的农用地交易价格信息，按照农用地价格评估方法评估确定各均质区域的平均价格，作为各地核算农用地经济价值的指导标准。主要评估步骤如下：

第一，划分国家级均质区域。基于农用地自然、社会、经济条件相对一致的原则，根据农用地所处的光温、水分、地形地貌等自然条件，综合标准耕作制度区的地区经济生产总值、农用地分等成果、省级和县级行政边界等，初步划分国家级均质区域，根据农用地价格水平对初步结果进行校核后，确定国家级均质区域划分结果。

第二，以国家级均质区域为单位，抽取30%的样点采集县（市、区）。样点县要能代表均质区域全民所有农用地地价的平均水平，其农用地类型、耕地质量等别尽量包含均质区域的不同情况。

第三，样点数据统计检验与异常值剔除。样点数据检验的要求有两点。

首先，同一均质区域内，同一地类、同一样点类型的样点地价要通过样点同一性检验。同一均质区域的样点数量不能满足总体检验需求时，需对均质区域进行差别判别归类，按类进行样点总体同一性检验。

其次，用均值-方差法对样点进行异常值剔除。为了防止不正常因素导致的数据失真，保证样点价格符合大数规律，可依据数理统计的拉依达准则，以平均值的二倍标准差为精度控制半径（见下式），对价格异常样点进行剔除。

$$P_0 \in (\mu - 2\delta, \mu + 2\delta)$$

式中：

P_0——样点价格；

μ——均质区域内样点的平均价格；

δ——均质区域内样点价格的标准差。

第四，根据测算的样点地价，评估确定各均质区域农用地的价格水平。国家级均质区域的价格标准按耕地（水田、水浇地、旱地）、种植园用地（果园、茶园、橡胶园、其他园地）与其他农用地（养殖坑塘、设施农用地）分别计算。

第五，将经过修正及数据处理后的样点，按用地类型、样点类型的顺序进行整理。以均质区域为单位，分析不同地类、不同样点类型价格水平的分布规律。按照国家级均质区域内各样点的地价，针对不同农用地类型求取各均质区域的平均地价。对于耕地，按照二级地类统计同一均质区域内耕地的样点地价数据，采用算术平均法求取各均质区域内耕地二级地类的区域平均价格。对于种植园用地，按照二级地类统计同一均质区域内种植园用地的样点地价数据，采用算术平均法求取各均质区域内种植园用地二级地类的区域平均价格。对于其他农用地，如设施农用地、养殖坑塘等，按照同一均质区域内相应地类的样点地价数据，采用算术平均法分别求取其区域平均价格。

第六，编制并发布国家级价格体系。对计算得到的均质区域价格水平，与实际情况进行比较、验证，分析总体价格水平，经区域统筹平衡，确定各均质区域内不同地类的价格标准。国家级农用地的价格体系成果表如表 7－14。

表 7－14　国家级农用地的价格体系成果表

单位：元/亩

省份	国家级均质区域代码	地类	价格平均值	价格范围	所辖县级行政区名称
×××	G××01	水田	27 800	(19 500,36 100)	×××，×××，×××，……
		水浇地	25 600	(17 900,33 300)	
		旱地	23 900	(16 700,31 100)	
	……	……	……	……	……

2. 省级价格体系建设

省级价格体系是为指导各县(市、区)开展农用地经济价值核算而建立的分区域不同类型农用地价格指导标准。工作内容分为确定省级均质区域与价格、确定县级平均价格两部分。

1) 省级均质区域与价格的确定

其一,经充分论证,认为本省国家级均质区域内农用地价格水平差异不大(一般上下变幅小于国家级均质区域相应价格标准的±30%),国家级均质区域价格标准能够满足指导各县(市、区)核算农用地经济价值的要求,可将国家级价格体系确定的均质区域与价格直接作为省级均质区域与价格。

其二,经充分论证,认为本省国家级均质区域内的农用地价格水平差异明显,需要根据本省情况对国家级均质区域进行细化,形成省级均质区域的农用地价格体系;通过调查与采集各省级均质区域的农用地样点价格信息,评估确定各省级均质区域的价格,作为测算各县(市、区)级平均价格的指导标准。省级均质区域是在国家级均质区域的基础上,综合考虑地形地貌、耕地利用等别、经济发展水平等的差异性和相似性进行划分的。省级均质区域一般不应打破县级行政区。

对国家级均质区域进行细化而形成省级均质区域样点价格信息采集,应在国家样点县的基础上,增加不少于30%的县(市、区)作为样点采集县(市、区),样点县(市、区)的抽取规则同国家级价格体系的相关要求一致。对于均质区域确需打破县界的地区,可以乡镇为单位增选样点。样点整理、地价计算和统计检验,同国家价格体系的相关要求一致。样点充足的均质区域地价测算,采用样点地价求取均质区域的平均价格。样点不足均质区域的地价测算,探索建立邻近均质区域的农用地样点价格与单位面积产值等因素的回归模型,核算样点不足的省级均质区域平均价格。

为了确保省域内均质区域价格的平衡和协调,应从经济、区位、人均农用地、自然条件等方面对各均质区域的价格水平进行对比分析,将省级均质区域的价格与国家级均质区域的价格进行对比,原则上不得超出相应地类国家平均价格的±30%。确有特殊原因超出的,应详细说明原因,并列入国家级核查范围。省级农用地均质区域与价格成果如表7-15所示。

表 7-15　××省级农用地均质区域与价格

单位:元/亩

省份	国家级均质区域代码	省级均质区域代码	地类	价格平均值	价格范围	所辖县级行政区名称
××	G××01	××001	水田	27 800	(19 500,36 100)	×××,×××,×××,……
			水浇地	25 600	(17 900,33 300)	
			旱地	23 900	(16 700,31 100)	
	……	……	……	……	……	……

2) 县级平均价格的确定

在确定省级均质区域与价格水平的基础上,修正测算得出县级各类农用地的平均价格。如果在划分省级均质区时,确需打破县界,对于一个县级行政区跨多个省级均质区域的县(市、区),按照省级均质区域切割,分别形成县级各均质区域各地类区域的平均价格。具体可选用以下三种方法之一进行修正测算。

方法一:采集各县(市、区)样点的价格信息,进行各类农用地县级平均价格核算。

样点价格信息充足的县,分地类计算样点地价,进行统计检验,并将各地类样点地价的平均值作为各地类的县级平均价格。样点价格信息数据采集、样点地价计算、统计检验、确定区域平均价格等要求,同国家级价格体系的相关要求一致。

样点价格信息不足的县,可根据所在省级均质区域内采集的样点信息,探索建立邻近均质区域农用地的样点价格与单位面积产值等因素的回归模型,核算样点不足县各地类的县级平均价格。

方法二:探索建立省级修正体系,将省级均质区域的平均价格修正到县级平均价格。修正因素可选择经济水平、人均农用地、县域单位面积产值、区位条件等。

方法三:对于县域内样点数量无法满足建立相关模型,且修正因素指标难以获取的,可考虑直接在省级均质区域相应地类价格的基础上,探索采用单因素比拟法,按县域与省级均质区域单位面积平均产值比较后的变化幅度,修正得出相应地类的县级平均价格。经省级组织专家进行论证,确认测算的县级平均价格基本上符合各县(市、区)农用地价格水平后,方可下发县级使用。

此外，对于已评定并发布农用地基准地价的地区，可对基准地价的成果进行分析、判断，重点针对基准地价内涵、级别划分范围等与全民所有农用地资产价格内涵、均质区域划分要求等之间的异同与可衔接关系进行分析，判断是否适用，并确定适用情况下的修正方法，视情况予以综合考虑。

省级确定的县级农用地的平均价格成果如表 7－16 所示。

表 7－16　××省县级农用地的平均价格

单位:元/亩

省份	省级均质区域代码	县级行政区代码	县级行政区名称	地类	县级平均价格	价格范围
××	××001	××××××	×××	水田	27 800	(19 500,36 100)
				水浇地	25 600	(17 900,33 300)
				旱地	23 900	(16 700,31 100)
	……	……	……	……	……	……

3. 全民所有建设用地的价格体系的建立

自 20 世纪 80 年代以来，我国各地相继开展了城镇土地分等定级和基准地价研究。各个县(市)城镇土地定级和基准地价每 3～5 年更新一次。2019 年，全国各个县(市)也开始城镇标定地价评估研究。城镇基准地价、标定地价的城镇公示地价和城镇地价动态监测相互补充，能够充分地揭示城镇地价水平及其动态变化规律，为全民所有建设用地资源资产清查价格体系的建立提供了良好的基础。

全民所有建设用地资源资产价格体系的建立，以基准地价为基础。综合考虑全国各类地价的内涵特征及现行地价体系建设的总体情况，通过必要的核定、修正、调整和补充完善，形成基本内涵统一的、全域覆盖的全民所有建设用地资源资产价格体系。

全民所有建设用地资源资产价格体系中国家级负责明确统一的资产价格内涵以及关键技术的处理思路，对各省形成的资产价格体系进行检查后，由省级确认、执行。省级负责组织开展本辖区内的全民所有建设用地资源资产价格体系建设工作，对成果数据进行汇总、检核、分析后，上报国家备案。

市县级全民所有建设用地资源资产价格体系的建立由市县级负责具体

实施，包括基础数据采集，资产价格信号的处理、补充和完善。保证城镇基准地价的适时更新，县级全民所有建设用地资源资产价格体系具有现势性、规范性和全面性。各类多源数据之间的坐标系统、比例尺以及数据完备情况等方面，应具有较好的空间匹配性和属性信息匹配性。

六、全民所有土地资源资产经济价值估算

(一) 县级农用地资源资产经济价值估算

在省级价格体系的指导下，各县(市、区)根据具体情况，可选择以下四种方式之一进行县级资产价格核算。

1. 采用农用地宗地评估方法核算

对于全民所有农用地地块较少的地区，根据利用类型、利用状况和所处地区条件等，可采用收益还原法、市场比较法等农用地宗地评估方法，评估宗地(图斑)价格。对于已评定并发布农用地基准地价的地区，也可利用基准地价修正法评估宗地(图斑)价格。

2. 基于县级平均价格修正核算

在省级确定的县级平均价格基础上，根据县域内农用地的经济价值水平差异，建立修正体系，修正核算宗地(图斑)价格(修正幅度一般不超过30%)。建立修正体系可根据区域情况，重点考虑区域位置、交通条件、农田水利条件、土地平整度、种植类型、田块规模等因素。建立修正体系的具体方法，可参见《农用地估价规程》(GB/T 28406－2012)。

3. 直接采用县级平均价格核算

对于省级确定的县级平均价格能够满足本县(市、区)农用地经济价值核算实施要求，且县域价格水平与省级确定的县级平均价格相当的地区，经论证可直接采用省级确定的县级分地类或分耕地质量等别平均价格作为宗地(图斑)价格。

4. 建立县级价格体系核算

划分县级均质区域，建立县级价格体系，将县级相应均质区域、相应地类的平均价格直接作为宗地(图斑)价格。对于已评定并发布农用地基准地价的地区，经论证也可采用价格内涵修正后的基准地价直接作为宗地(图斑)价格。

县级均质区域划分，以省级均质区域为基础，考虑本县农用地区域的内部

差异进行。县级均质区域平均价格核算，参考国家级价格体系建设方法或《农用地估价规程》，按耕地（水田、水浇地、旱地）、种植园用地（果园、茶园、橡胶园、其他园地）、设施农用地、养殖坑塘核算县级均质区域平均价格。宗地（图斑）价格按照县级相应的均质区域平均价格确定。

已评定并发布农用地基准地价的地区，经县级组织专家对当地农用地价格水平进行论证，可将价格内涵修正后的基准地价（级别/均质地域平均价格）作为宗地（图斑）价格。价格内涵修正时，可比照基准地价内涵与资产价格内涵的差异，进行期日、年期等因素修正。

县级图斑价格一般不得超出省级确定的相应均质区域、相应地类县级平均价格的±30%。若是沿用上年度基于耕地利用等别的价格体系成果，耕地图斑价格与省级确定的相应均质区域县级耕地价格进行比较校核，一般不高于最高值的30%且不低于最低值的30%。确有特殊原因超出的，应详细说明原因，并列入省级核查范围。

县域农用地图斑经济价值的估算公式为：

图斑经济价值＝清查价格×图斑地类面积

根据各个图斑经济价值的估算结果，填写表7-17。

表7-17　全民所有农用地资产图斑经济价值估算成果表

属性信息	代码	填写
资产清查标识码	A201	
行政区名称	A202	
行政区代码	A203	
地类编码	A204	
地类名称	A205	
图斑地类面积	A206	
资产价格	A215	
图斑经济价值	A216	
县级价格核算方法	A217	
备注	A218	

根据县域农用地经济价值的汇总结果，填写表7－18。

表7－18　全民所有农用地资产经济价值估算汇总表

属性信息	代码	填写	合计
县级行政区名称	A301		—
县级行政区代码	A302		—
地类编码	A303		—
地类名称	A304		—
面积(公顷)	A305		
耕地平均利用等别	A306		—
所在区域资产价格水平(元/米^2)	A307		
经济价值(万元)	A308		

(二) 县级建设用地资源资产经济价值估算

1. 估算方法体系

依据价值量估算中的基本估算单元，以及预期实现的精度差异，全民所有建设地资源资产估算方法可分为宏观、中观、微观三种不同尺度；结合主要参照的地价指标，构成由多种具体估算方法组成的估算方法体系(如图7－4所示)。

(1) 宏观尺度的估算方法。以县级以下(含县级)行政单元为基本估算单元，对行政单元内部的土地质量、价格的空间分布差异不予体现；评估核定基本估算单元内分用途的平均土地价值水平，与相应土地的实物量结合，估算土地资产总量。

(2) 中观尺度的估算方法。在行政单元内部，依据不同空间区位上土地的质量、功能、价值等的差异划分均质区域，以各均质区域为基本估算单元，评估核定基本估算单元内分用途的平均土地价值水平，与相应土地的实物量结合，估算土地资产总量。

(3) 微观尺度的估算方法。以各宗地(或地块)为基本估算单元，显化微观区位条件及主要个别因素对宗地(或地块)价值的影响，评估核定各宗地(或地块)的价值水平，与相应土地的实物量结合，估算土地资产总量。

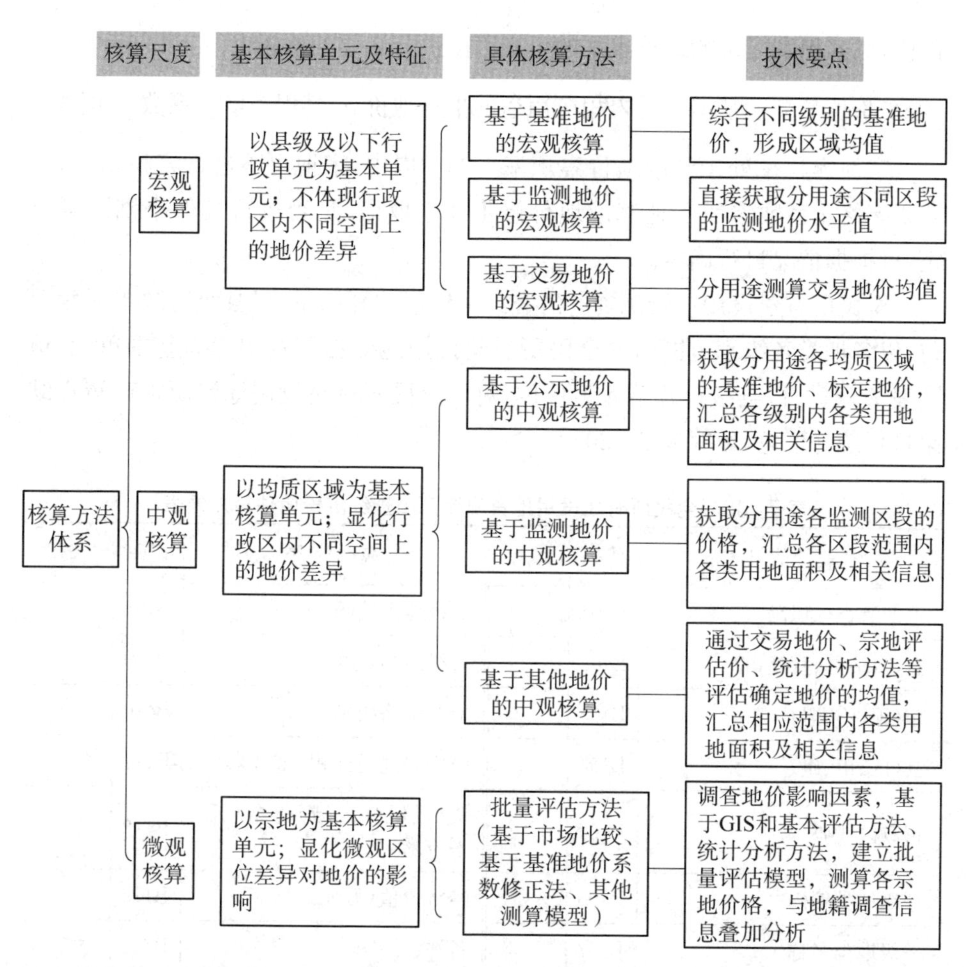

图 7-4 全民所有建设用地资源资产估算方法体系图

2. 经济价值估算

根据目前各地建设用地的估算条件，大多数地方要求完成中观尺度的建设用地经济价值量估算。

对于全部清查对象，依据前述建立的均质区域上的平均清查价格进行经济价值估算，即：

$$经济价值量1 = 基本单元内相应用途的平均地价 \times 面积$$

对于可以确定宗地具体开发利用信息的，应基于均质区域上的平均清查价格，对容积率等影响地价水平的个别因素进行必要的修正，即：

经济价值量 2 = 基本单元内相应用途的平均地价 × 容积率修正系数 × 面积

宗地容积率处于基准地价容积率±25%以内，宗地可不进行容积率修正。容积率修正系数参照当地基准地价修正体系取值，是否进行其他个别因素修正，可根据情况自行确定。

全民所有建设用地资源资产清查经济价值估算结果，以县级行政单元为单位，以各地类各级别范围内的全民所有建设用地变更调查图斑为基本单元，填写表 7－19。以县级行政单元为单位，对于全民所有建设用地资源资产清查结果进行统计汇总，填写表 7－20。

表 7－19　全民所有建设用地资源资产清查经济价值估算成果表

属性信息	代码	填写	属性信息	代码	填写
资产清查标识码	B401		二级地类编码	B408	
省(自治区、直辖市)	B402		二级地类名称	B409	
市(地、州、盟)	B403		资产价格级别	B410	
县(区、市、旗)	B404		级别内地类面积(平方米)	B411	
行政区代码	B405		资产级别(区域)价格(元/平方米)	B412	
一级地类编码	B406		经济价值(万元)	B413	
一级地类名称	B407		备注	B414	

表 7－20　全民所有建设用地资源资产清查经济价值估算结果汇总表

属性信息	代码	填写
资产清查标识码		
县(区、市、旗)		
行政区代码		
一级地类编码		
一级地类名称		

续　表

属性信息	代码	填写
二级地类编码		
二级地类名称		
面积(公顷)		
经济价值总额(万元)		

3. 所有者权益估算

根据各地的实际情况，在基础材料可支撑的前提下，可进一步开展基于宗地的微观尺度估算，并同时进行所有者权益值估算。所有者权益按以下规则估算。

(1) 已出让土地的所有者权益。其所有者权益的计算公式为：

$$所有者权益 = 经济价值量2 \cdot fs_1$$

$$fs_1 = (A - B + C)/A$$

式中，fs_1 为所有者权益系数 1；A 为法定最高出让年期；B 为实际出让年期；C 为已使用年期。

(2) 以作价出资(入股)、国有土地租赁、授权经营等方式供应的土地的所有者权益。其所有者权益参照已出让土地的估算方法进行估算。

(3) 已划拨土地、未供应土地以及供应情况不明晰的土地的所有者权益。其所有者权益的计算公式为：

$$所有者权益 = 经济价值量2 \cdot fs_2$$

式中，fs_2 为所有者权益系数 2。其取值规则如下：

① 已划拨土地参照当地关于划拨土地使用权办理协议出让中出让金补缴比例的相关规定确定，当地无明确比例规定的，一般可按宗地出让价格的 30%～40%取值，即所有者权益系数取值为 0.3～0.4，各地可根据实际情况适当调整。

② 未供应土地的所有者权益系数取值 1.0，即视其所有者权益等同于经济价值量 2。

③ 供应情况不明晰的土地，包括因历史原因形成的，土地使用权已事实上长期由特定使用人占有、使用，但尚未按规范程序办理供地手续，以及其他原因形成的具体供应信息等情况不明晰的土地，核定其所有者权益时参照已划拨土地处理。

（三）县级储备土地资源资产经济价值估算

储备土地经济价值是指储备土地经济投入或者预期可实现的经济收入，其具体的价值表现形式与储备土地的规划条件和所处的开发阶段相关。

储备土地的规划用途、规划容积率等规划条件明确，前期开发已完成且具备宗地地价评估客观条件的，按照规划条件采用基准地价系数修正法测算预期土地出让收入或划拨地价款，并估算其经济价值。

采用的基准地价应具有现势性，基准地价的基准日距清查估算基准日原则上不超 3 年，最长不超 6 年。计算公式如下：

$$P = P_b \cdot \left(1 + \sum_{i=1}^{n} K_i\right) \cdot K_r + D \quad (i = 1, 2, \cdots, n)$$

式中：

P——待估宗地价格；

P_b——某用途、某级别或区片出让（划拨）基准地价；

K_i——宗地地价修正系数；

K_r——到期日、容积率等修正系数；

D——土地开发程度修正值。

储备土地的规划条件明确，尚未进行土地前期开发，或正在进行土地前期开发的储备土地，先按照规划条件采用基准地价系数修正法测算预期土地出让收入或划拨地价款，再采用预算储备开发成本扣减已经发生的储备开发成本，得到预算继续投入成本，最后采用预期土地出让收入或划拨地价款减去预算继续投入成本，作为其经济价值。

储备土地的规划用途、规划容积率等规划条件不明或者尚未有规划条件时，按照已经发生的收储成本、前期开发成本、资金成本和其他成本支出估算经济价值。

全民所有建设用地土地所有者权益的计算结果，以县级单元为单位，以各地类各级别范围内的全民所有建设用地变更调查图斑为基本单元，填写表 7－21。

表 7-21　全民所有建设用地土地所有者权益的计算结果

属性信息		代码	填写	属性信息		代码	填写
行政区名称				所在区域价格水平			
资产清查空间要素标识码				经济价值量 1			
一级地类	编码			宗地修正后的清查单价水平			
	名称			经济价值量 2			
二级地类	编码			所有者权益估算值	所有者权益系数		
	名称				出让土地		
	宗地编号				划拨土地		
	宗地面积(元/平方米)				其他方式供应土地		
	土地用途				未供应土地		
使用权供应及使用情况	供地方式				供应情况不明晰的土地		
	供地时间						
	使用年限						
	已使用年期						
	容积率						

（四）县级未利用土地资源资产经济价值估算

其他草地、河流水面、湖泊水面、盐碱地、沙地、裸土地、裸岩石砾因暂时缺乏价值确定依据可以不估算经济价值。有条件的地方，可根据需要估算未利用地价值并说明估算方法。

第八章　矿产、水、海洋资源资产清查

第一节　矿产资源资产清查

一、清查范围

根据《自然资源部关于深化矿产资源管理改革若干事项的意见》(自然资规〔2023〕6号)和《矿产资源勘查区块登记管理办法》(国务院令第240号),矿产资源资产清查的范围包括油气矿产、固体矿产和其他矿产三大类,共35种主要矿产资源(如表8-1所示)。

表8-1　矿产资源资产清查的范围

类别	矿　　产
油气	石油、烃类天然气、页岩气、天然气水合物
固体	钨、锡、锑、钼、钴、锂、钾盐、晶质石墨
	煤、金、银、铂、锰、铬、铁、铜、铅、锌、铝土、镍、磷、锶、铌、钽、硫(含自然硫、硫铁矿)、金刚石、石棉、油页岩
其他	二氧化碳气、地热、矿泉水

注:地方层面可结合自身资源禀赋的特点,在表内矿产资源种类的基础上扩大资产清查的范围,开展本地优势矿产的资产清查。

二、清查内容

清查内容包括实物量、经济价值以及矿业权状况、所有者职责履职主体、资产开发利用和违法违规情况等权益管理信息。其中,油气资源为油气矿产储量数据库管理系统中的剩余探明技术可采储量；固体矿产资源为矿产资源储量数据库管理系统中的储量，包括可信储量和证实储量；地热、矿泉水为矿产资源储量数据库管理系统中的允许开采量。在进行资产经济价值核算时，对于尚未取得采矿许可证的出让年限统一为10年。

三、清查单元

实物量清查、经济价值核算和其他管理信息清查以矿产资源储量数据库中的油气田/矿区为清查单元。其中，油气矿产为油气田，固体矿产、地热和矿泉水为储量库上表矿区，使用权状况以矿业权统一配号系统中的采矿权为清查单元，所有者职责履职主体以矿产资源储量数据库上表矿区中矿山（包括未利用、开采、闭坑和压覆）和矿业权统一配号系统中的采矿权为清查单元。

四、清查任务和分工

（一）国家级

第一，建立表8-2中35个主要矿种的矿产资源资产价格体系。

第二，负责表8-2中13个矿种的实物量清查、经济价值核算。

第三，提出省级地区调整系数的确定方法，组织开展省级矿产资源资产清查与价格体系建设成果核查。

第四，查清矿产资源资产的矿业权状况、所有者职责履职主体、保护和利用及权益维护等其他管理情况。

（二）省（自治区、直辖市）级

第一，细化国家级资产价格，即在国家级资产价格和省级地区调整系数的基础上，根据本省实际测算形成省级资产价格，其价格水平原则上应控制在国家价格上下30%之内，如果浮动范围超过30%，则须提交相关说明；根据管理权限，结合管理实际建立本区域内35个矿种之外的优势矿种省级资产价格和地市级调整系数。

第二，开展省级负责矿业权出让、登记的资源资产实物量清查、经济价值核算，并结合工作实际需要开展省内其他优势矿产资产实物量清查和经济价值核算。

第三，组织开展省内各地市矿产资源资产清查成果复检。

第四，查清矿产资源资产的矿业权状况、所有者职责履职主体、保护和利用及权益维护等其他管理情况。

（三）地市级和县级

在省级自然资源主管部门的组织部署下，配合开展辖区内矿产资源资产实物量清查、价格体系建设、经济价值核算和矿业权状况、所有者职责履职主体、保护和利用及权益维护等其他管理情况。

矿产资源资产清查工作具体分工见表8-2。

表8-2　矿产资源资产清查工作分工

<table>
<tr><th>矿产</th><th colspan="3">实物量清查</th><th colspan="2">经济价值核算</th><th colspan="2">管理情况清查</th></tr>
<tr><th>名称</th><th>数量</th><th>中央</th><th>地方</th><th>中央</th><th>地方</th><th>中央</th><th>地方</th></tr>
<tr><td>石油、烃类天然气、页岩气、天然气水合物、油页岩</td><td>5</td><td rowspan="2">实物量清查</td><td rowspan="2">—</td><td rowspan="2">测算资产价格，核算经济价值</td><td rowspan="2">—</td><td rowspan="2">使用权状况等管理情况清查</td><td rowspan="2">—</td></tr>
<tr><td>钨、锡、锑、钼、钴、锂、钾盐、晶质石墨</td><td>8</td></tr>
<tr><td>煤、金、银、铂、锰、铬、铁、铜、铅、锌、铝土、镍、磷、锶、铌、钽、硫（含自然硫和硫铁矿）、金刚石、石棉</td><td>19</td><td rowspan="2">成果核查</td><td rowspan="2">如果有储量，必须开展实物量清查</td><td rowspan="2">测算资产价格，核查省级细化成果</td><td rowspan="2">需进一步细化国家级资产价格，确定省级地区调整系数，核算经济价值</td><td rowspan="2">地方使用权状况等管理情况清查汇总</td><td rowspan="2">使用权状况等管理情况清查</td></tr>
<tr><td>二氧化碳气、地热、矿泉水</td><td>3</td></tr>
</table>

注：地方层面可结合自身资源禀赋的特点，在表内矿产资源种类的基础上开展本地区优势矿产的资产清查，测算优势矿产资产的价格，形成省级资产价格，确定地市级地区的调整系数。

五、资料准备

矿产资源资产清查资料准备包括：

（1）油气矿产储量数据库；

（2）矿产资源储量数据库；

（3）矿业权统一配号系统；

（4）矿山开发利用数据库管理系统；

（5）外业调查数据；

（6）矿产资源国情调查成果；

（7）生态保护红线、耕地和永久基本农田保护红线与自然保护地边界范围矢量成果；

（8）矿产资源规划；

（9）矿产资源执法督察记录；

（10）其他资料（地质勘查报告、储量核实报告、矿山开发利用方案、可行性研究报告等）。

六、工作程序与技术流程

矿产资源资产清查的工作程序包括资料收集和调查、实物量清查、权益管理信息清查、资产价格体系建立、经济价值估算、成果入库和成果应用等。其技术流程如图 8-1 所示。

七、实物量清查

（一）采集属性信息

采集所管理区域内的矿产资源属性信息，包括品级品位、资源规模、数量、空间分布情况。固体矿产资源以未利用矿区、生产矿山、政策性关闭矿山、闭坑矿山、压覆的矿产资源为具体清查对象进行清查核实。

（二）外业补充调查

矿产资源资产清查外业实地补充调查主要包括：储量数据库缺失的空间信息；储量数据库属性信息明显有逻辑错误的，补充调查并标注。

（三）资料预处理

对收集到的矿产资源储量数据、矿业权审批数据等资料的内容完备状况、时效性、客观性、代表性等进行检查和校验，剔除不符合要求和明显偏离正常情况的数据。对图件资料、数据库资料进行矢量化、格式标准化、坐标标准化，

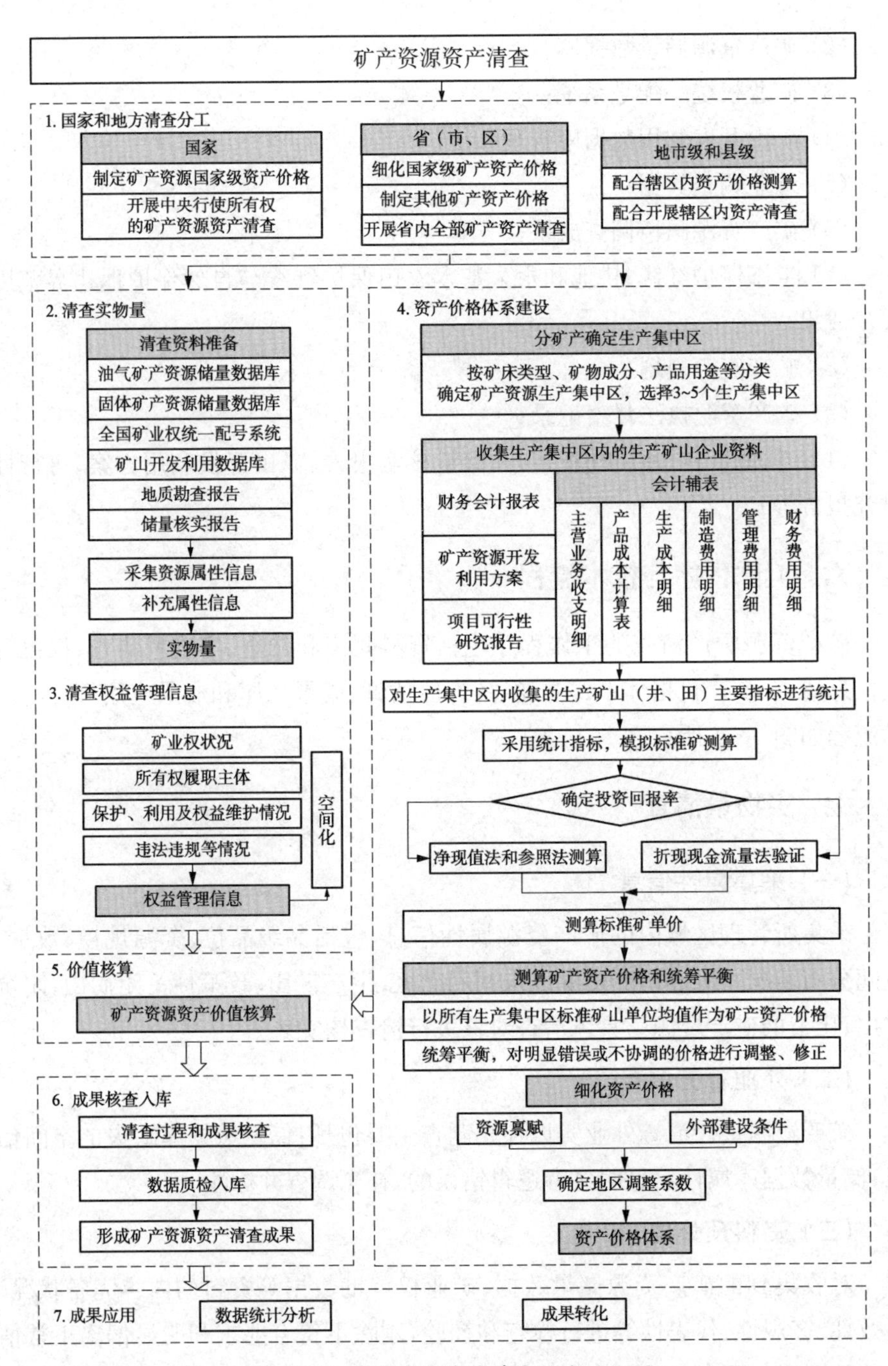

图 8-1 矿产资源资产清查技术流程图

不符合清查坐标要求的资料，统一对自然资源空间数据的数学基础进行转换，保持与本辖区“国土三调”的数学基础一致。

（四）专题数据空间信息要素层（图斑）提取

1. 矿区范围提取

根据矿产资源储量库中的坐标层，提取矿区范围的拐点坐标，进行空间化，形成矿产资源储量库的矿区范围。从矿产资源储量库中提取“登记分类编号”(DJFLBH)为1000的矿区范围数据，将要素层重新命名为“矿产资源范围_原始”(KCZYFW_O)。利用矿山储量年报、勘查报告等各类矿产资源相关报告，补充矿区范围。

2. 资源储量估算范围提取

根据矿产资源储量库中的坐标层，提取资源储量估算范围的拐点坐标，进行空间化，形成矿产资源储量库的储量估算范围。从矿产资源储量库中提取登记分类编号为1000的矿区范围数据的资源储量估算范围数据，将要素层重新命名为“储量估算范围_原始”(CLGSFW_O)。从矿业权审批数据、矿山开发利用统计数据库(或其他数据源)中提取地热、矿泉水信息，将要素层命名为“地热、矿泉水资源范围_原始”(DRKQSZYFW_O)。

3. 压覆范围提取

从矿产资源储量库中提取压覆范围(登记分类编号大于4000的数据)，选择“矿区编号”(KQBH)和“登记分类编号”字段进行“融合”，将要素层重新命名为“压覆范围_原始”(YFFW_O)，利用压覆报告等相关资料进行补充。

4. 矿业权信息提取

从矿业权审批数据(或其他数据源)中提取有效期内的探矿权、采矿权信息及其矿权的拐点坐标信息，将要素层命名为“探矿权_采矿权_原始”(TKQ_CKQ_O)。将上述处理后得到的矿产自然资源资产各图层，叠加最新生态保护红线、自然保护地数据，得到是否划入生态保护红线、划入自然保护地核心区等相关信息。

5. 属性字段挂接

第一，根据查明固体矿产资源资产清查基础情况表(如表8-3所示)，将矿产资源储量库中的相关属性字段挂接到“矿产资源范围_原始”“储量估算范围_原始”，联结字段选择矿区编号，将要素层重新保存为“矿产资源范围”(KCZYFW)、“储量估算范围”(CLGSFW)，将矿产资源储量库中资源储量层、质量层、地质条件层等相关要素层属性关联，形成资源储量情况表(ZYCL)。

表 8-3 查明固体矿产资源资产清查基础情况表

属性信息		填写
矿区	编码	
	名称	
资产清查标识码		
勘查阶段		
利用类型代码		
未利用原因代码		
高程	埋深	
	标高	
矿产组合		
矿种	类型	
	矿产代码	
	名称	
主要质量描述		

属性信息		填写
资源储量	规模	
	分类	
	计量单位	
	数量	
开采技术条件		
是否压覆		
压覆量		
划入生态保护红线资源储量		
划入自然保护地核心区资源储量		
清查价格	清查价格	
	调整系数	
备注		

填表说明：

1. 以矿区为清查单元。本表数据来源于矿产资源储量数据库。
2. “矿区”的“编码”“名称”栏，按矿产资源储量数据库中的相关内容填写。
3. “资产清查标识码”栏，按清查数据库提取的资产清查标识码填写。
4. “勘查阶段”栏，按矿产资源储量数据库中的勘查阶段填写。
5. “利用类型代码”栏，选择对应的类型代码填写。
6. “未利用原因代码”栏，对于可利用情况属于“近期难以利用”和“近期不宜进一步工作”的矿区，须填写原因，按主次程度，选择一至三个原因代码填写。
7. “埋深”“标高”栏，按矿产资源储量数据库中矿体埋深或埋深范围和标高或计算标高范围填写。
8. “矿产组合”“类型”“矿产代码”栏，按矿产资源储量数据库中矿产组合填写。
9. “矿种”的“名称”栏，按矿产资源储量数据库中的矿种名称填写。
10. “主要质量描述”栏，按矿产资源储量数据库中的主要成分及质量指标填写，包括矿石类型、矿石品级、主矿种品位单位、主要矿种平均品位。
11. 资源储量“规模”“分类”“计量单位”“数量”栏，按矿产资源储量数据库中资源储量的“规模”“分类”“计量单位”“数量”填写，其中，“数量”按矿产资源储量数据库中的资源储量填写，如果有金属量和矿石量，则需要分行填列。
12. “开采技术条件”栏，按矿产资源储量数据库中的水文地质条件、供水满足和供电满足程度填写。
13. “是否压覆”栏，按矿产资源是否压覆填写“是”或“否”；“压覆量”栏，按矿产资源储量数据库中的压覆量填写。
14. “划入生态保护红线资源储量”“划入自然保护地核心区资源储量”栏，按实际情况填写。
15. “清查价格”栏，按矿产资源资产所在区域内的清查价格填写，计量单位为元。“调整系数”栏，按矿种对应的地区调整系数填写。

第二，根据地热、矿泉水资源资产清查基础情况表（如表8-4所示），将矿业权审批、矿山开发利用统计数据库（或其他数据源）中的相关属性字段挂接到“地热、矿泉水资源范围_原始”，联结字段选择矿区编号，将要素层重新保存为“地热、矿泉水资源范围”（DRKQSZYFW）。

表8-4　地热、矿泉水资源资产清查基础情况表

<table>
<tr><th colspan="2">属性信息</th><th>填写</th><th colspan="2">属性信息</th><th>填写</th></tr>
<tr><td colspan="2">资产清查标识码</td><td></td><td colspan="2">储量级别</td><td></td></tr>
<tr><td colspan="2">要素代码</td><td></td><td rowspan="2">允许开采量</td><td>计量单位</td><td></td></tr>
<tr><td colspan="2">行政区代码</td><td></td><td>数量</td><td></td></tr>
<tr><td colspan="2">行政区名称</td><td></td><td colspan="2">热能</td><td></td></tr>
<tr><td colspan="2">储量登记分类编号</td><td></td><td colspan="2">电能</td><td></td></tr>
<tr><td rowspan="2">矿区</td><td>编号</td><td></td><td colspan="2">核算实物量</td><td></td></tr>
<tr><td>名称</td><td></td><td rowspan="2">资产价格标准</td><td>计量单位</td><td></td></tr>
<tr><td rowspan="2">矿山（井、孔）</td><td>编号</td><td></td><td>价格</td><td></td></tr>
<tr><td>名称</td><td></td><td colspan="2">地区调整系数</td><td></td></tr>
<tr><td rowspan="2">矿产类别</td><td>代码</td><td></td><td colspan="2">经济价值</td><td></td></tr>
<tr><td>类别</td><td></td><td rowspan="2">履职主体</td><td>层级</td><td></td></tr>
<tr><td rowspan="2">矿产</td><td>代码</td><td></td><td>管理部门</td><td></td></tr>
<tr><td>名称</td><td></td><td rowspan="2">储量计算坐标中心点</td><td>纵坐标 X</td><td></td></tr>
<tr><td rowspan="2">可利用情况</td><td>代码</td><td></td><td>横坐标 Y</td><td></td></tr>
<tr><td>描述</td><td></td><td colspan="2">储量计算坐标</td><td></td></tr>
<tr><td rowspan="2">未利用原因</td><td>代码</td><td></td><td colspan="2">区域扩展代码</td><td></td></tr>
<tr><td>描述</td><td></td><td colspan="2" rowspan="3">备注</td><td rowspan="3"></td></tr>
<tr><td rowspan="2">水质</td><td>名称</td><td></td></tr>
<tr><td>数值</td><td></td></tr>
</table>

填表说明：

1. 以矿区（井田）、矿山（井、孔）为清查单元，本表数据来源于矿产资源储量数据库。
2. “资产清查标识码”“要素代码”，按全民所有自然资源资产清查成果数据集的要求填写。
3. “行政区代码”“行政区名称”栏，按实际清查情况填写。
4. “核算实物量”需要根据资产价格标准地区调整系数表中对应的价格标准计量单位所表示的计算

对象选择，同时根据计量单位进行相关的计量单位换算。

5. “资产价格标准”中“价格”“计量单位”等数据来源于矿产资源资产价格标准表，“地区调整系数”数据来源于资产价格标准地区调整系数表。

6. “经济价值”按“其他矿产资源资产”规定的方法核算。

7. “履职主体”中的层级填写“中央级、省级、市级、县级”中的对应级别；“管理部门”填写履职主体的名称。

8. “储量计算坐标”“储量计算坐标中心点”仅在数据库中体现，不填表。

9. “区域扩展代码”填写新疆兵团、高新区等不在2020年底民政部发布的行政区划代码范围内的代码。

10. 对于来源于矿产资源储量数据库、经核实需要修改的数据，请说明修改内容、理由和依据。

第三，综合分析矿业权审批系统（或其他数据源）中探矿权、采矿权情况，根据探矿权、采矿权市场出让情况表以“矿业权项目编码”（KYQXMBM）挂接属性字段，将要素层重新保存为“探矿权_采矿权”（TKQ_CKQ），确定联结属性参照表8-5。

表8-5 矿产资源各要素层挂接属性字段

编号	要素层名称	挂接属性字段名称
1	矿产资源范围_原始	矿区编号、矿区名称、勘查阶段、利用类型代码、未利用原因代码、埋深、标高
2	储量估算范围_原始	矿区编号、矿区名称、勘查阶段、利用类型代码、未利用原因代码、埋深、标高
3	资源储量情况表	资产清查标识码、要素代码、行政区名称、行政区代码、矿区编码、矿区名称、登记分类编号、矿产组合、矿种类型、矿产代码、矿产名称、主要质量描述、资源储量规模、资源储量分类、储量计量单位、金属量、矿石量、金属量计量单位、矿石量计量单位、资源储量数量、开采技术条件、是否压覆、压覆量
4	地热、矿泉水资源范围_原始	矿区编号、矿区名称、矿种类型、矿产名称、质量描述、规模、工作程度、资源动用量计量单位、资源动用量数量、开采技术条件、是否压覆
5	探矿权_采矿权_原始	矿业权项目编码、矿业权项目名称、矿种类型、矿产名称、生产规模、开采方式、出让金额、出让率、所在矿区编码、矿权类型、出让方式、许可证编号、矿业权人名称、发证机关、发证时间、有效期时间
6	压覆范围_原始	矿区编号、建设项目名称、建设项目类别、压覆性质、矿石量/金属量

第四，将矿产资源储量库中“矿区编号”“建设项目名称”“矿石量/金属量”等相关属性挂接到“压覆范围_原始”，将要素层重新保存为“压覆范围”。

实物量清查完成，统计矿产资源清查结果。

八、经济价值估算

（一）基本思路

运用净现值法测算各矿种的资产价格，再乘以各矿种清查核实的实物量得到经济价值。最后，将各矿种的价值估算结果汇总，形成矿产资源资产总价值。

（二）矿山企业生产与经济资料收集

收集矿山企业的财务会计报表、主营业务收支明细表、主营业务成本明细表、销售费用明细表、税金及附加明细表、固定资产折旧明细表、无形资产摊销明细表、管理费用明细表、财务费用明细表等会计报表。

数据资料清单包括：

(1) 矿山企业生产实际基础资料收集表（如表 8-6 所示）；

(2) 矿山企业采选生产报表；

(3) 矿山企业年度储量报告；

(4) 矿山企业生产经营财务基础资料收集表（如表 8-7 所示）；

(5) 矿产资源开发利用方案；

(6) 项目可行性研究报告；

(7) 项目矿业权评估报告。

表 8-6　矿山企业生产实际基础资料收集表

<table>
<tr><th colspan="2">属性信息</th><th>填写</th><th colspan="2">属性信息</th><th>填写</th></tr>
<tr><td colspan="2">年度</td><td></td><td rowspan="3">剩余可采储量</td><td>矿石量</td><td></td></tr>
<tr><td colspan="2">填报单位</td><td></td><td>金属量</td><td></td></tr>
<tr><td colspan="2">矿产</td><td></td><td>平均品位</td><td></td></tr>
<tr><td colspan="2">主共伴生矿产类型</td><td></td><td rowspan="3">采出量</td><td>矿石量</td><td></td></tr>
<tr><td colspan="2">主要矿石类型</td><td></td><td>金属量</td><td></td></tr>
<tr><td colspan="2">矿床工业类型</td><td></td><td>平均品位</td><td></td></tr>
<tr><td rowspan="3">计量单位</td><td>矿石量</td><td></td><td colspan="2">产品方案</td><td></td></tr>
<tr><td>金属量</td><td></td><td colspan="2">产品产量</td><td></td></tr>
<tr><td>品位</td><td></td><td colspan="2">矿山剩余服务年限</td><td></td></tr>
</table>

续 表

属性信息		填写	属性信息	填写
保有资源储量	资源储量类型		生产经营状态	
	储量估算基准日（截止日）		矿石贫化率	
	矿石量		采矿回采率	
	金属量		选矿回收率	
	平均品位		综合利用率	
			备注	

注：

1. 资料收集时间范围：近5年。
2. 数据来源：生产地质及计划部门依据地质报告（勘查报告、储量核实报告和储量年报）、矿山设计文件、项目可行性方案，并结合企业生产实际填列。
3. 产品方案说明最终产品的类型及产品的品位，如铅精矿（50%），共伴生组分产品情况也需填列；一个矿产对应多个产品方案时，需分行填列。
4. 产品产量按计价产品的数量进行填写，如产品为铅精矿，填报铅精矿含铅金属的数量。
5. 保有资源储量、剩余可采储量、年采出量中的矿石量、平均品位。
6. 生产经营状态需说明未达产、达产、改扩建等。

表 8-7　矿山企业生产经营财务基础资料收集表

属性信息			填写	属性信息			填写
年度				矿产资源补偿费			
填报单位				资源税			
年主营业务收入	矿产			生产资产回报			
	年产品销售量			投资总额	固定资产	原值	
	产品价格	计量单位				净值	
		价格			更新改造资金		
	年产销售额				无形资产	初始入账金额	
营业成本						摊销余额	
营业费用					其中：土地出让金	初始入账金额	
管理费用						摊销余额	
总成本费用					长期待摊费用	初始入账金额	
财务费用						摊销余额	

续　表

属性信息	填写	属性信息			填写
税金及附加			其他长期资产	初始入账金额	
开采专项补贴				摊销余额	
矿业权出让收益		流动资金			
矿业权占用费(使用费)		备注			

注：

1. 资料收集时间范围：近 5 年。
2. 数据来源：财务部门根据财务报表及企业生产实际填列。
3. 如填列项目不能分列矿产，只需每年度填列一行，但需要备注说明。
4. 如历史数据的口径也不一致时，按最新要求归集，确保不缺项、不漏项。
5. 按年度实际销售的计价产品的数量填列；共伴生组按分产方案填列；一个矿产对应多个产品方案时，需分行填列。
6. 各项成本、费用、税金等应扣除资源税和矿业权出让收益(价款)、占用费(使用费)、矿产资源补偿费和其他国家权益款项年度摊销。
7. 经营成本为总成本费用扣除折旧费、摊销费、维简费和财务费用。
8. 总成本费用构成生产成本(制造成本、制造费用)与期间费用(管理费用、营业费用、财务费用)，但不包括支付给上级企业的管理费用。
9. 开采专项补贴包括矿山企业享有的资源类奖励资金、增值税先征后返、价格补贴等；投资总额为矿产开采的必需生产性投资。

(三) 价格体系的建立

1. 划分生产集中区

划分国家、省级的生产集中区，为进一步选定典型生产集中区、测算标准矿山价值、测算矿种资产价格、核算矿种经济价值作出规范。

清查矿种的矿产类型和主要生产集中区划分采用资料分析和专家评议相结合的方法，依据全国矿产资源规划、矿产资源储量库、矿产资源开发利用数据库等基础数据作为划分的基础，综合考虑矿产资源分布、开发利用现状等因素，形成矿产资源生产集中区分区的总体思路与分区方案，并征求相关矿业协会和企业意见后确定(如表 8－8 所示)。

表 8－8　清查矿种的矿产类型和主要生产集中区

矿种	矿床类型	分布区域	典型矿床
石油	—	松辽生产集中区	大庆油田、吉林油田
		环渤海生产集中区	辽河、二连、华北、冀东、大港、胜利和渤海油田

续 表

矿种	矿床类型	分布区域	典型矿床
		新疆生产集中区	准噶尔盆地、吐鲁番盆地、塔里木盆地的油田
		陕甘宁生产集中区	玉门、长庆和延长油田
		中原生产集中区	河南和中原油田
		南海生产集中区	北部湾盆地、莺歌海和琼东南盆地、珠江口盆地、中沙-南沙区等
		东海生产集中区	浙东、台北、台西等
天然气	—	川滇黔生产集中区	四川盆地和西南海相碳酸盐岩区
		—	塔里木
		—	鄂尔多斯
		—	东海陆架
		—	柴达木
		—	松辽
		—	莺歌海
		—	渤海湾
		—	东南
页岩气	南方海相页岩地层	川渝	重庆綦江、万盛、南川、武隆、彭水、酉阳、秀山和巫溪等
	—	松辽	—
		鄂尔多斯	—
		吐哈	—
		准噶尔	—
天然气水合物	海上水合物	南海大陆坡及其深海	—
	陆上水合物	青藏高原冻土区	羌塘盆地
油页岩	—	吉林省	农安、桦甸、罗子沟
		广东省	茂名

续　表

矿种	矿床类型	分布区域	典型矿床
		辽宁省	抚顺、锦州、阜新、葫芦岛
		山西省	蒲县东河至洪洞三交河、保德县腰庄一带的古生代煤系地层中
		陕西省	铜川市宜君县、咸阳市永寿县、延河流域
金	—	胶东区(莱州-招远)	—
		豫陕小秦岭区	—
		冀北-辽西	—
		滇黔	—
		西北区	—
银	—	福建	中堡悦洋银多金属矿
铂	—	云南	金宝山
锰	—	贵州遵义-松桃	遵义铜锣井、长沟等;贵州遵义天磁锰业有限公司
		湘西南区	永州、零陵等;三和锰业公司
		重庆秀山-武陵	重庆秀山、武陵等;重庆市秀山三润矿业有限公司
		广西大新-靖西	大新县下雷、靖西湖润、天等等;中信大锰有限公司
		新疆天山	新疆乌恰-阿合奇、昭苏、莫托萨拉-库米什;新疆科邦锰业有限公司
		湖北长阳	古城;湖北中锰科技有限公司
铬	—	西藏中部生产集中区	罗布莎等
铁	沉积变质型	鞍山-本溪典型矿床	东鞍山、西鞍山、齐大山、弓长岭、南芬等
	沉积变质型	冀东-密云典型矿床	水厂、司家营、大石河、沙厂、石人沟
	晚期岩浆型	攀枝花-西昌市	攀枝花、太和、白马、红格等
	沉积变质型	五台-岚县	山羊坪、袁家村、尖山等
	火山岩型	南京-马鞍山	梅山、凹山、姑山、罗河等

续 表

矿种	矿床类型	分布区域	典型矿床
	沉积变质、热液交代型	包头-白云鄂博区	白云主矿、东矿等
	沉积变质型	安徽霍邱	张庄、吴集
钨	石英脉型、夕卡岩型	江西	西华山、盘古山、大吉山、漂塘
		湘南	瑶岗仙、柿竹园
		闽西	行洛坑
锡	硫化物型	滇南区	个旧、马关都龙
	层控热液型	桂西区	南丹大厂
	硫化物型、夕卡岩型和石英脉型	粤湘赣南地区	广东银坪山、大顶、锡山;江西红水寨、大余下垅、会昌岩背;湖南桂阳大顺窿、临武香花岭
锑	层控型和石英脉型	湘中区	安化渣滓溪、桃江板溪、新化锡矿山、新邵龙山
	脉状型和中低温热液充填交代型	黔东南-桂北区	贵州的半坡、榕江县八蒙和广西的大厂、五圩箭猪坡
	层控型和细脉型	黔西-滇东南区	贵州晴隆、云南文山木利
	—	广西	高峰
钼	斑岩型和夕卡岩型	金堆城-栾川地区	陕西的金堆城、黄龙铺;河南的栾川上房沟、南泥湖、嵩县雷门沟
	斑岩型和夕卡岩型	华北北部、小兴安岭-胶东地区	辽宁锦西杨家杖子、兰家沟,吉林大黑山,河北丰宁撒岱沟,山东邢家山
	—	河南	—
钴	伴生矿	西北	甘肃金昌白家嘴子铜镍矿区
锂	花岗伟晶岩型稀有金属矿床	四川	甘孜甲基卡锂矿区
	—	江西	—

续　表

矿种	矿床类型	分布区域	典型矿床
铜	斑岩型和夕卡岩型	长江中下游区（江西、湖北、安徽）	大冶铜绿山、德兴铜厂、永平天排山、九江城门山、铜陵冬瓜山等
	斑岩型和夕卡岩型	藏昌都区（西藏）	江达玉龙、察雅马拉松多等
	火山型和火山沉积型	川西南－滇中区（四川、云南）	会理大铜厂、九龙李伍、会理拉拉厂、大姚六苴、东川等
	岩浆型和火山沉积型	金川－白银区（甘肃）	金川白家嘴子、白银厂等
	斑岩型	中条山地区（山西）	垣曲铜矿峪、闻喜篦子沟等
	—	福建、黑龙江、内蒙古	—
铅锌	沉积变质型和热液型	南岭地区（包括湘南、粤北和桂东）	湖南桃林、桂阳和广东凡口等
	层控热液型	川滇地区（包括川西南和滇北）	云南兰坪金顶、会泽和四川会东、会理等
	沉积变质型	西秦岭地区（包括甘南和陕南）	甘肃厂坝、小铁山和陕西铅硐山等
	沉积变质型	狼山-阿尔泰山区	内蒙古的东升庙、甲生盘、白音诺尔、霍各乞和河北的蔡家营等
	—	江西	—
铝土矿	古风化壳型	晋中-晋北区	孝义西河底、交口毕家掌、柳林三家山、保德县天桥等
	古风化壳型	豫西-晋南区	河南渑池曹瑶、灵宝杨寨峪、四范沟、新安贾沟、石寺、偃师区夹沟、巩义竹沟和山西平陆下坪等
	古风化壳型	黔北-黔中区	遵义团溪、清镇猫场、林歹、修文干坝、小山坝、贵阳斗篷山等
	古风化壳型和风化壳型	桂西-滇东区	平果那豆、田阳古美、田东游昌、德保隆华等
	—	云南	—

续 表

矿种	矿床类型	分布区域	典型矿床
镍	铜镍硫化物型	甘肃金川地区	金川镍矿
锶	—	江苏	金焰锶业
铌	钽、铌、锂、铷、铯、钾共生矿	江西宜春	宜春钽铌矿
钽	—	江西	宜春钽铌矿
硫	煤系沉积型硫铁矿	川滇黔	四川大树、川南、周家、新华和贵州四面山等
	沉积变质型硫铁矿和层控型伴生硫铁矿	粤湘南	广东云浮、阳春、罗定、海丰等
	热液型、夕卡岩型和火山岩型硫铁矿（伴生硫铁矿）	长江中下游	安徽黄屯、向山、新桥、何家小岭和江西德兴银山、九江城门山等
	沉积型和热液型等	山东	泰安等
	沉积变质型	内蒙古	炭窑口、东升庙等
磷	沉积磷块岩型	黔中生产集中区	开阳、翁安特大型磷矿
	沉积磷块岩型	鄂西生产集中区	荆襄、宜昌、保康等大型磷矿
	沉积磷块岩型	滇东生产集中区	昆阳、海口、晋宁等
	沉积磷块岩型	川中南区	什邡、马边、雷坡等
	沉积磷块岩型	湘西生产集中区	石门东山峰、浏阳永和

续　表

矿种	矿床类型	分布区域	典型矿床
金刚石	原矿、砂矿	山东	蒙阴
	原矿、砂矿	辽宁	瓦房店
	砂矿	湖南	麻阳武水
石棉	蛇纹石类石棉	青海	茫崖蛇纹石石棉矿
	—	新疆	巴州石棉矿、新疆若羌石棉矿
	—	四川	新康石棉矿
	—	甘肃	鸣沙石棉矿
钾盐	现代盐湖型	新疆	罗布泊盐湖
	古代内陆湖相沉积矿床	青海柴达木盆地区	察尔汗、大浪滩、昆特依等
		云南江城县	勐野井钾矿
石墨	区域变质型	黑龙江生产集中区	萝北云山、鸡西柳毛、勃利佛岭等
		鲁东生产集中区	平度刘戈庄、莱西南墅
		川滇接合部生产集中区	四川攀枝花扎壁和云南牟定戌街、元阳宗皮寨
	接触变质型	湖南生产集中区	桂阳荷叶、郴州鲁塘
煤	褐煤	内蒙古东部、云南生产集中区	扎赉诺尔、小龙潭
	低变质烟煤（不黏煤、长烟煤、弱黏煤）	新疆和陕北生产集中区	准噶尔、伊宁、吐哈等区和榆神、神府矿区等
	中变质烟煤（气、肥、焦、瘦等炼焦用煤）	山西、河北生产集中区	西山古交、河东、离柳、开滦等

续 表

矿种	矿床类型	分布区域	典型矿床
	高变质烟煤（贫煤、贫瘦煤）	山西、贵州生产集中区	阳泉、六盘水等地
	无烟煤	山西、贵州、河南生产集中区	晋城、六盘水、永城等矿区
地热	高温地热型	西藏羊八井、云南腾冲	羊八井地热电站
	浅储温泉型	胶东半岛、辽东半岛、南方丘陵山区	辽宁大连、营口以及山东文登七里汤、临沂汤头和南京汤山等
	深藏盆地型	华北平原、渭水盆地	北京、天津、河北、山东、陕西等平原区
二氧化碳气	—	松辽盆地	—
	—	渤海湾盆地	—
	—	内蒙古商都盆地	—
	—	苏北盆地	—
	—	三水盆地	—
	—	珠江口盆地	—
	—	莺歌海盆地	—
	—	琼东南盆地	—
	—	北部湾盆地	—
矿泉水	—	广东	—
	—	山东	—
	—	河北	—
	—	吉林	—
	—	四川	—
	—	福建	—
	—	黑龙江	—

注:“—”表示无法列出具体类型。

2. 选择典型生产集中区

各矿产在每一类集中区中，根据矿产品的产量选择具有代表性的1—5个集中区，如果该类型集中区的数量少于5个，则全选；如果集中区的数量多于5个，则选择产量占前5位的集中区。

3. 测算标准矿山价值

在选定的每一个集中区中，根据矿山的生产规模分为大、中、小型，测算各类型矿山近5年相关参数的平均值(算术平均)，计算过程中，应剔除高度异常值(与平均值的偏差超过3倍标准差的值)。

将集中区内各参数的平均值作为标准矿山的参数，计算标准矿山的资源租金，假设标准矿山的剩余可采储量可供服务年限内每年的资源租金恒定，将未来资源的资源租金折现到基准时点，得到标准矿山的矿产资源资产价值。

1) 标准矿山资源租金测算

资源租金＝营业收入－营业成本－营业费用－管理费用－税金及附加－开采专项补贴＋矿业权出让收益(价款)摊销＋矿业权占用费(使用费)＋矿产资源补偿费＋资源税－生产资产回报

营业收入＝标准矿山年产品产量×标准矿山销售价格(不含税)

营业成本＋营业费用＋管理费用＝总成本费用－财务费用

生产资产回报＝(固定资产投资＋土地出让金)×投资回报率

标准矿山产品年产量为集中区内各矿山企业数据的平均值，标准矿山销售价格(不含税)为集中区内各矿山企业数据的平均值，来源于企业主营业务收入明细表。

总成本费用指矿产资源生产销售过程中必需的成本费用，为集中区内各矿山企业数据的平均值，包括生产成本(制造成本、制造费用)、期间费用(管理费用、营业费用、财务费用)。数据来源于矿山企业的会计报表。总成本费用包含矿业权占用费(使用费)、矿产资源补偿费。

税金及附加为集中区内各矿山企业数据的平均值，数据来源于矿山企业税金及附加明细表。

开采专项补贴为集中区内各矿山企业数据的平均值，包括矿山企业享有的资源类奖励资金、增值税先征后返、价格补贴等，数据来源于企业现金流量表。

生产资产回报为集中区内各矿山企业数据的平均值。其中，固定资产投资从项目可研报告中获取;投资回报率=无风险报酬率+风险报酬率。投资回报率的取值范围为5.8%~7.47%。无风险报酬率一般采用当期国债利率。风险报酬率采用风险累加法估算。以风险累加法将风险报酬率累计,计算公式为:

风险报酬率=行业风险报酬率+财务经营风险报酬率

其中,行业风险是由行业的市场特点、投资特点、开发特点等因素造成的不确定性带来的风险,财务经营风险包括产生于企业外部而影响财务状况的财务风险和产生于企业内部的经营风险。财务风险是企业资金融通、流动以及收益分配方面的风险,包括利率风险、汇率风险、购买力风险和税率风险。经营风险是企业内部风险,是企业经营过程中由于市场需求、要素供给、综合开发、企业管理等方面的不确定性所造成的风险。

中国矿业权评估师协会发布的《矿业权评估参数确定指导意见》建议,行业风险的取值范围为1.00%~2.00%,财务经营风险的取值范围为1.00%~1.50%。

(2) 标准矿山资产价值计算。

在矿山生产企业具有完整的生产经营数据和基础资料的条件下,以自然资源资产清查基准日作为基准时点,获取矿山生产企业生产经营数据和基础资料,选择基于资源租金的净现值法进行测算。折现现金流量法仅作为对净现值法的补充验证。

净现值法的计算公式如下:

$$V_{t1}=\sum_{\tau=1}^{N_t}\frac{RR_{t+\tau}}{(1+r_t)^{\tau}}$$

$$V_{t2}=\sum_{\tau=1}^{N_t}\frac{RR_{t+\tau}-RT}{(1+r_t)^{\tau}}$$

式中:

V_{t1}——基准时点的标准矿山资产价值(含资源税);

V_{t2}——基准时点的标准矿山资产价值(不含资源税);

N_t——t 年期末起的标准矿山服务年限,为矿产资源集中区所选矿山剩余可采资源储量除以年采出量的商(资料来源于矿山生产报表);

r_t——t 年折现率,参考截至基准时点前5年的国债平均收益率确定;

$RR_{t+\tau}(\tau=1, 2, \cdots, N_t)$——标准矿山第 τ 年的资源租金；

RT——资源税。

折现现金流量法的计算公式为：

$$V_{t3}=\sum_{t=1}^{n}(CI-CO)_t \cdot \frac{1}{(1+i)^t}$$

式中：

V_{t3}——t 年期末的资产价值；

CI——矿山年现金流入量；

CO——矿山年现金流出量；

$(CI-CO)_t$——矿山年净现金流量；

i——折现率，按《矿业权评估指南》取8%；

t——年序号（$t=1, 2, \cdots, n$）；

n——矿山服务年限，为矿产资源集中区所选矿山剩余可采资源储量除以年采出量的商（资料来源于矿山生产报表）。

矿山年现金流入量（CI）＝营业收入＋回收流动资金＋回收固定资产净残（余）值＋回收抵扣进项增值税

营业收入＝产品年产量×销售价格（不含税）

式中：产品年产量、销售价格（不含税）的数据来源于企业主营业务收入明细表；回收流动资金、回收固定资产净残（余）值、回收抵扣进项增值税等数据来源于企业现金流量表。

标准矿山年现金流出量（CO）＝经营成本＋固定资产投资＋无形资产投资（含土地使用权）＋其他资产投资＋更新改造资金＋其他费用＋税金及附加

经营成本＝总成本费用－固定资产折旧（含维简费）－摊销－财务费用

其中，年现金流出量中不包括年摊销的出让矿业权出让收益（价款）、矿业权占用费（使用费）；总成本费用包括生产成本（制造成本、制造费用）与期间费用（管理费用、营业费用、财务费用），数据来源于矿山企业的会计报表。矿业权占用费包括在管理费用中，矿山地质环境恢复治理基金包括在生产成本中。固定资产投资、无形资产投资、其他资产投资、更新改造资金的数据来源于矿山企业的财务会计报表。其他费用包括投放流动资金等，数据来源于矿山企业的财务费用明细表。税金及附加不包括资源税，为集中区内各矿山企业数据的平均值，数据来源于矿山企业税金及明细附加表。

4. 标准矿山剩余可采储量测算

在选定的矿产资源生产集中区内，对所有矿山的剩余可采储量采用算术平均法测算，得出标准矿山剩余可采储量，各矿山剩余可采储量数据来源于矿山储量核查报告。

5. 标准矿山资产价格测算

$$P_s = \frac{V_{t2}}{S_t}$$

式中：

P_s——t 年期末标准矿山资产价格；

V_{t2}——t 年期末（基准时点）的标准矿山资产价值（不含资源税）；

S_t——标准矿山剩余可采储量。

6. 测算矿产资源资产价格

标准矿山资产价格的算术平均值为该矿产各类型矿产资源资产价格的标准，计算公式如下：

$$\overline{P}_t = \frac{\sum_{i=1}^{n} P_{Si}}{n}$$

式中：

$\overline{P}_t$——单矿产分类型资产价格；

P_{Si}——第 i 个标准矿山资产价格；

n——选定的集中区数量（1—5 个）。

单一矿种的计算公式如下：

$$\overline{P}_t = P_s$$

式中：

$\overline{P}_t$——单矿种分类型清查价格；

P_s——标准矿山资产清查价格。

对于共伴生矿床类型，各矿种的清查价格按共伴生组分占矿产品销售比例

计算,计算公式如下:

$$\overline{P}_t = P_s \cdot \frac{Q_t}{Q_a}$$

式中:

$\overline{P}_t$——单矿种分类型清查价格;

P_s——标准矿山资产清查价格;

Q_t——单矿种销售额;

Q_a——所有矿种销售额。

7. 本行政区域的资产价格的计算

依据资产价格,乘以地区调整系数,得出下一级行政区域的资产价格,计算公式如下:

$$P_{SS} = \overline{P}_t \cdot K$$

式中:

$\overline{P}_t$——单矿产分类型资产价格;

P_{SS}——下一级行政区域资产价格;

K——地区调整系数。

地区调整系数综合考虑资源禀赋(品位品级、海拔)、外部建设条件(交通运输条件、经济发展)等因素确定,调整因子选取和系数取值参照表8-9。在调整因素方面,各地可结合实际,合理增加相关影响因素。地区调整系数的计算公式为:

$$K = \omega_1 k_1 \cdot \omega_2 k_2 \cdot \omega_3 k_3 \cdot \omega_4 k_4$$

式中:

K——地区调整系数;

ω_1——品位品级调整系数权重;

k_1——品位品级调整系数;

ω_2——海拔调整系数权重;

k_2——海拔调整系数;

ω_3——交通运输条件调整系数权重;

k_3——交通运输条件调整系数；

ω_4——经济发展条件调整系数权重；

k_4——经济发展条件调整系数。

表 8-9　调整因子系数取值参照表

系数取值	调整因子			
	品位品级(按矿产分品位或品级)	平均海拔	交通运输条件路网密度(δ=L/F)	经济发展条件(地区人均GDP)
高(1.1～1.5)	富矿(如铜矿品位≥1%)	<1 000 m	≥3 km/km²	≥75 000 元
中(1.0)	贫矿与富矿之间(如铜矿品位 0.6%～1%)	1 000～3 000 m	2.5～3 km/km²	61 000～75 000 元
低(0.5～0.9)	贫矿(如铜矿品位<0.6%)	≥3 000 m	<2.5 km/km²	<61 000 元

注：δ 为路网密度；L 指有公共交通线路的道路中心线总长度(km)；F 指有公共交通服务的用地面积(km²)。

8. 统筹平衡

自然资源部组织开展国家级资产价格体系建设成果的统筹平衡，对明显错误或不协调的资产价格进行必要的调整、修正。对于省内 35 个矿产之外没有生产矿山的，可以参考邻省或其他地区的省级均价，确定省级资产价格。

省级组织开展省级清查价格体系建设成果的统筹平衡，对明显错误或不协调的清查价格进行必要的调整、修正。对于县内没有生产矿山的矿种，可以参考省内周边矿山，结合本县实际情况制定地区调整系数，确定清查价格。全省范围内没有生产矿山的矿种，暂不制定清查价格。

(四) 经济价值估算

1. 油气资源资产

油气资源资产价值的估算公式为：

$$V_1 = Q_1 \cdot P_1$$

式中：

V_1——资产价值；

Q_1——剩余探明技术可采储量；

P_1——油气矿产资产价格。

2. 固体矿产资源资产

1）主、共生矿

固体矿产资源资产价值的估算公式为：

$$V_2 = Q_2 \cdot P_2 \cdot A_2$$

式中：

V_2——资产价值；

Q_2——固体矿产主、共生矿种储量；

P_2——固体矿产资产价格；

A_2——地区调整系数(如无地区调整系数，则取值为 1)。

2）伴生矿

固体矿产伴生矿资产价值的核算公式为：

$$V_3 = Q_3 \cdot P_3 \cdot A_3 \cdot a$$

式中：

V_3——伴生矿资产价值；

Q_3——固体矿产伴生矿种储量；

P_3——固体矿产资产价格；

A_3——地区调整系数(如无地区调整系数，则取值为 1)；

a——伴生资源打折系数。

各矿产伴生资源打折系数可采用专家咨询法，结合历史数据综合考虑。

3. 地热、矿泉水资源资产

地热、矿泉水资源资产价值的估算公式为：

$$V_4 = Q_4 \cdot P_4 \cdot A_4 \cdot t$$

式中：

V_4——资产价值；

Q_4——允许开采量；

P_4——地热、矿泉水资源资产价格；

A_4——地区调整系数(如无地区调整系数,则取值为1);

t——已取得采矿许可证的出让年限,尚未取得的出让年限统一为10年。

4. 价值汇总

矿产资源资产清查经济价值的汇总公式为:

$$V_a = \sum_{i=1}^{n} V_n$$

式中:

V_a——所有矿产资源资产清查价值(不含资源税);

n——核算涉及的矿产的数量;

V_n——第 n 种矿产的经济价值。

汇总矿产资源资产清查经济价值估算成果,形成表8-10。

表8-10 矿产资源资产经济价值汇总表

序号	矿区名称	可利用情况	矿产名称	实物量			经济价值(万元)	备注
				实物量	计量单位	资产价格		

第二节 全民所有水资源资产清查

一、清查范围

全民所有水资源资产清查分为图斑清查和统计清查两部分。

图斑清查的清查范围为河流水面、湖泊水面、冰川及永久积雪面积及分布状况(如表8-11所示),统计清查的清查范围为地表水和地下水资源数量、质量、开发利用状况等实物量属性信息。

表 8-11　水资源资产清查的基本类型

三大类	"国土三调"工作分类(一级类)		"国土三调"工作分类(二级类)	
	编码	名称	编码	名称
未利用地	11	水域及水利设施用地	1101	河流水面
			1102	湖泊水面
			1110	冰川及永久积雪

图斑清查以年度国土变更调查图斑为清查单元，统计清查以省级行政区划国土空间为清查单元。

图斑清查实物量属性信息来自"国土三调"和年度国土变更调查的成果；统计清查实物量属性信息来源于调查监测和确权登记的成果，其中，水资源数量和开发利用状况等来源于水资源公报，地表水质量来源于地表水环境质量状况报告，地下水质量来源于自然资源部地下水监测报告和地下水年度调查评价的成果。

二、清查组织实施和技术流程

全民所有水资源资产清查工作的内容主要包括实物量清查以及违法违规等权益管理信息清查，并建立数据库。

国家负责确定清查工作总体方案，组织开展全国水资源资产清查工作，汇总省级清查的成果。各省负责组织开展本辖区全民所有水资源资产清查工作。以县级行政区为单位具体开展全民所有水资源资产清查工作。

全民所有水资源资产清查的工作程序和技术流程如图 8-2 所示。

三、资料准备

(1) 清查基准时点下的卫星遥感影像数据。

(2) "国土三调"行政区边界底图。

(3) 年度国土变更调查的成果。

(4) 国家和各省水资源公报、全国和各省地表水环境质量状况报告、国家地下水监测工程年度报告、全国地下水年度调查评价报告等。

(5) "三区三线"划定、自然保护地边界范围矢量成果。

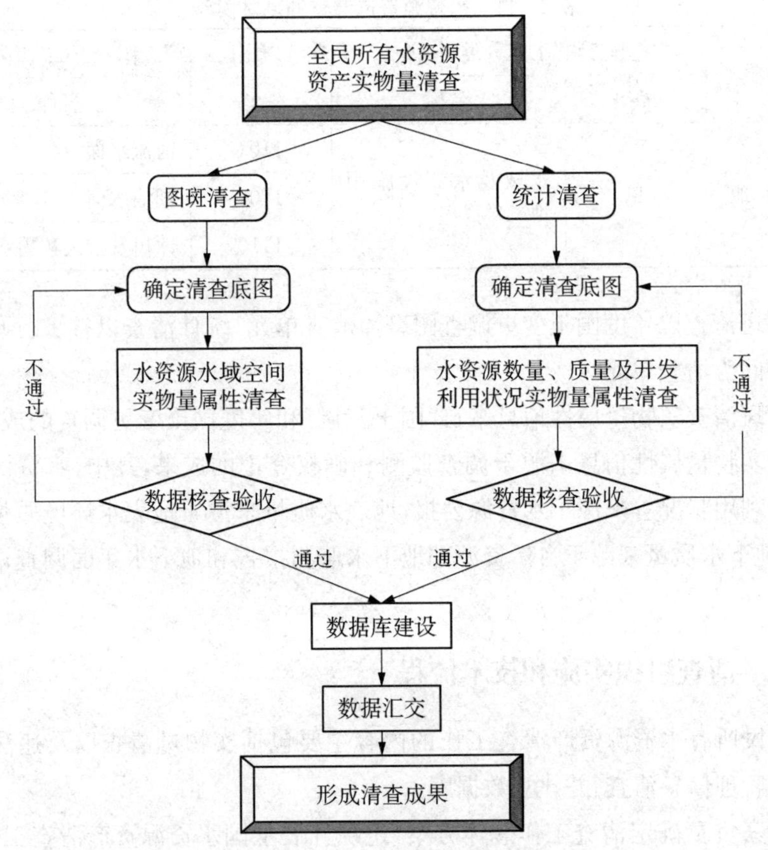

图 8-2 全民所有水资源资产清查技术流程图

四、实物量清查

(一) 确定基数和底图

以年度国土变更调查成果数据中地类为河流水面、湖泊水面、水库水面、冰川及永久积雪,所有权为全民所有的图斑范围作为基数和底图。同时,结合集体土地所有权确权登记成果和已有的自然资源确权登记成果的土地权属信息,对底图范围进行更新完善。

(二) 清查范围要素层(图斑)提取与制作

按照“地类编码”或“地类名称”,根据“国土三调”工作分类与水资源资产清查地类范围，提取“国土三调”成果中的水资源图斑，选取代码为“10”“20”“21”的图斑，存储为“国有水资源”(GYSZY)图层，作为水资源资产清查的范围，结合集体土地所有权确权登记成果、已有的自然资源确权登记成果等资料的土地权属信息，对“国有水资源”图层的范围进行更新完善，增加字段“权属标识码”，并在字段中注明权属情况，具体填写规则参照数据库。

(三) 专题数据空间信息要素层(图斑)提取

从水域调查图斑中提取“水资源”(SZY)要素层，保留要素层属性表信息的名称、数值不变。

从水质监测数据中提取“水质监测”(SZJC)要素层，保留要素层属性表信息的名称、数值不变。

从“三区三线”划定、自然保护地边界范围矢量成果，叠加和提取划入城镇开发边界的范围、划入永久基本农田保护红线的范围、与国土空间规划用途不一致的范围、划入生态保护红线的范围和划入自然保护地核心区的范围。

(四) 属性表清洗

对制作的水资源清查范围和提取的实物要素层属性表进行逐项检查、分析，剔除与报表填报无关的属性字段。对水资源专题要素层属性字段进行查阅，并对完整性缺失(漏填)、规范性错误(填写不规范)的属性字段图斑进行标注。对属性字段进行清洗以后，保留的属性字段如表 8-12 所示。

表 8-12　水资源清查原始空间数据要素层属性表清洗后保留属性字段

序号	要素层名称	保留属性字段名称(代码)
1	国有水资源	坐落单位名称、坐落单位代码、权属单位代码、权属性质、图斑编号、标识码、地类编码、地类名称、子图斑面积、权属标识码、备注
2	水资源	水域编码、流域、水域名称、水域类型、水域面积、水域容积、等级
3	水质监测	监测点/断面名称、监测点唯一标识码、采样时间、透明度、叶绿素 a、水体富营养化、溶解氧、高锰酸盐指数、氨氮、总氮、总磷、水质类别

注：增加“备注”字段，用以标识飞入地，标注为“1”。

(五) 数据融合

水资源数据融合在年度国土变更调查成果基础上进行，方法如下：

第一，以年度国土变更调查数据提取的水域“地类编码”层为本底，不进行图斑界线的处理，与水域调查成果、水质监测等数据分别进行叠加，补充名称、编码、等级、长度、水域面积、水域容积等属性。

第二，若一个年度国土变更调查水域图斑和多个水资源相关调查成果图斑相交，则对年度国土变更调查水域图斑进行细分，分别补充属性。流域切出来的细长型与遥感影像对照明显不合理或者是小于200平方米的细碎图斑，根据年度国土变更调查标识码进行合并。

第三，若多个年度国土变更调查水域图斑和一个水资源相关调查成果图斑相交，则不进行图斑的细分和合并，将每个年度国土变更调查水域图斑补充同一个水资源相关调查成果数据的信息。

第四，从环保数据中提取水质监测点/断面信息，提取近三年的采样时间、透明度、叶绿素a、水体富营养化、溶解氧、高锰酸盐指数、氨氮、水质类别等水质情况。

第五，将水域名称和水质监测点/断面数据进行关联，补充每个水域的Ⅰ类、Ⅱ类、Ⅲ类、Ⅳ类、Ⅴ类、劣Ⅴ类等水质情况。

(六) 实物量清查

提取年度国土变更调查成果中的河流水面、湖泊水面、冰川及永久积雪，制作水域空间资产清查底图，按图斑编号对用途、面积和空间位置等信息进行清查，形成资产实物量矢量数据。将结果填写至全民所有水资源资产水域空间清查基础数据表(如表8-13所示)。

表8-13 全民所有水资源资产水域空间清查基础数据表

属性信息	填写	属性信息	填写
资产清查标识码		划入生态保护红线的面积	
行政区名称		划入自然保护地核心区的面积	
行政区代码		与国土空间规划用途不一致的面积	
地类编码		现状开发利用占用面积	

续　表

属性信息	填写	属性信息	填写
地类名称		非法占用面积	
图斑地类面积		现状与批准用途不一致的面积	
划入城镇开发边界的面积		备注	
划入永久基本农田保护红线的面积			

填表说明：

1. 以县级行政区为清查单位，填写至图斑。
2. 本表以年度国土变更调查成果、“三区三线”划定成果、执法督察等数据为基础。
3. “资产清查标识码”栏，按照清查数据成果汇交规范中的资产清查标识码编制规则编制。
4. “行政区名称”栏，按年度国土变更调查数据库中的“坐落单位名称”填写。
5. “行政区代码”栏，按年度国土变更调查数据库中的“坐落单位代码”填写。
6. “地类编码”“地类名称”栏，按年度国土变更调查数据库中的“地类编码”“地类名称”填写。
7. “图斑地类面积”栏，按年度国土变更调查数据库中图斑对应的“图斑地类面积”填写。
8. “划入城镇开发边界的面积”栏，填写图斑范围内的城镇开发边界面积。
9. “划入永久基本农田保护红线的面积”栏，填写图斑范围内的基本农田保护区的面积。
10. “划入生态保护红线的面积”栏，填写图斑范围内的生态保护红线的面积。
11. “划入自然保护地核心区的面积”栏，填写图斑范围内的自然保护地核心区的面积。
12. “与国土空间规划用途不一致的面积”栏，填写图斑范围内现状用途与国土空间规划用途不一致的面积。
13. “现状开发利用占用面积”栏，根据“国土三调”数据库中实际用途已改变，仍按原地类认定标注图层，填写图斑内开发利用占用的面积。
14. “非法占用面积”栏，结合水域空间使用相关批准资料和自然资源执法部门发现、查处非法占用水域空间数据填写。
15. “现状与批准用途不一致的面积”栏，指已办理相关土地使用批准手续，现状调查用途与批准用途不一致的情形，“已开发利用，不占压土地、不改变地表形态，国土调查按原地类认定为水域空间的”不在统计范围内。
16. 属于飞地的图斑需在备注中说明，标注“1”。
17. 表中填写的数值保留小数位数，计量单位均与年度国土变更调查数据库保持一致。

对省级行政区范围内的水资源基础属性信息进行收集，包括水资源的数量、质量等，填写水资源数量基础情况表和水资源质量基础情况表（参见表 8－14、表 8－15）。水资源数量基础情况表的数据来源于国家水资源公报和各省水资源公报，水资源质量基础情况表中地表水水质的数据来源于全国和各省地表水环境质量状况报告，水资源质量基础情况表中地下水水质的数据来源于国家地下水监测工程年度报告和全国地下水年度调查评价报告。

表 8－14　水资源数量基础情况表

行政区名称	行政区代码	降水量（mm）	地表水资源量（亿 m^3）	地下水资源量（亿 m^3）	地下水与地表水资源不重复量（亿 m^3）	水资源总量（亿 m^3）	备注

表 8－15　水资源质量基础情况表

行政区名称	行政区代码	地表水水质			地下水水质			备注
		Ⅰ～Ⅲ类	Ⅳ类	Ⅴ类	Ⅰ～Ⅲ类	Ⅳ类	Ⅴ类	

对省级行政区范围内的水资源开发利用状况信息进行收集，填写水资源开发利用基本情况表（参见表 8－16）。水资源开发利用基本情况表的数据来源于国家水资源公报和各省水资源公报。

表 8－16　水资源开发利用基本情况表

行政区名称	行政区代码	供水量（亿 m^3）				用水量（亿 m^3）					备注
		地表	地下	其他	总量	生活	农业	工业	生态	总量	

五、经济价值估算

（一）水资源资产的含义

水资源资产是指由特定主体拥有或者控制的，能够给该主体带来经济利益的水资源，具体包括内陆的所有能够或者预期可能被提取后用于经济社会发展的水资源。水资源资产是可量化且能从中获益的部分水资源，如自然地表水、水库水、部分地下水等。目前，全民所有水资源清查限于河流、湖泊、冰川和永久积雪，主要是自然水面，包括地表水和部分地下水。自然界中的水资源不是所有的都能成为水资产。例如，水库汛期废弃的洪水、地下水中以目前的技术经济条件还不能利用的部分地下水、水质差无法通过处理后进行利用的水、直接为农林作物等吸收的天然水等，均不能构成水资源资产。

水资源成为水资源资产需要具备以下条件：具有所有权主体；能被人们使用且在使用的过程中为用户带来经济效益；能用货币衡量；具有市场价值和潜在的交换价值。水资源资产和水资源的交替演化过程是建立在水资源循环的基础上的，水资源的循环过程决定了水资源资产的核算范围。

（二）水资源资产经济价值估算

在深圳市规划和自然资源局制定的《陆域自然资源资产评估核算技术规范》中，地表水和地下水的水资源资产经济价值的估算公式如表 8 - 17 所示。

表 8 - 17 水资源资产经济价值估算公式

水资源资产类型		经济价值估算公式
地表水	供水	$U_{供水}=P_{原}(W_{供}+Q_{蓄})$ 式中： $U_{供水}$——地表水供水的经济价值，单位：元； $P_{原}$——单位水量原水水价，单位：元/吨； $W_{供}$——年供水水量，单位：吨； $Q_{蓄}$——供水水库年末蓄水量，单位：吨。
	非供水	$U_{非供水}=P_{地表}(W_{地表}+W_{外调}-W_{供}-Q_{蓄}-W_{重复})$ 式中： $U_{非供水}$——地表水非供水的经济价值，单位：元； $P_{地表}$——单位水量地表水水价，单位：元/吨； $W_{地表}$——年地表水量，单位：吨； $W_{外调}$——年外调（入）水量，单位：吨； $W_{供}$——年供水水量，单位：吨； $Q_{蓄}$——供水水库年末蓄水量，单位：吨； $W_{重复}$——地表水地下水重复量，单位：吨。
地下水		$U_{地下}=P_{地下}W_{地下}$ 式中： $U_{地下}$——地下水的经济价值，单位：元； $P_{地下}$——单位地下水价，单位：元/吨； $W_{地下}$——年地下水量，单位：吨。

水资源资产价值是指水资源使用者为了获得水资源使用权需要支付给水资源所有者（包括国家或集体）的一定货币额。它与水资源价格是不同的概念，水价通常指从经营者手中购买单位体积的水资源应付出的货币额。

合理的水资源价格应包括水资源价值，其基本公式为：

水资源价格＝水资源资产价值＋生产成本＋正常利润

开展水资源资产价值评估，对于摸清我国水资源的家底，进一步促进水资源资产管理体系的建立和完善，加大水利经济体制改革力度，有着重要的现实意义。

（三）水资源资产价格评估

水资源资产价格评估是以水资源资产为评估对象，由专业的资产评估师，遵循资产评估的原则，按照资产评估的原理和方法，在调查研究水资源资产价格形成条件和因素，进行综合分析和评价的基础上，对于单位水资源资产价格的估计、推测和判断。水资源资产价格评估主要是建立水资源资产经济价值估算的价格标准，引导水资源资产市场交易价格的形成，为水资源资产价格管理和资产经营提供科学的决策依据。

水资源资产价格评估，首先要对水资源资产交易价格资料进行调查和收集。这些资料主要包括：

(1) 用水单位用水量，水管单位的供水量，发给用水单位的水资源取水许可证，单位水资源资产的价格；

(2) 跨区域调水，调入水的区域给调出水的资源补偿价格；

(3) 在一定时期将一定数量的水资源开发利用权转让给某个开发商。开发商对某个水资源工程的勘查、规划、设计、建造、经营整个过程的投入费用、经营成本和收益；

(4) 自来水供水价格及其构成；

(5) 水利工程建设中水管部门将水资源作为资产入股的经济价值；

(6) 不同行业利用水资源资产所获得的经济增值收益。

水资源资产评估的基本方法主要有四种。

一是现行市价法，也称销售比较法。它是通过比较被评估对象与其相同或相似资产的市场价格来确定被评估资产重估价值的一种评估方法。

二是重置成本法。重置成本法是指在评估资产时，按被评估资产的现时完全重置成本减去有形损耗和无形损耗来确定被评估资产价格的一种方法。重置成本有重复重置成本和更新重置成本两种。

三是收益现值法。收益现值法是指通过估算被评估资产的未来收益现值，以确定被评估资产价格的一种方法。从用户角度来看，购买水资源使用权的代价应不高于该项产权或与其有相似风险因素的同类产权未来收益的现值。

四是等效替代法。等效替代法是指通过估算在同等效果情况下的其他次优可开发方案的开发成本来作为被评估资产的价值。这种方法是现行市价法的进一步发展。

随着计算机的普及和大数据的应用，数量经济方法（如边际价格分析、神经网络模型等）在水资源资产价格评估中的应用越来越广。

第三节　海洋资源资产清查

一、清查范围

海洋资源资产清查包括海域资源资产清查和无居民海岛资源资产清查。各级沿海行政辖区负责本行政区内海洋资源资产清查工作。其中，资产价格以省或计划单列市为单位建立，市县可以根据地方的实际情况探索建立。

海域资源资产清查的范围为我国内水和领海（不包括钓鱼岛和赤尾屿周边海域），无居民海岛资源资产清查的范围为我国管辖范围内国务院已公开的无居民海岛（暂不包括港澳台地区）。

海域以图斑为清查单元，无居民海岛以海岛为清查单元。

二、组织实施

自然资源部负责制定总体方案、技术指南，组织全国培训，建立国家级价格体系，开展国家级清查成果核查、汇总分析，建立海域和无居民海岛资源资产清查系统，明确中央直接履行所有者职责的渤海中部①和争议无居民海岛②资源资产空间范围。

---

① 渤海中部海域是指省级海洋功能区划以外的渤海海域。

② 省际间争议无居民海岛是指苏鲁和闽浙间的争议无居民海岛。

省(自治区、直辖市)负责编制工作方案,统筹协调指导所辖地级行政单元开展资产清查,建立省级价格体系,协助建立和更新国家级价格体系,组织开展市级资产清查成果审核、汇总、验收,负责省级数据汇总、复检、验收,明确省级代理履行所有者职责的海洋资源资产空间范围。

市级自然资源管理部门负责建立工作机制,统筹协调指导所辖县级行政单元开展资产清查,组织开展市级清查成果核查,负责市级数据汇总,明确市级代理履行所有者职责的海洋资源资产空间范围。

县级自然资源管理部门在上级主管部门的组织部署下,开展资产清查工作,组织开展县级清查成果质检和自查,负责县级数据汇总,明确法律授权县级履行所有者职责的海洋资源资产空间范围。

三、工作程序和技术流程

海洋资源资产清查分类进行。首先,将海域清查和无居民海岛清查分别开来;其次,根据确权和可利用情况,将海域区分为已取得海域使用权、尚未海域确权已填成陆,尚未海域确权未成陆三类分别开展,将无居民海岛分为已取得海岛使用权、未确权可开发利用和未确权不可开发利用三类分别开展。

各种类型的海域或无居民海岛资源资产清查的程序均按照工作准备、确定清查界线、编制工作底图、实物量清查、经济价值估算、成果核查和成果汇交等步骤进行。其技术流程如图 8-3 所示。

四、资料准备

(1) 海域海岛动态监管系统中的海域确权现状数据、注销围填海数据、公共设施登记数据。

(2) 省政府批复的海岸线。

(3) 领海外部界限数据。

(4) 围填海现状调查成果数据。

(5) 海洋功能区划成果数据。

(6) 不动产登记数据。

(7) 海域勘界成果数据和现行的海域行政界线(习惯分界线)。

(8) 海岛地名普查成果数据。

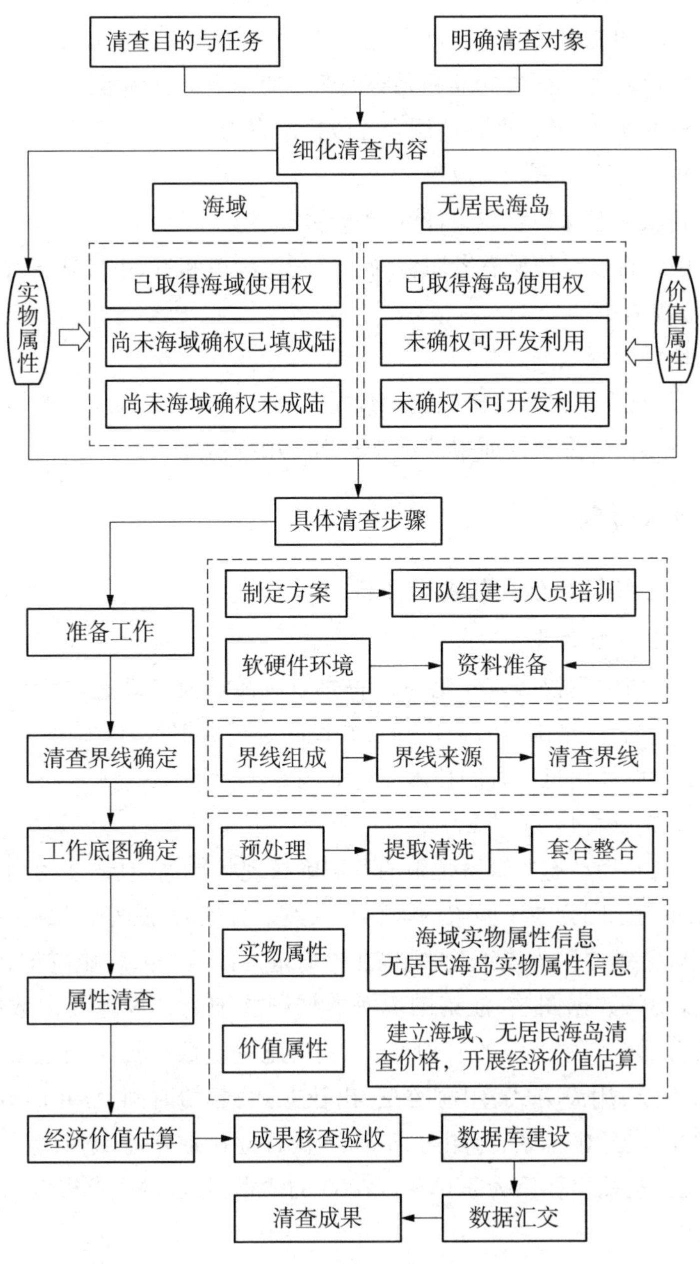

图 8-3　海洋资源资产清查技术流程图

(9) 无居民海岛开发利用现状补充调查数据。

(10) 海域和无居民海岛审批登记台账、公共设施登记台账等行政记录。

(11) 海域使用金征收标准和无居民海岛使用金征收标准。

(12) 地方海域定级、海域使用金征收标准资料。

(13) 年度国土变更调查成果。

(14) 新版生态保护红线、自然保护地数据。

(15) 中央直接行使所有者职责的自然资源清单和省、市代理履行所有者职责的自然资源清单。

(16) 地籍调查数据。

(17) 海域、无居民海岛确权登记数据。

(18) 自然资源部公开通报涉嫌违法用海用岛情况。

五、海域清查

(一) 已取得海域使用权海域清查

1. 实物量清查依据

已取得海域使用权海域实物量清查主要以海域海岛动态监管系统中的海域确权现状数据、注销围填海数据和公共设施登记数据为基础。已取得海域使用权海域实物属性信息清查的技术流程如图 8-4 所示。

2. 清查底图制作

获取海域海岛动态监管系统中的海域确权现状数据图层、注销围填海数据图层(提取注销原因为竣工验收的,其中,虽然部分填海注销项目的注销原因为其他,但实际注销原因为竣工验收,也在提取范围内)、公共设施登记数据图层,将海域确权现状数据图层、注销围填海数据图层和公共设施登记数据图层合并,提取合并后图层中海域的管理号(公共设施登记数据提取登记编号)、用海名称、用海性质、用海方式、用海类型、出让方式、起始时间、终止时间、使用权人、不动产单元号、坐标系、海域等别等信息,建立已取得海域使用权海域清查的基础图层。提取坐标系为非 CGCS 2000 的清查图斑,按要求将坐标系转换至 CGCS 2000。

将清查基础图层数据与海域不动产登记数据、海域使用审批登记台账、公共设施登记台账等行政记录进行比对,对比对过程中发现的缺失项目(海域

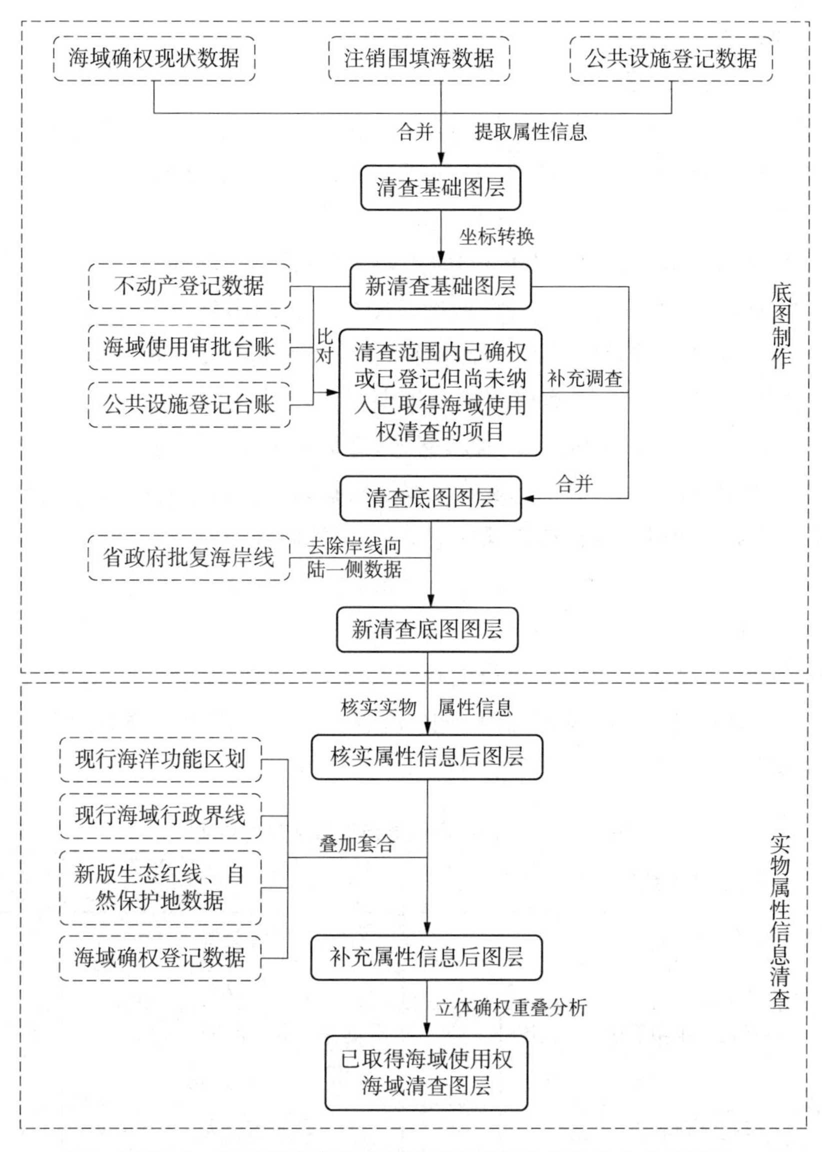

图 8－4　已取得海域使用权海域实物属性信息清查流程图

清查范围内已确权或已登记但尚未纳入已取得海域使用权海域清查）开展补充调查，并将补充调查图层与之前的清查基础图层合并，建立清查底图图层；叠加省级海洋功能区划采用的海岸线，去除海岸线向陆一侧的确权项目图斑，建立新的清查底图图层。若叠加分析过程中切分出细碎的、面积非常小的图斑，可以视图斑面积大小确定是否与周边图斑进行合并。

3. 实物属性信息清查

逐一核实清查底图图层中的海域管理号(公共设施登记数据核实登记编号)、用海名称、用海性质、用海方式、用海类型、出让方式、起始时间、终止时间、使用权人、不动产单元号、坐标系等实物量属性信息。

与功能区划成果(省级、市县级)叠加,补充所处海洋功能区(一级类)、所处海洋功能区(二级类)等信息,若海域确权图斑部分超出领海外部界线,需按领海外部界线切分海域确权图斑。若海域确权图斑跨越多个海洋功能区,需按照海洋功能区边界切分海域确权图斑。与现行海域行政界线叠加,填写行政区划;若未勘定海域行政界线,以习惯线暂定,海域面积不包括海岛。根据自然资源清单,填写履职主体。叠加海域确权登记数据,填写登记单元号、登记单元名称,若海域确权图斑跨越自然资源登记单元,需按照登记单元的边界进行切分。

若海域确权图斑有重叠现象(立体确权除外,立体确权是指在同一海域存在两个或两个以上的海域使用权的情况),需通过开展内业数据处理和外业现场调查等方式,明确项目实际用海的权属界线,并备注说明情况。立体确权项目,须叠加分析出清查图斑范围内的重叠面积,并备注说明重叠的清查图斑编码。完成清查基础数据后,填写表 8-18。

表 8-18 已取得海域使用权海域清查基础

<table>
<tr><th colspan="2">属性信息</th><th>填写</th><th colspan="2">属性信息</th><th>填写</th></tr>
<tr><td colspan="2">资产清查标识码</td><td></td><td rowspan="6">海域使用权</td><td>用海类型</td><td></td></tr>
<tr><td colspan="2">海域管理号</td><td></td><td>出让方式</td><td></td></tr>
<tr><td rowspan="4">位置</td><td>所处海洋功能区(一级类)</td><td></td><td>起始时间</td><td></td></tr>
<tr><td>所处海洋功能区(二级类)</td><td></td><td>终止时间</td><td></td></tr>
<tr><td>行政区划名称</td><td></td><td>使用权人</td><td></td></tr>
<tr><td>行政区划代码</td><td></td><td>不动产单元号</td><td></td></tr>
<tr><td rowspan="3">海域使用权</td><td>用海名称</td><td></td><td colspan="2">图斑面积</td><td></td></tr>
<tr><td>用海性质</td><td></td><td colspan="2">是否立体确权</td><td></td></tr>
<tr><td>用海方式</td><td></td><td colspan="2">立体确权重叠的面积</td><td></td></tr>
</table>

续　表

属性信息	填写	属性信息	填写
海域等别		登记单元号	
海域级别		登记单元名称	
划入生态保护红线的面积		资产价格	
划入自然保护地核心区的面积		最高年限	
所有者职责履职主体层级		经济价值	
所有者职责具体履职部门		备注	

填表说明：

1. 本表填写范围包括已取得海域使用权证书、海域使用权证书换发土地证书、办理公共用海登记手续、已获得海域使用批复并缴纳海域使用金但未发权属证书四种情况。

2. “资产清查标识码”栏，按照清查数据成果汇交规范清查标识码编制规则编制。

3. “海域管理号”栏，按海域使用权证书或不动产权证书填写，海域使用权证书填写证书号，不动产权证书填写附记中的海域管理号，如果是办理公共用海登记手续的，无海域管理号，填写登记编号。

4. “所处海洋功能区(一级类)”栏：填写图斑所处的国务院批复的省级海洋功能区名称，如果清查图斑跨越多个一级类海洋功能区，需按照功能区的边界对图斑进行切分。

5. “所处海洋功能区(二级类)”栏，填写图斑所处的省政府批复的市县级海洋功能区名称，如果清查图斑跨越多个二级类海洋功能区，需按照功能区的边界对图斑进行切分，若无市县级海洋功能区划，则此项为空。

6. “行政区划名称”“行政区划代码”栏，根据该图斑与现行海域行政界线叠加，填写行政区划；若未勘定海域行政界线，以习惯线暂定。“行政区划名称”“行政区划代码”栏按照《中华人民共和国行政区划代码》填写。

7. “用海名称”栏，填写海域使用权证书、不动产权证书或公共用海登记表中的用海项目名称。

8. “用海性质”栏，按公益性、经营性填写。

9. “用海方式”栏，按《海域使用分类》(HY/T 123－2009)用海方式二级类填写。

10. “用海类型”栏，按《海域使用分类》(HY/T 123－2009)海域使用类型二级类填写。

11. “出让方式”栏，按海域使用权申请审批、招标、拍卖、挂牌方式出让填写。

12. “起始时间”“终止时间”栏，填写海域使用权证书、不动产权证书或公共用海登记表中的用海起始和终止时间。

13. “使用权人”栏，海域使用权人名称按海域使用权证书、不动产权证书或公共用海登记表填写。

14. “不动产单元号”栏，按海域不动产权证书填写。

15. “图斑面积”栏，即本图斑的面积。计量单位：公顷。

16. “是否立体确权”“立体确权重叠的面积”栏，填写图斑所在范围是否存在立体确权情况，如果有，需叠加分析出清查图斑范围内的重叠面积，并在备注中说明与其重叠的清查图斑编号。计量单位：公顷。立体确权是指在同一海域存在两个或两个以上的海域使用权的情况。

17. “海域等别”“海域级别”栏，根据《关于印发〈调整海域　无居民海岛使用金征收标准〉的通知》(财综〔2018〕15号)、行政区划和地方分等定级情况，填写海域等别和海域级别。财综〔2018〕15号文中未包含的行政区划，参照日常海域管理过程中习惯参照的周边行政区划填写海域等别和海域级别。

18. “划入生态保护红线的面积”“划入自然保护地核心区的面积”栏，叠加新版生态保护红线、自然保护地数据，填写划入生态保护红线的面积、划入自然保护地核心区的面积，若海域确权图斑跨越生态保护红线、自然保护地核心区，需按照生态保护红线、自然保护地核心区的边界进行切分。计量单位：公顷。

19. “所有者职责履职主体层级”栏，根据中央、省、市等人民政府制定并分别履职的自然资源清单和法律授权县级履行所有者职责的自然资源资产填写，填写“中央级、省级、市级、县级”；“所有者职责具体履职部门”栏，根据中央、省、市等人民政府制定的自然资源清单和法律授权县级履行所有者职责的自然资源资产填写，填写具体的履职部门，其中，中央级履职部门包括“自然资源部、国务院国有资产监管委员会、教育部、水利部、司法部、公安部、交通运输部、农业农村部、其他”；省级履职部门包括“自然资源厅、省级国有资产监管委员会、教育厅、水利厅、司法厅、公安厅、交通运输厅、农业农村厅、其他”；市级履职部门包括“自然资源局（自然资源和规划局）、市级国有资产监管委员会、教育局、水利局、司法局、公安局、交通运输局、农业农村局、其他”；县级履职部门包括“自然资源局（自然资源和规划局）、县级国有资产监管委员会、教育局、水利局、司法局、公安局、交通运输局、农业农村局、其他”。

20.“登记单元号”“登记单元名称”栏，根据海域确权登记成果填写。若海域确权图斑跨越自然资源登记单元，须按照登记单元的边界进行切分。

21.“资产价格”栏，根据海域等别、用海方式、海域使用金征收标准（财综〔2018〕15 号）或地方海域使用金征收标准、年期修正情况填写。计量单位：万元/公顷。若为公益性用海，则此项为 0。

22.“最高年限”栏，根据《海域使用管理法》填写。

23.“经济价值”栏，根据核算结果填写，计量单位：万元。若为公益性用海，则此项为 0。

24.“备注”栏，填写需要进一步说明的有关信息，如立体式确权项目导致重叠的清查图斑编号等。

(二) 尚未取得海域使用权的已填成陆区域实物量清查

1. 实物量清查依据

尚未取得海域使用权的已填成陆区域实物量清查主要以围填海现状数据为基础。其技术流程如图 8－5 所示。

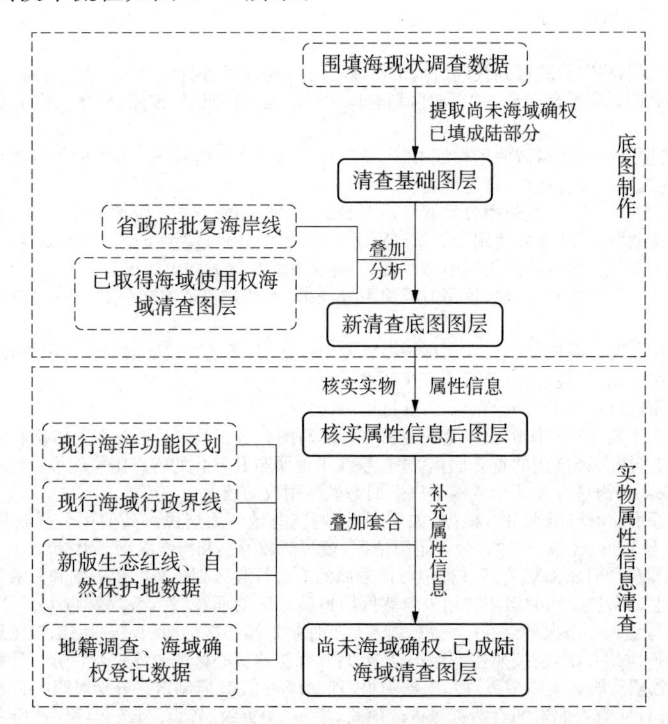

图 8－5　尚未取得海域使用权的已填成陆区域实物属性信息清查流程图

2. 实物量清查底图制作

获取围填海现状调查成果的数据，提取围填海现状调查图层中同时满足以下两个条件的图斑，建立清查底图图层。需满足的条件为：围填状态为“已填成陆”；审批状态为直接发放土地证书、已办理土地登记未发证、未确权但有行政审批手续、无任何填海审批手续四种情况之一。其中，未确权但有行政审批手续包括已办理土地收储、转用、征用等手续、依据水利等部门批准实施的围垦工程或海堤等建设项目、未登记未备案发证但位于区规内、生态整治修复工程项目；无任何填海审批手续包括直接颁发其他证书(林权证等)、未登记未备案发证且不在区规内。

提取信息包括围填海现状调查图斑属性表中的“目录编号”“审批状态”字段数据。叠加省政府批复的海岸线(浙江省采用现行省级海洋功能区划采用的海岸线)，去除海岸线向陆一侧的图斑和已纳入已取得海域使用权海域清查图层的图斑，建立新的清查底图图层。

3. 实物量清查

逐一核实提取的“目录编号”“审批状态”等实物量属性信息；分别与现行海洋功能区划、现行海域行政界线、新版生态保护红线、自然保护地数据套合，补充所处海洋功能区、行政区划、图斑面积、划入生态保护红线的面积、划入自然保护地核心区的面积等实物属性信息(叠加套合方法参照已取得海域使用权海域实物属性信息清查)。若清查图斑跨越生态保护红线、自然保护地核心区，需按照生态保护红线、自然保护地核心区的边界进行切分。若清查图斑跨越多个海洋功能区，需按照海洋功能区的边界对图斑进行切分。叠加海域确权登记数据、地籍调查数据，填写登记单元号、登记单元名称、集体所有面积，若图斑跨越自然资源登记单元，需按照登记单元的边界进行切分。根据自然资源清单，填写履职主体。尚未取得海域使用权的已填成陆区域清查基础数据表如表 8-19 所示。

表 8-19　尚未取得海域使用权的已填成陆区域清查基础数据表

属性信息	填写	属性信息	填写
资产清查标识码		划入自然保护地核心区面积	
围填海现状调查图斑编码		所有者职责履职主体层级	
所处海洋功能区(一级类)		所有者职责具体履职部门	
所处海洋功能区(二级类)		登记单元号	

续 表

属性信息	填写	属性信息	填写
行政区划名称		登记单元名称	
行政区划代码		集体所有的面积	
审批状态		预期用海方式	
图斑面积		资产价格	
海域等别		经济价值	
海域级别		备注	
划入生态保护红线的面积			

(三) 尚未取得海域使用权的未填成陆海域实物属性信息清查

1. 清查范围

尚未取得海域使用权的未填成陆海域清查范围＝本地区海域清查范围－已取得海域使用权海域清查范围－尚未取得海域使用权的已填成陆区域清查范围－无居民海岛资源资产清查范围

尚未取得海域使用权的未填成陆海域清查的技术流程如图 8－6 所示。

2. 清查底图制作

根据本地区海域清查的范围、核实后已取得海域使用权海域清查图层、核实后尚未取得海域使用权的已填成陆区域清查图层、核实后的无居民海岛资源资产清查图层，叠加分析得出本地区尚未取得海域使用权的未填成陆海域图斑，建立清查底图图层。

3. 实物量清查

分别与现行海洋功能区划、现行海域行政界线、新版生态保护红线、自然保护地数据、地籍调查数据、海域确权登记数据、自然资源部公开通报涉嫌违法用海用岛情况套合，补充所处海洋功能区、行政区划、图斑面积、划入生态保护红线的面积、划入自然保护地核心区的面积等实物属性信息（叠加套合方法参照已取得海域使用权海域实物属性信息清查）。根据自然资源清单，填写履职主体。若清查图斑跨越生态保护红线、自然保护地核心区，需按照生态保护红线、自然保护地核心区的边界进行切分。若图斑跨越自然资源登记单元，需按照登记

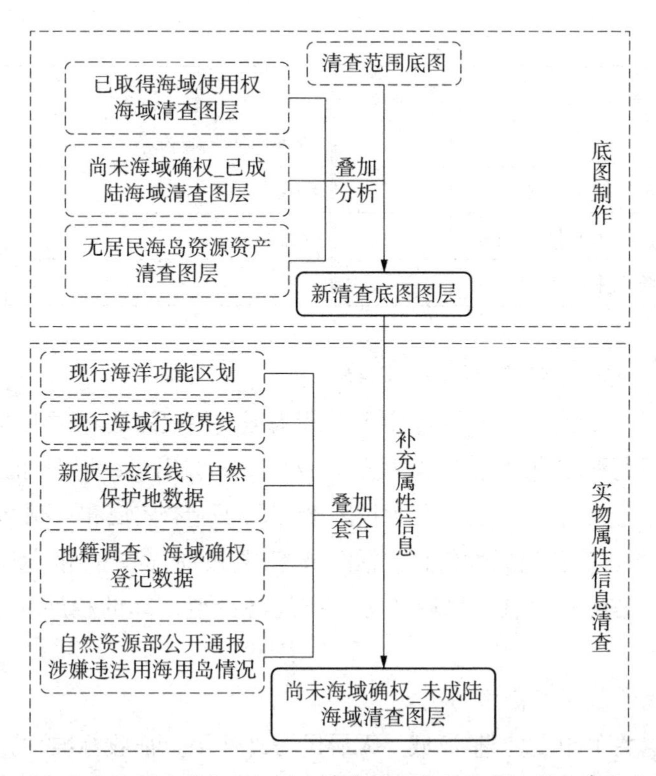

图 8-6　尚未取得海域使用权的未填成陆海域实物属性信息清查流程图

单元的边界进行切分。尚未取得海域使用权的未填成陆海域清查基础数据表如表 8-20 所示。

表 8-20　尚未取得海域使用权的未填成陆海域清查基础数据表

属性信息	填写	属性信息	填写
资产清查标识码		所有者职责具体履职部门	
所处海洋功能区(一级类)		登记单元号	
所处海洋功能区(二级类)		登记单元名称	
行政区划名称		集体所有的面积	
行政区划代码		是否通报	
图斑面积		涉嫌违法用海方式	
海域等别		涉嫌违法面积	

续 表

属性信息	填写	属性信息	填写
海域级别		清查均质区域价格	
划入生态保护红线的面积		经济价值	
划入自然保护地核心区的面积		备注	
所有者职责履职主体层级			

(四) 海域资源资产经济价值估算

海域资源资产清查只估算经营性已取得海域使用权海域,海洋保护区、保留区以外的尚未取得海域使用权的已填成陆区域和尚未取得海域使用权的未填成陆海域的资源资产经济价值。对于海洋保护区、保留区,只清查实物量,不估算经济价值。

海域资源资产价值属性信息包括海域等别、级别、资产价格、使用权最高年限、经济价值等属性信息。海域资源资产经济价值估算的程序和技术流程如图 8-7 所示。

1. 海域资源资产价格的确定

对于在《关于印发〈调整海域　无居民海岛使用金征收标准〉的通知》(财综〔2018〕15 号)颁布后,已经开展了定级并正式颁布了地方海域、无居民海岛使用金征收标准或基准价的地区,优先使用地方标准。对于尚未取得海域使用权的未填成陆海域,通过建立的清查均质区域价格进行估算。

1) 已取得海域使用权的海域资产价格

对国家海域使用金征收标准(财综〔2018〕15 号)、地方海域使用金征收标准等价格进行年期修正,其中,一次性征收海域使用金的标准不进行年期修正。

对按年度征收的海域使用金的年期修正公式为:

$$p_i = p \cdot Y$$

式中:p_i 为图斑(或海岛)资产价格;p 为使用金征收标准;Y 为年期修正系数。

采用收益还原法计算时,收益还原率(r)暂取 6.08%。通过综合年限修正公式来计算出让年期修正系数(Y):

$$Y = \left[1 - \frac{1}{(1+r)^t}\right] / \left[1 - \frac{1}{(1+r)^n}\right]$$

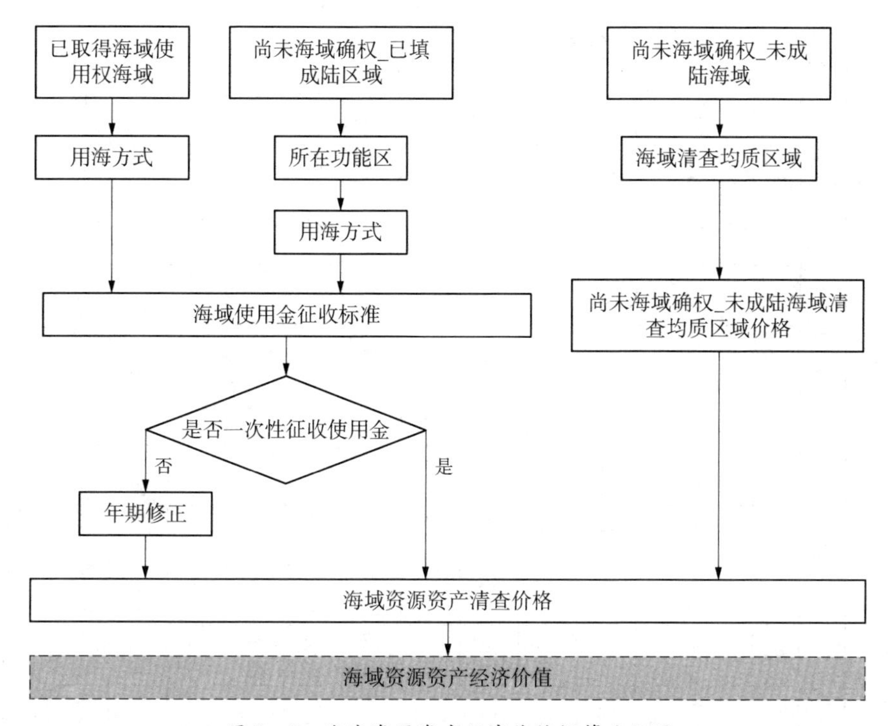

图 8-7 海域资源资产经济价值核算流程图

式中：

t——实际出让年期；

n——最高出让年期[①]。

各级海洋行政主管部门按照用海类型、海域等别、海域级别、征收标准征收海域使用金。海域使用金征收标准实行动态调整。浙江省海域使用金征收标准一般按照海域分等定级确定(如表 8-21 所示)，其他用海类型的海域使用金征收标准统一计价(如表 8-22 所示)。海域分等由国家统一进行，全国近海共分 6 个等别，浙江省海域主要包括 1～6 等(如表 8-23 所示)。海域定级采用“同等定级，统一评价”的定级思路，根据资料搜集及调研样点采集，以综合分析和评价海域资源禀赋、自然、区位、资源利用、生态环境和用海适宜条件等为依据，实施级别划分。

① 参照《海域使用管理法》和《无居民海岛使用申请审批试行办法》。根据用海、用岛类型分别设定 15 年、25 年和 50 年的最高年期，其中已取得无居民海岛使用权的海岛采用主导用途的审批年期。

表 8－21　浙江省海域使用金征收标准清查价格

单位:万元/公顷

用海方式			二等		三等			四等			五等			六等			征收方式
			Ⅰ	Ⅱ	Ⅰ	Ⅱ	Ⅲ	Ⅰ	Ⅱ	Ⅲ	Ⅰ	Ⅱ	Ⅲ	Ⅰ	Ⅱ	Ⅲ	
填海造地用海	建设填海造地用海	工业、交通运输、渔业基础设施等填海	260	250	205	198	190	151	148	140	108	106	100	65	63	60	一次性征收
		城镇建设填海	2 392	2 300	2 052	1 976	1 900	1 512	1 484	1 400	972	954	900	648	636	600	
	农业填海造地用海		114	110	97	94	90	81	79	75	65	63	60	49	47	45	
构筑物用海	非透水构筑物用海		208	200	162	156	150	108	106	100	81	79	75	54	53	50	
	跨海桥梁、海底隧道用海		18	—	—	—	—	—	—	—	—	—	—	—	—	—	
	透水构筑物用海		4.09	3.93	3.49	3.36	3.23	2.73	2.68	2.53	1.99	1.95	1.84	1.25	1.21	1.16	按年度征收
围海用海	港池、蓄水用海		0.97	0.93	0.75	0.72	0.69	0.5	0.48	0.46	0.35	0.34	0.32	0.25	0.24	0.23	
	盐田用海		0.27	0.26	0.22	0.21	0.2	0.16	0.16	0.15	0.12	0.12	0.11	0.09	0.09	0.08	
	围海养殖用海、池塘养殖用海		0.12	0.12	0.1	0.1	0.1	0.08	0.08	0.08	0.05	0.05	0.05	0.03	0.03	0.03	
	围海式游乐场用海		4.05	3.89	3.5	3.37	3.24	2.88	2.78	2.67	2.42	2.37	2.24	2.08	2.01	1.93	
	其他围海用海		0.97	0.93	0.72	0.7	0.69	0.48	0.47	0.46	0.33	0.33	0.32	0.24	0.23	0.23	

续　表

用海方式			二等		三等			四等			五等			六等			征收方式
			Ⅰ	Ⅱ	Ⅰ	Ⅱ	Ⅲ	Ⅰ	Ⅱ	Ⅲ	Ⅰ	Ⅱ	Ⅲ	Ⅰ	Ⅱ	Ⅲ	
开放式用海	开放式养殖用海	海上网箱养殖用海	0.12	0.12	0.1	0.1	0.1	0.08	0.08	0.08	0.05	0.05	0.05	0.03	0.03	0.03	按年度征收
		浅海底播养殖用海、滩涂海水养殖和浅海浮筏式养殖用海、网拦围海	0.08	0.08	0.06	0.06	0.06	0.05	0.05	0.05	0.04	0.04	0.04	0.03	0.03	0.03	
		深远海智能化养殖用海	0.04	0.04	0.03	0.03	0.03	0.03	0.03	0.03	0.02	0.02	0.02	0.02	0.02	0.02	
	浴场用海		0.55	0.53	0.45	0.44	0.42	0.34	0.32	0.31	0.22	0.21	0.2	0.11	0.1	0.1	
	开放式游乐场用海		2.49	2.39	1.88	1.81	1.74	1.26	1.22	1.17	0.8	0.78	0.74	0.46	0.45	0.43	
	专用航道、锚地用海		0.24	0.23	0.18	0.18	0.17	0.14	0.14	0.13	0.1	0.1	0.09	0.05	0.05	0.05	
	其他开放式用海		0.24	0.23	0.18	0.18	0.17	0.14	0.13	0.13	0.09	0.09	0.09	0.05	0.05	0.05	

表 8-22 其他用海类型的海域使用金征收标准清查价格

用海方式		使用金征收标准(万元/公顷)	征收方式
其他用海	人工岛式油气开采用海	13.5	按年度征收
	平台式油气开采用海	6.76	
	海底电缆管道用海	0.73	
	海砂等矿产开采用海	7.59	
	取、排水口用海	1.09	
	污水达标排放用海	1.46	
	温、冷排水用海	1.09	
	倾倒用海	1.46	
	种植用海	0.05	

注：

1. 离大陆岸线最近距离 2 千米以上且最小水深大于 5 米(理论最低潮面)的离岸式填海，按照征收标准的 80%征收。
2. 填海造地用海占用大陆自然岸线的，占用自然岸线的该宗填海按照征收标准的 120%征收。
3. 建设人工鱼礁的透水构筑物用海，按照征收标准的 80%征收。
4. 深远海智能化养殖是指在低潮位 40 米水深以上的区域，利用半潜全潜智能化金属网箱养殖鱼类的方式。

表 8-23 全国海域分等结果

海域分等	所辖县级行政区
一等海域	上海市宝山区、浦东新区；山东省青岛市市北区、市南区、四方区；福建省厦门市湖里区、思明区；广东省广州市番禺区、黄埔区、南沙区，深圳市宝安区、福田区、龙岗区、南山区、盐田区
二等海域	上海市奉贤区、金山区；天津市塘沽区；辽宁省大连市沙河口区、西岗区、中山区；山东省青岛市城阳区、黄岛区、崂山区、李沧区；浙江省宁波市江北区，温州市龙湾区；福建省泉州市丰泽区，厦门市海沧区、集美区；广东省东莞市，汕头市潮阳区、澄海区、濠江区、金平区、龙湖区，中山市，珠海市斗门区、金湾区、香洲区
三等海域	上海市崇明区；天津市大港区；辽宁省大连市甘井子区，营口市鲅鱼圈区；河北省秦皇岛市北戴河区、海港区；山东省青岛市即墨区，胶州市，胶南市，龙口市，烟台市蓬莱区，日照市东港区、岚山区，荣成市，威海市环翠区，烟台市

续 表

海域分等	所辖县级行政区
	福山区、莱山区、芝罘区；浙江省宁波市北仑区、鄞州区、镇海区，台州市椒江区、路桥区，舟山市定海区；福建省福清市，福州市马尾区，晋江市，泉州市洛江区、泉港区，石狮市，厦门市同安区、翔安区；广东省惠东县，惠州市惠阳区，江门市新会区，茂名市茂港区，汕头市潮南区，湛江市赤坎区、麻章区、坡头区、霞山区；海南省海口市龙华区、美兰区、秀英区，三亚市
四等海域	天津市汉沽区；辽宁省长海县，大连市金州区、旅顺口区，葫芦岛市连山区、龙港区，绥中县，瓦房店市，兴城市，营口市西市区、老边区；河北省秦皇岛市山海关区；山东省莱州市，乳山市，威海市文登区，烟台市牟平区；江苏省连云港市连云区；浙江省慈溪市，海盐县，平湖市，嵊泗县，温岭市，玉环市，余姚市，乐清市，舟山市普陀区；福建省福州市长乐区，惠安县，漳州市龙海区，南安市；广东省恩平市，南澳县，汕尾市城区，台山市，阳江市江城区；广西壮族自治区北海市海城区、银海区
五等海域	辽宁省东港市，盖州市，大连市普兰店区，庄河市；河北省抚宁县，滦南县，唐山市丰南区，乐亭县；山东省长岛县，东营市东营区、河口区，海阳市，莱阳市，潍坊市寒亭区，招远市；江苏省盐城市大丰区，东台市，海安市，南通市海门区，启东市，如东县，通州区；浙江省岱山县，温州市洞头区，宁波市奉化区，宁海县，象山县，台州市临海市，三门县；福建省连江县，罗源县，平潭县，莆田市城厢区、涵江区、荔城区、秀屿区，漳浦县；广东省茂名市电白区，海丰县，惠来县，揭阳市揭东区，雷州市，廉江市，陆丰市，饶平县，遂溪县，吴川市，徐闻县，阳江市阳东区，阳西县；广西壮族自治区北海市铁山港区，防城港市防城区、港口区，钦州市钦南区；海南省澄迈县，儋州市，琼海市，文昌市
六等海域	辽宁省盘锦市大洼区，凌海市，盘山县；河北省昌黎县，海兴县，黄骅市；山东省昌邑市，广饶县，东营市垦利区，利津县，寿光市，无棣县，滨州市沾化区；江苏省滨海县，连云港市赣榆区，灌云县，射阳县，响水县；浙江省苍南县，平阳县；福建省东山县，福安市，福鼎市，宁德市蕉城区，霞浦县，仙游县，云霄县，诏安县；广西壮族自治区东兴市，合浦县；海南省昌江县，东方市，临高县，陵水县，万宁市，乐东县

2）尚未取得海域使用权的已填成陆区域资产价格

海洋功能区分为海岸、近海功能区，体现了离岸远近等用海差异因素（如表 8－24 所示）。海洋资源资产清查均质区域以海洋基本功能区为分区单元，根据价格体系的覆盖区域和层级，可适当地进行一级类功能区合并或二级类功能区细分。省级可直接以一级类海洋功能区作为清查均质区域，市县级可直接以二级类海洋功能区作为清查均质区域。

表8-24 海洋功能区与用海方式对应表

一级类海洋基本功能区	用海方式	编码	一级类海洋基本功能区	用海方式	编码
农渔业区	农业填海造地	12	工业与城镇建设区	建设填海造地	11
港口航运区	建设填海造地	11	旅游娱乐区	建设填海造地	11
矿产与能源区	建设填海造地	11	特殊利用区	建设填海造地	11

将尚未取得海域使用权的已填成陆区域图斑所在功能区类型与用海方式进行对应，根据国家或地方填海造地用海海域使用金征收标准估算，其中，海洋保护区、保留区的尚未取得海域使用权的已填成陆区域图斑不填写用海方式。

3）尚未确权未填成陆海域资产价格

尚未确权未填成陆海域清查均质区域价格，以功能区内用海类型对应的申请审批用海样本和招标、挂牌、拍卖样本经济价值为依据，采用加权法计算。其工作流程如图8-8所示。

均质区域资产价格的计算公式为：

$$P_i=\frac{\sum_{j=1}^{m}(p_1+p_2+\cdots+p_j)}{S_1+S_2+\cdots+S_j}$$

式中：

P_i——第 i 个均质区域价格；

P_j——均质区域内第 j 个申请审批样本和招拍挂样本经济价值；

S_j——第 j 个已取得海域使用权图斑面积。

省级或市县级对于用海项目较少、均质区域价格异常的，参考所在国家级均质区域价格或邻近功能相同、条件相似均质区域价格进行统筹平衡。

对于无用海项目功能区，采用毗邻县域其他开放式用海海域使用金征收标准，其中，农渔业区采用最低的养殖海域使用金征收标准。

2. 海域经济价值估算

海域经济价值的估算公式为：

$$P_i=p_i\cdot S_i$$

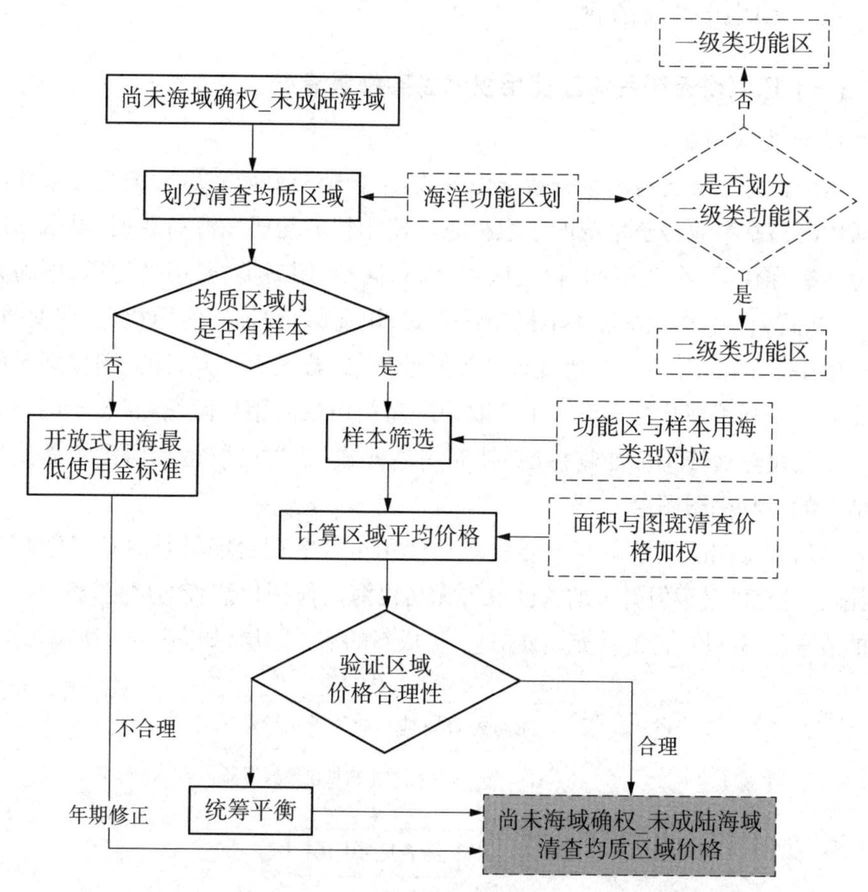

图 8-8　尚未确权未填成陆海域清查均质区域价格估算流程图

式中：

P_i——第 i 个海域图斑经济价值；

p_i——第 i 个海域图斑对应的资产价格(单价)；

S_i——第 i 个海域图斑面积。

海域经济价值估算优先使用地方海域使用金征收标准修正后的资产价格。围海养殖用海、开放式养殖用海按照毗邻最近行政区的征收标准。立体式确权用海区域按照各个项目的图斑经济价值加总核算。

六、无居民海岛清查

(一) 已取得无居民海岛使用权海岛实物量清查

1. 清查底图制作

以全国海域海岛地名普查数据为基数，结合全国海域海岛动态监管系统中无居民海岛基本业务子系统的已取得海岛使用权的无居民海岛数据，提取图层中海岛标准代码、海岛名称、行政区划、海岛面积、用岛类型、用岛性质、用岛方式、用岛面积、无居民海岛使用权出让方式、用岛起止时间、使用权人、成交价、海岛使用金征收情况、违法违规查处等属性信息，若无用岛方式的，则根据无居民海岛开发利用现状补充调查中已取得海岛使用权的用岛面积和《关于调整海域　无居民海岛使用金征收标准》补充用岛方式，建立已取得无居民海岛使用权清查的点状底图图层。

将清查底图图层数据与无居民海岛使用审批登记台账等行政记录数据进行比对，补充已登记但尚未纳入已取得无居民海岛使用权清查的项目，将其与之前的清查底图图层合并，补充属性信息，形成新的清查图层(如图 8－9 所示)。

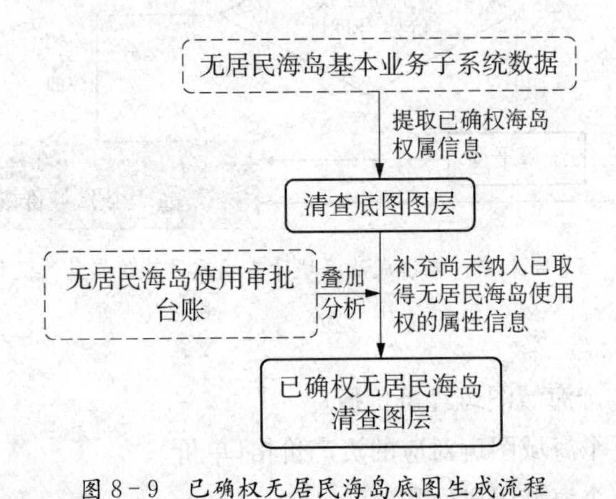

图 8－9　已确权无居民海岛底图生成流程

2. 实物量清查

根据无居民海岛确权登记数据、地籍调查数据、自然资源清单补充登记单元号、登记单元名称、履职主体、集体所有面积等属性信息，逐一核实清查底图图层中的海岛标准编码、行政区划、用岛类型、用岛性质、用岛方式、用岛面积、无居民海岛使用权出让方式、用岛起止时间、使用权人、成交价、海岛使用金征收情况等属性信息。已取得无居民海岛使用权海岛清查基础数据表如表 8 - 25 所示。

表 8 - 25　已取得无居民海岛使用权海岛清查基础数据表

<table>
<tr><th colspan="2">属性信息</th><th>填写</th><th colspan="3">属性信息</th><th>填写</th></tr>
<tr><td colspan="2">资产清查标识码</td><td></td><td rowspan="4">海岛使用金征收</td><td colspan="2">应征总额</td><td></td></tr>
<tr><td colspan="2">海岛标准代码</td><td></td><td rowspan="2">已缴国库金额</td><td>中央</td><td></td></tr>
<tr><td colspan="2">无居民海岛使用权证书编号</td><td></td><td>地方</td><td></td></tr>
<tr><td rowspan="16">无居民海岛使用权</td><td>海岛名称</td><td></td><td colspan="2">减免金额</td><td></td></tr>
<tr><td>行政区划名称</td><td></td><td colspan="3">海岛等别</td><td></td></tr>
<tr><td>行政区划代码</td><td></td><td colspan="3">划入生态保护红线的面积</td><td></td></tr>
<tr><td>海岛面积</td><td></td><td colspan="3">划入自然保护地核心区的面积</td><td></td></tr>
<tr><td>用岛性质</td><td></td><td colspan="3">所有者职责履职主体层级</td><td></td></tr>
<tr><td>用岛方式</td><td></td><td colspan="3">所有者职责具体履职部门</td><td></td></tr>
<tr><td>用岛类型</td><td></td><td colspan="3">登记单元号</td><td></td></tr>
<tr><td>出让方式</td><td></td><td colspan="3">登记单元名称</td><td></td></tr>
<tr><td>用岛面积</td><td></td><td colspan="3">集体所有的面积</td><td></td></tr>
<tr><td>起始时间</td><td></td><td colspan="3">违法违规查处</td><td></td></tr>
<tr><td>终止时间</td><td></td><td rowspan="3">海岛经济价值</td><td colspan="2">资产价格</td><td></td></tr>
<tr><td>使用权人</td><td></td><td colspan="2">使用年限</td><td></td></tr>
<tr><td>不动产单元号</td><td></td><td colspan="2">经济价值</td><td></td></tr>
<tr><td>发证机关</td><td></td><td colspan="3" rowspan="2">备注</td><td rowspan="2"></td></tr>
<tr><td>成交价</td><td></td></tr>
</table>

填表说明：

1. “资产清查标识码”栏，按照清查数据成果汇交规范清查标识码编制规则编制。
2. “海岛标准代码”“海岛名称”“海岛面积”栏，按照全国海域海岛地名普查数据填写。海岛面积计量单位：平方米。
3. “无居民海岛使用权证书编号”栏，填写无居民海岛使用权证书上的证书编号。
4. “行政区划名称”“行政区划代码”栏，填写海岛所在的地区行政区划名称和行政区划代码。
5. “用岛性质”栏，按公益性服务、经营性填写。
6. “用岛方式”“用岛类型”栏，根据《调整海域无居民海岛使用金征收标准》中的用岛方式、主导用岛类型填写。
7. “出让方式”栏，按无居民海岛使用权证书或不动产权证书上的申请审批、招标、拍卖、挂牌方式出让填写。

8. “用岛面积”栏，按无居民海岛使用权证书或不动产权证书上的用岛面积填写，计量单位：平方米。

9. “起始时间”“终止时间”栏，按无居民海岛使用权证书或不动产权证书上主导用途的起始和终止时间填写。

10. “使用权人”栏，填写无居民海岛使用权证书或不动产权证书上的使用人名称。

11. “不动产单元号”栏，按照不动产权证书填写。

12. “发证机关”栏，填写无居民海岛使用权证书或不动产权证书上的发证机关名称。

13. “成交价”栏，按当时无居民海岛出让时填写的使用金金额填写，计量单位：元。

14. “应征总额”“已缴国库金额中央”“已缴国库金额(地方)”“减免金额”栏：填写海岛出让时海岛使用金应征总额、海岛使用金已缴国库金额(中央)、海岛使用金已缴国库金额(地方)、海岛使用金减免金额，计量单位：元。

15. “海岛等别”栏，根据《调整海域无居民海岛使用金征收标准》填写。

16. “划入生态保护红线的面积”“划入自然保护地核心区的面积”栏，根据新版生态保护红线、自然保护地数据填写。

17. “所有者职责履职主体层级”栏，根据中央、省、市等人民政府制定并分别履职的自然资源清单和法律授权县级履行所有者职责的自然资源资产填写，填写“中央级、省级、市级、县级”。“所有者职责具体履职部门”栏，根据中央、省、市等人民政府制定的自然资源清单和法律授权县级履行所有者职责的自然资源资产填写，填写具体履职部门，其中，中央级履职部门包括“自然资源部、国务院国有资产监管委员会、教育部、水利部、司法部、公安部、交通运输部、农业农村部、其他”；省级履职部门包括“自然资源厅、省级国有资产监管委员会、教育厅、水利厅、司法厅、公安厅、交通运输厅、农业农村厅、其他”；市级履职部门包括“自然资源局(自然资源和规划局)、市级国有资产监管委员会、教育局、水利局、司法局、公安局、交通运输局、农业农村局、其他”；县级履职部门包括“自然资源局(自然资源和规划局)、县级国有资产监管委员会、教育局、水利局、司法局、公安局、交通运输局、农业农村局、其他”。

18. “登记单元号”“登记单元名称”栏，根据无居民海岛确权登记成果填写。

19. “集体所有的面积”栏，根据地籍调查数据填写海岛的集体所有面积。计量单位：平方米。

20. “违法违规查处”栏，根据无居民海岛开发利用现状补充调查填写海岛的违法违规查处总数。

21. “资产价格”栏，根据无居民海岛等别、用岛方式、用岛类型、无居民海岛使用金征收标准(财综〔2018〕15号)、年期修正情况填写。计量单位：万元/公顷；若为公益性服务、国防用岛，则此项为0。

22. “使用年限”栏，按无居民海岛使用权证书或不动产权证书上的用岛起始和终止时间计算使用年限。

23. “经济价值”栏，根据核算结果填写，计量单位：元。若主导用途为公益性、国防用岛，则此项为0。

24. “备注”栏，填写需要进一步说明的有关信息。

(二) 尚未确权的可开发利用无居民海岛实物量清查

1. 清查底图制作

以全国海域海岛地名普查数据为基数，结合全国海域海岛动态监管系统中无居民海岛基本业务子系统的无居民海岛开发利用现状数据，提取建立尚未确权的可开发利用无居民海岛点状图层(如图8-10所示)。

2. 实物量清查

对于未颁发无居民海岛使用权证但已有开发利用行为的，如果补充调查中未明确用岛类型，则采用该岛开发利用面积最多的用岛类型作为用岛类型；对于未开发利用但办理了其他权属证书和相关审批手续的，采用原生用岛方式下农林牧业用岛作为用岛类型和用岛方式。根据无居民海岛确权登记数据、地籍调查数据、自然资源清单补充登记单元号、登记单元名称、履职主体、集体所有面积等属性信息，补充完善海岛标准代码、海岛名称、行政区划、海岛面积、海岛等别、海岛使用金征收标准等属性信息。尚未确权的可开发利用无居民海岛清查基础数据表如表 8－26 所示。

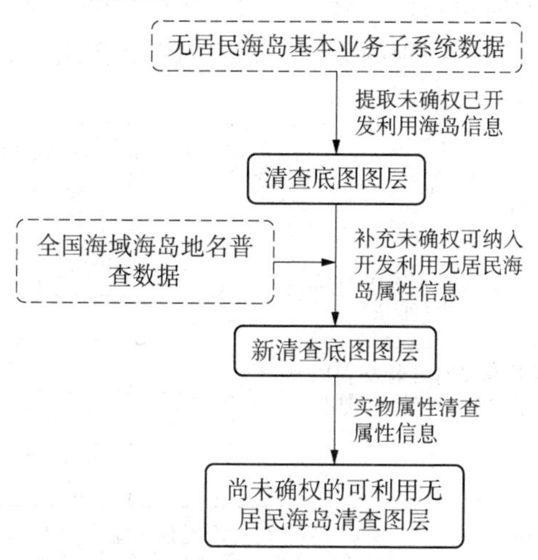

图 8－10　尚未确权的可开发利用无居民海岛清查底图生成流程图

表 8－26　尚未确权的可开发利用无居民海岛清查基础表

属性信息	填写	属性信息	填写
资产清查标识码		划入自然保护地核心区的面积	
海岛标准代码		所有者职责履职主体层级	
海岛名称		所有者职责具体履职部门	
行政区划名称		登记单元号	
行政区划代码		登记单元名称	
海岛等别		集体所有的面积	
海岛面积		违法违规查处	
用岛面积		资产价格	
用岛类型		最高年限	
用岛方式		经济价值	
划入生态保护红线的面积		备注	

(三) 尚未确权的未纳入可开发利用的无居民海岛实物量清查

1. 清查底图制作

获取全国海域海岛地名普查数据，在去除核实后已取得无居民海岛使用权清查数据和核实后的尚未确权可开发利用无居民海岛清查数据的基础上，建立尚未确权的未纳入可开发利用的无居民海岛的点状图层(如图 8－11 所示)。

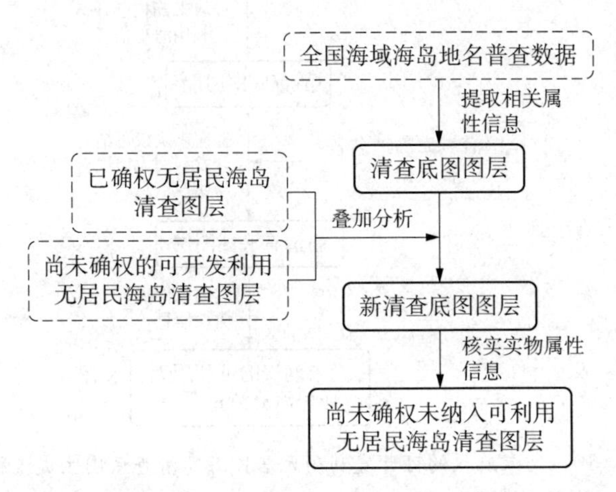

图 8－11　尚未确权的未纳入可开发利用的无居民海岛清查底图生成流程图

2. 实物量清查

根据无居民海岛确权登记数据、地籍调查数据、自然资源清单补充登记单元号、登记单元名称、履职主体、集体所有面积等属性信息，补充完善海岛标准代码、海岛名称、行政区划、海岛面积等属性信息。尚未确权的未纳入可开发利用的无居民海岛清查基础数据表如表 8－27 所示。

表 8－27　尚未确权的未纳入可开发利用的无居民海岛清查基础数据表

属性信息	填写	属性信息	填写
资产清查标识码		划入自然保护地核心区面积	
海岛标准代码		所有者职责履职主体层级	
海岛名称		所有者职责具体履职部门	
行政区划名称		登记单元号	

续　表

属性信息	填写	属性信息	填写
行政区划代码		集体所有的面积	
海岛面积		备注	
划入生态保护红线的面积			

（四）无居民海岛经济价值估算

无居民海岛资源资产经济价值估算，主要是查明无居民海岛等别、级别、资产价格、使用权最高年限、经济价值等属性信息。无居民海岛资源资产经济价值估算工作程序和技术流程如图 8-12 所示。

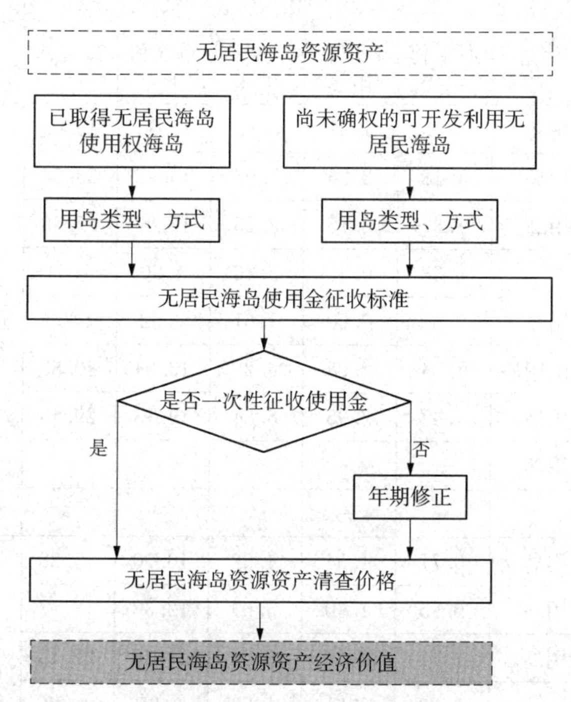

图 8-12　无居民海岛资源资产经济价值估算流程图

1. 无居民海岛资源资产价格的确定

无居民海岛资源资产价格标准主要参照《国家无居民海岛使用金征收标准》，最低标准如表 8-28 所示，根据无居民海岛使用权证书或登记信息中的用岛类型和用岛方式，进行年期修正以后确定。其中，一次性征收无居民海岛使用金的标准不进行年期修正。

对于未颁发无居民海岛使用权证但已有开发利用行为的，如果补充调查中没有用岛类型，则采用该岛开发利用面积最多的用岛类型作为用岛类型；对于未开发利用但办理了其他权属证书和相关审批手续的，采用原生用岛方式下农林牧业用岛作为用岛类型和用岛方式。

如果未获取到用岛方式信息，则根据无居民海岛开发利用现状补充调查中已取得海岛使用权的用岛面积和《关于调整海域、无居民海岛使用金征收标准》判定用岛方式。

表 8-28　无居民海岛使用权出让最低标准

单位：万元/(公顷・年)

等别	用岛类型	用岛方式					填海连岛与造成岛体消失的用岛
		原生利用式	轻度利用式	中度利用式	重度利用式	极度利用式	
一等	旅游娱乐用岛	0.95	1.91	5.73	12.41	19.09	2455.00(按用岛面积一次性计征)
	交通运输用岛	1.18	2.36	7.07	15.32	23.56	
	工业仓储用岛	1.37	2.75	8.25	17.87	27.49	
	渔业用岛	0.38	0.75	2.26	4.90	7.54	
	农林牧业用岛	0.30	0.60	1.81	3.92	6.03	
	可再生能源用岛	1.04	2.08	6.25	13.54	20.83	
	城乡建设用岛	1.47	2.95	8.84	19.15	29.46	
	公共服务用岛	—	—	—	—	—	
	国防用岛	—	—	—	—	—	
二等	旅游娱乐用岛	0.77	1.54	4.62	10.00	15.38	1976.00(按用岛面积一次性计征)
	交通运输用岛	0.95	1.90	5.69	12.33	18.97	
	工业仓储用岛	1.11	2.21	6.64	14.38	22.13	
	渔业用岛	0.30	0.61	1.83	3.95	6.08	
	农林牧业用岛	0.24	0.49	1.46	3.16	4.87	
	可再生能源用岛	0.84	1.68	5.04	10.91	16.78	
	城乡建设用岛	1.19	2.37	7.11	15.41	23.71	

续　表

等别	用岛类型	用岛方式					填海连岛与造成岛体消失的用岛
		原生利用式	轻度利用式	中度利用式	重度利用式	极度利用式	
	公共服务用岛	—	—	—	—	—	
	国防用岛	—	—	—	—	—	
三等	旅游娱乐用岛	0.68	1.37	4.10	8.88	13.66	1729.00(按用岛面积一次性计征)
	交通运输用岛	0.83	1.66	4.98	10.79	16.60	
	工业仓储用岛	0.97	1.94	5.81	12.59	19.36	
	渔业用岛	0.28	0.55	1.65	3.58	5.50	
	农林牧业用岛	0.22	0.44	1.32	2.86	4.40	
	可再生能源用岛	0.75	1.49	4.47	9.69	14.90	
	城乡建设用岛	1.04	2.07	6.22	13.48	20.75	
	公共服务用岛	—	—	—	—	—	
	国防用岛	—	—	—	—	—	
四等	旅游娱乐用岛	0.49	0.98	2.94	6.36	9.79	1248.00(按用岛面积一次性计征)
	交通运输用岛	0.60	1.20	3.59	7.79	11.98	
	工业仓储用岛	0.70	1.40	4.19	9.08	13.98	
	渔业用岛	0.20	0.39	1.17	2.54	3.91	
	农林牧业用岛	0.16	0.31	0.94	2.03	3.13	
	可再生能源用岛	0.53	1.07	3.20	6.94	10.68	
	城乡建设用岛	0.75	1.50	4.49	9.73	14.97	
	公共服务用岛	—	—	—	—	—	
	国防用岛	—	—	—	—	—	
五等	旅游娱乐用岛	0.42	0.84	2.51	5.45	8.38	1056.00(按用岛面积一次性计征)
	交通运输用岛	0.51	1.01	3.04	6.59	10.14	
	工业仓储用岛	0.59	1.18	3.55	7.69	11.83	
	渔业用岛	0.17	0.34	1.02	2.21	3.39	
	农林牧业用岛	0.14	0.27	0.81	1.76	2.71	

续 表

等别	用岛类型	用岛方式					填海连岛与造成岛体消失的用岛
		原生利用式	轻度利用式	中度利用式	重度利用式	极度利用式	
	可再生能源用岛	0.46	0.91	2.74	5.94	9.14	
	城乡建设用岛	0.63	1.27	3.80	8.24	12.68	
	公共服务用岛	—	—	—	—	—	
	国防用岛	—	—	—	—	—	
六等	旅游娱乐用岛	0.37	0.75	2.24	4.86	7.48	927.00(按用岛面积一次性计征)
	交通运输用岛	0.45	0.89	2.67	5.79	8.90	
	工业仓储用岛	0.52	1.04	3.12	6.75	10.39	
	渔业用岛	0.15	0.31	0.93	2.01	3.09	
	农林牧业用岛	0.12	0.25	0.74	1.61	2.47	
	可再生能源用岛	0.41	0.82	2.45	5.30	8.16	
	城乡建设用岛	0.56	1.11	3.34	7.23	11.13	
	公共服务用岛	—	—	—	—	—	
	国防用岛	—	—	—	—	—	

2. 无居民海岛资源资产经济价值估算

无居民海岛出让前,应确定无居民海岛等别、用岛类型和用岛方式,核算出让最低价,在此基础上对无居民海岛上的珍稀濒危物种、淡水、沙滩等资源价值进行评估,一并形成出让价。出让价作为申请审批出让和市场化出让底价的参考依据,不得低于最低价。

无居民海岛使用权出让最低价=无居民海岛使用权出让面积×出让年限×无居民海岛使用权出让最低标准

无居民海岛经济价值,采用收益还原法计算,其收益还原率(r)暂取6.08%。通过综合年限修正公式来计算出让年期修正系数(Y):

$$Y=\left[1-\frac{1}{(1+r)^{t}}\right]\Big/\left[1-\frac{1}{(1+r)^{n}}\right]$$

无居民海岛经济价值的估算公式为:

$$P_i = p_i \cdot S_i$$

式中：

P_i——第 i 个无居民海岛经济价值；

p_i——第 i 个无居民海岛对应的资产价格(单价)；

S_i——第 i 个无居民海岛面积。

第九章　全民所有林、草、湿地资源和国家公园资产清查

第一节　全民所有森林资源资产清查

一、清查范围

全民所有森林资源资产清查的林地范围为年度国土变更调查中的国有乔木林地、竹林地、灌木林地和其他林地；林木范围为年度国土变更调查中地类为林地，且林草生态综合监测评价数据（目前可用的主要是森林资源管理“一张图”）中林木权属为国有的林木。

二、清查内容

全民所有森林资源资产清查工作的内容主要包括实物量清查、经济价值核算、使用权状况、所有者职责履职主体等其他管理情况清查，并建立数据库。

三、清查单元

实物量清查、经济价值估算和其他管理信息清查以年度国土变更调查中的国有乔木林地、竹林地、灌木林地和其他林地图斑作为林地清查的基本单元，以年度国土变更调查中的乔木林地、竹林地、灌木林地和其他林地图斑为基础叠加林草生态综合监测评价数据中所有权为国有的林木生成的子图斑作为林木清查的基本单元。使用权状况、所有者职责履职主体清查以地籍调查成果（确权登记成果）中的宗地作为清查的基本单元。

四、工作程序和技术流程

全民所有森林资源资产清查工作包括数据收集与分析、实物量清查、内业数据整合、数据核查、经济价值估算、数据库建设、统计汇总等，具体工作流程如图 9-1 所示。

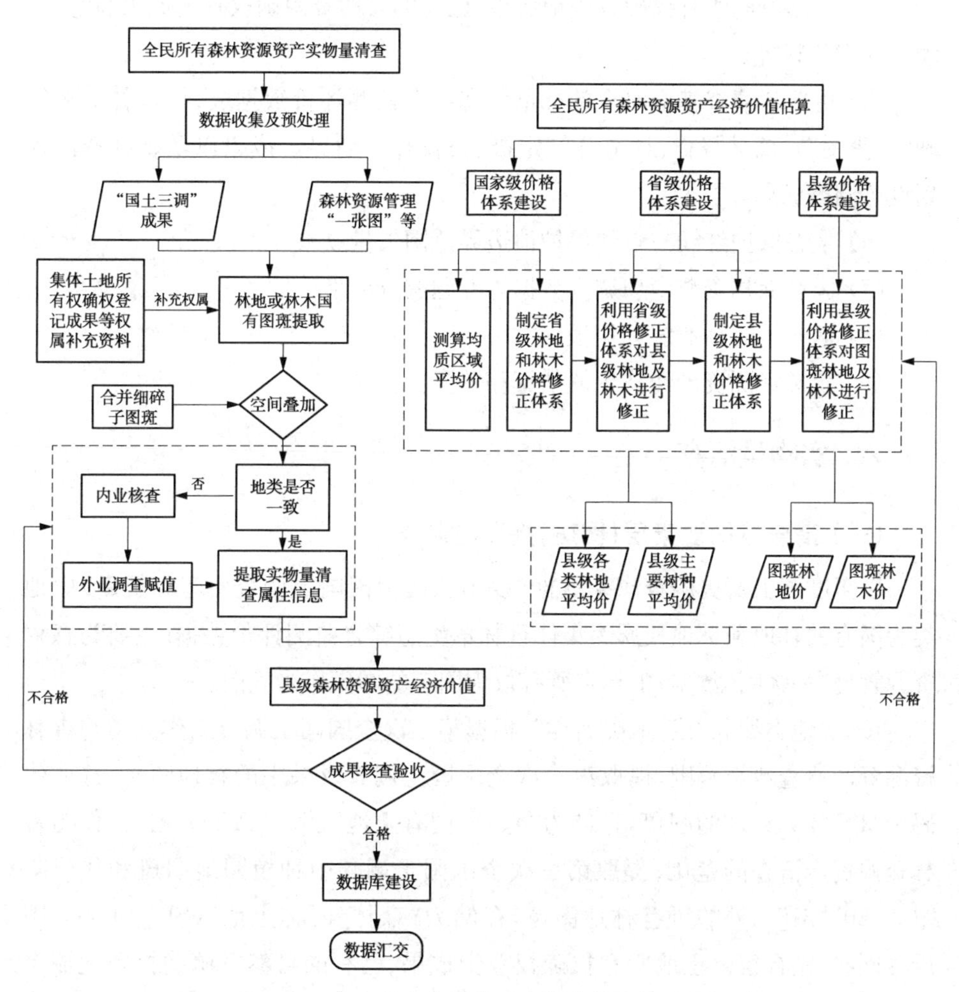

图 9-1　全民所有森林资源资产清查技术流程图

五、资料准备

(1) 清查基准时点的卫星遥感影像数据。

(2) 第三次全国国土调查成果。

(3) 年度国土变更调查成果数据。

(4) 集体土地所有权确权登记成果、已有的自然资源确权登记成果、相关不动产登记资料等。

(5) 更新到清查基准时点的林草生态综合监测评价数据成果(森林资源管理"一张图")、森林督查、林地分等定级、公益林区划界定成果以及森林资源规划设计调查成果等。

(6) 生态保护红线与自然保护地边界范围矢量成果。

(7) 国有森林资源专项调查数据等专题调查成果。

(8) 近5年的林业统计年报。

(9) 森林资源资产经济价值估算相关资料。

六、实物量清查

(一) 清查范围要素层(图斑)提取与制作

以年度国土变更调查成果数据(以第三次全国国土调查为基础更新)中地类为国有的林地和林地权属为集体且林草生态综合监测评价数据(主要为森林资源管理"一张图"数据)中林木所有权为国有的图斑作为底图。

按照"地类编码"或"地类名称",根据第三次全国国土调查工作分类与森林资源资产清查地类范围,提取第三次全国国土调查成果中的林地图斑,选取代码为"10""20""21"的图斑,存储为"森林_国有土地"(SL_GYTD)图层,作为森林资源资产清查的范围;提取第三次全国国土调查中种植园地图斑和代码除"10""20""21"以外的所有林地图斑,存储为"森林_园林土地"(SL_YLTD)图层。同时,结合集体土地所有权确权登记成果、已有的自然资源确权登记成果和相关不动产登记资料等资料的土地权属信息,对"森林_国有土地"和"森林_园林土地"图层的范围进行更新完善,分别在各图层中增加字段"权属标识码",并在字段中注明权属情况。

(二) 专题数据空间信息要素层提取

从森林资源管理“一张图”数据库中提取“林地”要素层，保留要素层属性表信息的名称、数值不变，将要素层重新命名为“森林资源”(SLZY)。提取“林地”要素层，保留要素层属性表信息的名称、数值不变，选取林木所有权为国有的部分，将要素层重新命名为“森林资源_国有林木”(SLZY_GYLM)。

根据“三区三线”、自然保护地核心区的地区划定成果，将“三区三线”、自然保护地核心区的范围分别与清查图斑叠加，统计各图斑划入生态保护红线、划入自然保护地核心区的面积。

(三) 属性表清洗

对制作的森林资源清查范围和提取的实物要素层属性表进行逐项检查、分析，根据表 9-1 对属性字段进行清洗，剔除与报表填报无关的属性字段。

表 9-1　原始空间数据要素层属性表清洗后保留属性字段

<table>
<tr><th>序号</th><th>要素层名称</th><th>保留属性字段名称(代码)</th></tr>
<tr><td>1</td><td>森林_国有土地(SL_GYTD)</td><td rowspan="2">坐落单位名称、坐落单位代码、权属单位代码、图斑编号、标识码、地类编码、地类名称、图斑面积、权属性质、权属标识码、备注</td></tr>
<tr><td>2</td><td>森林_园林土地(SL_YLTD)</td></tr>
<tr><td>3</td><td>森林资源(SLZY)</td><td rowspan="2">林业局、林场、图斑编码、地类、林木所有权、森林类别、树种组成、亚林种、优势树种组、起源、郁闭度/覆盖度、平均年龄、龄组、平均树高、平均胸径、每公顷株数、公顷蓄积、地貌、坡向、坡位、坡度、土壤类型、土层厚度、土地退化类型</td></tr>
<tr><td>4</td><td>森林资源_国有林木(SLZY_GYLM)</td></tr>
</table>

注：增加“备注”字段，用以标识飞入地，标注为“1”。

对森林资源专题要素层属性字段进行查阅，并对完整性缺失(漏填)、规范性错误(填写不规范)的属性字段图斑进行标注。

(四) 实物量信息清查

森林资源资产实物量成果数据库中同时保留年度国土变更调查地类与林草生态综合监测评价数据(森林资源管理“一张图”)地类，二级地类以年度国土变更调查为准。若年度国土变更调查与林草生态综合监测评价数据地类一致，实物量属性因子沿用林草生态综合监测评价数据因子。若年度国土变更调查与林草生态综合监测评价数据地类属性不一致，不使用林草生态综合监测评价数据的林分因子，通过其他专项调查成果赋值、邻近的遥感影像特征一致的子图斑赋值、县域内地类均值赋值或现地补充调查等方式完善实物量信息。

新增林地图斑实物量属性清查，需与林草生态综合监测评价数据（森林资源管理“一张图”）进行空间叠加处理（如表 9-2、表 9-3 所示）。新增林地图斑与林草生态综合监测评价数据图层重合的，图斑边界以年度国土变更调查的边界为准，年度国土变更调查图斑不能合并，图斑界线不允许改动。可根据森林资源调查数据细化子图斑，图斑株数、图斑蓄积等利用新增图斑面积进行更新，其他清查因子沿用林草生态综合监测评价数据子图斑因子；新增林地图斑与林草生态综合监测评价数据图层不重合，须通过其他专题调查成果赋值、邻近的遥感影像特征一致的子图斑赋值、县域内地类均值赋值或现地补充调查等方式补充实物量属性因子信息。

表 9-2　林地地类对照表

第三次全国国土调查林地地类	森林资源管理“一张图”林地地类
乔木林地	乔木林地
竹林地	竹林地
灌木林地	国家特别规定灌木林地
	其他灌木林地
其他林地	疏林地
	未成林造林地
	未成林封育地
	苗圃地
	采伐迹地
	火烧迹地
	辅助生产林地
	其他

表9-3　森林分类表

森林类别	林种	龄组(生产阶段)	"年度国土变更调查"林地地类
商品林	用材林	幼龄林	乔木林地、竹林地、灌木林地、其他林地
		中龄林	
		近熟林	
		成熟林	
		过熟林	
	经济林	产前期	乔木林地、竹林地、灌木林地、其他林地
		初产期	
		盛产期	
		衰产期	
	能源林	—	乔木林地、竹林地、灌木林地、其他林地
公益林	防护林	—	乔木林地、竹林地、灌木林地
	特种用途林	—	乔木林地、竹林地、灌木林地

叠加处理后产生的小于等于最小上图面积(0.04公顷)的细碎子图斑，直接合并到相邻的子图斑；大于最小上图面积的不规则细碎图斑，依据最新卫星遥感影像判定，合并到相邻的子图斑，细碎子图斑合并时不得改变原第三次全国国土调查图斑的边界。

根据森林资源调查数据细化得到的各子图斑的面积需重新求算，确保各子图斑面积之和等于原年度国土变更调查图斑面积。如果各子图斑的面积之和与原年度国土变更调查图斑面积之间存在误差，需对该图斑内各子图斑的面积进行平差，使各子图斑的面积之和等于原年度国土变更调查图斑的面积。

利用更新完善后的清查范围，分别叠加专题数据空间信息要素层，生成实物初步成果数据层，分别存储并命名为C_SL_GYTD和C_SL_YLTD，通过细碎图斑合并、属性挂接、拓扑检查、属性字段规范化处理等处理后，形成整合后的空间信息标准数据层，即以县级行政辖区为清查单位的全民所有森林资源资产权属、数量、种类、质量等实物属性信息。其中包括行政区、空间位置、地类、面积、生态保护红线面积、林地权属、林木权属、森林类别、林种(亚林种)、优势树种(组)、平均年龄、龄组(生产阶段)、平均胸径、平均树高、株数、蓄积量、产量等,以县级行政区为清查单位,填表至图斑(如表 9-4 所示)。

表 9-4 全民所有森林资源资产清查实物量图斑基础数据表

<table>
<tr><th colspan="2">属性信息</th><th>填写</th><th colspan="2">属性信息</th><th>填写</th></tr>
<tr><td colspan="2">资产清查标识码</td><td></td><td rowspan="11">林分因子</td><td>优势树种(组)</td><td></td></tr>
<tr><td rowspan="2">行政区</td><td>名称</td><td></td><td>起源</td><td></td></tr>
<tr><td>代码</td><td></td><td>郁闭度/覆盖度</td><td></td></tr>
<tr><td rowspan="3">国土变更调查</td><td>图斑标识码</td><td></td><td>平均年龄</td><td></td></tr>
<tr><td>图斑编号</td><td></td><td>龄组</td><td></td></tr>
<tr><td>图斑面积</td><td></td><td>平均树高</td><td></td></tr>
<tr><td rowspan="4">森林资源管理“一张图”</td><td>林业局</td><td></td><td>平均胸径</td><td></td></tr>
<tr><td>林场</td><td></td><td>每公顷株数</td><td></td></tr>
<tr><td>图斑编码</td><td></td><td>子图斑株数</td><td></td></tr>
<tr><td>地类</td><td></td><td>公顷蓄积量</td><td></td></tr>
<tr><td colspan="2">子图斑面积</td><td></td><td>子图斑蓄积量</td><td></td></tr>
<tr><td colspan="2">划入生态保护红线的面积</td><td></td><td rowspan="7">立地因子</td><td>地貌</td><td></td></tr>
<tr><td colspan="2">划入自然保护地核心区的面积</td><td></td><td>坡向</td><td></td></tr>
<tr><td rowspan="2">权属</td><td>国土变更调查土地权属</td><td></td><td>坡位</td><td></td></tr>
<tr><td>林木所有权</td><td></td><td>坡度</td><td></td></tr>
<tr><td rowspan="3">林分因子</td><td>森林类别</td><td></td><td>土壤类型</td><td></td></tr>
<tr><td>树种组成</td><td></td><td>土层厚度</td><td></td></tr>
<tr><td>亚林种</td><td></td><td>土地退化类型</td><td></td></tr>
</table>

以县级行政区为清查单位,对森林资源实物量清查结果进行汇总(如表 9-5 所示)。经过核查无误以后,逐级上报。

表 9-5　全民所有森林资源资产清查实物量汇总表

<table>
<tr><th colspan="4">属性信息</th><th>填写</th><th colspan="4">属性信息</th><th>填写</th></tr>
<tr><td rowspan="4">行政区</td><td colspan="3" rowspan="2">名称</td><td rowspan="2"></td><td rowspan="13">有林地</td><td rowspan="11">乔木林地</td><td rowspan="3">中龄林</td><td>面积</td><td></td></tr>
<tr><td rowspan="2">蓄积</td><td rowspan="2"></td></tr>
<tr><td colspan="3" rowspan="2">代码</td><td rowspan="2"></td></tr>
<tr><td rowspan="4">近熟林</td><td rowspan="2">面积</td><td rowspan="2"></td></tr>
<tr><td colspan="4" rowspan="2">森林类别</td><td rowspan="2"></td></tr>
<tr><td rowspan="2">蓄积</td><td rowspan="2"></td></tr>
<tr><td colspan="4" rowspan="2">林种</td><td rowspan="2"></td></tr>
<tr><td rowspan="2">成熟林</td><td>面积</td><td></td></tr>
<tr><td colspan="4">起源</td><td></td><td>蓄积</td><td></td></tr>
<tr><td colspan="4">面积合计</td><td></td><td rowspan="2">过熟林</td><td>面积</td><td></td></tr>
<tr><td colspan="4">蓄积合计</td><td></td><td>蓄积</td><td></td></tr>
<tr><td rowspan="4">有林地</td><td rowspan="4">乔木林地</td><td rowspan="2">小计</td><td>面积</td><td></td><td colspan="2" rowspan="2">竹林地</td><td>面积</td><td></td></tr>
<tr><td>蓄积</td><td></td><td>株数</td><td></td></tr>
<tr><td rowspan="2">幼龄林</td><td>面积</td><td></td><td colspan="3">灌木林地</td><td>面积</td><td></td></tr>
<tr><td>蓄积</td><td></td><td colspan="3">其他林地</td><td>面积</td><td></td></tr>
</table>

七、经济价值估算

(一) 森林资源资产的价格内涵

(1) 林地权利:林地使用权价格。

(2) 林木权利:林木所有权价格。

(3) 林地权利年期:70 年[①]。

(4) 林地类型:根据当地国有林地的主要类型,按照乔木林地、竹林地、灌木林地(一般灌木林地和灌木经济林地)、其他林地设定。

(5) 林木分类:根据森林类别划分,按商品林(用材林、经济林、能源林),公

① 《土地管理法》第十三条中规定:"农民集体所有和国家所有依法由农民集体使用的耕地、林地、草地,以及其他依法用于农业的土地,采取农村集体经济组织内部的家庭承包方式承包,不宜采取家庭承包方式的荒山、荒沟、荒丘、荒滩等,可以采取招标、拍卖、公开协商等方式承包,从事种植业、林业、畜牧业、渔业生产。家庭承包的耕地的承包期为三十年,草地的承包期为三十年至五十年,林地的承包期为三十年至七十年;耕地承包期届满后再延长三十年,草地、林地承包期届满后依法相应延长。"

益林(防护林、特种用途林)设定。

(6) 基准日:按照自然资源资产清查工作方案确定。我国初次自然资源资产清查的价格基准日为2020年12月31日。

(二) 价格信息的调查与采集

森林资源资产价格的信息按照森林资源资产价格体系建立的要求,以县级行政区为单元组织进行。

1. 采集要求

(1) 以县为单位进行价格信号相关资料的收集,根据县域情况选择林场、林木经营加工企业、林农等森林经营主体作为样点采集价格相关信息,样点数据不少于5个。

(2) 各样点采集技术参数、经济指标、林地流转价格及林木交易价格。其中,对林地流转价格及林木交易价格的相关交易资料做到应收尽收(参见表9-6至表9-12)。

(3) 若县域内获取不到近五年的价格信号,可参照周边林地质量等级和地理区位相近的县域填写。

(4) 样点资料补充完善或剔除。对所有调查的样点资料进行审查,对数据不全或不准确的,需进行补充调查;对数据明显偏离正常情况的样点,进行剔除;对于市场交易样点,应对其交易真实性进行审查,确保交易信息真实有效。

表9-6 林地林木流转价格数据采集表

样本编号: 采集县(市): 采集时间:

林地位置:县(市)、乡镇(场)村					林地所有权人		
流转前林地使用权人				流转后林地使用权人			
地类		林种		林班		小班	
面积(公顷)		主要树种		林地使用期(年)		终止日期(年/月/日)	
流转时间		流转方式		流转用途			

续　表

林地流转费用	支付方式	
	支付金额（元）	
林木流转费用（元）		
林地使用到期后地上物处置方式		
备注		

填表说明：

1. “流转方式”包括转让、出租、入股及其他方式。
2. “支付方式”包括流转时一次性支付、采伐时一次性支付、逐年支付以及其他方式，逐年支付包括年租金固定、年租金按常数递增或递减、年租金按一定比例递增或递减等多种情形，要备注。
3. “林地使用到期后地上物处置方式”包括林地所有者无偿收回、有偿收回、其他方式。

表 9－7　用材林林木流转价格数据采集表

样本编号：　　　　　采集县(市)：　　　　　单位：元/立方米

年度	树种 1		树种 2		……		备注
	规格材	非规格材	规格材	非规格材			
2020 年							
2019 年							
2018 年							
2017 年							
2016 年							
……							

填表说明：

1. 数值为县域平均值。其他需要说明的问题可填写在备注栏。
2. 木材价格为交货地点的原木价格。
3. 树种 1、树种 2 指具体树种名称，如杉木、马尾松（不少于 3 种树种）。
4. 采集的树种应覆盖均质区域的主要树种，可以扩展。

表 9-8 用材林主伐时主要林分调查因子及相关技术经济指标采集表

样本编号：　　采集县(市)：　　采伐方式：　　采伐年度：

项目	指标	单位	树种1	树种2	树种3	……	备注
主伐时主要林分调查因子	面积	公顷					
	年龄	年					
	小班蓄积量	立方米					
	小班出材量	立方米					
	平均胸径	厘米					
	平均树高	米					
	公顷株数	株					
主伐时技术经济指标	木材生产成本合计	元/立方米					
	采伐造材成本	元/立方米					
	集材距离	千米					
	集材成本	元/立方米					
	运输距离	千米					
	运输成本	元/立方米					
	伐区设计费	元/立方米					
	其他费用	元/立方米					
	木材生产经营利润	元/立方米					
	主伐时支付的地租	元/(公顷·年)					
	林地使用年限	年					

填表说明：

1. “采伐方式”分为皆伐、择伐、渐伐三种。
2. “采伐年度”是指最近五年。
3. “年龄”栏，按照《森林资源规划设计调查技术规程》(GB/T 26424-2010)执行。
4. “木材生产成本合计”包括采伐、造材、集材、运输及其他各项成本合计，不能细分的，可以直接填报合计数。
5. “集材距离”指伐区至木材堆积区域的距离；“运输距离”指木材堆积区域到原木交货地点的距离。

表 9-9　用材林营林生产成本采集表

样本编号：　　　　采集县(市)：　　　　营林生产年度：

营林作业项目		单位	树种 1	树种 2	……	备注
第一年造林和抚育成本	第一年成本合计	元/公顷				
	林地准备费	元/公顷				
	苗木费	元/公顷				
	种植费	元/公顷				
	施肥成本	元/公顷				
	抚育成本	元/公顷				
	其他成本	元/公顷				
第二年抚育成本		元/公顷				
第三年抚育成本		元/公顷				
第四年抚育成本		元/公顷				
第五年抚育成本		元/公顷				
年管护费		元/公顷				

表 9-10　能源林相关技术经济指标采集表

样本编号：　　　　能源林品种：　　　　营林生产年度：　　　　采集县(市)：

项目	单位	指标	备注
采伐产量	千克/公顷		
产品价格	元/千克		
采伐成本	元/公顷		
运输成本	元/公顷		
其他费用	元/立方米		
采伐周期	年		
年管护费	元/公顷		
年地租	元/(公顷·年)		
林地使用年限	年		

表 9-11　经济林技术经济指标采集表

样本编号：　　　　　　　　　　　　采集县(市)：

经济林品种：　　　　　　　　　　　采集时间：

序号	经济技术指标	产期	单位	数量	备注
1	各产期年龄范围	产前期	年		
		初产期	年		
		盛产期	年		
		衰产前	年		
2	经济林产品平均产量	初产期	千克/公顷		
		盛产期	千克/公顷		
		衰产前	千克/公顷		
3	年培育成本	第一年	元/公顷		
		产前期	元/公顷		
		初产期	元/公顷		
		盛产期	元/公顷		
		衰产前	元/公顷		
4	收获成本	采摘成本	元/千克		
		其他费用	元/千克		
5	经济林产品价格		元/千克		
6	年地租		元/(公顷·年)		
7	林地使用年限		年		

填表说明：

1. 经济林产期范围按第____年至第____年填写．
2. “经济林产品平均产量”为近三年单位面积的平均产量。
3. “年培育成本”包含施肥、深翻抚育、除草、病虫害防治、修剪、管护成本。
4. “经济林产品价格”为交货地点的价格。
5. “年地租”若一次性支付或采用其他支付方式，请在备注栏提供支付方式和金额。
6. 其他需要说明的问题可填写在备注栏。

表 9－12　竹林技术经济指标采集表

样本编号：　　　　　　　　采集县(市)：

竹子品种：　　　　　　　　采集时间：

序号	经济技术指标		单位	数量	备注
1	竹子收益	竹子价格	元/根		
2		竹子收获株数	根/公顷		
3	竹笋收益	春笋价格	元/千克		
4		春笋收获量	千克/公顷		
5		冬笋价格	元/千克		
6		冬笋收获量	千克/公顷		
7	培育成本	施肥	元/公顷		
8		深翻抚育	元/公顷		
9		除草	元/公顷		
10		管护	元/公顷		
11	生产成本	竹材采伐成本	元/公顷		
12		竹笋挖笋成本	元/千克		
13		其他费用	元/公顷		
14	年地租		元/(公顷·年)		
15	林地使用年限		年		

2. 采集价格信息数据

采集技术参数、经济指标、林地流转价格及林木交易价格等信息，主要有：

(1) 已公布的林地出租、作价出资入股及流转价格，林木作价出资入股、林木及经济林产品价格；

(2) 近五年林地出租、作价出资入股及流转价格，林木作价出资入股、林木和经济林产品产量及销售价格；

(3) 营造林成本、伐区设计费、木材采运成本、经济林产品采摘运输成本、销售税费、林业生产投资收益率、木材生产利润率等；

(4) 各立地类型区(亚区)各树种生长率和出材率、材积表、生长过程表、林分生长模型、收获预测表等林业数表。

3. 林地和林木价格测算

1) 林地价格测算

采用林地基准价或指导价修正法、林地流转价修正法、收益还原法和林地期望价法，详见表9-13。

表9-13 林地价格测算方法适用对象一览表

林地价格测算方法	适用对象
林地基准价或指导价法	已公布(制定)的林地基准价或政府指导价的区域
林地流转价修正法	可收集交易样本数量充足的区域
收益还原法	林地地租可获取
林地期望价法	林地地租不可获取

2) 林木价格测算

主要方法包括林木基准价或指导价修正法、林木交易价修正法、市场价倒算法、收获现值法、重置成本法，详见表9-14。

表9-14 林木价格测算方法适用对象一览表

林木价格测算方法	适用对象
林木基准价或指导价法	已公布(制定)的林木基准价或政府指导价的区域
林木交易价修正法	可收集交易样本数量充足的区域
市场价倒算法	用材林(成熟林、过熟林)
收获现值法	用材林(中龄林、近熟林、幼龄林)、经济林(初产期、盛产期、衰产期)、竹林、能源林
重置成本法	经济林(产前期)、用材林(幼龄林)

注：幼龄林的树龄≤10年。

(三) 价格体系的建立

1. 国家级价格体系建设

国家级价格体系是为指导全国开展森林资源经济价值核算而建立的分区域价格控制标准。国家价格体系均质区域的平均价格，可以作为各地核算森林资源经济价值的控制标准。其技术流程如下所示。

1）根据清查要求在全国范围划分均质区域

参考《中国林业发展区划》的分区成果，在保证县级行政区划完整性的前提下，最终形成75个均质区域（如表9－15所示，不含港澳台地区）。

2）选取样点采集县

在均质区域内，优先选取所有近5年已公布森林资源基准价或政府指导价的县（市、区）作为样点采集县；若均质区域内无公布森林资源基准价或政府指导价的县（市、区），以国家级均质区域为单位，抽取30％的样点采集县（市、区）。

3）测算均质区域平均价

近5年已公布森林资源基准价或政府指导价的区域，直接采用基准价或政府指导价，加权平均或算术平均得出本均质区域林地和林木的平均价格。

无森林资源基准价或政府指导价的区域，根据采集到的清查技术参数、经济指标数据、林地流转价格及林木交易价格，对采集的技术参数和经济指标进行筛选，数据不全或不准确的，需进行补充调查；剔除异常值数据后以优势树种样本数据为主，参考其他树种的样本数据，确定技术参数和经济指标，测算本均质区域的清查技术参数与经济指标数据的平均数值。

若每个样点采集县的林地流转价格及林木交易价格样本量充足（有效交易样本不少于5个），剔除异常值数据后直接用样本交易数进行年期和期日修正，然后测算均质区域的平均价格；交易样本点数量不足时，根据提取的清查技术参数与经济指标数据平均值及林草生态综合监测评价数据的实物量数据，将森林资源面积和蓄积量按地类、森林类别、林种、优势树种组、起源、龄组等进行统计汇总。汇总分类后选取对应的评估方法进行总体计算，测算样点采集县林地单位面积平均价，以及用材林、经济林、能源林林木单位面积平均价，作为均质区域林地、林木单位面积平均价。

若均质区域范围内获取不到近5年价格信号，可参照周边林地质量等级和地理区位相近的均质区域，利用调整系数对该均质区域的林地和林木平均价格进行修正，得出本均质区域的林地和林木平均价格。

均质区域平均价包括：林地单位面积平均价（乔木林地、竹林地、灌木林地、其他林地的平均价）；林木单位面积平均价（不同优势树种用材林分幼龄林、中龄林、成熟林三个龄组的单位面积林木平均价；竹林单位面积平均价；不同优势

表 9-15 森林资源分省域国家级均质区域划分成果表

省份	国家均质区	均质区范围	个数
北京	北京暖温带落叶阔叶林防护林林区	昌平区、房山区、丰台区、怀柔区、门头沟区、平谷区、密云区、延庆区、东城区、西城区	10
	北京平原防护林特用林林区	朝阳区、大兴区、海淀区、石景山区、顺义区、通州区	6
天津	辽东、胶东半岛环渤海湾天津防护经济林林区	东丽区、和平区、河北区、河东区、河西区、红桥区、津南区、南开区、西青区、静海区、宁河区、滨海新区、北辰区	13
	天津暖温带落叶阔叶林防护林用材林林区	宝坻区、武清区、蓟州区	3
河北	坝上高原防护林林区	沽源县、康保县、尚义县、张北县	4
	河北暖温带落叶阔叶林防护林用材林林区	安国市、安新县、莲池区、博野县、定兴县、定州市、阜平县、高碑店市、高阳县、满城区、清苑区、曲阳县、容城县、顺平县、唐县、望都县、竞秀区、雄县、徐水区、易县、涞水县、涞源县、涿州市、蠡县、泊头市、沧县、东光县、海兴县、河间市、黄骅市、孟村回族自治县、南皮县、青县、任丘市、肃宁县、枣强县、吴桥县、献县、新华区、盐山县、运河区、高邑县、晋州市、井陉矿区、井陉县、灵寿县、鹿泉区、平山县、桥西区、深泽县、无极县、辛集市、新华区、新乐市、行唐县、裕华区、元氏县、赞皇县、赵县、藁城区、宽城满族自治县、隆化县、平泉市、双滦区、双桥区、围场满族蒙古族自治县、兴隆县、鹰手营子矿区、成安县、大名县、肥乡区、馆陶县、广平县、鸡泽县、临漳县、邱县、曲周县、涉县、魏县、武安市、安平县、阜城县、故城县、冀州区、景县、饶阳县、深州市、桃城区、武强县、武邑县、安次区、霸州市、大厂回族自治县、大城县、固安县、广阳区、三河市、文安县、香河县、永清县、北戴河区、昌黎县、抚宁区、海港区、卢龙县、青龙满族自治县、山海关区、长安区、栾城区、丰润区、古冶区、开平区、乐亭县、路北区、路南区、滦州市、迁安市、迁西县、玉田县、遵化市、柏乡县、巨鹿县、临城县、临西	164

续　表

省份	国家均质区	均质区范围	个数
		县、隆尧县、南宫市、南和县、内丘县、宁晋县、平乡县、桥东区、桥西区、清河县、任县、沙河市、威县、新河县、赤城县、崇礼区、怀安县、怀来县、桥东区、桥西区、万全区、蔚县、下花园区、宣化区、阳原县、涿鹿县、丰南区、滦南县、曹妃甸区、广宗县、正定县、滦平县、承德县、永年区、丛台区、邯山区、磁县、丰宁满族自治县、峰峰矿区、复兴区	
山西	大同盆地防护林林区	云州区、天镇县、新荣区、阳高县、云冈区、平城区	6
	山西暖温带落叶阔叶林防护林经济林林区	上党区、长子县、潞州区、壶关县、黎城县、潞城区、平顺县、沁县、沁源县、屯留区、武乡县、襄垣县、广灵县、浑源县、灵丘县、左云县、盐湖区、永济市、垣曲县、芮城县、绛县、稷山县、古交市、城区、高平市、陵川县、泽州县、和顺县、介休市、灵石县、平遥县、祁县、寿阳县、太谷区、昔阳县、榆次区、榆社县、左权县、安泽县、大宁县、汾西县、浮山县、古县、洪洞县、侯马市、霍州市、吉县、蒲县、曲沃县、襄汾县、乡宁县、尧都区、翼城县、永和县、隰县、方山县、汾阳市、交城县、交口县、离石区、临县、文水县、孝义市、兴县、岚县、怀仁市、平鲁区、山阴县、朔城区、应县、右玉县、尖草坪区、晋源区、娄烦县、清徐县、万柏林区、小店区、杏花岭区、阳曲县、迎泽区、保德县、代县、定襄县、繁峙县、静乐县、偏关县、五台县、忻府区、原平市、岢岚县、城区、郊区、矿区、平定县、盂县、河津市、临猗县、平陆县、万荣县、闻喜县、夏县、新绛县、沁水县、阳城县、柳林县、石楼县、中阳县、河曲县、宁武县、神池县、五寨县	111
内蒙古	阿拉善高原荒漠植被防护林区	阿拉善右旗、阿拉善左旗、额济纳旗、乌拉特后旗	4
	大兴安岭中部东坡额木尔河流域防护用材林林区	额尔古纳市、根河市、牙克石市	3

续 表

省份	国家均质区	均质区范围	个数
	内蒙古森林草原治理防护林经济林用材林林区	杭锦后旗、临河区、乌拉特前旗、乌拉特中旗、五原县、磴口县、白云鄂博矿区、达尔罕茂明安联合旗、东河区、固阳县、九原区、昆都仑区、青山区、石拐区、土默特右旗、集宁区、察哈尔右翼前旗、二连浩特市、阿鲁科尔沁旗、巴林右旗、巴林左旗、红山区、克什克腾旗、林西县、松山区、翁牛特旗、元宝山区、达拉特旗、东胜区、鄂托克旗、鄂托克前旗、杭锦旗、乌审旗、伊金霍洛旗、准格尔旗、和林格尔县、回民区、清水河县、赛罕区、土默特左旗、托克托县、武川县、新城区、玉泉区、陈巴尔虎旗、鄂温克族自治旗、海拉尔区、扎赉诺尔区、新巴尔虎右旗、新巴尔虎左旗、霍林郭勒市、开鲁县、科尔沁区、科尔沁左翼中旗、扎鲁特旗、海勃湾区、海南区、乌达区、察哈尔右翼后旗、察哈尔右翼中旗、丰镇市、化德县、凉城县、商都县、四子王旗、兴和县、卓资县、阿巴嘎旗、东乌珠穆沁旗、苏尼特右旗、苏尼特左旗、太仆寺旗、西乌珠穆沁旗、锡林浩特市、镶黄旗、正蓝旗、正镶白旗、科尔沁右翼中旗、突泉县、康巴什区、满洲里市、多伦县	82
	内蒙古中温带针阔混交林用材林林区	敖汉旗、喀喇沁旗、宁城县、阿荣旗、鄂伦春自治旗、莫力达瓦达斡尔族自治旗、扎兰屯市、科尔沁左翼后旗、库伦旗、奈曼旗、阿尔山市、科尔沁右翼前旗、乌兰浩特市、扎赉特旗	14
辽宁	辽宁暖温带落叶阔叶林防护林用材林林区	海城市、立山区、台安县、铁东区、铁西区、岫岩满族自治县、喀喇沁左翼蒙古族自治县、凌源市、长海县、甘井子区、旅顺口区、普兰店区、沙河口区、西岗区、中山区、庄河市、东港市、元宝区、振安区、振兴区、太和区、凌河区、盖州市、辽中区、建昌县、龙港区、南票区、绥中县、兴城市、北镇市、古塔区、黑山县、凌海市、义县、白塔区、灯塔市、弓长岭区、宏伟区、辽阳县、太子河区、大洼区、盘山县、双台子区、兴隆台区、大石桥市、西市区、站前区、鲅鱼圈区、老边区、瓦房店市、金州区、连山区、千山区、文圣区	54

续　表

省份	国家均质区	均质区范围	个数
	辽宁中温带针阔混交林用材林防护林林区	本溪满族自治县、桓仁满族自治县、明山区、南芬区、平山区、溪湖区、大东区、北票市、朝阳县、建平县、龙城区、双塔区、海州区、新邱区、太平区、细河区、凤城市、宽甸满族自治县、浑南区、法库县、抚顺县、和平区、皇姑区、康平县、沈北新区、沈河区、苏家屯区、铁西区、新民市、于洪区、东洲区、清原满族自治县、顺城区、望花区、新宾满族自治县、新抚区、阜新蒙古族自治县、清河门区、彰武县、昌图县、调兵山市、开原市、清河区、铁岭县、西丰县、银州区	46
吉林	吉林西部丘陵平原防护经济林林区	大安市、通榆县、镇赉县、洮北区、洮南市	5
	吉林中温带针阔混交林用材林林区	浑江区、长白朝鲜族自治县、抚松县、江源区、靖宇县、临江市、朝阳区、德惠市、二道区、九台区、宽城区、绿园区、南关区、农安县、双阳区、榆树市、东辽县、昌邑区、船营区、丰满区、龙潭区、磐石市、舒兰市、永吉县、桦甸市、蛟河市、东丰县、龙山区、西安区、公主岭市、梨树县、双辽市、铁东区、铁西区、伊通满族自治县、长岭县、扶余市、宁江区、乾安县、前郭尔罗斯蒙古族自治县、东昌区、二道江区、辉南县、集安市、柳河县、梅河口市、通化县、安图县、敦化市、和龙市、龙井市、图们市、汪清县、延吉市、珲春市	55
黑龙江	额木尔河流域、新林、塔河用材林林区	呼玛县、漠河市、塔河县	3
	黑龙江中温带针阔混交林用材林林区	工农区、萝北县、南山区、绥滨县、大同区、杜尔伯特蒙古族自治县、红岗区、林甸县、龙凤区、让胡路区、萨尔图区、肇源县、肇州县、阿城区、巴彦县、宾县、穆棱市、海林市、道里区、道外区、方正县、呼兰区、木兰县、南岗区、平房区、尚志市、双城区、松北区、五常市、香坊区、延寿县、向阳区、兴安区、兴山区、爱辉区、北安市、嫩江市、孙吴县、五大连池市、逊克县、城子河区、滴道区、恒山区、虎林市、鸡东县、鸡冠区、梨树区、麻山区、密山市、东风区、富锦市、前进区、汤原县、同江市、向阳区、桦川县、桦南	118

续 表

省份	国家均质区	均质区范围	个数
		县、爱民区、东安区、东宁市、宁安市、绥芬河市、西安区、阳明区、勃利县、茄子河区、桃山区、新兴区、昂昂溪区、拜泉县、富拉尔基区、富裕县、甘南县、建华区、克东县、克山县、龙江县、龙沙区、梅里斯达斡尔族区、碾子山区、泰来县、铁锋区、依安县、讷河市、宝清县、宝山区、集贤县、尖山区、岭东区、饶河县、四方台区、友谊县、安达市、北林区、海伦市、兰西县、明水县、青冈县、庆安县、望奎县、肇东市、嘉荫县、伊美区、抚远市、友好区、汤旺县、南岔县、大箐山县、郊区、依兰县、林口县、丰林县、东山区、金林区、乌翠区、通河县、绥棱县、铁力市	
上海	沪东南沿海防护林林区	宝山区、长宁区、虹口区、嘉定区、金山区、静安区、普陀区、青浦区、徐汇区、杨浦区、黄浦区、浦东新区、崇明区、奉贤区、松江区、闵行区	16
江苏	江苏暖温带落叶阔叶林防护林林区	淮阴区、涟水县、清江浦区、灌南县、灌云县、连云区、宿城区、宿豫区、沭阳县、泗洪县、泗阳县、丰县、贾汪区、沛县、泉山区、铜山区、新沂市、云龙区、邳州市、睢宁县、滨海县、响水县、赣榆区、海州区、东海县、鼓楼区、淮安区	27
	江苏亚热带常绿阔叶林、针阔混交林防护林用材林林区	梁溪区、滨湖区、惠山区、江阴市、锡山区、宜兴市、金坛区、钟楼区、溧阳市、天宁区、武进区、高港区、海陵区、姜堰区、靖江市、泰兴市、兴化市、洪泽区、金湖县、盱眙县、高淳区、鼓楼区、建邺区、江宁区、六合区、浦口区、栖霞区、秦淮区、玄武区、雨花台区、溧水区、崇川区、港闸区、海安市、如东县、如皋市、常熟市、虎丘区、昆山市、太仓市、吴江区、相城区、张家港市、大丰区、东台市、阜宁县、建湖县、射阳县、亭湖区、盐都区、宝应县、高邮市、江都区、仪征市、丹徒区、丹阳市、京口区、句容市、润州区、扬中市、吴中区、姑苏区、新吴区、邗江区、广陵区、通州区、新北区、海门区、启东市	69
浙江	浙江低山丘陵用材经济林林区	宁海县、象山县、淳安县、建德市、黄岩区、椒江区、临海市、路桥区、三门县、天台县、温岭市、仙居县、玉环市、安吉县、长兴县、德清县、南浔区、吴兴区、东阳市、兰溪市、磐安县、浦江县、武义县、义乌市、永康市、龙泉市、青田县、庆元县、松阳县、遂昌县、平阳县、瑞安市、泰顺县、文成县、永嘉县、常山县、江山市、开化县、柯城区、龙游县、衢江区、乐清市、新昌县、奉化区、嵊州市、诸暨市、龙湾区、洞头区、临安区、桐庐县、	61

续　表

省份	国家均质区	均质区范围	个数
		金东区、婺城区、景宁畲族自治县、莲都区、云和县、缙云县、鹿城区、瓯海区、富阳区、龙港市、苍南县	
	浙江两湖沿江丘陵平原防护用材林林区	北仑区、镇海区、拱墅区、江干区、上城区、西湖区、下城区、余杭区、海宁市、嘉善县、南湖区、平湖市、桐乡市、秀洲区、定海区、普陀区、岱山县、嵊泗县、江北区、越城区、滨江区、上虞区、柯桥区、余姚市、萧山区、慈溪市、海曙区、鄞州区、海盐县	29
安徽	安徽平原防护用材林林区	蚌山区、固镇县、怀远县、淮上区、龙子湖区、禹会区、界首市、临泉县、太和县、颍东区、颍泉区、颍上县、颍州区、杜集区、烈山区、相山区、八公山区、大通区、凤台县、潘集区、埇桥区、灵璧县、萧县、泗县、砀山县、利辛县、蒙城县、涡阳县、谯城区、五河县、濉溪县、阜南县	32
	安徽亚热带常绿阔叶林、针阔混交林防护林用材林林区	宜秀区、宿松县、太湖县、望江县、岳西县、镜湖区、弋江区、鸠江区、大观区、怀宁县、迎江区、东至县、青阳县、石台县、定远县、凤阳县、来安县、琅琊区、明光市、南谯区、全椒县、天长市、潜山市、桐城市、巢湖市、肥东县、庐江县、庐阳区、蜀山区、瑶海区、田家庵区、谢家集区、黄山区、屯溪区、歙县、霍山县、金安区、金寨县、寿县、舒城县、裕安区、博望区、含山县、雨山区、绩溪县、旌德县、花山区、当涂县、和县、湾沚区、肥西县、包河区、长丰县、贵池区、徽州区、休宁县、叶集区、郊区、义安区、铜官区、霍邱县、无为市、枞阳县、祁门县、黟县、繁昌区、南陵县、广德市、郎溪县、宁国市、宣州区、泾县	72
福建	福建低山丘陵用材经济林林区	福安市、福鼎市、古田县、蕉城区、屏南县、寿宁县、霞浦县、周宁县、柘荣县、永春县、晋安区、连江县、罗源县、闽侯县、闽清县、永泰县、长汀县、连城县、武平县、新罗区、漳平市、光泽县、建阳区、建瓯市、邵武市、顺昌县、松溪县、延平区、政和县、德化县、建宁县、将乐县、梅列区、明溪县、宁化县、清流县、三元区、沙县、泰宁县、尤溪县、大田县、永安市、上杭县、浦城县、武夷山市、安溪县、华安县、南靖县	48

续　表

省份	国家均质区	均质区范围	个数
	福建亚热带用材防护林林区	仓山区、长乐区、福清市、金门县、晋江市、鲤城区、洛江区、南安市、泉港区、石狮市、鼓楼区、马尾区、平潭县、台江区、城厢区、涵江区、荔城区、仙游县、秀屿区、丰泽区、惠安县、海沧区、湖里区、集美区、思明区、同安区、翔安区、长泰区、东山县、龙海区、龙文区、漳浦县、芗城区、永定区、平和县、云霄县、诏安县	37
江西	江西低山丘陵用材经济林林区	婺源县、崇仁县、东乡区、广昌县、金溪县、乐安县、黎川县、临川区、南城县、南丰县、宜黄县、资溪县、大余县、赣县区、上犹县、石城县、章贡区、安福县、吉州区、峡江县、新干县、永新县、昌江区、浮梁县、乐平市、珠山区、瑞昌市、武宁县、修水县、安义县、安源区、上栗县、湘东区、德兴市、广丰区、横峰县、万年县、信州区、玉山县、弋阳县、奉新县、靖安县、上高县、铜鼓县、万载县、宜丰县、樟树市、贵溪市、余江区、月湖区、南康区、袁州区、吉安县、吉水县、青原区、永丰县、莲花县、芦溪县、分宜县、渝水区、丰城市、高安市、铅山县、广信区、安远县、会昌县、宁都县、瑞金市、兴国县、于都县、定南县、龙南市、全南县、信丰县、寻乌县、井冈山市、遂川县、泰和县、万安县、崇义县	80
江西	江西沿长江、鄱阳湖丘陵平原防护用材林林区	都昌县、湖口县、柴桑区、浔阳区、东湖区、进贤县、南昌县、青山湖区、青云谱区、西湖区、余干县、鄱阳县、永修县、濂溪区、彭泽县、庐山市、德安县、共青城市、湾里区、新建区	20
山东	环渤海湾防护经济林林区	沾化区、昌邑市、高密市、东营区、广饶县、河口区、垦利区、利津县、牟平区、寿光市、临沭县、莒南县、城阳区、黄岛区、即墨区、胶州市、莱西市、李沧区、平度市、市北区、市南区、崂山区、东港区、五莲县、莒县、环翠区、荣成市、乳山市、坊子区、寒亭区、奎文区、潍城区、诸城市、长岛县、福山区、海阳市、莱山区、莱阳市、莱州市、龙口市、蓬莱区、栖霞市、招远市、芝罘区、无棣县、岚山区、文登区	47
山东	山东平原防护用材林林区	滨城区、博兴县、惠民县、阳信县、邹平市、德城区、乐陵市、临邑县、陵城区、宁津县、平原县、齐河县、庆云县、武城县、夏津县、禹城市、茌平区、山亭区、市中区、台儿庄区、薛城区、峄城区、滕州市、曹县、成武县、单县、定陶区、东明县、巨野县、牡丹区、	61

续　表

省份	国家均质区	均质区范围	个数
		郓城县、鄄城县、东平县、长清区、济阳区、商河县、嘉祥县、金乡县、梁山县、曲阜市、任城区、微山县、鱼台县、邹城市、兖州区、汶上县、泗水县、东阿县、东昌府区、高唐县、冠县、临清市、阳谷县、莘县、河东区、兰山区、罗庄区、高青县、桓台县、兰陵县、郯城县	
	泰沂蒙低山防护经济林林区	肥城市、宁阳县、泰山区、新泰市、岱岳区、槐荫区、历城区、历下区、平阴县、市中区、天桥区、章丘区、钢城区、莱芜区、蒙阴县、平邑县、沂水县、安丘市、昌乐县、临朐县、青州市、博山区、临淄区、沂源县、张店区、周村区、淄川区、沂南县、费县	29
河南	河南暖温带落叶阔叶林防护林用材林林区	安阳县、北关区、滑县、林州市、龙安区、内黄县、汤阴县、文峰区、殷都区、淇县、博爱县、武陟县、修武县、延津县、温县、济源市、解放区、马村区、孟州市、沁阳市、山阳区、中站区、兰考县、通许县、尉氏县、禹王台区、杞县、孟津区、洛宁县、汝阳县、新安县、伊川县、宜阳县、偃师区、嵩县、栾川县、宝丰县、鲁山县、汝州市、石龙区、舞钢市、叶县、郏县、湖滨区、灵宝市、卢氏县、陕州区、义马市、渑池县、民权县、宁陵县、夏邑县、永城市、柘城县、睢县、长垣市、封丘县、获嘉县、卫辉市、原阳县、淮滨县、息县、长葛市、魏都区、襄城县、建安区、禹州市、鄢陵县、登封市、二七区、巩义市、管城回族区、惠济区、金水区、新密市、新郑市、中牟县、中原区、荥阳市、川汇区、郸城县、扶沟县、鹿邑县、沈丘县、太康县、西华县、项城市、平舆县、上蔡县、西平县、新蔡县、正阳县、驿城区、临颍县、华龙区、清丰县、台前县、牧野区、卫滨区、涧西区、湛河区、新华区、卫东区、召陵区、山城区、淇滨区、鹤山区、南乐县、祥符区、龙亭区、鼓楼区、顺河回族区、范县、遂平县、汝南县、商水县、淮阳区、浚县、濮阳县、虞城县、辉县市、梁园区、睢阳区、凤泉区、红旗区、新乡县、洛龙区、瀍河回族区、老城区、西工区、舞阳县、源汇区、郾城区、上街区	134
	河南亚热带常绿阔叶林、针阔混交林防护林用材林林区	淅川县、西峡县、邓州市、方城县、南召县、内乡县、社旗县、唐河县、桐柏县、固始县、光山县、罗山县、商城县、新县、潢川县、确山县、浉河区、镇平县、平桥区、泌阳县、新野县、宛城区、卧龙区	23

续 表

省份	国家均质区	均质区范围	个数
湖北	湖北大别山桐柏山用材防护林林区	红安县、罗田县、麻城市、英山县、东宝区、掇刀区、京山市、钟祥市、曾都区、黄陂区、新洲区、樊城区、老河口市、宜城市、安陆市、大悟县、孝昌县、广水市、襄城区、襄州区、枣阳市、随县	22
	湖北亚热带常绿阔叶林、针阔混交林用材林林区	鄂城区、华容区、梁子湖区、神农架林区、黄梅县、黄州区、团风县、武穴市、蕲春县、浠水县、大冶市、黄石港区、铁山区、西塞山区、下陆区、阳新县、公安县、洪湖市、监利市、江陵县、荆州区、沙市区、石首市、松滋市、丹江口市、郧西县、郧阳区、硚口区、东西湖区、汉南区、汉阳区、洪山区、江岸区、江汉区、江夏区、青山区、武昌区、赤壁市、崇阳县、嘉鱼县、通城县、通山县、咸安区、谷城县、南漳县、汉川市、孝南区、应城市、云梦县、猇亭区、当阳市、点军区、伍家岗区、西陵区、兴山县、夷陵区、远安县、枝江市、沙洋县、仙桃市、天门市、潜江市、蔡甸区、茅箭区、张湾区、保康县、房县、竹山县、竹溪县	69
	湖北岩溶生态旅游防护用材林林区	巴东县、恩施市、鹤峰县、建始县、来凤县、利川市、咸丰县、宣恩县、长阳土家族自治县、五峰土家族自治县、宜都市、秭归县	12
湖南	湖南亚热带常绿阔叶林、针阔混交林用材林林区	常宁市、衡东县、衡南县、衡山县、衡阳县、南岳区、祁东县、石鼓区、雁峰区、蒸湘区、珠晖区、耒阳市、北塔区、城步苗族自治县、大祥区、洞口县、隆回县、邵东市、邵阳县、双清区、绥宁县、武冈市、新宁县、新邵县、安乡县、津市市、临澧县、桃源县、武陵区、澧县、开福区、宁乡市、天心区、雨花区、岳麓区、芙蓉区、浏阳市、安仁县、北湖区、桂东县、桂阳县、嘉禾县、临武县、鼎城区、汉寿县、苏仙区、宜章县、永兴县、资兴市、辰溪县、鹤城区、洪江市、会同县、靖州苗族侗族自治县、麻阳苗族自治县、通道侗族自治县、新晃侗族自治县、中方县、芷江侗族自治县、沅陵县、溆浦县、冷水江市、涟源市、娄星区、双峰县、韶山市、湘潭县、岳塘区、泸溪县、安化县、赫山区、南县、桃江县、资阳区、沅江市、道县、东安县、江华瑶族自治县、江永县、蓝山县、冷水滩区、零陵区、宁远县、祁阳市、双牌县、新田县、华容县、君山区、临湘市、湘阴县、岳	110

续　表

省份	国家均质区	均质区范围	个数
		阳楼区、云溪区、汨罗市、茶陵县、荷塘区、芦淞区、石峰区、天元区、炎陵县、攸县、醴陵市、新化县、渌口区、雨湖区、长沙县、望城区、湘乡市、平江县、岳阳县、汝城县	
	湘西岩溶生态旅游防护用材林林区	石门县、保靖县、凤凰县、古丈县、花垣县、吉首市、龙山县、永顺县、慈利县、桑植县、武陵源区、永定区	12
广东	广东亚热带用材防护林林区	东源县、和平县、连平县、龙川县、源城区、紫金县、翁源县、武江区、新丰县、浈江区、饶平县、湘桥区、乐昌市、曲江区、乳源瑶族自治县、惠东县、惠来县、揭西县、普宁市、高州市、信宜市、连南瑶族自治县、连山壮族瑶族自治县、连州市、清新区、阳山县、英德市、金平区、龙湖区、南澳县、濠江区、海丰县、陆丰市、陆河县、阳春市、罗定市、新兴县、郁南县、云城区、德庆县、封开县、广宁县、怀集县、澄海区、城区、潮阳区、潮南区、潮安区、揭东区、榕城区、云安区、龙门县、大埔县、丰顺县、蕉岭县、平远县、五华县、兴宁市、梅县区、梅江区、始兴县、南雄市、仁化县	63
	粤南防护经济林林区	赤坎区、雷州市、廉江市、麻章区、坡头区、遂溪县、吴川市、霞山区、徐闻县、电白区、茂南区、阳东区、江城区、阳西县、化州市	15
	珠江三角洲及外围特用防护用材林林区	福田区、罗湖区、盐田区、南山区、白云区、东莞市、高明区、南海区、三水区、顺德区、禅城区、从化区、海珠区、花都区、荔湾区、南沙区、增城区、惠城区、恩平市、鹤山市、江海区、开平市、蓬江区、佛冈县、清城区、鼎湖区、端州区、高要区、四会市、中山市、斗门区、金湾区、香洲区、番禺区、龙岗区、坪山区、黄埔区、天河区、越秀区、博罗县、龙华区、台山市、新会区、惠阳区、宝安区、光明区	46
广西	广西亚热带常绿阔叶林、针阔混交林防护林用材林林区	德保县、靖西市、乐业县、凌云县、隆林各族自治县、那坡县、平果市、田东县、田林县、田阳区、西林县、右江区、长洲区、蒙山县、藤县、万秀区、岑溪市、大化瑶族自治县、东兰县、都安瑶族自治县、凤山县、环江毛南族自治县、金城江区、罗城仫佬族自治县、南丹县、天峨县、宜州区、苍梧县、龙圩区、大新县、扶绥县、江州区、龙州县、天	99

续 表

省份	国家均质区	均质区范围	个数
		等县、港北区、港南区、桂平市、平南县、覃塘区、鹿寨县、柳北区、叠彩区、恭城瑶族自治县、灌阳县、荔浦市、临桂区、灵川县、龙胜各族自治县、平乐县、七星区、象山区、兴安县、秀峰区、雁山区、阳朔县、永福县、巴马瑶族自治县、富川瑶族自治县、昭平县、兴宾区、金秀瑶族自治县、武宣县、象州县、忻城县、合山市、城中区、柳城县、柳江区、柳南区、融安县、融水苗族自治县、三江侗族自治县、鱼峰区、宾阳县、横县、江南区、良庆区、隆安县、马山县、青秀区、上林县、武鸣区、西乡塘区、兴宁区、邕宁区、灵山县、浦北县、北流市、博白县、陆川县、容县、兴业县、福绵区、玉州区、平桂区、钟山县、八步区、全州县、资源县	
	明江流域沿海丘陵台地经济林林区	海城区、合浦县、铁山港区、银海区、宁明县、凭祥市、东兴市、防城区、港口区、上思县、钦北区、钦南区	12
海南	海南热带季雨林、雨林防护林林区	白沙黎族自治县、保亭黎族苗族自治县、昌江黎族自治县、龙华区、美兰区、琼山区、秀英区、澄迈县、定安县、东方市、乐东黎族自治县、临高县、陵水黎族自治县、琼海市、琼中黎族苗族自治县、屯昌县、万宁市、文昌市、五指山市、儋州市、天涯区、吉阳区、海棠区、崖州区、三沙市	25
重庆	云贵高原东部重庆中海拔山地防护林林区	黔江区、彭水苗族土家族自治县、石柱土家族自治县、武隆区、秀山土家族苗族自治县、酉阳土家族苗族自治县	6
	重庆亚热带常绿阔叶林、针阔混交林防护林经济林林区	巴南区、长寿区、大渡口区、涪陵区、江北区、九龙坡区、南岸区、南川区、沙坪坝区、渝中区、城口县、垫江县、丰都县、奉节县、开州区、梁平区、荣昌区、铜梁区、巫山县、巫溪县、忠县、璧山区、合川区、潼南区、大足区、綦江区、万州区、云阳县、北碚区、江津区、永川区、渝北区	32
四川	青藏高原东南部四川暗针叶林防护林林区	黑水县、金川县、九寨沟县、理县、茂县、松潘县、汶川县、巴塘县、丹巴县、稻城县、白玉县、德格县、得荣县、甘孜县、九龙县、炉霍县、乡城县、雅江县、理塘县、新龙县、色达县、壤塘县、马尔康市、道孚县、康定市、泸定县、小金县、木里藏族自治县、石渠县	29

续　表

省份	国家均质区	均质区范围	个数
	青藏高原四川高寒植被与湿地防护林林区	阿坝县、若尔盖县、红原县	3
	四川亚热带常绿阔叶林、针阔混交林防护林用材林林区	隆昌市、市中区、威远县、资中县、船山区、广安区、成华区、崇州市、大邑县、都江堰市、金牛区、金堂县、锦江区、龙泉驿区、彭州市、蒲江县、青羊区、双流区、温江区、武侯区、新都区、新津区、邛崃市、郫都区、开江县、渠县、通川区、万源市、宣汉县、广汉市、罗江区、绵竹市、什邡市、中江县、旌阳区、达川区、前锋区、华蓥市、武胜县、岳池县、苍溪县、朝天区、剑阁县、利州区、旺苍县、昭化区、峨眉山市、夹江县、井研县、沙湾区、市中区、五通桥区、沐川县、犍为县、丹棱县、东坡区、洪雅县、彭山区、青神县、仁寿县、安州区、北川羌族自治县、涪城区、三台县、盐亭县、游仙区、梓潼县、嘉陵区、顺庆区、西充县、仪陇县、阆中市、安居区、大英县、蓬溪县、射洪市、宝兴县、芦山县、名山区、天全县、雨城区、荥经县、长宁县、翠屏区、高县、江安县、南溪区、屏山县、兴文县、叙州区、珙县、筠连县、安岳县、简阳市、乐至县、雁江区、富顺县、沿滩区、自流井区、古蔺县、合江县、江阳区、龙马潭区、纳溪区、叙永县、泸县、贡井区、大安区、东兴区、邻水县、荣县、恩阳区、青白江区、高坪区、平昌县、通江县、青川县、南部县、江油市、平武县、蓬安县、营山县、大竹县、南江县、巴州区、马边彝族自治县	126
	云贵高原四川亚热带针叶林防护林用材林林区	峨边彝族自治县、金口河区、布拖县、德昌县、甘洛县、会东县、金阳县、雷波县、冕宁县、宁南县、普格县、西昌市、越西县、昭觉县、东区、米易县、仁和区、西区、盐边县、汉源县、石棉县、会理县、喜德县、盐源县、美姑县	25
贵州	贵州亚热带常绿阔叶林、针阔混交林用材林防护林林区	关岭布依族苗族自治县、平坝区、普定县、西秀区、镇宁布依族苗族自治县、紫云苗族布依族自治县、七星关区、大方县、金沙县、黔西市、织金县、黄平县、剑河县、锦屏县、凯里市、雷山县、黎平县、麻江县、三穗县、施秉县、台江县、天柱县、镇远县、岑巩县、榕江县、长顺县、都匀市、白云区、花溪区、开阳县、息烽县、修文县、六枝特区、从江县、丹寨县、独山县、福泉市、贵定县、惠水县、荔波县、龙里县、罗甸县、平塘县、三都水族自治县、瓮安县、安龙县、册亨县、普安县、晴隆县、望谟县、兴仁市、兴义市、贞	82

续表

省份	国家均质区	均质区范围	个数
		丰县、江口县、石阡县、松桃苗族自治县、万山区、沿河土家族自治县、印江土家族苗族自治县、玉屏侗族自治县、赤水市、道真仡佬族苗族自治县、凤冈县、红花岗区、汇川区、绥阳县、桐梓县、务川仡佬族苗族自治县、余庆县、正安县、播州区、湄潭县、乌当区、清镇市、碧江区、德江县、思南县、仁怀市、习水县、南明区、云岩区、观山湖区	
	黔西高中山高原防护经济林林区	赫章县、纳雍县、威宁彝族回族苗族自治县、盘州市、水城区、钟山区	6
云南	青藏高原东南部云南暗针叶林防护林林区	德钦县、香格里拉市	2
云南	云贵高原云南亚热带针叶林用材林防护林林区	腾冲市、个旧市、红河县、开远市、绿春县、蒙自市、五华区、盘龙区、官渡区、西山区、昌宁县、龙陵县、隆阳区、施甸县、建水县、楚雄市、禄丰县、南华县、武定县、洱源县、弥渡县、南涧彝族自治县、云龙县、维西傈僳族自治县、大姚县、牟定县、双柏县、姚安县、永仁县、宾川县、大理市、鹤庆县、剑川县、巍山彝族回族自治县、祥云县、漾濞彝族自治县、永平县、梁河县、盈江县、元谋县、屏边苗族自治县、石屏县、元阳县、泸西县、安宁市、呈贡区、东川区、富民县、晋宁区、禄劝彝族苗族自治县、石林彝族自治县、寻甸回族彝族自治县、宜良县、嵩明县、古城区、华坪县、宁蒗彝族自治县、玉龙纳西族自治县、凤庆县、双江拉祜族佤族布朗族傣族自治县、永德县、贡山独龙族怒族自治县、江城哈尼族彝族自治县、景东彝族自治县、孟连傣族拉祜族佤族自治县、宁洱哈尼族彝族自治县、西盟佤族自治县、富源县、会泽县、陆良县、马龙区、师宗县、宣威市、沾益区、麒麟区、澄江市、峨山彝族自治县、红塔区、华宁县、江川区、通海县、易门县、大关县、鲁甸县、巧家县、彝良县、永善县、昭阳区、永胜县、弥勒市、沧源佤族自治县、耿马傣族佤族自治县、临翔区、云县、福贡县、兰坪白族普米族自治县、泸水市、景谷傣族彝族自治县、澜沧拉祜族自治县、墨江哈尼族自治县、思茅区、镇沅彝族哈尼族拉祜族自治县、新平彝族傣族自治县、元江哈尼族彝族傣族自治县	104

续 表

省份	国家均质区	均质区范围	个数
	云南热带季雨林、雨林防护林林区	河口瑶族自治县、金平苗族瑶族傣族自治县、陇川县、芒市、瑞丽市、景洪市、勐海县、勐腊县、镇康县	9
	云南亚热带常绿阔叶林、针阔混交林防护林经济林林区	罗平县、富宁县、广南县、麻栗坡县、马关县、丘北县、文山市、西畴县、砚山县、水富市、绥江县、威信县、盐津县、镇雄县	14
西藏	青藏高原东南部西藏暗针叶林防护林林区	边坝县、察雅县、贡觉县、八宿县、丁青县、类乌齐县、芒康县、工布江达县、朗县、巴宜区、米林市、索县、加查县、左贡县、洛隆县、波密县、卡若区、江达县、比如县	19
西藏	青藏高原西藏高寒植被与湿地防护林林区	措勤县、噶尔县、改则县、普兰县、昂仁县、白朗县、定结县、仁布县、桑珠孜区、仲巴县、城关区、达孜区、当雄县、墨竹工卡县、尼木县、曲水县、巴青县、嘉黎县、尼玛县、措美县、贡嘎县、洛扎县、乃东区、曲松县、桑日县、札达县、日土县、革吉县、拉孜县、萨迦县、聂拉木县、定日县、浪卡子县、扎囊县、琼结县、林周县、堆龙德庆区、聂荣县、申扎县、双湖县、班戈县、安多县、色尼区、岗巴县、吉隆县、江孜县、康马县、南木林县、萨嘎县、谢通门县、亚东县	51
西藏	西藏热带季雨林、雨林用材林林区	察隅县、错那市、隆子县、墨脱县	4
陕西	陕北毛乌素沙地防护经济林林区	定边县、靖边县、神木市、榆阳区、横山区	5
陕西	陕西暖温带落叶阔叶林防护林林区	凤翔区、金台区、陇县、岐山县、麟游县、王益区、耀州区、宜君县、印台区、白水县、澄城县、富平县、韩城市、合阳县、临渭区、蒲城县、碑林区、高陵区、鄠邑区、莲湖区、临潼区、未央区、新城区、阎良区、雁塔区、灞桥区、彬州市、长武县、淳化县、礼泉县、乾县、秦都区、三原县、渭城区、武功县、兴平市、旬邑县、杨陵区、永寿县、泾阳县、安塞区、宝塔区、富县、甘泉县、黄陵县、黄龙县、洛川县、吴起县、延长县、延川县、宜川县、	63

续 表

省份	国家均质区	均质区范围	个数
		志丹县、子长市、府谷县、佳县、米脂县、清涧县、绥德县、吴堡县、子洲县、千阳县、扶风县、大荔县	
	陕西亚热带常绿阔叶林、针阔混交林防护林用材林林区	白河县、汉滨区、汉阴县、宁陕县、平利县、石泉县、旬阳市、镇坪县、紫阳县、岚皋县、陈仓区、凤县、眉县、太白县、渭滨区、城固县、佛坪县、汉台区、留坝县、略阳县、南郑区、西乡县、洋县、镇巴县、丹凤县、洛南县、山阳县、商南县、商州区、镇安县、柞水县、华州区、华阴市、潼关县、周至县、勉县、宁强县、蓝田县、长安区	39
甘肃	白水江-小陇山特用经济林林区	成县、徽县、康县、两当县、文县、武都区、西和县、麦积区、秦州区、礼县、宕昌县	11
	甘南自然保护一般用材林林区	迭部县、舟曲县、临潭县、卓尼县	4
	河西走廊农田防护经济林林区	金川区、永昌县、敦煌市、瓜州县、金塔县、肃州区、玉门市、古浪县、凉州区、民勤县、甘州区、高台县、民乐县、山丹县、嘉峪关市、肃北蒙古族自治县、临泽县	17
	陇东黄土高原山地防护用材林林区	安定区、陇西县、通渭县、渭源县、漳县、岷县、东乡族自治县、广河县、积石山保安族东乡族撒拉族自治县、临夏市、崇信县、华亭市、静宁县、灵台县、庄浪县、崆峒区、泾川县、合水县、华池县、宁县、庆城县、西峰区、镇原县、正宁县、甘谷县、秦安县、清水县、武山县、张家川回族自治县、康乐县、和政县、临夏县、临洮县、环县	34
	陇中北部黄土丘陵防护经济林林区	白银区、会宁县、景泰县、靖远县、平川区、安宁区、城关区、皋兰县、红古区、七里河区、西固区、永登县、榆中县、永靖县	14
	青藏高原甘肃高寒植被与湿地防护林林区	合作市、碌曲县、玛曲县、夏河县、阿克塞哈萨克族自治县、天祝藏族自治县、肃南裕固族自治县	7

续　表

省份	国家均质区	均质区范围	个数
青海	湟水河流域防护林林区	互助土族自治县、乐都区、民和回族土族自治县、平安区、城北区、城东区、城西区、城中区、湟源县、湟中区	10
	青藏高原青海高寒植被与湿地防护林林区	茫崖市、班玛县、甘德县、久治县、达日县、刚察县、海晏县、门源回族自治县、祁连县、化隆回族自治县、循化撒拉族自治县、贵德县、贵南县、同德县、兴海县、德令哈市、都兰县、天峻县、乌兰县、河南蒙古族自治县、大通回族土族自治县、称多县、曲麻莱县、玉树市、共和县、杂多县、治多县、玛多县、玛沁县、尖扎县、同仁市、泽库县、囊谦县、海西蒙古族藏族自治州直辖区、格尔木市、唐古拉地区	36
宁夏	固原黄土丘陵沟壑防护用材林林区	隆德县、彭阳县、西吉县、原州区、泾源县	5
	宁夏森林草原治理防护林经济林用材林林区	大武口区、惠农区、平罗县、红寺堡区、青铜峡市、同心县、贺兰县、金凤区、西夏区、兴庆区、永宁县、海原县、沙坡头区、中宁县、灵武市、利通区、盐池县	17
新疆	昆仑山阿尔金山高寒植被与湿地区	策勒县、和田县、皮山县、塔什库尔干塔吉克自治县、叶城县、若羌县、阿克陶县	7
	新疆荒漠灌草恢复治理防护林用材林经济林林区	阿瓦提县、拜城县、柯坪县、库车市、沙雅县、温宿县、乌什县、新和县、布尔津县、富蕴县、哈巴河县、吉木乃县、青河县、博湖县、和静县、轮台县、且末县、新市区、博乐市、精河县、温泉县、昌吉市、阜康市、呼图壁县、吉木萨尔县、玛纳斯县、木垒哈萨克自治县、米东区、库尔勒市、巴里坤哈萨克自治县、伊州区、伊吾县、和田市、洛浦县、民丰县、墨玉县、于田县、裕民县、巴楚县、喀什市、麦盖提县、莎车县、疏勒县、岳普湖县、泽普县、伽师县、白碱滩区、独山子区、乌尔禾区、阿合奇县、阿图什市、乌恰县、额敏县、和布克赛尔蒙古自治县、沙湾市、塔城市、托里县、高昌区、托克逊县、鄯善县、沙依巴克区、天山区、头屯河区、石河子市、五家渠市、巩留县、尼勒克县、特克斯县、新源县、伊宁市、伊宁县、昭苏县、福海县、阿勒泰市、北屯市、尉犁县、乌鲁木齐	99

续　表

省份	国家均质区	均质区范围	个数
		县、达坂城区、水磨沟区、阿拉山口市、霍尔果斯市、察布查尔锡伯自治县、霍城县、可克达拉市、阿拉尔市、铁门关市、昆玉市、双河市、英吉沙县、阿克苏市、焉耆回族自治县、奇台县、和硕县、疏附县、图木舒克市、奎屯市、乌苏市、胡杨河市、克拉玛依区	

资料来源:《全民所有自然资源资产清查技术指南(试行稿)》。

注:原表中均质区范围即存在重复名称,编入时未修改。

树种经济林分产前期和初产期以上两个生产阶段单位面积平均价；能源林单位面积平均价）。

公益林价格参照商品林的价格进行测算。

对邻近均质区域的平均价格进行统筹平衡。

4）制定省级价格修正体系

为提高清查精度，将均质区域林地平均价修正到县（市、区）林地平均价，将均质区域优势树种林木平均价扩展到均质区域内主要树种林木平均价，设置如下修正办法。

① 确定省级林地价格调整系数。

林地主要调整因素为木材平均价格调整系数（Ws）、成熟林单位面积蓄积量调整系数（Ms）和成熟林平均树高调整系数（Hs）。主要树种木材平均价格能体现区域林木经济的市场水平和林地的生产力水平；成熟林单位面积蓄积量能体现林木的产量水平；成熟林平均树高能体现林木收获时的林地生产力水平。因此，可以根据以上因素确定省级林地价格调整系数（Es），其计算公式为：

$$E_S = W_S \cdot M_S \cdot H_S$$

式中：

E_S——省级林地价格调整系数；

W_S——省级木材平均价格调整系数；

M_S——省级成熟林单位面积蓄积量调整系数；

H_S——省级成熟林平均树高调整系数。

$$W_S = W_{S1} / W_{Y1}$$

式中：

W_{S1}——县级主要树种木材平均价格（通过市场数据采集并剔除异常值数据后加权平均获得）；

W_{Y1}——均质区域主要树种木材平均价格（通过样点采集县的市场数据采集并剔除异常值数据后加权平均得到）。

$$M_S = M_{S1} / M_{Y1}$$

式中：

M_{S1}——县级成熟林单位面积蓄积量(通过县级成熟林图斑面积与图斑单位面积蓄积量加权平均得到);

M_{Y1}——均质区域成熟林单位面积蓄积量(通过均质区域成熟林图斑面积与图斑单位面积蓄积量加权平均得到)。

$$H_S = H_{S1} / H_{Y1}$$

式中:

H_{S1}——县级成熟林平均树高(通过县级成熟林图斑面积与成熟林树高加权平均得到);

H_{Y1}——均质区域成熟林平均树高(通过均质区域成熟林图斑面积与成熟林树高加权平均得到)。

② 确定省级林木价格调整系数。

设置省级林木调整系数的目的,是通过已有价格的某种优势树种扩展求算未知的某种目标树种的价格,各类林木具体的调整系数计算如下所述。

幼龄林林木调整因素为主要树种的造林成本、平均树高和单位面积株数。因此,省级幼龄林林木目标树种调整系数(Ls)由目标树种造林成本调整系数(Cs)、平均树高调整系数(Hs)、单位面积株数调整系数(Ns)综合确定。

$$L_S = C_S \cdot H_S \cdot N_S$$

式中:

L_S——省级幼龄林林木目标树种调整系数;

C_S——省级目标树种造林成本调整系数;

H_S——省级目标树种平均树高调整系数;

N_S——省级目标树种单位面积株数调整系数(造林株数达到或者大于合格标准株数时,调整系数取最高值1)。

$$C_S = C_{S1} / C_{Y1}$$

式中:

C_{S1}——县级目标树种造林成本(通过市场数据采集获得);

C_{Y1}——均质区域目标树种造林成本(通过样点采集县市场数据采集获得)。

$$H_S = H_{S1} / H_{Y1}$$

式中：

H_{S1}——县级幼龄林平均树高（通过县级幼龄林图斑面积与幼龄林树高加权平均得到）；

H_{Y1}——均质区域幼龄林平均树高（通过均质区域幼龄林图斑面积与幼龄林树高加权平均得到）。

$$N_S = N_{S1}/N_{Y1}$$

式中：

N_{S1}——县级目标树种单位面积株数（通过县级目标树种图斑面积与目标树种单位面积株数加权平均得到）；

N_{Y1}——均质区域目标树种单位面积株数（通过均质区域目标树种图斑面积与目标树种单位面积株数加权平均得到）。

中龄林以上林木目标树种调整系数为目标树种木材平均价格调整系数（Ws）、单位面积蓄积量（Ms）和平均胸径调整系数（Ds）。木材平均价格越高，收益越高，林木产值也越高；单位面积蓄积量越高，林木质量越好；平均胸径越大，林木质量越好。因此，确定以上三个调整系数作为省级林木调整系数（Fs），其计算公式为：

$$F_S = W_S \cdot M_S \cdot D_S$$

式中：

F_S——省级林木目标树种调整系数；

W_S——省级目标树种木材平均价格调整系数；

M_S——省级单位面积蓄积量调整系数；

D_S——省级目标树种平均胸径调整系数。

$$W_S = W_{S1}/W_{Y1}$$

式中：

W_{S1}——县级目标树种木材平均价格（通过市场数据采集获得）；

W_{Y1}——均质区域目标树种木材平均价格（通过样点采集县的市场数据采集剔除不合理因素加权平均得到）。

$$M_S = M_{S1}/M_{Y1}$$

式中：

M_{S1}——县级成熟林单位面积蓄积量（通过县级成熟林图斑面积与成熟林蓄积量加权平均得到）；

M_{Y1}——均质区域成熟林单位面积蓄积量（通过均质区域成熟林图斑面积与成熟林蓄积量加权平均得到）。

$$D_S = D_{S1} / D_{Y1}$$

式中：

D_{S1}——县级目标树种平均胸径（通过县级目标树种图斑面积与目标树种胸径加权平方的平均得到）；

D_{Y1}——均质区域目标树种平均胸径（通过均质区域目标树种图斑面积与目标树种平均胸径加权平均得到）。

产前期经济林林木的主要调整因素为主要经济树种的造林成本、单位面积株数和平均树高，因此，省级产前期经济林林木调整系数（J_S）由目标树种造林成本调整系数（C_S）、平均树高（冠幅）调整系数（H_S）、单位面积株数调整系数（N_S）综合确定。

$$J_S = C_S \cdot H_S \cdot N_S$$

式中：

J_S——省级产前期经济林林木调整系数；

C_S——省级目标树种造林成本调整系数；

H_S——省级目标树种平均树高调整系数；

N_S——省级单位面积株数调整系数。

$$C_S = C_{S1} / C_{Y1}$$

式中：

C_{S1}——县级目标树种造林成本（通过市场数据采集获得）；

C_{Y1}——均质区域目标树种造林成本（通过样点采集县的市场数据采集获得）。

$$H_S = H_{S1} / H_{Y1}$$

式中：

H_{S1}——县级目标树种平均树高(冠幅)[通过县级目标树种图斑面积与图斑平均树高(冠幅)加权平均得到];

H_{Y1}——均质区域目标树种平均树高(冠幅)[通过均质区域目标树种图斑面积与图斑平均树高(冠幅)加权平均得到]。

$$N_S = N_{S1}/N_{Y1}$$

式中:

N_{S1}——县级目标树种单位面积株数(通过县级目标树种图斑面积与目标树种单位面积株数加权平均得到);

N_{Y1}——均质区域目标树种单位面积株数(通过均质区域主要树种图斑面积与目标树种单位面积株数加权平均得到)。

初产期以上经济林林木的主要调整因素为目标树种经济林产品平均价格和单位面积产量,因此,初产期以上省级经济林林木调整系数(K_S)由目标树种经济林产品平均价格调整系数(W_S)、单位面积产量调整系数(V_S)综合确定。

$$K_S = W_S \cdot V_S$$

式中:

K_S——初产期以上省级经济林林木调整系数;

W_S——省级目标树种经济林产品平均价格调整系数;

V_S——省级单位面积产量调整系数。

$$W_S = W_{S1}/W_{Y1}$$

式中:

W_{S1}——县级目标树种经济林产品平均价格(通过市场数据采集获得);

W_{Y1}——均质区域目标树种经济林产品平均价格(通过样点采集县的市场数据采集并剔除不合理因素加权平均得到)。

$$V_S = B_{S1}/B_{Y1}$$

式中:

B_{S1}——县级目标树种经济林产品单位面积产量(通过县级目标树种图斑面积与图斑单位面积产量加权平均得到);

B_{Y1}——均质区域目标树种经济林产品单位面积产量(通过均质区域目标树种图斑面积与图斑单位面积产量加权平均得到)。

竹林林木的主要调整因素为竹子平均价格和单位面积株数。竹子平均价格越高,竹林收益越高,竹林产值也越高;单位面积株数越多,可采伐株数越多,产量越高。因此,省级竹林林木调整系数(Q_S)由主要竹子平均价格调整系数(Q_{S1})、单位面积株数调整系数(Q_{S2})综合确定,其计算公式为:

$$Q_S = Q_{S1} \cdot Q_{S2}$$

式中:

Q_S——省级竹林林木调整系数;

Q_{S1}——省级主要竹子平均价格调整系数;

Q_{S2}——省级单位面积株数调整系数。

$$Q_{S1} = W_{S2} / W_{Y2}$$

式中:

W_{S2}——县级竹子平均价格(通过市场数据采集获得);

W_{Y2}——均质区域竹子平均价格(通过样点采集县的市场数据采集获得)。

$$Q_{S2} = N_{S2} / N_{Y2}$$

式中:

N_{S2}——县级竹林单位面积株数(通过县级竹子图斑面积与竹子单位面积株数加权平均得到);

N_{Y2}——均质区域竹林单位面积株数(通过均质区域竹子图斑面积与竹子单位面积株数加权平均得到)。

能源林的主要调整因素为能源林产品平均价格和单位面积产量,因此,省级能源林调整系数(R_S)由主要能源林产品平均价格调整系数(R_{S1})、单位面积产量调整系数(R_{S2})综合确定,其计算公式为:

$$R_S = R_{S1} \cdot R_{S2}$$

式中:

R_S——省级能源林调整系数;

R_{S1}——省级主要能源林产品平均价格调整系数；

R_{S2}——省级单位面积产量调整系数。

$$R_{S1}=W_{S3}/W_{Y3}$$

式中：

W_{S3}——县级目标树种产品平均价格(通过市场数据采集获得)；

W_{Y3}——均质区域目标树种产品平均价格(通过样点采集县的市场数据采集获得)。

$$R_{S2}=B_{S2}/B_{Y2}$$

式中：

B_{S2}——县级目标能源林树种产品单位面积产量(通过县级目标能源林树种图斑面积与图斑单位面积产量加权平均得到)；

B_{Y2}——均质区域目标能源林树种产品单位面积产量(通过均质区域目标能源林树种图斑面积与图斑单位面积产量加权平均得到)。

根据资产评估行业的经验，可比案例单项调整幅度不应超过20%，林地综合调整幅度不应超过30%，同林种、同林龄林木价格修正不超过30%，参照以上经验值确定省级林地价格调整系数和省级林木调整系数的区间为0.7～1.3。

2. 省级价格体系建设

根据国家级价格体系中各均质区域林地、林木平均价，以及省级修正体系对均质区域平均价格进行修正。林地地价修正为区域范围内每个县(市、区)的乔木林地、灌木林地、竹林地、其他林地的平均价。林木按林种细化为用材林、经济林、竹林、能源林的主要树种林木平均价。

制定县级修正体系，指导地方开展县级单位图斑价格测算。

第一，设置县级林地价格调整系数。林地的主要调整因素为成熟林单位面积蓄积量调整系数(E_{X2})和成熟林平均树高调整系数(E_{X3})。成熟林单位面积蓄积量越高，林地的生产力越高；成熟林平均树高越高，林地的质量越好。根据以上两个调整系数，确定县级林地价格调整系数(E_X)的数值，其计算公式为：

$$E_X=E_{X2}\cdot E_{X3}$$

式中：

E_X——县级林地价格调整系数；

E_{X2}——县级成熟林单位面积蓄积量调整系数；

E_{X3}——县级成熟林平均树高调整系数。

$$E_{X2} = M_{T1} / M_{X1}$$

式中：

M_{T1}——图斑单位面积蓄积量(通过林草生态综合监测评价数据获取)；

M_{X1}——县级成熟林单位面积蓄积量(通过县级成熟林图斑面积与图斑单位面积蓄积量加权平均得到)。

$$E_{X3} = H_{T1} / H_{X1}$$

式中：

H_{T1}——图斑成熟林平均树高(通过林草生态综合监测评价数据获取)；

H_{X1}——县级成熟林平均树高(通过县级成熟林图斑面积与成熟林树高加权平均得到)。

第二，将图斑树种归并至省级主要树种，归并的原则为特性类似、价值相近、利用方式相近。

第三，根据资产价格测算总修正系数不超过30％的原则，确定图斑林地价格调整系数的区间为0.7～1.3。

(四) 经济价值估算

1. 图斑单位面积经济价值测算

根据省级价格体系的林地价格调整系数及树种归并原则，将林地、林木平均价修正到子图斑(如表9-16所示)。

根据县级林地价格调整系数和县级林地平均价，确定子图斑单位面积林地价格。

将图斑树种根据归并原则归并为主要树种，确定子图斑的单位面积林木价格。树种归并原则详见《国家森林资源连续清查技术规定》(国家林业局2014年)树种(组)分类。

表 9-16　全民所有森林资源资产清查价值量图斑数据基础表

<table>
<tr><th colspan="2">属性信息</th><th>填写</th><th colspan="2">属性信息</th><th>填写</th></tr>
<tr><td colspan="2">资产清查标识码</td><td></td><td colspan="2">子图斑面积</td><td></td></tr>
<tr><td rowspan="2">行政区</td><td>名称</td><td></td><td colspan="2">划入生态保护红线的面积</td><td></td></tr>
<tr><td>代码</td><td></td><td colspan="2">划入自然保护地核心区的面积</td><td></td></tr>
<tr><td rowspan="4">国土变更调查</td><td>图斑标识码</td><td></td><td colspan="2">国土变更调查土地权属</td><td></td></tr>
<tr><td>图斑编码</td><td></td><td colspan="2">林木权属</td><td></td></tr>
<tr><td>图斑面积</td><td></td><td colspan="2">森林类别</td><td></td></tr>
<tr><td>地类</td><td></td><td colspan="2">林种</td><td></td></tr>
<tr><td rowspan="4">林草生态综合监测评价数据</td><td>林业局</td><td></td><td rowspan="4">经济价值</td><td>林地资产</td><td></td></tr>
<tr><td>林场</td><td></td><td>林木资产</td><td></td></tr>
<tr><td>图斑编码</td><td></td><td>合计</td><td></td></tr>
<tr><td>地类</td><td></td><td></td><td></td></tr>
</table>

2. 县级经济价值估算

在省级价格体系的控制下，各县根据具体情况，可选择以下三种方式之一进行县级清查经济价值核算：

第一，已完成县级单位子图斑价格测算的地区，可根据实物量清查数据及树种归并原则，将图斑内除主要树种外的其他树种调整归并至主要树种，利用图斑林地的林木价格乘以对应的图斑面积，加总得到县域森林资源资产的价值量，逐级汇总得到省级和全国森林资源资产的经济价值总量。计算公式为：

$$\text{县域林地经济价值} = \sum \text{各图斑林地平均价} \times \text{县域清查范围图斑面积}$$

$$\text{县域林木经济价值} = \sum \text{各图斑林木平均价} \times \text{县域清查范围图斑面积}$$

$$\text{县级森林资源资产经济价值} = \text{县域林地经济价值} + \text{县域林木经济价值}$$

第二，已完成省级价格体系建设，未开展完成县级图斑价格测算的地区，可根据实物量清查数据，将县内除主要树种外的其他树种调整归并至主要树种，利用县林地、林木平均价格乘以对应的面积,加总得到县域森林资源资产价值量,逐级汇总得到省级和全国森林资源资产的经济价值总量。计算公式为:

县域林地经济价值=县域林地平均价×县域清查范围面积

县域林木经济价值=县域林木平均价×县域清查范围面积

县级森林资源资产经济价值=县域林地经济价值+县域林木经济价值

第三,未完成省级价格系统建设的地区,可根据实物量清查数据,将县域范围内除均质区域优势树种外的其他树种调整归并至优势树种,利用均质区域林地、林木平均价格乘以对应的面积,加总得到县域森林资源资产价值量,逐级汇总得到省级和全国森林资源资产的经济价值总量。计算公式为:

县域林地经济价值=均质区域林地平均价×县域清查范围面积

县域林木经济价值=均质区域林木平均价×县域清查范围面积

县级森林资源资产经济价值=县域林地经济价值+县域林木经济价值

将县域森林资源资产价值估算成果统计汇总,形成表 9-17。

表 9-17　全民所有森林资源资产清查价值量汇总表

行政区		国土变更调查权属	林木所有权	森林类别	地类	面积	划入生态保护红线的面积合计	划入自然保护地核心区的面积合计	经济价值		
名称	代码								林地资产	林木资产	合计

第二节　全民所有草原资源资产清查

一、清查范围

全民所有草原资源资产清查的范围为年度国土变更调查中权属为国有的草地。

二、清查单元

以第三次全国国土调查权属为国有草地的图斑为基础，叠加草原调查监测等数据形成的子图斑作为清查单元。

三、工作程序和技术流程

全民所有草原资源资产清查工作包括数据收集、空间叠加分析、实物属性清查、资产价格体系建设、经济价值核算、使用权状况和所有者职责履职主体清查、其他管理情况清查、数据核查、数据汇交，具体如图 9-2 所示。

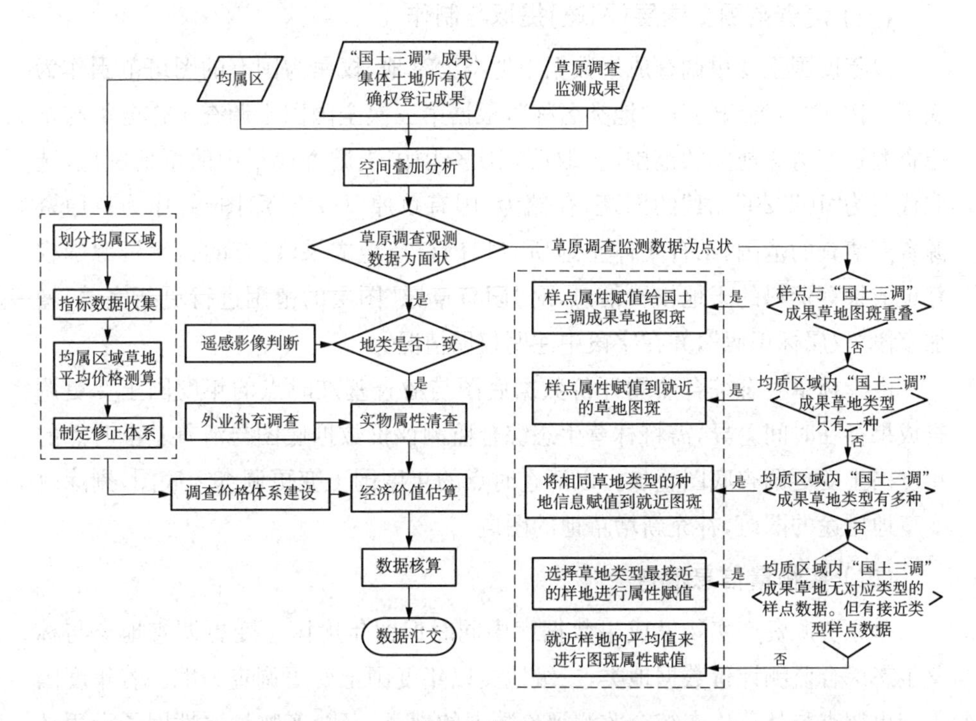

图 9-2　全民所有草原资源资产清查技术流程图

四、资料准备

(1) 清查时点下的卫星遥感影像数据。

(2) 年度国土变更调查成果数据。

(3) 更新到清查基准时点的林草生态综合监测评价成果数据、草原资源专题调查成果、全国草地分等定级成果。

(4) 生态保护红线与自然保护地边界范围矢量成果。

(5) 地籍调查成果、不动产登记成果。

(6) 中央直接行使所有者职责的自然资源清单;省、市级代理履行所有者职责的自然资源清单。

五、实物量清查

(一) 清查范围要素层(图斑)提取与制作

以年度国土变更调查成果数据中地类为草地、权属为国有的图斑范围作为底图。按照"地类编码"或"地类名称",根据第三次全国国土调查工作分类与草原资源资产清查地类的范围,提取第三次全国国土调查成果中的草地图斑,选取代码为"10""20""21"的图斑,存储为"国有草原"(GYCY)图层,作为草原资源资产清查的范围,结合集体土地所有权确权登记成果、已有的自然资源确权登记成果等资料的土地权属信息,对"国有草原"图层的范围进行更新完善,增加字段"权属标识码",并在字段中注明权属情况。

由于林草生态综合监测评价数据底图与清查基准时点的年度国土变更调查成果存在时间差异,需将林草生态综合监测评价数据底图与清查基准时点的年度国土变更调查底图叠加。以清查时点的年度国土变更调查为底图,剔除改变草地用途的图斑,补充新增草地的图斑。

(二) 实物量信息清查

草原资源资产实物量成果数据库中同时保留年度国土变更调查地类与林草生态综合监测评价数据地类,二级地类以年度国土变更调查为准。若年度国土变更调查与林草生态综合监测评价数据的地类一致,实物量属性因子沿用林草生态综合监测评价数据因子。若年度国土变更调查与林草生态综合监测评价数据的地类属性不一致,不使用林草生态综合监测评价数据的因子,通过其他专项调查成果赋值、邻近的遥感影像特征一致的子图斑赋值、县域内地类均值赋值或现地补充调查等方式完善实物量信息(如表 9-18 所示)。

表 9－18　全民所有草原资源资产清查图斑基础数据表

<table>
<tr><th colspan="3">属性信息</th><th>填写</th><th colspan="2">属性信息</th><th>填写</th></tr>
<tr><td colspan="3">资产清查标识码</td><td></td><td colspan="2">子图斑面积</td><td></td></tr>
<tr><td colspan="3">行政区名称</td><td></td><td rowspan="5">资源状况</td><td>优势种</td><td></td></tr>
<tr><td colspan="3">行政区代码</td><td></td><td>平均高</td><td></td></tr>
<tr><td rowspan="7">空间位置</td><td rowspan="4">国土变更调查</td><td>图斑标识码</td><td></td><td>植被盖度</td><td></td></tr>
<tr><td>图斑编码</td><td></td><td>每公顷干草产量</td><td></td></tr>
<tr><td>地类</td><td></td><td>草地等级</td><td></td></tr>
<tr><td>图斑面积</td><td></td><td rowspan="3">保护情况</td><td>基本草原面积</td><td></td></tr>
<tr><td rowspan="3">林草生态综合监测评价</td><td>图斑编码</td><td></td><td>划入生态保护红线的面积</td><td></td></tr>
<tr><td>地类</td><td></td><td>划入自然保护地核心区的面积</td><td></td></tr>
<tr><td>草原经营单位</td><td></td><td colspan="2">备注</td><td></td></tr>
</table>

新增草地图斑实物量属性清查，需与林草生态综合监测评价数据进行空间叠加处理。新增草地图斑与林草生态综合监测评价数据图层重合的，图斑边界以年度国土变更调查的边界为准，可根据林草生态综合监测评价数据细化子图斑，干草产量等利用新增图斑面积进行更新，其他清查因子沿用林草生态综合监测评价数据子图斑因子；新增草地图斑与林草生态综合监测评价数据图层不重合的，须通过其他专题调查成果赋值、邻近的遥感影像特征一致的子图斑赋值、县域内地类均值赋值或现地补充调查等方式补充实物量信息。

以草地图斑实物量清查结果为基础，以县级行政区为单位进行统计汇总，完成实物量清查任务（参见表 9－19）。

表 9－19　全民所有草原资源资产清查实物量汇总表

<table>
<tr><th colspan="2">行政区</th><th rowspan="2">国土变更调查地类</th><th rowspan="2">面积</th><th rowspan="2">优势种</th><th rowspan="2">干草产量</th><th rowspan="2">综合植被盖度</th><th rowspan="2">基本草原面积</th><th rowspan="2">划入生态保护红线面积</th><th rowspan="2">划入自然保护地核心区面积</th></tr>
<tr><th>名称</th><th>代码</th></tr>
<tr><td></td><td></td><td></td><td></td><td></td><td></td><td></td><td></td><td></td><td></td></tr>
<tr><td></td><td></td><td></td><td></td><td></td><td></td><td></td><td></td><td></td><td></td></tr>
</table>

六、经济价值估算

（一）草原资源资产的价格内涵

（1）土地权利：草地使用权价格。

（2）草地权利年期：30年。

（3）草地类型：根据当地国有草地的主要类型，按照天然牧草地、人工牧草地、其他草地设定。

（4）基准日：按照自然资源资产清查方案规定时间。全国初次自然资源资产清查的基准日为2020年12月31日。

（二）价格信息的调查与采集

全民所有草原资源资产清查需要调查和采集的价格信息包括草地流转价格、畜产品经济指标和干草经济指标（参见表9-20至表9-22）。

表9-20　草地流转价格信息采集表

样本编号：　　　　　　　　采集县（市）：

指标年度	草地承包价格[元/（公顷·年）]	草地流转价格（元/公顷）	草地承包保证金或押金[元/（公顷·年）]	草地承包年租金[元/（公顷·年）]
2020				
2019				
2018				
2017				
2016				

表9-21　畜产品经济指标采集表

样本编号：　　　　　　　　采集县（市）：

指标年度	主要畜产品价格（元/千克）			理论载畜量（羊单位/公顷）	畜产品管护费用（元/头）	生产经营费（元/千克）
	产品1	产品2	产品3			
2020						
2019						
2018						

续　表

指标年度	主要畜产品价格(元/千克)			理论载畜量(羊单位/公顷)	畜产品管护费用(元/头)	生产经营费(元/千克)
	产品1	产品2	产品3			
2017						
2016						

注：

1. 畜产品主要分为牛、羊、其他三类。

2. "理论载畜量"的单位为羊单位/公顷。通过计算获得，即在适度利用草地的强度下，建议饲养的家畜数量；不同的家畜种类可以按照采食量折算为羊单位。计算公式参照《天然草地合理载畜量的计算》(NY/T 635－2015)。

3. 畜产品管护费用主要包括冬季草料补充费用及家畜病防费用等。

4. 生产经营费用主要包括种苗费(或种子费、幼畜禽费)、肥料费(或饲料费)、人工费、收割费用、运输费用、销售税费等。

表9－22　干草经济指标采集表

样本编号：　　　　　　　　　采集县(市)：

指标年度	干草产量(斤/公顷)	干饲草平均价格(元/千克)	草地管护费用(元/公顷)	生产经营费					
				收割费用(元/公顷)	运输费用(元/公顷)	种苗费(元/千克)	肥料费(元/千克)	人工费(元/千克)	销售税费(元/千克)
2020									
2019									
2018									
2017									
2016									

注："草地管护费用"主要包括草地基本配套设施的年平均维护费用等。

(三) 草地价格测算

草地价格的主要测算方法为流转价修正法和收益还原法。

1. 运用草地流转价修正法测算草地价格

收集近5年的草地流转交易价格，将草地流转交易时的价格，剔除异常值数据后，通过期日修正、年期修正从而测算草地价格的一种方法。草地流转价修正法适用于市场交易数据样本充足的区域。

草地流转价修正法的计算公式为：

$$E_n = E_0 \cdot K_t \cdot K_y$$

$$K_t = \frac{R_t}{R_0}$$

$$K_y = [1 - 1/(1+p)^n]/[1 - 1/(1+p)^m]$$

式中：

E_n——草地使用权为 n 年的评估值；

E_0——交易时点草地价格；

K_t——期日修正系数；

K_y——年期修正系数；

R_t——清查时点平均流转价格；

R_0——样点时点平均流转价格；

m——交易案例的使用年期；

n——最长草地使用年期；

p——草地收益还原率。

2. 运用收益还原法测算草地价格

将待估草地未来年期的正常年纯收益，按适当的土地还原率还原，核算出该待估草地价格的方法。

收益还原法测算草地价格的计算公式为：

$$E_u = \frac{A}{P} \cdot \left[1 - \frac{1}{(1+P)^u}\right]$$

式中：

E_u——待估草地价格；

A——草地年均纯收益；

P——草地收益还原率；

u——取得收益持续的年期。

其中，草地年均纯收益为年总收益扣除年总费用，而各项收入与成本指标通过经济指标数据采集获取，并处理确定。

年总收益是指待估草地按法定用途，合理有效地利用所取得的持续而稳定的客观正常年收益。在确定年总收益时，可根据待估草地生产经营的方式进行具体分析。

首先，待估草地为直接经营方式的，用草产品或畜产品出售的年收入作为年总收益，在测算总收益时要考虑牧草生长期、牲畜生长期、载畜量等，收益和费用数据一般宜采用连续3～5年的客观平均值。

其次，待估草地为租赁经营的，用草地年租金收入及保证金或押金的利息收入作为年总收益。租金收入及保证金或押金的利息收入，是指草地被其产权拥有者用于出租时，每年所获得的客观租金及承租方支付的保证金或押金的利息。客观租金根据实际租金水平考虑评估期日当地正常的市场租金水平进行分析计算；保证金或押金的利息按其数量及评估期日中国人民银行的一年期定期存款利息率进行计算。

年总费用是指待估草地的使用者在生产经营活动中所支付的年平均客观总费用。在确定年总费用时，可以根据待估草地生产经营活动的方式进行具体分析。

待估草地为直接生产经营方式，用草地维护费和生产经营草产品、畜产品的费用之和作为总费用。草地维护费一般指草地基本配套设施的年平均维护费用；生产经营草产品、畜产品的费用，一般包括生产牧草产品过程中所支付的直接及间接费用，包括种苗费（或种子费、幼畜禽费）、肥料费（或饲料费）、人工费、畜工费、机工费、农药费、材料费、水电费、农舍费（或畜禽舍费）、农具费以及有关的税款、利息等。对于投入所形成的固定资产，按其使用年限摊销费用。

待估草地为租赁经营的，用草地租赁过程中发生的年平均费用作为年总费用。它主要指在草地租赁过程中所支付的年平均客观总费用。草地收益还原率是将草地及其生产产品的未来收益还原为某一时点的草地价格的占比，其中包含安全利率和风险调整值，我国自然资源资产初次清查工作时的草地还原率取4%。

（四）价格体系的建立

根据清查要求，在全国范围划分均质区域，以国家级均质区域为单位，抽取30%的样点采集县（市、区）。收集样点采集县（市、区）的技术参数和经济指标数据及草地流转交易案例，测算均质区域的草地平均价格，同时制定修正体系。建立省级价格体系，将均质区域的草地平均价格进行修正，测算县级区域的草地平均价格。对邻近均质区域的草地平均价格进行统筹平衡。

1. 国家级价格体系建设

国家层面负责均质区域的草地平均价格核算及修正体系制定。

第一,划分国家级均质区域。参考《全国草原保护建设利用"十三五"规划》及草原综合分类一级分类标准划分均质区域,根据清查工作的精度要求,在保证县级行政区划完整性的原则下,将全国分为73个均质区域(如表9-23所示)。

第二,选取样点采集县(市、区)。以国家级均质区域为单位,抽取30%的样点采集县(市、区)。

第三,测算国家级均质区域的平均价格。优先收集近5年的草地流转交易价格,剔除异常数据值,通过期日和年期修正后,确定均质区域的草地平均价。对采集的技术参数和经济指标进行筛选,剔除异常数据值,对保留数据进行处理,确定最终的经济指标平均值。根据经济指标平均值,通过评估方法得到均质区域的草地平均价格。对邻近均质区域的草地平均价格进行统筹平衡。获取不到近5年价格信号的均质区域,根据设定的修正系数,参照周边均质区域的平均价细化到县,测算该地区的清查平均价,修正系数的确定方法参照省级草地调整系数的设置。

第四,设置省级草地价格调整系数。草地主要调整因素为草地面积占比调整系数(As)、草原植被覆盖度调整系数(Gs)和干草产量调整系数(Ms),草地面积占比能体现区域草地集中连片情况是否方便经营管理;草原植被覆盖度能体现草地的质量水平;干草产量能体现收获时的草地生产力水平。

根据以上因素确定省级草地价格调整系数(Es)的计算公式为:

$$E_S = A_S \cdot G_S \cdot M_S$$

式中:

E_S——省级草地价格调整系数;

A_S——省级草地面积占比调整系数;

G_S——省级草原植被覆盖度调整系数;

M_S——省级干草产量调整系数。

2. 省级价格体系建设

建立省级价格体系,是为了将均质区域平均草地价格修正到县级单元。

表 9-23　草原资源分省域国家级均质区域划分成果表

省份	均质区	均质区范围	县级个数
安徽	安徽长江中下游草山草坡区	八公山区、蚌山区、包河区、博望区、巢湖市、枞阳县、大观区、大通区、当涂县、砀山县、定远县、东至县、杜集区、繁昌区、肥东县、肥西县、凤台县、凤阳县、阜南县、固镇县、广德市、贵池区、含山县、和县、花山区、怀宁县、怀远县、淮上区、黄山区、徽州区、霍邱县、霍山县、绩溪县、郊区、界首市、金安区、金寨县、泾县、旌德县、镜湖区、鸠江区、来安县、郎溪县、琅琊区、利辛县、烈山区、临泉县、灵璧县、龙子湖区、庐江县、庐阳区、蒙城县、明光市、南陵县、南谯区、宁国市、潘集区、祁门县、潜山市、谯城区、青阳县、全椒县、石台县、寿县、舒城县、蜀山区、泗县、濉溪县、太和县、太湖县、天长市、田家庵区、桐城市、铜官区、屯溪区、望江县、涡阳县、无为市、湾沚区、五河县、歙县、相山区、萧县、谢家集区、休宁县、宿松县、宣州区、瑶海区、叶集区、黟县、宜秀区、弋江区、义安区、迎江区、颍东区、颍泉区、颍上县、颍州区、埇桥区、雨山区、禹会区、裕安区、岳西县、长丰县	104
北京	北京燕山太行山草原区	昌平区、朝阳区、大兴区、东城区、房山区、丰台区、海淀区、怀柔区、门头沟区、密云区、平谷区、石景山区、顺义区、通州区、西城区、延庆区	16
福建	福建草山草坡区	安溪县、仓山区、城厢区、德化县、东山县、丰泽区、福清市、鼓楼区、海沧区、涵江区、湖里区、华安县、惠安县、集美区、金门县、晋安区、晋江市、鲤城区、荔城区、连江县、龙海区、龙文区、罗源县、洛江区、马尾区、闽侯县、南安市、南靖县、平和县、平潭县、泉港区、石狮市、思明区、台江区、同安区、仙游县、芗城区、翔安区、秀屿区、永春县、永泰县、云霄县、漳浦县、长乐区、长泰区、诏安县、大田县、福安市、福鼎市、古田县、光泽县、建宁县、建瓯市、建阳区、将乐县、蕉城区、连城县、梅列区、闽清县、明溪县、宁化县、屏南县、浦城县、清流县、三元区、沙县、上杭县、邵武市、寿宁县、顺昌县、松溪县、泰宁县、武平县、武夷山市、霞浦县、新罗区、延平区、永安市、永定区、尤溪县、漳平市、长汀县、柘荣县、政和县、周宁县	85
甘肃	甘肃柴达木盆地草原区	阿克塞哈萨克族自治县、肃北蒙古族自治县	2

续 表

省份	均质区	均质区范围	县级个数
	甘肃甘南草原区	宕昌县、迭部县、合作市、临潭县、碌曲县、玛曲县、岷县、夏河县、舟曲县、卓尼县	10
	甘肃河西走廊戈壁草原区	敦煌市、甘州区、高台县、古浪县、瓜州县、嘉峪关市、金川区、金塔县、凉州区、临泽县、民乐县、民勤县、山丹县、肃北蒙古族自治县、肃南裕固族自治县、肃州区、永昌县、玉门市	18
	甘肃陇南草原区	成县、崇信县、甘谷县、合水县、华亭市、徽县、泾川县、康县、崆峒区、礼县、两当县、灵台县、麦积区、宁县、秦安县、秦州区、清水县、文县、武都区、武山县、西峰区、西和县、张家川回族自治县、漳县、正宁县、庄浪县	26
	甘肃陇中草原区	安定区、安宁区、白银区、城关区、东乡族自治县、皋兰县、广河县、和政县、红古区、华池县、环县、会宁县、积石山保安族东乡族撒拉族自治县、景泰县、靖远县、静宁县、康乐县、临洮县、临夏市、临夏县、陇西县、平川区、七里河区、庆城县、通渭县、渭源县、西固区、永登县、永靖县、榆中县、镇原县	31
	甘肃祁连山草原区	肃南裕固族自治县、天祝藏族自治县	2
广东	广东草山草坡区	白云区、宝安区、博罗县、禅城区、潮安区、潮南区、潮阳区、城区、澄海区、从化区、德庆县、电白区、鼎湖区、东莞市、斗门区、端州区、恩平市、番禺区、丰顺县、封开县、福田区、高明区、高要区、高州市、光明区、广宁县、海丰县、海珠区、濠江区、鹤山市、花都区、化州市、怀集县、黄埔区、惠城区、惠东县、惠来县、惠阳区、江城区、江海区、揭东区、揭西县、金平区、金湾区、开平市、荔湾区、龙岗区、龙湖区、龙华区、龙门县、陆丰市、陆河县、罗定市、茂南区、南澳县、南海区、南沙区、南山区、蓬江区、坪山区、普宁市、清城区、清新区、饶平县、榕城区、三水区、顺德区、四会市、台山市、天河区、吴川市、五华县、香洲区、湘桥区、新会区、新兴县、信宜市、盐田区、阳春市、阳东区、阳西县、郁南县、源城区、越秀区、云安区、云城区、增城区、中山市、紫金县、大埔县、东源县、佛冈县、和平县、蕉岭县、乐昌市、连南瑶族自治县、连平县、连山壮族瑶族自治县、连州市、龙川县、梅江区、梅县区、南雄市、平远县、曲江区、仁化县、乳源瑶族自治	123

续　表

省份	均质区	均质区范围	县级个数
		县、始兴县、翁源县、武江区、新丰县、兴宁市、阳山县、英德市、浈江区、赤坎区、雷州市、廉江市、麻章区、坡头区、遂溪县、霞山区、徐闻县	
广西	广西滇东南草山草坡区	西林县	1
	广西贵州高原草山草坡区	环江毛南族自治县、乐业县、龙胜各族自治县、隆林各族自治县、南丹县、融水苗族自治县、三江侗族自治县、天峨县、田林县、资源县	10
	广西华南草山草坡区	巴马瑶族自治县、北流市、宾阳县、博白县、苍梧县、岑溪市、城中区、大化瑶族自治县、大新县、德保县、东兰县、东兴市、都安瑶族自治县、防城区、凤山县、扶绥县、福绵区、港北区、港口区、港南区、桂平市、海城区、合浦县、合山市、横县、江南区、江州区、金城江区、金秀瑶族自治县、靖西市、良庆区、灵山县、凌云县、柳北区、柳江区、柳南区、龙圩区、龙州县、隆安县、陆川县、马山县、蒙山县、那坡县、宁明县、平果市、平南县、凭祥市、浦北县、钦北区、钦南区、青秀区、容县、上林县、上思县、覃塘区、藤县、天等县、田东县、田阳区、铁山港区、万秀区、武鸣区、武宣县、西乡塘区、象州县、忻城县、兴宾区、兴宁区、兴业县、银海区、邕宁区、右江区、玉州区、长洲区、昭平县	75
	广西江南草山草坡区	八步区、叠彩区、富川瑶族自治县、恭城瑶族自治县、灌阳县、荔浦市、临桂区、灵川县、柳城县、鹿寨县、罗城仫佬族自治县、平桂区、平乐县、七星区、全州县、融安县、象山区、兴安县、秀峰区、雁山区、阳朔县、宜州区、永福县、鱼峰区、钟山县	25
贵州	贵州高原草山草坡区	安龙县、白云区、碧江区、播州区、册亨县、岑巩县、赤水市、从江县、大方县、丹寨县、道真仡佬族苗族自治县、德江县、都匀市、独山县、凤冈县、福泉市、关岭布依族苗族自治县、观山湖区、贵定县、赫章县、红花岗区、花溪区、黄平县、汇川区、惠水县、剑河县、江口县、金沙县、锦屏县、开阳县、凯里市、雷山县、黎平县、荔波县、六枝特区、龙里县、罗甸县、麻江县、湄潭县、纳雍县、南明区、盘州市、平坝区、平塘县、普安县、普定县、七星关区、黔西市、清镇市、晴隆县、仁怀市、榕江县、三都水族	88

续 表

省份	均质区	均质区范围	县级个数
		自治县、三穗县、施秉县、石阡县、水城区、思南县、松桃苗族自治县、绥阳县、台江县、天柱县、桐梓县、万山区、望谟县、威宁彝族回族苗族自治县、瓮安县、乌当区、务川仡佬族苗族自治县、西秀区、息烽县、习水县、兴仁市、兴义市、修文县、沿河土家族自治县、印江土家族苗族自治县、余庆县、玉屏侗族自治县、云岩区、长顺县、贞丰县、镇宁布依族苗族自治县、镇远县、正安县、织金县、钟山区、紫云苗族布依族自治县	
海南	海南草山草坡区	白沙黎族自治县、保亭黎族苗族自治县、昌江黎族自治县、澄迈县、儋州市、定安县、东方市、海棠区、吉阳区、乐东黎族自治县、临高县、陵水黎族自治县、龙华区、美兰区、琼海市、琼山区、琼中黎族苗族自治县、天涯区、屯昌县、万宁市、文昌市、五指山市、秀英区、崖州区	24
河北	河北坝上草原区	承德县、赤城县、崇礼区、丰宁满族自治县、沽源县、怀安县、康保县、宽城满族自治县、隆化县、滦平县、平泉市、桥东区、桥西区、青龙满族自治县、尚义县、双滦区、双桥区、万全区、围场满族蒙古族自治县、下花园区、兴隆县、宣化区、鹰手营子矿区、张北县	24
	河北晋西北草原区	阳原县	1
	河北辽中平原草原区	北戴河区、曹妃甸区、昌黎县、抚宁区、海港区、乐亭县、山海关区	7
	河北燕山太行山草原区	安次区、安国市、安平县、安新县、霸州市、柏乡县、泊头市、博野县、沧县、成安县、磁县、丛台区、大厂回族自治县、大城县、大名县、定兴县、定州市、东光县、肥乡区、丰南区、丰润区、峰峰矿区、阜城县、阜平县、复兴区、高碑店市、高阳县、高邑县、藁城区、古冶区、固安县、故城县、馆陶县、广平县、广阳区、广宗县、海兴县、邯山区、行唐县、河间市、怀来县、黄骅市、鸡泽县、冀州区、晋州市、井陉矿区、井陉县、景县、	134

续　表

省份	均质区	均质区范围	县级个数
		竞秀区、巨鹿县、开平区、涞水县、涞源县、蠡县、莲池区、临城县、临西县、临漳县、灵寿县、隆尧县、卢龙县、鹿泉区、路北区、路南区、栾城区、滦南县、滦州市、满城区、孟村回族自治县、南宫市、南和县、南皮县、内丘县、宁晋县、平山县、平乡县、迁安市、迁西县、桥东区、桥西区、青县、清河县、清苑区、邱县、曲阳县、曲周县、饶阳县、任丘市、任县、容城县、三河市、沙河市、涉县、深泽县、深州市、顺平县、肃宁县、唐县、桃城区、望都县、威县、蔚县、魏县、文安县、无极县、吴桥县、武安市、武强县、武邑县、献县、香河县、辛集市、新河县、新华区、新乐市、邢台市、雄县、徐水区、盐山县、易县、永年区、永清县、玉田县、裕华区、元氏县、运河区、赞皇县、枣强县、长安区、赵县、正定县、涿鹿县、涿州市、遵化市	
河南	河南草原区	宝丰县、博爱县、瀍河回族区、登封市、二七区、巩义市、管城回族区、湖滨区、惠济区、获嘉县、孟津区、济源市、郏县、建安区、涧西区、解放区、金水区、老城区、灵宝市、卢氏县、栾川县、洛龙区、洛宁县、马村区、孟州市、渑池县、沁阳市、汝阳县、汝州市、山阳区、陕州区、上街区、石龙区、嵩县、卫东区、魏都区、温县、武陟县、舞阳县、西工区、襄城县、新安县、新华区、新密市、新乡县、新郑市、修武县、偃师区、叶县、伊川县、宜阳县、义马市、荥阳市、禹州市、原阳县、湛河区、长葛市、中原区、中站区、安阳县、北关区、川汇区、郸城县、邓州市、范县、方城县、封丘县、凤泉区、扶沟县、鼓楼区、固始县、光山县、鹤山区、红旗区、华龙区、滑县、淮滨县、淮阳区、潢川县、辉县市、浚县、兰考县、梁园区、林州市、临颍县、龙安区、龙亭区、鲁山县、鹿邑县、罗山县、泌阳县、民权县、牧野区、南乐县、南召县、内黄县、内乡县、宁陵县、平桥区、平舆县、濮阳县、淇滨区、淇县、杞县、清丰县、确山县、汝南县、山城区、商城县、商水县、上蔡县、社旗县、沈丘县、浉河区、顺河回族区、睢县、睢阳区、遂平县、台前县、太康县、汤阴县、唐河县、通许县、桐柏县、宛城区、卫滨区、卫辉市、尉氏县、文峰区、卧龙区、舞钢市、西华县、西平县、西峡县、息县、淅川县、夏邑县、祥符区、项城市、新蔡县、新县、新野县、鄢陵县、延津县、郾城区、驿城区、殷都区、永城市、虞城县、禹王台区、源汇区、长垣市、召陵区、柘城县、镇平县、正阳县、中牟县	157

续 表

省份	均质区	均质区范围	县级个数
黑龙江	黑龙江三江平原草原区	宝清县、宝山区、勃利县、城子河区、滴道区、东风区、东山区、抚远市、富锦市、工农区、恒山区、虎林市、桦川县、桦南县、鸡东县、鸡冠区、集贤县、嘉荫县、尖山区、郊区、梨树区、岭东区、萝北县、麻山区、密山市、南山区、前进区、茄子河区、饶河县、四方台区、绥滨县、汤原县、桃山区、同江市、向阳区、新兴区、兴安区、兴山区、友谊县	39
	黑龙江松嫩平原草原区	阿城区、爱辉区、安达市、巴彦县、北安市、北林区、宾县、大箐山县、大同区、道里区、道外区、方正县、丰林县、海伦市、红岗区、呼兰区、金林区、兰西县、龙凤区、明水县、木兰县、南岔县、南岗区、嫩江市、平房区、青冈县、庆安县、让胡路区、萨尔图区、双城区、松北区、绥棱县、孙吴县、汤旺县、铁力市、通河县、望奎县、乌翠区、五大连池市、香坊区、逊克县、伊美区、依兰县、友好区、肇东市、肇源县、肇州县	47
	黑龙江兴安林缘草原区	昂昂溪区、拜泉县、杜尔伯特蒙古族自治县、富拉尔基区、富裕县、甘南县、呼玛县、建华区、克东县、克山县、林甸县、龙江县、龙沙区、梅里斯达斡尔族区、漠河市、讷河市、碾子山区、塔河县、泰来县、铁锋区、依安县	21
	黑龙江长白山山地丘陵草原区	爱民区、东安区、东宁市、海林市、林口县、穆棱市、宁安市、尚志市、绥芬河市、五常市、西安区、延寿县、阳明区	13
湖北	湖北草山草坡区	安陆市、蔡甸区、曾都区、赤壁市、崇阳县、大悟县、大冶市、东宝区、东西湖区、掇刀区、鄂城区、樊城区、公安县、广水市、汉川市、汉南区、汉阳区、红安县、洪湖市、洪山区、华容区、黄陂区、黄梅县、黄石港区、黄州区、嘉鱼县、监利市、江岸区、江汉区、江陵县、江夏区、京山市、荆州区、老河口市、梁子湖区、罗田县、麻城市、蕲春县、潜江市、硚口区、青山区、沙市区、沙洋县、松滋市、随县、天门市、铁山区、通山县、团风县、武昌区、武穴市、西塞山区、浠水县、下陆区、仙桃市、咸安区、襄城区、襄州区、孝昌县、孝南区、新洲区、阳新县、宜城市、英山县、应城市、云梦县、枣阳市、枝江市、钟祥市、石首市、通城县、巴东县、保康县、丹江口市、当阳市、点军区、恩	103

续　表

省份	均质区	均质区范围	县级个数
		施市、房县、谷城县、鹤峰县、建始县、来凤县、利川市、茅箭区、南漳县、神农架林区、五峰土家族自治县、伍家岗区、西陵区、咸丰县、猇亭区、兴山县、宣恩县、夷陵区、宜都市、远安县、郧西县、郧阳区、张湾区、长阳土家族自治县、竹山县、竹溪县、秭归县	
湖南	湖南草山草坡区	辰溪县、城步苗族自治县、洞口县、鹤城区、洪江市、会同县、靖州苗族侗族自治县、绥宁县、通道侗族自治县、新晃侗族自治县、溆浦县、芷江侗族自治县、中方县、安化县、安仁县、安乡县、北湖区、北塔区、茶陵县、常宁市、大祥区、道县、鼎城区、东安县、芙蓉区、桂东县、桂阳县、汉寿县、荷塘区、赫山区、衡东县、衡南县、衡山县、衡阳县、华容县、嘉禾县、江华瑶族自治县、江永县、津市市、君山区、开福区、蓝山县、耒阳市、冷水江市、冷水滩区、澧县、醴陵市、涟源市、临澧县、临武县、临湘市、零陵区、浏阳市、隆回县、娄星区、芦淞区、渌口区、汨罗市、南县、南岳区、宁乡市、宁远县、平江县、祁东县、祁阳市、汝城县、韶山市、邵东市、邵阳县、石峰区、石鼓区、双峰县、双牌县、双清区、苏仙区、桃江县、桃源县、天心区、天元区、望城区、武冈市、武陵区、湘潭县、湘乡市、湘阴县、新化县、新宁县、新邵县、新田县、炎陵县、雁峰区、宜章县、永兴县、攸县、雨湖区、雨花区、沅江市、沅陵县、岳麓区、岳塘区、岳阳楼区、岳阳县、云溪区、长沙县、蒸湘区、珠晖区、资兴市、资阳区、保靖县、慈利县、凤凰县、古丈县、花垣县、吉首市、龙山县、泸溪县、麻阳苗族自治县、桑植县、石门县、武陵源区、永定区、永顺县	122
吉林	吉林松嫩平原草原区	朝阳区、大安市、德惠市、二道区、扶余市、公主岭市、九台区、宽城区、梨树县、绿园区、南关区、宁江区、农安县、前郭尔罗斯蒙古族自治县、乾安县、双辽市、铁东区、铁西区、榆树市、长岭县	20
	吉林兴安林缘草原区	洮北区、洮南市、通榆县、镇赉县	4
	吉林长白山山地丘陵草原区	安图县、昌邑区、船营区、东昌区、东丰县、东辽县、敦化市、二道江区、丰满区、抚松县、和龙市、桦甸市、珲春市、辉南县、浑江区、集安市、江源区、蛟河市、靖宇县、临江	36

续 表

省份	均质区	均质区范围	县级个数
		市、柳河县、龙井市、龙山区、龙潭区、梅河口市、磐石市、舒兰市、双阳区、通化县、图们市、汪清县、西安区、延吉市、伊通满族自治县、永吉县、长白朝鲜族自治县	
江苏	江苏长江中下游草山草坡区	宝应县、滨海县、滨湖区、常熟市、崇川区、大丰区、丹徒区、丹阳市、东海县、东台市、丰县、阜宁县、赣榆区、港闸区、高淳区、高港区、高邮市、姑苏区、鼓楼区、灌南县、灌云县、广陵区、海安市、海陵区、海门区、海州区、邗江区、洪泽区、虎丘区、淮安区、淮阴区、惠山区、贾汪区、建湖县、建邺区、江都区、江宁区、江阴市、姜堰区、金湖县、金坛区、京口区、靖江市、句容市、昆山市、溧水区、溧阳市、连云区、涟水县、梁溪区、六合区、沛县、邳州市、浦口区、栖霞区、启东市、秦淮区、清江浦区、泉山区、如东县、如皋市、润州区、射阳县、沭阳县、泗洪县、泗阳县、睢宁县、太仓市、泰兴市、天宁区、亭湖区、通州区、铜山区、吴江区、吴中区、武进区、锡山区、相城区、响水县、新北区、新吴区、新沂市、兴化市、宿城区、宿豫区、盱眙县、玄武区、盐都区、扬中市、仪征市、宜兴市、雨花台区、云龙区、张家港市、钟楼区	95
江西	江西草山草坡区	安福县、安义县、安源区、安远县、柴桑区、昌江区、崇仁县、崇义县、大余县、德安县、德兴市、定南县、东湖区、东乡区、都昌县、分宜县、丰城市、奉新县、浮梁县、赣县区、高安市、共青城市、广昌县、广丰区、广信区、贵溪市、横峰县、湾里区、湖口县、会昌县、吉安县、吉水县、吉州区、金溪县、进贤县、井冈山市、靖安县、乐安县、乐平市、黎川县、莲花县、濂溪区、临川区、龙南市、芦溪县、庐山市、南昌县、南城县、南丰县、南康区、宁都县、鄱阳县、铅山县、青山湖区、青原区、青云谱区、全南县、瑞昌市、瑞金市、上高县、上栗县、上犹县、石城县、遂川县、泰和县、铜鼓县、万安县、万年县、万载县、武宁县、婺源县、西湖区、峡江县、湘东区、新干县、新建区、信丰县、信州区、兴国县、修水县、寻乌县、浔阳区、宜丰县、宜黄县、弋阳县、永丰县、永新县、永修县、于都县、余干县、余江区、渝水区、玉山县、袁州区、月湖区、章贡区、樟树市、珠山区、资溪县、彭泽县	100
辽宁	辽宁科尔沁草原区	北票市、朝阳县、阜新蒙古族自治县、海州区、建平县、喀喇沁左翼蒙古族自治县、凌源市、龙城区、双塔区、太平区、细河区、新邱区、彰武县	13

续 表

省份	均质区	均质区范围	县级个数
	辽宁辽中平原草原区	鲅鱼圈区、白塔区、北镇市、昌图县、大东区、大石桥市、大洼区、灯塔市、东港市、东洲区、法库县、盖州市、甘井子区、弓长岭区、古塔区、海城市、和平区、黑山县、宏伟区、皇姑区、浑南区、建昌县、金州区、开原市、康平县、老边区、立山区、连山区、辽阳县、辽中区、凌海市、凌河区、龙港区、旅顺口区、明山区、南芬区、南票区、盘山县、平山区、普兰店区、千山区、清河门区、清河区、沙河口区、沈北新区、沈河区、双台子区、顺城区、苏家屯区、绥中县、台安县、太和区、太子河区、调兵山市、铁东区、铁岭县、铁西区、瓦房店市、望花区、文圣区、西丰县、西岗区、西市区、溪湖区、新抚区、新民市、兴城市、兴隆台区、岫岩满族自治县、义县、银州区、于洪区、元宝区、站前区、长海县、振安区、振兴区、中山区、庄河市	79
	辽宁长白山山地丘陵草原区	本溪满族自治县、凤城市、抚顺县、桓仁满族自治县、宽甸满族自治县、清原满族自治县、新宾满族自治县	7
内蒙古	内蒙古阿拉善荒漠草原区	阿拉善右旗、阿拉善左旗、额济纳旗	3
	内蒙古鄂尔多斯草原区	达拉特旗、磴口县、东胜区、鄂托克旗、鄂托克前旗、海勃湾区、海南区、杭锦后旗、杭锦旗、康巴什区、临河区、乌达区、乌拉特前旗、乌审旗、五原县、伊金霍洛旗、准格尔旗	17
	内蒙古呼伦贝尔草原区	阿荣旗、陈巴尔虎旗、额尔古纳市、鄂温克族自治旗、根河市、海拉尔区、满洲里市、新巴尔虎右旗、新巴尔虎左旗、牙克石市、扎赉诺尔区、扎兰屯市	12
	内蒙古科尔沁草原区	阿鲁科尔沁旗、敖汉旗、巴林右旗、巴林左旗、红山区、霍林郭勒市、喀喇沁旗、开鲁县、科尔沁区、科尔沁左翼后旗、科尔沁左翼中旗、克什克腾旗、库伦旗、林西县、奈曼旗、宁城县、松山区、翁牛特旗、元宝山区、扎鲁特旗、科尔沁右翼前旗、科尔沁右翼中旗、	22
	内蒙古乌兰察布草原区	白云鄂博矿区、察哈尔右翼后旗、察哈尔右翼前旗、察哈尔右翼中旗、达尔罕茂明安	31

续 表

省份	均质区	均质区范围	县级个数
		联合旗、东河区、丰镇市、固阳县、和林格尔县、化德县、回民区、集宁区、九原区、昆都仑区、凉城县、青山区、清水河县、赛罕区、商都县、石拐区、四子王旗、土默特右旗、土默特左旗、托克托县、乌拉特后旗、乌拉特中旗、武川县、新城区、兴和县、玉泉区、卓资县	
	内蒙古锡林郭勒草原区	阿巴嘎旗、东乌珠穆沁旗、多伦县、二连浩特市、苏尼特右旗、苏尼特左旗、太仆寺旗、西乌珠穆沁旗、锡林浩特市、镶黄旗、正蓝旗、正镶白旗	12
	内蒙古兴安林缘草原区	阿尔山市、鄂伦春自治旗、莫力达瓦达斡尔族自治旗、突泉县、乌兰浩特市、扎赉特旗	6
宁夏	宁夏陇中草原区	海原县、泾源县、隆德县、彭阳县、西吉县、原州区	6
	宁夏宁东北草原区	大武口区、贺兰县、红寺堡区、惠农区、金凤区、利通区、灵武市、平罗县、青铜峡市、沙坡头区、同心县、西夏区、兴庆区、盐池县、永宁县、中宁县	16
青海	青海柴达木盆地草原区	德令哈市、都兰县、茫崖市、乌兰县、自治州直辖	5
	青海祁连山草原区	城北区、城东区、城西区、城中区、大通回族土族自治县、互助土族自治县、化隆回族自治县、湟源县、湟中区、尖扎县、乐都区、门源回族自治县、民和回族土族自治县、平安区、祁连县、天峻县、同仁市、循化撒拉族自治县	18
	青海青海湖草原区	刚察县、共和县、贵德县、贵南县、海晏县、兴海县	6
	青海三江源草原区	班玛县、称多县、达日县、甘德县、格尔木市、河南蒙古族自治县、久治县、玛多县、玛沁县、囊谦县、曲麻莱县、同德县、玉树市、杂多县、泽库县、治多县	16
山西	山西晋西北草原区[1]	保德县、代县、定襄县、繁峙县、广灵县、河曲县、怀仁市、浑源县、静乐县、岢岚县、岚县、临县、灵丘县、宁武县、偏关县、平城区、平鲁区、山阴县、神池县、朔城区、天镇县、五台县、五寨县、忻府区、新荣区、兴县、阳高县、应县、右玉县、原平市、云冈区、云州区、左云县	33

续　表

省份	均质区	均质区范围	县级个数
山西	山西华北平原西部草原区	安泽县、城区、大宁县、方山县、汾西县、汾阳市、浮山县、高平市、古交市、古县、和顺县、河津市、洪洞县、侯马市、壶关县、霍州市、吉县、稷山县、尖草坪区、绛县、交城县、交口县、郊区、介休市、晋源区、矿区、离石区、黎城县、临猗县、灵石县、陵川县、柳林县、娄烦县、潞城区、潞州区、平定县、平陆县、平顺县、平遥县、蒲县、祁县、沁水县、沁县、沁源县、清徐县、曲沃县、芮城县、上党区、石楼县、寿阳县、太谷区、屯留区、万柏林区、万荣县、文水县、闻喜县、武乡县、昔阳县、隰县、夏县、乡宁县、襄汾县、襄垣县、小店区、孝义市、新绛县、杏花岭区、盐湖区、阳城县、阳曲县、尧都区、翼城县、迎泽区、永和县、永济市、盂县、榆次区、榆社县、垣曲县、泽州县、长子县、中阳县、左权县	83
山东	山东鲁中低地丘陵草原区	安丘市、滨城区、博山区、博兴县、曹县、昌乐县、昌邑市、成武县、城阳区、茌平区、岱岳区、单县、德城区、定陶区、东阿县、东昌府区、东港区、东明县、东平县、东营区、坊子区、肥城市、费县、福山区、钢城区、高密市、高青县、高唐县、冠县、广饶县、海阳市、寒亭区、河东区、河口区、槐荫区、环翠区、桓台县、黄岛区、惠民县、即墨区、济阳区、嘉祥县、胶州市、金乡县、莒南县、莒县、巨野县、鄄城县、垦利区、奎文区、莱山区、莱芜区、莱西市、莱阳市、莱州市、兰陵县、兰山区、岚山区、崂山区、乐陵市、李沧区、历城区、历下区、利津县、梁山县、临清市、临朐县、临沭县、临邑县、临淄区、陵城区、龙口市、罗庄区、蒙阴县、牟平区、牡丹区、宁津县、宁阳县、蓬莱区、平度市、平邑县、平阴县、平原县、栖霞市、齐河县、青州市、庆云县、曲阜市、任城区、荣成市、乳山市、山亭区、商河县、莘县、市北区、市南区、市中区、寿光市、泗水县、台儿庄区、泰山区、郯城县、滕州市、天桥区、微山县、潍城区、文登区、汶上县、无棣县、五莲县、武城县、夏津县、新泰市、薛城区、兖州区、阳谷县、阳信县、沂南县、沂水县、沂源县、峄城区、鱼台县、禹城市、郓城县、沾化区、张店区、章丘区、长岛县、长清区、招远市、芝罘区、周村区、诸城市、淄川区、邹城市、邹平市	136
陕西	陕西东北草原区[2]	吴堡县	1

续 表

省份	均质区	均质区范围	县级个数
陕西	陕西陕北草原区	安塞区、宝塔区、定边县、府谷县、富县、甘泉县、韩城市、横山区、黄陵县、黄龙县、佳县、靖边县、洛川县、米脂县、清涧县、神木市、绥德县、吴起县、延川县、延长县、宜川县、榆阳区、志丹县、子长市、子洲县	25
	陕西渭河谷地草原区	灞桥区、白河县、白水县、碑林区、彬州市、陈仓区、城固县、澄城县、淳化县、大荔县、丹凤县、凤县、凤翔区、佛坪县、扶风县、富平县、高陵区、汉滨区、汉台区、汉阴县、合阳县、鄠邑区、华阴市、华州区、金台区、泾阳县、岚皋县、蓝田县、礼泉县、莲湖区、临潼区、临渭区、麟游县、留坝县、陇县、洛南县、略阳县、眉县、勉县、南郑区、宁强县、宁陕县、平利县、蒲城县、岐山县、千阳县、乾县、秦都区、三原县、山阳县、商南县、商州区、石泉县、太白县、潼关县、王益区、未央区、渭滨区、渭城区、武功县、西乡县、新城区、兴平市、旬阳市、旬邑县、阎良区、雁塔区、杨陵区、洋县、耀州区、宜君县、印台区、永寿县、柞水县、长安区、长武县、镇安县、镇巴县、镇坪县、周至县、紫阳县	81
上海	上海草山草坡区	宝山区、崇明区、奉贤区、虹口区、黄浦区、嘉定区、静安区、闵行区、浦东新区、普陀区、青浦区、松江区、徐汇区、杨浦区、长宁区、金山区	16
四川	四川川西北草原区	阿坝县、巴塘县、白玉县、宝兴县、北川羌族自治县、丹巴县、道孚县、稻城县、得荣县、德格县、甘孜县、黑水县、红原县、金川县、九龙县、九寨沟县、康定市、理塘县、理县、炉霍县、泸定县、马尔康市、茂县、冕宁县、木里藏族自治县、平武县、壤塘县、若尔盖县、色达县、石棉县、石渠县、松潘县、汶川县、乡城县、小金县、新龙县、雅江县、盐源县	38
	四川川渝草山草坡区	安居区、安岳县、安州区、巴州区、布拖县、苍溪县、朝天区、成华区、崇州市、船山区、翠屏区、达川区、大安区、大邑县、大英县、大竹县、丹棱县、德昌县、东坡区、东区、东兴区、都江堰市、峨边彝族自治县、峨眉山市、恩阳区、涪城区、富顺县、甘洛县、高坪区、高县、珙县、贡井区、古蔺县、广安区、广汉市、汉源县、合江县、洪雅县、华蓥市、会东县、会理县、嘉陵区、夹江县、犍为县、简阳市、剑阁县、江安县、江阳区、	144

续　表

省份	均质区	均质区范围	县级个数
		江油市、金口河区、金牛区、金堂县、金阳县、锦江区、旌阳区、井研县、筠连县、开江县、阆中市、乐至县、雷波县、利州区、邻水县、龙马潭区、龙泉驿区、隆昌市、芦山县、泸县、罗江区、马边彝族自治县、美姑县、米易县、绵竹市、名山区、沐川县、纳溪区、南部县、南江县、南溪区、宁南县、彭山区、彭州市、蓬安县、蓬溪县、郫都区、平昌县、屏山县、蒲江县、普格县、前锋区、青白江区、青川县、青神县、青羊区、邛崃市、渠县、仁和区、仁寿县、荣县、三台县、沙湾区、射洪市、什邡市、市中区、双流区、顺庆区、天全县、通川区、通江县、万源市、旺苍县、威远县、温江区、五通桥区、武侯区、武胜县、西昌市、西充县、西区、喜德县、新都区、新津区、兴文县、叙永县、叙州区、宣汉县、沿滩区、盐边县、盐亭县、雁江区、仪陇县、荥经县、营山县、游仙区、雨城区、岳池县、越西县、长宁县、昭化区、昭觉县、中江县、资中县、梓潼县、自流井区	
天津	天津燕山太行山草原区	宝坻区、北辰区、滨海新区、东丽区、和平区、河北区、河东区、河西区、红桥区、蓟州区、津南区、静海区、南开区、宁河区、武清区、西青区	16
西藏	西藏草原区	察隅县、错那市、洛扎县、墨脱县、班戈县、措勤县、噶尔县、改则县、革吉县、尼玛县、日土县、申扎县、双湖县、昂仁县、白朗县、措美县、定结县、定日县、岗巴县、贡嘎县、吉隆县、江孜县、康马县、拉孜县、浪卡子县、乃东区、南木林县、聂拉木县、普兰县、琼结县、仁布县、萨嘎县、萨迦县、桑日县、桑珠孜区、谢通门县、亚东县、扎囊县、札达县、仲巴县、安多县、巴青县、比如县、城关区、达孜区、当雄县、丁青县、堆龙德庆区、工布江达县、嘉黎县、林周县、墨竹工卡县、尼木县、聂荣县、曲水县、色尼区、索县、八宿县、巴宜区、边坝县、波密县、察雅县、贡觉县、加查县、江达县、卡若区、朗县、类乌齐县、隆子县、洛隆县、芒康县、米林市、曲松县、左贡县	74
新疆	新疆阿勒泰草原区	阿勒泰市、北屯市、布尔津县、福海县、富蕴县、哈巴河县、吉木乃县、青河县	8
	新疆东疆草原区	高昌区、鄯善县、伊州区	3

续　表

省份	均质区	均质区范围	县级个数
	新疆昆仑山草原区	策勒县、和田市、和田县、昆玉市、洛浦县、民丰县、墨玉县、皮山县、且末县、若羌县、叶城县、于田县、泽普县	13
	新疆帕米尔草原区	阿克陶县、塔什库尔干塔吉克自治县	2
	新疆塔里木盆地北缘草原区	阿合奇县、阿图什市、拜城县、柯坪县、库车市、轮台县、温宿县、乌恰县、乌什县	9
	新疆塔里木盆地草原区	阿克苏市、阿拉尔市、阿瓦提县、巴楚县、伽师县、喀什市、库尔勒市、麦盖提县、沙雅县、莎车县、疏附县、疏勒县、铁门关市、图木舒克市、尉犁县、新和县、英吉沙县、岳普湖县	18
	新疆天山草原区	博湖县、达坂城区、和静县、和硕县、托克逊县、乌鲁木齐县、焉耆回族自治县	7
	新疆伊犁草原区	察布查尔锡伯自治县、巩留县、霍城县、霍尔果斯市、可克达拉市、尼勒克县、特克斯县、新源县、伊宁市、伊宁县、昭苏县	11
	新疆准噶尔荒漠草原区	阿拉山口市、巴里坤哈萨克自治县、白碱滩区、博乐市、昌吉市、独山子区、额敏县、阜康市、和布克赛尔蒙古自治县、呼图壁县、胡杨河市、吉木萨尔县、精河县、克拉玛依区、奎屯市、玛纳斯县、米东区、木垒哈萨克自治县、奇台县、沙湾市、沙依巴克区、石河子市、双河市、水磨沟区、塔城市、天山区、头屯河区、托里县、温泉县、乌尔禾区、乌苏市、五家渠市、新市区、伊吾县、裕民县	35
云南	云南滇东南草山草坡区	安宁市、宾川县、呈贡区、澄江市、楚雄市、大关县、大理市、大姚县、东川区、峨山彝族自治县、洱源县、富民县、富宁县、富源县、个旧市、古城区、官渡区、广南县、河口瑶族自治县、鹤庆县、红塔区、华宁县、华坪县、会泽县、建水县、剑川县、江川区、晋宁区、开远市、兰坪白族普米族自治县、泸水市、泸西县、鲁甸县、陆良县、禄丰县、禄劝彝族苗族自治县、罗平县、麻栗坡县、马关县、马龙区、蒙自市、弥渡县、弥勒市、牟定县、南华县、南涧彝族自治县、盘龙区、屏边苗族自治县、麒麟区、巧家县、丘	86

续　表

省份	均质区	均质区范围	县级个数
		北县、师宗县、石林彝族自治县、石屏县、双柏县、水富市、嵩明县、绥江县、通海县、威信县、巍山彝族回族自治县、文山市、五华区、武定县、西畴县、西山区、祥云县、新平彝族傣族自治县、宣威市、寻甸回族彝族自治县、盐津县、砚山县、漾濞彝族自治县、姚安县、宜良县、彝良县、易门县、永平县、永仁县、永善县、永胜县、元谋县、云龙县、沾益区、昭阳区、镇雄县	
	云南滇西北草原区	德钦县、福贡县、贡山独龙族怒族自治县、宁蒗彝族自治县、维西傈僳族自治县、香格里拉市、玉龙纳西族自治县	7
	云南滇西南草山草坡区	沧源佤族自治县、昌宁县、凤庆县、耿马傣族佤族自治县、红河县、江城哈尼族彝族自治县、金平苗族瑶族傣族自治县、景东彝族自治县、景谷傣族彝族自治县、景洪市、澜沧拉祜族自治县、梁河县、临翔区、龙陵县、隆阳区、陇川县、绿春县、芒市、勐海县、勐腊县、孟连傣族拉祜族佤族自治县、墨江哈尼族自治县、宁洱哈尼族彝族自治县、瑞丽市、施甸县、双江拉祜族佤族布朗族傣族自治县、思茅区、腾冲市、西盟佤族自治县、盈江县、永德县、元江哈尼族彝族傣族自治县、元阳县、云县、镇康县、镇沅彝族哈尼族拉祜族自治县	36
浙江	浙江草山草坡区	安吉县、嘉善县、临安区、嵊泗县、长兴县、北仑区、滨江区、苍南县、常山县、淳安县、慈溪市、岱山县、德清县、定海区、东阳市、洞头区、奉化区、富阳区、拱墅区、海宁市、海曙区、海盐县、黄岩区、建德市、江北区、江干区、江山市、椒江区、金东区、缙云县、景宁畲族自治县、开化县、柯城区、柯桥区、兰溪市、乐清市、莲都区、临海市、龙港市、龙泉市、龙湾区、龙游县、鹿城区、路桥区、南湖区、南浔区、宁海县、瓯海区、磐安县、平湖市、平阳县、浦江县、普陀区、青田县、庆元县、衢江区、瑞安市、三门县、上城区、上虞区、嵊州市、松阳县、遂昌县、泰顺县、天台县、桐庐县、桐乡市、温岭市、文成县、吴兴区、武义县、婺城区、西湖区、下城区、仙居县、象山县、萧山区、新昌县、秀洲区、义乌市、鄞州区、永嘉县、永康市、余杭区、余姚市、玉环市、越城区、云和县、镇海区、诸暨市	90

续　表

省份	均质区	均质区范围	县级个数
重庆	重庆草山草坡区	巴南区、北碚区、璧山区、城口县、大渡口区、大足区、垫江县、丰都县、奉节县、涪陵区、合川区、江北区、江津区、九龙坡区、开州区、梁平区、南岸区、彭水苗族土家族自治县、綦江区、黔江区、荣昌区、沙坪坝区、石柱土家族自治县、铜梁区、潼南区、万州区、巫山县、巫溪县、武隆区、秀山土家族苗族自治县、永川区、酉阳土家族苗族自治县、渝北区、渝中区、云阳县、长寿区、忠县、南川区	38

资料来源:《全民所有自然资源资产清查技术指南(试行稿)》。

注:本表不包括港澳台地区。

1. 原文为“山东”,疑似笔误。

2. 原文为“晋西北”,疑似笔误。

县级草地价格调整系数的计算公式为：

$$A_S = A_{S1}/A_{Y1}$$

式中：

A_{S1}——县级草地面积占比(通过计算“年度国土变更调查”数据中县域范围草地面积与国土总面积比值获得)；

A_{Y1}——均质区域草地面积占比(通过计算“年度国土变更调查”数据中均质区域范围草地面积与国土总面积比值获得)。

$$G_S = G_{S1}/G_{Y1}$$

式中：

G_{S1}——县级草原植被覆盖度(通过林草生态综合监测评价数据获得)；

G_{Y1}——均质区域草原植被覆盖度(通过林草生态综合监测评价数据获得)。

$$M_S = M_{S1}/M_{Y1}$$

式中：

M_{S1}——县级干草产量(通过林草生态综合监测评价数据获得)；

M_{Y1}——均质区域干草产量(通过林草生态综合监测评价数据获得)。

3. 县级经济价值估算

在省级价格体系控制下，各县根据具体情况，可选择以下两种方式之一进行县级清查经济价值核算。

已完成省级价格体系建设的地区，根据实物量清查数据，利用县级草地价格乘以对应的面积，加总得到县域草原资源资产价值量，逐级汇总得到省级和国家级草原资源资产的经济价值总量。

县域草地经济价值＝县域草地平均价×县域清查范围内的草地面积

未完成省级价格系统建设的地区，根据实物量清查数据，利用均质区域的草地平均价乘以对应的面积，加总得到县域草原资源资产价值量，逐级汇总得到省级和国家级草原资源资产的经济价值总量。

县域草地经济价值＝均质区域的草地平均价×县域清查范围内的草地面积

县级全民所有草原资源资产清查图斑经济价值数据表和全民所有草原

资源资产经济价值汇总表如表 9 - 24 和表 9 - 25 所示。

表 9 - 24　县级全民所有草原资源资产清查图斑经济价值基础数据表

<table>
<tr><th colspan="3">属性信息</th><th>填写</th><th colspan="2">属性信息</th><th>填写</th></tr>
<tr><td colspan="3">资产清查标识码</td><td></td><td colspan="2">子图斑面积</td><td></td></tr>
<tr><td colspan="3">行政区名称</td><td></td><td rowspan="5">资源状况</td><td>优势种</td><td></td></tr>
<tr><td colspan="3">行政区代码</td><td></td><td>平均高</td><td></td></tr>
<tr><td rowspan="7">空间位置</td><td rowspan="4">国土变更调查</td><td>图斑标识码</td><td></td><td>植被盖度</td><td></td></tr>
<tr><td>图斑编码</td><td></td><td>每公顷干草产量</td><td></td></tr>
<tr><td>地类</td><td></td><td>草地等级</td><td></td></tr>
<tr><td>图斑面积</td><td></td><td rowspan="3">保护情况</td><td>基本草原面积</td><td></td></tr>
<tr><td rowspan="3">林草生态综合监测评价</td><td>图斑编码</td><td></td><td>划入生态保护红线面积</td><td></td></tr>
<tr><td>地类</td><td></td><td>划入自然保护地核心区面积</td><td></td></tr>
<tr><td>草原经营单位</td><td></td><td colspan="2">草地经济价值</td><td></td></tr>
</table>

表 9 - 25　县级全民所有草原资源资产清查经济价值汇总表

<table>
<tr><th colspan="2">行政区</th><th rowspan="2">国土变更调查地类</th><th rowspan="2">面积</th><th rowspan="2">划入生态保护红线的面积</th><th rowspan="2">自然保护地核心区面积</th><th rowspan="2">干草产量</th><th rowspan="2">草地价值</th></tr>
<tr><th>名称</th><th>代码</th></tr>
<tr><td></td><td></td><td></td><td></td><td></td><td></td><td></td><td></td></tr>
<tr><td></td><td></td><td></td><td></td><td></td><td></td><td></td><td></td></tr>
</table>

第三节　全民所有湿地资源资产清查

一、清查对象和范围

全民所有湿地资源资产的范围为“年度国土变更调查”中的权属为国有的

湿地;清查对象包括权属为国有的湿地(不包括盐田)及湿地与海域重叠部分的沿海滩涂(如表 9 - 26 所示)。

表 9 - 26 "年度国土变更调查"中的湿地类型

一级类	二级类
湿地	红树林地
	森林沼泽
	灌丛沼泽
	沼泽草地
	沿海滩涂
	内陆滩涂
	沼泽地

以"年度国土变更调查"中权属为国有的湿地图斑(不包括盐田)为基础,叠加湿地监测等数据形成的子图斑作为清查基本单元。

二、资料准备

(1) 清查基准时点的卫星遥感影像数据。
(2) "年度国土变更调查"成果数据。
(3) 清查基准时点的湿地调查监测成果数据。
(4) 湿地受威胁、保护及利用情况等资料。
(5) 生态保护红线与自然保护地边界范围矢量成果。

三、工作程序和技术流程

湿地资源资产清查工作包括数据收集与分析、实物量清查、内业数据整合、数据核查、数据库建设、统计汇总等,具体工作流程如图 9 - 3 所示。

四、实物量清查

(一) 清查范围要素层(图斑)提取与制作

以"年度国土变更调查"成果数据中地类为湿地(不包括盐田)、权属为国有

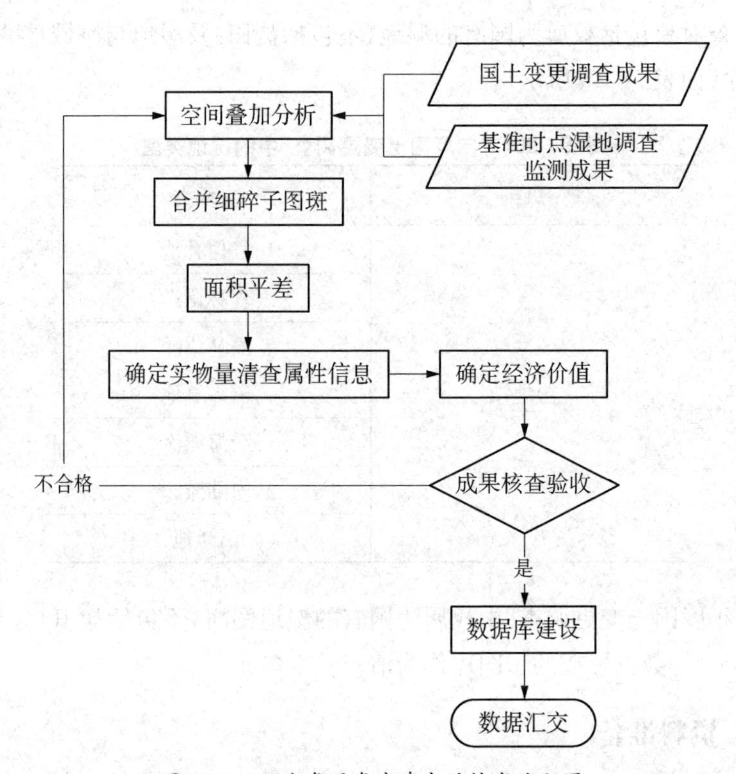

图 9-3 湿地资源资产清查的技术流程图

的图斑范围作为底图。按照地类编码或地类名称，根据第三次全国国土调查工作分类与湿地资源资产清查地类范围，提取第三次全国国土调查成果中湿地图斑(不包括盐田)、存储为“国有湿地”(GYSD)的图层，作为湿地资源资产清查的范围，结合集体土地所有权确权登记成果、已有的自然资源确权登记成果等资料的土地权属信息，对“国有湿地”图层的范围进行更新完善，增加字段“权属标识码”，并在字段中注明权属情况。

(二) 专题数据空间信息要素层(图斑)提取

从湿地调查监测图斑中提取“湿地”要素层，保留要素层属性表信息的名称、数值不变，将要素层重新命名为“湿地资源”(SDZY)。

对第三次全国国土调查湿地图斑与湿地调查监测成果进行空间叠加处理后，第三次全国国土调查图斑可细化为多个子图斑。细化后的图斑中，第三次全国国土调查地类为湿地，湿地调查监测成果地类也为湿地，且二级地类一致的图斑，沿用湿地调查监测成果的湿地因子。细化后图斑中，二级地类不一致的图斑，地类以第三次全国国土调查为准，通过其他专项调查成果赋值或外业补充调查等方式补充完善清查因子。第三次全国国土调查地类为湿地，湿地调查监测成果地类为非湿地的图斑，地类确定为湿地，不调查其他湿地因子，有条件的县（市、区）可使用专项调查成果补充完善清查因子。

（三）属性表清洗

对制作的湿地资源清查范围和提取的实物要素层属性表进行逐项检查、分析，根据表 9－27 对属性字段进行清洗，剔除与报表填报无关的属性字段。对湿地资源专题要素层属性字段进行查阅，并对完整性缺失（漏填）、规范性错误（填写不规范）的属性字段图斑进行标注。

表 9－27　原始空间数据要素层属性表清洗后保留属性字段

序号	要素层名称	保留属性字段名称（代码）
1	国有湿地（GYSD）	坐落单位名称、坐落单位代码、权属单位代码、权属性质、图斑编号、标识码、地类编码、地类名称、图斑面积、权属标识码、备注
2	湿地资源（SDZY）	图斑编码、土壤类型、湿地级、所属流域、植被类型、植被覆盖面积、主要优势植物种、受威胁因子、受威胁状况等级、退化面积、保护状况、利用方式

注：增加“备注”字段，用以标识飞入地，标注为“1”。

叠加处理后产生的小于等于最小上图面积（200 平方米）的规则细碎图斑，直接合并到相邻的子图斑；大于最小上图面积的不规则细碎图斑，依据卫星遥感影像数据结合外业核查判定，合并到周边相似度最高的相邻子图斑，无法判断的不合并，细碎图斑合并时不得改变第三次全国国土调查图斑的边界。第三次全国国土调查的湿地图斑细化区划后，各子图斑的面积需重新求算，确保各子图斑的面积之和等于原第三次全国国土调查图斑的面积。如果各子图斑的面积之和与原第三次全国国土调查图斑的面积之间存在误差，需对该图斑内各子图斑的面积进行平差，使各子图斑的面积之和等于原第三次全国国土调查图斑的面积。

以清查单元图斑为基础，叠加湿地调查监测成果数据，形成以县级行政辖区为清查单位的湿地资源资产数据，包括权属、空间位置、湿地地类、所属流域、土壤类型、受威胁情况、保护及利用情况等(如表 9 - 28 所示)。实物量清查完成后，以县(市、区)等县级行政辖区为单位进行统计汇总。

表 9 - 28　全民所有湿地资源资产实物量清查基础数据表

<table>
<tr><th colspan="2">属性信息</th><th>填写</th></tr>
<tr><td colspan="2">资产清查标识码</td><td></td></tr>
<tr><td rowspan="2">行政区</td><td>名称</td><td></td></tr>
<tr><td>代码</td><td></td></tr>
<tr><td rowspan="4">年度国土变更调查</td><td>图斑标识码</td><td></td></tr>
<tr><td>图斑编号</td><td></td></tr>
<tr><td>图斑面积</td><td></td></tr>
<tr><td>地类</td><td></td></tr>
<tr><td colspan="2">子图斑面积</td><td></td></tr>
<tr><td rowspan="4">湿地调查监测</td><td>图斑编码</td><td></td></tr>
<tr><td>土壤类型</td><td></td></tr>
<tr><td>划入生态保护红线面积</td><td></td></tr>
<tr><td>划入自然保护地核心区面积</td><td></td></tr>
</table>

<table>
<tr><th colspan="2">属性信息</th><th>填写</th></tr>
<tr><td rowspan="10">湿地调查监测</td><td>湿地类</td><td></td></tr>
<tr><td>所属流域</td><td></td></tr>
<tr><td>植被类型</td><td></td></tr>
<tr><td>植被覆盖面积</td><td></td></tr>
<tr><td>主要优势植物种</td><td></td></tr>
<tr><td>受威胁因子</td><td></td></tr>
<tr><td>受威胁状况等级</td><td></td></tr>
<tr><td>退化面积</td><td></td></tr>
<tr><td>保护状况</td><td></td></tr>
<tr><td>利用方式</td><td></td></tr>
<tr><td colspan="2">备注</td><td></td></tr>
</table>

填表说明：

1. “行政区”栏，以县(市、区)等县级行政辖区为全民所有森林清查单位。
2. 行政区“名称”栏，按“年度国土变更调查”数据库中“坐落单位名称”填写；行政区“代码”栏，按“年度国土变更调查”数据库中“坐落单位代码”填写。
3. “年度国土变更调查”栏，“图斑标识码”“图斑编码”“地类”来源于“年度国土变更调查”数据。
4. “子图斑面积”栏，填写经平差后的图斑面积，单位：平方米。
5. “划入生态保护红线面积”“划入自然保护地核心区面积”“退化面积”，单位：平方米。
6. “湿地类”栏，分为近海与海岸湿地、河流湿地、湖泊湿地、沼泽湿地、人工湿地。
7. “所属流域”栏，按三级流域填写。
8. “植被类型”栏，按植物群落分类系统填写。
9. “受威胁因子”包括基建和城市建设、围垦、泥沙淤积、污染、过度捕捞和采集、非法狩猎、水利工程和引排水的负面影响、盐碱化、外来物种入侵、过度放牧、森林过度采伐、沙化、其他(主要指人为影响的其他相关因子)13 项；“受威胁状况等级”分为安全、轻度、重度 3 级。
10. “保护状况”栏，分自然保护区、自然保护小区、湿地公园、湿地多用途管理区、国家公园、森林公园、水源保护区、风景名胜区 8 类。
11. “利用方式”栏，包括种植业、养殖业、牧业、林业、工矿业、旅游和休闲、水源地及其他 8 种方式。
12. “备注”栏，飞地在备注中标明“1”。

五、经济价值估算

湿地具有极其重要的生态功能，其中，红树林、沼泽地、森林沼泽、草甸沼泽、灌丛沼泽和生态保护红线内的沿海、内陆滩涂以保护为主，侧重生态价值，经济价值核算的方法及思路需进一步研究确定。

湿地经济价值估算，根据实际情况，可参照以下估算思路进行。

（一）市场比较法估算

为了进行湿地经济价值估算，可以采用湿地流转价格资料（参见表 9－29）应用市场比较法评估。

表 9－29　湿地流转价格信息采集表

样本编号：　　　　　　　　　采集县（市）：

指标年度	湿地承包价格[元/(公顷·年)]	湿地流转价格(元/公顷)	湿地承包保证金或押金[元/(公顷·年)]	湿地承包年租金[元/(公顷·年)]
2020				
2019				
2018				
2017				
2016				

（二）按资源类型分别估算

可掌握的实物量数据及价值属性数据可支撑计算经济价值，则采取将湿地资源按涵盖类型拆分为水资源、森林资源等分别进行资源资产评估评价，森林资源的评估可以参考森林资源评估方法，水资源评估可参考水市场服务价格（参见表 9－30），然后分类进行评估汇总。

表 9－30　水价信息采集表

样本编号：　　　　　　　　　采集县（市）：

指标年度	水价(元/吨)
2020	
2019	

续 表

指标年度	水价(元/吨)
2018	
2017	
2016	

注:水价信息为居民生活用水及工业用水等水价的平均值。

(三) 按湿地重置成本估算

各地为了美化环境,也有许多人造湿地的案例,可以根据湿地人造成本(参见表 9-31),可以现时工价及生产水平将重新建造与现有湿地相类似的湿地所需要的费用作为湿地的经济价值。

表 9-31　湿地重置价信息采集表

样本编号:　　　　　　　　　采集县(市):

指标年度	人工费(元/公顷)	机械费(元/公顷)	物料费(元/件)	其他费用[元/(公顷·年)]
2020				
2019				
2018				
2017				
2016				

注:其他费用包含企业管理费、利润、税费、建设单位管理费、设计费、不可预见费等。

六、统计汇总

全民所有自然资源资产清查数据成果,以县级行政区为单位进行统计汇总(参见表 9-32)。无县级归属的湿地资源参与地市级汇总,无地市级归属的湿地资源参与省级汇总,无省级归属的湿地资源参与国家级汇总。

表 9-32 全民所有湿地资源资产清查汇总表

行政区		地类	湿地类	所属流域	植被类型	湿地植被面积	面积	划入生态保护红线面积	划入自然保护地核心区面积	保护状况	利用方式	所有者职责履职主体层级	所有者职责具体履职部门	特许经营情况	门票收入	备注
名称	代码															
合计		/	/	/	/					/	/	/	/	/		

第四节 国家公园资产清查

国家公园是指国家为了保护一个或多个典型生态系统的完整性，为生态旅游、科学研究和环境教育提供场所，而划定的需要特殊保护、管理和利用的自然区域。2008 年 10 月 8 日，原环境保护部和原国家旅游局批准建设中国第一个国家公园试点单位——黑龙江汤旺河国家公园。当前，中国国家公园的具体名单以国家林草局公布的名单为准。

国家公园清查资料有限，主要包括：清查基准时点下的卫星遥感影像数据；“年度国土变更调查”成果数据；更新到清查基准时点的国家公园范围内土地、矿产、森林、草原和湿地等专题成果数据。

国家公园资源资产清查以“年度国土变更调查”成果数据中国家公园范围内地类为土地、矿产、森林、草原和湿地，权属为国有和集体的图斑作为底图。国家公园资源资产清查，参照全民所有土地、矿产、森林、草原和湿地等自然资源资产清查的要求，开展国家公园范围内全民所有自然资源资产实物量清查。国家公园范围内土地、矿产、森林、草原和湿地等自然资源的经济价值估算，参照各资源资产价格体系估算全民所有自然资源资产的经济价值，集体土地参照国有土地开展经济价值估算。

主要参考文献

[1] 安妮卡,马蒂. 森林资源调查:方法与应用[M]. 黄晓玉,雷渊才,译. 北京:中国林业出版社,2010.

[2] 蔡运龙. 自然资源学原理[M]. 北京:科学出版社,2000.

[3] 柴渊,李万东. 土地利用动态遥感监测技术与方法[M]. 北京:地质出版社,2011.

[4] 陈传康,伍光和,李昌文. 综合自然地理学[M]. 北京:高等教育出版社,1993.

[5] 陈平留,刘健. 森林资源资产评估运作技巧[M]. 北京:中国林业出版社,2002.

[6]《地球科学大辞典》编委会. 地球科学大辞典:应用学科卷[M]. 北京:地质出版社,2005.

[7] 封志明. 资源科学导论[M]. 北京:科学出版社,2004.

[8] 国家海洋局 908 专项办公室. 海岛调查技术规程[M]. 北京:海洋出版社,2005.

[9] 国家计划委员会农业区划局,农牧渔业部土地管理局. 土地利用现状调查手册[M]. 北京:农业出版社,1985.

[10] 国土资源部土地估价师资格考试委员会. 土地估价理论与方法[M]. 北京:地质出版社,2000.

[11] 郎一环. 全球资源态势与对策[M]. 北京:华艺出版社,1993.

[12] 李应中. 中国农业区划学[M]. 北京:中国农业科技出版社,1997.

[13] 李英成,王广亮. 第三次全国国土调查知识手册[M]. 北京:中国大地出版社,2018.

[14] 刘黎明. 土地资源调查与评价[M]. 2 版. 北京:中国农业大学出版社,2022.

[15] 刘卫东. 土地资源学[M]. 上海:百家出版社,1994.
[16] 刘卫东. 中国土地利用和管理改革透视[M]. 北京:科学出版社,2016.
[17] 刘卫东,罗吕榕,彭俊. 城市土地资产经营与管理[M]. 北京:科学出版社,2004.
[18] 刘卫东,谭永忠. 土地资源学[M]. 北京:高等教育出版社,2019.
[19] 刘卫东,邬明德,周力丰,等. 城市地价评估理论探索与实践[M]. 北京:科学出版社,2008.
[20] 刘卫东,罗吕榕,陈武斌,等. 城市土地价格调查、评价及动态监测[M]. 北京:科学出版社,2002.
[21] 刘胤汉,岳大鹏. 综合自然地理学纲要[M]. 北京:科学出版社,2010.
[22] 罗富和,赵树丛. 中国森林资源连清体系的发展机遇与完善策略——森林资源连续清查体系理论与实践座谈会论文集[M]. 北京:中国林业出版社,2015.
[23] 倪绍祥. 土地类型与土地评价[M]. 北京:高等教育出版社,1992.
[24] 牛文元. 自然资源开发原理[M]. 开封:河南大学出版社,1989.
[25] 全国海岸带和海涂资源综合调查简明规程编写组. 全国海岸带和海涂资源综合调查简明规程[M]. 北京:海洋出版社,1986.
[26] 任美锷,包浩生. 中国自然区域及开发整治[M]. 北京:科学出版社,1992.
[27] 任宪友,肖飞,莫民浩. 中国湿地资源经济分析与生态恢复研究[M]. 北京:科学出版社,2011.
[28] 阮仁良. 水资源普查方法概论[M]. 北京:中国水利水电出版社,2002.
[29] 盛代林. 水资源资产价值评价与管理[M]. 武汉:湖北科学技术出版社,2005.
[30] 史培军,江源,王静爱,等. 土地利用/覆盖变化与生态安全响应机制[M]. 北京:科学出版社,2004.
[31] 侍茂崇,李培良. 海洋调查方法[M]. 北京:海洋出版社,2018.
[32] 施雅风. 中国自然资源的考察研究[M]. 北京:科学普及出版社,1956.
[33] 谭淑豪. 牧区草地资源的可持续管理:制度、政策与市场[M]. 北京:社会科学文献出版社,2022.
[34] 吴宝华,刘庆山,吕锡强. 自然资源经济学[M]. 天津:天津人民出版社,2002.

[35] 徐惠长,李俊杰,崔晓梅. 矿产资源调查与评价[M]. 北京:地质出版社,2009.
[36] 许晓峰,李富强,孟斌. 资源资产化管理与可持续发展[M]. 北京:社会科学文献出版社,1999.
[37] 余瑞祥. 自然资源的成本与收益[M]. 武汉:中国地质大学出版社,2000.
[38] 张钦礼,王新民,刘保卫. 矿产资源评估学[M]. 长沙:中南大学出版社,2007.
[39] 赵汀,邓颂平,刘超,等. 矿产资源国情调查数据库建设技术要求与系统开发[M]. 北京:地质出版社,2022.
[40] 中国1∶100万土地类型图编辑委员会文集编辑组. 中国土地类型研究[M]. 北京:科学出版社,1986.
[41] 中国地质大学(武汉)资产评估教育中心. 中国自然资源资产价值评估:理论、方法与应用[M]. 北京:中国财政经济出版社,2020.
[42]《中国资源科学百科全书》编辑委员会. 中国资源科学百科全书[M]. 北京:中国大百科全书出版社,2000.
[43] 中华人民共和国自然资源部. 中国矿产资源报告2023[M]. 北京:地质出版社,2023.
[44] 中国科学院国家计划委员会自然资源综合考察委员会. 自然资源综合考察研究四十年(1956—1996)[M]. 北京:中国科学技术出版社,1996.
[45] 朱训,陈洲其. 中华人民共和国地质矿产史(1949～2000)[M]. 北京:地质出版社,2003.
[46] 自然资源部自然资源调查监测司. 林草水湿海资源综合调查监测机制研究[M]. 北京:中国商务出版社,2021.
[47] FAO. Land Evaluation: Towards a Revised Framework [M]. United Nations Publication, 2007.
[48] United Nations. Economic Commission for Europe. Land Administration Guidelines: With Special Reference to Countries in Transition [M]. New York: United Nations Publication, 1996.
[49] 沈菊琴,顾浩,任光照,等. 试谈水资源资产及其价值评估[J]. 人民黄河,1998(7):19-21,47.
[50] 陈军,陈晋,廖安平,等. 全球30 m地表覆盖遥感制图的总体技术[J]. 测绘

学报,2014,43(6):551-557.
[51] 陈淑娟.浅谈全民所有自然资源资产清查经济价值估算方法[J].中文科技期刊数据库(全文版)经济管理,2022(4):33-36.
[52] 崔巍.对自然资源调查与监测的辨析和认识[J].现代测绘,2019,42(4):17-22.
[53] 杜富全.新中国的农业自然资源调查研究[J].古今农业,1993(1):59-69.
[54] 封志明,肖池伟.自然资源分类:从理论到实践、从学理到管理[J].资源科学,2021,43(11):2147-2159.
[55] 冯文利,李兵,史良树.关于我国湿地资源调查监测工作现状的调研思考[J].中国土地,2021(2):37-40.
[56] 傅伯杰.新时代自然地理学发展的思考[J].地理科学进展,2018,37(1):1-7.
[57] 葛良胜,夏锐.自然资源综合调查业务体系框架[J].自然资源学报,2020,35(9):2254-2269.
[58] 葛良胜,杨贵才.自然资源调查监测工作新领域:地表基质调查[J].中国国土资源经济,2020,33(9):4-11,67.
[59] 葛全胜,赵名茶,郑景云.20世纪中国土地利用变化研究[J].地理学报,2000(6):698-706.
[60] 郝爱兵,赵伟,郑跃军,等.水文地质调查技术方法发展与应用综述[J].测绘科学,2022,47(8):25-35.
[61] 胡存智.中国农用土地分等定级理论与方法研究——兼论《农用地分等规程》总体思路及技术方案设计[J].中国土地科学,2012,26(3):4-13.
[62] 黄秉维.中国综合自然区划草案[J].科学通报,1959(18):594-602.
[63] 黄郭城,刘卫东.关于城市公益性用地价格评估的思考[J].价格月刊,2006(5):24-25.
[64] 黄灵海.自然资源统一调查评价监测体系的构建[J].中国土地,2020(5):40-41.
[65] 贾宗仁,薛超,张璐,等.地下空间资源时空信息技术体系的需求与实施路径[J].中国矿业,2022,31(S1):244-248,260.

[66] 李炳元,潘保田,程维明,等.中国地貌区划新论[J].地理学报,2013,68(3):291-306.
[67] 李江,李攀.土地资源动态监管指标体系研究[J].测绘与空间地理信息,2015,38(9):122-124,126.
[68] 李廷栋.中国地质矿产调查事业发展历程[J].地质力学学报,2022,28(5):653-682.
[69] 李文鹏."水文地质与水资源调查计划"进展[J].水文地质工程地质,2022,49(2):1-6.
[70] 李裕伟.矿产资源可供性分析的原理与方法[J].中国国土资源经济,2015,28(2):8-13.
[71] 刘昌明,郑度,崔鹏,等.自然地理学创新发展与展望[J].地理学报,2020,75(12):2547-2569.
[72] 刘卫东.江汉平原土地类型与综合自然区划[J].地理学报,1994(1):73-83.
[73] 刘卫东.建立城乡基准地价体系的目的意义[J].中国房地产,2021(12):14-18.
[74] 刘燕华,郑度,葛全胜,等.关于开展中国综合区划研究若干问题的认识[J].地理研究,2005(3):321-329.
[75] 刘晓煌,刘晓洁,程书波,等.中国自然资源要素综合观测网络构建与关键技术[J].资源科学,2020,42(10):1849-1859.
[76] 刘志强,张建华.完善自然资源法律体系的思考[J].中国国土资源经济,2019,32(3):23-26,58.
[77] 马乖棉,陈诚,郭荣霞,等.浅谈全民所有自然资源资产清查工作底图制作技术方法[J].中国信息化,2023(6):43-45.
[78] 马永欢,吴初国,苏利阳,等.重构自然资源管理制度体系[J].中国科学院院刊,2017,32(7):757-765.
[79] 马广仁,鲍达明,姬文元.开展湿地资源调查 保证国家生态安全——第二次全国湿地资源调查成果[J].科技成果管理与研究,2016(5):67-70.
[80] 庞园,吕文菲.广州市地下水资源调查评价及其管理对策[J].人民珠江,2014,35(2):27-31.
[81] 申元村.土地类型研究的意义、功能与学科发展方向[J].地理研究,2010,

29(4):575 - 583.

[82] 宋马林,崔连标,周远翔. 中国自然资源管理体制与制度:现状、问题及展望[J]. 自然资源学报,2022,37(1):1 - 16.

[83] 苏胜金. 七年全国海岸带和海涂资源综合调查综述[J]. 海洋与海岸带开发,1988(2):30 - 32.

[84] 孙鸿烈,成升魁,封志明. 60 年来的资源科学:从自然资源综合考察到资源科学综合研究[J]. 自然资源学报,2010,25(9):1414 - 1423.

[85] 田亚亚,张永红,彭彤,等. 全民所有自然资源资产清查理论基础与基本框架[J]. 测绘科学,2021,46(3):192 - 200.

[86] 王剑,史玉成. 中国自然资源权利体系的类型化建构[J]. 甘肃政法学院学报,2019(6):78 - 89.

[87] 王静,赵宇梅,王宁,等. 自然资源统一调查监测背景下海洋资源调查体系构建[J]. 地理信息世界,2022,29(6):6 - 10.

[88] 王睿,张庆,陆远志,等. 地下空间资源调查技术体系构建总体思路与主要任务[J]. 地理信息世界,2022,29(5):81 - 86.

[89] 吴凤敏,胡艳,陈静,等. 自然资源调查监测的历史、现状与未来[J]. 测绘与空间地理信息,2019,42(10):42 - 44,47.

[90] 吴国雄,郑度,尹伟伦,等. 专家笔谈:多学科融合视角下的自然资源要素综合观测体系构建[J]. 资源科学,2020,42(10):1839 - 1848.

[91] 徐渡. 1958～1960 年:全国海洋综合调查[J]. 海洋科学,2010,34(4):109 - 110.

[92] 闫岩. 破除壁垒,构建自然资源统一调查体系——以跨界创新思维研究自然资源调查现状与发展[J]. 北京规划建设,2018(6):37 - 40.

[93] 杨尧,赵耀龙,刘小丁,等. 管理视角下自然资源统一调查监测模式[J]. 自然资源学报,2023,38(3):808 - 821.

[94] 叶红. 全民所有自然资源资产清查的整体思路与运行要素[J]. 河南科技,2022,41(17):99 - 102.

[95] 叶宗磊,孟德彪. 全民所有自然资源资产清查工作思路的初步探讨[J]. 浙江国土资源,2022(5):28 - 30.

[96] 虞和平. 民国时期的资源勘查和开发[J]. 近代史研究,1998(3):173 - 194.

[97] 袁承程,高阳,刘晓煌. 我国自然资源分类体系现状及完善建议[J]. 中国地质调查,2021,8(2):14-19.

[98] 袁一仁,成金华,陈从喜. 中国自然资源管理体制改革:历史脉络、时代要求与实践路径[J]. 学习与实践,2019(9):5-13.

[99] 张家辉,袁孝亭. 国际地理课程标准对尺度思想的关注及启示[J]. 外国中小学教育,2015(9):34,61-65.

[100] 张照志,李厚民,潘昭帅,等. 新发展阶段中国矿产资源国情调查与评价现状及其技术体系[J]. 中国矿业,2022,31(2):21-27.

[101] 张照志,潘昭帅,李厚民,等. 中国矿产资源国情调查评价历史回顾及对推动国民经济发展的作用[J]. 地质与勘探,2023,59(1):188-210.

[102] 赵松乔. 中国综合自然地理区划的一个新方案[J]. 地理学报,1983(1):1-10.

[103] 周成虎,程维明,钱金凯,等. 中国陆地 1∶100 万数字地貌分类体系研究[J]. 地球信息科学学报,2009,11(6):707-724.

[104] RICHTER D deB., MOBLEY M L. Monitoring Earth's Critical Zone [J]. Science, 2009,326(5956):1067-1068.

[105] 广东省住房和城乡建设厅. 城市地下空间检测监测技术标准:DBJ15-71-2010[S]. 广州:广东省住房和城乡建设厅,2010.

[106] 国家海洋环境监测中心. 海域分等定级:GB/T 30745-2014[S]. 北京:中国标准出版社,2014.

[107] 国家海洋技术中心,自然资源部海域海岛管理司. 海域价格评估技术规范:HY/T 0288-2020[S]. 北京:中华人民共和国自然资源部,2020.

[108] 国家林业和草原局调查规划设计院. 森林资源连续清查技术规程:GB/T 38590-2020[S]. 北京:中国标准出版社,2020.

[109] 国家林业局调查规划设计院. 森林资源规划设计调查技术规程:GB/T 26424-2010[S]. 北京:中国标准出版社,2011.

[110] 中华人民共和国国土资源部. 水文地质调查规范(1∶50 000):DZ/T 0282-2015[S]. 北京:中国标准出版社,2015.

[111] 财政部,国家海洋局. 关于印发《调整无居民海岛使用金征收标准》的通知:财综〔2018〕15 号[A/OL]. (2018-03-13)[2024-02-20]. https://

www. gov. cn/zhengce/zhengceku/2018-12/31/content_5439381. htm.
[112] 陈志龙. 中国城市地下空间开发利用现状评析与展望[EB/OL]//“上海市土木工程学会”微信公众号. (2017 - 11 - 06)[2024 - 01 - 15]. https://mp. weixin. qq. com/s/uXiwATQA2jV43bAjczVFPA.
[113] 杜娟,李广泳. 自然资源资产实物量清查方法[EB/OL]//“土地观察”微信公众号. (2022 - 01 - 17)[2024 - 02 - 01]. https://mp. weixin. qq. com/s/RE3nS-YSjHyVZr8iN3nZoQ.
[114] 国家发展改革委,自然资源部. 全国重要生态系统保护和修复重大工程总体规划(2021—2035 年)[EB/OL]//中国政府网. (2020 - 06 - 12)[2024 - 3 - 30]. https://www. gov. cn/zhengce/zhengceku/2020 - 06/12/5518982/files/ba61c7b9c2b3444a9765a248b0bc334f. pdf.
[115] 国家林业和草原局. 2022 年全国森林、草原、湿地调查监测技术规程[EB/OL]//国家林业和草原局网站. (2022 - 05 - 30)[2024 - 01 - 10]. https://www. stgz. org. cn/queryContent. web? url=/module/jswd/content&id=201.
[116] 国务院第三次全国国土调查领导小组办公室,自然资源部,国家统计局. 第三次全国国土调查主要数据公报[EB/OL]//中华人民共和国自然资源部网站. (2021 - 08 - 26)[2023 - 12 - 28]. https://www. mnr. gov. cn/dt/ywbb/202108/t20210826_2678340. html.
[117] 深圳市规划和自然资源局. 深圳市规划和自然资源局关于发布《陆域自然资源资产核算技术规范》的通知[EB/OL]//深圳市人民政府门户网站. (2024 - 02 - 05)[2024 - 02 - 20]. https://www. sz. gov. cn/szzt2010/wgkzl/jcgk/jcygk/zdzcjc/content/post_11139269. html.
[118] 生态环境部. 关于印发《地下水环境状况调查评价工作指南》等 4 项技术文件的通知[EB/OL]//制造业 EHS 法规标准库. (2019 - 09 - 29)[2024 - 02 - 01]. https://ehsfa. com/index/document/detail? id=NjEw.
[119] 生态环境部. 2022 中国生态环境公报[EB/OL]//中华人民共和国生态环境部网站. (2023 - 05 - 29)[2023 - 12 - 20]. https://www. mee. gov. cn/hjzl/sthjzk/zghjzkgb/202305/P020230529570623593284. pdf.
[120] 自然资源部. 关于印发自然资源科技创新发展规划纲要的通知:自然资

发〔2018〕117号[A/OL]. (2018-10-16)[2024-01-18]. http://gi.mnr.gov.cn/201811/t20181113_2358751.html.

[121] 自然资源部. 关于印发《自然资源调查监测体系构建总体方案》的通知[EB/OL]//中华人民共和国自然资源部网站. (2020-01-17)[2024-01-22]. http://gi.mnr.gov.cn/202001/t20200117_2498071.html.

[122] 自然资源部. 全民所有自然资源资产清查技术指南(试行稿)[EB/OL]//道客巴巴. (2022-04-08)[2024-02-02]. https://www.doc88.com/p-23073296223891.html.

[123] 自然资源部. 全民所有自然资源资产清查实物信息核查技术规程(征求意见稿)[EB/OL]//国土人. (2022-10-19)[2024-02-02]. https://www.guoturen.com/wenku-2243.

[124] 自然资源部. 全民所有自然资源资产清查空间数据整合技术规程(征求意见稿)[EB/OL]//国土人. (2022-10-20)[2024-02-01]. https://www.guoturen.com/wenku-2242.

[125] 自然资源部. 自然资源部办公厅关于开展2023年上半年自然资源监测工作的通知: 自然资办发〔2023〕22号[A/OL]. (2023-05-26)[2024-01-10]. http://gi.mnr.gov.cn/202306/t20230602_2789977.html.

[126] 自然资源部. 全民所有自然资源资产清查数据汇交规范(征求意见稿)[EB/OL]//国土人. (2023-11-01)[2024-02-02]. https://www.guoturen.com/wenku-8680.

[127] 自然资源部. 全民所有自然资源资产清查技术通则(征求意见稿)[EB/OL]//国土人. (2023-11-08)[2024-02-01]. https://www.guoturen.com/wenku-8887.

[128] 自然资源部办公厅. 自然资源部办公厅关于印发《矿产资源国情调查试点工作方案》的通知: 自然资办函〔2018〕1694号[A/OL]. (2018-11-28)[2024-01-30]. http://gi.mnr.gov.cn/201901/t20190115_2386969.html.

[129] 自然资源部海洋战略规划与经济司. 2022年中国海洋经济统计公报[EB/OL]//中华人民共和国自然资源部网站. (2023-04-13)[2023-12-27]. http://gi.mnr.gov.cn/202304/t20230413_2781419.html.

后　记

自然资源调查与资产清查是自然资源部建立以后，组织和开展的两项自然资源研究和科学管理的基础性应用研究工作。

本书是适应我国自然资源科学研究和管理工作现实需要而编写的，系统介绍了自然资源调查与资产清查的理论与方法。本书全面吸收了我国近年来自然资源调查和全民所有自然资源资产清查研究的工作经验，参考了自然资源各个专业部门发布的技术规范和技术规程，以及近年来发表的相关技术指导文件和研究成果，在此向有关科学工作者表示衷心的感谢。

本书是刘卫东教授研究课题组成员共同完成的工作成果之一。本书写作主要完成人为：第一章，傅学农、刘卫东；第二章，潘捍卫、刘卫东；第三章；刘卫东；第四章，刘卫东；第五章，方顺新、方子豪；第六章，毛旭嘉、刘卫东；第七章，蒋浩琛、姜哲耘；第八章，胡含蕾、吕高骏；第九章，吴立珺、刘卫东。最后，由刘卫东教授修改和统稿。由于编写人员学识所限，书中难免存在不足之处，欢迎学界和自然资源管理的同行批评和指正。

本书出版得到了浙江大学教材出版基金的资助。出版过程中，得到了浙江大学土地管理系吴宇哲教授、浙江省环境科学院陈仲达院长、浙江大学教学科温小燕老师，复旦大学出版社邬红伟、张鑫老师的大力支持和帮助，在此一并表示衷心的感谢。

刘卫东

2024 年 5 月 23 日

图书在版编目(CIP)数据

自然资源调查与资产清查/刘卫东主编. —上海：复旦大学出版社,2024. 8
ISBN 978-7-309-17375-8

Ⅰ. ①自… Ⅱ. ①刘… Ⅲ. ①自然资源-资源调查-研究②自然资源-清查财产-研究 Ⅳ. ①P962

中国国家版本馆 CIP 数据核字(2024)第 073032 号

自然资源调查与资产清查
ZIRAN ZIYUAN DIAOCHA YU ZICHAN QINGCHA
刘卫东　主编
责任编辑/张　鑫

复旦大学出版社有限公司出版发行
上海市国权路 579 号　邮编：200433
网址：fupnet@fudanpress. com　http://www. fudanpress. com
门市零售：86-21-65102580　团体订购：86-21-65104505
出版部电话：86-21-65642845
常熟市华顺印刷有限公司

开本 787 毫米×960 毫米　1/16　印张 34. 25　字数 543 千字
2024 年 8 月第 1 版
2024 年 8 月第 1 版第 1 次印刷

ISBN 978-7-309-17375-8/P · 23
定价：98. 00 元